진리는 바뀔 수도 있습니다

일러두기

· 책에 등장하는 주요 인명, 지명, 기관명 등은 국립국어원 외래어 표기법을 따랐지만 일부 단어에 대해서는 소리 나는 대로 표기했다.
· 단행본은《 》, 연속간행물은〈 〉로 구분했다.
· 국내에 소개되지 않은 도서는 직역하여 표기했다.

진리는 바뀔 수도 있습니다

옥스퍼드대 물리학자
데이비드 도이치가 바라보는 세상

The Beginning of Infinity

데이비드 도이치 지음

김혜원 옮김

RHK
알에이치코리아

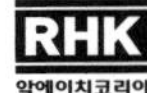

들어가며

필연적 시작은 반드시 존재한다

여러 세대에 걸쳐 지속될 정도로 안정적인 진보는 인류 역사상 오직 한 번만 일어났다. 이 진보는 과학 혁명기 무렵에 시작되어 여전히 진행 중이다. 이는 과학적 이해도를 향상시켰을 뿐만 아니라 기술, 정치 제도, 도덕적 가치, 예술 및 인간 복지의 모든 면을 개선시켰다.

그때마다 유력한 사상가들은 그것이 진정한 진보라는 사실을, 그것이 바람직하다는 사실을, 심지어 의미 있다는 사실을 부인해 왔다. 하지만 그들은 그렇게 하지 말았어야 했다. 잘못된 설명과 옳은 설명 사이에는, 만성적인 문제 해결 실패와 문제 해결 사이에는, 나아가 옳고 그름, 추함과 아름다움, 고통과 고통 완화, 정체와 완전한 의미의 진보 사이에는 객관적인 차이가 존재한다.

이 책에서 나는 이론적이든 실용적이든 모든 진보는 단 하나의 인간 활동에서 비롯되었다고 주장한다. 그 활동은 바로 내가 이른바 좋은 설명good explanations이라고 부르는 탐구이다. 이런 탐구는 인간 고유의 활동이지만, 가장 비인격적인 우주적 수준에서 실체적 진실을 규명하는

데 효과적이다. 즉, 그런 탐구는 참으로 좋은 설명인 보편적 자연법칙을 준수한다. 우주와 인간의 이런 단순한 관계는 사물에 대한 우주의 계획에서 인간의 중심 역할을 암시한다.

진보란 어떤 일의 '완성'으로 끝나는 것일까? 아니면 끝없이 계속되는 것일까? 그 대답은 후자이다. 이 책은 진보의 무한성과 진보의 발생 여부에 관한, 사실상 과학과 철학의 모든 기본 분야를 세세히 살펴보는 여정이다. 이를 통해 우리는 진보에 필연적인 끝은 없지만, 필연적인 시작은 확실히 존재한다는 걸 알게 될 것이다. 진보가 시작된 원인이나 사건, 혹은 진보가 시작하고 성공하기 위한 필연적 조건은 존재한다. 이러한 시작 하나하나가 바로 그 분야의 관점에서는 무한한 시작이다. 대부분이 피상적으로는 연결되지 않은 것처럼 보이지만, 모두 실체라는 속성의 양상들이며, 나는 그것을 이른바 '무한의 시작beginning of infinity'이라고 부른다.

차 례

1장

설명의 도달 범위

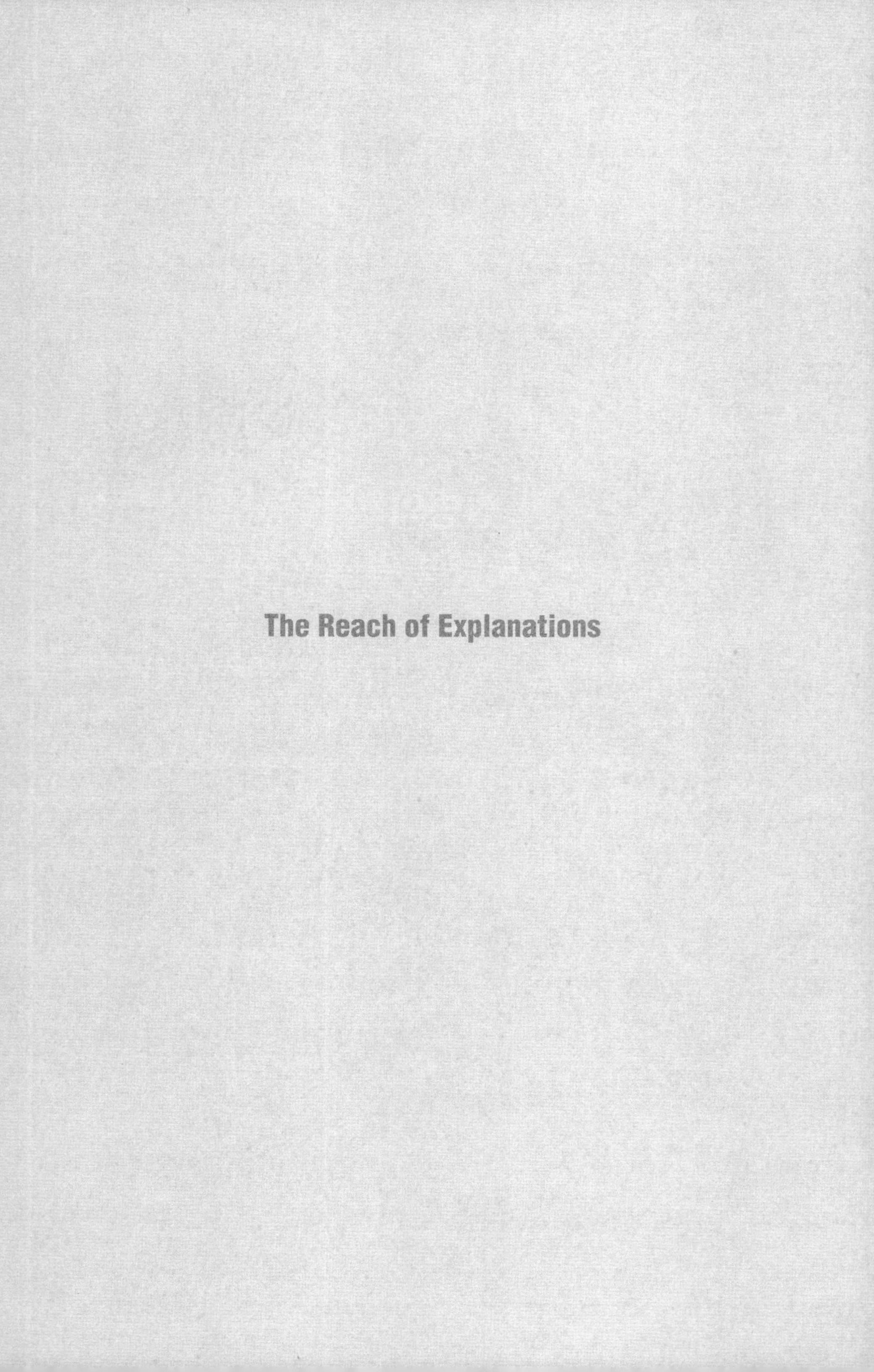

The Reach of Explanations

> 그 모든 설명 이면에는 대단히 간명하고 아름다운 개념이 뒷받침되고 있다. 따라서 그 개념을 이해했을 때에는 (10년 뒤, 100년 뒤, 혹은 1,000년 뒤) 우리 모두 서로에게 "어떻게 다른 설명이 있을 수 있겠어?"라고 말하게 될 것이다.
>
> 존 휠러, 〈뉴욕 과학 아카데미 연보*Annals of the New York Academy of Sciences*〉

육안으로 볼 때는 태양계 너머의 우주가 마치 밤하늘에서 반짝이는 수천 개의 광점과 희미하고 뿌옇게 늘어선 은하수의 빛줄기로만 이루어진 것처럼 보인다. 하지만 천문학자에게 실제로 저 밖에 무엇이 존재하는지 물어 보면, 광점이나 빛줄기가 아니라 별이라는 답을 듣게 된다. 지름이 수백만 킬로미터이고 우리에게서 수 광년 떨어져 있는 눈부시게 빛나는 가스구, 태양 또한 전형적인 별이지만 다른 별들과 달라 보이는 이유는 단지 우리와의 거리가 훨씬 더 가깝기 때문이라는 것도 알게 된다(그렇다고 해도 여전히 1억 5,000만 킬로미터나 떨어져 있기는 하지만). 그러나 그렇게 상상할 수도 없이 먼 거리에 있어도 우리는 그런 별을 반짝이게 하는 게 무엇인지 안다고 확신한다. 별을 반짝이게 하는 것은 한 원소에서 또 다른 원소로의 전환(주로 수소에서 헬륨으로)을 뜻하는 변환 과정에서 방출되는 핵에너지이다.

어떤 종류의 변환은 방사성 원소가 붕괴할 때 지구상에서 자연적으로 일어난다. 이런 변환은 1901년에 물리학자 프레더릭 소디Frederick Soddy와 어니스트 러더퍼드Ernest Rutherford가 처음으로 입증했지만, 변환의 개념은 상당히 오래되었다. 연금술사들은 수백 년 동안 철이나 납 같은 '비금속base metal'을 금으로 변환시키려고 했다. 그러나 그들은 그런 변환을 이루기 위해 무엇이 필요한지 전혀 이해하지 못했기 때문에 성공하지 못했다. 이후 20세기의 과학자들은 그 일을 해냈다. 별 또한 초신성으로 폭발할 때 변환을 한다. 비금속은 오직 별과 별에 동력을 공급하는 과정을 이해하는 지적 존재들에 의해서만 금으로 변환될 수 있다.

천문학자에게 은하수에 관해서 물어 보면, 실체가 없이 공허해 보이기는 해도 그것이 바로 우리가 육안으로 볼 수 있는 가장 무거운 물체이며, 수만 광년을 가로지르는 상호간의 중력으로 묶여 있는 수천 억 개의 별을 포함하는 은하라는 대답을 듣게 된다. 우리는 은하수의 일부이기 때문에 은하수 안에서 그것을 보고 있다. 밤하늘은 고요하고 대체로 변화가 없는 것처럼 보이지만, 우주는 격렬한 활동으로 들끓고 있다. 전형적인 별은 매초 수백만 톤의 질량을 에너지로 전환시키는데, 1그램마다 원자 폭탄 한 개의 에너지를 내뿜는다. 우리가 보유한 최고의 망원경으로는 우리은하galaxy 안에 있는 별보다 더 많은 은하를 볼 수 있는데, 그 안에서는 1초마다 대여섯 개의 초신성이 폭발하며 각각의 초신성은 그 별이 속한 은하의 다른 모든 별을 합한 것보다도 더 밝다. 혹시 우리 태양계 밖에 생명체와 지성체가 존재한다고 해도 어디에 있는지 알지 못하므로 그런 폭발 중 얼마나 많은 폭발이 끔찍한 비극인지도 알 수 없다. 하지만 초신성이 그 별 주변을 도는 모든 행성을 파괴시킨다면, 행성에 사는 모든 생명체를 흔적도 없이 사라지게 할 거라는 사실은 알고 있다. 수십억 킬로미터의 거리 전체가 납 차폐막으로 채워져 있다고 해도, 초신성의 중성미자 방사능만으로도 그 도달 범위 안에 있는 인간은 모두 죽음을 면치 못할 것이다. 그럼에도 우리가 존재하는 것은 초신성 덕분이다. 왜냐하면 초신성은 변환을 통해 우리의 몸과 우리 행성을 구성하는 대부분의 원소를 만들어 내기 때문이다.

초신성보다 더 밝게 빛나는 현상도 있다. 2008년 3월, 지구 궤도를 도는 X선 망원경이 75억 광년 떨어진 곳에서 이른바 '감마선 폭발'로 알려진 폭발을 탐지했다. 그 거리는 (알려진) 우주 지름의 절반에 달했다. 그것은 어쩌면 별이 붕괴해 블랙홀이 되는 과정이었을지도 모른다. 블랙홀은 빛조차도 내부에서 빠져나올 수 없을 정도로 강한 중력을 가진 물체이다. 이 폭발은 본질적으로 수백만 개의 초신성보다 더 밝았으며, 지구에서도 육안으로 볼 수 있었을 것이다. 희미한데다 지속 시간이 단 몇 초에 불과해서 지구상의 어느 누구도 그 폭발을 목격했을 가능성은 없지만 말이다. 반면 초신성은 더 오래 지속되며, 전형적으로 수개월에 걸쳐 서서히 희미해지므로 (심지어 망원경이 발명되기 전에도) 천문학자들은 우리은하에서 일어난 초신성 폭발을 몇 차례 볼 수 있었다.

우주의 괴물 중에는 퀘이사quasar라는 강렬한 빛을 내는 천체가 있는데 이것은 약간 다른 부류에 속한다. 퀘이사는 너무 멀리 있어 육안 관측이 불가능하지만, 한 번에 수백만 년간의 초신성보다 훨씬 밝은 빛을 낸다. 퀘이사의 동력은 은하 중심의 무거운 블랙홀로 은하 내부의 별 전체가 회전하는 동안 몇 개의 별이 조수 효과 때문에 궤도에서 벗어나 블랙홀 안으로 떨어지는데, 큰 퀘이사의 경우 그 수가 매일 대여섯 개에 이른다. 강력한 자기장이 중력 에너지 일부를 일정 방향으로 회전시켜 고에너지 입자들을 제트(블랙홀에서 뿜어져 나오는 일종의 빛-옮긴이) 형태로 뿜어내므로, 주위에 있는 가스를 태양 1조 개와 맞먹는 빛으로 빛나게 한다.

블랙홀 내부('사건의 지평선'으로 알려진 되돌아올 수 없는 표면 내부)의 상황은 훨씬 더 극단적이어서, 그곳에서는 시간과 공간이라는 구조가 갈가리 찢기고 있을지도 모른다. 이 모든 일이 140억 년 전에 모든 것을 아우르는 빅뱅이라는 폭발과 함께 시작된 가차 없이 팽창하는 우주에서 일어나고 있다. 빅뱅은 내가 지금까지 설명한 모든 현상을 하찮아 보이게 만드는 대단한 사건이었다. 그리고 이 우주 전체는 그런 우주를 엄청나게 많이 포함하는 훨씬 더 큰 실재entity인 다중 우주의 한 조각에 불과하다.

물리적 세계는 한때 생각했던 것보다 훨씬 더 크고 훨씬 더 격렬할 뿐만 아니라 다양성이라는 점에서도 훨씬 더 풍부하다. 하지만 그 모든 것이 우리가 깊이 이해하고 있는 우아한 물리 법칙에 따라 진행된다(나는 그런 현상들 자체가 더 놀라운지, 우리가 그 현상들에 대해 많이 알고 있다는 사실이 더 놀라운지 모르겠다).

대체 우리는 어떻게 아는 것일까? 과학의 가장 놀라운 사실 중 하나는 우리가 가진 최고 이론의 막대한 도달 범위와 힘 그리고 우리가 그런 이론들을 만들어 내는 국지적 방법 사이의 현저한 차이이다. 인간은 변환이 일어나고 에너지가 만들어지는 별의 중심은 고사하고, 그 표면에도 가본 적이 없다. 하지만 우리는 하늘에서 반짝이는 별들의 차가운 광점을 보면서 우리가 바라보고 있는 게 멀리 떨어진 핵 용광로의 뜨거운 표면이라는 사실을 안다. 물리적으로 이런 경험은 우리의 뇌가 우리 눈의 전기 자극에 반응하는 것에 불과하다. 그리고 눈은 그 순간에 눈 안에 들어온 빛만 탐지할 수 있다. 그 빛은 아주 멀리 떨어진 곳에서 오래전에 방출되었으며, 그곳에서는 단순한 빛의 방출 이상의 일이 벌어지고 있다. 이 일들은 우리가 볼 수 있는 게 아니다. 우리는 그것들을 오직 이론을 통해서만 알 뿐이다.

과학 이론은 '설명'이다. 이것은 그저 저 밖에 무엇이 존재하며 그것이 어떻게 움직이고 있는가에 대한 주장에 불과하다. 이런 이론들은 어디에서 온 것일까? 과학의 역사 속에서 우리는 우리 감각의 증거들로부터 이런 이론을 '도출한다'고 잘못 이해해 왔다. 이것은 경험주의empiricism로 알려진 철학적 교리로, 예를 들어, 철학자 존 로크John Locke는 마음은 감각적 경험이 써 내려가는 "백지" 같은 것으로, 바로 그곳에서 물리적 세계에 대한 우리의 모든 지식이 나온다고 말했다. 또 다른 경험주의적 은유는 인간이 관측을 통해 "자연이라는 책"에서 지식을 읽을 수 있다고 했다. 어느 쪽이든, 지식을 발견하는 사람은 창조자가 아니라 수동적인 수용자이다.

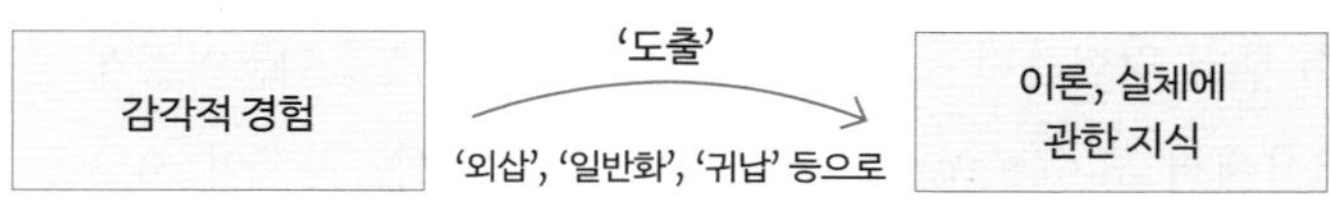

하지만 사실 과학 이론은 어떤 것으로부터도 '도출되지' 않는다. 우리는 그 이론들을 자연에서 읽는 것도 아니며, 자연이 그런 이론들을 우리에게 제공해 주는 것도 아니다. 이론은 추측이다. 그것도 아주 대담한 추측. 인간은 기존의 개념을 개선하기 위해 알고 있는 개념들을 재배열하고 조합하고 변경하고 첨가하는 방식으로 추측을 한다. 우리는 태어날 때 '백지'로 시작하는 게 아니라, 사고와 경험을 이용해 추측을 개선하는 내재적 능력을 가지고 시작한다. 경험은 사실 과학에 꼭 필요하지만, 그 역할은 경험주의의 생각과 다르다. 경험은 이론 도출의 원천이 아니다. "경험에서 배운다"는 말이 바로 이런 의미이다.

그러나 철학자 칼 포퍼Karl Popper의 책이 세상에 나온 20세기 중반까지는 이런 내용을 제대로 이해하지 못했다. 따라서 역사적으로 볼 때 우리가 지금 알고 있는 실험 과학에 관한 그럴듯한 변명거리를 준 것은 바로 경험주의였다. 경험주의 철학자들은 성직자나 학자 같은 권위자들, 전통적 지식과 경험에 대한 믿음 그리고 성서를 비롯한 다른 고대 문서에 대한 경의를 비판하고 거부했다. 경험주의는 또한 감각은 무시해야 할 오류의 원인에 불과하다는 생각과도 모순되었다. 그리고 중요한 것은 이미 알려져 있다고 생각하는 중세의 숙명론과는 반대로, 경험주의는 새로운 지식 습득에 낙관적이었다. 따라서 경험주의는 과학 지식의 원천에 대해서는 완전히 오류를 범했지만, 철학과 과학의 발전에서는 지대한 역할을 했다. 그럼에도 불구하고, (우호적이든 적대적이든) 회의론자들이 처음부터 제기했던 문제는 상존했다. 어떻게 경험한 지식으로부터 경험하지 못한 지식을 '도출'할 수 있을까? 어떻게 생각해야 전자에서 후자를 타당하게 도출할 수 있을까? 지구의 지도를 보고 화성의 지형을 추론한다는 게 불가능할 텐데, 우리는 왜 지구에서 이루어진 실험을 통해 화성의 물리학에 대해 배울 수 있다고 예상하는 걸까? 분명 그런 일은 논리적 추론만으로는 가능하지 않다. 왜냐하면 뚜렷한 논리적 결함이 존재하기 때문이다. 어떤 경험을 묘사하는 설명에 아무리 많은 추론을 적용해도 그 경험 이상의 무언가에 대한 결론에 도달할 수는 없다.

전통적인 지혜에 따르면, 그 열쇠는 반복성에 있다. 만약 유사한 상황에서 유사한 경험이 반복적으로 일어나면, 그런 패턴을 외삽extrapolate(이전의 경험이나 실험으로부터 얻은 데이터에 비추어, 아직 경험 및 실험하지 못한 경우를 예측해 보는 기법 – 옮긴이)하거나 일반화해서 그런 일이 계속될 거라고 예측하게 된다. 예를 들어, 내일 아침에도 해가 뜰 거라고 예상하는 이유는 무엇일까? 그 이유는 과거에도 (그런 주장이 가능하도록) 아침이면 하늘에서 해가 뜨는 것을 늘 보았기 때문이다. 이런 반복을 통해 우리는 유사한 상황에서는 항상 그런 경험을 하게 된다는, 혹은 아마도 그런 경험을 하게 될 거라는 이론을 '도출'한다. 예측이 사실로 드러날 때마다 그리고 그 예측이 절대로 기대를 저버리지 않는다면, 그것이 결국에는 항상 사실로 드러날 가능성이 높아진다. 따라서 우리는 과거로부터 미래에 대한 훨씬 믿을 만한 지식을 얻게 된다. 그런 추정 과정을 '귀납적 추론' 또는 '귀납'이라고 하며, 그런 방식으로 과학 이론을 얻는 것을 귀납주의inductivism라고 한다. 논리적 결함을 보완하기 위해, 일부 귀납주의자들은 귀납적 추론을 사실처럼 보이게 만드는 일명 '귀납 원리principle of induction'라는 자연의 원리가 있다고 상상한다. '미래는 과거와 유사할 것이다' '먼 것은 가까운 것과 닮았다' '보이지 않는 것은 보이는 것과 닮았다' 등이 이런 원리에 속한다고 할 수 있다.

그러나 지금까지 경험으로부터 과학 이론을 얻는 실제 이용 가능한 '귀납 원리'를 만들어 낸 사람은 없다. 역사적으로 귀납주의에 대한 비판은 그런 실패와 보완되지 않는 논리적 결함에 초점이 맞춰져 귀납주의를 너무 가볍게 여기게 했다. 왜냐하면 그렇게 되면 귀납주의의 가장 심각한 오해 두 가지를 인정하는 꼴이 되기 때문이다.

첫째, 귀납주의는 무언가를 설명하려고 한다는 오해이다. 하지만 우리의 이론적 지식은 대부분 단순히 그런 형태를 취하지 않는다. 과학적 설명은 실체에 대한 것이며, 그 대부분이 누군가의 경험으로 이루어져 있지는 않다. 천체물리학은 주로 우리(우리가 하늘을 바라볼 때 보게 되는 것)에 관한 이야기가 아니라, 별이 무엇인가에 관한 이야기이다. 별의 성분은 무엇이며 별을 반짝이게 하는 것은 무엇인지 그리고 별이 어떻게 만들어지는지 등이다. 그리고 그 대부분은 관측된 적이 없다. 수십억 년이나 1광년을 경험한 사람도 없고, 빅뱅 때 살았던 사람도 없으며, 마음속 상상이나 이론을 통해서가 아니라면 앞으로도 관련된 물리법칙을 직접 만져 볼 수 있는 사람은 결코 없을 것이다. 사물의 미래에 대한 모든 예측은 현재의 모습에 대한 설명으로부터 추론된다. 따라서 귀납주의는 별이 그저 하늘의 광점이라는 것 말고는, 심지어 우리가 별과 우주에 관해서 알 수 있는 방법조차 다루지 못한다.

두 번째 오해는 과학 이론이 '미래는 과거와 유사할 것'이라거나 '보이지 않는 것은 보이는 것과 닮았다'고 예측할 거라고 생각한다는 점이다. 하지만 사실 미래는 과거와 유사하지 않으며, 보이지 않는 것은 보이는 것과 매우 다르다. 과학은 종종 이전의 경험과는 전혀 다른 현상을 예측하고 초래한다. 수천 년 동안 사람들은 하늘 비행을 꿈꾸었지만 오직 추락하는 경험만 했다. 한참 후에 비행 이론을 발견했고, 마침내 하늘을 날았다. 1945년 이전에는 핵융합 폭발을 관측한 사람은 없었다. 아마도 우주 역사상 단 한 명도 없었을 것이다. 그러나 최초의 핵융합 폭발과 그런 폭발의 발생 조건은 정확히 예측되었다. 다만 미래가 과거와 유사할 거라는 가정에서 도출된 게 아니었다. 심지어 귀납론자들이 가장 좋아하는 사례인 일출조차도 항상 24시간마다 관측되지는 않는다. 궤도에서 관측할 때는 일출이 90분마다 일어날 수도 있고 전혀 일어나지 않을 수도 있다. 그리고 이런 사실은 인간이 지구의 궤도를 돌기 훨씬 전부터 이론적으로 잘 알려져 있었다.

이러한 모든 사례에서, 미래도 동일한 근원적 자연법칙을 따른다는 의미에서 미래가 여전히 '과거와 유사할 것'이라고 지적하는 것은 귀납주의를 옹호하지 못한다. 왜냐하면 그것은 공허한 진술에 불과하기 때문이다. 즉, 진실이든 거짓이든 미래와 과거에 대해서 주장하는 어떠한 자연법칙도 미래와 과거가 그 법칙을 따르기 때문에 서로 '유사하다'는 주장일 뿐이다. 따라서 그런 형태의 '귀납 원리'로는 이론이나 예측을 도출할 수 없다.

심지어 일상생활에서도 우리는 미래가 과거와 유사하지 않다는 사실을 잘 알고 있다. 2000년 이전에, 나는 달력이 '19'로 시작하는 해의 숫자를 보여 주는 것을 수천 번 경험했다. 그러나 1999년 12월 31일 자정이 되는 순간 나는 달력이 계속 이렇게 유지된다면(그리고 표준 그레고리력 체제를 사용한다면), 모든 달력에서 '20'을 보게 되리라고 예상했다. 나는 또 1만 7,000년의 시간이 지나면 누구라도 또다시 그런 조건하에서 '19'라는 숫자를 보게 될 거라고 예상했다. 우리 중 어느 누구도 '20'이나 그런 시간의 간격을 관측해 본 적이 없지만, 우리의 설명 이론은 그러한 사실을 예상하게 해주었다.

고대 철학자 헤라클레이투스Heraclitus가 말했듯이, "어느 누구도 동일한 강물에 발을 두 번 담그지 못한다. 왜냐하면 그것은 이미 동일한 강물이 아니며 그 역시 동일한 사람이 아니기 때문"이다. 따라서 우리가 '동일한' 상황에서 일출을 '반복적으로' 보았던 걸 기억할 때, 우리는 암묵적으로 설명 이론에 의존해서 우리 경험의 변수들을 어떻게 조합해야 근원적인 현실에서 '반복적' 현상이 되는지 그리고 어느 쪽이 논리적이고 어느 쪽이 비논리적인지를 판단한다. 예를 들어, 기하학과 광학 이론은 구름 낀 날에는 구름 뒤편의 보이지 않는 세계에서는 실제로 해가 뜨고 있어도 일출을 보지는 못할 거라고 도출한다. 그런 날에 해를 보지 못한다고 해서 해가 뜨지 않는 건 아니라는 사실을 아는 것은 오로지 앞선 설명 이론 덕분이다. 마찬가지로, 이론에 따르면 거울에 비친 일출 모습을 보거나, 비디오나 가상 현실 게임에서 일출을 봤다고 해서, 그것을 일출을 두 번 본 것으로 생각하지 않는다. 따라서 경험이 반복되어 왔다는 개념 자체는 감각적 경험이 아니라 하나의 이론인 셈이다.

귀납주의에는 이런 사례가 너무도 많다. 그리고 귀납주의는 거짓이므로 경험주의도 거짓이어야 한다. 왜냐하면 경험에서 예측을 도출할 수 없다면, 확실히 설명을 도출할 수도 없기 때문이다. 새로운 설명의 발견은 본질적으로 창조 행위이다. 하늘의 광점을 지름이 수백만 킬로미터나 되는 백열의 구로 해석하려면 우선 그런 구의 개념을 생각했어야 한다. 그런 다음 그 광점이 왜 작고 차갑게 보이는지 왜 우리 주변에서 빙글빙글 돌고만 있고 떨어지지는 않는지 설명해야 한다. 그런 개념은 저절로 만들어지지 않으며 무언가로부터 기계적으로 도출할 수도 없다. 그런 개념은 그저 추측될 뿐이며, 비판과 검증을 거쳐야 한다. 광점을 경험하고 우리의 뇌에 무언가를 '써두는' 정도는 설명이 아니라 그저 광점을 기록하는 것에 불과하다. 자연은 책도 아니다. 우리는 하늘의 광점을 일평생 (심지어 여러 세기 동안) 아무리 '읽어 보려' 해도 그 광점이 정말로 무엇인지 결코 알 수 없다.

역사적으로 정말 그런 일이 일어났다. 수천 년 동안, 하늘을 가장 주의 깊게 관찰했던 사람들은 별이 지구를 중심으로 돌고 있는 텅 빈 '천구celestial sphere'에 박힌 광점이라고 (혹은 별은 천구의 구멍이며, 그 구멍을 통해 하늘의 빛이 비추는 것이라고) 믿었다. 지구가 우주의 중심에 있다는 천동설 이론은 경험으로부터 직접 도출된 것처럼 보였고, 반복적으로 확인되었다. 하늘을 올려다보는 사람은 누구라도 천구를 '직접 관측할' 수 있었고, 별은 예측한 대로 천구상에서 상대적 위치를 유지하며 고정되어 있었다. 그러나 사실 태양계의 중심에는 지구가 아니라 태양이 있으며 지구는 고정되어 있는 게 아니라 복잡한 운동을 하고 있다. 비록 별의 관측을 통해 매일 자전을 발견하기는 했지만, 그것은 별의 특성이 아니라 지구의 그리고 지구와 함께 회전하는 관측자의 특성이었다. 이것은 인간의 감각을 속이는 고전적 사례이다. 즉, 지구는 우리의 발밑에서 움직이지 않는 것처럼 보이고 또 그렇게 느껴지지만, 실제로는 회전하고 있다. 천구의 경우, 밝은 대낮에는 하늘로 보이지만 사실은 존재하는 게 아니다.

감각의 속임수는 항상 경험주의의 문제가 됐으며, 과학에서도 그랬던 것처럼 보인다. 경험주의자들은 감각 자체는 사람을 현혹시킬 수 없다고 변명했다. 우리를 현혹시키는 것은 겉모습에 대한 잘못된 해석일 뿐이라고. 이 말은 사실이다. 하지만 이것은 우리의 감각 자체가 아무것도 말해주지 않기 때문이다. 오직 감각에 대한 우리의 해석만 존재하며, 그런 해석은 오류일 가능성이 매우 높다. 그러나 과학의 진정한 열쇠는 그런 해석을 포함하는 우리의 설명 이론이 추측과 비판과 검증을 통해 개선될 수 있다는 점이다.

경험주의는 권위로부터 과학을 해방하려는 목적을 달성하지 못했다. 경험주의는 전통적 권위들의 정통성을 부정했고, 그런 점은 유익했다. 하지만 불행히도 가상의 과정인 감각적 경험과 도출이라는 두 개의 거짓 권위를 내세우는 우를 범했다. 그 과정은 경험으로부터 이론을 도출하는 데 사용하는 귀납법 같은 것이었다.

지식에 대한 신뢰성이 생기려면 권위가 필요하다는 오해는 아주 오랜 고대부터 시작되어, 여전히 만연하다. 오늘날까지도 지식 철학의 과정에서는 대부분 지식이 정당화된 진정한 믿음의 형태라고 가르치는데, 여기서 '정당화되었다'는 말은 권위 있는 출처나 지식의 표준을 언급함으로써 사실로 (혹은 적어도 '개연성이 있는 것으로') 명시되었다는 의미이다. 따라서 "우리가 어떻게 아는가…?"라는 질문은 "우리가 어떤 권위를 근거로 주장하는가…?"라는 질문으로 바뀐다. 후자의 질문은 다른 어떤 개념보다도 철학자들의 시간과 노력을 낭비케 하는 망상이다. 이를 정당화주의justificationism라고 한다.

반대로 권위 있는 출처도 없고, 개념이 사실이거나 개연성 있다고 정당화할 방법도 없다고 인식하는 입장은 오류 가능성주의fallibilism라고 한다. 지식에 대한 정당화된 믿음이 존재한다고 믿는 사람들에게 이런 인식은 냉소를 불러일으킨다. 왜냐하면 그들에게는 이 말이 지식에 도달할 수 없다는 의미이기 때문이다. 그러나 정말로 존재하는 게 무엇이며, 그것이 어떻게 움직이고, 왜 존재하는지를 더 잘 이해하는 것을 지식 창출이라고 보는 우리 같은 사람들에게는, 오류 가능성주의가 바로 이런 물음을 해결할 방법 중 하나이다. 오류 가능성주의자들은 자신들의 가장 훌륭하고 가장 기본적인 설명조차도 진실뿐만 아니라 오해도 포함하고 있다고 생각한다. 따라서 그들은 그런 설명을 더 좋은 설명으로 바꿀 마음의 준비가 되어 있다. 반대로 정당화주의의 논리는 변화에 맞서는 개념을 확고하게 다질 방식을 찾는 것이다. 또한 오류 가능성주의의 논리는 과거의 오해를 올바르게 수정하려고 할 뿐만 아니라, 미래에도 잘못된 개념들을 찾아서 바꿀 수 있기를 바란다. 따라서 끝없는 지식 성장의 시작을 의미하는 무한의 시작에 꼭 필요한 것은 단순히 권위에 대한 거부가 아니라 오류 가능성주의이다.

권위 추구는 경험주의자들을 경시하게 했으며 심지어 모든 이론의 진정한 원천인 추측conjecture에 오명을 씌우는 결과를 낳았다. 왜냐하면 오직 감각만이 지식의 원천이라면, 그 원천이 말하는 내용에 첨삭을 하거나 오해를 하는 것만으로도 오류(혹은 적어도 피할 수 있는 오류)가 발생할 수 있기 때문이다. 따라서 경험주의자들은 고대의 권위와 전통 거부는 물론이고, 경험으로부터 적절히 '도출된' 것 이외에는 과학자들이 혹시 갖고 있을지도 모르는 새로운 생각을 억압하거나 무시해야 한다고 믿게 되었다. 아서 코난 도일의 소설 속 사립 탐정인 셜록 홈스는 《보헤미아의 스캔들*A Scandal in Bohemia*》이라는 단편에서 이것을 "데이터를 갖기 전에 이론화하는 것은 중대한 실수"라고 표현했다.

그러나 그것은 자체로 중대한 실수였다. 우리는 이론을 통해 해석하기 전에는 어떤 데이터도 결코 알지 못한다. 모든 관측에는 포퍼의 표현대로, 이론이 담겨 있으며,[1] 따라서 모든 이론과 마찬가지로 오류 가능성이 존재한다. 감각 기관에서 우리의 뇌로 들어오는 신경 신호를 생각해 보자. 그런 신호들은 실체에 대한 직접적이거나 완벽한 정보를 제공하기는커녕, 우리는 그 딱딱거리는 전기 활동이 정말로 무엇인지도 경험하지 못한다. 대신 우리는 그것들을 그 너머의 실체에 놓는다. 우리는 그저 파란색만 보는 게 아니다. 우리는 저 위 멀리 떨어진 곳에 있는 파란 하늘도 본다. 우리는 그저 고통만 느끼는 게 아니다. 우리는 두통이나 복통도 경험한다. 뇌는 '머리', '배', '저 위' 같은 해석을 뇌의 내부에 실제로 존재하는 사건들과 연결한다. 우리의 감각 기관 자체는 그리고 우리가 의식적으로든 무의식적으로든 그 결과물과 연결하는 모든 해석은 오류일 가능성이 매우 높다. 모든 광학적 착시 현상과 마술의 속임수뿐만 아니라 천구 이론의 입증처럼 말이다. 따라서 우리는 실제의 모습은 전혀 인식하지 못한다. 모든 것은 그저 이론적 해석인 추측에 불과하다.

코난 도일이 《보스콤 계곡의 비밀*Boscombe Valley Mystery*》에서, 홈스를 통해 다음과 같은 말을 할 때는 진실에 훨씬 더 가까워졌다. "정황적 증거란 매우 속기 쉬운 것입니다. … 그것은 어떤 것을 똑바로 가리키는 것처럼 보일 수도 있지만, 관점을 조금만 바꾸면 전혀 다른 무언가를 가리키고 있다는 걸 알게 됩니다. … 분명한 사실보다 더 속기 쉬운 것은 없습니다." 동일한 문제가 과학적 발견에도 적용된다. 그리고 그것은 다시 이런 문제를 제기한다. 우리는 어떻게 알까? 만약 모든 이론이 우리 마음속 추측을 통해 일부만 만들어지고, 경험을 통해서만 검증할 수 있다면, 그런 이론이 우리가 경험해 본 적 없는 실체에 대한 포괄적이고 정확한 지식을 포함할 가능성을 어떻게 알 수 있을까?

나는 과학적 지식이 어떤 권위로부터 도출되었는지 혹은 어떤 권위에 근거하고 있는지 묻는 게 아니다. 내가 묻고 있는 것은 우리의 뇌에서 물리적으로 표현되는 세계에 대해 어느 과정이 더 진실되고 더 상세한 설명인지 하는 것이다. 우리는 멀리 떨어진 별의 중심에서 변환이 일어날 때 발생하는 원자보다 더 작은 입자들의 상호 작용에 대해서 어떻게 알게 되었을까? 심지어 하나의 별에서 우리 장비에 도달하는 작은 빛의 조각도 변환이 실제로 일어나는 중심으로부터 수백만 킬로미터나 떨어진 그 별의 표면에서 백열의 가스가 방출한 것인데 말이다. 또 빅뱅은 지각 있는 모든 존재와 과학 장비를 즉시 파괴시켰을 텐데,

그 후 처음 몇 초 동안 이 화구의 상태에 대해 어떻게 알까? 심지어 우리에게 측정 방법조차 없는 미래에 대해서는? 우리는 새로운 디자인의 마이크로 칩이나 새로 개발된 신약이 이전에 존재한 적도 없는데, 어떻게 그 작동 여부나 치료 여부를 자신 있게 예측할 수 있을까?

인류 역사 대부분 동안, 우리는 이 모든 것을 어떻게 해야 하는지 몰랐다. 사람들은 마이크로 칩이나 신약, 심지어 바퀴도 디자인하지 않았다. 수천 세대 동안, 우리 조상은 밤하늘을 올려다보며 별이 무엇인지 궁금해했다. 별이 무엇으로 만들어졌는지, 별을 반짝이게 하는 건 무엇인지, 별은 서로 그리고 우리와 어떤 관련이 있는지 말이다. 이런 궁금증은 당연했다. 그리고 그들은 해부학적으로 현대의 천문학자들과 거의 다르지 않은 눈과 뇌를 이용했다. 그러나 그들은 별에 관해서 아무것도 발견하지 못했다. 다른 지식 분야의 상황도 비슷했다. 그것은 노력이나 생각의 부족 때문이 아니었다. 사람들은 세상을 관측했다. 그리고 세상을 이해하려고 했다. 하지만 대부분 헛수고로 끝났다. 때때로 그들은 겉모습에서 간단한 패턴들을 알아보기도 했다. 하지만 겉모습 이면에 존재하는 실체를 파악하는 일에는 거의 실패하고 말았다.

추측건대 당시 사람들은 오늘날처럼 아주 가끔씩만, 훨씬 더 편협한 관심사에서 잠시 물러나 있을 때만 궁금해했다. 하지만 편협한 관심사들도 순수한 호기심에서 발현되지 않았을 뿐, 알고자 하는 열망과 관련되어 있었다. 그들은 식량을 안전하게 지키는 방법을 알고 싶어 했고, 굶주림의 고민 없이 피곤할 때는 쉴 수 있는 방법을 알고 싶어 했으며, 더 따뜻하고 더 시원하고 더 안전하고 덜 고통받을 수 있는 방법을 알고 싶어 했다. 그들은 삶의 모든 면에서 진보하는 방법을 알고자 했다. 그러나 개인의 일생이라는 시간 규모로 볼 때 그들은 어떤 진보도 이루지 못했다. 불과 옷, 돌 도구와 청동 같은 발견은 너무나 드물어서 개인의 관점에서 보면 세상은 전혀 개선되지 않았다. 때로 사람들은 하늘에서 벌어지는 영문 모를 현상을 이해해야만 실용적인 진보를 이룰 수 있다는 사실도 (다소 놀라운 예지로) 깨달았다. 그들은 그 둘을 연결하는 신화 같은 연결고리를 생각해 내기도 했다. 그리고 그런 신화가 그들의 삶을 지배할 만큼 흥미롭다는 것도 알았지만 그것은 여전히 진실과는 거리가 멀었다. 간단히 말해서 그들은 진보를 이루기 위해 지식을 창출하고 싶었지만, 방법을 알지 못했다.

우리 종은 초기 선사 시대부터 문명의 새벽을 거쳐 거의 감지할 수 없을 정도로 느리게 정교해지고 많은 반전을 겪는 동안, 지난 몇 세기 전까지는 상황이 대체로 이러했다. 그 뒤 전혀 새로운 형태의 발견과 설명이 나타났고, 그것은 나중에 과학science으로 알려지게 되었다. 과학의 출현은 과학 혁명scientific revolution으로 알려져 있는데, 덕분에 거의 즉시 놀라운 속도로 지식을 창조했고, 그 이후로도 계속 지식이 증가해 왔다.

그럼 무엇이 변했을까? 이전의 모든 방식이 실패한 상황에서 과학이 물리적 세계를 이해하는 데 효과적이었던 까닭은 무엇일까? 사람들이 처음으로 무엇을 시도했기에 이런 변화가 일어났을까? 과학이 성공을 거두자마자 우리는 이런 질문을 하게 되었고, 충돌하는 여러 답변이 있었지만, 일부는 진실을 담고 있었다. 하지만 문제의 핵심에 도달한 답변은 하나도 없었던 것 같다. 우선 내 답변을 설명하기에 앞서 그 배경을 설명하는 게 좋겠다.

과학 혁명은 계몽enlightenment이라는 더 광범위한 지적 혁명의 일부였다. 계몽은 다른 분야에도 진보를 가져왔는데, 특히 도덕과 정치 철학 그리고 사회 제도에서 두드러졌다. 불행히도, '계몽'이라는 용어는 역사가와 철학자가 서로 격렬하게 충돌하는 경향을 표현하기 위해 사용되었다. 내가 이 용어로 표현하고자 하는 것도 우리의 이야기가 진행되는 동안 나타날 것이다. 계몽은 '무한의 시작'의 여러 양상들 가운데 하나이며, 이 책의 주제이기도 하다. 그러나 계몽의 모든 개념이 동의하는 한 가지는 그것이 반란rebellion이었으며, 특히 지식에 관해서는 권위에 대한 반란이었다는 점이다.

지식과 관련하여 권위에 대한 거부는 단순히 추상적 분석의 문제가 아니라, 진보의 필요조건이었다. 왜냐하면 계몽 이전에는, 알 수 있는 중요한 모든 것은 이미 발견되었으며 고대 문서와 전통적이고 권위 있는 출처들 속에 기술되어 있다는 믿음이 팽배했기 때문이다. 그런 출처들 중 일부는 실제로 진정한 지식을 포함하기도 했지만, 많은 허구와 함께 독단적 주장의 형태로 고착되어 있었다. 따라서 일반적으로 지식의 출처라고 생각되었던 모든 것은 사실 거의 알려진 바 없었고, 그런 출처를 안다고 주장한 것 역시 대부분은 오류투성이였다. 따라서 진보는 그런 출처의 권위를 거부하는 방법을 배우는 데에 달려 있었다. 1660년 런던에서 창립된 초창기 과학 아카데미 중 하나인 영국 왕립학회가 누구의 말도 그대로 믿지 말라는 뜻의 '눌리우스 인 베르바nullius in verba'를 모토로 삼았던 이유도 바로 여기에 있었다.

그러나 권위에 대한 반란만으로 차이가 만들어지는 것은 아니다. 권위에 대한 거부는 역사상 여러 차례 있었지만, 지속해서 좋은 결과를 낳은 사례는 극히 드물었기 때문이다. 통상적으로는 새로운 권위가 이전 권위를 대체하는 게 순서였다. 지식이 지속적으로 성장하려면 비판의 전통tradition of criticism이 필요하다. 계몽 이전에는 그런 전통이 매우 드물었다. 대개 그의 목적은 동일한 상황을 유지하는 것이었기 때문이다.

따라서 계몽은 사람들의 지식 추구 방법에서 혁명이었고, 그 방법은 바로 권위에 의존하지 않는 것이었다. 지식은 오로지 감각에만 의존한다고 주장하는 경험주의가 과학의 작동 방식을 근본적으로 잘못 이해하고 심지어 대단히 권위적이었는데도 역사적 역할을 했던 데에는 이런 배경이 있었다.

다만 이런 전통에 대한 비판으로 과학 이론은 검증할 수 있어야 한다는 방법론적 규칙이 출현했다(처음에는 이런 규칙이 명백하게 만들어지지 않았지만). 즉, 이론은 예측을 만들어야 하고, 그 이론이 거짓이라면 관측 가능한 결과물로 반박할 수 있을 것이다. 따라서 비록 과학 이론이 경험에서 도출되지는 않는다고 해도, 경험에 의해, 즉 관측이나 실험을 통한 검증은 가능하다. 예를 들어, 방사능이 발견되기 전까지 화학자들은 변환이 불가능하다고 믿었다(그리고 수많은 실험으로 입증했다). 러더퍼드와 소디는 우라늄이 자연적으로 다른 원소로 변환한다고 대담하게 추측했다. 그 뒤, 두 사람은 밀봉된 우라늄 용기 속에서 라듐이라는 원소가 생기는 것을 입증함으로써 널리 알려져 있던 일반적 이론을 반박했고, 과학은 진보했다. 그들이 그렇게 할 수 있었던 것은 앞선 이론이 검증 가능했기 때문이다. 그들은 라듐의 존재를 검증할 수 있었다. 반대로, 모든 물질은 흙과 공기와 불과 물의 조합으로 이루어진다는 오래된 이론은 검증이 불가능했다. 이 이론은 성분들의 존재를 검증할 수 있는 방법을 포함하고 있지 않았기 때문이다. 따라서 이 이론은 실험으로는 결코 반박할 수 없었고, 실험을 통해 개선할 수도 없었다. 계몽은 근본적으로 철학적 변화였다.

'자연이라는 책을 읽는 것'으로 오인하기 쉬운 실험과 관측 같은 것과 구별해서 실험 검증의 중요성을 이해한 최초의 인물은 아마도 물리학자 갈릴레오 갈릴레이Galileo Galilei일 것이다. 검증 가능성은 이제 과학적 방법의 특성을 정의하는 것으로 받아들여진다. 포퍼는 검증 가능성을 과학과 비과학의 경계 기준이라고 했다.

그럼에도 불구하고 검증 가능성도 과학 혁명의 결정적 요인이 될 수는 없다. 종종 언급되는 것과는 반대로, 검증 가능한 예측은 흔했다. 부싯돌을 만들거나 모닥불을 피우는 것에 대한 전통적 경험 법칙은 검증이 가능하다. 다음 화요일에도 해가 뜰 거라고 주장하는 자칭 예언자는 모두 검증 가능한 이론을 갖고 있다. 따라서 "오늘이야말로 나의 행운의 밤이야, 난 느낄 수 있어"라는 육감을 갖고 있는 도박꾼도 마찬가지이다. 그렇다면 과학에는 존재하지만 예언자와 도박꾼의 이론에는 없는, 진보를 가능하게 하는 중요한 요소는 무엇일까?

검증 가능성만으로 충분하지 않은 이유는 예측이 과학의 목적도 아닐 뿐더러 목적일 수도 없기 때문이다. 마술을 지켜보는 관중을 생각해보자. 그들이 마주한 문제도 과학적 문제와 동일한 논리를 갖는다. 비록 자연에는 우리를 의도적으로 속이려는 마술사가 없지만, 우리는 두 경우 모두에서 본질적으로 같은 이유 때문에 현혹될 수 있다. 그것은 바로 겉모습 자체는 설명에 전혀 도움이 되지 않는다는 점이다. 만약 어떤 마술의 설명이 겉모습에 분명히 드러난다면, 속임수는 없을 것이다. 만약 물리적 현상의 설명이 겉모습에 분명히 드러난다면, 경험주의는 진실이 되고 우리가 아는 과학은 필요하지 않을 것이다.

문제는 이 속임수의 현상을 예측하는 게 아니다. 예를 들어, 마술사가 여러 개의 공을 여러 개의 컵 밑에 놓는 시늉을 한다면 나는 나중에는 그 컵들이 텅 빈 것처럼 보일 거라고 예측할 것이다. 그리고 그 마술사가 사람을 톱으로 자르는 시늉을 한다면, 나중에는 그 사람이 온전한 상태로 무대 위에 나타날 거라고 예측할 것이다. 그런 것은 검증 가능한 예측이다. 나는 많은 마술쇼를 경험하고 매번 많은 예측이 진실로 입증되는 것을 목격할 것이다. 그러나 그것은 그 속임수의 작동 원리에 대한 문제를 해결하는 것은 고사하고, 그 문제를 제대로 다루지도 않는다. 그 문제를 해결하기 위해서는 설명이, 즉 그런 겉모습을 설명하는 실체에 대한 진술이 필요하다.

어떤 사람들은 그런 속임수의 작동 원리를 궁금해하지 않으면서 그저 마술을 즐기기도 한다. 마찬가지로, 20세기에는 대부분의 철학자와 과학자가 과학으로는 실체를 알아낼 수 없다는 견해를 받아들였다. 그들은 경험주의에서 시작해서 과학은 관측의 결과 예측 이상은 하지 못하며, 따라서 그런 결과를 초래하는 실체를 묘사한다고 주장해서는 안 된다는 불가피한 결론을 이끌어 냈다(그럼에도 불구하고 그런 결론은 초기의 경험주의자들을 경악하게 했을 것이다). 이것은 도구주의instrumentalism로 알려져 있다. 도구주의는 내가 '설명'이라고 부르는 게 존재할 수 있다는 것을 부정한다. 하지만 그럼에도 도구주의의 영향력은 여전히 지대하다. 통계 분석 같은 분야에서는 '설명'이라는 단어가 예측을 의미하게 되었으므로 수학 공식은 실험 데이터의 집합을 '설명한다'고 말한다. '실체'란 그저 공식이 어림하는 것으로 생각되는 관측 데이터에 불과하다. 그것은 '유용한 허구'를 제외하면 실체 자체에 대한 주장을 표현하는 용어를 남기지 않는다.

도구주의는 실재론, 상식 그리고 물리적 세계가 정말로 존재하며 합리적인 탐구에 접근할 수 있다는 참된 교리를 부정하는 여러 방법 중 하나이다. 한때 우리는 이것을 부정했지만, 도구주의가 함축하는 논리적 의미는 실체에 대한 모든 주장이 신화와 동일하며, 어떤 객관적인 의미에서도 우월하지 않다는 점이다. 그것은 주어진 분야의 진술이 객관적 진실일 수도 거짓일 수도 없다는 상대주의relativism이다. 그 진술들은 기껏해야 어떤 문화나 임의의 표준에 대해서 상대적 판단이 가능할 뿐이다.

도구주의는 (과학을 인간의 경험에 대한 진술의 집합으로 보는 철학적 범죄 행위는 차치하고라도) 그 용어 자체로도 이치에 맞지 않는다. 왜냐하면 설명 없이 예측만 존재하는 이론은 없기 때문이다. 우리는 아주 복잡한 설명적 틀을 이용하지 않고는 가장 간단한 예측 하나도 만들어낼 수 없다. 예를 들어, 마술에 대한 예측은 본질적으로 마술에 적용된다. 이것은 설명 정보이며, 무엇보다도 그런 예측이 마술을 예측하는데 성공적이었다고 해도 또 다른 형태의 상황에 '외삽해서는' 안 된다고 말한다. 따라서 나는 톱이 일반적으로 사람에게 유해하지 않다고 예측해서는 안 된다고 알고 있으며, 컵 밑에 공을 놓으면 공이 사라지지 않고 그 자리에 그대로 머물러 있을 거라고 예측하게 된다.

마술의 개념은 그리고 마술과 다른 상황을 구별하는 개념은 익숙하고 문제도 없다. 그래서 온갖 종류에 대한 본질적인 설명 이론과 미묘한 문화적 세부 사항에도 마술이 의존한다는 사실을 잊기 쉽다. 익숙한데다 논란도 없는 정보는 배경지식background knowledge이다. 설명 내용이 배경지식으로만 이루어진 예측 이론은 경험 법칙rule of thumb이다. 우리는 보통 배경지식을 당연하게 받아들이기 때문에, 경험 법칙이 설명 없는 예측처럼 보일지 모르지만, 그것은 착각이다.

우리가 알든 모르든 경험 법칙이 왜 작동하는가에 대한 설명은 항상 존재한다. 자연의 규칙성에 설명이 있다는 사실을 부정하는 것은 "그건 마술이 아니라 마법이야"라고 말하면서 초자연적인 힘이 존재한다고 믿는 것과 다름없다. 또한 경험 법칙이 실패할 때도 늘 설명이 있는데, 경험 법칙은 항상 편협하기 때문이다. 경험 법칙은 좁은 도달 범위의 친근한 환경에서만 효력이 있다. 따라서 컵과 공 마술에 친근하지 않은 어떤 요소가 도입되면, 내가 설명했던 경험 법칙은 아마도 쉽게 잘못된 예측을 하게 될 것이다. 예를 들어, 나는 경험 법칙으로는 그 마술에서 공을 촛불로 만드는 게 가능할지 알 수 없을 것이다. 하지만 만약 해당 마술의 작동 원리에 대한 설명이 있다면, 그 여부를 알 수 있을 것이다.

설명은 애당초 경험 법칙에 도달하는 데에도 반드시 필요하다. 심지어 그 마술의 작동 원리에 대한 특정 설명을 듣기 전에 상당량의 설명 정보가 없다면 마술에 대한 그런 예측은 가능하지 않았을 것이다. 예를 들어, 내가 그런 마술을 볼 때마다 우연히 컵은 빨간색이고 공은 파란색이었다고 해도, 그 마술의 경험으로부터 빨간색과 파란색이 아니라 컵과 공의 개념을 꺼낼 수 있었던 것은 오직 설명에 비추어 보았을 때뿐이다.

실험 검증의 핵심은 문제의 논쟁에 대해서 알려진 실행 가능한 이론이 적어도 두 개는 있으며, 이들 이론이 만드는 충돌하는 예측을 실험으로 식별할 수 있다는 점이다. 실험과 관측에는 충돌하는 예측이 필요하듯이, 모든 합리적 사고와 물음에도 충돌 개념conflicting ideas이 필요하다. 예를 들어, 우리가 뭔가에 호기심을 갖는다는 말은 우리의 기존 개념이 그것을 적절히 이해하거나 설명하지 못한다고 믿는다는 의미이다. 따라서 우리는 기존의 설명이 충족시키지 못하는 어떤 기준을 갖게 된다. 그 기준과 기존의 설명이 충돌 개념이다. 나는 우리가 개념의 충돌을 경험하는 상황을 문제problem라고 부르고자 한다.

마술의 사례는 관측이 과학에 문제를 제공하는 방식을 보여 주며, 그 문제는 언제나처럼 앞선 설명 이론에 의존한다. 왜냐하면 마술이란 일어날 수 없는 일이 일어났다고 생각하게 만드는 경우에만 마술이기 때문이다. 그 전제의 두 반쪽, 즉 '일어날 수 없다'와 '일어날 수 있다' 모두 우리가 대단히 훌륭한 설명 이론을 경험에 적용시킬 수 있는지의 여부에 달려 있다. 어른에게는 놀랍고도 어리둥절한 마술이 어린아이의 흥미를 끌지 못하는 이유는 아이가 아직 그 마술의 요지를 이해하지 못했기 때문이다. 심지어 그 마술이 어떻게 작동하는지에 대한 호기심도 없는 관중조차 그게 속임수라는 사실을 간파할 수 있는 것은 자신들이 이미 알고 있는 설명 이론 때문이다. 문제 해결은 충돌 없는 설명을 만들어 내는 것을 의미한다.

마찬가지로, 지지대가 없는 사물은 쓰러지고, 불에는 연료가 필요하고, 연료는 고갈된다는 등의 기존의 예상(설명)들이 없었다면, 별이 무엇인지에 대해서 아무도 궁금해하지 않았을 것이다. 그런 예상은 별이 항상 빛나며 떨어지지 않는 것 같다는, 관측 내용의 해석(이 역시 설명이다)과 충돌했다. 이 경우에 잘못된 것은 그 해석이다. 별은 사실 자유낙하하고 있으며 실제로 연료를 필요로 한다. 그러나 그게 어떻게 가능할 수 있는지 발견하기 위해서는 엄청난 양의 추측과 비판과 검증이 필요했다.

어떤 문제는 관측 없이 순전히 이론으로만 제기될 수도 있다. 예컨대, 어떤 이론이 뜻밖의 예측을 하는 경우에 문제가 발생한다. 예상 역시 이론이다. 마찬가지로 사물의 현재 모습이 우리의 현재 기준으로 예상할 수 있는 모습과 다른 경우에도 문제가 발생한다. 이것은 아폴로 13호가 "휴스턴, 문제가 생겼다"라고 보고했을 때처럼 불쾌한 의미에서부터, 포퍼가 다음과 같이 말했을 때처럼 유쾌한 의미에 이르기까지, '문제'라는 단어의 광범위한 의미를 아우른다.

> 나는 과학에는, 아니 그 문제라면 철학에는 오로지 하나의 길밖에 없다고 생각한다. 어떤 문제를 만나는 것, 그 문제의 아름다움을 보고 사랑에 빠지는 것, 그 문제와 결혼해서 죽음이 당신들을 갈라 놓을 때까지 행복하게 사는 것이다. 당신이 또 다른 훨씬 더 매력적인 문제를 만나지 않는 한 혹은 어떤 해답을 얻지 않는 한 말이다. 그러나 당신이 어떤 해답을 얻는다고 해도, 난해하지만 매력적인 또 다른 문제들이 존재한다는 사실을 발견하게 될 것이다….
>
> 칼 포퍼, 《실체론과 과학의 목적*Realism and the Aim of Science*》

실험 검증은 검증되는 설명뿐만 아니라 측정 도구의 작동법 이론 같은, 많은 설명을 포함한다. 과학 이론의 반박은 그 이론이 사실일 거라고 예상하는 사람의 관점에서 보면 마술과 동일한 논리를 갖는다. 유일한 차이는 마술은 보통 속임수를 쓰기 위해 미지의 자연법칙을 이용하지는 않는다는 것이다.

이론들은 상호 모순될 수 있지만, 실체에는 모순이 없기 때문에, 모든 문제는 우리의 지식에 결함이 있거나 부적절한 게 있다는 신호를 보낸다. 우리의 오해는 우리가 관측하는 실체에 대한 것일 수도 있고, 우리의 인식이 그것과 어떻게 관련되어 있는가에 대한 것일 수도 있으며, 혹은 두 가지 모두일 수도 있다. 예컨대, 마술은 우리가 '반드시' 일어나야 하는 일에 대해 오해한 경우에만 문제를 제시하는데, 그것은 눈으로 본 것을 해석하는 데 사용한 우리의 지식에 결함이 있다는 것을 암시한다. 마술 지식에 정통한 전문가라면 설령 그 마술을 직접 보지 않고, 그저 그 마술에 속아 넘어간 사람에게 잘못된 설명을 듣는다고 하더라도 상황을 정확히 이해할 것이다. 이것은 과학 설명에 대한 또 다른 일반적 사실인데, 잘못 알고 있는 사람의 예상과 충돌하는 관측은 더 많은 추측을 부르겠지만, 아무리 많이 관측해도 그 사람의 오해를 바로잡지 못할 것이다. 반대로, 올바른 개념을 가진 사람은 데이터에 큰 오류가 있다고 해도 그 현상을 설명할 수 있을 것이다. 이번에도 '데이터'라는 용어는 오해를 불러일으킨다. 데이터의 수정이나 잘못된 데이터의 폐기는 과학 발견에서 흔히 발생하는 일이며, 우리가 무엇을, 어떻게, 왜 찾아야 하는지 이론이 답해 줄 때까지는 중요한 '데이터'를 얻을 수 없다.

어떤 새로운 마술도 기존의 마술과 완전히 무관할 수는 없다. 새로운 과학 이론처럼, 새로운 마술도 기존 마술의 개념을 독창적으로 수정하고 재배열하고 결합하여 만든다. 여기에는 기존 마술의 작동 원리뿐만 아니라 사물의 작동 방식과 관중의 반응에 대한 기존 지식이 필요하다. 그렇다면 가장 초기의 마술은 어디서 왔을까? 그것은 예를 들어, 사물을 꼭꼭 숨기는 개념처럼, 원래는 마술이 아니었던 개념을 수정한 게 틀림없다. 마찬가지로, 최초의 과학 개념은 어디서 왔을까? 과학이 존재하기 전에는 경험 법칙과 설명적 가정, 신화가 존재했다. 따라서 비판과 추측과 실험이 대상으로 삼을 만한 원료는 많았다. 그 이전에는 우리의 선천적 가정과 예상이 있었다. 즉, 우리는 선천적으로 생각과 그 생각을 바꾸는 방식으로 진보하는 능력을 가졌다. 그리고 15장에서 더 자세히 다루게 될 문화적 행동 패턴도 있었다.

그러나 검증 가능한 설명 이론도 진보progress와 비진보no-progress의 차이를 만드는 결정적인 요소는 아니다. 왜냐하면 그런 이론도 흔했기 때문이다. 예를 들어, 매년 겨울이 찾아오는 것을 설명하는 고대의 그리스 신화를 살펴보자. 오래전, 지하 세계의 신 하데스는 봄의 여신인 페르세포네를 납치해서 강간했다. 그 뒤, 페르세포네의 어머니이자 땅과 농업의 여신인 데메테르는 자신의 딸을 풀어 주는 대가로 페르세포네를 하데스와 결혼시키고 매년 한 번씩 꼭 그를 찾아가게 하는 마법의 씨앗을 먹이겠다고 약속했다. 그리고 페르세포네가 의무를 이행하지 않으려고 할 때마다 데메테르는 슬퍼져서 세상을 춥고 삭막하게 만들어 아무것도 자랄 수 없게 만들었다.

이 신화는 완전히 거짓이기는 해도 계절에 대한 설명을 담고 있다. 즉, 이 신화는 우리가 경험하는 겨울을 떠올리게 하는 실체에 대한 주장이다. 또한 검증도 가능하다. 만약 겨울의 원인이 데메테르의 주기적 슬픔이라면, 겨울은 지구 어디에서나 동시에 일어나야 한다. 그러므로 고대 그리스인들이 만약 자신들이 믿는 것처럼 데메테르가 가장 큰 슬픔에 잠긴 바로 그 순간에 오스트레일리아는 새싹이 돋아나는 따뜻한 계절이라는 사실을 알았더라면, 자신들의 계절 설명이 뭔가 잘못되었다는 추론을 할 수 있었을 것이다.

반면 이 신화는 수 세기를 거치면서 다른 신화로 변경되거나 대체되었음에도 진실에 더 가까워지지 못했다. 왜일까? 이 설명에서 페르세포네 신화의 특정 부분이 하는 역할을 생각해 보자. 예를 들어, 신은 대규모 현상에 영향을 미치는 권력을 제공한다(데메테르는 날씨를 지배하고, 하데스와 그의 마법의 씨앗은 페르세포네를 지배하며, 따라서 데메테르를 지배한다). 그러나 왜 하필 다른 신이 아니라 그런 신일까? 북유럽 신화에서는 봄의 신 프레이르가 추위와 어둠의 힘과 전쟁을 벌이고 그 전쟁에서 승패가 바뀌기 때문에 계절이 바뀐다고 설명한다. 프레이르가 전쟁에서 승리하면 지구는 따뜻해지고 전쟁에서 패하면 추워진다.

페르세포네 신화뿐만 아니라 북유럽 신화도 계절을 설명한다. 이 신화는 계절의 무작위성을 조금 더 잘 설명했지만, 계절의 규칙성은 더 설명하지 못했는데, 진정한 전쟁은 그렇게 규칙적으로 성쇠를 거듭하지 않기 때문이다(계절에 기인한 것을 제외하고는). 페르세포네 신화에서 결혼 서약과 마법의 씨앗의 역할은 그런 규칙성을 설명하는 것이다. 그러나 그게 왜 하필 다른 종류의 마법이 아니라 마법의 씨앗일까? 어떤 사람이 특정 행동을 매년 반복하는 이유가 왜 하필 부부의 서약 때문일까? 예를 들어, 그 사실과 여전히 잘 맞는 다른 설명도 있다. 즉, 페르세포네는 풀려난 게 아니라 탈출했다는 것이다. 매년 봄, 그녀의 힘이 절정에 달하면 그녀는 지하 세계를 습격해 모든 동굴에 따뜻한 봄바람을 불어 넣어 하데스에게 복수한다. 그렇게 대체된 따뜻한 공기가 인간 세계로 올라와 여름을 불러온다. 데메테르는 식물이 자라나 지구를 장식하여 페르세포네의 복수와 그녀의 탈출 기념일을 축하한다. 이 신화도 원래의 신화와 동일한 관측을 설명하며, 검증도 할 수 있다(사실 반박된다). 하지만 이 신화가 실체에 대해서 주장하는 내용은 원래의 신화와 전혀 다르며 많은 면에서는 정반대이다.

이 이야기의 세부 사항은, 겨울이 1년에 한 번씩 돌아온다는 밝혀진 예측과는 별개로, 쉽게 변할 수 있다. 따라서 비록 이 신화가 계절을 설명하기 위해 만들어졌다고 해도, 그 목적을 피상적으로만 달성할 수 있을 뿐이다. 신화의 작가가 여신은 1년에 한 번씩 무엇을 해야 하는지 고민하다가 "유레카! 그래 마법의 씨앗으로 강요되는 결혼 서약으로 해야겠다"라고 외친 게 아니다. 작가의 이런 선택은 겨울의 속성 때문이 아니라 문화적, 예술적 이유 때문이었다. 그의 의도는 어쩌면 인간의 다양한 본성을 은유적으로 설명하려는 것이었을지 모르지만, 내가 이 신화에 관심을 갖는 부분은 이 신화의 계절 설명 능력뿐이며, 그런 면에서는 이 신화의 작가도 세부의 역할이 수많은 다른 것으로 수행될 수 있다는 사실을 부정하지는 못할 것이다.

페르세포네와 프레이르 신화는 계절을 일으키기 위해 일어나는 일에 대해 근본적으로 양립할 수 없는 내용을 주장한다. 그러나 서로의 장점을 비교해 어느 한쪽의 신화를 택하지 않았던 것은 아마도 두 신화를 구별할 방법이 없었기 때문이 아니었을까 싶다. 만약 다른 것으로 쉽게 대체할 수 있는 역할 부분들을 무시한다면, 두 신화 모두에서 남는 것은 '신들이 그렇게 했다'는 동일한 핵심 설명밖에 없다. 비록 프레이르가 페르세포네와는 전혀 다른 신이기는 하지만 그리고 그의 전투가 그녀의 부부서약 방문과 전혀 다른 사건이기는 하지만, 그 어느 것도 두 신화 각각에서 계절 발생 원인에 대한 설명으로는 효용 가치가 없다.

이들 신화가 그렇게 쉽게 변할 수 있는 이유는 세부 내용이 현상의 세부와 거의 연결되어 있지 않기 때문이다. 본질적으로 결혼 서약이나 마법의 씨앗, 혹은 페르세포네와 하데스와 데메테르, 혹은 프레이르 같은 신을 가정하는 방식으로는 겨울의 발생 이유에 대한 문제를 해결하지 못한다. 다양한 이론으로 우리가 설명하려는 현상을 얼마든지 잘 설명할 수 있는데, 특정 이론을 선호할 이유가 없으며, 이는 비합리적이다.

계절을 신화로 설명할 때 이야기를 얼마든지 변경할 수 있다는 사실이 바로 이 설명의 근본적인 결함이다. 일반적으로 세상을 이해하는 효과적인 방법이 신화를 읽는 게 아닌 이유도 바로 여기에 있다. 신화의 검증 여부는 중요하지 않은데다 예측을 변경하지 않고 설명을 바꾸는 것이 쉬울 때에는 다른 예측을 위한 설명도 얼마든지 바꿀 수 있기 때문이다. 예를 들어, 고대 그리스인들이 북반구와 남반구의 계절이 일치하지 않는다는 사실을 발견했다면 그런 관측과 일치하는 다른 무수한 신화를 만들어 냈을 것이다. 데메테르가 슬플 때는 근처의 온기를 모두 없애 버리고 그 온기를 다른 곳(남반구)으로 보냈다고 했을 것이다. 마찬가지로 페르세포네 설명을 조금만 바꾸면 초록 무지개가 특징인 계절도, 일주일에 한 번 산발적으로 일어나는 계절도, 혹은 계절 변화가 전혀 없는 경우도 설명할 수 있었을 것이다. 미신을 믿는 도박꾼이나 종말 예언자의 경우도 마찬가지이다. 그들의 이론은 경험으로 반박되면 새로운 이론으로 바뀐다. 그런 이론은 근원적인 설명이 좋지 않기 때문에 설명의 본질을 변경하지 않고도 새로운 경험을 쉽게 수용할 수 있다. 좋은 설명 이론이 없어도, 그들은 그저 징조를 재해석하고 새로운 날짜를 선택하여 본질적으로 동일한 예측을 할 수 있다. 이처럼 누군가의 이론을 검증하는 가운데 반박되면 폐기해 버리는 방식은 세상을 이해하는 데 있어 진보하지 못한다. 만약 어떤 설명이 주어진 분야의 무언가를 쉽게 설명할 수 있다면, 그것은 실제로 아무것도 설명하지 못한다.

일반적으로, 이론이 내가 설명하려는 의미로 쉽게 변할 때는 실험 검증은 무용지물이다. 나는 그런 이론을 나쁜 설명bad explanation이라고 부른다. 실험으로 오류를 입증하고, 그 이론을 다른 나쁜 설명으로 변경하는 방식으로는 진실에 가까이 다가갈 수 없다.

설명은 과학에서 이런 중심 역할을 하기 때문에, 나는 신화나 미신 같은 유사 이론이 설령 검증 가능한 예측을 한다고 해도 비과학적unscientific이라고 부른다. 그러나 페르세포네 신화나 예언자의 계시 이론, 도박꾼의 망상에, 단지 검증이 가능하다는 이유로 가치 있다는 결론만 내리지 않는 한, 어떤 용어를 사용하든 상관없다. 게다가 반박되면 이론을 폐기하는 방식으로는 진보를 이룰 수도 없다. 우리는 관련된 현상에 대한 더 좋은 설명을 찾고 또 찾아야 한다. 그것이 바로 과학을 대하는 마음의 자세이다.

물리학자 리처드 파인만Richard Feynman이 말했듯이, "과학은 우리가 자신을 속이지 않을 방법에 대해 배워 온 과정"이다. 도박꾼과 예언자는 쉽게 바꿀 수 있는 설명을 채택하여 어떤 일이 일어나든 계속해서 자신을 속일 수 있다고 확신한다. 그들은 검증할 수 없는 이론을 채택한 것만큼이나 철저하게, 물리적 세계에 실제로 존재하는 것을 자신들이 잘못 알고 있다는 증거에 직면하지 않도록, 스스로를 보호하고 있다.

좋은 설명을 탐구하는 일은 (과학뿐만 아니라) 계몽의 기본적 통제 원리라고 생각한다. 그것은 지식의 접근 방식과 그 외 다른 접근 방식을 구별하는 특징이며, 내가 지금까지 논의한 과학적 진보의 모든 조건을 함축한다. 즉, 이것은 예측만으로는 충분하지 않다는 암시이다. 좋은 설명은 권위에 대한 거부로 이어진다. 왜냐하면 우리가 만약 권위에 대한 이론을 채택한다면 권위에 대한 여타의 이론도 수용했다는 의미이기 때문이다. 그리고 비판의 전통이 필요하다는 뜻도 포함한다. 또한 좋은 설명의 탐구는 특정한 일이 우리가 가진 최고의 설명에 딱 맞아떨어진다면 그것이 실체라고 결론 내려야 한다는 방법론적 규칙, 즉 실체에 대한 기준도 내포한다.

계몽과 과학 혁명의 개척자들이 비록 이런 식으로 표현하지는 않았지만, 좋은 설명의 탐구는 그 시대의 정신이었으며 지금도 여전히 그러하다. 이것이 바로 그들이 생각하기 시작한 방식이자 처음으로 체계적으로 시작한 일이다. 좋은 설명의 탐구, 그것이 바로 모든 종류의 진보 속도에 중대한 차이를 만든 요인이다.

계몽 이전에도 좋은 설명을 탐색하는 개인이 존재했다. 실제로 여기에서 논의한 내용, 즉 당시의 모든 진보는 그들 덕분이다. 우리는 기하학처럼 엄밀하게 정의된 분야에서 좋은 설명을 찾는 산발적 전통과 9장에서 설명할, 일시적인 비판의 전통인 미니 계몽에 대해서도 잘 알고 있다. 그러나 사상가 전체 집단의 사고 가치와 패턴에서 발생한 상전벽해와도 같은 급격한 변화는 지식을 지속적으로 창출하고 그 속도를 가속화해, 역사상 단 한 번의 계몽과 과학 혁명으로 결실을 맺었다. 대략 오늘날 '서구 문명'이라고 불리는 정치적, 도덕적, 경제적, 지적 문화는 예컨대 반대의 관용, 변화에 대한 개방성, 독단주의와 권위에 대한 불신 그리고 개인과 문화를 향한 발전의 열망 같은 좋은 설명의 탐구에 수반되는 가치들을 중심으로 성장했다. 그리고 그런 다양한 면의 문화가 일궈 낸 진보가 다시 그런 가치들을 장려했다. 그러나 15장에서 설명하겠지만 그것들을 완전히 구현하는 것은 아직 요원하다.

이제 계절에 대한 정확한 설명을 살펴보자. 계절 변화의 원인은 지구의 자전축이 태양 주위를 도는 공전 궤도면에 대해 약간 기울어져 있기 때문이다. 따라서 매년 6개월 동안 북반구가 태양 쪽으로 기울어져 있을 때는, 남반구가 태양에서 먼 쪽으로 기울어져 있으며, 나머지 6개월은 그 반대가 된다. 태양의 빛이 한쪽 반구에 수직으로 비칠 때(따라서 표면적당 가장 많은 열을 제공하고 있을 때) 다른 쪽 반구에서는 빛이 비스듬하게 비춘다(따라서 더 적은 열을 제공한다).

이것은 좋은 설명이다. 이런 설명은 모든 사항이 제 역할을 하므로 변하기 어렵다. 예컨대, 복사열에서 멀리 기울어져 있는 표면은 열을 정면으로 받을 때보다 덜 데워지며, 공간에서 회전하는 공은 일정한 방향을 가리킨다는 사실을 알고 있으므로 우리가 경험하는 계절을 독립적으로 검증할 수 있다. 그리고 기하학과 열, 역학 이론의 용어를 사용해서 그 이유를 설명하는 것도 가능하다. 또 1년 동안 태양이 지평선에 대해 어느 위치에 있는지를 설명할 때에도 동일한 기울기가 등장한다. 페르세포네 신화에서는 세상의 추위가 데메테르가 슬퍼하기 때문이라고 설명하지만, 사람들은 슬프다고 해서 주변 환경을 차갑게 만들지는 않는데다 우리는 겨울이 시작되었다는 것 말고는 데메테르가 정말로 슬픈지 혹은 그녀가 세상을 차갑게 만들었는지 알 방법이 없다. 축이 기울어진 이 이야기에서는 태양을 달로 대체할 수가 없는데, 하늘에 떠 있는 달의 위치가 1년에 한 번씩 반복되는 게 아닌데다 지구를 데우는 태양의 빛이 그 설명에 꼭 필요하기 때문이다. 게다가 태양신이 이 모든 일에 대해서 어떻게 느끼는지는 이야기에 통합시킬 수 없는데, 만약 겨울에 대한 이런 올바른 설명이 지구-태양 운동의 기하학에 있다면, 그것은 사람의 기분과는 전혀 무관할 테고, 만약 그 설명에 어떤 결함

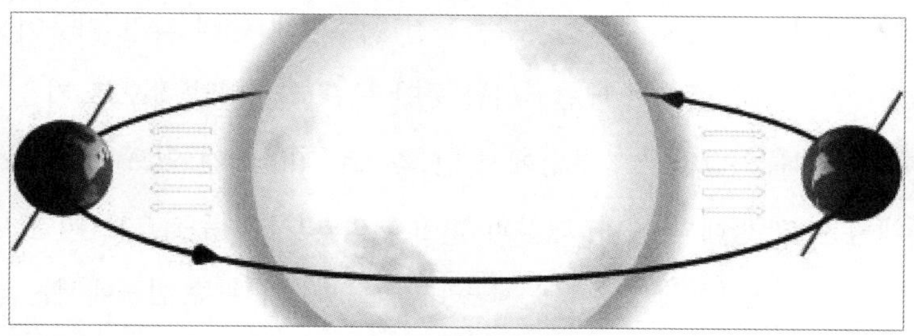

계절에 대한 정확한 설명(축척은 고려하지 않았다!)

이 있다면, 사람의 기분과 관련된 이야기는 그런 결함을 바로잡지 못할 것이기 때문이다.

축 기울기 이론은 또한 두 반구의 계절이 반대라는 사실도 예측한다. 따라서 만약 두 반구의 계절이 동일한 것으로 밝혀진다면, 페르세포네와 프레이르 신화가 정반대의 관측으로 반박되었듯이 축 기울기 이론 역시 반박되었을 것이다. 이 두 가지 경우의 차이는 축 기울기 이론이 반박되었다면 그 이론의 옹호자들은 달리 갈 곳이 없었을 거라는 점이다. 변경하기 쉬운 부분을 아무리 바꾸어도 기울어진 축으로는 지구 곳곳의 계절을 동일하게 만들지 못할 것이다. 따라서 완전히 새로운 개념이 필요했을 것이다. 바로 이런 점에서 과학에는 반드시 좋은 설명이 필요하다.

신화와 과학의 차이는 검증 가능성의 문제를 너무 두드러지게 대두시킨다. 마치 고대 그리스인들이 남반구에 탐험대를 보내서 계절을 관측하지 않았던 게 대단한 실수라도 되는 듯이 말이다. 그러나 그들이 두 반구의 계절이 반대일 거라고 추측하지 않았다면 그런 탐험으로 계절의 증거를 얻을 수 있을 거라고 짐작하지 못했을 것이다. 그리고 그런 추측이 변하기 어렵다면, 좋은 설명의 일부였을 경우에만 가능했을 것이다.

또 그들에게 페르세포네 신화보다 더 좋은 설명이 없었다면, 검증할 필요가 없었을 것이다. 만약 더 좋은 설명을 찾고 있었다면, 그 신화를 검증하지 않고 즉시 개선하려고 했을 것이다. 그리고 그것이 바로 오늘날 우리가 하는 일이다. 우리는 검증 가능한 이론을 모두 검증하지는 않지만, 좋은 설명은 소수에 불과하다는 것을 알게 된다. 압도적인 대다수의 거짓 이론을 그저 나쁜 설명이라는 이유로 실험도 없이 거부할 수 있다는 게 사실이 아니었다면 과학의 진보는 불가능할 것이다.

좋은 설명은 종종 놀라울 정도로 간단하거나 우아하다. 이 부분에 관해서는 14장에서 설명하기로 하자. 또한, 어떤 설명은 흔히 불필요한 특성이나 임의성을 포함할 때 나빠질 수 있으므로, 때론 이런 불필요한 특성이나 임의성을 제거하면 좋은 설명이 되기도 한다. 이것은 우리가 항상 '가장 간단한 설명을' 찾으려고 한다는 '오컴의 면도날occam's razor'로 알려진 오해를 일으켰다. 이 개념에 담긴 한 가지 의미는 '필요 이상의 가정을 하지 마라'이다. 하지만 그럼에도 불구하고 쉽게 변할 수 있는 매우 간단한 설명이 많다('데메테르가 그렇게 했다'처럼). 그리고 '필요 이상의' 가정이 이론을 나쁘게 만들기도 했지만, 이론에 '무엇이 필요'한가에 대해서도 잘못된 생각이 많았다. 예를 들어, 도구주의는 설명 자체를 불필요하다고 생각했으며, 12장에서 논의할 과학의 몇몇 철학도 그랬다.

좋은 설명이 새로운 관측에 의해 거짓으로 드러나면, 해당 문제는 그런 관측을 포함하도록 확장되었기 때문에 더 이상 좋은 설명이 아니다. 따라서 실험으로 반박된 이론은 폐기하는 표준 과학방법론에는 좋은 설명의 필요조건이 함축되어 있다. 가장 좋은 설명은 현상에 대한 다양한 지식뿐만 아니라 여러 좋은 설명도 포함해, 기존 지식의 구속을 가장 많이 받는 설명이다. 엄격한 검증을 통과한 설명이 좋은 설명인 까닭은 바로 이것이며, 검증 가능성이라는 공리가 과학에서 지식의 성장을 증진시키는 이유이다.

추측은 창의적인 상상의 산물이다. 그러나 상상은 진실보다 허구를 만들기 쉽다는 데 문제가 있다. 내가 지금까지 말했듯이, 역사적으로 더 넓은 관점에서 경험을 설명하려 했던 거의 모든 인간의 시도는 신화와 교리 및 잘못된 상식 형태의 허구였다. 그리고 검증 가능성의 법칙은 그런 실수를 검증하기에 충분하지 않았다. 하지만 좋은 설명의 탐구는 그런 역할을 해낸다. 즉, 거짓은 만들기가 너무 쉬워서 일단 발견되면 바꾸기도 쉬운 반면에, 좋은 설명은 발견하기도 어렵지만 찾기가 힘든 만큼 일단 찾으면 바꾸기도 어렵다. 설명적 과학이 추구하는 이상은 내가 이 장을 시작할 때 인용했던 휠러의 말에 잘 표현되어 있다. 이제 우리는 그 설명에 근거한 과학의 개념이 "우리는 어떻게 친숙하지 않은 실체의 여러 양상들에 대해서 그렇게 많이 알까?"라는 나의 질문에 어떻게 답할 수 있는지 알게 될 것이다.

고대 천문학자의 입장이 되어 축 기울기로 설명하는 계절에 대해 생각해 보자. 그리고 단순하게 하기 위해, 태양 중심설heliocentric theory(지동설)을 채택했다고 가정해 보자. 그러면 당신은 기원전 3세기에 최초로 태양 중심설의 논거를 제시했던 그리스 섬 사모스의 아리스타르쿠스Aristarchus일 수도 있다.

당신은 지구가 구라는 사실은 알고 있지만, 에티오피아의 남쪽이든 셰틀랜드 제도 북쪽이든 지구상 장소에 대한 어떤 증거도 갖고 있지 않다. 당신은 또한 대서양이나 태평양이 존재한다는 사실도 모른다. 당신이 알고 있는 세계는 유럽과 북아프리카, 아시아의 일부 그리고 근처의 연안 해역이 전부이다. 그럼에도 불구하고 축 기울기로 설명하는 계절 이론을 통해, 당신이 알고 있는 세계 너머에 있는 듣도 보도 못한 장소들의 날씨를 예측할 수 있다. 이런 예측의 일부는 세속적이어서 추론이 틀릴 가능성도 있다. 즉, 당신은 동쪽이든 서쪽이든, 아무리 멀리 여행해도 한 해의 동일한 시기에 계절을 경험할 거라고 예측한다(일출과 일몰 시간은 경도에 따라 점차 바뀌겠지만). 반면 직관에 반하는 예측도 한다. 만약 셰틀랜드보다 조금 더 북쪽으로 가면 여섯 달 동안 지속되는 얼어붙은 지역에 도달한다거나, 에티오피아보다 더 남쪽으로 가면, 처음에는 계절이 없는 곳에 다다르고, 훨씬 더 남쪽으로 가면 계절은 있지만 당신이 알고 있는 세계의 계절과는 전혀 다른 곳에 도달한다고 말이다. 당신은 지중해의 고향 섬에서 수백 킬로미터 이상 떨어진 곳에는 가본 적이 없다. 당신은 지중해의 계절 이외에 그 어떤 계절도 경험해 본 적이 없다. 당신은 지금까지 경험했던 계절과는 전혀 다른 계절에 대해서는 읽어 본 적도 들어 본 적도 없다. 하지만 당신은 그런 계절에 대해 알고 있다.

만약 계절에 대해 모른다면 어떻게 할까? 당신은 아마 이런 예측을 좋아하지 않을 것이다. 당신의 친구와 동료는 어쩌면 그런 예측을 비웃을지도 모른다. 당신은 아마 관측이나 달리 대안이 없는 다른 개념을 손상시키지 않으면서 설명을 바꾸려고 할 테지만 실패할 것이다. 좋은 설명의 역할이 바로 이것이다. 즉, 좋은 설명은 당신이 자신을 속이는 것을 더 어렵게 만든다.

예를 들어, 당신은 어쩌면 이론을 다음과 같이 바꾸어야겠다고 생각할지도 모른다. 알려진 세계에서는 계절이 연중 축 기울기 이론이 예측한 시기에 발생하지만, 지구의 다른 곳에서도 계절은 연중 그 시기에 발생한다고. 이 이론은 당신이 알고 있는 모든 증거를 올바르게 예측한다. 그리고 당신의 실제 이론만큼이나 검증 가능하다. 그러나 이제 축 기울기 이론이 멀리 떨어진 장소에서 예측하는 내용을 부정하기 위해, 그 이론이 실체에 대해 말하는 내용을 부정해야만 한다. 수정된 이론은 더 이상 계절에 대한 설명이 아니며, 그저 (주장된) 경험 법칙에 불과하다. 따라서 원래의 설명이 증거가 없는 장소의 계절 원인을 묘사한다는 사실을 부정하기 위해, 그 설명이 당신의 고향 섬에서의 계절 원인을 묘사한다는 사실까지 부정할 수밖에 없게 되었다.

당신이 축 기울기 이론에 대해 생각했던 주장을 위해서 가정해 보자. 이론은 당신의 추측이고, 당신 자신이 만들어 낸 것이다. 그럼에도 그 이론은 변하기 어려운 좋은 설명이기 때문에 이론을 수정하는 일은 당신의 몫이 아니다. 그 이론은 독립적인 의미와 독립적인 적용 범위를 띠고 있다. 그 예측을 당신이 선택한 지역에만 한정시킬 수는 없다. 당신의 의지와 상관없이 그 이론은 당신이 알고 있는 장소에 대해서도 예측하고, 모르는 장소에 대해서도 예측하며, 당신이 생각했던 것도 예측하고 생각하지 못한 것도 예측한다. 다른 태양계에서 유사한 궤도에 있는 기울어진 행성도 계절에 따라 주기적으로 가열되고 냉각되어야 한다. 먼 은하에 존재하는 행성과 아주 오래전에 파괴되어서 우리가 결코 보지 못할 행성 그리고 또 앞으로 만들어질 행성도 마찬가지이다. 그 이론은 어떤 행성의 한 반구에 있는 작은 지역에서 조각난 증거의 영향을 받은 인간 뇌 내부의 유한한 원천에서 시작되어 무한까지 다다른다. 애당초 의도했던 문제 이외의 문제 해결이 설명의 능력이다.

축 기울기 이론이 한 예이다. 이 이론은 원래 매년 태양의 고도 변화를 설명하기 위해서 제안되었다. 열과 회전 물체에 대한 약간의 지식을 결합하자 계절을 잘 설명할 수 있었다. 그리고 더는 수정 없이 두 반구의 계절이 왜 다르며, 열대 지역에는 왜 계절이 없고, 극 지역에서는 왜 여름에 태양이 한밤중에도 빛나는지를 설명해 주었다. 이 세 현상은 이런 설명을 만들어 낸 사람조차도 알지 못했을 것이다.

설명의 도달 범위는 '귀납의 원리'가 아니다. 또 설명을 만들어 낸 사람이 합리화하기 위해 사용할 수 있는 것도 아니다. 그것은 창조 과정의 일부가 아니다. 우리는 설명을 가지게 된 다음에야 (때로는 아주 한참 후에야) 그 도달 범위에 대해 알게 될 뿐이다. 따라서 도달 범위는 '외삽'이나 '귀납' 혹은 '도출'과는 전혀 무관하다. 오히려 정확히 그 반대이다. 이 계절 설명을, 이 설명을 만들어 낸 사람의 경험 그 너머까지 적용할 수 있는 이유는 그 설명이 외삽된 게 아니기 때문이다. 설명으로서의 본질 때문에, 설명을 만든 사람이 그것을 처음 생각해 냈을 때 이미 우리 행성의 다른 반구와 태양계 전체에 그리고 다른 태양계와 다른 시대에 적합했다.

따라서 설명의 도달 범위는 추가된 가정도 분리 가능한 가정도 아니다. 그것은 설명 자체의 내용으로 결정된다. 좋은 설명일수록 도달 범위는 더욱 엄격하게 결정된다. 왜냐하면 바꾸기 어려운 설명일수록 도달 범위가 다른 변형을 만들어 내기 어렵고, 그 도달 범위가 더 크든 작든, 그런 도달 범위를 갖는 변형도 여전히 설명이기 때문이다. 우리가 화성에서도 지구와 동일한 중력 법칙을 적용할 수 있다고 예상하는 것은, 현재 알려져 있는 중력 설명이 아인슈타인의 일반 상대성 이론 단 하나뿐이고 그것이 보편적 이론이기 때문이다. 하지만 우리는 화성의 지도가 지구의 지도와 닮았을 거라고 예상하지는 않는데, 지구의 모양에 대한 우리의 이론이 뛰어난 설명임에도 불구하고 다른 천체의 모양에는 적용할 수 없기 때문이다.

경험 법칙 같은 설명이 어려운(비설명) 형태의 지식과 유전자에 내재하는 생물학적 적응 구조에 대한 지식의 도달 범위도 말할 수 있다. 따라서 앞서 말했듯이, 컵과 공 마술의 경험 법칙은 특정 종류의 속임수에도 적용 가능하다. 그러나 그 법칙의 작동 원리에 대한 설명 없이는 그 종류가 무엇인지 알 수 없을 것이다.

좋은 설명을 탐구하지 않았던 과거의 사고방식은 오류와 오해를 바로잡는 과학 같은 과정을 허용하지 않았다. 대부분의 사람은 개선을 경험하지도 못했다. 생각은 장기간 정체되어 있었다. 전통적 응용 너머에는 신뢰성이 없었다. 때로는 전통적 응용 범위 안에서도 신뢰성이 없을 정도였다. 생각에 변화가 생겨도 더 좋아지는 때는 거의 없었고, 어쩌다 더 좋아지더라도 도달 범위가 늘어나지 않았다. 과학의 출현은, 아니 더 광범위하게 말하면 내가 계몽이라고 부르는 것의 출현은 그런 정체되고 편협한 생각 체계의 종말을 알리는 서막이었다. 그것은 도달 범위가 계속 증가하는, 인류 역사상 전례가 없는 현재의 시대를 열어주었다. 많은 이들은 이런 시대가 얼마나 오래 지속될 수 있을지 궁금해했다. 이런 시대에는 본질적으로 경계가 있을까? 아니면 무한할까? 이런 방법들이 그 이상의 지식을 만들어 낼 무한의 잠재력을 지녔을까? 사물의 설계에서 인간에게 특별한 중요성을 부여하는 데 사용된 모든 고대 신화를 쓸어버리는 것을 대신하여 그렇게 대단한 (잠재적일지라도) 무언가를 주장하는 게 모순처럼 보일지도 모른다. 왜냐하면 계몽의 원동력이었던 이성과 창조성이라는 인간의 능력이 정말로 무한하다면, 인간도 그만큼의 중요성을 가져야 하지 않겠는가?

그럼에도 이 장의 서두에서 언급했듯이, 금은 오직 별과 지적 존재만 만들 수 있다. 만약 우주의 어딘가에서 금 조각을 발견한다면, 그곳의 역사에서 초신성이나 어떤 설명을 가진 지적 존재가 존재했다고 확신할 수 있다. 그리고 만약 우주의 어딘가에서 어떤 설명을 발견한다면 지적 존재가 존재했을 게 틀림없다는 것을 알게 될 것이다.

하지만 그렇다고 어떻다는 말인가? 금이 우리에게는 중요할지 몰라도, 우주의 사물 설계에서는 대수로운 게 아니다. 우리에게는 '설명'이 중요하다. 따라서 우리는 설명이 살아남도록 해야 한다. 그러나 뇌에서 일어나는, 하찮아 보이는 작은 물리 과정인 설명이 우주의 사물 설계에서 정말 중요할까? 이제 겉모습과 실체에 관해서 몇 가지 고찰한 뒤 이 질문을 살펴 보자.

2장

실체에
더 가까이

Closer to Reality

은하는 놀라울 정도로 거대하다. 별도 우리의 행성도 그렇다. 인간의 뇌도 복잡성과 생각의 도달 범위라는 점에서 거대하다. 은하는 수천 개가 모여, 지름이 수천 광년에 달하는 집단을 이룰 수도 있다. '수천 개의 은하'라고 가볍게 말할 순 있겠지만, 그 실체를 이해하려면 오랜 시간이 걸린다.

나는 대학원생 시절 이 개념에 대해 처음 듣고 깜짝 놀란 경험이 있다. 동기 몇 명이 현미경으로 은하 집단을 관찰한 자신들의 연구 방법에 대해 내게 설명해 주었다. 천문학자는 팔로마전천탐사Palomar Sky Survey를 그렇게 이용하고 있었다. 팔로마전천탐사는 유리판 위에 1,874개의 하늘 음화 사진을 모아 둔 것으로 하얀 배경 위에 어두운 점 모양으로 별과 은하를 보여 준다. 동기들은 내가 볼 수 있도록 이런 유리판 하나를 현미경 위에 올려 주었다. 나는 현미경 접안렌즈의 초점을 맞추고 다음과 같은 것을 보았다.

(다음 페이지) 사진에서 뿌옇게 보이는 것은 은하이며, 또렷한 점은 수천 배나 더 가까운 우리은하 내부의 별들이다. 동기들은 이런 은하를 현미경 초점에 표시된 십자선에 맞추고 단추를 눌러서 위치 목록을 만드는 작업을 하고 있었다. 나도 직접 그렇게 해보았다. 하지만 나는 그저 재미 삼아 해봤을 뿐이다. 나는 그 일이 겉으로 보이는 것처럼 쉬운

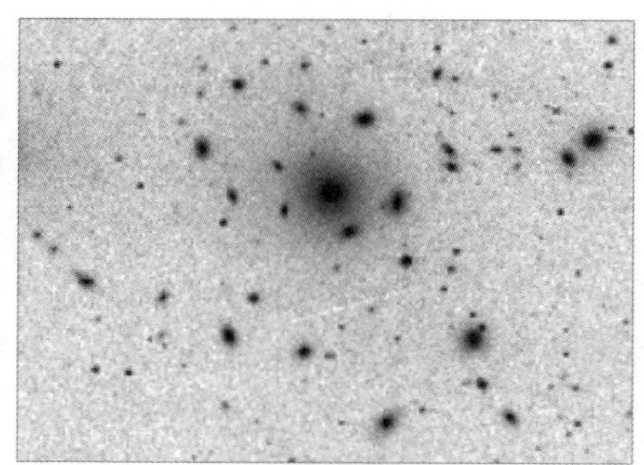
머리털자리 은하단

게 아니라는 걸 금방 알게 되었다. 한 가지 이유는 어느 게 은하이고, 어느 게 별인지 또는 다른 배경의 천체인지 분명하지 않았기 때문이다. 물론 은하는 알아보기 쉽다. 예를 들어, 별은 나선형도 아니고 눈에 띄게 타원형도 아니기 때문이다. 하지만 어떤 모양은 너무 희미해서 정체를 알기에 어렵다. 어떤 은하는 작고 희미하고 원형처럼 보이기도 하고, 어떤 은하는 다른 물체에 부분적으로 가려져 있기도 하다. 요즘에는 복잡한 패턴 매칭 알고리즘pattern-matching algorithms을 이용해서 컴퓨터로 그런 측정을 한다. 그러나 그 시절에는 사람이 천체를 일일이 조심스럽게 살피면서 가장자리의 뚜렷함 정도 같은 단서를 활용해야 했고, 우리은하에는 초신성 잔재 같은 뿌연 천체들이 존재하므로 그런 경험 법칙은 당연히 정확도가 떨어질 수밖에 없었다.

그럼 그런 경험 법칙은 어떻게 검증할까? 한 가지 방법은 하늘의 한 지역을 무작위로 선택하고 은하를 확인하기가 더 쉽도록 훨씬 더 고화질로 사진을 찍는 것이다. 그리고 그렇게 확인한 것을 경험 법칙으로 예측한 것과 비교한다. 만약 그 둘이 다르다면, 그 경험 법칙은 틀린 것이다. 그러나 설령 그 둘이 다르지 않다고 해도 확신할 수는 없다. 확신은 절대 불가능하다.

내가 보고 있는 것의 단순한 크기에 감명을 받은 것은 잘못이었다. 어떤 사람은 우주의 막대한 크기에 자신이 하찮아 보여서 우울해한다. 또 어떤 사람은 하찮게 느끼며 안도하는데, 이것은 훨씬 더 나쁘다. 그러나 어떤 경우든, 그런 생각들은 잘못되었다. 우주가 광대하다는 이유로 하찮게 느끼는 것은 소cow가 되었다는 이유로 능력이 없다고 느끼는 것과 정확히 동일한 논리이다. 우주는 우리를 압도하기 위해서 존재하는 게 아니다. 우주는 우리의 고향이자 우리의 자원이다(클수록 좋다).

그러나 은하단이라는 철학적 크기는 존재한다. 나는 뚜렷한 특징이 없는 은하로 차례차례 십자선을 옮기면서 은하의 중심이라고 생각되는 부분에서 단추를 눌렀다. 그러면서 문득 내가 어떤 특정 은하에 의식적으로 집중하는 처음이자 마지막 인간이지 않을까 하는 묘한 생각에 휩싸였다. 그 희미한 물체를 보는 시간은 단 몇 초뿐이었지만, 거기에는 의미가 담겨 있었다. 그 은하에는 수십억 개의 행성이 존재한다. 각각의 행성이 하나의 세계이다. 각각의 세계가 나름의 독특한 역사를 갖고 있다. 일출과 일몰, 폭풍과 계절, 또 어떤 경우에는 대륙과 바다와 지진과 강. 그런 세계들 가운데 어느 곳에 혹시 생명체가 살지 않았을까? 그곳에 천문학자는 있었을까? 아주 오래되고 진보한 문명이 아니라면, 그곳의 사람들은 자신들의 은하 밖으로 여행하지 못했을 테고, 따라서 내가 보고 있는 것을 보지 못했을 것이다. 하지만 그들은 아마 이론으로는 알 것이다. 바로 그 순간에 그들 중 누군가는 은하수를 뚫어지게 바라보면서 내가 그들에게 하고 있는 동일한 질문을 우리에게 하고 있지는 않았을까? 만약 그렇다면 그들은 지구상에서 가장 진보한 생명 형태인 우리 인간이 물고기였을 때의 우리은하를 보고 있는 것이다.

오늘날 은하 목록을 만드는 컴퓨터는 그때 동기들보다 잘할 수도 있고 그렇지 않을 수도 있다. 그러나 컴퓨터는 결과적으로 반성하지는 않는다. 내가 이런 말을 하는 까닭은 과학적 연구가 마치 무모한 노력이라는 듯이 냉혹하게 묘사되기 때문이다. 발명가 토머스 에디슨Thomas Alva Edison은 이렇게 말했다. "내 발명의 어느 하나도 우연히 나온 건 없다. 나는 시간을 쏟을 필요가 있다고 판단되면 결과물이 나올 때까지 계속 시도한다. 그 결과물은 결국 1%의 영감과 99%의 땀이다."

어떤 사람은 이론 연구에 대해서도 똑같은 말을 하는데, '땀'이라는 말은 아마도 대수학을 하거나 알고리즘을 컴퓨터 프로그램으로 바꾸는 것 같은 비창조적인 지적 노력을 의미하는 듯하다. 하지만 컴퓨터나 로봇이 아무 생각 없이 작업을 수행할 수 있다고 해서 과학자도 아무 생각 없이 그 일을 수행하는 것은 아니다. 컴퓨터는 모든 가능성의 수를 철저히 찾으며 아무 생각 없이 체스 게임을 하고 있지만, 인간은 비슷해 보이는 기능을 전혀 다른 방식으로, 창조적으로 즐기면서 수행한다. 어쩌면 은하 목록을 만드는 컴퓨터 프로그램은 동기들이 배웠던 것을 재생산이 가능한 알고리즘으로 다듬어서 만들어 낸 것일지도 모른다. 이 말은 컴퓨터는 일을 수행하는 동안 아무것도 배우지 못하지만, 내 동기들은 틀림없이 무언가를 배웠다는 의미이다. 그러나 좀 더 깊이 들어가 보면, 에디슨은 자신의 경험을 잘못 해석했던 것 같다. 시도를 한다는 것은 실패를 해도 여전히 재미있다. 반복 실험도 검증하는 개념과 조사하는 실체에 대해서 계속 생각한다면 단순한 반복 행위가 아니다. 팔로마전천탐사 프로젝트는 '암흑물질'(다음 장에서 자세히 살펴보자)의 존재 여부를 알아내기 위한 것이었고, 결국 성공했다. 만약 에디슨이나 나의 동료 대학원생들, 혹은 발견의 '땀' 단계를 연구하는 어떤 과학자가 정말로 아무 생각 없이 그 일을 수행했다면, '1% 영감'의 주요 원동력인 재미를 놓쳤을 것이다.

나는 특히나 모호한 영상을 새롭게 봤을 때 동료들에게 "저게 은하야, 별이야?"라고 묻곤 했다. 그럼 항상 이런 대답이 돌아왔다. "둘 다 아니지. 그건 그저 사진 감광제의 결함일 뿐이야." 급격한 멘탈 기어 변경에 나는 그만 웃음을 터뜨리고 말았다. 내가 보고 있는 것의 심오한 의미에 대한 웅대한 사색이 특정 객체에게는 아무것도 아닌 것으로 드러났기 때문이다. 나는 내가 보고 있는 것을 10^{50}쯤으로 과대평가했다. 내가 지금까지 최대의 천체라고 생각했던 것이, 사실은 팔을 뻗은 거리에 있어도 현미경이 없다면 거의 보이지 않는 작은 얼룩에 불과했던 것이다. 우리는 얼마나 쉽게 얼마나 철저히 속을 수 있는지!

하지만 잠깐. 내가 한 번이라도 은하를 보기는 했던가? 다른 모든 얼룩도 사실 미세한 은빛 얼룩이었다. 내가 만약 그런 얼룩 중 하나를 다른 것과 다르게 보인다는 이유로 잘못 분류했다면, 그건 왜 그리 큰 오류가 되었을까? 왜냐하면 실험 과학의 오류는 무언가의 원인과 관련된 실수이기 때문이다. 정확한 관측처럼, 이것 역시 이론의 문제이다. 자연에는 인간의 육안으로 탐지할 수 있는 게 거의 없다. 일어나는 일의 대부분은 너무 빠르거나 너무 느리고, 너무 크거나 너무 작으며, 너무 멀거나 불투명한 장벽 뒤에 감춰져 있고, 우리의 진화에 영향을 미친 것과는 너무도 다른 원리로 작동한다. 그러나 어떤 경우에는 과학적 도구를 이용해 그런 현상을 인식할 수 있도록 배열할 수 있다.

따라서 그런 도구는 우리를 실체에 더 가까이 다가가도록 도와준다. 내가 그 은하단을 바라보는 동안 느꼈던 것처럼 말이다. 그러나 순전히 물리적인 관점에서 보면 도구는 그저 우리를 실체에서 더 멀어지게 할 뿐이다. 내가 만약 밤하늘에서 그 은하단의 방향을 올려다보았다면 그 은하와 내 눈 사이에는 몇 그램의 공기 외에는 어떤 방해물도 존재하지 않았을 것이다. 그럼에도 불구하고 나는 아무것도 보지 못했을 것이다. 그런데 만약 그 은하와 내 눈 사이에 망원경이 놓여 있었다면 어쩌면 그 은하를 보았을지도 모른다. 이때 그 은하와 내 눈 사이에는 망원경이나 카메라, 사진 현상실, (사진판을 복사하기 위한) 또 다른 카메라, 사진판을 내 학교로 가져올 트럭 그리고 현미경이 놓여 있었다. 이 모든 도구가 그 사이에 놓여 있는데도 그 은하단을 훨씬 더 잘 볼 수 있었다.

요즘의 천문학자는 결코 하늘을 올려다보지 않으며(여유 시간을 제외하고), 망원경도 거의 사용하지 않는다. 심지어 대부분의 망원경에는 인간의 눈에 적합한 접안렌즈도 없다. 심지어 가시광선을 탐지하지도 않는다. 대신 특정 도구로 가시광선 신호를 탐지하며, 이 신호는 나중에 디지털로 변환되고, 기록되고, 다른 신호와 조합되고, 컴퓨터로 처리되고 분석된다. 그 결과 영상이 만들어지기도 한다. 전파나 다른 복사를 표시하거나 온도나 조성 같은 훨씬 더 간접적으로 추론된 특징을 보여주기 위해 '가짜 색'을 입혀서 말이다. 많은 경우에, 먼 천체의 영상은 만들어진 적 없이 오직 숫자나 그래프, 다이어그램의 목록으로만 존재하므로, 천문학자의 감각에 영향을 미치는 것은 오직 그런 과정의 결과밖에 없다. 은하를 관측할 때 은하와 관측자 사이에 장비들이 추가될 때마다, 그 결과 생기는 인식을 실체와 관련시키기 위해서는 더 높은 수준의 이론이 필요하다. 천문학자 조슬린 벨Jocelyn Bell이 펄서(폭발적인 전파를 규칙적으로 방출하는 고밀도의 별)를 발견했을 때도, 그녀는 바로 망원경이라는 도구를 사용한 은하 관측 결과물을 보고 있었다.

그녀는 종이 위에서 흔들리는 잉크 선을 관찰함으로써, 깊은 우주 공간에서 맥동하고 있는 강력한 천체를 '볼' 수 있었고, 그것이 아직 세상에 알려지지 않은 유형이라는 사실을 인지할 수 있었다.

일상의 경험과 거리가 먼 현상을 잘 이해할수록 복잡한 이론 해석의 고리는 더 길어지고, 연결 고리가 추가될 때마다 더 좋은 이론이 필요해진다. 그 고리에 예상치 못했거나 잘못 이해한 현상이 단 하나라도 존재하면 우리는 감각에 얼마든지 속을 수 있으며, 심지어 종종 속기도 한다. 그러나 시간이 흐르는 동안 과학이 이끌어 낸 결론은 실체에 한 층 더 가까이 가도록 만들었다. 과학의 좋은 설명 탐구는 오류를 바로잡고 편견과 잘못된 시각을 고려해서 그 틈새를 메운다. 파인만이 말했듯이 스스로를 속이지 않을 방법에 대해서 계속 배울 때 우리가 달성할 수 있는 게 바로 이런 것이다.

망원경은 지구 운동의 효과를 보정하기 위해 지속적으로 재정렬하는 자동 추적 메커니즘을 포함하고 있다. 어떤 경우에는 컴퓨터가 거울의 모양을 지속적으로 변화시켜서 지구 대기의 흔들림을 보정한다. 따라서 그런 망원경으로 관측하면 별은 과거 수 세대의 관측자가 보았던 것처럼 반짝거리거나 하늘을 가로지르지 않는다. 그런 광경은 그저 겉

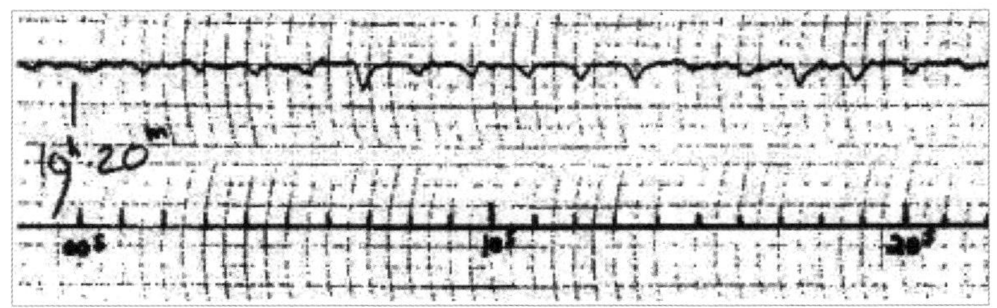

최초로 알려진 펄서의 전파 망원경 출력 정보

모습에 불과하며 편협한 오류이다. 그것은 별의 실체와는 전혀 무관하다. 망원경 광학의 주요 기능은 착시 현상을 감소시키는 것이다. 망원경과 다른 모든 과학 도구의 기능도 마찬가지이다. 모든 관측 도구는 관련 이론을 통해 오류와 착시 현상, 잘못된 시각과 틈새를 바로잡는다. 정확한 관측은 항상 간접적이라는 사실을 이상하게 보이게 하는 것은, 이론 없는 관측을 이상적으로 여기는 경험주의의 잘못된 이상 때문인지도 모른다. 그러나 진보는 관측에 앞서 훨씬 많은 지식의 적용을 필요로 한다.

따라서 나는 정말로 은하를 보고 있었다. 잔잔한 은빛 광점을 통해 은하를 관측한다는 것은 망막에 맺힌 상을 통해 정원을 관측하는 것과 다르지 않다. 모든 경우에, 우리가 실제로 어떤 것을 관측했다는 말은 우리가 가진 증거를 (궁극적으로 증거는 항상 우리의 뇌 안에 있다) 정확히 그 관측 대상의 특징으로 생각했다는 말이다. 과학적 진실은 결국 이론과 물리적 실체 사이의 일치로 이루어진다.

거대한 입자 가속기를 작동시키는 과학자들은 화소와 잉크, 숫자와 그래프를 보며, 핵과 쿼크 같은 미립자의 실체를 관찰한다. 또 다른 과학자들은 전자 현미경으로 급랭되어 진공 상태로 온 죽어 있는 세포에 광선을 쏜다. 하지만 그들은 그런 방법을 통해서 살아 있는 세포도 유사하다는 사실을 배운다. 우리가 관찰하는 객체가 다른 곳에서는 매우 다른 조성을 지닌 다른 객체의 모양을 취할 수 있다는 사실이 참으로 놀랍다. 우리의 감각 체계도 역시 그런 객체이다. 왜냐하면 우리가 무언가를 인식하고 있을 때 우리의 뇌에 직접적으로 영향을 주는 것은 오직 감각 체계밖에 없기 때문이다.

그러한 도구는 매우 드물고 물질 구성이 취약하다. 망원경 제어판의 단추 하나를 잘못 누르거나 컴퓨터에 명령문 하나를 잘못 써넣으면 이 인공물은 아무것도 밝혀 내지 못하는 고철 덩어리일 뿐이다. 과학 기기를 만드는 대신, 가공되지 않은 원료를 조립해서 거의 다른 배치로 만들어도 그 원료 이외에는 아무것도 보지 못할 것이다. 이때 설명 이론은 기기를 어떤 방식으로 제작하고 작동시켜야 하는지 알려 준다. 마치 거꾸로 마술을 부리듯, 그런 기기는 우리의 감각을 속여서 정말로 무엇이 존재하는지 보여 준다. 우리는 (1장에서 언급했던 방법론적 기준을 통해) 우리의 가장 좋은 설명 안에서 예측할 수 있는 경우에만 특정 사실이 실제라고 결론 내린다. 물리적으로는 지구상에서 철광석과 모래 같은 원료를 파내 재배열한 다음 (여전히 지구상) 전파 망원경과 컴퓨터, 디스플레이 스크린 같은 복잡한 객체로 만들어 낸 게 전부지만, 이제 인간은 하늘을 보지 않고 그런 객체를 들여다본다. 인간은 손으로 만질 수 있을 정도로 충분히 가까운 인공물에 눈을 집중하고 있지만, 인간의 마음은 수 광년 떨어진 외계의 존재와 과정에 쏠려 있다.

때로 그들은 여전히 고대의 조상처럼 반짝이는 광점을 보기도 하지만, 그것은 하늘이 아니라 컴퓨터 모니터에서 보는 것이다. 때로 그들은 숫자나 그래프를 보지만 모든 경우에 스크린의 화소나 지면의 잉크처럼 국부적인 현상을 살피고 있을 뿐이다. 이런 현상은 물리적으로 별과는 전혀 다르다. 이런 현상은 핵력과 중력의 지배를 받지 않으며, 원소를 변환시키거나 생명을 만들어 내지도 못하고, 수십억 년 동안 존재하지도 않았다. 그러나 천문학자들은 그런 현상을 통해 별을 본다.

3장

불꽃

The Spark

우리의 일상적인 경험을 넘어서는 실체에 대한 고대의 설명은 대부분 거짓일 뿐만 아니라 현대의 설명과는 근본적으로 다른 특성이 있다. 즉, 과거의 설명은 인간 중심적anthropocentric이었다. 말하자면 인간을, 더 포괄적으로는 정령이나 신처럼 강력하고 초자연적인 존재들을 포함하는 사람들을 중심에 두고 있었다. 여기서 '사람들'이란 의도가 있고 인간처럼 생각하는 존재를 의미한다. 따라서 겨울이 누군가의 슬픔에 기인할 수 있었고, 수확이 누군가의 관대함에 기인할 수 있었으며, 자연재해가 누군가의 분노에 기인할 수 있었다. 그런 설명은 종종 인간사에 관심을 가지거나 인간에 대한 의도를 가진 우주적으로 중요한 존재를 포함하고 있었다. 이것은 인간에게도 우주적 의미를 부여했다. 그 뒤 지구 중심 이론도 인간을 우주의 물리적 중심에 두었다. 이렇게 설명적이고 기하학적 인간 중심주의는 서로를 더 그럴듯하게 만들었고, 그 결과 계몽 이전의 사고는 상상보다 더 인간 중심적이었다.

눈에 띄는 예외는 기하학이라는 과학이었는데, 특히 고대 그리스의 수학자 유클리드가 발전시킨 기하학 체계가 그랬다. 점과 선 같은 비인간적인 실재에 대해 추리하는 정밀한 원리와 형식은 훗날 많은 계몽 개척자들에게 영감을 주었다. 그러나 당시에는 이 기하학 체계가 일반적인 세계관에 거의 영향을 미치지 못했다. 예를 들어, 대부분의 천문학자는 점성가이기도 했다. 그들은 연구에 복잡한 기하학을 사용하면서도, 지상에서 벌어지는 개인적, 정치적 사건을 별이 예측한다고 믿었다.

세상이 어떻게 돌아가는지 알기 전에는, 인간의 사고와 행동의 관점에서 물리 현상을 설명하려는 시도가 어쩌면 합리적인 접근이었을지도 모른다. 심지어 오늘날에도 우리 일상의 경험 대부분은 바로 이런 방식으로 설명되기 때문이다. 만약 금고에서 보석 하나가 갑자기 사라졌다면, 우리는 새로운 물리 법칙이 아니라 실수나 도둑질 (혹은 마술) 같은 인간 수준에서 가능한 설명을 찾기 마련이다. 그러나 그런 인간 중심적인 접근은 인간의 영역을 넘어서는 좋은 설명을 제공한 적이 없었다. 대체로 물리적 세계 전체에 관해서는 그런 접근이 엄청난 오해를 불러왔다. 우리는 이제 밤하늘의 별과 행성의 패턴이 인간사에는 전혀 중요하지 않다는 사실을 안다. 또 우리가 우주의 중심이 아니라는 사실도 안다. 심지어 우주에는 기하학적 중심도 없다. 그리고 내가 설명한 거대한 천체물리학적 현상의 일부는 우리의 과거에 중요한 역할을 했지만, 우리는 결코 그런 현상들에 중요한 역할을 한 적이 없다는 것도 안다. 우리는 편협한 이론으로 잘 설명할 수 없거나 다른 많은 현상의 설명에 등장하면 그것을 중요한 (혹은 기본적인) 현상이라고 말한다. 따라서 인간과 인간의 바람과 행동은 우주에서 대체로 중요하지 않았던 것처럼 보인다.

인간 중심적 오해는 다른 과학 분야에서도 뒤집혔다. 즉, 우리의 물리학 지식은 이제 전적으로 기본 입자와 힘과 시공간(공간의 3차원과 시간의 1차원으로 이루어진 4차원 연속체) 같은 유클리드의 점과 선만큼이나 비인간적인 실재들로 표현된다. 그것들이 서로에게 미치는 효과는 감정이나 의도가 아니라 자연법칙을 표현하는 수학 방정식을 통해서 설명된다. 생물학에서는 한때 초자연적인 존재가 생물을 설계했고 따라서 그 안에는 명백한 목적을 가지고 행동하게 하는 '생명의 원칙'이라는 특별한 성분이 내재해 있어야 한다는 믿음이 팽배했다. 그러나 생물학은 화학 반응과 유전자와 진화 같은 비인간적인 것들을 통해 새로운 형태의 설명을 발견했다. 따라서 우리는 이제 인간을 포함한 생물은 모두 암석이나 별과 동일한 성분으로 이루어져 있고 동일한 법칙을 따르며 누군가가 설계한 것도 아님을 알고 있다. 현대 과학은 물리 현상을 우리 인간의 생각과 의도가 뇌에서 일어나는, 즉 보이지 않는 (볼 수 없는 건 아니지만) 미세한 물리 과정의 집합체라고 생각한다.

인간 중심적 이론의 폐기는 대단히 큰 결실을 가져왔을 뿐만 아니라 광범위한 사상의 역사에서 매우 중요했기에 반인간 중심주의는 점차 보편적 원리의 위상으로까지 격상하기에 이르렀다. 이 원리는 인간에 관해서는 중요한 것이 없다는 뜻으로 때로 '평범성의 원리principle of mediocrity'라고 불리기도 한다(우주의 사물 설계 관점에서). 물리학자 스티븐 호킹Stephen Hawking의 표현에 따르면, 인간은 "그저 전형적인 은하의 외곽에서 전형적인 별의 주위를 공전하고 있는 전형적인 행성 표면에 붙은 화학 쓰레기에 불과"하다. 그러나 평범성의 원리는 모든 가치가 인간 중심적이라고 말한다. 왜냐하면 그런 가치는 오직 쓰레기의 행동만 설명하고, 쓰레기 자체는 중요하지 않기 때문이다.

개인의 친숙한 환경이나 (밤하늘의 회전 같은) 시각의 변덕을 관측 대상의 객관적 특성으로 오인하거나, (일출 예측 같은) 경험 법칙을 보편적 법칙으로 오인하기는 쉽다. 나는 그런 종류의 오류를 편협주의parochialism라고 부른다.

인간 중심적 오류는 편협주의의 사례지만, 모든 편협주의가 인간 중심적이지는 않다. 예를 들어, 전 세계의 계절이 일치한다는 예측은 편협한 오류이기는 해도 인간 중심적 오류는 아니다. 왜냐하면 계절 설명에 사람들을 결부시키지는 않기 때문이다.

인간의 상태에 대한 또 다른 유력한 개념은 때로 우주선 지구spaceship Earth라는 극적인 이름으로 불린다. 여행 기간이 너무 길어서 승객 대부분이 여행 중에 우주선 안에서 수명을 다하게 되는 '세대선generation ship'이라는 우주선을 상상해 보자. 이런 우주선은 그동안 다른 태양계를 식민지로 만드는 방법으로 제안되어 왔다. 우주선 지구 개념에서, 세대선은 생물권biosphere의 은유이다. 생물권은 지구상의 모든 생물과 그 서식지의 체계를 의미한다. 승객은 지구상의 모든 인간을 나타낸다. 우주선 밖의 우주는 무자비할 정도로 냉혹하지만, 우주선의 내부는 승객의 삶에 필요한 모든 것을 제공할 정도로 매우 복잡한 생명 부양 시스템을 갖추고 있다. 이 우주선처럼, 생물권도 모든 쓰레기를 재활용하며, 태양이라는 대형 핵 공장을 이용해 완전히 자급자족한다.

세대선의 생명 부양 시스템이 승객을 부양하기 위해 설계된 것처럼, 생물권도 '설계의 모습'을 갖추고 있다. 우리는 진화를 통해 생물권에 적응했기 때문에 그 시스템이 우리를 부양하는 데 매우 적합해 보인다(좋은 은유라고 주장한다). 그러나 이 시스템의 수용 능력은 유한하다. 우리가 숫자상으로 너무 많이 과밀해지거나 우리의 진화 방식(그 시스템이 부양하도록 '설계된' 것)과 완전히 다른 생활 방식을 채택해서 과부하에 걸리면 그 시스템은 와해되고 말 것이다. 그리고 우리는 세대선의 승객처럼 두 번째 기회를 얻지 못할 것이다. 만약 우리의 생활 방식이 너무 경솔하거나 방탕해서 우리의 생명 부양 시스템이 파괴된다면, 우리에겐 달리 갈 곳이 없다.

우주선 은유와 평범성의 원리는 과학적으로 생각하는 사람들 사이에서는 자명한 이치가 될 정도로 광범위하게 수용되었다. 평범성의 원리는 지구와 그 화학적 쓰레기가 얼마나 전형적인지를 강조하는 반면(놀라울 게 전혀 없다는 의미에서), 우주선 지구는 그것이 얼마나 비전형적인지를 강조하고 있어서(서로에게 독특하게 맞춰져 있다는 의미에서) 두 개념이 표면상으로는 다소 정반대 방향에서 논쟁하는 것처럼 보인다는 사실에도 불구하고 말이다. 그러나 좀 더 넓게 철학적인 면에서 해석해 보면, 두 개념은 하나로 수렴된다. 두 개념 모두 우리가 지구상에서 경험하는 생명이 우주를 대표하고, 지구는 광대하고 고정되어 있으며 영원하다는 편협한 오해를 바로잡는다. 그리고 세상 통제의 열망을 품고 있는 계몽의 오만함에 반대한다. 우리 자신을 중요하다고 생각해서는 안 되며 세상이 무한히 우리의 파괴에 굴복할 거라고 기대해서도 안 된다고 주장한다. 따라서 이 두 개념은 전체 세계관에 정보를 줄 수 있는 훌륭한 개념적 틀을 만들어 낸다. 그러나 (곧 설명하겠지만) 단순한 사실적 의미에서 두 개념은 모두 거짓이다. 즉, 진실은

사람들은 우주의 사물 설계에서 정말로 중요하고,
지구의 생물권은 인간 생명을 부양할 수 없다는 것이다.

호킹의 말을 다시 떠올려 보자. 우리가 전형적인 은하의 전형적인 별의 (다소) 전형적인 행성에 살고 있다는 것은 맞는 말이다. 그러나 우리는 우주의 전형적인 물질이 아니다. 우선, 우주 물질의 80% 정도는 보이지 않는 '암흑물질'인 것으로 생각되며, 암흑물질은 빛을 방출하지

도 흡수하지도 않는다. 우리는 현재 암흑물질이 은하에 미치는 간접적 중력 효과를 통해서만 이 물질을 탐지할 뿐이다. 오직 나머지 20%만 우리가 (편협하게) '보통물질'이라고 부르는 유형의 물질이다. 보통물질은 지속적으로 반짝이는 특성이 있다. 우리 자신은 보통 반짝이지 않는다고 생각하지만, 이건 우리 감각의 한계에 기인한 또 다른 편협한 오해이다. 즉, 우리의 몸도 적외선과 가시광선으로 복사열을 방출하지만, 너무 희미한 탓에 육안으로 탐지하지 못할 뿐이다.

인간과 지구, 별 정도의 물질 밀집도 또한 수가 많기는 해도 전형적이지는 않다. 그런 밀집도는 매우 특이하고 드문 현상이다. 우주는 대체로 진공 상태이다(복사와 암흑물질 외에는). 우리가 보통물질에 대해 잘 알고 있는 것은 우리의 구성 물질이 그 물질인데다 특이하게도 우리가 그 물질이 많이 집중된 곳에 가까이 있기 때문이다. 더욱이 우리는 드문 형태의 보통물질이다. 가장 흔한 형태는 플라스마(전기를 띠는 성분들로 해리된 원자)로, 전형적으로 다소 뜨거운 별 안에 존재하기 때문에 밝은 가시광선을 뿜어낸다. 우리 인간은 훨씬 더 낮은 온도의 도달 범위에서만 존재할 수 있는 액체와 화학 성분들을 포함하기 때문에 주로 적외선을 방출한다.

우주 전체에는 빅뱅의 잔광인 마이크로파 방사선이 퍼져 있다. 그 온도는 대략 2.7K(켈빈)인데, 이 말은 가능한 최저 온도인 절대 영도보다 2.7도 높고, 물의 어는점보다 섭씨 270도 더 차갑다는 뜻이다. 무언가를 이런 마이크로파보다 더 차갑게 만드는 것은 아주 특이한 상황에서만 가능하다. 지구상의 특정 물리 실험실을 제외하면 우주에서 1K보다 더 차가운 것은 알려져 있지 않다. 지금까지 지구상의 물리 실험실에서 달성된 최저 기록은 10^{-9}K 이하이다. 그런 특별한 온도에서는 보통물질의 빛은 사실상 소멸한다. 그 결과 우리 지구상에서 만든 '빛나지 않는 보통물질'은 우주에서는 대단히 특이한 물질이다. 아마도 지금까지는 물리학자들이 만든 냉장고 내부가 우주에서 가장 차갑고 가장 어두운 장소일 것이다. 전혀 전형적이지 않다.

우주의 전형적인 장소는 어떤 모습일까? 당신이 지구에서 이 글을 읽고 있다고 가정해 보자. 마음의 눈으로 수백 킬로미터 위로 쭉 올라가 보자. 이제 당신은 더 전형적인 우주 환경 속에 있다. 그러나 당신은 여전히 태양열을 받아 반짝이고 있고, 시야의 절반은 여전히 지구의 고체와 액체와 쓰레기로 가득 차 있다. 전형적인 장소에는 그런 특징이 없다. 따라서 동일한 방향으로 수조 킬로미터 더 올라가 보자. 당신은 이제 태양이 다른 별처럼 보일 정도로 멀리 떨어져 있다. 당신은 훨씬 더 차갑고 훨씬 더 어둡고 훨씬 더 텅 빈 장소에 있으며 지구의 쓰레기는 보이지 않는다. 그러나 아직도 전형적이지는 않다. 당신은 여전히 은하수 내부에 있으며, 우주는 대부분 어떤 은하에도 속해 있지 않다. 은하수에서 완전히 벗어날 때까지 계속 더 가보자. 예컨대 지구에서 수만 광년 떨어진 곳으로. 이 정도 거리에서는 인간이 지금까지 건설한 가장 강력한 망원경을 사용한다고 해도 지구를 희미하게조차 감지할 수 없다. 그러나 은하수는 여전히 당신이 보는 하늘을 채우고 있다. 우주의 전형적인 장소에 도달하려면 지금까지 여행한 거리의 1,000배는 더 멀리 떨어진, 은하간 공간 깊숙이 있다고 상상해야 한다.

그곳은 어떤 모습일까? 공간 전체가 (개념적으로) 우리 태양계 크기의 정육면체로 나뉘어져 있다고 상상해 보자. 만약 그런 전형적인 정육면체 중 한 곳에서 관측하고 있다면 하늘은 칠흑 같이 검을 것이다. 가장 가까운 별도 너무 멀리 떨어져 있어서 그 별이 설령 초신성으로 폭발한다고 해도 어른거리는 희미한 빛조차도 보지 못할 것이다. 우주는 그 정도로 크고 어둡고 차갑다. 우주의 배경 온도는 2.7K로 헬륨을 제외하고는 지금까지 알려진 모든 물질을 얼어붙게 할 정도로 차갑다 (헬륨은 아주 큰 고압 상태가 아니라면 절대 영도까지 액체 상태인 것으로 알려져 있다).

그리고 우주는 텅 비어 있다. 우주 저 밖에서 원자의 밀도는 1세제곱미터당 한 개 미만이다. 그것은 별 사이 공간의 원자수보다 100만 배 더 희박하며, 그 원자들 자체는 인간의 기술이 지금까지 달성한 최고의 진공보다도 더 희박하다. 은하간 공간의 거의 모든 원자가 수소나 헬륨이므로 화학 반응도 없다. 거기서는 어떤 생명체도 어떤 지성체도 진화하지 못했을 것이다. 게다가 아무것도 변하지 않고, 아무 일도 일어나지 않는다. 옆의 정육면체도 그 옆의 정육면체도 마찬가지이며, 어느 방향이든 연속적인 정육면체 100만 개를 살펴볼 수 있다고 해도 상황은 동일할 것이다.

차갑고 어둡고 텅 빈, 상상할 수도 없는 그런 삭막한 환경이 우주의 전형적인 모습이다. 그리고 그런 환경은 지구와 그 화학적 쓰레기가 물리적 의미에서 얼마나 전형적이지 않은지의 또 다른 척도이기도 하다. 이런 유형의 쓰레기가 갖는 우주적 의미라는 문제를 고찰하려면 우리는 또다시 은하간 공간으로 나아가야 한다. 그러나 먼저 지구로 돌아가서 우주선 지구라는 은유를 간단한 물리적 의미에서 살펴보도록 하자.

이만큼은 사실이다. 즉, 내일 지구 표면의 물리적 조건이 천체물리학적 표준에 따라 아주 살짝이라도 변하면 (생명 부양 시스템이 와해할 경우에는 우주선에서 살아남을 수 없듯이) 보호 장비 없이는 어떤 인간도 생명을 부지할 수 없을 것이다. 그러나 내가 이 글을 쓰고 있는 영국 옥스퍼드의 겨울밤도 종종 옷이나 다른 난방 기술 같은 보호 장치가 없다면 추위로 얼어 죽을 정도로 춥다. 은하간 공간에서는 단 몇 초 만에 죽는 반면, 원시 상태의 옥스퍼드에서는 몇 시간 만에 죽는다는 점만 다를 뿐이다. 그리고 이것은 가장 잘 표현된 의미에서만 '생명 부양life support'으로 간주될 수 있다. 옥스퍼드에는 정말 생명 부양 시스템이 있지만, 생물권이 제공한 것은 아니다. 이 시스템은 인간이 만들었다. 이 시스템은 의류, 집, 농장, 병원, 전기, 하수 처리 시설 등으로 이루어져 있다. 지구 생물권도 원시 상태로는 보호 장치 없는 인간을 오랫동안 생존시킬 수 없다. 그것은 인간에게 생명 부양 시스템이라기보다 죽음의 덫이라고 부르는 게 더 정확할 것이다. 심지어 우리 인류가 진화한 동아프리카 대지구대Great Rift Valley도 원시 상태의 옥스퍼드보다 좋은 환경은 아니었다. 우주선 지구라는 가상 우주선의 생명 부양 시스템과 달리 동아프리카 대지구대는 안전한 식수도 의료 장비도 편안한 거주지도 없었고, 포식동물과 기생충, 병원균으로 가득 차 있었다. 그곳은 자주 '승객'을 다치게 하고 굶주리게 하고 병들게 해서, 결과적으로 승객 대부분이 죽음을 면치 못했다.

동아프리카 대지구대는 그곳에 사는 다른 생명체들에게도 거친 환경이었다. 유익하다고 생각된 생물권 안에서 편안히 살거나 늙어 죽는 개체는 거의 없었다. 그것은 우연이 아니다. 대부분의 종과 개체군은 재난과 죽음에 가까운 삶을 살고 있다. 그렇게 될 수밖에 없는 까닭은 작은 집단이 어딘가에서, 예컨대 식량 공급의 증가나 경쟁자나 포식자의 멸종 같은 이유로, 조금이라도 더 수월한 삶을 누리기 시작하면 그 집단의 숫자가 바로 증가하기 때문이다. 그 결과 다른 자원은 사용 증가로 고갈되고, 그와 반대로 증가한 개체군은 더 외곽의 서식지를 개척해서 더 부족한 자원으로 살아가야 한다. 이런 과정은 개체군 증가의 불이익이 유익한 변화의 이익과 균형을 이룰 때까지 계속된다. 다시 말해서, 새로운 출생률은 기아와 포식 및 다른 모든 자연 과정을 통해 가까스로 보조를 맞추고 있다.

진화는 바로 이렇게 생물을 적응시킨다. 그리고 이것이 생물 부양에 '적합해 보이는' 지구 생물권의 생활 방식이다. 생물권은 개체를 지속적으로 무시하고 해치고 무력화시키고 살해함으로써 안정성을 달성할 뿐이다. 따라서 우주선이나 생명 부양 시스템의 은유는 아주 잘못되었다. 인간은 생명 부양 시스템을 설계할 때 사용 가능한 자원 내에서 사용자에게 최대의 안락과 안전과 수명을 제공하도록 한다. 그러나 생물권에는 그런 우선권이 없다.

또한 생물권은 위대한 종의 보존자도 아니다. 진화는 개체에게 잔인하기로 악명 높을 뿐만 아니라 종 전체를 지속적으로 멸종시키기도 한다. 지구상에 생명체가 시작된 이후 평균 멸종률은 매년 10종 정도이지만(그 수는 매우 대략적으로만 알려져 있다), 고생물학자들이 '대량 멸종 사건'이라고 부르는 비교적 짧은 기간에는 훨씬 더 증가했다. 종의 발생률은 멸종률을 아주 약간만 초과하도록 균형을 이루었고, 결과적으로 지구상에 존재했던 종의 압도적인 대다수(아마도 그 종들의 99.9%)는 이제 멸종한 상태이다. 유전적 증거는 우리 인류가 적어도 한 번은 간신히 멸종을 모면했음을 암시한다. 우리 인류와 밀접하게 관련된 일곱 종은 이미 멸종했다. 의미심장하게도 '생명 부양 시스템' 자체가 자연재해와 다른 종의 진화론적 변화 그리고 기후 변화 같은 방법으로 그 종들을 절멸시켰다. 우리 인류와 유사한 그 일곱 종은 생활 방식을 바꾸거나 생물권을 과밀 상태로 만들어서 멸종된 게 아니었다. 정반대로 그 종들은 자신들이 생존하기 위해 진화한 생활 방식 그대로 살았기 때문에 그리고 우주선 지구에 따르면, 그런 방식으로 생물권이 그 종들을 '부양하고' 있었기 때문에 절멸되었다.

하지만 생물권이 특히 인간에게 호의적이라는 말은 과장이다. 옥스퍼드와 비슷한 위도에서 살았던 최초의 사람들(사실 우리 인류와 관련된 종인 네안데르탈인의 후예들)이 생명을 부양할 수 있었던 까닭은 오로지 도구와 무기와 불과 의류 같은 것에 대한 지식이 있었기 때문이다. 그런 지식은 유전을 통해서가 아니라 문화적으로 세대에서 세대로 전해졌다. 동아프리카 대지구대에 살았던 우리 인간 이전의 조상들도 그런 지식을 이용했고, 우리 인간도 생존을 위해 이미 그런 지식에 의존해서 존재하게 되었던 게 틀림없다. 한 증거로, 만약 내가 원시 상태의 동아프리카 대지구대에서 살려고 한다면 금방 죽었을 것이라는 사실에 주목하자. 왜냐하면 나에겐 필수 지식이 없기 때문이다. 마찬가지로 그 이후에 아마존 정글의 생존 방법은 알지만, 북극의 생존 방법은 모르는 인간 집단이 있었고, 또 그 반대의 집단도 있었다. 그러므로 그런 지식은 유전적 유산의 일부가 아니었다. 그런 지식은 인간 사고에 의해 창조되고 인간 문화에서 보존되고 전수되었다.

오늘날에는 지구의 '인간 생명 부양 시스템'이 새로운 지식 창출 능력을 이용해 우리를 위해서가 아니라 우리에 의해서 제공되어 왔다. 동아프리카 대지구대에서는 이제 도구와 농사와 위생 같은 것에 대한 지식을 이용해서 초기의 인간보다 훨씬 더 많은 수의 사람이 안락한 삶을 누리게 되었다. 태양이 에너지를 제공하고 초신성이 원소를 제공했듯이, 지구는 정말로 우리의 생존에 필요한 원료를 제공했다. 그러나 원료 더미는 생명 부양 시스템과 같지 않다. 원료 더미를 생명 부양 시스템으로 바꾸려면 지식이 필요하며, 생물학적 진화는 번성은 고사하고 생존에 충분한 지식도 제공하지 못했다. 이런 점에서 인간은 다른 종과 다르다. 다른 종은 필요한 모든 지식이 뇌에 유전 암호로 저장되어 있다. 그리고 그런 지식은 정말로 진화에 의해 그들에게 제공된다. 그러므로 그 종의 고향 환경은 (내가 묘사한 대단히 한정적인 의미이긴 해도) 그 종의 생명 부양 시스템으로서 설계된 모습을 갖는다. 그러나 생물권은 우리 인간에게 전파 망원경을 제공하지 않듯이 생명 부양 시스템도 제공하지 않는다.

따라서 생물권은 인간 생활을 부양할 수 없다. 이 행성을 그나마 인간이 거주 가능한 곳으로 만들 수 있었던 것은 지식 덕분이었고, 이후 우리의 생명 부양 시스템 용량(수와 안전성과 삶의 질 등 모든 의미에서)이 크게 증가할 수 있었던 것도 전적으로 인간의 지식 창조 덕분이었다. 우리는 '우주선'에 탑승할 때까지는 그 우주선의 승객도 승무원도, 심지어 정비 승무원도 아니었다. 우리는 그 우주선의 설계자이자 생성자이다. 인간이 설계하기 전에 우주선은 운송 수단이 아니라 그저 위험한 원료 더미에 불과했다.

'승객'이란 은유는 또 다른 의미에서도 오해이다. 그것은 인간이 전혀 문제없이 살았던 시절이 있었다고 암시한다. 생존과 번성을 위해 끊임없이 발생하는 문제를 해결하지 않고 마치 승객처럼 서비스를 받았던 시절 말이다. 그러나 사실 우리의 조상은 문화적 지식의 혜택을 받고 있을 때도 다음 끼니는 어디서 구해야 하는지 같은 절망적인 문제에 끊임없이 직면했고, 전형적으로는 이런 문제를 거의 해결하지 못했거나 그로 인해 죽음에 이르렀다. 노인의 화석이 거의 없는 이유다.

따라서 우주선 지구의 도덕적 면은 다소 모순이다. 이 비유는 사실 아무것도 받은 게 없는 인간에게 선물을 고마워하지 않는다고 비난한다. 그리고 이 은유는 우주선의 생명 부양 시스템에서 인간을 제외한 다른 모든 종은 도덕적으로 긍정적인 역할을 맡게 하고, 인간에게만 부정적인 역할을 맡게 한다. 하지만 인간은 생물권의 일부이며, 비도덕적이라고 생각되는 행동은 순조로운 시기의 다른 종의 행동과 동일하다. 그런 행동이 자신의 후손과 다른 종에게 미치는 영향을 줄이고자 노력하는 종이 오직 인간뿐이라는 사실을 제외하고.

평범성의 원리도 모순이긴 마찬가지이다. 이 원리는 모든 형태의 편협한 오해들 가운데 특별한 비난거리로 인간 중심주의 하나만 골라내기 때문에 그 자체가 인간 중심적이다. 이 원리는 종종 오만과 같은 용어로 표현되기도 한다. 과연 이런 비난은 누구의 가치로 이해되어야 할까? 설령 오만한 견해를 갖는 게 도덕적으로 잘못이라고 해도, 도덕성은 오직 화학 쓰레기의 내부 조직과만 관련되어 있어야 한다. 그렇다면 평범성의 원리가 주장하듯이, 쓰레기 너머의 세상이 어떻게 구성되어 있는지에 대해서 이 원리가 우리에게 뭔가 말해 줄 수 있을까?

아무튼 사람들이 인간 중심적 설명을 채택했던 것은 오만 때문이 아니었다. 그것은 그저 편협한 오류에 불과했으며, 원래는 상당히 합리적인 오류였다. 사람들이 그렇게 오랫동안 자신들의 실수를 깨닫지 못했던 것도 오만 때문이 아니었다. 사람들이 아무것도 깨닫지 못했던 것은 더 좋은 설명을 찾는 방법을 몰랐기 때문이다. 어떤 의미에서 사람들은 충분히 오만하지 않았던 게 문제였다. 그들은 세상이 근본적으로 이해할 수 없는 거라고 너무 쉽게 가정해 버렸다.

인간에게 한때 문제가 없는 시절이 있었다는 오해는 지난 황금기와 에덴동산에 대한 고대신화에 담겨 있었다. 이론적인 두 개념인 은

총grace(노력하지 않고 얻은, 신으로부터 받는 혜택)과 신의 섭리providence(여기서 신은 인간에게 필요한 것을 제공해 주는 존재로 간주된다)라는 오해와 관련되어 있다. 이런 신화의 저자는 문제가 없었던 것으로 생각되는 과거를 현재의 불행한 경험과 연결하기 위해, 섭리의 지원 수준이 감소하면 신의 은총을 잃는 것 같은 과거의 변화를 이야기해야 했다. 우주선 지구에서는 신의 은총을 잃는 순간이 곧 닥치거나 진행 중인 것으로 간주된다.

평범성의 원리에도 유사한 오해가 있다. 진화 생물학자 리처드 도킨스Richard Dawkins의 다음과 같은 주장을 살펴보자. "인간의 속성도 다른 생물처럼 조상의 환경에서 자연선택을 겪으면서 진화했다. 우리의 감각이 과일의 색과 냄새, 혹은 포식자의 소리 탐지에 적응하게 된 것은 바로 그 때문이다. 즉, 그런 종류의 탐지 능력은 우리 조상에게 자손을 가질 수 있는 생존 가능성을 증가시켜 주었다. 그러나 같은 이유로, 진화는 우리의 자원을 생존과 무관한 현상을 탐지하는 데 낭비하지 않았다"고 도킨스는 지적한다. 예를 들어, 우리는 육안으로는 대부분 별들의 색을 식별하지 못한다. 우리가 야간 시력이 나쁘고 단색만 보는 것은, 우리 조상이 그런 제한으로 충분히 많이 죽지 않았기 때문이다. 따라서 도킨스는 이런 맥락에서 우리의 뇌가 눈과 조금이라도 다를 거라고 기대할 이유는 없다고 주장한다. 그리고 여기서 그는 평범성의 원리에 호소한다. 즉, 우리의 뇌는 생물권에서 대략 인간의 크기와 시간과 에너지의 규모로 흔히 일어나는 현상에 대처하도록 진화했다. 반면 우주에서 일어나는 대부분의 현상은 훨씬 더 광범위하게 일어난다. 어떤 현상은 우리를 즉시 사망케 했을 테고, 어떤 현상은 인간의 삶에 어떤 영향도 미치지 않았을 것이다. 따라서 우리의 감각이 중성미자나 퀘이사, 혹은 우주의 사물 설계에서 일어나는 대부분의 다른 주요 현상을 탐지하지 못하는 것처럼, 우리의 뇌가 그런 현상을 이해하기를 기대할 이유는 없다. 따라서 도킨스는 "우주는 우리가 추측하는 것보다 더 기묘할 뿐만 아니라 우리가 추측할 수 있는 것보다 더 기묘하다"고 생각했던 진화 생물학자 존 홀데인John Haldane과 의견을 같이한다.

이것이 평범성 원리의 놀랍고도 모순적인 결과이다. 이 원리는 새로운 설명의 창조 능력 같은 독특한 능력까지 포함해서, 인간의 모든 능력은 편협할 수밖에 없다고 말한다. 이 원리는 특히 과학의 진보가 인간 두뇌의 생물학으로 정의된 특정 한계 이상을 넘어설 수 없다는 의미를 내포한다. 그리고 우리는 나중이 아니라 곧, 이런 한계에 도달하리라 예상해야 한다. 그 한계 너머에서는 세상이 더 이상 이치에 맞지 않게 된다(아니 그렇게 될 것 같다). 과학은 그 모든 성공과 영감에도 불구하고 결국 본질적으로 편협한 것으로 그리고 아이러니하게도 인간 중심적인 것으로 드러날 것이다.

따라서 여기서 평범성의 원리와 우주선 지구가 수렴한다. 두 원리는 이질적이고 비협조적인 우주 안에 박힌 인간 친화적 거품에 대한 개념을 공유한다. 우주선 지구는 우주선을 물리적 거품인 생물권으로 본다. 평범성의 원리는 그 거품이 개념적이이서 인간이 세상을 이해하는 능력의 한계를 나타낸다. 앞으로 알게 되겠지만 이 두 가지는 관련되어 있다. 두 견해 모두 인간 중심적이다. 반면 도킨스는 그렇지 않기를 바랄 것이다.

> 나는 시간이 오래 걸리기는 해도 모든 것의 설명을 찾을 수 있는 인간사에 무관심한 우주가, 변덕스러운 마법으로

치장된 우주보다 더 아름답고 더 놀라운 장소라고 믿는다.

리처드 도킨스, 《무지개를 풀며*Unweaving the Rainbow*》

'질서 정연한' 우주는 진실로 더 아름답다(14장 참고). 하지만 우주가 질서 정연하기 위해서 '인간사에 무심해야 한다'는 가정은 평범성의 원리와 관련된 오해이다. 근본적으로 평범성의 원리와 우주선 지구는 도달 범위에 대해 같은 주장을 하고 있다. 두 원리 모두 문제를 해결하고 지식을 창조하며 주변 세계에 적응하는 독특한 인간 존재 방식의 도달 범위에 한계가 있다고 주장한다. 그리고 두 개념 모두 그 한계가 그리 멀지 않다고 주장한다. 따라서 정해진 도달 범위 너머로 가려고 한다면 실패와 재앙을 초래할 수밖에 없다고 말한다.

게다가 두 개념은 본질적으로 동일한 논거에 의존하는데, 그런 한계가 없다면 인간의 뇌가 진화한 조건 너머에서는 지속적인 효과를 설명하지 못한다는 것이다. 지구상에 존재했던 수조 가지의 적응 중 대부분이 비전형적인 생물권에만 도달했는데 왜 유독 단 한 가지 적응만 무한히 뻗어 나가야 하는가? 이것은 충분히 설명 가능하다. 왜냐하면 모든 도달 범위에는 설명이 있기 때문이다. 그러나 그 설명이 진화나 생물권과는 전혀 무관하다면 어떻게 될까?

어떤 섬에서 진화한 새가 우연히 다른 섬으로 날아갔다고 하자. 이 새의 날개와 눈은 여전히 효력을 발휘한다. 이것은 날개와 눈의 적응 도달 범위를 보여 주는 사례이다. 도달 범위에는 설명이 있고, 핵심은 날개와 눈이 각각 공기역학과 광학이라는 보편적 물리 법칙을 활용한다는 것이다. 비록 이 새가 그 법칙을 완벽하게 활용하지는 못하더라도 두 섬의 대기와 채광 조건은 충분히 유사해서 동일한 적응 구조가 두 섬 모두에서 효력을 발휘한다.

따라서 새는 수평으로 수 킬로미터 떨어진 섬으로 비행하는 데는 무리가 없겠지만, 수직으로는 공기의 낮은 밀도 때문에 날갯짓에 어려움을 겪을 것이다. 비행 방식에 대한 새의 잠재 지식은 높은 고도에서는 실패한다. 조금 더 높이 올라가면 새의 눈과 다른 기관도 더 이상 작동하지 않을 것이다. 이런 기관은 그 정도 도달 범위에서도 작동하도록 설계되어 있지 않다. 모든 척추동물의 눈은 액체인 물로 채워져 있지만, 물은 성층권 온도에서는 얼고 진공 상태의 우주에서는 끓는다. 극적으로 보이지는 않겠지만, 만약 야간 시력이 나쁜 새가 잡아먹을 만한 먹이가 야행성 동물밖에 없는 섬에 도달하면 그 새는 죽을 수도 있다. 같은 이유로, 한정된 토착 환경 도달 범위가 있으며, 이런 도달 범위는 멸종을 일으킬 수 있고 또 정말로 멸종을 초래하기도 한다.

만약 그 새의 적응 구조가 그 종을 새로운 섬에서 살아가게 할 수 있을 만큼의 도달 범위를 갖고 있다면, 그곳에 정착할 수 있을 것이다. 그리고 다음 세대에서는 이 섬에 더 잘 적응한 돌연변이가 평균적으로 더 많은 자손을 갖게 되고, 따라서 진화는 그 집단의 생존에 필요한 기능을 포함하도록 종을 더 정밀하게 적응시킬 것이다. 인간의 조상도 정확히 이런 방식으로 새로운 환경을 개척하고 새로운 생활 방식에 적응했다. 그러나 우리 종이 진화했을 무렵, 인간의 조상은 문화적 지식을 진화시켜 같은 일을 수천 배나 빨리 이루어 냈다. 그러나 당시에는 과학적 방법을 몰랐기 때문에, 그들의 지식은 편협한 생물학적 지식보다 크게 나을 게 없었다. 그 지식은 주로 경험 법칙으로 이루어져 있었으므로 진보는 생물학적 진화에 비해 빨랐지만, 최근의 계몽 속도에 비하면 완만하고 부진했다.

계몽 이후의 기술 진보는 본질적으로 설명 지식 창출에 달려 있었다. 사람들은 수천 년 동안 달 여행을 꿈꾸었지만, 그곳에 가기 위해 무엇이 필요한지 이해하기 시작한 것은 힘과 운동량 같은 보이지 않는 실재들의 행동에 대한 뉴턴의 이론이 나온 뒤였다.

세상의 설명과 통제가 이렇게 점점 밀접하게 연결되는 것은 우연이 아닌 세상의 심오한 구조 때문이다. 물리적 객체의 모든 변화를 생각해 보자. 그중 일부는 (광속보다 빠른 통신처럼) 자연법칙이 금지하기 때문에 절대로 일어나지 않는다. 또 일부는 (원시 수소에서 별이 만들어지는 것처럼) 자연적으로 일어나며 일부는 (공기와 물을 나무로 바꾸거나 원료를 전파 망원경으로 바꾸는 것처럼) 유전자나 뇌에 저장된 필수 지식이 존재하는 경우에만 일어난다. 그러나 가능성은 이것뿐이다. 즉, 주어진 시간에 주어진 자원이나 다른 조건에서 일어날 수 있는 모든 추정 가능한 물리적 변화는 다음 중 하나이다.

- 자연법칙으로 인해 불가능
- 올바른 지식이 제공된다면 달성 가능

이런 중대한 이분법이 존재하는 이유는 이 사실 자체가 검증 가능한 규칙성이 되기 때문이다. 그러나 자연의 모든 규칙성에는 설명이 존재하므로, 규칙성의 설명 자체가 자연법칙이 되거나 그 법칙의 결과가 된다. 따라서 이번에도 자연법칙이 금지하지만 않는다면 올바른 지식이 제공될 경우 모든 것은 달성 가능하다.

홀데인-도킨스 주장이 우리가 생각하는 것보다 더 이상하다고 오인되는 것도, 인간 적응의 도달 범위가 여타의 생물권 도달 범위와 다른 것도, 바로 이렇게 설명 지식과 기술이 근본적으로 연결되어 있기 때문이다. 설명 지식을 창조하고 활용하는 능력은 다른 적응처럼 편협한 요인이 아니라 오직 보편적 법칙의 제한만 받는 자연을 변화시킬 힘을 사람들에게 준다. 이것이 바로 설명 지식의 우주적 중요성이자 내가 앞으로 설명 지식을 창조할 수 있는 실재라고 정의할 사람들의 중요성이기도 하다.

지구상에 존재하는 다른 종의 경우에도, 우리는 그저 그 종이 의존하는 모든 자원과 환경 조건을 목록으로 만들어서 그 도달 범위를 결정할 수 있다. 원칙적으로는 그 종의 DNA 분자를 연구하면 그런 적응을 결정할 수 있다. 왜냐하면 바로 그 안에 그 종의 모든 유전 정보가 암호화되어 있기 때문이다('염기'라는 작은 구성 분자들의 서열 형태로). 도킨스는 이렇게 지적했다.

> 유전자 풀은 세대를 거듭하며 조상의 자연선택을 거치는 동안 (특정) 환경에 적응하도록 조각되고 다듬어진다. 이론적으로 식견이 있는 동물학자라면 완벽한 유전체 (어떤 생물체의 모든 유전자 집합) 사본을 받으면, 유전자 풀을 그렇게 다듬어 온 환경적 상황을 재구성할 수 있을 것이다. 이런 의미에서 DNA는 조상 환경의 암호 설명서이다.
>
> 아트 울프, 미셸 A. 길더스, 《살아 있는 야생*Living Wild*》

정확히 말하면, '식견이 있는 동물학자'는 그 생물의 과거 환경의 양상들 중에서 선택 압력을 가한 것만 재구성할 수 있다. 그 환경에 존재했던 먹이의 유형과 그 먹이의 포획 행동과 그 먹이의 소화 성분 등을 말이다. 그런 양상 모두가 그 환경의 규칙성이다. 유전체는 그런 규칙성을 푸는 암호 설명서이며, 따라서 그 생물의 생존 가능한 환경을 암묵적으로 말해 준다. 예를 들어, 모든 영장류는 비타민 C를 필요로 한다. 영장류는 이 성분이 없으면 괴혈병에 걸려서 죽지만, 영장류의 유전자에는 비타민 C를 합성하는 지식이 들어 있지 않다. 따라서 인간 이외의 영장류는 비타민 C가 공급되지 않는 환경에 장기간 노출되면 생존하지 못한다. 그러므로 이 사실을 간과하는 설명은 무엇이든 그 종의 도달 범위를 과대평가하게 될 것이다. 인간은 영장류이지만, 인간의 도달 범위는 (환경의) 비타민 C 공급 여부와 무관하다. 인간은 광범위한 원료를 이용해 비타민 C를 합성하는 방법에 대한 새로운 지식을 만들고 적용할 수 있다. 본질적으로 인간은 대부분의 환경에서 생존하기 위해서는 그런 식으로 해야만 한다는 사실을 스스로 발견할 수 있다.

마찬가지로 인간이 생물권 밖에 있는 달에서 살 수 있는지의 여부는 인간의 생화학적 기이함에 달려 있지 않다. 인간은 엄청난 많은 양의 비타민 C를 만들어 내듯이 달에서도 똑같이 할 수 있을 테고, 그뿐만 아니라 그들이 필요로 하는 모든 편협한 조건도 그렇게 할 수 있다. 모두 올바른 지식만 주어진다면 그런 필요조건은 다른 자원을 변화시켜서 얼마든지 충족시킬 수 있다. 심지어 현재의 기술로도, 달에서 태양빛을 이용하고 쓰레기를 재활용하고 달 자체의 원료를 이용하는 자족 개척지를 건립할 수 있다. 산소는 월석 안의 금속 산화물 형태로 달에 풍부하게 존재한다. 그 외 원소도 쉽게 추출할 수 있다. 물론 어떤 원소는 지구가 공급원이 될 수도 있고 특정 소행성에 채굴할 로봇 우주선을 보내 지구에 의존하지 않을 수도 있다.

내가 특별히 로봇 우주선을 언급하는 것은 모든 기술 지식이 종국에는 자동 장치로 기계화될 수 있기 때문이다. 이것은 '1%의 영감과 99%의 땀'이 진보의 발생 방식을 잘못 설명하는 또 다른 이유이기도 하다. 왜냐하면 천체 사진에서 은하를 찾아내는 일처럼 땀도 자동화될 수 있기 때문이다. 그리고 기술이 진보할수록 영감과 자동화의 간격은 줄어든다. 그리고 달 개척지에서 이런 일이 많이 일어날수록 인간이 그곳에서 살아가는 데 필요한 노력은 줄어들 것이다. 결국 달 개척자들은 지금 옥스퍼드에 사는 사람들이 수도꼭지를 틀면 물이 흘러나오는 것을 당연하게 여기듯이 공기를 당연하게 받아들일 것이다. 어느 쪽이든 올바른 지식이 없는 집단은 그 환경 때문에 죽음을 맞게 될 것이다.

우리는 지구는 쾌적한 반면 달은 황량한 죽음의 덫이라고 생각하는 데 익숙하다. 그러나 우리 조상은 옥스퍼드를 그렇게 생각했을 것이며, 아이러니하게도 나는 오늘날 원시의 동아프리카 대지구대를 그렇게 생각한다. 쾌적한 환경과 죽음의 덫 차이는 인간이 어떤 지식을 창조했는지에 달려 있다. 일단 달 개척지에서 충분한 지식이 구현되면 그 개척자들은 모든 생각과 에너지를 훨씬 더 많은 지식 창출에 집중시킬 수 있고, 그곳은 머지않아 개척지가 아닌 안락한 고향이 될 것이다.

지식을 이용해 자동화된 물리 변화를 일으키는 일은 원래 인간만 했던 게 아니다. 모든 세포는 화학 공장이기 때문에, 자동화된 물리 변화는 모든 생물의 기본적 생존 방법이다. 인간과 다른 종의 차이는 어떤 종류의 지식을 사용하고 그 지식을 어떻게 창조하는가에 있다. 다른 종은 자신에게 호의적인 특정 도달 범위에서만 기능할 수 있는 데 비해 인간은 그렇지 않은 환경에서도 자신들의 부양 시스템을 가동시킬 수 있다는 것이, 그 차이를 잘 보여 준다. 게다가 다른 종은 고정된 형태의 자원을 훨씬 더 고정된 생물로 바꾸는 공장인 반면, 인간의 몸은 무엇이든 자연법칙이 허용하는 무언가로 변화시키는 공장이다. 인간은 '보편적 생성자universal constructors'인 것이다.

현재 지구상에 존재하는 그 어떤 다른 종도 이런 보편성을 갖고 있지 않다. 그러나 이것은 설명 창조 능력의 결과로 우주에 존재할지도 모르는 어떤 사람종족도 가지고 있을 수 있다. 자연법칙이 자원 변환을 위해 마련한 기회는 보편적이며, 보편적 도달 범위를 갖는 모든 실재는 반드시 동일한 도달 범위를 갖는다.

인간 이외의 몇몇 종도 문화적 지식을 소유할 수 있는 것으로 알려져 있다. 예를 들어, 일부 원숭이는 견과를 깨는 새로운 방법을 발견하면 그 지식을 다른 원숭이에게 전달할 수 있다. 16장에서 논의하겠지만, 그런 지식의 존재는 원숭이 같은 종이 어떻게 사람으로 진화했는지 증명한다. 그러나 원숭이는 설명 지식을 창조하거나 이용할 수 없으므로 이것은 이 장의 주장과는 무관하다. 그러므로 원숭이의 문화적 지식은 본질적으로 유전 지식과 동일한 형태이며, 아주 작은 고유의 제한 도달 범위만 가질 뿐이다. 그들은 보편적 생성자가 아니라 고도의 전문적 생성자이다. 그들에게는 홀데인-도킨스의 논거가 타당하다. 즉, 세상은 그들의 생각보다 낯설다.

우주의 어떤 환경에서든 인간이 번성할 수 있는 가장 효율적인 방법은 아마도 자신의 유전자를 변형시키는 것이 아닐까 싶다. 실제로 우리는 과거에 많은 생명을 앗아갔던 질병으로부터 벗어나기 위해 이미 그렇게 하고 있다. 일부 사람들은 (사실상) 유전자가 변형된 인간은 더 이상 인간이 아니라는 이유로 이런 시도에 반대하기도 한다. 그러나 이것은 인격을 중시하는 생각에서 비롯된 실수이다. 인간의 중요하고도 독특한 한 가지 특성은 (우주의 사물 설계에서든 합리적인 인간의 기준에서든)

새로운 설명을 만들어 내는 능력이며, 우리는 그 능력을 모든 인격체와 공통으로 갖고 있다. 설령 사고로 한쪽 팔을 잃는다고 해도 그 능력이 떨어지지는 않는다. 그런 능력이 감소하는 경우는 뇌를 잃었을 때뿐이다. 삶을 개선하고 그 속도를 올리기 위해 유전자를 변형하는 것은 옷으로 피부를 보호하고 망원경으로 눈을 보호하는 것과 다르지 않다.

아마도 사람종족의 도달 범위가 대체로 인간의 도달 범위보다 클지 궁금할 것이다. 예컨대 기술의 도달 범위는 무한하지만, 그게 오직 엄지손가락 두 개가 마주 볼 수 있는 생물에게만 가능하다면 어떻게 될까? 혹은 과학 지식의 도달 범위는 무한하지만, 그게 오직 우리의 뇌보다 두 배 큰 뇌를 가진 존재에게만 가능하다면 어떻게 될까? 그러나 보편적 생성자의 능력이 있는 우리에게 이런 논쟁은 비타민 논쟁만큼이나 무의미하다. 진보가 한 손의 엄지손가락이 두 개라는 점에 달려 있다면, 그 여부는 유전자로부터 물려받은 지식이 아니라 한 손의 엄지손가락이 두 개이도록 유전자를 변형시키는 방법을 찾을 수 있는가에 달려 있게 된다. 또 진보가 뇌의 기억 용량이나 그 속도에 달려 있다면, 그 여부 또한 그런 작업 수행이 가능한 컴퓨터의 제작에 달려 있을 것이다. 이런 일은 이미 기술에서 흔하다.

천체물리학자 마틴 리스Martin Rees는 "우주 어딘가에는 우리가 상상할 수 없는 형태의 생명과 지성체가 존재할 수 있다. 침팬지가 양자론을 이해할 수 없는 것처럼 우리 뇌의 용량으로는 이해할 수 없는 양상의 실체가 존재할 수 있다"고 추측했다. 하지만 그런 일은 불가능하다. 왜냐하면 문제가 되는 '용량'이 단순히 계산 속도와 기억의 양이라면, 우리가 수 세기 동안 연필과 종이의 도움으로 이 세상을 이해해 온 것처럼 컴퓨터의 도움으로 문제의 양상을 이해할 수 있기 때문이다. 아인슈타인이 “내가 연필을 쥐면 나보다 더 영리해진다”라고 논평했듯이 말이다. 전산 레퍼토리로 표현하면, 우리의 컴퓨터와 우리의 뇌는 이미 보편적이다(6장 참고). 그러나 이게 만약 다른 형태의 지성체는 이해할 수 있는 내용인데, 우리가 이해할 수 없는 것이라면, 이것은 우리가 세상을 이해하는 게 가능하지 않다는 또 다른 증거일 뿐이다. 사실 이런 주장은 초자연에 호소하는 것과 같다. 왜냐하면 우리가 오직 초인적 존재만 이해할 수 있는 상상의 영역을 우리의 세계관에 통합하고 싶었다면, 페르세포네를 비롯한 다른 신들의 신화를 폐기할 필요가 없었기 때문이다.

따라서 인간의 도달 범위는 본질적으로 설명 지식 자체의 도달 범위와 동일하다. 만약 설명 지식을 끊임없이 만들어 내는 게 가능하다면 인간은 어떤 환경이든 만들 수 있다. 이 말인즉슨 적당한 종류의 지식이 적당한 물리적 객체의 환경에서 설명된다면, 그 자체가 생존의 무한성을 의미한다. 다만 그런 환경이 정말로 존재할 수 있을까? 이것은 본질적으로 앞 장의 말미에서 제기했던 “이런 창조성이 계속될 수 있을까?”라는 질문이자, 우주선 지구가 부정적인 답을 가정하는 질문이기도 하다.

이 쟁점은 이제 이렇게 요약될 수 있다. “만약 그런 환경이 존재할 수 있다면, 그런 환경이 가져야 할 최소한의 물리적 특성은 무엇일까?” 한 가지 특성은 물질 접근 가능성이다. 예를 들어, 월석에서 산소를 추출하는 요령은 사용 가능한 산소 합성물을 갖고 있는가에 달려 있다. 더 진보한 기술이 있다면, 변환을 통해 산소를 제조할 수 있다. 그러나 인간의 기술이 아무리 진보해도 어떤 종류의 원료는 여전히 필요하다. 게다가 변환 대부분은 에너지를 필요로 한다. 모든 제조과정을 촉진해야 하기 때문이다. 그리고 이번에도 물리 법칙은 무無에서의 에너지 창조를 금지한다. 따라서 에너지 공급 접근성도 필수 조건이다. 에너지와 질량은 어느 정도 호환이 가능하다. 예를 들어, 수소를 다른 원소로 변환시키면 핵융합을 통해 에너지가 발생한다. 심지어 에너지도 원자 안의 다양한 과정을 통해 질량으로 전환될 수 있다(하지만 나는 그런 과정이 물질을 얻는 최상의 방법이 되는 자연 발생 환경을 상상할 수 없다).

물질과 에너지 이외에 또 다른 필수 조건은 증거이다. 즉, 과학 이론을 검증하기 위해서는 정보가 필요했다. 지구 표면에는 증거가 풍부하다. 우리는 우연히 17세기에는 뉴턴의 법칙 검증에, 20세기에는 아인슈타인의 법칙 검증에 착수했지만, 당시 갖고 있었던 증거인 하늘의 빛은 이미 수십억 년 동안 지구의 표면에 쇄도하고 있었고, 앞으로도 그럴 것이다. 심지어 오늘날에도 우리는 그 증거 조사를 시작하지도 못했다. 구름 없는 맑은 밤에 무엇을 어떻게 찾아야 하는지만 알고 있다면 노벨상을 안겨줄 증거가 우리 집 지붕을 때릴 가능성이 있다. 화학의 경우 안정한 원소는 지표면이나 지표 바로 밑에도 존재한다. 생물학의 경우 생명의 본질에 대한 증거가 생물권 도처에 존재한다. 우리가 아는 한, 자연의 모든 기본 상수는 지구의 생물권 안에서 측정 가능하며, 모든 기본 법칙 또한 지구의 생물권에서 검증할 수 있다. 지식 창출에 필요한 모든 것이 여기 지구의 생물권 안에 풍부하다.

달의 경우도 마찬가지이다. 달은 본질적으로 지구와 동일한 자원인 질량과 에너지와 증거를 갖고 있다. 세부는 다르지만, 달에 살려면 나름의 공기를 만들어야 한다는 사실은 지구상의 실험실이 나름의 진공 상태를 유지해야 한다는 정도만큼 중요하다. 두 작업 모두 인간의 노력이나 관심이 최소화되도록 자동화될 수 있다. 마찬가지로 인간은 보편적 생성자이기 때문에, 자원을 발견하거나 변환하는 문제는 주어진 환경에서 지식의 창조를 제한하는 일시적 요인에 불과할 수 있다. 그러므로 어떤 환경이 끊임없는 지식 창출의 장소가 되기 위한 필수 조건은 물질과 에너지, 증거뿐이다.

특정 문제는 일시적 요인이라고 해도, 생존과 지속적 지식 창출을 위해 문제를 해결해야 하는 상황은 영원하다. 앞에서도 인간에게 문제가 없었던 시절은 단 한 번도 없었다고 언급한 바 있다. 이 말은 과거뿐 아니라 미래에도 적용된다. 오늘날 지구상에는 선사 시대까지 거슬러 올라가는 기아를 비롯한 극단적 고통 형태를 제거하기 위해 해결해야 할 문제가 여전히 산적해 있다. 수십 년의 시간 규모로 우리는 생물권을 실질적으로 변화시켜야 할지, 그대로 유지해야 할지, 혹은 그 사이의 무언가로 만들어야 할지 선택의 기로에 서게 될 것이다. 우리의 선택이 무엇이든, 그것은 합리적 결정 방법에 대한 지식뿐만 아니라 상당한 과학적, 기술적 지식의 창출이 필요한 전 지구적 규모의 프로젝트가 될 것이다(13장 참고). 장기적 시각에서 이것은 우리의 안위와 미적 감수성 및 개인의 고통뿐만 아니라, (언제나처럼) 우리 종의 생존 문제이다. 예를 들어, 현재 주어진 세기 동안 지구가 전 인류의 상당 부분을 몰살시킬 정도로 큰 혜성이나 소행성과 충돌할 가능성은 1,000분의 1이다. 이 말은 미국에서 오늘 태어난 어떤 아이가 자동차 사고가 아닌 천문학적 사건의 결과로 사망할 가능성이 더 높다는 뜻이다. 두 가지 모두 가능성이 매우 희박한 사건이지만, 우리의 현재 지식보다 훨씬 더 과학적이고 기술적인 지식을 창조하지 못한다면 혜성과 소행성은 물론이고 종국에는 분명히 닥쳐올 다른 형태의 재해를 막을 방법이 없을 것이다. 9장에서 더 자세히 다루겠지만 틀림없이 더 긴급한 실존 위협도 존재한다.

다른 태양계에서 자족 식민지를 건설하는 일은 우리 인류의 멸종이나 문명 파괴를 막는 좋은 방지책이 될 것이며, 이건 대단히 바람직한 목표이다. 호킹은 이렇게 말했다.

> 우주로 뻗어 나가지 않는 한 앞으로 1,000년 동안 우리 인류의 생존 가능성은 희박하다. 단일 행성에는 생명을 위협할 만한 사고가 너무 많다. 그러나 나는 낙관론자이다. 우리는 별에 다가갈 것이다.
>
> 스티븐 호킹, 〈데일리 텔레그래프〉, 2001년 10월 16일

그러나 이 말은 문제가 없는 상황에서는 무의미하다. 그리고 대부분의 사람들은 단지 종의 생존 확신으로는 만족하지 못한다. 그들은 개인의 생존을 원한다. 또한 그들은 우리의 초기 인간 조상처럼 물리적 위험과 고통에서 벗어나고 싶어 한다. 미래에 고통과 죽음을 초래하는 다양한 원인이 계속 중요하게 논의되어서 인간의 평균수명이 늘어난다면, 사람들은 장기적인 위험에 훨씬 더 많은 관심을 가질 것이다.

사실 사람들은 늘 그 이상을 바라왔다. 그들은 진보를 이루고 싶을 것이다. 왜냐하면 언급한 위협 외에도 우리가 해결하고자 하는 지식의 오류와 결함과 모순투성이의 문제는 항상 존재하기 때문이다. 특히 인간이 무엇을 원하고 무엇을 위해 노력해야 하는지에 대한 도덕적 지식을 포함해서 설명을 찾는다. 또한 설명을 찾는 방법을 알게 된 이상, 우리는 자발적으로 멈추지는 않을 것이다. 여기에 에덴동산의 신화 속에 담긴 또 하나의 오해가 있다. 문제가 전혀 없었다고 생각되는 상태가

좋은 상태일 거라는 생각이 그것이다. '문제가 없는 상태'는 창조적 사고가 없는 상태이다. 그런 상태의 다른 이름은 죽음이다.

(생존이든, 진보든, 도덕과 순전한 호기심에서 발동한 문제든) 모든 종류의 문제는 여기에 관련되어 있다. 예를 들어, 실존 위협에 대처하는 능력은 원래 그 자체를 위해서 만들어진 지식에 계속 의존할 거라고 예상할 수 있다. 그리고 목표와 가치에 대한 의견 차이도 항상 존재할 것이다. 왜냐하면 도덕적 설명은 부분적으로 물리적 세계에 대한 사실에 의존하기 때문이다. 예를 들어, 평범성의 원리와 우주선 지구 개념에 대한 도덕적 입장은 내가 그동안 주장했던 의미에서는 설명할 수 없는 물리적 세상에 의지한다.

우리의 문제는 절대로 고갈되지 않을 것이다. 심오한 설명은 새로운 문제를 더 많이 만들어 낸다. 궁극적 설명이란 없기 때문에 이건 어쩌면 당연하다. 즉, "신이 그렇게 했다"는 게 늘 부족한 설명이듯이, 다른 취지의 기초 설명도 그럴 수 있다. 이 설명은 "왜 다른 근거가 아니고 그것이어야 하는가?"라는 질문에 답할 수 없기 때문에 쉽게 변할 수밖에 없다. 그 자체로만 설명 가능한 것은 없다. 과학뿐만 아니라 철학도 마찬가지이며, 특히 도덕철학이 그렇다. 우리의 가치와 목적은 무한히 높아지기 때문에 유토피아는 불가능하다.

따라서 오류 가능성주의는 (오류를 범하기 쉬운) 지식 창출의 본질에 대한 다소 조심스러운 표현이다. 지식 창출은 오류를 범하기 쉬운 것만이 아니다. 오류는 항상 존재하며, 오류 수정은 항상 그 이상의 문제를 드러낸다. 따라서 내가 말했던 돌에 새겨 넣어야 한다고 했던 "지구의 생물권은 인간 생명을 부양할 수 없다"는 금언도 사실 인간에게는 보편적인 진실이다. 그러므로 이 문구를 돌에 새겨 넣자.

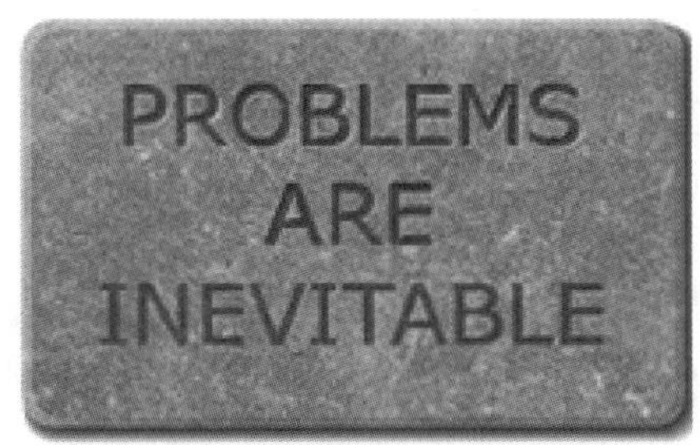

문제는 불가피하다.

우리가 문제에 직면하는 것은 불가피하지만, 피할 수 없는 특별한 문제란 없다. 우리는 문제를 해결함으로써 생존하고 번성한다. 그리고 자연을 변화시키는 인간의 능력을 제한하는 건 오직 물리 법칙밖에 없으므로 끊임없이 나오는 문제 중 통과할 수 없는 장벽은 없을 것이다. 따라서 인간과 물리적 세상에 대한 중요한 진실은 문제는 풀린다는 것이다. '풀린다'는 말은 올바른 지식이 있으면 문제 해결이 가능하다는 뜻이다. 물론 그저 바란다고 해서 지식을 얻을 수 있다는 말은 아니지만 원칙적으로는 그런 지식을 얻을 수 있다. 따라서 이 문구도 돌에 새겨 넣도록 하자.

진보가 가능하고 또 바람직하다는 것이 계몽의 본질적인 개념이다. 계몽은 좋은 설명의 탐구 원칙뿐만 아니라 모든 비판의 전통에도 동기를 부여한다. 그러나 이것은 거의 반대인 두 가지 방식으로 해석될 수 있는데, 두 가지 모두 '완벽성'으로 알려진 까닭에 우리에게 혼란을 준다. 하나는 인간이나 인간 사회가 불교나 힌두교의 '열반' 혹은 다양한 정치적 유토피아들처럼 완벽하다고 생각되는 어떤 상태에 도달할 수 있다는 해석이다. 또 다른 하나는 도달 가능한 모든 상태가 무한히 개선될 수 있다는 해석이다. 오류 가능성주의는 첫 번째 입장을 배제하

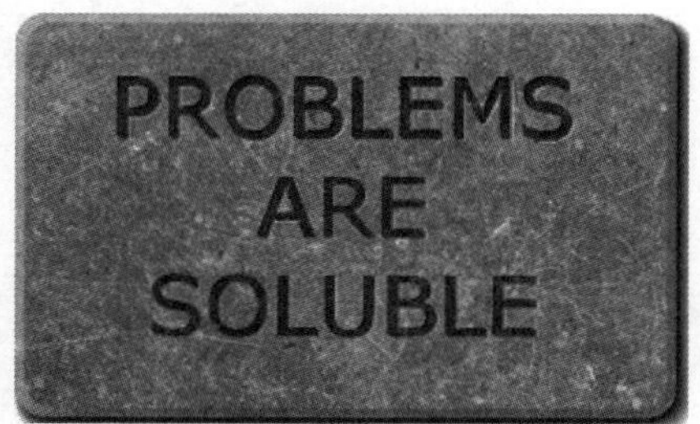

문제는 풀린다.

고, 두 번째 입장을 선호한다. 특별하게는 인간의 상태도, 일반적으로는 우리의 설명 지식도 절대로 완벽해지지 않을 것이며, 심지어 완벽에 가까워지지도 못할 것이다. 우리는 항상 무한의 시작에 있을 것이다.

인간의 진보와 완벽에 대한 이런 두 가지 해석은 역사적으로 계몽의 커다란 두 분파에 영감을 주었는데, 그 둘은 비록 권위에 대한 거부 같은 특징을 공유하기는 했지만, 중요한 점에서 너무도 다르다. 유토피아적 '계몽'은 오류 가능성주의에 더 집중하는 영국 계몽과 구별하기 위해서 종종 '대륙(유럽) 계몽'이라고 부르기도 한다(역사가 로이 포터Roy Porter의 책 《계몽*Enlightenment*》 참고). 대륙 계몽은 문제가 불가피하지 않다고 이해하는 반면, 영국 계몽은 반대로 이해했다. 이것은 사상의 분류이지 국가나 개별 사상가의 분류가 아님에 주목하라. 그렇다고 모든 계몽 사상가가 전적으로 한 분파에 속하는 것도 아니다. 과거의 모든 계몽 사상가도 마찬가지이다. 예를 들어, 수학자이자 철학자인 니콜라 드 콩도르세Nicholas de Condorcet는 내가 '영국' 계몽이라고 부르는 분파에 더 깊숙이 관여하고 있었지만 프랑스인이었고, 20세기의 주요한 영국 계몽 옹호자였던 칼 포퍼 또한 오스트리아 태생이었다.

대륙 계몽은 너무 성급하게 완벽한 국가를 건립하려다가 결국 지적 독단주의와 정치 폭력, 폭정을 초래했다. 1789년의 프랑스 혁명과 그 뒤에 이어진 공포 정치가 전형적인 사례이다. 영국 계몽은 진화론적이었고 인간의 오류 가능성을 인식하고 있었으므로 점진적이고 지속적인 변화를 방해하지 않는 제도를 원했다. 영국 계몽은 또한 작은 개선에도 열성적이었다(역사가 제니 어글로Jenny Uglow의 책《달 인간Lunar Men》참고). 나는 이것이 바로 진보 추구의 자세라고 믿는다.

인간의 (혹은 진보의) 궁극적 도달 범위를 조사하기 위해서는 자원이 풍부한 지구와 달 같은 장소를 고찰해서는 안 된다. 앞에서 설명한 전형적인 장소로 돌아가 보자. 지구에는 물질과 에너지와 증거가 차고 넘치지만, 저 밖의 은하간 공간에는 이 세 가지가 모두 최저 상태에 있다. 광물도 충분하지 않고, 에너지를 마구 뿜어내는 거대한 핵 반응기도 없으며, 자연법칙의 증거를 제공할 만한 하늘의 빛이나 다양한 국지적 사건도 없다. 그곳은 텅 비고 차갑고 어둡다.

정말 그럴까? 사실 그런 생각도 또 하나의 오해이다. 은하간 공간은 (인간의 기준으로) 정말로 텅 비어 있다. 하지만 앞에서 언급했던 태양계 크기의 정육면체 각각은 대체로 이온화된 수소의 형태이기는 해도 여전히 수십억 톤 이상의 물질을 포함한다. 10억 톤은 우주 정거장 하나와 끊임없는 지식을 창출하는 과학자 집단을 만들고도 남을 질량이다. 만약 누구라도 그 방법을 안다면 말이다.

오늘날 어떤 인간도 그 방법을 모른다. 예를 들어, 우선 수소의 일부를 다른 원소로 변환시켜야 한다. 널리 퍼져 있는 수소를 모으는 일은 현재로서는 우리의 능력을 넘어선다. 그리고 핵 산업에서는 이미 그런 형태의 변환이 일상적이라고 해도, 우리는 산업 규모로 수소를 다른 원소로 바꾸는 방법을 모른다. 심지어 간단한 핵융합 반응기도 현재로서는 우리의 기술로 가능하지 않다. 그러나 물리학자들은 이것을 금지하는 물리 법칙은 없다고 확신하며, 언제나처럼 그저 방법을 아는가의 문제일 수 있다.

장기적 번성에서 본다면 10억 톤짜리 우주 정거장은 당연히 충분히 크지 않다. 거주자들은 우주 정거장을 확장하고 싶을 것이다. 여기에 원칙의 문제는 없다. 그저 정육면체를 우주 공간에 던져 놓기만 하면 그물에 고기가 낚이듯이 해마다 수십억 톤의 수소가 정육면체 안에 모일 것이다(그 정육면체 안에는 더 많은 질량의 '암흑물질'도 존재하겠지만, 그 물질의 용도는 아직 알지 못하므로 이 사고 실험에서는 무시하도록 하자).

추위와 가용 에너지의 부족 문제라면, 수소의 변환은 핵융합 에너지를 방출한다. 그 에너지는 오늘날 지구 인구 전체의 총 전력 소비량의 수백, 수천 배에 달하는 상당한 양의 전력이다. 따라서 그 정육면체는 처음에 언뜻 보았을 때만큼 자원이 부족하지는 않을 것이다.

우주 정거장은 필수 정보를 어떻게 얻을까? 변환으로 생성된 원소들을 이용하면 달 기지에서처럼 과학 실험실을 구축할 수 있을 것이다. 지구상에서 화학의 초기 단계에는 실험 재료를 찾기 위해 행성 곳곳을 돌아다녀야 했지만 변환이 가능해지면 굳이 그렇게 할 필요가 없다. 그리고 우주 정거장의 화학 실험실은 임의의 원소 혼합물을 합성할 수 있다. 기본 입자 물리학의 경우도 마찬가지이다. 그 분야에서는 거의 무엇이든 증거 자료가 된다. 모든 원자가 (입자 가속기를 이용해) 충분히 강한 충격을 주고 올바른 기기로 관측하기만 하면, 모습을 드러내려고 하는 미립자들로 가득하기 때문이다. 생물학에서는 DNA와 다른 생화학 분자의 합성과 실험이 가능할 것이다. 그리고 생물학 현장 실습은 어렵겠지만(가장 가까운 자연적 생태 시스템이라고 해도 수백만 광년 떨어져 있기 때문에), 인공 생태 시스템이나 가상 현실 모형에서 임의의 생명체를 창조하고 연구할 수 있을 것이다. 천문학 관점에서 말하면, 인간의 눈에는 하늘이 칠흑같이 어둡지만, 망원경으로 보는 관측자에게는 하늘이 은하로 가득 차 있다. 더 큰 망원경이라면 그런 은하들 속의 별들을 우리의 현재 천체물리학과 우주론 이론을 검증할 수 있을 만큼 자세히 볼 수 있을 것이다.

심지어 수십억 톤의 물질은 차치하고, 정육면체도 비어 있지 않다. 그것은 희미한 빛으로 가득 차 있지만, 그 빛 속에 담긴 증거의 양은 어마어마해서 가장 가까운 모든 은하의 지도를 최소 식별 거리가 10킬로미터인 해상도로 제작할 수 있을 정도이다. 그 증거를 완전히 추출하려면 망원경의 거울 폭이 정육면체와 동일해야 하고, 그런 망원경을 만들려면 행성 하나를 만들 만큼의 물질이 필요하다. 그러나 그런 작업조차도 우리가 고려하고 있는 수준의 기술만 있다면 불가능하지 않다. 그저 정육면체 너비 수천 개의 거리(은하간 표준으로는 하찮은 거리이다)까지 그물을 던지기만 하면, 그 정도의 물질은 얼마든지 확보할 수 있다. 그러나 100만 톤짜리 망원경 한 대만으로도 많은 천문학 이론이 증명될 수 있다. 축이 기울어진 행성이 계절 변화를 겪는다는 사실은 누가 봐도 명백할 것이다. 또 행성 대기의 조성을 통해 생명체의 존재 여부도 탐지할 수 있다. 더 정교하게 측정하면 그 행성에 존재하는 생명체나 지성체의 본질과 역사에 대한 이론도 검증할 수 있을 것이다. 어떤 경우든 전형적인 정육면체 하나는 1조 개 이상의 별과 그 행성에 대한 증거를 상당히 세밀한 수준으로 포함한다.

그러나 이것은 그저 한순간일 뿐이다. 추가 증거는 정육면체 안으로 항상 쏟아져 들어오고 있으므로 그곳의 천문학자들도 우리처럼 하늘의 변화를 추적할 수 있을 것이다. 그리고 가시광선은 전자기 스펙트럼의 한 띠에 지나지 않는다. 그 정육면체는 감마선과 X선을 비롯해서 소수의 우주선cosmic ray 입자뿐만 아니라 마이크로파 배경 복사(우주 배경복사) 및 전파까지 다른 띠의 증거도 받아들이고 있다. 간단히 말해서 현재 우리가 지구상에서 기본 과학의 증거를 입수하는 거의 모든 경로가 은하간 우주 공간에서도 가능하다.

그리고 그런 경로를 통해 들어오는 정보도 매우 똑같다. 우주는 증거로 가득 차 있을 뿐만 아니라 도처에 동일한 정보로 가득하다. 우주에 존재하는 모든 사람종족은 일단 편협한 장애물에서 벗어날 만큼 충분히 이해하고 나면 본질적으로 동일한 기회에 직면한다. 이것은 내가 설명했던 우리 지구의 환경과 전형적 환경의 모든 차이보다 더 중요한 물리적 세계의 근본적 일관성이다. 자연의 기본 법칙은 너무도 일정하고, 그 증거는 어디에나 존재하며, 이해하기만 하면 얼마든지 통제할 수 있어서 우리는 우리의 편협한 고향 행성에 있든 수천억 광년 떨어진 은하간 플라스마 속에 있든 동일한 과학을 하고 동일한 진보를 할 수 있다.

따라서 우주의 전형적인 장소는 끊임없는 지식 창출에 부합한다. 그리고 거의 모든 종류의 환경은 은하간 우주 공간보다 물질과 에너지가 더 풍부하고 접근이 용이하므로 굳이 언급할 필요도 없다. 이 사고 실험은 최악의 경우를 고려했다. 어쩌면 물리 법칙은 예를 들어, 퀘이사의 분출 내부에서는 지식 창출을 허용하지 않을 수도 있고 허용할 수도 있다. 그러나 어느 쪽이든 우주에서는 대체로 지식 창출이 예외가 아닌 규칙이다. 다시 말하면 우주의 규칙은 관련 지식이 있는 사람들에게는 우호적인 반면 그런 지식이 없는 사람들에게는 죽음이 규칙이다.

정말 이상하게도 우리의 사고 실험 속에 등장하는 이 가상의 우주 정거장은 우주선 지구 속에 등장하는 '세대선'과 다르지 않다. 다만 우주선의 거주자들이 그것을 절대로 개선시키지 않는다는 가정을 제거했다는 사실만 다를 뿐이다. 따라서 아마도 그 거주자들은 죽음을 모면하는 문제를 오래전에 해결했을 테고, 그러면 그들의 우주선 작동 방식에는 더 이상 '세대'도 필요하지 않을 것이다. 돌이켜보면 인간의 상태가, 변하지 않는 생물권의 부양에 취약하다는 주장을 극적으로 표현하기에는 세대선이 좋은 선택이 아니었다. 왜냐하면 모순적이기 때문이다. 만약 그런 우주선을 타고 우주 공간에서 무한히 살 수 있다면, 동일한 기술을 이용해 지구의 표면에서 살면서 난관을 극복할 만한 진보를 이루는 게 훨씬 쉬울 것이다. 생물권의 파괴 여부가 실질적 차이를 만들지는 못할 것이다. 다른 종의 부양 여부와 무관하게, 올바른 지식만 있다면 그 생물권은 분명히 사람들을 수용할 수 있을 것이다. 이제 나는 사물의 우주 계획에서 지식이 얼마나 중요한지 그리고 사람들이 얼마나 중요한지 이야기할 수 있는 단계에 이르렀다.

분명 중요한 것은 많다. 공간과 시간은 물리적 현상의 거의 모든 설명에 등장하기 때문에 중요하고, 전자와 원자 또한 그렇다. 인간에게는 그런 귀중한 요소들 사이에 낄 자리가 없는 것처럼 보인다. 우리의 역사와 정치, 과학과 예술과 철학 그리고 우리의 열망과 도덕적 가치, 이 모든 것은 수십억 년 전에 발생한 초신성 폭발 때문에 생긴 아주 작은 부차적인 일에 불과하며, 그런 폭발이 또다시 일어난다면 당장 내일이라도 우리는 한순간에 소멸할 수 있다. 초신성도 우주의 사물 설계에서 상당히 중요하다. 그러나 초신성과 그 밖의 거의 모든 것에 대해서는 사람종족이나 지식을 언급하지 않아도 설명이 가능해 보인다.

그러나 그런 생각은 고작 수백 년밖에 되지 않은 우리 수준의 계몽 관점에서 생긴 또 하나의 편협한 오류에 불과하다. 더 장기적으로 인간은 다른 태양계를 식민지로 개척할 테고, 아마도 지식이 증가하면 물리 과정에 대한 훨씬 더 강력한 통제도 가능할 것이다. 만약 사람들이 폭발을 앞둔 어떤 별의 근처에 살게 된다면, 그 별의 일부 물질을 제거해 폭발을 막고 싶을 것이다. 이러한 프로젝트는 인간의 현재 수준보다 훨씬 더 많은 에너지와 훨씬 더 강력한 고도의 기술을 활용할 것이다. 그러나 이것은 근본적으로 간단한 일이므로 특별히 물리 법칙의 한계에 가까운 조치가 필요하지는 않다. 따라서 그 일은 올바른 지식만 있다면 달성될 수 있다. 사실 우리는 기술자들이 우주 도처에서 이미 그런 일을 일상적으로 해내고 있다는 것을 알고 있다. 그리고 결과적으로 초신성의 특징이 일반적으로 사람종족의 존재나 부재, 혹은 그 사람종족의 지식과 의도와 무관하다는 것도 사실이 아니다.

더 일반적으로, 별이 무슨 일을 하는지 예측하고 싶다면, 우선 그 별 근처에 사람종족이 있는지부터 추측해야 하며, 만약 사람종족이 살고 있다면 그들이 어떤 지식을 갖고 있고, 무엇을 달성하려고 하는지에 관해 생각해야 한다. 우리의 편협한 시각 밖에서, 천체물리학은 사람종족에 관한 이론 없이는 불완전하다. 이것은 천체물리학이 중력 이론이나 핵반응 없이는 불완전한 것과 마찬가지이다. 이런 결론은 누구든 은하를 식민지로 만들고 초신성을 통제할 거라는 가정에 의존하지 않는다는 사실에 유념하라. 그들이 그렇게 하지 않을 거라는 가정도 미래의 지식 행동 이론이다. 우주에서 지식은 현상이다. 왜냐하면 천체물리학적 예측을 하려면 문제의 현상 부근에 어떤 유형의 지식이 존재하는지, 그에 따른 입장을 취해야 하기 때문이다. 따라서 저 밖 물리적 세계에 무엇이 존재하는지에 대한 모든 설명은 비록 암시적이기는 해도 지식과 사람종족에 대해 언급할 것이다.

그러나 지식은 그 이상으로 중요하다. 예컨대 태양계나 아주 작은 실리콘 칩 같은 물체를 생각하고, 그 물체가 물리적으로 경험할 수 있는 모든 변환을 생각해 보자. 예를 들어, 실리콘 칩은 녹여서 다른 모양으로 응고시킬 수도 있고, 다른 기능의 칩으로 변형시킬 수도 있다. 태양이 초신성이 되면 태양계는 파괴될 수도 있고, 행성 중 하나에서 생명이 진화할 수도 있으며 변환과 다른 미래 기술을 이용해 마이크로프로세서로 변형될 수도 있다. 모든 경우에, 지식이 없는 상태에서 자연적으로 발생 가능한 변환의 종류는 지적 존재가 인위적으로 바꾼 변환에 비하면 무시해도 좋을 정도로 작은 규모이다. 따라서 물리적으로 발생 가능한 거의 모든 현상의 설명은 이런 현상을 발생시키기 위해 지식을 어떻게 적용해야 하는가에 대한 것이다. 그러나 만약 어떤 물체의 온도가 10도나 100만 도에 도달하는 방법을 설명하고 싶다면, 자연적 과정을 참고하고 사람들에 대한 언급을 노골적으로 피할 수도 있다.

그러나 그것도 여전히 최소한의 일에 불과하다. 마음의 눈으로 은하간 공간의 특정 지점에서 적어도 10배나 더 멀리 떨어진 또 다른 지점으로 여행해 보라. 이번에는 목적지가 퀘이사에서 뿜어져 나오는 분출구 중 하나의 내부이다. 그 내부는 어떤 모습일까? 그 모습은 말로 형용할 수 없다. 그것은 아주 가까운 거리에서 한 번에 수백만 년 동안 폭발이 지속하는 초신성을 마주하는 상황과 동일하다. 인체는 10^{-12}초만에 사라질 것이다. 앞에서 말했듯이 인간 생명 부양 시스템은 고사하고, 물리 법칙이 그곳에서 지식의 성장을 허용하는지의 여부도 분명하지 않다. 그것은 우리 조상의 환경과는 전혀 다르다. 그것을 설명하는 물리 법칙은 우리 조상의 유전자나 문화 속 어떤 경험 법칙과도 유사하지 않다. 그러나 인간의 뇌는 오늘날 그곳에서 무슨 일이 벌어지고 있는지 상당히 세밀하게 알고 있다.

여하튼 그 분출은 수십억 년 후 우주 반대편의 어떤 화학 쓰레기가 그 분출의 양상을 식별하고 예측하며 그 원인을 이해할 수 있게끔 일어난다. 이 말은 어떤 물리적 체계가 (예를 들면, 천문학자의 뇌) 또 다른 체계인 분출의 작동 모형을 포함하고 있다는 의미이다. 피상적인 모습뿐만 아니라, 동일한 수학 관계와 인과 구조를 표현하는 설명적 이론까지. 두 구조는 점점 더 유사해진다. 이것이 지식 창출의 성질이다. 여기서 우리의 물리적 객체는 전혀 다르며, 각 객체의 행동은 동일한 수학적 인과 구조를 표현하고 시간에 따라 점점 더 정확해지는 다른 물리 법칙의 지배를 받는다. 자연에서 일어날 수 있는 모든 물리적 과정에서 이런 근원적인 통일성을 보여 주는 것은 오직 지식의 창출뿐이다.

카리브해에 있는 푸에르토리코의 아레시보에는 거대한 전파 망원경이 있는데, 그 망원경의 많은 용도 중 하나는 외계 지적 생명체 탐사Search For Extraterrestrial Intelligence, SETI이다. 이 망원경 부근의 어떤 사무실에는 작은 가정용 냉장고가 하나 있고, 그 안에는 코르크 마개로 밀봉된 샴페인이 한 병 있다. 이 코르크 마개를 생각해 보라.

SETI가 외계 지적 생명체가 보낸 전파 신호 탐지 미션에 성공하면 그 코르크 마개를 뽑아 샴페인을 터뜨릴 것이다. 따라서 그 코르크 마개를 조심스럽게 지켜보다가 어느 날 그 마개가 펑 하고 터져 나가는 걸 보면 외계 지성체가 존재한다고 추론할 수 있을 것이다. 샴페인 코르크 마개는 실험주의자들이 '대리인'이라고 부르는 것이다. 대리인은 또 하나의 측정 방법으로 물리적 변수를 의미한다(모든 과학 측정은 연쇄적으로 연결된 대리인의 고리를 필요로 한다). 그러므로 우리는 아레시보 전파 천문대의 스태프와 샴페인 병, 코르크 마개를 포함해서 그 천문대 전체를 멀리 있는 사람종족을 탐지할 과학 기기로 간주할 수 있다.

따라서 코르크 마개의 상태로는 설명이나 예측이 매우 어렵다. 그 마개의 행동을 예측하기 위해서는 다른 태양계에서 전파 신호를 보내는 사람종족이 정말로 존재하는지를 알아야 한다. 그 여부를 설명하기 위해서는 그 사람종족과 그들의 특징에 대해서 어떻게 이해하고 있는지 설명해야 한다. 특히 먼 별의 행성에 관한 특정 지식 이외에는 코르크 마개가 터지기는 할지, 터진다면 언제 터질지 설명하거나 예측할 수 있는 게 없다.

SETI 기기는 놀라울 정도로 세밀하게 맞춰져 있다. 이 기기는 수천억 톤의 지구인의 존재에는 완전히 둔감하지만 다른 별의 궤도를 도는 행성의 사람종족 그리고 그 사람종족이 보내는 전파는, 여지없이 탐지한다. 이런 탐지가 가능한 이유는 부분적으로 그렇게 먼 거리에서는 그런 유형의 찌꺼기만큼 두드러진 물질의 유형이 거의 없기 때문이다. 사실 특이하게도 현재 우리가 갖추고 있는 최고의 기기가 별의 거리에서 탐지 가능한 현상은 별처럼 특별히 반짝이는 현상과 그런 밝은 천체를 보지 못하게 시야를 가리는 천체 그리고 특정 지식의 효과뿐이다. 우리는 통신 목적으로 설계된 레이저와 전파 송신기 같은 장치를 탐지할 수 있고, 생명체 없이는 존재할 수 없는 행성 대기의 성분도 탐지할 수 있다. 따라서 이런 유형의 지식이 우주에서 가장 두드러진 현상에 속한다.

게다가 SETI 기기는 아직 탐지된 적 없는 무언가를 탐지하도록 정교하게 맞춰져 있다. 생물학적 진화는 결코 그런 조절이 가능하지 않을 것이다. 오직 과학적 지식만 그렇게 조절할 수 있다. 이것은 비설명 지식이 왜 보편적일 수 없는지를 보여 준다. SETI 프로젝트도 과학처럼 무언가의 존재를 추측하고, 그런 존재의 관측 가능한 특징이 무엇일지 계산하며, 그런 존재를 탐지할 기기를 건립할 수 있다. 비설명 체계는 설명 추측처럼 비경험적 증거나 존재하지 않는 현상과 연결해 개념적 결함을 메우는 비교 검토 작업이 가능하지 않다. 이것은 기본 과학에서도 마찬가지이다. 만약 어떤 다리의 최대 하중이 제안되었다면, 설령 그런 하중을 받는 것은 고사하고, 그런 하중을 버틸 수 있는 다리가 건립되지 않는다고 해도 그런 진술은 진실이고 대단히 중요할 수 있다고 공학자는 말한다.

샴페인 병이 다른 실험실에도 저장되어 있다. 역시 샴페인 병을 터트리는 소리는 우주의 사물 설계에서 중요한 무언가를 발견했음을 의미한다. 따라서 샴페인 코르크 마개를 비롯한 여타 대리인들에 관한 행동 연구는 논리적으로 중요한 모든 것의 연구와 동일한 의미이다. 따라서 인간과 사람종족과 지식은 객관적으로 중요성을 띨 뿐만 아니라 자연에서 가장 중요한 현상이다.

마지막으로, 지식이 없을 때 환경의 자연적 행동 방식과 (올바른) 지식이 있을 때 그 환경의 행동 방식이 얼마나 큰 차이를 보이는지 살펴보자. 우리는 달 식민지가 자족 상태가 된 이후에도 그 근원을 지구로 간주할 것이다. 그러나 지구에서 시작된 게 정확히 무엇일까? 장기적으로 보면 그 모든 원자의 근원은 달(혹은 소행성)이었다. 지구가 사용하는 모든 에너지의 근원은 태양이었다. 지구가 근원인 것은 극히 일부분의 지식뿐이며, 완전히 고립된 식민지가 근원인 지식은 점차 감소한다. 물리적으로 달은 지구에서 온 물질에 의해 초기에는 최소한으로 변화하는데 이 차이는 물질이 아니라 그것을 암호화한 지식 때문에 생긴다. 그리고 그런 지식에 반응해서, 달의 물질은 스스로를 점차 광범위하고 복잡한 방식으로 재조직하고 긴 흐름의 설명을 만들기 시작한다.

마찬가지로 은하간 사고 실험에서 우리는 전형적인 정육면체에 '자극을 주는' 상상을 했고, 결과적으로 은하간 공간 자체는 지속적으로 개선되는 설명의 흐름을 만들어 내기 시작했다. 그 변화된 정육면체가 전형적인 정육면체와 물리적으로 어떻게 다른지 주목하자. 전형적인 정육면체는 근처에 있는 수백만 개의 모든 정육면체와 동일한 질량을 가지며, 그 질량은 수백만 년을 거치는 동안 거의 변하지 않는다. 변화된 정육면체는 이웃하는 정육면체들보다 무거우며, 거주자들이 체계적으로 물질을 포획해서 지식을 구체화하는 동안 질량은 지속적으로 증가한다.

전형적인 정육면체의 질량은 전체 부피에 걸쳐 얇게 퍼져 있지만, 변화된 정육면체의 질량 대부분은 중심에 집중되어 있다. 전형적인 정육면체는 주로 수소를 포함하지만, 변화된 정육면체는 모든 원소를 포함한다. 전형적인 정육면체는 에너지를 생산하지 않지만, 변화된 정육면체는 상당한 속도로 질량을 에너지로 전환시키고 있다. 전형적인 정육면체는 증거로 가득 차 있지만, 그 대부분이 그저 지나가고 있어서 아무 변화도 일으키지 못한다. 변화된 정육면체는 국지적으로 만들어지고 있는 훨씬 더 많은 증거를 포함하며, 지속적으로 개선되는 기기를 이용해 그 증거를 탐지하면서 급속도로 변하고 있다. 전형적인 정육면체는 에너지를 방출하지 않지만, 변화된 정육면체는 우주 공간으로 설명을 내보내고 있을 것이다. 그러나 아마도 가장 큰 물리적 차이는 변화된 정육면체가 모든 지식 창조 체제처럼 오류를 수정한다는 점이다. 시도해 보면 알 수 있다. 그 안에 있는 물질을 수정하거나 수확하려고 하면 저항에 부딪힌다는 것을!

그럼에도 불구하고 대부분의 환경은 아직 지식을 창출하는 것처럼 보이지 않는다. 우리는 지구 자체나 지구 부근 이외에는 아는 환경이 없으며, 우리가 도처에서 보는 현상은 지식 창출이 널리 확산되었을 때 일어나는 현상과 근본적으로 다르다. 그러나 우주는 아직 젊다. 현재는 지식을 창출하지 않는 환경도 미래에는 지식을 창출할 수 있다. 먼 미래에 전형이 될 환경이 지금의 전형과는 매우 다를 수 있다. 상상할 수 없을 정도로 많은 우주의 환경이 아무것도 하지 않거나 맹목적으로 증거를 생성하고 저장하고 우주 공간으로 쏟아 내면서 발견되기를 기다리고 있다. 자연법칙에 내재하는 온갖 종류의 복잡성과 보편성, 도달 범위를 보여 주며, 오늘날 전형적인 것에서 미래의 전형적인 것으로 변화시키는 강력한 지식 창출을 말이다.

4장

창조

Creation

인간의 뇌 안에 있는 지식과 생물학적 적응은 넓은 의미에서 진화가 만든 것이다. 즉, 진화란 기존 정보가 선택을 통해 변화하는 과정이다. 인간 지식의 경우, 변화는 추측의 산물이고, 선택은 비판과 실험의 산물이다. 생물권에서는 유전자의 돌연변이들(무작위 변화들)로 변화가 이루어지며, 자연선택은 변이 유전자를 개체군 전체에 가장 많이 확산시킬 수 있는 변형을 선호한다.

어떤 유전자가 주어진 기능에 적응되어 있다는 말은 어떤 작은 변화도 그 기능의 수행 능력을 개선시키지 못한다는 뜻이다. 일부 변화는 그 능력에 실질적인 변화는 주지 못하면서 악화시키기만 한다.

인간의 뇌와 DNA 분자 각각은 많은 기능을 담당하는데 그중 가장 중요한 기능은 다목적 정보 저장 수단이다. 이것들은 원칙적으로 모든 종류의 정보를 저장할 수 있다. 또한 개별적으로 진화한 이 두 가지 유형의 정보는 '일단 적당한 환경에 놓이면 그 상태를 유지하려는 경향이 있다'는 대단히 중요한 특징을 공유한다. 내가 지식이라고 부르는 이러한 정보는 진화나 생각의 오류 수정 과정을 거치지 않으면 거의 만들어질 수 없다.

인간의 뇌 안에 있는 지식과 생물학적 적응의 지식, 이 둘 사이에는 중요한 차이가 있다. 한 가지는 생물학적 지식은 비설명적이어서 도달 범위가 한정되어 있다는 점이다. 반면 설명적인 인간의 지식은 도달 범위가 광범위하거나 심지어 무한하기까지 하다. 또 다른 차이는 돌연변이는 무작위로 일어나지만, 추측은 어떤 목적을 가지고 의도적으로 고안될 수 있다는 점이다. 그럼에도 불구하고 이 두 종류의 지식은 진화 이론이 인간의 지식과 대단히 밀접히 관련되어 있다는 근원적인 논리를 공유한다. 특히 생물학적 진화에 대한 일부 오해는 인간 지식에 대한 일부 오해와 유사점이 있다. 따라서 이 장에서는 생물학적 적응에 대한 실제 설명인 '신다윈주의Neo-Darwinism'와 두 지식에 얽힌 오해들 중 일부를 설명하려 한다.

창조론

창조론creationism은 초자연적 존재가 모든 생물학적 적응을 설계하고 창조했다는 개념으로, '신들이 그렇게 했다'는 것이다. 1장에서 설명했듯이, 이런 형태의 이론은 나쁜 설명이다. 이런 이론은 변하기 어려운 내용으로 보완되지 않는 한, 문제를 제대로 다루지 못한다. "물리 법칙이 그렇게 했다"고 말한다고 노벨상을 탈 수 없고, "마술사가 그렇게 했다"고 말한다고 마술의 미스터리를 풀지 못하는 것과 마찬가지이다.

어쨌든 마술사는 마술을 하기 전에 마술에 대한 설명을 알고 있어야 한다. 지식의 근원이 바로 마술의 근원이다. 마찬가지로 생물권을 설명하는 문제는 적응에 관한 지식 창출 방식을 설명하는 문제이다. 특히 생물의 설계자로 추정되는 존재는 분명 그 생물의 작동법에 대한 지식도 만들었을 것이다. 따라서 창조론은 본질적인 딜레마에 직면한다. 그렇다면 설계자는 모든 지식을 갖고 있는 '그저 거기에' 존재하는 순전히 초자연적 존재인 걸까? '그저 거기에' 있었던 존재는 (생물권에 관한) 설명에 도움이 되지 않을 것이다. 왜냐하면 생물권 자체도 지식을 완벽하게 갖춘 채로 '그냥 발생했다'고 말하는 게 더 경제적이기 때문이다. 반면에 초자연적 존재가 생물권을 어떻게 설계하고 만들었는지에 대해 창조론이 어느 정도까지 설명하든, 그 존재는 초자연적 존재가 아니라 그저 보이지 않는 존재일 뿐이다. 예컨대 외계 문명일 수도 있다. 그러나 그렇게 되면 그 이론은 창조론이 아니다. 그 외계 설계자를 만든 초자연적 설계자가 있다고 제안하는 게 아니라면 말이다.

더욱이 모든 적응의 설계자는 정의에 따라 그렇게 되어야 할 의도를 갖고 있었던 게 틀림없다. 그러나 그 의도는 사실상 모든 창조 이론에서 설계자로 생각되는 신과 조화시키기가 어렵다. 왜냐하면 실제로 많은 생물학적 적응이 확실히 최적 상태가 아닌 특징을 갖기 때문이다. 예를 들어, 척추동물의 눈에는 '배선wiring'이 되어 있고, 망막 앞으로는 혈류가 흐르고 있어서 들어오는 빛을 흡수하고 산란시켜 상image의 질을 떨어뜨린다. 또한 시신경이 망막을 통해 뇌로 전달되는 과정에도 맹점blind spot(생물학적으로 망막에 시세포가 없어 물체의 상이 맺히지 않는 부분-옮긴이)이 있다. 오징어 같은 무척추동물의 눈은 기본 설계는 동일하지만 이런 설계의 결함은 없다. 그래서 이런 결함이 눈의 효율성에 미치는 효과는 적다. 하지만 요지는 그런 결함이 눈의 기능적 목적에 적합하지 않은데다 그 목적이 신성한 설계자의 의도라는 개념과도 충돌한다는 점이다. 찰스 다윈Charles Darwin이 《종의 기원*The Origin of Species*》에서 표현했듯이 "각 생물체의 관점에서는 명백히 무용지물인 기관이 그렇게 자주 발생한다는 사실이 정말로 납득하기 어렵다"고 말할 수 있다.

심지어 전혀 기능하지 못하는 설계의 사례도 있다. 예컨대, 대부분의 동물에게는 비타민 C 합성 유전자가 있지만, 인간을 포함한 영장류의 경우에는 그런 유전자가 확실히 존재하는데도 불구하고 결함이 있어서 전혀 역할을 하지 못한다. 이런 결함은 영장류가 비영장류 조상으로부터 물려받은 퇴화한 특징이라는 것 외에 달리 설명할 방법이 없다. 이것은 나쁜 설명이다. 왜냐하면 이런 설명은 어설프게 설계되었거나 설계되지 않은 실재가 완벽하게 설계되었다고 주장하는 데 사용될 수 있기 때문이다.

대부분의 종교에 따르면 설계자의 특성으로 간주되는 또 하나는 자비심이다. 그러나 3장에서 언급했듯이 생물권은 자비롭거나 친절한 인간 설계자가 설계한 그 어떤 것보다 덜 쾌적하다. 신학적인 맥락에서는 이것이 '고통의 문제'나 '악의 문제'로 알려져 있으며, 신의 존재에 대한 반론으로 자주 사용된다. 그러나 이러한 고통과 악의 역할에서는 생물권이 쉽게 무시된다. 초자연적 존재의 도덕성은 우리와 다르다거나 우리의 지적 능력이 너무 부족해서 이해할 수 없다는 게 전형적인 변명이다. 그러나 여기서 나의 관심은 신의 존재 여부가 아니라 생물학적 적응의 설명 방법에 있다. 그런 점에서 창조론의 이런 변명에는 홀데인-도킨스 주장(3장)과 동일한 치명적 결함이 있다. 즉, '우리의 상상보다 더 기묘한 세상'은 '마술로 속일 수 있는' 세상과 구별할 수 없다. 따라서 그런 설명은 나쁘다.

적응에 관한 지식이 어떻게 만들어질 수 있는지에 대한 설명이 부재하거나 비논리적이라고 생각되는 결함은 인간 지식에 대한 계몽 이전의 권위적 개념의 결함이기도 하다. 일부 변형 이론 역시 특정 유형의 지식(우주론이나 도덕적 지식을 비롯한 행동의 다른 규칙들)을 초자연적 존재가 초기 인간에게 말해 주었다는 내용을 담고 있다는 점에서 사실상 동일한 이론이다. 또 다른 변형에서는 사회의 편협한 특징(정부에 군주가 존재한다거나 우주에 정말로 신이 존재한다는 것 같은)이 금기시되거나 너무도 당연하게 수용되고 있어서 심지어 개념으로 인지되지도 않는다. 이런 사상과 제도의 진화는 15장에서 논의하도록 하자.

미래에도 지식이 무한히 창출된다는 전망은 지식 창출의 욕구를 약화하는 창조론과 충돌한다. 왜냐하면 엄청나게 강력한 컴퓨터만 있다면 어린아이도 비디오 게임 안에서 절대적 명령을 내리거나, 지구의 생물권보다 더 좋고 더 복잡하고 더 아름답고 더 도덕적인 생물권을 설계하고 실행시킬 수 있기 때문이다. 그런 점에서, 우리의 생물권을 만들었다고 추정되는 설계자는 도덕적으로 결함이 있을 뿐만 아니라 지적으로도 대단해 보이지 않는다. 그리고 이런 속성은 가볍게 무시하기가 쉽지 않다. 종교가 이제 신이 천둥을 마음대로 치게 할 수 있다고 주장하지 않는 것처럼, 생물권의 설계 또한 신의 업적으로 주장하고 싶지 않을 것이다.

✳ 자연 발생설 ✳

자연 발생설spontaneous generation은 한 생물체가 다른 생물체에서 생겨난 게 아니라, 예컨대 어두컴컴한 구석의 누더기 더미에서 쥐가 생기는 것처럼 생물체가 아닌 어떤 선구물질precursors로부터 형성된다는 이론이다. (보통 방식으로 번식하는 것 이외에) 이 이론은 수천 년 동안 의문의 여지 없는 전통적 지혜의 일부였고, 19세기까지 진지하게 받아들여졌다. 이 이론의 신봉자들은 동물학 지식이 증가하면서 점차 더 작은 동물로 이론을 수정했고, 결국 이 논쟁은 영양분을 먹고 자라는 곰팡이와 박테리아 같은, 현재 미생물이라고 불리는 것으로 한정되었다. 그들에게는 자연 발생을 실험적으로 논박하는 것이 대단히 어려운 것으로 드러났다. 예를 들어, 자연 발생에 공기가 꼭 필요한 경우에는 밀폐 용기에서 실험을 수행할 수 없었다. 그러나 자연 발생설은 결국 다윈이 진화론을 발표한 1859년에 생물학자 루이 파스퇴르Louis Pasteur가 수행한 독창적인 실험으로 반박되었다.

그러나 한편으로는 과학자들에게 자연 발생설이 나쁜 이론이라는 사실을 납득시키기 위해 굳이 실험까지 했어야 했나 하는 생각이 든다. 마술은 마법사의 명령 같은 마법으로 이루어지는 게 아니라 그 이전에 만들어진 지식으로 이루어진다. 마찬가지로 생물학자들도 "대체 누더기가 쥐를 만들어 낸다는 지식은 대체 어떻게 만들어졌으며, 그런 지식이 누더기를 쥐로 변화시키는 데 어떻게 적용되었는지" 질문해 보기만 했으면 되었다.

신학자 히포의 어거스틴St Augustine of Hippo이 옹호했던 자연 발생설의 한 설명은 모든 생명이 '씨앗'에서 발생하며, 그 씨앗의 일부는 살아있는 생물체와 지구상 도처에 분포하는 다양한 것들이 보유하고 있다고 주장했다. 그리고 이 두 가지 유형의 씨앗은 모두 세상이 처음 창조되었을 때 만들어졌으며, 올바른 조건에 놓이면 적합한 종의 새로운 개체로 발달할 수 있다고 주장했다. 어거스틴은 노아의 방주가 대다수의 동물을 수용할 필요가 없었던 것은 바로 이런 까닭이라는 독창적인 설명을 하기도 했다. 대부분의 종은 홍수가 끝나면 노아의 도움 없이도 다시 자연적으로 발생할 것이다. 그러나 어거스틴이 옹호한 이론에서는 살아 있지 않은 원료에서 생물체가 발생하는 게 아니다. 지구상에 분포된 씨앗 역시 진짜 씨앗처럼 생명의 한 형태이다. 즉, 씨앗도 생물체의 적응에 필요한 모든 지식을 포함하고 있다. 따라서 어거스틴의 이론은 (그 자신도 강조했듯이) 사실 자연 발생설이 아니라 그저 창조론의 한 형태에 지나지 않는다. 일부 종교는 우주를 계속되는 초자연적 창조의 행위로 간주한다. 그런 세상에서는 모든 자연 발생설이 창조론의 다른 이름에 불과하다.

하지만 좋은 설명을 고집한다면 앞에서 설명했듯이 창조론을 배제해야 한다. 따라서 자연 발생설에 관해서는 물리 법칙이 단순히 그것을 요구했을 가능성만 남는다. 예컨대, 쥐도 적당한 환경만 갖춰진다면 무지개나 결정Crystal, 토네이도나 퀘이사처럼 만들어질 수 있을 것이다.

그러나 이제 생명의 실제 분자 메커니즘이 알려져 있기 때문에 이런 설명은 터무니없어 보인다. 그렇다면 이 이론 자체가 잘못된 것일까? 무지개 같은 현상에는 거듭되는 실례를 통해 얻는 정보 없이도 끊임없이 반복되는 뚜렷한 모습이 있다. 심지어 결정은 적당한 용액 속에 넣어 두면, 살아 있는 생물처럼 적절한 종류의 분자를 더 많이 끌어당기고 재배열시켜 동일한 결정을 더 많이 만들어 낸다. 결정과 쥐 모두 같은 물리 법칙을 따르는데, 왜 결정의 경우에는 자연 발생설이 좋은 설명이고, 쥐의 경우에는 그렇지 않을까? 그 답은 아이러니하게도 처음 창조론을 합리화하기 위해 만든 주장이었던 설계 논증에서 나온다.

✶ 설계 논증 ✶

'설계 논증argument from design'은 수천 년 동안 신의 존재에 대한 고전적 '증거' 중 하나로 사용되었다. 그 내용은 다음과 같다. 세상의 일부 양상은 인간이 아닌 존재가 설계한 것처럼 보인다. '설계에는 설계자가 필요하기' 때문에, 신이 존재해야만 한다. 앞에서 말했듯이 이것이 나쁜 설명인 까닭은 그런 설계의 지식이 어떻게 창출될 수 있었는지 알 수 없기 때문이다. 그러나 이 설계 논증도 타당하게 사용될 수 있으며, 사실 고대 아테네의 철학자 소크라테스Socrates가 사용했다고 알려진 초기의 주장은 타당했다. 쟁점은 "만약 신이 이 세상을 창조했다면, 그 안에서 무슨 일이 일어나는지에 관심을 가질까?"였다. 그의 제자 크세노폰Xenophon은 소크라테스의 대답을 이렇게 기억했다.

소크라테스 눈은 허약하기 때문에 우리가 사용할 경우에만 열리는 눈꺼풀로 덮여 있다. … 그리고 이마에 눈썹이 있는 까닭은 머리에서 흐르는 땀이 눈을 손상시키는 것을 방지하기 위함이다. … 그리고 우리에게 필요한 모든 것을 공급하는 창구인 입은 눈과 콧구멍에 가까이 배치한 반면, 몸에서 배출되는 물질은 불쾌하기 때문에 출구는 감각 기관에서 가능한 한 멀리 떨어진 뒤쪽에 놓여 있다. 내가 너에게 묻노니, 이 모든 것이 그런 선견지명으로 만들어졌다고 생각한다면, 우연의 산물인지 설계인지 의심할 수 있겠는가?

아리스토데모스 전혀 아니죠! 그 진상을 알고 보니 모든 게 살아 있는 모든 것에 대한 사랑으로 가득 찬 현명한 장인의 고안품처럼 보이는군요.

소크라테스 자손을 낳을 본능을 심어 주는 건 어떤가? 그리고 어미에게는 새끼를 키울 본능을, 새끼에게는 강한 생존 욕구와 죽음의 공포를 심어 주는 건 어떤가?

아리스토데모스 그런 조항들은 생물의 존재를 결정했던 누군가가 고안한 것처럼 보입니다.

"살아 있는 생물 속에 있는 설계의 모습이 설명되어야 한다"는 소크라테스의 지적은 옳았다. 설계의 모습은 '우연의 산물'일 수 없다. 그리고 그것은 지식의 존재를 암시하기 때문에 특히 그렇다. 그렇다면 그런 지식은 어떻게 만들어졌을까? 그러나 소크라테스는 무엇이 설계의 모습이고, 왜 그러한지는 설명하지 않았다. 결정과 무지개에 설계의 모습이 있을까? 태양이나 여름은? 이것들은 눈썹 같은 생물학적 적응과 어떻게 다를까?

'설계의 모습'에서 정확히 무엇이 설명되어야 하는지를 처음으로 다룬 사람은 설계 논증 옹호자인 성직자 윌리엄 페일리William Paley였다. 다윈이 태어나기 전인 1802년에 페일리는 자신의 저서인《자연 신학*Natural Theology*》에서 다음과 같은 사고 실험을 제시했다. 그는 황야를 걷다가 우연히 돌멩이나 시계를 발견했다고 상상했다. 어떤 경우든, 그는 그 물체가 어떻게 존재하게 되었는지 궁금해했다. 그는 그 돌멩이는 아마도 영원히 거기에 놓여 있었을 거라고 생각했다. 오늘날 지구의 역사는 더 많이 알려져 있으므로, 우리는 대신 초신성과 변환, 지구 지각의 냉각을 언급해야 할 것이다. 그러나 그런 언급을 한다고 해서 페일리의 주장에서 달라지는 것은 없다. 그의 요지는 이렇다. 그런 종류의 설명은 돌멩이나 시계의 원료가 어떻게 존재하게 되었는지는 설명할 수 있지만, 시계 자체는 설명할 수 없다. 시계는 그곳에 영원히 놓여 있었을 리도 없고, 지구가 굳어지는 동안 만들어졌을 리도 없다. 돌멩이나 무지개, 결정과 달리 시계는 그 원료로부터 자연 발생설로 조립되었을 리도 없고 그 자체가 원료일 리도 없다. 페일리는 "왜 안 될까?"라고 물었다. "이런 답변이 돌멩이 설명에는 맞는데, 왜 시계 설명에는 맞지 않을까?" 그리고 그는 그 이유를 알았다. 왜냐하면 시계는 어떤 목적에 적응되어 있기 때문이다.

다름 아닌 바로 이런 이유로, 시계를 조사해 보면 몇몇 부품은 어떤 목적에 맞도록 고안되어 있다는 것을, 예컨대 시계가 작동하도록 그 부품이 만들어지고 조정되어 있고, 하루의 시간을 나타내기 위해 그 움직임이 조절되어 있다는 것을(우리가 돌에서는 발견할 수 없는 것을) 발견하게 된다.

시계가 정확한 시간을 유지하는 목적을 언급하지 않고는 시계가 왜 그런 모양을 하고 있는지 설명할 수는 없다. 2장에서 논의했던 망원경처럼, 시계는 물질의 희귀한 구성이다. 시계가 시간을 정확히 유지할 수 있는 것도, 시계 속 부품들이 그런 목적에 잘 맞춰져 있는 것도, 그것들이 그런 방식으로 조립되어 있었던 것도 우연의 일치가 아니다. 따라서 그 시계는 사람들이 설계한 게 분명하다. 페일리는 살아 있는 생물체의 경우에는, 말하자면 쥐의 경우에는 이 모든 게 정말 사실이라는 뜻을 내포하고 있었다. 쥐의 '몇몇 부분'은 어떤 목적에 맞게 만들어져 있다(그리고 그렇게 설계된 것처럼 보인다). 예를 들어, 쥐 눈의 렌즈는 망원경의 목적과 유사하게 빛을 모아 망막에 상을 맺히게 하며, 망막에 맺힌 상은 먹이나 위험을 인식하게 한다.

사실, 페일리는 쥐의 전체적인 목적을 알지 못했다(우리는 이제 알고 있지만. 이어서 논의할 '신다윈주의' 참고). 그러나 페일리의 승리 포인트를 만들기에는 한쪽 눈만으로도 충분했다. 즉, 어떤 목적에 대한 설계의 명백한 증거는 각 부분이 그 목적에 맞을 뿐만 아니라, 조금이라도 바뀌면 그 목적을 제대로 수행하지 못하거나 전혀 수행하지 못한다는 것이다. 이렇듯 좋은 설계는 변하기 어렵다.

만약 많은 부분이 현재와 다른 모양이었거나, 다른 크기였거나, 다른 방식이나 순서에 따라 배치되었다면, 어떤 기계나 장치도 작동하지 않았을 것이다.

그러나 목적에 부합하는 동시에 변하기 어려운 게 아니라면, 단순히 어떤 목적에 유용하다는 이유만으로는 적응이나 설계의 흔적이라고 판단할 수 없다. 예를 들어, 시간을 기록하기 위해 태양을 이용할 수도 있지만, 시계의 기능은 조금 (심지어 아주 많이) 변경되어도 그 목적을 똑같이 잘 수행할 것이다. 우리는 적응되지 않은 지구의 원료를 우리의 목적에 맞게 변화시키는 것처럼, 결코 설계되지 않았거나 적응되지 않은 태양의 용도 또한 찾는다. 이런 경우에 지식은 태양이 아니라 우리 안에 그리고 우리의 해시계 안에 존재한다. 그러나 그 지식은 시계 안에도 쥐 안에도 포함되어 있다.

그렇다면 이런 지식이 어떻게 그런 것들 안에 포함되게 되었을까? 앞에서 말했듯이, 페일리는 오직 한 가지 설명만 생각했다. 그것이 그의 첫 번째 실수였다.

시계에는 반드시 제작자가 존재해야 한다는 우리의 추론은 불가피하다. 설계자 없는 설계는 있을 수 없다. 고안자 없는 고안도, 선택 없는 순서도, 재료 없는 배열도 있을 수 없다. 어떤 목적을 꾀할 수 있는 무언가가 없다면 어떤 목적에 유용하거나 관련되는 일도 없으며, 계획된 목적이 없다면 그 목적에 맞는 수단도 그 목적에 적응할 수단도 없다. 배열, 부분들의 배치, 어떤 목적에 대한 수단의 유용성, 어떤 용도에 대한 기기의 관계성은 지성과 마음의 존재를 함축한다.

우리는 이제 '설계자 없는 설계'도 존재할 수 있고, 지식 창출자 없는 지식도 존재할 수 있음을 안다. 일부 유형의 지식은 진화로 만들어질 수 있다. 그 문제는 곧 다룰 것이다. 그러나 페일리가 과학 역사상 최대 발견 중 하나인 아직 이루어지지 않은 어떤 발견에 대해 알지 못했다고 그를 비판하는 것은 아니다.

페일리는 문제는 정확하게 이해하고 있었지만, 자신이 제안한 해결책인 창조론이 그 문제를 해결하지 못하며, 심지어 자기 자신의 주장과도 모순된다는 사실은 깨닫지 못했다. 왜냐하면 페일리가 존재한다고 주장하는 궁극적인 설계자 역시 시계나 살아 있는 생물체 못지않게 목적을 가진 복잡한 실재이기 때문이다. 따라서 그 이후 많은 비평가가 주목했듯이, 만약 앞서 기술한 페일리의 원문에 '시계' 대신 '궁극적인 설계자'를 넣어 보면, 페일리도 궁극적인 설계자에게 반드시 제작자가 존재했어야 한다는 (불가피한) 추론을 할 수밖에 없다. 이것은 모순이기 때문에 페일리가 완성한 설계 논증은 궁극적인 설계자의 존재를 배재한다.

원래의 논증이 증거가 아니듯이, 이런 설명도 신의 존재에 대한 반증이 아니라는 점에 주목하자. 그러나 생물학적 적응의 기원에 대한 어떤 좋은 설명에서도 신은 창조론이 부여한 역할을 할 수 없음을 보여준다. 비록 이것이 페일리가 성취했다고 믿었던 것과 반대이기는 하지만, 우리 중 어느 누구도 우리의 개념이 함축하는 의미를 선택할 수 없다. 페일리의 논증은 그의 기준에 따라 설계의 모습을 가진 어떤 것에도 적용 가능한 보편적 도달 범위를 갖는다. 생물의 특별한 지위에 대한 해설로서 그리고 지식이 담긴 실재들에 관한 설명이 논리에 맞으려면 충족해야 하는 기준으로써 이 논증은 이 세상을 이해하는 데 반드시 필요하다.

✳ 용불용설 ✳

다윈 진화론 이전에도 사람들은 생물권과 그 적응 조건들이 아마도 점진적으로 생겨났을 거라고 생각했다. 다윈의 조부이자 계몽의 영웅이었던 이래즈머스 다윈Erasmus Darwin도 그런 사람 중 하나였다. 그들은 그런 과정을 '진화'라고 불렀지만, 당시에는 그 단어의 의미가 오늘날과 달라서, 메커니즘과 무관하게 점진적 개선 과정 모두가 '진화'로 알려져 있었다. (그 용어는 오늘날까지도 살아남아 가벼운 의미로 사용되지만, 특히 이론물리학에서는 '진화'가 물리 법칙으로 설명할 수 있는 모든 종류의 지속적 변화를 의미한다.) 찰스 다윈은 자신이 발견한 과정을 '자연선택에 의한 진화'라고 불러 구별했지만 '변화와 선택에 의한 진화'라고 불렀다면 더 좋았을 것이다.

페일리가 살아서 다윈의 진화론에 대해 들었다면 아마 '자연선택에 의한 진화'가 단순한 '진화'보다 훨씬 더 본질적인 설명 방식이라는 사실을 인식했을 것이다. 왜냐하면 후자는 그의 문제를 해결하지 못하지만, 전자는 해결하기 때문이다. 개선에 대한 이론은 무엇이든 다음과 같은 문제를 제기한다. "그런 개선을 만들 방법에 대한 지식은 어떻게 창출되었을까? 그런 지식이 이미 존재했던 것일까?" 이것이 바로 창조론이다. 반면 그런 지식이 '그냥' 생겨났다고 보는 이론이 자연 발생설이다.

19세기 초반, 자연주의자 장 바티스트 라마르크Jean Baptiste Lamarck는 오늘날 용불용설Lamarckism(라마르크설)로 알려진 해답을 제안했다. 용불용설의 주요 개념은 어떤 생물체가 살아 있는 동안 습득한 (개선된) 특성들이 자손을 통해 대대로 유전될 수 있다는 것이다. 라마르크는 주로 생물체의 기관과 팔다리 등에서 일어나는 개선에 대해 생각했다. 예컨대 어떤 개체가 많이 사용하는 근육은 확대되고 강화되며, 거의 사용하지 않는 근육은 약화되는 게 그런 예이다. 용불용설은 또 이래즈머스 다윈이 독립적으로 도달했던 설명이기도 했다. 고전적 용불용설 설명은 기린이 높이가 낮은 나뭇잎을 다 먹고 난 뒤, 높은 곳의 나뭇잎을 먹으려고 목을 길게 늘였다는 것이다. 이런 행동은 기린의 목을 약간 더 길어지게 했고, 자손은 약간 더 길어진 목의 특징을 물려받았다. 따라서 여러 세대를 거치는 동안 목이 짧은 기린은 목이 긴 기린으로 진화했다. 게다가 라마르크는 이런 개선이 훨씬 더 복잡한 쪽으로 변하려는 자연법칙의 본질적 경향성 때문에 생긴다고 제안했다.

그러나 복잡성만으로는 적응 조건의 진화를 설명할 수 없기 때문에 이런 설명은 당치도 않은 허튼소리이다. 적응 조건의 진화를 설명하는 것은 지식이어야 한다. 용불용설은 그저 자연 발생설이라는 설명되지 않는 지식을 이용할 뿐이다. 라마르크는 어쩌면 자연 발생설을 염두에 두지 않았을지도 모른다. 왜냐하면 그와 동시대에 살았던 대부분의 사상가들처럼 그 역시 자연 발생은 당연히 일어난다고 생각했기 때문이다. 그는 심지어 자연 발생을 자신의 진화 이론에 노골적으로 반영하기도 했다. 그는 자신의 자연법칙에 따르면 생물체가 세대를 거듭할수록 점점 더 복잡한 형태를 취해야 하는데도 여전히 간단한 생물체가 발견되는 것은 그런 간단한 형태가 지속적으로 자연 발생하기 때문이라고 추측했다.

어떤 사람들은 이런 추측을 대단한 상상력이라고 생각했다. 그러나 라마르크의 추측은 사실과 거의 다르다. 특히 진화적 적응 구조가, 개체가 살아가는 동안 겪는 변화와 전혀 다르다는 점에서 말이다. 진화적 적응 구조가 새로운 지식 창출을 필요로 하는 반면, 개체가 살면서 겪는 변화는 오직 그런 변화를 충족시킬 적응 구조가 존재할 때만 일어난다. 예를 들어, 사용 여부에 따라 근육이 강화되거나 약화되는 경향성을 통제하는 것은 (지식이 담긴) 복잡한 유전자 집합이다. 동물의 먼 조상에게는 그런 유전자가 없었다. 용불용설은 이러한 지식이 만들어진 경위를 설명하지 못한다.

비타민 C의 결핍이 생겨도, 유전공학자가 아니라면 비타민 C를 합성하는 결손 유전자를 개선할 수 없다. 호랑이는 그 색깔이 더 드러나는 서식지에 옮겨져도 털의 색깔을 변화시키는 행동을 취하지 않으며, 설령 어떤 행동을 한다고 해도 그런 변화가 유전되지는 않을 것이다. 그렇다면 용불용설 메커니즘은 호랑이가 줄무늬 털을 좀 더 많이 가지면 먹이 공급을 개선해야 한다는 사실을 어떻게 알았을까? 그리고 그 메커니즘은 염료를 합성해서 적당한 설계의 줄무늬를 만들도록 털 속으로 주입된다는 것을 어떻게 알았을까?

라마르크의 근본적 오류는 귀납주의의 논리와 같다. 두 개념 모두 새로운 지식(각각 적응 구조와 과학 이론)이 이미 경험 속에 존재하거나,

혹은 경험을 통해 자동적으로 도출될 수 있다고 가정한다. 그러나 지식은 항상 추측이 먼저 이루어진 후에 검증이 따른다. 다윈의 이론은 이렇게 설명한다. 우선, 돌연변이들이 무작위로 발생하고(이 돌연변이들은 어떤 문제가 해결되고 있는지에는 신경 쓰지 않는다), 그 뒤 미래 세대에 도움이 되지 않는다고 판단되는 변형 유전자를 자연선택이 폐기한다고 말이다.

✳ 신다윈주의 ✳

신다윈주의의 중심 개념은 진화가 개체군 전체에 가장 잘 확산하는 유전자를 선호한다는 것이다. 앞으로 설명하겠지만, 이 개념에는 눈에 보이는 것 이상의 의미가 담겨 있다.

다윈 진화론에 대한 흔한 오해는 진화가 '종의 이익'을 최대화하는 방향으로 일어난다는 것이다. 이것은 이타주의처럼 보이는, 그럴듯하지만 잘못된 설명을 제공한다. 예를 들면, 어미가 새끼를 보호하기 위해 생명의 위험을 무릅쓴다거나, 자신의 무리를 보호하기 위해 희생하는 것처럼 말이다. 따라서 진화는 개체가 아니라 종의 이익을 최적화한다고들 말한다. 그러나 실제로 진화는 어느 쪽도 최적화하지 않는다.

그 이유를 알기 위해 다음의 사고 실험을 해보자. 특정 종의 새가 4월 초에 둥지를 틀면 총 개체수가 최대가 되는 섬을 상상해 보자. '4월 초'라는 특정 날짜가 왜 최적인지를 설명하려면 온도, 포식자, 먹이와 둥지 재료의 가용성 요인들과 관련된 다양한 균형을 언급해야 한다. 처음부터 개체군 전체가 최적의 시기에 둥지를 틀게 하는 유전자를 갖고 있었다고 하자. 이 말은 그런 유전자들이 그 새의 개체수를 최대화하는 데 잘 적응되어 있다는 의미로 그것을 '종의 이익 최대화'라고 말할 수도 있다.

이제 어떤 새에게 둥지를 조금 더 일찍 (말하자면 3월 말에) 틀게 하는 돌연변이 유전자가 나타나서 이런 균형이 깨졌다고 하자. 새가 둥지를 만들 때, 그 종의 다른 행동 유전자들은 그 새가 짝으로부터 필요한 모든 협조를 자동으로 얻게끔 움직인다. 그럼 이 새들은 그 섬에서 최고의 둥지 장소를 보장받게 되는데, 이것은 그 자손의 생존 측면에서 더 일찍 둥지를 틀었을 때 생기는 모든 불이익을 상쇄하고도 남는 중요한 이점이 된다. 그런 경우에, 다음 세대에서는 3월에 둥지를 트는 새가 증가할 테고, 이번에도 그런 새는 유리한 둥지 장소를 차지하게 된다. 이 말은 4월에 둥지를 트는 새는 좋은 둥지를 위한 장소를 찾기가 평소보다 더 어려워진다는 의미이다. 즉, 그 새들이 둥지를 찾기 시작할 즈음에는 이미 최고의 장소는 일찍 둥지를 튼 새들이 모두 차지해 없을 것이다. 그 이후의 세대에서는 개체군의 균형이 3월에 둥지를 트는 변형들 쪽으로 계속 이동할 것이다. 최고의 둥지 장소를 차지하는 것의 이익이 충분히 클 경우, 4월에 둥지를 트는 새들은 멸종할 수도 있다. 그리고 만약 이런 변형이 돌연변이로 다시 나타난다고 해도, 그런 유전자를 가진 새는 자손을 갖지 못할 것이다. 왜냐하면 그 돌연변이종이 둥지를 틀려고 할 즈음에는 이미 다른 종이 모든 둥지 장소를 차지했을 것이기 때문이다.

따라서 개체수 최대화에 최적으로 적응한 유전자를 갖고 있다는 처음의 가상이 불안정해진다. 그러면 유전자들이 그 기능에 덜 적응하도록 만드는 진화론적 압력이 생길 것이다.

이런 변화는 결국 총 개체수를 감소시킨다는 의미에서 종에 불이익을 주었다(그 새가 최적의 시기에 둥지를 틀지 않기 때문에). 게다가 멸종 위험을 증가시키고 다른 서식지의 확산 가능성을 감소시키는 등으로 그 종에 불이익을 주었을 것이다. 따라서 최적으로 적응한 종은 이런 면에서 어떤 기준으로도 덜 '행복한' 종으로 진화하게 된다.

만약 이후로 더 심한 돌연변이 유전자가 나타나서 둥지 트는 시기를 3월 초로 앞당긴다면, 동일한 과정이 반복되어서 더 일찍 둥지를 트는 유전자들이 우세해지고 총 개체수는 또다시 감소할 것이다. 결국 진화는 둥지 트는 시기를 훨씬 더 앞당길 테고, 개체수는 더 줄어들 것이다. 새로운 균형은 일찍 둥지를 틀었을 때의 불이익보다 어떤 개체의 자손이 최고의 둥지를 찾는 이익이 더 중요해지는 경우에만 생긴다. 다만 이 평형은 그 종에게 최선이 아닐 수도 있다.

관련된 오해 중 하나는 진화가 항상 적응적이며, 적어도 유용한 기능성에서 개선을 만든 다음 최적화된다는 생각이다. 이것은 '적자생존'이라는 표현에 잘 요약되어 있다. 사실 이 표현을 처음 사용한 사람은 철학자 허버트 스펜서Herbert Spencer였지만 공교롭게도 이 표현으로 주목을 받은 사람은 다윈이었다. 그러나 앞서 살펴 본 사고 실험이 설명하듯이, 적자생존도 사실이 아니다. 이런 진화론적 변화 때문에 종뿐만 아니라 모든 새가 불이익을 겪었다. 이제 특정 장소를 둥지로 이용하는 새는 그 장소를 더 일찍 점해야 하기 때문에 이전보다 더 고달픈 삶을 살게 된다.

비록 진화론이 생물권 진보의 실체를 설명해야 한다고 해도, 모든 진화가 진보를 만들어 내는 것도 아니고, 어떤 (유전학적) 진화도 진보를 최적화하지 않는다.

그러한 기간에 그 새들의 진화는 정확히 무엇을 달성했을까? 진화는 어떤 변이 유전자가 환경에 기능적으로 적응하도록 최적화시키는 게 아니라, 살아남은 변형이 개체군 전체로 퍼질 수 있는 상대적 확산 능력을 최적화시킨 것이다. 4월에 둥지를 트는 유전자는 기능적으로는 최고의 변형이라고 해도 더 이상 그 유전자를 다음 세대로 전파시킬 수 없다. 그 유전자를 대체한, 둥지를 더 일찍 트는 유전자도 여전히 잘 기능하지만, 다른 변형 유전자의 번식을 막는 것 외에는 어떤 것에도 최적의 상태가 아니다. 이 종과 그 모든 구성원의 관점에서는 이 시기의 진화가 초래한 변화는 재난이었다. 그러나 진화는 그런 것에 '신경' 쓰지 않는다. 진화는 오로지 개체군 전체로 가장 잘 퍼지는 유전자만 선호한다.

심지어 진화는 차선일 뿐만 아니라 종과 그 모든 개체에 전적으로 해로운 유전자도 선호할 수 있다. 잘 알려진 예는 공작의 크고 화려한 꼬리이다. 공작의 꼬리는 포식자를 피하기에 어렵게 만들어서 공작의 생존력을 감소시킬 뿐만 아니라 그 어떤 유용한 기능도 갖고 있지 않은 것 같다. 두드러진 꼬리 유전자가 우세한 까닭은 짝짓기 때문이다. 이런 선호가 존재한 이유는 무엇일까? 한 가지는 암컷이 두드러진 꼬리를 가진 수컷과 교미할 때, 이 쌍의 수컷 자손이 더 두드러진 꼬리를 갖게 되어 더 많은 짝을 찾았다는 점이다. 또 다른 이유는 크고 화려한 꼬리를 자라게 할 수 있는 개체가 어쩌면 더 건강할 가능성이 높다는 점이다. 아무튼 이 모든 선택의 순 효과는 크고 화려한 꼬리 유전자와 그런 꼬리를 선호하는 유전자를 개체군 전체로 확산시키는 것이었다. 종과 개체들은 그저 그 결과를 겪어야만 했다.

만약 가장 잘 확산하는 유전자가 종에 큰 불이익을 준다면, 그 종은 멸종하게 된다. 생물학적 진화의 그 어떤 것도 그 종의 멸종을 막지 못한다. 지구 생명의 역사에서 공작보다 더 불행한 종에게는 그런 일이 아마 여러 차례 일어났을 것이다. 도킨스는 진화가 종이나 개체 생명의 '행복'을 특별히 증진시키는 게 아니라는 점을 강조하고 싶었기 때문에, 자신의 걸작인 신다윈주의 설명에 《이기적 유전자*Selfish Gene*》라는 이름을 붙였다. 그러나 도킨스도 설명했듯이, 진화는 유전자의 '행복'을 증진시키지 않는다. 진화는 더 많은 수의 유전자가 생존하도록 적응시키거나, 실제로 생존에 적응시키는 게 아니라, 살짝 변형된 경쟁 유전자들을 희생양으로 삼아 개체군 전체에 확산할 수 있도록 적응시킨다. 그렇다면 대부분의 유전자가 최적이 아닌데도 불구하고 그 종과 그런 유전자를 가진 다른 개체에게 어떤 기능적 이득을 주는 게 순전히 운인 걸까? 아니다. 생물체는 유전자가 자신을 개체군 전체로 확산시키는 '목적'을 달성하기 위해 이용하는 노예나 도구에 불과하다 (이것은 페일리와 심지어 다윈도 전혀 짐작하지 못했던 '목적'이다). 유전자도 인간 노예의 주인처럼 부분적으로는 노예를 건강하게 살아 있게 함으로써 상호간에 이득을 얻는다. 노예의 주인은 노예들의 이익을 위해서 일하는 게 아니다. 주인이 노예들에게 숙식을 제공하고 출산까지 강요하는 것은 오로지 자신들의 목적을 달성하기 위해서였다. 유전자도 동일하다.

게다가 도달 범위라는 현상이 있다. 어떤 유전자 안의 지식이 도달 범위를 가지면 그 지식은 그 유전자의 확산이 정확히 필요로 하는 것보다 더 넓고 더 넣은 환경에서 살아가는 데 도움이 될 것이다. 노새가 생식력이 없는데도 계속 생존하는 것은 바로 이 때문이다. 따라서 유전자가 보통 종과 그 구성원에게 약간의 이익을 주고, 개체수 증가에 성공하는 것은 놀라운 일이 아니다. 그와 반대로 약간의 불이익을 주는 것도 놀라운 일이 아니다. 그러나 유전자가 다른 변이들보다 더 잘 적응하는지의 여부는 장기적으로 그 종이나 개체, 심지어 유전자 자신의 생존과도 무관하다. 유전자는 그저 경쟁 유전자보다 자기 복제를 더 잘 하고 있을 뿐이다.

✳ 신다윈주의와 지식 ✳

신다윈주의는 근본적으로 생물학적 이야기는 언급하지 않는다. 이것은 (무심코 자기 복제에 기여하는) 복제기[2] 개념에 근거하고 있다. 예컨대 특정 유형의 먹이를 소화하는 능력의 유전자는 그 생물체가 약해지거나 죽을 상황에서도 건강을 유지하도록 돕는다. 따라서 이 유전자는 그 생물체가 미래에 자손을 얻을 가능성을 증가시키고, 그 자손은 이 유전자를 물려받고 복제할 것이다.

아이디어도 복제기일 수 있다. 예컨대 좋은 농담은 복제기이다. 좋은 농담은 일단 사람의 뇌리에 박히면 다른 사람들에게 이야기해서 그들의 마음속에 복제시키려는 경향이 있다. 도킨스는 이렇게 복제 기능이 있는 생각에 밈memes이라는 명칭을 붙였다. 대부분의 생각은, 우리가 그 생각을 다른 사람에게 전달하게 하지 않기 때문에 복제기가 아니다. 그러나 언어와 과학 이론 및 종교적 믿음처럼 오래 지속되는 개념을 비롯해서 영국(인)답다는 것과 같은 표현도 밈(혹은 상호 작용하는 밈들의 집합인 '밈플렉스')이다. 밈에 대해서는 15장에서 더 자세히 이야기하자.

신다윈주의 진화론의 주장에 관한 가장 일반적인 설명은 (예컨대 불완전한 복제를 통해) 변하기 쉬운 복제기 집단이 자기 복제를 더 잘하는 변종들에게 장악된다는 것이다. 이것은 (명백하거나 혹은 거짓이라고) 진술할 가치가 없을 정도로 심오한 진실이다. 그 이유는 이것이 자명한 진실임에도 불구하고 특정 적응 구조에 대해서는 자명한 설명이 아니기 때문인 것 같다. 우리의 직관은 기능이나 목적 면에서 설명할 수 있기를 원한다. 유전자는 보유 개체나 종을 위해 무엇을 할까? 그러나 우리는 유전자가 일반적으로 그런 기능성을 최적화하지 못한다는 사실을 지켜보았다.

따라서 유전자에 담긴 지식은 경쟁자들을 희생양으로 삼아 자기 복제하는 방법에 관한 정보이다. 유전자는 종종 그 보유 생물체에 유용한 기능성을 주는 방식으로 자기 복제하며, 이런 경우 그 유전자의 지식은 우연히 그 기능성에 대한 정보를 담게 된다. 기능성은 다시 암호화를 통해 유전자와 환경의 규칙성, 때로는 자연법칙에 가까운 경험 법칙 속에 차례로 각인되며, 유전자들도 그 지식을 암호화한다. 그러나 어떤 유전자가 존재하는 이유는 그 유전자가 경쟁 유전자보다 자기 복제를 더 잘하기 때문이라는 게 핵심이다.

비설명 지식도 유사한 방식으로 진화할 수 있다. 경험 법칙은 다음 세대의 사용자들에게 완벽하게 전달되지 않으며, 오래 살아남았다고 해서 반드시 표면상의 기능을 최적화한 법칙도 아니다. 예를 들어, 정확하지만 난삽한 산문으로 표현된 규칙보다 세련된 시로 표현된 규칙이 더 쉽게 기억되고 반복될 수 있다. 물론 어떤 인간 지식도 완전히 비설명적인 것은 아니다. 실체에 대해서는 경험 법칙의 의미를 이해할 수 있는 가정이 적어도 하나는 늘 존재하며, 그 배경은 잘못된 경험 법칙을 그럴듯하게 보이도록 만들 수 있다.

설명 이론은 더 복잡한 메커니즘을 통해 진화한다. 전달과 기억의 오류도 역할을 하지만, 그 정도는 더 작다. 좋은 설명이 검증되지 않아도 변하기 어려운 것은 바로 이 때문이며, 따라서 좋은 설명의 무작위적 전달 오류는 수령자가 탐지하고 수정하기가 더 쉽다. 설명 이론 변형의 가장 중요한 출처는 창조론이다. 예컨대, 우리는 타인의 생각을 이해하려고 할 때, 자신에게 가장 의미 있는 내용이나 듣고 싶은 내용, 혹은 듣고 싶지 않은 내용을 뜻하는 것으로 이해한다. 이런 의미는 청취자나 독자가 추측하는 것이므로, 화자나 저자의 의도와 다를 수 있다. 게다가 종종 정확한 설명을 들었더라도 자신의 비판을 담아 수정하려고 한다. 그리고 타인에게 다시 그 설명을 하는 경우, 대개는 자신이 개선된 설명이라고 생각하는 내용을 전달하려고 한다.

유전자와 달리, 많은 밈은 복제될 때마다 다른 물리적 형태를 취한다. 우리는 자신이 들은 대로 표현하는 일이 드물다. 게다가 우리는 여러 가지 언어로 그 내용을 옮기기도 하고, 구어와 문어 사이를 오가기도 한다. 그럼에도 우리는 전달된 내용을 완전히 동일한 생각이라고, 동일한 밈이라고 부른다. 따라서 대부분 밈의 경우, 실제 추상적인 지식 자체이다. 이것은 원칙적으로 유전자의 경우도 마찬가지이다. 생명공학은 일상적으로 유전자(유전 정보)를 컴퓨터의 기억 장치 속으로 전사하고, 유전자는 그 안에서 다른 물리적 형태로 저장된다. 그런 기록은 다시 DNA 가닥으로 번역되어 다른 동물에 이식될 수 있을 것이다. 이런 일이 아직 관행이 되지 않은 이유는 단지 원래의 유전자 복제가 더 용이하기 때문이다. 그러나 언젠가는 희귀종의 유전자가 컴퓨터에 스스로를 저장시킨 다음, 다른 종의 세포에 이식되도록 처리해 멸종을 면할 수 있을 것이다. 내가 '스스로를 저장시킨다'고 말하는 까닭은 생명공학자들이 정보를 무분별하게 기록하는 게 아니라 '멸종 위기에 처한 종의 유전자'처럼 어떤 기준을 충족시키는 정보만 기록하기 때문이다. 이런 방식으로 생명공학자들에게 흥미를 갖게 하는 능력은 그 유전자 안에 있는 지식 도달 범위의 일부가 될 것이다.

따라서 인간 지식과 생물학적 적응 모두 추상적인 복제기이다. 여러 형태의 정보는 일단 적당한 물리적 체계에 담기면 대부분의 다른 변형들과 달리 그대로 머무르려는 경향이 있다.

어떤 시각에서 보면 신다윈주의 이론의 원리가 자명하다는 사실이 오히려 이 이론을 비판하는 데 사용되어 왔다. 예를 들어, 그 이론이 정말 옳다고 한들 어떻게 검증할 수 있겠는가? 종종 홀데인의 답변처럼 캄브리아기의 암석층에서 토끼 화석이 단 하나만 발견되어도 그 이론 전체는 반박될 것이다. 그러나 이 답변은 오해의 소지가 있다. 그런 발언의 취지는 주어진 환경에서 어떤 설명이 가능했는지에 달려 있을 것이다. 예를 들어, 때때로 화석과 암석층의 식별 착오가 발생했지만 그런 착오는 우리가 그 발견을 '캄브리아기 암석의 토끼 화석'이라고 부르기 전에, 좋은 설명에 의해 배제되어야 할 것이다.

심지어 그런 설명이 제공되더라도, 토끼로 인해 배제되어야 하는 것은 그 진화 이론 자체가 아니라 지구 생물의 역사와 지질 과정의 주요 이론뿐이다. 예를 들어, 다른 대륙으로부터 고립된 유사 이전의 대륙이 하나 존재하고, 그곳에서는 몇 배나 빠른 속도로 진화가 일어났으며, 수렴 진화 때문에 캄브리아기 동안 그곳에서 토끼와 유사한 생물이 진화했다고 가정해 보자. 그리고 그 대륙에 있는 모든 형태의 생물을 절멸시키고 그 화석을 덮어 버리는 대재난이 일어나, 그 대륙이 다른 대륙과 연결되었다고 하자. 토끼와 유사한 그 생물은 드물게 살아남은 생존자였지만 그 후 곧 멸종하게 되었다. 추정되는 증거가 제공된다면, 이러한 설명은 창조론이나 용불용설보다 훨씬 좋은 설명이다. 왜냐하면 창조론과 용불용설 두 이론 모두 토끼 안에 있는 명백한 지식의 기원을 설명하지 못하기 때문이다.

그렇다면 무엇이 다윈의 진화론을 반박할까? 이용할 수 있는 최고의 설명에 비추어 보면, 그런 지식을 포함하는 증거는 다른 방식으로 존재하게 되었다. 예컨대 만약 어떤 생물이 용불용설이나 자연 발생설의 예측대로 오직 (혹은 주로) 유리한 돌연변이만 경험하는 것으로 관측된다면, 다윈주의의 '무작위 변형' 가설은 반박될 것이다. 만약 생물이 부모에게 물려받은 선구물질 없이 새로운 적응 구조를 가지고 태어나는 게 관측된다면, 점진적 변화 예측은 반박될 테고 다윈의 지식 창출 메커니즘도 마찬가지이다. 만약 어떤 생물이 오늘날에는 가치가 있지만, 발달 과정에서는 선택 압력의 지지를 받지 못한 복잡한 적응 구조를 가지고 태어난다면, 다윈주의는 다시 반박되고 근본적으로 새로운 설명이 요구될 것이다. 페일리와 다윈이 직면한 것과 거의 비슷한 미해결 문제에 직면해 있으므로 우리도 효과 있는 설명을 찾아 나서야 한다.

✳ 미세 조정 ✳

물리학자 브랜던 카터Brandon Carter는 1974년에 계산을 통해 (만약 전기를 띤 입자들의 상호 작용 강도가 몇 퍼센트만 더 작았다면) 행성은 만들어지지 못했고, 우주의 응축된 천체는 별밖에 없었을 거라고 추정했다. 만약 강도가 몇 퍼센트만 더 컸다면, 별의 폭발은 일어나지 않았을 테고 따라서 수소와 헬륨 이외의 원소도 존재하지 못했을 것이다. 어느 경우든 복잡한 화학은 물론이고 어쩌면 생명체도 존재하지 못했을 것이다.

또 다른 예는 이렇다. 만약 빅뱅 때 우주의 초기 팽창률이 조금만 더 컸더라면, 별은 생성되지 못했을 테고 밀도가 계속 감소해 우주에는 수소 이외의 원소가 존재하지 못했을 것이다. 팽창률이 조금만 더 낮았다면, 우주는 빅뱅 후 다시 붕괴했을 것이다. 알려진 이론으로는 결정되지 않는 다른 물리 상수들에 대해서도 결과는 비슷했다. 전부는 아니지만 대부분의 경우에 그런 상수들이 조금만 달랐더라면 생명체가 존재할 가능성은 없었을 것이다.

이것은 그런 상수들이 의도적으로 미세하게 조정되었다는, 즉 초자연적 존재에 의해 설계되었다는 증거로 인용되어온 놀라운 사실이다. 이것은 이제 물리 법칙 안의 설계에 근거한 새로운 형태의 창조론이자 설계 논증이다(아이러니하게도 이 논쟁의 역사를 감안하면, 물리 법칙이 다윈 진화에 의해 생물권을 만들도록 설계되었을 게 틀림없다는 새로운 주장도 있다). 심지어 이 논증은 무신론의 열렬한 옹호자였던 철학자 앤터니 플루Antony Flew까지도 초자연적 설계자에 대해 이해시켰다. 그러나 그는 설득되지 말았어야 했다. 곧 설명하겠지만, 이런 미세 조정이 페일리가 의미하는 설계의 모습을 포함하는지도 분명하지 않다. 하지만 그렇다고 해도, 초자연적 존재에 호소하는 게 나쁜 설명을 유도한다는 사실을 바꾸지는 못한다. 그리고 현재의 과학적 설명에 결함이 있거나 그 정도가 부족하다는 이유로 초자연적 설명을 옹호하는 주장을 펼치는 것은 실수일 뿐이다. 3장에서 우리가 돌에 새겼듯이, 문제는 피할 수 없다. 풀리지 않는 문제는 항상 존재하기 마련이지만 곧 풀린다. 과학은 위대한 발견 후에도, 아니 위대한 발견 후에 특히 진보하는데, 그런 발견 자체가 더 많은 문제를 드러내기 때문이다. 그러므로 풀리지 않는 범죄의 존재가 귀신의 범행 증거가 아니듯이 물리학에서 풀리지 않는 문제의 존재도 초자연적 설명의 증거가 아니다.

미세 조정에 설명이 필요하다는 생각은 생명체의 형성에 행성이나 화학이 필요하다는 것을 암시하는 좋은 설명이 우리에게 없다는 반론을 제기한다. 물리학자 로버트 포워드Robert Forward가 쓴 《용의 알*Dragon's Egg*》이라는 놀라운 공상 과학 소설은 중성자별의 표면에서는 중성자들의 상호 작용을 통해 정보 처리와 저장이 가능해서 생명체와 지성체의 진화가 가능하다는 전제를 깔고 있다(중성자별은 중력 때문에 지름이 수 킬로미터 미만으로 작아져 물질 대부분이 중성자로 변환되었을 정도로 고밀도인 별이다). 이런 가상의 중성자별과 유사한 화학 설명을 갖는 별이 존재하는지는 알려져 있지 않다. 물리 법칙이 조금 다르다면 그런 별이 존재할 수 있는지도 알려져 있지 않다. 또 우리는 생명의 출현을 허용하는 다른 종류의 환경이 존재하는지의 여부도 모른다(유사한 물리 법칙이 유사한 환경을 야기할 수 있다는 생각은 미세 조정의 존재 때문에 훼손된다).

그럼에도 불구하고, 미세 조정은 설계의 모습을 포함하는지와 무관하게 다음과 같은 이유로 논리적이고 중요한 과학적 문제를 포함한다. 만약 자연의 상수가 생명체를 생성하도록 미세 조정되지 않은 게 사실이라면, 극적으로 다른 유형의 환경에서도 대부분의 미세한 상수 변화가 어떻게든 생명체와 지성체의 진화를 허용하기 때문에, 이것은 설명되지 않은 자연의 규칙성이 되고, 따라서 과학이 다루어야 할 문제가 될 것이다.

만약 물리 법칙이 겉으로 보이는 것처럼 정말로 미세 조정되어 있다면, 두 가지 가능성이 존재한다. 실제로 (우주들처럼) 사례를 들어 입증 가능한 법칙이 그것뿐이거나, 평행 우주[3] 같은 다른 법칙을 따르는 다른 지역의 실체가 존재하거나. 전자의 경우, 우리는 그 법칙이 왜 그렇게 되어 있는지에 대한 설명이 존재한다고 예상해야 한다. 그 설명은 생명체의 존재를 언급할 수도 있고 언급하지 않을 수도 있다. 만약 생명체의 존재를 언급한다면 우리는 다시 페일리의 문제로 돌아가게 된다. 즉, 그 법칙은 생명체를 생성시키는 '설계의 모습'은 갖고 있지만 진화하지는 않았다는 것을 의미한다. 혹은 그 설명이 생명의 존재를 언급하지 않는다면, 그 법칙이 생명체와 무관해서, 그것이 왜 생명체를 생성하도록 미세 조정되는지는 설명할 수 없을 것이다.

만약 많은 평행 우주가 존재하고, 각각이 고유의 물리 법칙을 가지며, 대부분이 생명체를 허용하지 않는다면, 관측된 미세 조정은 그저 편협한 시각의 문제일 뿐이다. 그 상수들이 왜 미세 조정된 것처럼 보이는지 궁금해하는 일은 천체물리학자가 존재하는 우주에서만 가능하다. 이런 유형의 설명은 '인간 중심 추리anthropic reasoning'로 알려져 있다. 이것은 '약한 인간 중심 원리weak anthropic principle'라는 원리의 당연한 결과라고 하지만, 사실 특정 원리가 필요하지는 않다. 그것은 그저 논리에 불과하다('약한'이라는 수식어가 붙는 이유는 단순 논리 이상의 인간 중심 원리가 몇 가지 제안되었기 때문이다. 하지만 그런 원리는 여기서 중요하지 않다).

그러나 더 자세히 살펴보면, 인간 중심 논증anthropic arguments은 설명을 마무리하지 못한다. 그 이유를 알기 위해 물리학자 데니스 시아마Dennis Sciama가 제안한 논증을 살펴보자.

미래의 어느 날, 이론가들이 물리 상수 중 하나에 대해 천체물리학자가 (적당한 종류의) 출현할 값의 도달 범위를 계산했고, 그 도달 범위가 예컨대 137~138이라고 하자(실제 값은 분명 정수가 아니겠지만, 이렇게 간단하다고 하자). 그들은 또 도달 범위의 중간점인 137.5에서 천체물리학자가 출현할 가능성이 가장 높다고 계산한다.

다음에는 실험가들이 실험실이나 천문학적 관측으로 그 상수의 값을 직접 측정하는 일에 착수한다. 그들은 무엇을 예측할까? 이상하게도 인간 중심 설명anthropic explanation에서 바로 얻을 수 있는 한 가지 예측은 그 값이 정확히 137.5는 아닐 거라는 점이다. 그렇다고 해보자. 한 비유로 다트 판의 과녁 중심이 천체물리학자를 만들 수 있는 값을 나타낸다고 하자. 과녁 중심에 맞는 전형적인 다트가 정중앙에 맞을 거라는 예측은 잘못된 생각이다. 마찬가지로 천체물리학자가 존재해서 측정할 수 있는 대다수의 우주에서는 그 상수가 (천체물리학자 생성에 필요한) 최적의 값을 취하지도 않고, 과녁 중심의 크기와 비교했을 때 최적의 값에 가깝지도 않을 것이다.

그래서 시아마는 우리가 그런 물리 상수 중 하나를 측정해서 그 값이 천체물리학자 생성에 필요한 최적의 값에 매우 가깝다는 것을 알게 되더라도, 그 결과는 그 값에 대한 인간 중심 설명을 확증하는 것이 아니라 통계적으로 반박될 거라는 결론을 내렸다. 물론 그 값은 여전히 우연의 일치일 수도 있지만, 만약 우연의 일치를 설명으로 받아들인 거라면 우리는 애당초 미세 조정 때문에 의아해하지 말았어야 했다. 그리고 우리는 페일리에게 황야의 시계가 어쩌면 우연히 만들어졌을지도 모른다고 말해야 할 것이다.

더욱이 천체물리학자를 거의 허용하지 않을 정도의 적대적인 조건인 우주에서는 상대적으로 천체물리학자가 거의 존재하지 않을 것이다. 따라서 천체물리학자의 출현과 일치하는 모든 값을 일렬로 배열시키면, 인간 중심 설명으로는 측정값이 중심이나 양 끝이 아닌 어떤 대표점과 만난다고 예상할 수 있다.

그러나 설명할 상수가 여러 개라면, 그런 예측이 근본적으로 바뀐다는 시아마의 주요 결론에 도달한다. 왜냐하면 어떤 상수가 그 도달 범위의 가장자리 부근에 있을 가능성이 없다고 해도, 상수가 많을수록 그중 적어도 하나는 그렇게 될 가능성이 있기 때문이다. 이것은 다음의 그림처럼 과녁 중심을 선분, 정사각형, 직육면체 등으로 대체하여 설명할 수 있으며, 이런 배열은 자연에 존재하는 미세 조정된 상수의 수만큼이나 많은 차원에서 계속될 수 있다. '가장자리 부근'을 임의로 '가장자리부터 전체 도달 범위의 10% 이내'로 정의해 보자. 그러면 어떤 상수의 경우, 그림에서 보는 것처럼, 가능한 값의 20%는 그 도달 범위의 두 가장자리 중 하나의 부근이며, 80%는 '가장자리에서 떨어져' 있다.

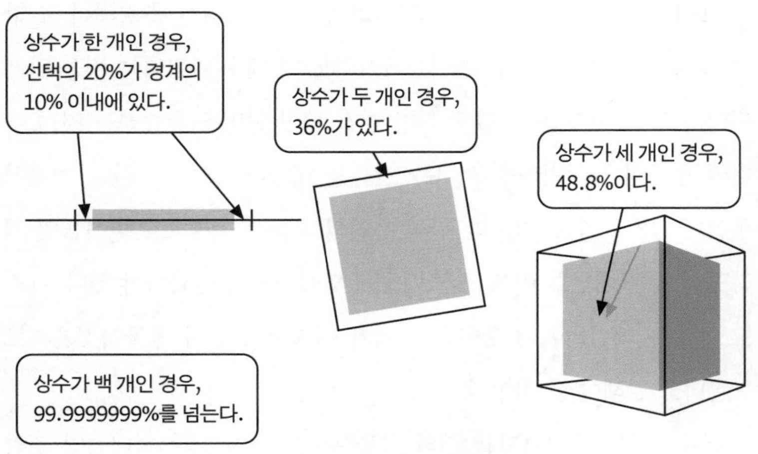

인간 중심 추론이 다중 상숫값에 대해 무엇을 예측하든, 그저 일어날 거라고 예측한다.

그러나 상수가 두 개인 경우 '가장자리에서 떨어져' 있으려면 한 쌍의 값이 두 개의 구속 조건을 만족시켜야 한다. 따라서 오직 64%만 가장자리에서 떨어져 있고, 36%는 가장자리 부근에 있다. 상수가 세 개인 경우에는 가능한 선택의 거의 절반이 가장자리 부근에 있다. 상수가 백 개인 경우에는 99.999999%가 가장자리 부근에 있다.

따라서 더 많은 상수가 관련될수록 천체물리학자가 존재하는 전형적 우주는 천체물리학자가 전혀 없는 쪽에 가까워진다. 얼마나 많은 상수가 관련되어 있는지는 알려져 있지 않지만, 대여섯 개는 존재하며, 그런 경우에 인간 중심적으로 선택된 지역의 대다수 우주는 가장자리에 가까울 것이다. 따라서 시아마는 인간 중심 설명은 우주가 오직 천체물리학자의 발생 가능성만 예측한다고 결론 내렸고, 이것은 상수가 하나인 경우와는 거의 정반대인 예측이다.

표면적으로는 이것이 '페르미의 문제'로 알려진 또 하나의 과학 미스터리를 설명하는 것처럼 보인다. 페르미 문제는 "그들은 어디에 있는가?"라고 질문한 물리학자 엔리코 페르미Enrico Fermi의 이름을 따서 명명되었다. 외계 문명은 어디에 있을까? 평범성의 원리나 우리가 알고 있는 은하와 우주를 참작하면, 천체물리학자 현상이 오로지 우리 행성에만 존재한다고 믿어야 할 이유는 없다. 유사한 조건은 다른 태양계에도 존재할 것이며, 그렇다면 그중 일부가 유사한 결과를 만들지 않을 이유가 있겠는가? 더욱이 별과 은하가 발달하는 시간 규모를 고려하면, 어떤 외계 문명이 현재의 우리와 유사한 기술적 발달 상태에 놓여 있을 가능성은 희박하다. 그 문명은 수백만 년 더 젊거나(즉, 존재하지 않거나) 더 오래되었을 가능성이 있다. 더 오래된 문명은 은하를 탐험할 시간이 많았다. 혹은 적어도 로봇 우주 탐사선이나 신호를 보낼 시간은 있었다. 페르미의 문제는 우리가 그 어떤 문명도, 탐사선도, 신호도 보지 못한다는 점이다.

많은 후보 설명이 제안되었지만, 지금까지는 어느 것도 그다지 만족스럽지 않다. 미세 조정의 인간 중심적 설명은 시아마의 논증에 비추어 이 문제를 깔끔하게 해결하는 것처럼 보일지도 모른다. 만약 우리 우주의 물리 상수들이 천체물리학자를 출현시킬 수 있다면, 이 사건이 단 한 번만 일어났던 것은 놀라운 일이 아니다. 왜냐하면 그런 일이 동일한 우주에서 독립적으로 두 번 일어날 가능성은 거의 제로에 가깝기 때문이다.

불행히도 이 미세 조정의 인간 중심적 설명 역시 나쁜 설명으로 판명되었다. 왜냐하면 기본 상수에 집중하는 것은 편협하기 때문이다. 즉, 다른 상수들을 가진 '동일한' 물리 법칙과 다른 물리 법칙 사이에는 중요한 차이가 없다. 그리고 논리적인 물리 법칙은 무수히 많다. 만약 막스 테그마크Max Tegmark 같은 일부 우주론자들의 제안처럼 그런 법칙이 모두 실제 우주에서 증명된다면 우리의 우주는 통계적으로 정확히 천체물리학자를 출현시키는 종류의 우주들 가장자리에 있는 게 틀림없다.

우리는 파인만의 논증 때문에 그런 일은 가능하지 않다는 것을 안다(그는 이것을 약간 다른 문제에 적용했지만). 천체물리학자를 포함하는 모든 종류의 우주를 생각하고, 그런 우주 대부분이 그 밖의 무엇을 포함하는지 생각해 보라. 특히 당신의 뇌가 들어갈 만한 크기의 구를 생각해 보라. 만약 미세 조정 설명에 관심이 있다면 현 상태의 뇌는 이런 목적을 위해 '천체물리학자'로 간주된다. 천체물리학자를 포함하는 대부분의 우주는 그 내부가 당신 뇌를 포함해서 당신의 구 내부와 완벽하게 동일한 구를 포함한다. 그러나 그런 우주의 대부분은, 구 바깥에 혼돈이 있다. 일정치 않은 변칙 상태가 훨씬 더 많기 때문에 산만한 상태로 이런 상태의 전형은 특징 없는 무정형일 뿐만 아니라 온도도 높다. 따라서 이런 우주 대부분에서는 구 바깥에서 뿜어져 나오는 혼돈의 복사 때문에 당신은 즉사하고 말 것이다. 그러나 이 이론은 관측을 통해 즉시 반박된다. 그 결과 또 다른 이론이 나타난다. 그러나 그 이론 역시 육감의 극단적 변형인 매우 나쁜 설명이다.

적지 않은 상수를 포함하는 모든 미세 조정에 대한 인간 중심적 설명도 상황은 마찬가지이다. 이런 설명들은 우리가 오직 천체물리학자만 존재할 수 있는데다 금방 사라질 우주에 살고 있을 가능성이 대단히 높다고 예측한다. 따라서 이것들은 나쁜 설명이다.

반면에 물리 법칙이 우주마다 몇몇 상숫값만 다를 뿐 오로지 한 가지 형태로만 존재한다면, 다른 형태의 물리 법칙이 실증되지 않는다는 바로 이 사실이 인간 중심적 설명이 설명할 수 없는 미세 조정의 부분이 된다.

논리적인 모든 물리 법칙이 우주로 증명되는 이론은 설명으로서 더 심각한 문제를 갖는다. 8장에서 이런 무한 집합을 고찰할 때 설명하겠지만, 그중 얼마나 많은 우주가 다른 특징을 갖는지 '측정할' 객관적 방법은 없다. 반면에, 논리적인 모든 종류의 실재들 속에서, 우리가 속한 물리적 실체처럼 자신을 이해할 수 있는 존재는 어떤 의미에서든 매우 작은 소수의 집단이다. 그중 하나가 설명 없이 '그냥 생겨났다'는 생각은 그저 자연 발생설에 지나지 않는다.

게다가 논리적인 물리 법칙으로 묘사되는 거의 모든 '우주들'은 우리 우주와는 근본적으로 다르다. 사실 제대로 된 논쟁이 이루어지지 못할 정도다. 예를 들어, 그런 우주들 중 무한히 많은 것은 다양한 포즈를 취하고 있는 들소 한 마리 이외에 아무것도 포함하지 않으며 정확히 42초간만 지속한다. 또 무수히 많은 다른 우주는 들소 한 마리와 천체물리학자 한 명만 포함한다. 그러나 별도 과학 기기도 증거도 거의 없는 우주에서 천체물리학자 한 명이 대체 무슨 소용일까? 오직 거짓 설명만 통하는 우주에서 과학자나 다른 종류의 생각하는 사람이 무슨 소용일까?

천체물리학자를 포함하는 설명 가능한 거의 모든 우주는 나쁜 설명인 물리 법칙의 지배를 받는다. 그렇다면 우리 우주도 설명할 수 없다고 예측해야 할까? 혹은 상대적으로는 높지만 알 수 없는 확률을 갖는다고? 따라서 이번에도 '가능한 법칙'에 근거한 인간 중심적 논증은 나쁜 설명이기 때문에 배제된다.

이런 이유들 때문에 나는 우연의 일치로 설명하기에는 너무나 깊은 의도가 담긴 것처럼 보이는 현상을 우리가 왜 관측하는지는 완전히 설명하지 못한다고 결론 내린다. 자연법칙의 측면에서 구체적인 설명이 필요하다.

당신이 아마 이 장에서 논의된 모든 나쁜 설명이 궁극적으로 서로 연결되어 있다는 사실을 알아차렸을 것이다. 인간 중심 추론이나 용불용설 효과에 너무 많은 것을 기대하면 자연 발생설에 도달하게 된다. 자연 발생설을 너무 심각하게 받아들이면 창조론에 도달하게 된다. 관련된 모든 설명이 동일한 근원적 문제를 다루고 있는데다 모두 쉽게 변할 수 있기 때문이다. 이 설명들은 쉽게 교체될 수 있는데다 설명으로서는 '너무 쉽다'. 즉, 이 설명들은 무엇이든 동일하게 잘 설명할 수 있을 것이다. 그러나 신다윈주의는 손에 넣기도 쉽지 않고, 개조하기도 쉽지 않다. 다윈의 오해를 비롯해서 신다윈주의를 개조하려고 하면 거의 효과가 없는 설명을 얻게 된다. 다윈 진화론과 무관한 무언가를 그 이론으로 설명하려고 하면 그런 특징을 가진 변형을 생각해 낼 수 없을 것이다.

인간 중심적 설명은 미세 조정된 상수 같은 의미심장한 구조를 선택이라는 단 하나의 행동으로 설명하려고 한다. 그것은 진화와 다르므로 효과가 없다. 미세 조정 수수께끼의 해법은 우리가 관측하는 현상을 구체적으로 설명해 주는 형태가 되어야 한다. 휠러의 표현대로, 그 해법은 "우리 모두가 서로에게 '그게 어떻게 다른 것일 수 있겠어?'라고 말할 정도로 간단한 개념"일 것이다. 다시 말해서 문제는 이 세상이 너무 복잡해서 그렇게 보이는 이유를 우리가 이해할 수 없는 게 아니라, 너무 간단해서 이해할 수 없는 것이다. 그러나 이 사실은 지나고 난 후에만 알아차릴 수 있을 것이다.

생물권에 대한 모든 나쁜 설명은 적응 지식이 어떻게 만들어지는지의 문제를 다루지 못하거나 충분히 설명하지 못한다. 즉, 그 설명들은 모두 창조를 과소평가한다. 그리고 아이러니하게도 창조를 가장 과소평가하는 이론이 창조론이다. 이렇게 생각해 보자. 만약 어떤 초자연적 창조자가 아인슈타인이나 다윈 같은 위대한 과학자가 이제 막 주요 발견을 완성한 (완성한 것처럼 보이는) 바로 그 순간에 우주를 창조했다면, 그 발견의 (그리고 앞선 모든 발견들의) 진정한 창조자는 그 과학자가 아니라 초자연적 존재일 것이다. 따라서 그런 이론은 그 과학자가 발견한 당시에 실제로 일어난 유일한 창조의 존재를 부정한다.

그리고 그것이야말로 진정한 창조이다. 어떤 발견이 이루어지기 전에는 어떤 예측 과정도 그 발견의 내용이나 결과를 드러낼 수 없었을 테고, 만약 그런 일이 가능했다면 그게 바로 발견일 것이기 때문이다. 따라서 과학적 발견은 물리 법칙으로 결정되기는 해도 예측하기는 대단히 어렵다. 이 기이한 사실에 대해서는 다음 장에서 더 논의하기로 하자. 간단히 말하자면, 이런 일이 발생하는 이유는 '출현' 설명의 단계가 존재하기 때문이다. 이런 경우, 과학 같은 창조적 사고는 결국 예측 불가능한 '무에서의 창조creation exnihilo'를 이루어 낸다. 생물학적 진화도 그렇다. 다른 과정은 없다.

그러므로 창조론은 잘못 명명된 것이다. 창조론은 지식을 창조에 기인한 것으로 설명하는 이론이 아니라 그 반대이다. 즉, 그것은 지식의 기원을 설명 없는 영역에 둠으로써 창조가 실제로 일어났다는 사실을 부정한다. 사실, 창조론은 창조 거부creation denial이다. 그리고 유사한 모든 거짓 설명도 마찬가지이다.

살아 있는 생물체가 무엇이고 그런 생물체가 어떻게 발생했는지를 이해하는 수수께끼는 오해와 모순 그리고 진실을 아슬아슬하게 비껴가는 실수들이 뒤섞인 기묘한 역사를 만들어 냈다. 결정적인 아이러니는 신다윈주의 이론은 포퍼의 지식 이론처럼 실제로 창조를 설명하지만, 경쟁 이론들은 창조론으로 시작하면서도 창조를 결코 설명하지 못한다는 점이다.

5장

추상 개념의 실체

The Reality of Abstractions

현대 물리학의 기본 이론은 이 세계를 대단히 직관에 반하는 방식으로 설명한다. 예를 들어, 물리학자가 아닌 대부분의 사람들은 팔을 수평으로 뻗으면 분명 중력이 팔을 아래로 끌어당기는 걸 느낄 수 있다고 생각한다. 그러나 우리는 그것을 느낄 수 없다. 중력의 존재는 놀랍게도 물리학의 가장 심오한 두 이론 중 하나인 아인슈타인의 일반 상대성 이론에 의해 부정된다. 일반 상대성 이론에 따르면 그런 상황에서 팔에 가해지는 유일한 힘은 당신 자신이 휘어진 시공간에서 팔이 가능한 가장 곧은 경로에서 멀어지도록 지속적으로 가속을 유지하기 위해 위쪽으로 가하는 힘뿐이다. 11장에서 논의할 가장 심오한 또 다른 이론인 양자론이 묘사하는 실체는 훨씬 더 직관에 반한다. 그런 설명을 이해하기 위해서 물리학자들은 일상적인 사건에 대해서 새로운 방식으로 생각하는 방법을 배워야 한다.

지침 원칙은 언제나 그렇듯이 좋은 설명을 위해서 나쁜 설명을 거부하는 것이다. 따라서 무엇이 실제이고 무엇이 실제가 아닌지와 관련하여, 관련 분야의 최고 설명이 어떤 실재를 언급한다면, 그게 실제로 존재하는 것으로 간주해야 한다. 그리고 만약 중력의 경우처럼 우리의 최고 설명이 그 존재를 부정한다면 그것이 존재한다는 가정을 중단해야 한다.

또한 일상적인 사건은 기본 물리학의 용어로 표현하면 매우 복잡하다. 만약 전기포트에 물을 채우고 스위치를 켠 후, 지구상의 모든 슈퍼컴퓨터를 우주의 나이만큼 작동시켜도 그 모든 물 분자의 행동을 예측하는 방정식을 풀지 못할 것이다. 물 분자들의 초기 상태와 그 분자들에 영향을 미치는 모든 외부 상태는 어떻게든 결정할 수 있겠지만 그 작업 자체도 쉬운 건 아니다.

다행히도, 이런 복잡성의 일부는 더 높은 단계의 단순성으로 변한다. 예를 들어, 물이 끓는 데 걸리는 시간은 어느 정도 정확한 예측이 가능하다. 그런 예측을 위해서 우리는 단지 물의 질량과 발열체의 힘 같은 측정하기 쉬운 몇 가지 물리량만 알면 된다. 정확도를 높이려면 기포의 핵이 형성되는 장소의 수와 유형 같은 더 난해한 성질에 대한 정보도 필요할지 모른다. 하지만 그런 것들은 엄청나게 많은 수의 원자 수준의 상호 작용 현상들로 이루어진 여전히 '높은 단계의' 현상이다. 따라서 원자 수준 이하의 것은 직접 언급하지 않고, 서로의 관점에서만 설명 가능한 높은 단계의 현상들이 있다. 이런 현상에는 물의 유동성 및 용기와 발열체와 보일링과 기포의 관계가 포함된다. 다시 말해서, 높은 단계의 현상이 보이는 행동은 거의 독립적인 준자율적quasi-autonomous 행동이다. 더 높은 준자율적 수준에서 설명이 가능한 이런 해상도를 창발emergence이라고 한다.

창발 현상은 아주 극소수이다. 물의 끓는점이나 물의 기포 생성 여부는 예측할 수 있지만, 각각의 기포가 어디로 갈지를 (더 정확히 말하면 기포의 다양한 운동 확률이 어떻게 될지를, 11장 참고) 예측하고 싶다면, 기대하지 않는 게 좋다. 주어진 시간 동안 가열의 영향을 받는 전자의 수가 홀수인지 짝수인지 같은 세밀하게 규정된 물의 수많은 성질을 예측하기란 훨씬 더 어렵다.

다행히 그런 성질이 압도적으로 대다수라는 사실에도 불구하고, 우리는 그런 성질의 예측이나 설명에는 관심이 없다. 그런 성질은 물의 구성 성분을 이해하거나 차tea를 만드는 것 같은, 우리가 물과 관련해서 알고 싶은 내용과 전혀 무관하기 때문이다. 우리는 차를 만들기 위해 물을 끓이기는 하지만 기포의 모양에는 관심이 없다. 차를 만들기 위해 물의 부피가 어느 정도 되어야 하는지는 알고 싶지만, 그 안에 물 분자가 얼마나 많은지는 관심이 없다. 우리가 이 목적을 달성할 수 있는 것은 높은 단계의 좋은 설명을 가진 준자율적 창발 성질로 그것들을 표현할 수 있기 때문이다. 우주의 사물 설계에서 물의 역할을 이해하는 데 세세한 세부 사항은 거의 필요하지 않다. 왜냐하면 그런 세부 사항은 대부분 편협하기 때문이다.

높은 단계 물리량의 행동은 세부 사항이 대부분 무시된 낮은 단계 성분들의 행동으로만 구성되어 있다. 이로 인해 창발과 설명에 대한 광범위한 오해가 발생했다. 이런 오해는 환원주의reductionism로 알려져 있는데 과학이 항상 사물의 성분 분석을 통해 환원적으로 설명하고 예측할 수 있다는 주장이다. 원자들 상호간의 힘이 에너지 보존 법칙에 따른다는 사실을 이용해서 전기 공급 없이는 전기포트가 물을 끓일 수 없다고 예측하고 설명할 때처럼, 이 말은 종종 사실이기도 하다. 그러나 환원주의는 다른 단계 설명의 관계도 항상 그렇다고 규정하는 데 반해 그렇지 않은 경우가 종종 있다. 예를 들어, 내가 《실체의 구조》에서 썼던 내용처럼 말이다.

런던 의회 광장에 서 있는 윈스턴 처칠 경 동상 코끝의 특정 구리 원자를 생각해 보자. 그 구리 원자가 왜 거기에 있는지 설명해 보자. 그것은 처칠이 하원의 수상을 역임했기 때문이며, 그의 사상과 지도력이 제2차 세계 대전에서 연합군 승리에 기여했기 때문이다. 그리고 동상을 세워 그런 위대한 사람들에게 경의를 표하는 게 관습이기 때문이고, 그런 동상을 만드는 데 쓰는 전통적 물질인 청동이 구리를 포함하고 있기 때문이다. 이렇게 우리는 사상과 리더십과 전쟁과 전통 같은 출현 현상들에 대한 대단히 높은 단계의 이론을 통해 특정 장소에 있는 구리 원자의 존재라는 낮은 단계의 물리적 관찰을 설명한다.

심지어 원칙적으로도 구리 원자의 존재에 대해서, 내가 방금 제시한 것보다 더 낮은 단계의 설명이 존재해야 할 이유는 없다. 아마도 환원주의적 이론은 원칙적으로 어떤 앞선 날짜의 태양계 조건이 있으면 그런 동상이 존재할 확률에 대한 낮은 단계의 예측을 할 것이다. 그 이론은 또 그 동상이 어떻게 그곳에 있게 되었는지도 묘사할 것이다. 그러나 (터무니없을 정도로 실행 불가능한) 그런 묘사와 예측은 아무것도 설명하지 못할 것이다. 그것들은 그저 구리 원자 각각이 구리 광산에서 제련소와 조각가의 작업실까지 따라가는 궤적만 묘사할 것이다. 사실 이런 예측은 특히 우리가 제2차 세계 대전이라고 부르는 복잡한 움직임과 관련된, 지구 도처의 원자들을 언급해야만 할 것이다. 그러나 그 구리 원자가 거기에 존재했다는 그런 기나긴 예측들을 따라갈 초인적인 능력이 있다고 해도 여전히 "아, 이제야 그게 왜 거기에 있는지 알겠군"이라고 말할 수는 없다. (당신은) 이 위치에 구리 원자 하나를 놓이게 한 원자의 구성과 궤적해 대해 질문해야 한다. 끊임없이 그런 질문을 하는 것은 창조적인 작업이다. 당신은 특정 원자의 구성이 지도력과 전쟁 같은 출현 현상을 뒷받침하며, 그것이 높은 단계의 설명 이론들에 의해 서로 연결되어 있다는 것을 발견해야 한다. 오직 그런 이론을 알았을 때만, 저 구리 원자가 왜 지금 그 자리에 있는지 이해할 수 있을 것이다.

심지어 물리학에서도 가장 기본적인 설명 일부와 그런 설명들의 예측은 환원적이지 않다. 예를 들어, 열역학 제2법칙은 높은 단계의 물리 과정이 무질서도가 증가하는 쪽으로 진행하는 경향이 있다고 말한다. 스크램블드에그는 거품기로 달걀을 휘젓기 이전 상태로 돌아가지 못하고, 팬에서 에너지를 뽑아 다시 달걀의 껍질 속으로 빨려 들어가지도 못하며, 깨진 흔적 없이 달걀 껍질을 다시 봉하지도 못한다. 그러나 설령 각각의 분자를 볼 수 있을 정도의 분해능으로 달걀이 휘저어지는 과정을 영상으로 촬영할 수 있고, 거꾸로 재생시켜서 모든 부분을 그런 규모로 살펴볼 수 있다고 해도, 분자들이 낮은 단계의 물리 법칙을 엄격히 따르며 움직이고 충돌하는 것 이외에는 아무것도 보지 못할 것이다. 개별적인 원자들에 대한 간단한 진술로부터 열역학 제2법칙이 어떻게 유도되는지, 혹은 그런 일이 가능하기는 한지의 여부도 아직은 알려져 있지 않다.

반드시 그래야 할 이유는 없다. 환원주의에는 종종 과학은 본질적으로 환원적이어야 한다는 도덕적 의미가 내포되어 있다. 이것은 1장과 3장에서 논평했던 도구주의와 평범성의 원리 모두와 관련되어 있다. 도구주의는 높은 단계의 설명만이 아니라 모든 설명을 거부하려고 한다는 사실을 제외하면 다소 환원주의와 유사하다. 평범성의 원리는 더 온화한 형태의 환원주의이다. 즉, 이 원리는 사람들과 관련된 높은 단계의 설명만 거부한다. 도덕적 의미를 내포하는 나쁜 철학적 주장의 주제들을 다루는 동안, 환원주의의 거울상인 전체론holism도 살펴보자. 전체론은 오직 전체의 관점에서 본 부분들의 설명만 타당하다는 (혹은 적어도 유의미한 설명이라는) 개념이다. 전체론자들은 또 종종 환원주의자들처럼 과학은 환원적일 수밖에 없다는 (혹은 환원적이어야만 한다는) 잘못된 믿음을 갖고 있으므로 대부분의 과학에도 반대한다. 그런 모든 독단적 주장은 동일한 이유로 비합리적이다. 즉, 이런 주장은 이론이 좋은 설명인지의 여부가 아닌 다른 근거로 그 이론의 수용이나 거부를 옹호한다.

높은 단계의 설명이 낮은 단계의 설명에서 논리적으로 따라온다는 말은 높은 단계의 설명이 낮은 단계의 설명에 대한 무언가를 함축하고 있다는 의미이기도 하다. 따라서 높은 단계 이론이 모두 일관적이라면, 낮은 단계의 이론이 될 수 있는 설명에는 점점 제약이 생긴다. 따라서 존재하는 모든 높은 단계의 설명을 합하면 그 반대의 경우 못지않게 모든 낮은 단계의 설명을 함축할 수 있다. 혹은 낮은 단계, 중간 단계, 높은 단계의 설명도 모두 합하면 모든 설명을 함축할 수 있다. 짐작건대 아마도 그럴 것이다.

따라서 미세 조정 문제를 해결할 수 있는 한 가지 방법은 높은 단계의 설명이 정확히 자연법칙이 되는 것으로 드러나는 경우이다. 그것의 세세한 결과도 미세 조정되어 있는 것처럼 보인다. 또 다른 후보는 '계산 보편성의 원리'인데, 그것에 대해서는 다음 장에서 논의하자. 또 다른 후보는 '입증 가능성의 원리'인데, 물리 법칙이 검증자의 존재를 허용하지 않는 세계에서는 물리 법칙이 자신의 검증을 금지하기 때문이다. 그러나 현재의 형태로는 물리 법칙으로 간주되는 그런 원리들이 인간 중심적이고 임의적이여서 나쁜 설명이다. 그러나 어쩌면 그런 설명들은 근사치에 불과하고, 열역학 제2법칙처럼 미세 물리 법칙과 잘 통합된 좋은 설명이 존재할지도 모른다.

어느 경우이든, 창발 현상은 이 세계를 설명하는 데 꼭 필요하다. 인간이 많은 설명 지식을 갖기 전에는 경험 법칙을 이용해 자연을 통제할 수 있었다. 경험 법칙에는 설명이 있으며, 그런 설명은 불과 암석 같은 창발 현상들 사이의 높은 단계의 규칙성에 대한 것이었다. 더 오래 전에는 경험 법칙을 암호화하는 것이 오로지 유전자뿐이었고, 그 안의 지식도 창발 현상에 관한 것이었다. 따라서 창발은 무한의 시작으로, 모든 지식 창출은 창발 현상에 의존하며, 실제로 창발 현상들로 이루어져 있다.

또한 연속적인 발견으로 과학적 방법에 여지를 주는 것도 창발 덕분이다. 일련의 이론 개선 과정에서 각 이론의 부분적인 성공은 각 이론이 성공적으로 설명하는 현상의 '계층' 존재와 밀접한 관련이 있다. 비록 나중에 일부 오류가 있었던 것으로 드러나기는 했지만.

선행 이론을 계승하는 과학 설명은 때로 예측 자체가 유사하거나 반대로 동일한 영역에서조차도 예측을 설명하는 방식이 다르다. 예를 들어, 아인슈타인의 행성 운동 설명은 단순히 뉴턴의 설명을 바로잡은 게 아니다. 그 설명은 근본적으로 다르며, 특히 만유인력과 뉴턴이 운동으로 정의한 일정하게 흐르는 시간처럼, 뉴턴 설명의 중심 요소들의 존재를 부정한다. 마찬가지로 행성이 타원형으로 움직인다는 천문학자 요하네스 케플러Johannes Kepler의 이론은 단순히 천구 이론을 바로잡은 게 아니라, 구의 존재를 부정했다. 그리고 뉴턴의 설명은 케플러의 타원을 새로운 모양으로 대체한 게 아니라 순간 속력과 가속도 같은 무한히 작게 정의된 양들을 통해 운동의 기술 법칙을 완전히 다른 방식으로 대체했다. 이처럼 행성 이론 각각은 저 밖에서 벌어지고 있는 일을 설명하는 선행 이론의 기본 방법을 무시하거나 부정하고 있었다.

이것은 다음과 같이 도구주의 논증으로 사용되었다. 각각의 계승 이론은 선행 이론의 예측에 작지만 정확한 수정을 가했고, 그런 의미에서 좋은 이론이 되었다. 그러나 각 이론의 설명이 선행 이론의 설명을 일소해 버렸으므로, 선행 이론의 설명은 애당초 사실이 아니었고, 따라서 그런 계승 설명은 실체에 대한 지식의 성장을 만들어 내는 것으로 간주될 수 없다. 케플러에서 뉴턴을 거쳐 아인슈타인까지, 궤도를 설명할 때 힘이 필요하지 않았다가, 또다시 모든 궤도의 원인인 역제곱 법칙의 힘이 필요했다가, 다시 아무 힘도 필요하지 않게 되었다. 그렇다면 뉴턴의 '중력'이 어떻게 인간 지식의 진보일 수 있었을까?

그게 진보일 수 있었고, 또 진보였던 까닭은 어떤 이론이 설명하는 실재의 일소가 그 설명 전체의 일소와 같지 않기 때문이다. 설령 중력이 존재하지 않는다고 해도, 태양 때문에 생긴 실재하는 무언가(시공의 굴곡)는 뉴턴의 역제곱 법칙에 따라 변하는 힘을 가지며, 보이거나 보이지 않게 물체의 운동에 영향을 미치는 것도 사실이다. 뉴턴의 이론은 또 지구의 물체와 하늘의 물체에서 중력 법칙이 동일하게 작용한다고 올바르게 설명했다. 그 이론은 질량(물체의 가속 저항 척도)과 무게(물체가 중력의 영향으로 떨어지지 않기 위해 필요한 힘)를 기발하게 구별했다. 그리고 물체의 중력 효과는 밀도나 성분 같은 다른 특성이 아니라 질량에 달려 있다고 설명했다. 나중에 아인슈타인의 이론은 그런 모든 특성을 확인했을 뿐만 아니라 그런 특성의 원인도 설명했다. 뉴턴의 이론은 더 정확한 예측도 할 수 있었는데 정말로 무슨 일이 일어나고 있는지에 대해서 더 올바르게 이해했기 때문이다. 그 이전에는 케플러의 설명도 진정한 설명의 중요한 요소들을 갖추고 있었다. 즉, 행성의 궤도는 실제로 자연법칙으로 결정되고, 그런 법칙은 지구를 포함하는 모든 행성에 동일하며, 행성은 태양을 필요로 하고 특성상 수학적이고 기하학적이었다. 각각의 계승 이론이 제공한 가늠자를 이용해서, 우리는 선행 이론이 어느 부분에서 거짓 예측을 했는지 뿐만 아니라 올바르게 예측한 부분도 알 수 있는데, 이것은 각 이론이 실체에 대한 진실을 표현했기 때문이다. 따라서 그 진실은 새로운 이론에도 계속 살아 있다. 아인슈타인이 말했듯이, "어떤 물리적 이론의 입장에서는 더 포괄적인 이론 속에 제한적인 경우로 살아남아 그런 이론으로 가는 길잡이가 되는 것보다 더 좋은 운명은 없다."

1장에서 설명했듯이, 이론의 설명 기능을 최상으로 간주하는 것은 단순한 편애가 아니다. 과학의 예측 기능은 전적으로 이 설명 기능에 의존한다. 또 모든 분야에서 진보를 이루고자 한다면, 다음 이론의 추측을 위해 창조적으로 바뀌어야 하는 것은 예측이 아니라 기존 이론의 설명이다. 더욱이 어떤 분야의 설명은 다른 분야의 이해에 영향을 준다. 예를 들어, 누군가가 마술은 마술사의 초자연적 능력 때문이라고 생각한다면 그들이 우주론과 심리학 등의 이론을 판단하는 방법에 영향을 미칠 것이다.

그건 그렇고, 행성 운동에 대한 계승 이론의 예측이 모두 비슷했다는 것은 잘못된 생각이다. 뉴턴의 예측은 사실 다리 건설이라는 맥락에서는 훌륭하고, GPS 작동 때는 다소 부적절할 뿐이지만, 펄서나 퀘이사 혹은 우주 전체를 설명할 때는 절망적으로 틀린다. 모든 오류를 바로잡으려면 뉴턴의 예측과는 근본적으로 다른 아인슈타인의 설명이 필요하다.

계승 과학 이론에 존재하는 그런 커다란 의미의 불연속을 생물학에서는 찾아볼 수 없다. 즉, 진화하는 종에서는 각 세대의 우성 기질이 이전 세대의 기질과 아주 살짝 다를 뿐이다. 그럼에도 불구하고 과학적 발견도 점진적인 과정이다. 다만 모든 점진성과 비판, 나쁜 설명의 거부가 과학자의 마음속에서 일어나는 것뿐이다. 포퍼의 표현대로, "우리는 우리 대신 이론을 죽게 할 수 있다."

이런 식으로 이론을 비판하는 능력에는 훨씬 더 중요한 또 하나의 이점이 있다. 진화하는 종에서는 각 세대의 적응 구조가 그 생물체를 생존케 하고, 다음 세대에 자신을 전파시킬 때 만나는 모든 검증을 통과하기에 충분한 기능성을 갖추어야 한다. 반대로, 과학자를 좋은 설명에서 그다음 설명으로 이끄는 중간 설명은 생존할 필요가 없다. 일반적으로 창조적인 생각도 마찬가지이다. 이것이 바로 설명적 개념은 편협주의에서 벗어날 수 있지만, 생물학적 진화와 경험 법칙은 그렇지 않은 근본적 이유이다.

이렇게 해서 우리는 자연스럽게 이 장의 중요한 주제인 추상 개념으로 넘어간다. 4장에서는 지식 조각이 생물체와 뇌를 '이용'해서 자신을 복제하는 추상적인 복제기라고 설명했다. 이것은 내가 지금까지 언급했던 출현 단계보다 더 높은 단계의 설명이다. 이것은 유전자나 이론 속의 지식처럼 물리적이지 않은 추상적인 무언가가 물리적인 무언가에 영향을 미친다는 주장이다. 물리적으로 이런 상황에서는 한 출현 실재가 유전자나 컴퓨터 같은 다른 실재에 영향을 미치는 것 말고는 아무 일도 일어나지 않지만, 설명이 더 완벽하기 위해서는 추상 개념이 반드시 필요하다. 만약 컴퓨터가 체스 게임에서 당신을 이겼다면, 당신을 이긴 것은 사실 실리콘 원자도 컴퓨터도 아닌 프로그램이라는 것을 당신은 알고 있다. 이 추상적 프로그램은 엄청난 수의 원자들의 행동으로 증명되지만, 그 프로그램이 당신을 이긴 원인에 대한 설명은 그 프로그램 자체를 언급하지 않고는 표현할 수 없다. 그리고 사람의 뇌 속에 있는 신경 세포와 무선 네트워크를 통해, 그 프로그램을 다운로드했을 때의 전파를 포함하는 다른 물리적 기질들과 컴퓨터의 장단기 기억으로 설명되어 왔다. 이러한 세부 사항은 그 프로그램이 어떻게 당신에게 도달했는지의 설명과는 관련될 수 있지만, 그 프로그램이 당신을 이긴 이유와는 무관하다. 그 점에서 프로그램과 당신 안에 있는 지식이 전체 이야기이다. 이 이야기는 불가피하게 추상 개념을 언급할 수밖에 없는 설명이다. 그러므로 그런 추상 개념은 존재하며, 그 설명이 필요로 하는 방식으로 물체에 영향을 미친다.

컴퓨터 과학자 더글라스 호프스태터Douglas Hofstadter는 현상을 이해하려면 이런 종류의 설명이 반드시 필요하다는 훌륭한 논증을 갖고 있다. 그는 자신의 저서 《나는 이상한 회로다*I am a Strange Loop*》에서 수백만 개의 도미노로 만들어진 특별한 목적의 컴퓨터를 상상한다. 이 도미노들은 한 개를 툭 건드리면 이웃한 도미노를 쳐서 옆에 늘어선 도미노들이 연쇄적으로 쓰러지도록 가까이 놓인다. 그러나 호프스태터의 도미노에는 하나가 쓰러질 때마다 일정한 시간이 지나면 다시 튀어 오르게 스프링이 장착되어 있다. 그러므로 도미노 한 개가 쓰러지면, 그 도미노가 쓰러지는 방향으로 도미노의 파동이나 '신호'가 전달되다가 마침내 막다른 골목이나 현재 쓰러진 도미노에 도달하게 된다. 도미노를 꼬불꼬불 이어지도록 배열하고서, 상호 작용하게 하면 그 전체 구조를 컴퓨터로 만들 수 있다. 즉, 어떤 코스로 이동하는 신호는 2진수의 '1'로 해석되고, 어떤 신호의 부재는 2진수의 '0'으로 그리고 두 신호의 상호 작용은 임의의 계산을 만들 수 있는 '그리고and'와 '또는or'과 '아니다not' 같은 논리 연산자로 이용할 수 있다.

한 도미노는 '스위치'로 지정된다. 그 도미노가 쓰러지면 도미노 컴퓨터는 회로와 코스로 설명된 프로그램을 실행하기 시작한다. 호프스태터의 사고 실험 프로그램은 주어진 수가 소수prime number인지를 계산한다. '스위치'를 쓰러뜨리기 전에, 정확히 딱 그 수만큼의 도미노로 이루어진 코스를 특정 위치에 놓는 방식으로 그 수를 입력한다. 그 네트워크의 다른 곳에서 특정 도미노가 계산 결과를 배달한다. 그 도미노는 약수가 발견되어 입력된 수가 소수가 아니라고 판단될 때만 쓰러진다.

호프스태터는 입력 데이터를 소수인 641로 정하고 '스위치'를 쓰러뜨린다. 질풍 같은 움직임이 네트워크를 앞뒤로 휩쓸고 지나간다. 계산이 입력된 수를 '읽으면', 입력 도미노 641개는 모두 곧 쓰러진다. 그리고 다시 튕겨 올라와 더 복잡한 패턴에 합류한다. 이것은 다소 비효율적으로 계산을 수행하고 있기 때문에 느린 과정이지만 그래도 그 작업을 잘 수행한다.

이제 호프스태터는 도미노 네트워크의 목적을 모르는 관측자가 도미노들의 실행 과정을 지켜보다가, 옆으로 휩쓸고 지나가는 상하 파동에 전혀 영향 받지 않고, 단호하게 서 있는 특정 도미노 하나를 발견한다고 상상한다. 그 관측자는 (그 도미노를) 손가락으로 가리키며 호기심에 차서 묻는다. "저기 저 도미노는 어떻게 쓰러지지 않는 거죠?"

우리는 그게 출력 도미노라는 것을 알지만, 그 관측자는 모른다. 호프스태터는 계속한다. 누군가가 답해 줄 수 있는 두 가지 답변을 비교해 보자. 첫 번째 유형의 답변은, 어리석다고 생각될 정도로 근시안적이지만 이렇다. "그 앞에 있는 도미노가 쓰러지지 않으니까 쓰러지지 않는 거지, 이 멍청아!" 혹은, 그 도미노 부근에 다른 도미노가 두 개 이상이라면, "옆에 있는 도미노가 하나도 쓰러지지 않았잖아"라고 대답할 것이다. 이 말이 어느 정도는 옳지만, 그리 오래 지속되지는 않는다. 이 대답은 그저 다른 도미노에게 책임을 전가했을 뿐이다.

사실 도미노에서 도미노로 책임을 전가해 '멍청하지만, 최대한 옳은' 훨씬 더 상세한 답변을 제공할 수도 있다. 결국, (그 프로그램이 회로이기 때문에 존재하는 도미노 수보다 훨씬 더 많이) 책임을 수십억 번이나 전가한 후에야 첫 번째 도미노인 '스위치'에 도달할 것이다.

그 순간에 (높은 단계 물리학의) 환원적 설명은 "저 도미노가 쓰러지지 않았던 것은 '스위치'를 쓰러뜨려서 시작된 어떤 운동 패턴도 그것을 포함하지 않기 때문이다"라고 요약될 것이다. 그러나 우리는 그 사실을 이미 알고 있었다. 우리는 굳이 이런 힘든 과정을 거치지 않고도 우리가 막 도달한 결론에 도달할 수 있었다. 그리고 이 설명은 더할 나위 없이 옳다. 그러나 이 설명은 다른 질문을 다루고 있기 때문에 우리가 찾고 있는 설명이 아니다. 즉, 이 설명은 "첫 번째 도미노가 쓰러지면 출력 도미노도 쓰러질까?"라는 설명적인 질문이 아니라 예측하는 질문을 다룬다. 우리의 질문은 "그 도미노가 왜 쓰러지지 않는가?"였다. 그리고 이 질문에 답하기 위해서, 호프스태터는 그 뒤 출현의 단계에서 다른 형태의 설명을 채택한다.

두 번째 유형의 대답은 "641이 소수이니까 그렇지"가 될 것이다. 이제 이 대답도 옳지만, 물리적인 어떤 것에 대해서도 말하지 않는 이상한 성질을 가진다. 그저 초점을 집단적 속성으로 이동시켰을 뿐이다. 이런 속성은 물리적 성질을 초월하며 소수성primality 같은 순수한 추상 개념과 관련되어 있다.

호프스태터는 "이 사례의 요지는 641의 소수성이 '어떤 도미노는 쓰러지는데 다른 도미노는 왜 쓰러지지 않는가'에 대한 최고의 설명이자, 어쩌면 유일한 설명"이라고 결론 내린다. 이 말을 약간만 수정하면

'물리학에 근거한 설명도 옳고, 도미노의 물리학 역시 소수가 왜 도미노의 특정 배열과 관련 있는지를 설명하는 데 필수적이다'가 된다. 그러나 호프스태터의 논증은 소수성이 도미노가 쓰러지고 쓰러지지 않는 원인에 대한 완벽한 설명에 포함되어야 한다고 말한다. 따라서 이 논증은 추상 개념에 대한 환원주의의 반박이다. 왜냐하면 소수 이론은 물리학의 일부가 아니기 때문이다. 이 이론은 물리적 객체가 아니라 숫자처럼 무한 집합이 존재하는 추상적 실재를 언급한다. 불행히도 호프스태터는 자신의 논증을 버리고 환원주의를 수용했다. 왜일까?

그의 책은 주로 특정 출현 현상인 마음에 관한 것이다. 혹은 그의 표현대로, '나'에 관한 것이다. 그는 모든 것을 포용하는 물리 법칙의 성질을 감안할 때, 마음이 시종일관 몸에 영향을 미쳐서 특정 작업을 할 수 있는지 묻는다. 이것은 몸-마음 문제mind-body problem로 알려져 있다. 예를 들어, 우리는 종종 특정 행동을 선택했다는 말로 우리의 행동을 설명하지만, 우리의 몸은 뇌를 포함해서 완전히 물리 법칙의 통제를 받으므로 '내'가 그런 선택에 영향을 미칠 물리적 변수를 남겨 두지 않는다. 철학자 대니얼 데닛Daniel Dennett을 따라 호프스태터도 결국 '나'는 환상이라고 결론 내린다. 호프스태터는 마음이 "물질적인 것을 밀어낼" 수 없다고 결론짓는데, 물리 법칙만으로도 (그것의) 행동을 결정하기에 충분하기 때문이다.

그러나 물리 법칙은 무언가를 밀어낼 수 없다. 물리 법칙은 그저 설명하고 예측할 뿐이다. 그리고 물리 법칙이 우리의 유일한 설명도 아니다. 도미노가 서 있는 게 '641이 소수이기 때문'이라는 (그리고 그 도미노 네트워크가 소수성 검증 알고리즘을 설명하기 때문이라는) 이론은 대단히 탁월한 설명이다. 무엇이 문제일까? 이 이론은 물리 법칙을 부정하지 않는다. 이 이론은 그 어떤 설명보다 더 많이 설명한다. 알려진 어떤 다른 변형 이론도 그만큼 해내지 못한다.

게다가 이 환원주의적 논증은 우주의 초기 상태가 운동 법칙과 함께 이미 다른 시간의 상태를 결정했기 때문에, 어떤 원자도 또 다른 원자를 '밀어낼' ('움직이게 한다'는 의미에서) 수 없다고 부정한다.

그리고 원인이라는 것은 출현적이고 추상적이다. 그것은 기본 입자의 운동 법칙 어디에서도 언급되지 않으므로, 철학자 데이비드 흄David Hume이 지적했듯이, 우리는 연속적인 사건들만 인식할 뿐, 인과 관계를 인식하지는 못한다. 또한 운동 법칙은 '보존적'이므로 정보를 잃지 않는다. 이 말은 그 법칙이, 초기 상태가 주어지면 운동의 최종 상태도 결정하듯이 최종 상태가 주어지면 초기 상태도 결정하며 시간마다 상태를 결정한다는 의미이다. 따라서 이 수준의 설명에서 원인과 결과는 교환 가능하다는 말이지, 어떤 프로그램이 컴퓨터로 하여금 체스 게임에서 이기게 한다거나 어떤 도미노가 서 있는 것은 641이 소수이기 때문이라고 말하는 것이 아니다.

동일한 현상에 대해서 다른 단계에 출현하는 여러 가지 설명이 존재한다는 사실에는 모순이 없다. 미시 물리학적 설명을 출현 설명보다 더 기본적으로 간주하는 것은 임의적이고 불합리하다. 호프스태터의 641 논증에서 벗어날 방법은 없으며, 그런 논증을 원할 이유도 없다. 세상은 우리가 바라는 대로 될 수도 있고 되지 않을 수도 있으며, 이런 이유 때문에 좋은 설명을 거부하는 것은 스스로를 편협한 오류 속에 가두는 것이다.

따라서 "641이 소수이기 때문"이라는 대답은 도미노의 면역성을 설명한다. 이런 대답이 의존하는 소수 이론은 물리 법칙도 아니고, 물리 법칙에 가깝지도 않다. 소수 이론은 추상 개념과 추상 개념의 무한 집합에 관한 것이다('자연수'의 집합 1, 2, 3…처럼. 여기서 생략부호 '…'는 무한히 계속 된다는 뜻이다). 자연수의 집합처럼 우리가 무한히 큰 것들에 대한 지식을 어떻게 가질 수 있는지는 수수께끼이다. 이것은 그저 도달 범위의 문제에 불과하다. '작은 자연수'로 한정하는 수 이론의 변형들은, 기준을 통과한 집합과 해결 방법 그리고 답 없는 질문들로 가득 차 있어서, 그런 임시의 제한들 없이도 이치에 맞는 경우인 무한 집합으로 일반화될 때까지는 매우 나쁜 설명이 될 것이다. 다양한 종류의 무한성에 대해서는 8장에서 논의하기로 하자.

전기포트 안에 담긴 물의 행동을 설명하기 위해 출현 물리량에 대한 이론을 사용할 때, 우리는 세부 사항 대부분을 무시하는 '이상화된' 전기포트 모형이라는 추상 개념을 실제 물리적 체제의 근사치로 이용한다. 그러나 소수를 조사하기 위해 컴퓨터를 이용할 때는 거꾸로 한다. 즉, 우리는 물리적 컴퓨터를, 소수를 완벽하게 모방하는 추상 개념의 근사치로 이용한다. 실제 컴퓨터와 달리, 후자는 결코 잘못 작동하지도 않고, 관리가 필요하지도 않으며, 프로그램을 실행시킬 무한 메모리와 무한 시간을 갖는다.

우리의 뇌도 수학적 추상 개념을 포함해서 물리적 세계 너머의 사물에 대해 배우는 데 사용할 수 있는 컴퓨터이다. 이런 이해 능력은 고대 아테네의 철학자 플라톤을 크게 당황시킨 사람종족의 출현 속성이다. 플라톤은 피타고라스의 정리 같은 기하학 정리가 전혀 경험되지 않은 실재에 대한 것이라는 점을 알아차렸다. 이런 것들은 관측 가능한 대상이 아니다. 그런데도 사람들은 이런 것들에 대해 알고 있었다. 당시에는 그런 지식이 인간이 무언가에 대해 가졌던 가장 심오한 지식이었다.

그런 지식은 어디서 왔을까? 플라톤은 그것을 비롯한 인간의 모든 지식이 초자연적 존재에서 나와야 한다고 결론 내렸다.

그의 생각은 옳았다. 그러나 그 후 설령 사람들이 완벽한 삼각형을 관측할 수 있었다고 해도(틀림없이 오늘날 가상 현실을 이용하면 가능할 것이다), 그런 지식은 나올 수 없었을 것이다. 1장에서 설명했듯이 경험주의에는 여러 가지 치명적 결함이 있다. 그러나 우리의 추상 개념 지식이 어디서 나왔는지는 수수께끼가 아니다. 그런 지식은 (다른 모든 지식처럼) 추측을 통해서 그리고 비판과 좋은 설명을 찾으려는 노력을 통해서 나온다. 과학 이외의 지식은 접근할 수 없다는 말을 그럴듯하게 보이게 하는 것은 경험주의뿐이다. 그리고 그런 지식을 과학 이론보다 덜 '정당화된' 것처럼 보이게 만드는 것은 '정당화된 진정한 믿음'이라는 오해뿐이다.

1장에서 설명했듯이, 심지어 과학에서도, 거부된 거의 모든 이론은 검증도 없이 나쁜 설명으로 치부된다. 실험 검증은 과학에서 사용하는 많은 비판 방법 중 하나일 뿐이며, 계몽은 비과학 분야에서도 진보를 이루어 냈다. 이것이 가능했던 근본적 이유는 좋은 설명은 과학만큼이나 철학에서도 찾기 어려운데다 비판 역시 효과적이기 때문이다.

더욱이 경험은 철학에서 (과학에서 하는 실험 검증의 역할 이상의) 중요한 역할을 한다. 주로 경험은 철학적 문제를 제공한다. 만약 물리적 세계에 대한 지식을 어떻게 습득할 수 있는지에 대한 문제가 없었다면 과학철학은 존재하지 않았을 것이다. 만약 처음에 사회의 운영 방식에 대한 문제가 없었다면 정치철학 같은 것도 없었을 것이다(오해를 피하기 위해, 경험은 오직 이미 존재하는 개념을 충돌시키는 방식을 통해서만 문제를 제공한다는 점을 강조한다. 경험은 물론 이론을 제공하지는 않는다).

도덕철학의 경우, 경험주의와 정당화주의 오해는 종종 '~이다'에서 '~이어야 한다'를 이끌어 낼 수는 없다"는 공리로 표현된다(계몽철학자 데이비드 흄의 생각을 바꿔 쓴 표현). 이 말은 도덕론이 사실적 지식으로부터 추론될 수는 없다는 뜻이다. 이것은 전통적 지혜가 되었고, 결국 도덕성에 대한 일종의 독단적 절망이 되고 말았다. 즉, '이다'에서 '이어야 한다'를 이끌어 낼 수 없으며, 따라서 도덕성은 논거로 정당화될 수 없다. 결국 선택지는 두 가지뿐이다. 불합리를 수용하거나 도덕적 판단을 내리지 않고 살거나. 불합리를 수용하거나 아예 물리적 세상을 설명하려고 하지 않는 게 사실상 거짓 이론을 (그리고 오직 무지만) 유도하는 것처럼, 두 가지 모두 도덕적으로 잘못된 선택을 유도하기 쉽다.

확실히 '이다'에서 '이어야 한다'를 이끌어 낼 수는 없지만, '이다'에서는 사실적 이론도 이끌어 낼 수 없다. 그것은 과학이 하는 일이 아니다. 지식의 성장은 믿음을 정당화할 방법을 찾는 데 있는 게 아니라 좋은 설명을 찾는 데 있다. 그리고 사실적 증거와 도덕적 공리는 논리적으로 독립적이어도, 사실적 설명과 도덕적 설명은 그렇지 않다. 따라서 사실적 지식은 도덕적 설명 비판에 유용할 수 있다.

예를 들어, 19세기에는 설령 미국의 한 노예가 베스트셀러 책을 집필했다고 해도, 그 사건은 논리적으로 '흑인은 섭리(신)에 의해 노예가 되도록 의도되어 있다'는 전제를 배제하지 못했을 것이다. 그러나 그 사건은 아마도 많은 사람이 그 전제를 이해하고 있다는 설명을 훼손시켰을 것이다. 그리고 결과적으로 그 책의 저자를 강제로 노예 상태로 되돌렸을 때, 그것이 왜 신의 뜻인지를 만족스럽게 설명할 수 없다는 걸 알게 된다면, 사람들은 흑인이 정말로 무엇이며, 사람이란 일반적으로 무엇인지에 대한 자신들의 이전 설명에 이의를 제기했을지도 모른다. 그 뒤에는 좋은 사람과 좋은 사회란 무엇인가에 대해서도 말이다.

반대로 대단히 비도덕적인 독단적 주장을 옹호하는 사람들은 거의 항상 관련된 사실적 거짓도 믿는다. 예를 들어, 2001년 9월 11일 미국에 대한 공격 이후, 전 세계 수백만 명의 사람들은 그 공격이 미국 정부 혹은 이스라엘 비밀 기관에 의해 자행되었다고 믿었다. 그런 믿음은 순전히 사실적인 오해지만, 순전히 비생물 물질로 만들어진 화석이 고생물의 흔적을 품고 있는 것만큼이나 명백하게 도덕적 잘못을 각인시킨다. 그리고 두 경우 모두의 연결고리는 설명이다. 서구인이 왜 무차별적으로 죽임을 당해 마땅한지에 대한 도덕적 설명을 만들어 내기 위해서는 서구가 겉으로 보이는 모습과 다르다는 것을 사실적으로 설명해야 한다. 그리고 그렇게 하려면 공모론, 역사의 부정 등을 무비판적으로 수용해야 한다.

일반적으로, 도덕적 상황을 주어진 값들로 이해하기 위해서는 일부 사실도 특정 방식으로 이해해야 한다. 그리고 그 반대도 마찬가지이다. 예를 들어, 철학자 제이콥 브로노브스키Jacob Bronowski가 지적했듯이, 사실적 과학 발견에 성공하려면 진보를 이루는 데 필요한 모든 종류의 가치에 전념해야 한다. 과학자는 진실과 좋은 설명을 소중히 여기고, 생각과 변화에 열려 있어야 한다. 과학 공동체 그리고 전체로서의 문명 또한 관용과 고결함과 토론의 개방성을 소중히 여겨야 한다.

우리는 이런 연결에 놀라지 않아야 한다. 진실은 논리적 일관성뿐만 아니라 구조적 통일성도 지니며, 짐작건대 진정한 설명은 다른 설명과 분리되어 있지 않다. 우주는 설명이 가능하기 때문에 도덕적으로 옳은 가치도 사실적 이론과 연결되어 있어야 하고, 도덕적으로 그른 가치는 거짓 이론과 연결되어 있어야 한다.

도덕철학은 기본적으로 다음에 무엇을 해야 하는가라는 문제에 대한 것이다. 그리고 더 일반적으로는 어떤 종류의 삶을 영위하고 어떤 종류의 세상을 원하는가라는 문제에 대한 것이다. 일부 철학자는 '도덕적'이라는 용어를 타인을 어떻게 대해야 하는가라는 문제에 국한한다. 하지만 이런 문제는 개인이 어떤 종류의 삶을 영위하는가라는 문제와 연결되어 있으며, 그게 바로 내가 더 포괄적인 정의를 채택하는 이유이다. 용어는 제쳐두고, 만약 당신이 지구의 마지막 인간이 된다면, 어떤 종류의 삶을 살고 싶은지 궁금할 것이다. '나를 가장 만족시키는 일은 무엇이든 한다'는 결정은 어떤 단서도 주지 못한다. 왜냐하면 무엇이 당신을 만족시키는가는 무엇이 좋은 삶인가에 대한 당신의 도덕적 판단에 달린 것이지, 그 반대가 아니기 때문이다.

이것은 또한 철학에 나타나는 환원주의의 공허함도 설명한다. 왜냐하면 인생에서 어떤 목적을 추구해야 하는지에 대한 조언을 구하는 사람에게 물리 법칙이 요구하는 일을 하라는 말은 무용지물이기 때문이다. 더 좋아하는 일을 하라는 조언도 소용없기는 매한가지인데, 어떤 종류의 삶을 영위할지 혹은 세상이 어떻게 되기를 바라는지를 결정할 때까지는 더 좋아하는 일이 무엇인지 알지 못하기 때문이다. 우리의 선호도는 이런 식으로, 적어도 부분적으로는 우리의 도덕적 설명에 따라 만들어지기 때문에, 사람들의 선호도를 충족시키는 데 있어서 유용성 측면에서만 옳고 그름을 정의하는 것은 이치에 맞지 않는다. 그런 시도가 공리주의utilitarianism로 알려진 도덕철학의 프로젝트이다. 공리주의는 경험주의가 과학철학에서 했던 역할과 동일했다. 즉, 공리주의는 전통적 교리에서 벗어나려는 반란의 중심에 서 있기는 했지만, 자체의 긍정적인 내용에는 진실이 거의 담겨 있지 않았다.

따라서 "다음에 무엇을 할까?"라는 문제는 피할 수 없고, 그런 문제를 다루는 우리의 최고 설명에 옳고 그름의 차이가 나타나므로, 우리는 그런 차이를 실재라고 간주해야 한다. 다시 말해서, 옳고 그름의 객관적 차이는 존재한다. 그런 차이는 목적과 행동의 실제 속성이다. 14장에서는 이것이 미학 분야에서도 마찬가지라고 주장할 것이다. 즉, 객관적인 아름다움이라는 게 존재한다.

아름다움, 옳고 그름, 소수성, 무한 집합 등은 객관적으로 존재한다. 그러나 물리적으로 존재하는 건 아니다. 이게 무슨 뜻일까? 확실히 이런 것들은 호프스태터의 쇼 같은 사례들처럼 우리에게 영향을 미칠 수는 있지만, 명백히 물리적 객체와 동일한 방식으로는 아니다. 길에서 이런 것에 걸려 넘어질 수는 없다. 그러나 경험주의에 편향된 우리의 상식은 생각하는 것보다는 그 차이가 적다. 우선, 물리적 객체의 영향을 받는다는 말은 물리적 객체의 무언가가 물리 법칙을 통해 변화를 일으켰다(혹은 동등하게 물리 법칙이 그 사물을 통해 변화를 일으켰다)는 뜻이다. 그러나 인과 관계와 물리 법칙 자체는 물리적 객체가 아니다. 그것들은 추상 개념이며, 그것들에 대한 우리의 지식은 다른 모든 추상 개념과 마찬가지로 우리의 최고 설명이 그것들을 불러 일으킨다는 사실로부터 나온다. 진보는 설명에 달려 있으므로, 세상을 그저 설명할 수 없는 규칙성들을 가진 일련의 사건으로 생각하려는 시도는 진보를 포기하는 것을 의미한다.

추상 개념이 실제로 존재한다는 이런 주장은 그 개념이 어떤 모습으로 존재하는지, 예컨대 그중 어느 개념이 순전히 다른 개념의 출현 양상인지, 어느 개념이 독립적으로 존재하는지 알려 주지 않는다. 물리 법칙이 달라도 도덕 법칙은 동일할까? 도덕 법칙이 만약 권위에 대한 맹목적인 복종으로 얻을 수 있는 것이라면 과학자들은 진보를 이루기 위해 우리가 과학적 탐구의 가치로 여기는 것을 피해야 할 것이다. 짐작건대 도덕성은 그보다는 더 독립적이며, 따라서 그런 물리 법칙은 비도덕적이라고 말하고 (4장에서 말했듯이) 실제보다 더 도덕적인 물리 법칙을 상상하는 게 이치에 맞다.

생각이 추상 개념의 세계에 미치는 도달 범위는 그런 생각이 포함하는 지식의 속성이지, 어쩌다 증명되는 뇌의 속성이 아니다. 비록 이론을 만들어 낸 사람은 그 도달 범위를 인식하지 못해도, 그 이론은 무한한 도달 범위를 가질 수 있다. 그러나 사람도 추상 개념이다. 그리고 오직 사람들에게만 존재하는 무한한 도달 범위가 있다. 설명을 이해할 수 있는 능력의 도달 범위가 그것이다. 그리고 이런 능력 자체가 보편성이라는 더 광범위한 현상의 예이다. 이것에 대해서는 다음 장에서 살펴보자.

6장

보편성으로의 도약

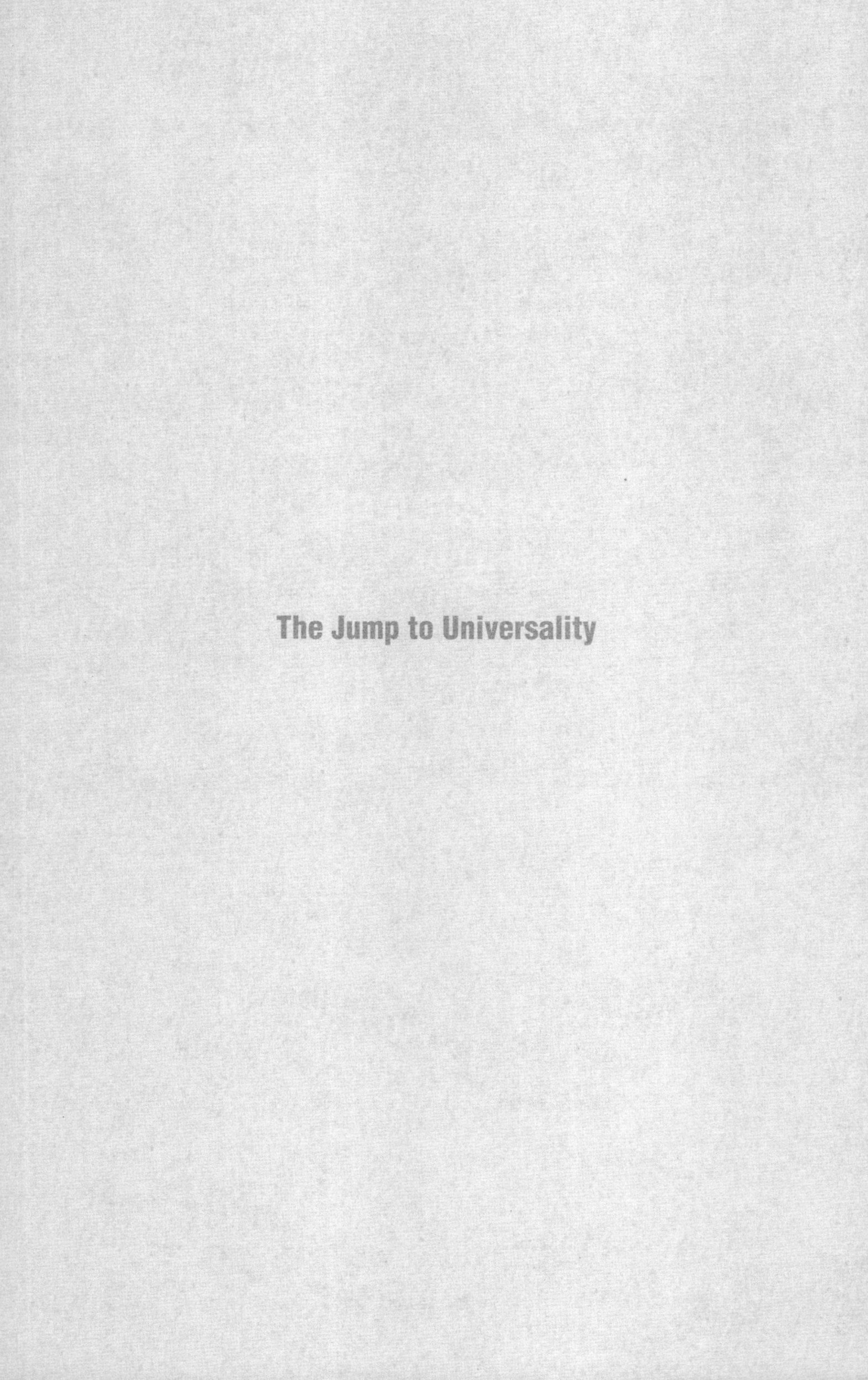

The Jump to Universality

최초의 쓰기 체계는 일정한 양식에 맞춘 그림인 '그림 문자'를 이용해서 말이나 개념을 표현한 것이었다. 따라서 '⊙' 같은 기호는 '태양'을, '⇧'는 '나무'를 의미할 수 있다. 그러나 지금까지 구어의 모든 말에 대한 그림 문자를 갖춘 쓰기 체계는 없었다. 왜일까?

한 가지 이유는 원래부터 그렇게 할 의도가 전혀 없었다는 것이다. 쓰기는 재고 및 세금 기록 같은 전문적인 응용을 위한 방편이었다. 나중에는 새로운 응용으로 더 많은 어휘가 필요했지만, 그 무렵 서기들은 쓰기 체계에 새로운 규칙을 도입하는 게 새로운 그림 문자를 추가하는 것보다 더 쉽다고 생각했을 것이다. 예를 들어, 일부 쓰기 체계에서, 어떤 단어가 두 개 이상의 단어를 연달아 놓은 것과 같은 소리가 날 때, 그 단어는 해당하는 그림 문자로 표현될 것이다. 만약 영어가 그림 문자로 쓰인다면, '배반treason'이라는 단어는 '⇧⊙'로 쓸 수 있을 것이다. 이 그림 문자는 그 단어의 소리를 완벽하게 나타내지 못하지만(실제의 철자도 맞지 않지만), 그 언어를 말하고 규칙을 아는 사람에게는 충분히 좋은 근사치가 될 것이다.

이런 혁신에 따라, 'treason'을 뜻하는 '{ϟ}' 같은 새로운 그림 문자를 만들어 낼 동기는 감소했을 것이다. 그림 문자 제작은 항상 힘들었는데, 기억 가능한 그림 문자를 만들기 어려워서가 아니라(물론 어렵기는 해도) 그 문자를 사용하기 전에 그 문자의 의미를 사람들에게 알려야 했기 때문이다. 이런 정보 전달은 매우 힘든 일이다. 만약 쉬웠다면 애당초 쓰기 체계의 필요성은 훨씬 더 감소했을 것이다. 대신 그 규칙을 적용할 수 있는 경우에는 쓰기가 더 효과적이었다. 서기가 '⇧⊙'라고 쓰기만 하면 이전에 그 단어를 본 적 없는 사람도 이해할 수 있었을 테니 말이다.

그러나 이런 규칙을 모든 경우에 적용할 수는 없었다. 이런 규칙은 1음절의 새로운 단어는 물론이고, 다른 단어도 설명할 수 없었다. 이 규칙은 현대의 쓰기 체계에 비하면 서툴고 부적절해 보인다. 그러나 여기에는 그림 문자로는 달성할 수 없는 중요한 무언가가 있었다. 즉, 이 규칙은 어느 누구도 명시적으로 포함한 적 없는 말들을 쓰기 체계 안에 도입했다. 이 말은 이 쓰기 체계가 도달 범위를 가진다는 뜻이다. 그리고 도달 범위에는 항상 설명이 있다. 과학에서 간단한 공식 하나가 많은 사실을 요약하듯이, 간단하고 기억하기 쉬운 규칙 하나는 많은 말을 쓰기 체계로 도입할 수 있었다. 단 그 규칙이 근원적인 규칙성을 반영할 경우에만 그렇다. 이 경우의 규칙성은 주어진 언어의 모든 말이 고작 대여섯 개의 '기본음'으로부터 만들어진다는 것이며, 각 언어는 인간의 목소리가 만들 수 있는 굉장한 도달 범위의 소리에서 다른 기본음을 선택해 사용한다. 왜일까? 이제 이 이야기를 해보자.

쓰기 체계의 규칙이 개선될 때는 중요한 경계를 가로지를 수 있었다. 즉, 그 체계는 그 언어의 모든 말을 표현할 수 있는 보편적 규칙이 될 수 있다. 예를 들어, 앞에서 묘사한 규칙을 다음과 같이 변형하는 것이다. 낱말을 다른 낱말의 초성을 이용해 만들어 보는 것이다. 이 경우에 만약 영어를 그림 문자로 쓴다면, 이 새로운 규칙에 따라 'treason'

은 'Tent', 'Rock', 'EAgle', 'Zebra', 'Nose'에 해당하는 그림 문자를 이용해서 쓸 수 있다. 이런 작은 규칙 변화는 그 체계를 보편적으로 만든다. 최초의 알파벳은 여기서 진화한 것으로 보인다.

규칙을 통해 이루어진 보편성은 (가상의 그림 문자 집합 같은) 목록을 통해 이루어진 보편성과 다른 성격을 지닌다. 한 가지 차이는 규칙이 목록보다 훨씬 더 간단할 수 있다는 점이다. 개별 기호의 수도 더 적기 때문에 더 간단할 수 있다. 그러나 이보다 더 중요한 게 있다. 규칙은 언어 속에 담긴 규칙성을 활용하는 방식으로, 암암리에 그런 규칙성을 암호화하므로 목록보다 더 많은 지식을 담고 있다. 알파벳에는 예컨대 낱말의 소리 형태에 대한 지식이 담겨 있다. 따라서 외국인은 알파벳을 이용해서 언어의 화법을 배울 수 있지만, 그림 문자는 기껏해야 쓰기를 배우는 데 사용될 뿐이다. 규칙은 또 쓰기 체계를 복잡하게 만들지 않으면서도 접두사와 접미사 같은 어형 변화를 이용해 원문이 문법을 더 많이 암호화하게 할 수 있다. 또한 알파벳에 근거한 쓰기 체계는 그 언어의 모든 말뿐만 아니라 가능한 말까지 망라하므로 아직 만들어지지 않은 말도 그 안에 포함되어 있다. 이것은 기존 체계를 와해시키는 게 아니라 더 쉬운 방식으로 새로운 말을 만들어 내는 데 사용될 수 있다.

아니 적어도 그렇게 될 수 있을 것이다. 최초의 알파벳을 창조한 미지의 서기가 자신이 과거와 현재를 통틀어 가장 위대한 발견 중 하나를 했다는 것을 알았다면 좋겠지만, 아마도 그는 몰랐을 것이다. 만약 알았다면 결과적으로 그는 자신의 열정을 많은 사람에게 전하지 못했던 게 틀림없다. 왜냐하면 내가 앞서 묘사한 보편성의 위력이 (심지어 그게 가능했던 고대에서도) 거의 사용되지 않았기 때문이다. 그림 문자 체계는 많은 사회에서 발명되었고, 보편적인 알파벳이 때로 내가 방금 설명한 방식으로 진화했지만, 알파벳을 보편적으로 사용하고 그림 문자를 폐기하는 '명백한' 다음 단계는 거의 일어나지 않았다. 알파벳은 희귀한 단어를 쓰거나 외래어를 번역하는 것 같은 전문적 목적에 국한되어 있었다. 일부 역사가는 (당시에 지중해 전역에 퍼져 있었던 페니키아인이라는 미지의 전임자에 의해) 알파벳을 기초로 한 쓰기 체계 개념이 인류 역사에서 단 한 번 고안되었고, 지금까지 존재한 알파벳을 기초로 한 모든 쓰기 체계는 바로 이 페니키아 체계에서 전해졌거나 영감을 받은 것이라고 믿는다. 그러나 모음을 추가한 것은 그리스인이었다.

배우기가 너무 쉬운 체계였던 탓에 생계에 위협을 느낀 서기들이 알파벳의 사용을 고의로 제한했다는 설도 있다. 그러나 이런 생각은 어쩌면 그들에게 너무 현대적인 해석을 강요하는 것인지도 모른다. 아마도 특정 시점까지는 보편성의 기회나 함정을 떠올린 사람이 없었던 것 같다. 고대의 혁신가들은 그저 구체적인 말을 쓰는 것 같은 자신들이 직면한 특정 문제에만 관심이 있었고, 그런 가운데 혁신가 중 한 명이 우연히 보편적인 규칙을 발명한 것이었다. 그런 태도는 대단히 편협하다. 그러나 당시에는 상황 또한 그랬다.

그리고 사실 여러 분야의 초기 역사에서는 보편성이 이루어졌을 때, 설령 그 보편성이 목적이었다고 해도, 그 자체가 주요 목적은 아니었던 것으로 보인다. 어떤 편협한 목적을 충족시키기 위해 취해진 작은 체계 변화 하나가 우연히 그 체계를 또한 보편적으로 만들었을 뿐이었다. 이것이 바로 보편성으로의 도약jump to universality이다.

쓰기 체제가 문명이 동트던 시대까지 거슬러 올라가는 것처럼, 숫자도 그렇다. 수학자들은 오늘날 추상적 실재인 수numbers와 수를 표현하는 물리적 기호인 숫자numeral를 구별한다. 그러나 숫자가 먼저 발견되

었다. 숫자는 동물이나 날짜 같은 불연속 실재들을 추적하기 위해 선사 시대 이후 죽 사용된 '집계 표시tally marks'(|, ||, |||, ||||, …)나 돌멩이 같은 징표에서 진화했다. 우리에서 풀어 놓은 염소마다 표시해 두었다가 나중에 돌아온 염소마다 하나씩 줄을 그어 지우면, 모든 표시를 다 지웠을 때 모든 염소가 돌아왔음을 알 수 있었을 것이다.

이것은 보편적인 집계 체계이지만, 출현 단계처럼 보편성의 계급hierarchy이 있다. 집계 위의 단계는 수를 세는 것이고, 바로 이것이 숫자와 관련되어 있다. 염소를 집계할 때는 그저 '또 한 마리, 또 한 마리, 또 한 마리'만 생각하고 있지만, 염소의 수를 셀 때는 '40, 41, 42…'를 생각하고 있다.

우리가 집계 표시를 '1진법'으로 알려진 수의 체계로 간주하는 것은 지나고 난 뒤의 생각일 뿐이다. 따라서 집계 표시는 비실용적인 체계이다. 예를 들어, 표시를 비교하고, 계산하고, 심지어 표시를 베껴 쓰는 것처럼, 집계 표시로 표현된 수들의 가장 간단한 연산을 할 때조차도 전체 집계 과정을 반복해야 한다. 만약 염소 40마리를 소유하고서, 20마리를 판 다음, 두 수 모두에 집계 표시가 있다면, 기록 갱신을 위해서는 여전히 각각의 삭제 과정을 20번 수행해야 한다. 마찬가지로 상당히 가까운 두 숫자가 동일한지 살펴보려면 서로 대조해 봐야 한다. 따라서 사람들은 이런 체계를 개선하기 시작했다. 초창기의 개선은 그저 집계 표시를 무리로 묶는 작업이었을 것이다. 예를 들어, |||| |||| 대신에 卌 卌라고 쓰는 것이다. 이런 개선은 계산과 비교를 더 용이하게 만들었는데, 전체 무리를 집계하면서도 卌 卌이 卌 卌|과 다르다는 것을 한눈에 알아볼 수 있었기 때문이다. 나중에 이런 무리들 자체는 속기 기호로 표현되었다. 즉, 고대 로마의 체계는 1, 5, 10, 50,

100, 500, 1000을 나타내기 위해 **I, V, X, ⩖, C, Đ, ↀ** 같은 기호를 사용했다(이런 기호는 우리가 오늘날 사용하는 '로마 숫자'와 다르다).

이것은 편협한 특정 문제를 해결하기 위해 의도된 점진적인 개선에 대한 또 다른 이야기였다. 그리고 이번에도 그 이상을 열망한 사람은 없었던 것 같다. 간단한 규칙 하나만 추가하면 그 체계가 훨씬 더 강력해질 수 있었다고 해도, 심지어 로마인들이 때때로 그런 규칙을 추가했다고 해도, 그들은 보편성을 목표로 삼거나 달성하지는 못했다. 수 세기 동안, 그런 체계의 규칙은 다음과 같았다.

- 기호를 나란히 놓으면 더한다는 의미이다.
- 기호는 왼쪽에서 오른쪽으로 값이 감소하는 순서로 작성해야 한다.
- 인접한 기호는 가능할 때마다 결합된 값에 해당하는 기호로 대체해야 한다.

두 번째와 세 번째 규칙은 각각의 수가 오직 하나의 표현만 있으므로 비교하기가 훨씬 더 수월하다. 이런 규칙이 없었다면, **XIXIXIXIXIX**와 **VXVXVXVXV** 모두 타당한 숫자이므로 언뜻 보아서는 그 둘이 동일한 수라는 걸 알 수 없었을 것이다(IV가 4를 나타내는 오늘날 '로마 숫자'의 빼기 규칙은 나중에 도입되었다).

이 규칙은 보편적 덧셈 법칙을 이용하는 방식을 통해 이 체계에 계산 수행 능력 같은 집계 이상의 중요한 도달 범위를 주었다. 예를 들어, 수 7(VII)과 8(VIII)을 살펴보자. 이 규칙에 따르면 두 수를 **VIIVIII**처럼 나란히 놓으면 더한다는 의미이다. 그러고 나서 이 규칙은 감소하는 값의 순서로 기호를 재배열하라고 말한다(VVIIIII). 그다음에는 두 개의 **V**

를 X로 대체하고 I 다섯 개를 V로 대체하라고 말한다. 그 결과는 XV로 15를 나타낸다. 여기서 새로운 무언가가 나타났고, 이것은 단순한 속기의 문제 이상이다. 즉, 아무도 무언가를 세거나 집계하지 않았는데도 7과 8과 15에 대한 추상적 진실이 발견되고 입증되었다. 수가 숫자를 통해 조작되었다.

사실 숫자 체계라는 말에는 나의 의도가 담겨 있다. 이 체계를 사용하는 인간들은 이런 변화를 물리적으로 규정했다. 그러나 그렇게 하기 위해서 그들은 먼저 이 체계의 규칙을 뇌에 암호화시켜야 했고, 그 뒤 컴퓨터가 프로그램을 실행하듯이 그 규칙을 실행시켜야 했다. 그러니 컴퓨터에 명령을 지시한 것은 프로그램이지, 그 반대가 아니다. 따라서 우리가 '로마 숫자로 계산'한다고 부르는 과정도 로마 숫자가 우리를 이용하여 계산하는 것이라 볼 수 있다. 로마인들은 이 체계가 유용하다고 판단했고, 그래서 자손에게 물려주었다. 앞에서 언급했듯이, 지식은 물리적으로 적당한 환경에 포함되면 계속 머물러 있으려는 경향이 있는 정보이다.

로마 숫자 체계가 자신을 복제해 보존시키기 위해 인간을 통제한다고 말하는 것은 인간을 노예 신분으로 강등시키는 것처럼 들릴지도 모른다. 그러나 이것은 오해이다. 사람은 독특한 생각과 이론, 의도, 감정을 비롯해서 '나'를 특징짓는 다른 마음의 상태를 포함하는 추상적 정보들로 이루어져 있다. 로마 숫자가 도움이 된다고 생각할 때 그것의 '통제'를 받는다는 말에 이의를 제기하는 것은 자기 의도의 통제를 받는다고 항의하는 것과 같다. 이런 주장에 따르면, 노예 상태에서 벗어나는 것이 노예 상태이다. 그러나 사실 내가 나를 구성하는 프로그램에 따를 때, '따른다'는 말은 노예의 행위와는 다른 무언가를 의미한다. 이 두 가지 의미는 사건들을 다른 단계의 출현에서 설명한다.

종종 하는 말과는 달리, 로마 숫자를 곱하고 나누는 상당히 효율적인 방법도 존재했다. 따라서 V × VII(5×7) 격자 속에 유리병이 들어 있는 XX(20)개의 상자가 실린 배는 그 숫자 속에 내재하는 긴 셈을 하지 않아도 총 ĐCC(700)개의 유리병을 갖고 있음을 알 수 있다. 그리고 한눈에 ĐCC가 ĐCCI보다 적다는 것도 알 수 있다. 따라서 집계나 셈이라는 독립적인 숫자 조작은 가격과 임금과 세금과 이자율 등의 계산 같은 응용을 가능하게 했다. 이런 조작은 또 미래 진보의 문을 열어 준 개념적 진보이기도 했다. 그러나 더 복잡한 응용에 관해서는 이 로마 숫자 체계가 보편적이지 않았다. ↀ(1000)보다 더 큰 값의 기호가 없었기 때문에, 2000 이상의 숫자는 모두 일련의 ↀ로 시작되었고, 따라서 그것은 수천에 해당하는 집계 표시에 불과하게 되었다. 어떤 숫자 속에 이런 게 많을수록 계산을 수행하려면 다시 집계(많은 기호를 하나씩 조사하는 일)로 돌아가야 한다.

그림 문자를 추가하는 방법으로 고대 쓰기 체계 어휘의 질을 높일 수 있었던 것처럼, 숫자 체계에 기호를 추가해서 그 도달 범위를 증가시킬 수 있을 것이다. 그리고 정말로 그런 일이 이루어졌다. 그러나 그 결과 만들어진 체계는 항상 가장 높은 값의 기호를 가지므로 집계를 하지 않고 산술을 수행하는 데 보편적이지 않았다.

집계에서 산술을 빼는 방법은 보편적 도달 범위의 규칙을 이용하는 길밖에 없다. 알파벳처럼, 기본 규칙과 기호로 이루어진 작은 집합이면 충분하다. 오늘날 일반적으로 사용되는 보편적 체계는 아라비아 숫자 0부터 9까지의 기호를 가지며, 그 체계의 보편성은 아라비아 숫자 하나하나의 값이 수 안에서 그 숫자의 위치에 의존하는 규칙 때문이다.

예를 들어, 아라비아 숫자 2는 원래 쓰인 대로 2를 의미하지만, 숫자 204에서는 200을 의미한다. 이런 '위치' 체계는 204의 0처럼 '자리 표시자placeholders'를 필요로 하는데, 이런 자리 표시자의 기능은 2를 200을 의미하는 위치에 놓는 것뿐이다.

이 체계는 원래 인도에서 시작되었지만, 언제인지는 알려져 있지 않다. 아마도 9세기에나 가능했을 텐데, 그 이전에는 극히 소수의 모호한 문서들만 이 체계를 사용하는 것처럼 보이기 때문이다. 아무튼 당시 사람들은 이 체계가 과학, 수학, 공학, 무역에서 갖는 막대한 잠재력은 미처 깨닫지 못했다. 대략 그 무렵에는 아랍 상인들이 이 체계를 수용했지만, 아랍 세계에서도 1,000년 후까지는 일반적으로 사용하지 않았다. 이런 열성 부족은 중세 유럽에서도 되풀이되었다. 몇몇 학자가 10세기에 아랍인들로부터 인도 숫자를 채택했지만(결국 '아라비아 숫자'라는 잘못된 이름을 얻게 되었다), 이번에도 이 숫자들은 수 세기 동안 일상생활에 사용되지 못했다.

기원전 1900년 초 고대 바빌로니아인들은 사실상 보편적 숫자 체계를 발명했지만, 그들 역시 보편성에는 관심이 없었고 보편성을 알지도 못했을 것이다. 그것은 위치 체계였는데, 인도 체제에 비해 매우 성가셨다. 이 체계는 각각이 로마 숫자와 유사한 체계로 쓰인 59개의 숫자로 이루어져 있었다. 따라서 이 체계를 이용해서 일상생활에서 발생하는 숫자를 계산하기란 사실상 로마 숫자를 사용하는 것보다 더 복잡했다. 이 체계에는 또 0을 나타내는 기호가 없어서 자리 표시자로 공란을 이용했다. 이 체계에는 길게 늘어서는 0을 나타낼 방법도, 소수점 같은 것도 없었다(현재 우리의 체계에 있는 200, 20, 2, 0.2 등이 단지 모두 2로 작성되어 오직 맥락으로만 구별되었다). 이 모든 것은 이 체계의 주요 설계 목적이 보편성이 아니었으며, 보편성이 달성되었을 때도 소중히 취급되지는 않았다는 것을 암시한다.

고대 그리스의 과학자이자 수학자인 아르키메데스Archimedes와 관련된 기원전 3세기의 놀라운 사건을 들여다보면 이런 기이한 일이 왜 반복적으로 발생하는지 조금은 간파할 수 있을지도 모르겠다. 천문학과 순수 수학의 연구 때문에 아르키메데스는 다소 큰 숫자를 다루어야 했고, 따라서 자신만의 숫자 체계를 발명해야 했다. 그의 시작점은 10,000(1미리아드)에 해당하는 가장 높은 숫자의 상징인 M을 갖고 있을 뿐 로마 체계와 유사한 그리스 체계였다. 예를 들어, 20에 해당하는 기호는 k이고 4에 해당하는 기호는 δ이므로 24M(240,000)은 $\overset{k\delta}{M}$라고 쓸 수 있었다.

만약 이 규칙에 다층 숫자를 담아서, $\overset{\overset{k\delta}{M}}{M}$이 24미리아드 미리아드를 의미하도록 했다면, 그리스 체계는 보편적이었을 것이다. 그러나 그들은 그렇게 하지 못했다. 놀랍게도 아르키메데스도 하지 못했다. 그의 체계는 10의 거듭제곱 대신에 M의 거듭제곱을 사용한 것을 제외하면 현대의 '과학 표기법'(2,000,000을 2×10^6으로 나타낸다)과 유사한 다른 개념을 사용했다. 그러나 이번에도 그는 지수(MM이 위로 올려진 거듭제곱)가 기존의 그리스 숫자가 되도록 해야 했다. 즉, 그 숫자는 미리아드 미리아드 정도를 쉽게 넘을 수 없을 것이다. 따라서 이 구조는 우리가 $10^{800,000,000}$이라고 부르는 수 이후 점차 소멸했다. 만약 이런 추가 규칙만 부과하지 않았더라면 그는 (대단히 어색하지만) 보편적인 체계를 가졌을 것이다.

심지어 오늘날에도, $10^{800,000,000}$ 이상의 수는 오직 수학자만 필요로 하며, 그것도 아주 드문 경우이다. 그러나 아르키메데스가 이런 제한을 두었던 게 그런 이유 때문만은 아닐 것이다. 왜냐하면 그는 거기서 멈추지 않았기 때문이다. 그는 수의 개념을 더 탐구하면서 또 한 번의 확장을 구축했는데, 이번에는 밑이 $10^{800,000,000}$인 훨씬 더 다루기 어려운 체계가 되었다. 그러나 이번에도 그는 이 수가 800,000,000을 초과하지 않는 거듭제곱까지만 올라가도록 해서 $10^{6.4\times10^{17}}$을 초과하는 어딘가에 임의의 한계를 부과했다.

왜일까? 오늘날에는 아르키메데스가 자신의 숫자에서 어느 기호가 어느 위치에서 사용될 수 있는지 한계를 정했던 게 그의 외고집처럼 보인다. 그런 규칙에 수학적 정당화란 없다. 아르키메데스가 만약 기꺼이 자신의 규칙을 임의의 한계 없이 적용했다면, 기존의 그리스 체계에서 임의의 한계를 제거하는 것만으로도 훨씬 더 보편적인 체계를 고안할 수 있었을 것이다. 몇 년 뒤 수학자 아폴로니오스Apollonius도 동일한 이유로 보편성이 부족한 또 다른 숫자 체계를 고안했다. 마치 고대의 모든 사람이 보편성을 일부러 피하고 있는 것 같다.

수학자 피에르 시몽 라플라스Pierre Simon Laplace는 인도 체계에 대해서 이렇게 썼다. "그 체계가 고대가 낳은 가장 탁월한 두 인물인 아르키메데스와 아폴로니오스의 천재성을 피해갔다는 사실을 기억할 때, 우리는 이런 위대한 성취에 감사하게 될 것이다." 그러나 이것이 정말로 그들을 피해갔던 무언가일까, 아니면 그들이 피하기로 선택한 무언가일까? 아르키메데스는 자신이 연달아 두 번 사용했던 수의 체계 확장 방법이 무한히 지속될 수 있으리라고 생각했던 게 틀림없다. 그러나 아마도 그는 그 결과 만들어진 숫자가 타당하게 추론할 수 있는 무언가를 언급할 수 있을지 의심했을 것이다. 사실, 이 전체 프로젝트의 한 가지 동기는 당시에는 진실이었던 '해변의 모래 알갱이는 사실상 셀 수 없다'는 생각에 반박하기 위함이었다. 따라서 아르키메데스는 자신의 체계를 이용해서 천구 전체를 채우는 데 필요할 모래 알갱이의 수를 계산했다. 그러나 아르키메데스와 고대 그리스의 문화에는 일반적으로 추상적인 수의 개념이 없었으므로, 그들에게는 숫자가, 설령 상상의 사물일지라도, 오로지 사물만 가리킬 수 있는 것이었을 것이다. 그런 경우, 보편성은 열망은 고사하고 이해하기도 어려운 성질이었을 것이다. 아니 어쩌면 아르키메데스는 그저 설득력 있는 상황을 만들기 위해서는 무한한 도달 범위의 열망은 피해야 한다고 생각했을지도 모른다. 어쨌든 우리의 시각에서 보면 아르키메데스의 체계는 보편성으로 도약하기 위해 반복적으로 '시도'되었지만, 그는 그 체계가 보편성으로 도약하기를 원하지 않았다.

여기에 훨씬 더 불확실한 가능성이 있다. 보편성의 가장 큰 이점은 그 이상의 혁신에 유용하다는 것이다. 다만 이 혁신은 예측할 수 없다. 따라서 보편성이 발견된 당시에 그 진가를 알아보기 위해서는 추상적인 지식을 그 자체로 중시하거나 그 지식이 예측할 수 없는 이득을 만들 거라고 예상해야 한다. 변화를 거의 경험하지 못했던 사회에서는 이런 두 가지 태도 모두 상당히 부자연스러웠을 것이다. 그러나 계몽의 경우에는 상황이 반대였다. 계몽의 전형적인 생각은 진보가 바람직한 동시에 도달 가능하다는 것이다. 그리고 보편성도 그렇다.

계몽과 함께, 편협주의를 비롯한 모든 임의적인 예외와 제한들이 본질적으로 문제시되기 시작했다. 그리고 그런 변화는 과학에서만 일어난 게 아니었다. 법은 왜 귀족과 평민을 다르게 대우할까? 노예와 주인은? 여자와 남자는? 로크 같은 계몽철학자들은 정치 제도에서 임의의 규칙과 가정을 제거하는 작업에 착수했다. 또 다른 사람들은 보편적인 도덕적 설명들을 단순히 독단적으로 가정하기보다 도덕적 금언을 도출하려고 했다. 따라서 정의와 정통과 도덕성에 대한 보편적 설명 이론이 물질과 운동의 보편적 이론과 나란히 자리 잡기 시작했다. 이런 모든 경우에, 보편성은 편협한 문제의 해결 수단으로뿐만 아니라 어떤 생각이 진실이 되기 위해서 꼭 필요한 특징으로서 의도적으로 추구되었다.

계몽의 초기 역사에서 중요한 역할을 했던 보편성으로의 도약은 활자 인쇄의 발명이었다. 활자는 개별 금속 조각에 알파벳 글자를 새겨 넣은 것이었다. 초기 형태의 인쇄는 그저 쓰기를 간소화했을 뿐이었다. 책의 한 페이지가 한 인쇄판에 새겨져 있어서 그 안의 모든 기호가 한 번에 복사될 수 있었다. 그러나 각 글자의 몇 가지 예시를 갖춘 활자만 있으면 책의 모든 페이지를 인쇄판으로 만드는 작업도 더 이상 필요하지 않다. 그저 그 활자를 배열해 단어와 문장을 만들기만 하면 된다. 또 활자를 만들기 위해서 결국 인쇄될 문서가 무슨 내용인지도 굳이 알 필요가 없다. 활자는 보편적이다.

그렇다고 해도 11세기에 중국에서 발명된 활자는 큰 차이를 만들지 못했는데, 아마도 보편성에 대한 관심이 부족했거나, 혹은 중국의 쓰기 체계가 수천 개의 그림 문자를 사용하고 있어서 보편적인 인쇄 체계의 즉각적인 이점을 감소시켰기 때문일 것이다. 그러나 15세기 유럽에서 인쇄업자인 요하네스 구텐베르크Johannes Gutenberg가 알파벳 글자를 이용해 다시 발명했을 때는 활자가 진보의 쇄도를 촉발시켰다.

여기서 우리는 보편성으로의 도약이 가진 특유의 변화를 확인할 수 있다. 즉, 도약 이전에는 인쇄해야 할 문서에 특화된 사물을 만들어야 하지만, 도약 이후에는 보편적 사물(이 경우에는 활자가 있는 인쇄기)을 주문 제작한다(혹은 전문화하거나 프로그램화시킨다). 마찬가지로 1801년에는 조제프 마리 자카르Joseph Marie Jacquard가 (자카르 직기로 알려진) 다목적의 실크 직조기를 발명했다. 개별 볼트의 스티치를 한 땀 한 땀 수작업으로 조작해서 패턴이 있는 실크로 제작하는 대신 임의의 패턴을 천공 카드에 프로그램화하면 직조기가 그 패턴을 몇 번이고 짜도록 지시할 수 있었다.

이런 변화에서 가장 중요한 것은 컴퓨터의 기술이다. 컴퓨터에 대한 기술 의존도가 점점 증가하고 있을 뿐만 아니라, 컴퓨터에는 심오한 이론적 철학적 의미도 담겨 있다. 계산 보편성으로의 도약은 1820년에 수학자 찰스 배비지Charles Babbage가 차분기관difference Engine이라는 장치를 설계했을 때 이뤄졌어야 했다. 차분기관은 톱니바퀴의 톱니 각각이 열 개의 위치 중 하나로 들어가게 해서 십진수를 표현하는 계산기였다. 배비지의 원래 목적은 항해술과 공학에서 대단히 많이 사용되었던 로그와 코사인 같은 수학 함수표 생산의 자동화였다. 당시에는 그런 일을 '컴퓨터'(이것이 이 단어의 기원이다)로 알려진 사무원단이 했는데 오류가 많기로 악명이 높았다. 차분기관은 산술 규칙을 하드웨어에 내장시켰기 때문에 오류가 적었다. 차분기관이 주어진 함수표를 인쇄하게 하려면 간단한 연산으로 그 함수의 정의를 담아 단 한 번만 프로그래밍하면 되었다. 반대로, 인간 '컴퓨터'는 그 정의와 일반적 산술 법칙 모두를 함수표마다 수천 번 사용해야 했고, 매번 오류의 가능성이 있었다.

불행히도, 배비지는 자신의 전 재산과 영국 정부의 많은 자금을 이 프로젝트에 쏟아 부었는데도 불구하고 체계화 부족으로 인해 결국 차분기관 제작에 성공하지 못했다. 그러나 그의 설계는 훌륭했고(몇몇 작은 실수를 제외하면), 1991년에는 런던과학박물관의 공학자 도론 스웨

이드Doron Swade가 지휘하는 연구팀이 배비지의 시대에도 달성할 수 있었던 기하 공차를 이용하여 이 프로젝트를 성공적으로 수행했다.

오늘날의 컴퓨터와 계산기의 표준으로 보아도, 차분기관은 극도로 제한된 레퍼토리를 갖고 있었다. 그러나 차분기관을 제작할 수 있었던 것은 물리학과 항해술과 공학에서 일어나는 모든 수학 함수들 사이에 어떤 규칙성이 존재했기 때문이다. 이것은 해석 함수analytic function로 알려져 있으며, 1710년에 수학자 브룩 테일러Brook Taylor는 그런 함수가 모두 차분기관이 수행한 연산인 반복적인 덧셈과 곱셈만을 이용해서 임의로 근사할 수 있다는 사실을 발견했다(특수한 경우는 그 이전에도 알려져 있었지만, 보편성으로의 도약을 입증한 사람은 테일러였다). 따라서 배비지는 한 줌의 함수를 계산해서 표를 만들어야 하는 편협한 문제를 해결하려다가, 해석 함수 계산에 보편적인 계산기를 만들게 되었다. 이 계산기는 또 타자기 같은 인쇄기에 활자의 보편성을 이용했는데, 그런 인쇄기가 없었다면 함수표 인쇄 과정의 자동화는 가능하지 않았을 것이다.

배비지에게는 원래 계산 보편성의 개념이 없었다. 그럼에도 불구하고 차분기관은 계산의 레퍼토리가 아니라 그 체질에 있어서 이미 계산 보편성에 놀라울 정도로 근접했다. 주어진 함수표의 인쇄 프로그램을 만들기 위해서는 특정 톱니들을 초기화해야 한다. 배비지는 결국 프로그램을 만드는 이런 단계 자체가 자동화될 수 있음을 깨달았다. 즉, 자카르 직기처럼 톱니의 조절 방식을 천공 카드에 입력해 기계적으로 톱니에 전달할 수 있었다. 이런 작업은 여전히 남아 있는 주요한 오류 원인을 제거할 뿐만 아니라 이 기계가 할 수 있는 일도 증가시킬 것이다. 배비지는 그 뒤 만약 이 기계가 나중에 사용할 새로운 천공 카드도 만들 수 있다면 그리고 (예컨대, 차곡차곡 쌓아둔 천공 카드 더미에서, 톱니의 위치에 따라 선택하는 방식으로) 어느 천공 카드를 읽을지 통제할 수 있다면, 질적으로 새로운 일이 발생하리라는 사실을 깨달았다. 바로 보편성으로의 도약이다.

배비지는 이렇게 개선된 기계를 해석 기관analytic engine이라고 불렀다. 그와 동료 수학자 러브레이스의 백작 부인인 에이다Ada는 이 기계가 인간 '컴퓨터'가 할 수 있는 계산은 모두 할 수 있으며, 이런 계산은 단순한 산술 이상을 포함한다는 사실을 알았다. 해석 기관은 대수학, 체스 게임, 음악 작곡, 영상 처리 등을 할 수 있었다. 이것은 오늘날 고전 컴퓨터라고 불리는 것이다(11장에서 훨씬 더 높은 단계의 보편성에서 작동하는 양자 컴퓨터를 논의할 때 조건부로 붙은 '고전'의 의미를 설명할 것이다).

그들도 혹은 다른 누구도 그 이후 100년 넘게 인터넷, 문서 처리, 데이터베이스 검색, 게임 같은 오늘날 계산의 가장 흔한 용도는 상상하지 못했다. 그러나 그들이 예측한 또 다른 중요한 응용이 과학적 예측을 하고 있었다. 해석 기관은 관련 물리 법칙이 주어지면, 모든 물리적 객체에 대해 행동 예측이 가능한 보편적 시뮬레이터가 될 것이다. 이것은 내가 3장에서 언급한 보편성으로, 다른 물리 법칙의 지배를 받는 (뇌와 퀘이사 같은) 물리적 객체들이 동일한 수학적 관계를 보일 수 있다.

배비지와 러브레이스는 계몽된 사람들이었고, 따라서 그들은 해석 기관의 보편성 때문에 이 기계가 획기적인 기술이 되리라는 것을 이해하고 있었다. 그럼에도 불구하고, 그들은 자신들의 열정을 소수의 사람에게만 전했고, 결국 더 널리 전파하는 데 실패했다. 결국 해석 기관은 역사의 비극적 실패 중 하나로 남게 되었다. 그들이 만약 다른 구현 방법을 찾아보았더라면, 어쩌면 전류로 스위치를 통제하는 전자 계전기electrical relays처럼 완벽한 것을 발명했을지도 모른다. 전자 계전기는 기본적 연구를 전자기학에 응용한 첫 번째 사례였고, 전신 기술의 기술적 혁명 덕분에 막 대량 생산에 돌입하려던 참이었다. 다시 설계된 해석 기관은 2진법을 나타내는 온오프 전류와 계전기를 이용해 계산하므로 배비지의 기계보다 속도가 더 빠를 뿐만 아니라 제작도 쉽고 비용도 더 저렴했을 것이다(2진수는 이미 잘 알려져 있었다. 수학자이자 철학자인 고트프리트 빌헬름 라이프니츠Gofffried Wihelm Leibniz는 심지어 17세기에도 2진수를 기계적 계산에 이용할 것을 제안했다). 그랬다면 컴퓨터 혁명은 원래보다 100년은 더 일찍 일어났을 것이다. 동시에 발달 중이었던 전신 기술과 인쇄술 덕분에 인터넷 혁명으로도 이어졌을지 모른다. 공상 과학 소설 작가인 윌리엄 깁슨William Gibson과 브루스 스털링Bruce Sterling은 공동 집필한 소설《차분기관*Difference Engine*》에서 이 기계의 모습을 흥미롭게 묘사했다. 저널리스트 톰 스탠디지Tom Standage는 자신의 저서인《빅토리아 시대의 인터넷*The Victorian Internet*》에서 초기의 전신 체제가 컴퓨터 없이도 "해커, 온라인 로망스와 웨딩, 채팅룸, 화염 전쟁 … 등"으로 교환원들 사이에서 인터넷 같은 현상을 만들었다고 주장한다.

배비지와 러브레이스는 오늘날까지 달성되지 못한 보편적 컴퓨터의 한 가지 응용인, 이른바 인공 지능artificial intelligence, AI에 대해서도 생각했다. 인간의 뇌가 물리 법칙을 따르는 물리적 객체이기 때문에 그리고 해석 기관이 보편적 시뮬레이터이기 때문에, 인간이 할 수 있는 모든 것이 프로그래밍될 수 있을 것이다(매우 느린데다 비실용적일 정도로 막대한 수의 천공 카드가 필요하기는 해도). 그럼에도 불구하고 배비지와 러브레이스는 이런 가능성을 부정했다. 러브레이스는 "해석 기관은 무엇을 새롭게 고안해 내지는 못한다. 이 기계는 우리가 알고 있는 명령어를 수행할 수 있다. 그것은 분석을 따를 수는 있지만, 분석적 관계나 진실을 예측할 힘은 없다"고 주장했다. 수학자이자 컴퓨터 개척자인 앨런 튜링Alan Turing은 나중에 이런 실수를 "러브레이스 백작 부인의 반론Lady Lovelace's objection"이라고 불렀다. 러브레이스가 알아보지 못한 것은 컴퓨터의 보편성이 아니라 물리 법칙의 보편성이었다. 당시의 과학은 뇌에 대한 물리학적 지식을 거의 갖추고 있지 못했다. 또한 다윈의 《종의 기원》은 아직 출간되지 않았으며, 인간 본성에 대한 초자연적 설명들이 여전히 만연했다. 오늘날에는 인공 지능이 가능하지 않다고 믿었던 소수의 과학자와 철학자들의 입지가 점점 더 좁아지고 있다. 예컨대 철학자 존 설John Searle은 인공 지능 프로젝트를 다음과 같은 역사적 관점에서 보았다. 수 세기 동안 일부 사람들은 당대의 가장 복잡한 기계를 바탕으로 직유와 은유를 사용해 마음을 기계의 관점에서 설명하려고 했다. 처음에는 뇌가 엄청나게 복잡한 기어와 레버 세트와 유사하다고 가정했다. 그다음에는 뇌가 유압 파이프였고, 그다음에는 증기 엔진, 그다음에는 전화 교환국이었다. 그리고 이제 컴퓨터가 우리의 가장 인상적인 기술이 되자, 뇌가 컴퓨터라고 한다. 그러나 이것은 여전히 은유에 불과하며, 굳이 뇌가 증기 엔진이 아닌 컴퓨터라고 생각할 이유는 없다고, 설은 말한다.

그러나 이렇게 생각할 이유가 있다. 증기 엔진은 보편적 시뮬레이터가 아니다. 그러나 컴퓨터는 보편적 시뮬레이터이며, 따라서 신경 세포가 할 수 있는 일은 무엇이든 컴퓨터도 할 수 있다는 생각은 은유가 아니다. 이것은 우리가 가장 잘 알고 있는 물리 법칙의 입증된 성질이다 (공교롭게도 유압 파이프도 보편적 고전 컴퓨터로 제작 가능하고, 배비지가 보여 주었듯이 기어와 레버도 마찬가지이다).

아이러니하게도 러브레이스 백작 부인의 반론은 더글라스 호프스태터의 환원주의 논증과 거의 유사한 논리를 갖는다(5장). 그러나 호프스태터는 인공 지능의 가능성을 믿는 오늘날의 주요한 옹호자 중 한 명이다. 그 까닭은 두 사람 모두 낮은 단계의 계산 과정을 합한다고 해서 무언가에 영향을 미치는 높은 단계의 '나'가 될 수는 없다는 잘못된 전제를 공유하기 때문이다. 두 사람의 차이는 자신들이 주장했던 딜레마의 반대쪽 뿔을 선택했다는 점이다. 즉, 러브레이스는 인공 지능이 불가능하다는 거짓 결론을 선택했고, 호프스태터는 그런 '나'가 존재할 수 없다는 거짓 결론을 선택했다.

배비지가 보편적 컴퓨터 제작에도 실패하고, 다른 사람이 제작하도록 설득하는 데도 실패한 까닭에, 최초의 컴퓨터는 한 세기가 지나고 나서야 만들어졌다. 그 한 세기 동안 일어난 일은 고대의 보편성 역사와 더 닮았다. 즉, 차분기관과 유사한 계산 기계들이 (심지어 배비지의 포기 이전에도) 제작되고 있었지만, 해석 기관은 심지어 수학자들에게조차 거의 무시되었다.

1936년에 튜링은 보편적 고전 컴퓨터의 명확한 이론을 발전시켰다. 그의 동기는 이론을 이용해서 수학적 증거의 본질을 연구하려던 것이었다. 그리고 몇 년 뒤 최초의 보편적 컴퓨터가 제작된 것도 보편성을 구현하려는 특별한 의도에서 출발한 게 아니었다. 보편적 컴퓨터는 제2차 세계 대전 동안 전시 사용이라는 특수 목적을 위해 영국과 미국에서 제작되었다. 콜로서스colossus('거인'이라는 뜻)라는 이름이 붙은 영국의 컴퓨터(여기에는 튜링이 관련되어 있었다)는 암호 해독에 사용되었고, 미국의 컴퓨터 에니악ENIAC은 대형 총기 조준에 필요한 방정식을 풀도록 설계되었다. 두 컴퓨터에 사용된 기술은 전기 진공관으로, 마치 계전기처럼 작동했지만 속도는 100배 정도 빨랐다. 동시에 독일에서도 공학자 콘라트 추제Konrad Zuse가 (배비지가 했어야 했던 것처럼) 계전기를 이용해서 프로그램 가능한 계산기를 만들고 있었다. 세 장치 모두 보편적 컴퓨터가 되는 데 필요한 기술적 특징을 갖고 있었지만, 어느 하나 보편적 컴퓨터가 되지 못했다. 그 결과 콜로서스는 암호 해독 이외에는 아무것도 하지 못했고, 전쟁 이후 대부분은 분해되었다. 추제의 기계는 연합군의 폭격으로 파괴되었다. 그러나 에니악에게는 보편성으로의 도약이 허락되었다. 전쟁 이후 에니악은 날씨 예보와 수소 폭탄 프로젝트 같은 원래 의도되지 않았던 다양한 용도에 사용되었다.

제2차 세계 대전 이후의 전기 기술 역사는 소형화가 주도하여 새로운 장치에서는 훨씬 더 작은 스위치가 구현되었다. 이런 개선은 보편성으로의 도약을 선도해서 1970년 무렵에는 몇몇 회사가 단일 실리콘칩 위에 보편적 고전 컴퓨터를 올려놓은 마이크로프로세서를 독립적으로 생산했다. 그때 이후로 모든 정보 처리 장치의 설계자들은 마이크로세서로 시작해서 그 장치에 필요한 특정 작업을 수행하도록 컴퓨터를 프로그램화할 수 있었다. 오늘날 당신이 사용하는 세탁기는 적당한 입출력 장치와 필요한 데이터를 보관할 충분한 메모리만 주어지면, 천체물리학이나 워드프로세싱을 하도록 프로그램화될 수 있는 컴퓨터로 조종될 게 거의 틀림없다.

그런 의미에서 과거의 인간 '컴퓨터'와 사실상 종소리와 휘파람 소리가 있는 증기 구동 해석 기관 제2차 세계 대전 때 사용된 방 크기 만한 진공관 컴퓨터와 현재의 슈퍼컴퓨터 모두가 동일한 계산 레퍼토리를 갖고 있다는 것은 놀라운 사실이다.

이것들의 또 한 가지 공통점은 모두가 디지털이라는 점이다. 즉, 이것들은 전기 스위치나, 열 개의 위치 중 하나에 놓인 톱니처럼, 불연속 형태인 물리 변수 값의 정보에 작용한다. 정보를 연속적인 물리 변수로 나타내는 계산자 같은 '아날로그' 컴퓨터가 한때 유행했지만, 오늘날에는 거의 사용되지 않는다. 그 까닭은 현대의 디지털 컴퓨터가 모든 아날로그 컴퓨터를 모사해서 거의 모든 응용에서 아날로그 컴퓨터보다 더 잘 수행할 수 있도록 프로그램화될 수 있기 때문이다. 보편적인 아날로그 컴퓨터 같은 건 없기 때문에 이런 상황은 피할 수 없다.

오류 수정이 필요한 이유가 바로 이것이다. 긴 계산 동안, 불완전하게 구성된 성분, 열파동, 영향력 밖의 무작위 상태 같은 것에 기인한 오류 누적은 아날로그 컴퓨터가 의도되지 않은 계산 경로로 가게 하는 원인이 된다. 이런 일은 사소하거나 편협한 걱정처럼 들릴지 모르지만 정반대이다. 오류 수정이 없다면, 모든 정보 처리와 모든 지식 창출은 한계에 부딪힐 수밖에 없다. 오류 수정은 무한의 시작이다.

예를 들어, 집계는 디지털인 경우에만 보편적이다. 고대의 염소지기가 염소 떼의 수가 아니라 전체 길이를 집계하려고 했다고 상상해 보자. 염소 한 마리가 우리에서 나갈 때마다 그 염소와 동일한 길이의 줄을 풀면 된다. 그리고 나중에 염소들이 돌아올 때는 그 길이를 다시 감으면 된다. 줄 전체를 다시 감았다면, 모든 염소가 돌아왔음을 의미할 것이다. 그러나 실제로 그 결과는 측정 오류의 누적 때문에 항상 조금씩 더 길거나 짧아질 것이다. 주어진 모든 측정 정확도에 대해서 이런 '아날로그 집계' 체제로 신뢰성 있게 집계될 수 있는 염소의 최대수가 있을 것이다. 그런 '집계'로 수행된 모든 산술 계산도 마찬가지이다. 대여섯 무리를 나타내는 줄을 더하거나, 무리의 분할을 기록하기 위해 줄을 둘로 자를 때마다 그리고 동일한 길이의 또 다른 줄을 만들어서 줄을 '복제'할 때마다 오류가 생긴다. 작업을 여러 번 수행한 뒤 중간 길이의 결과만 유지하는 방식으로 그런 오류의 효과를 감소시킬 수는 있다. 그러나 길이를 비교하거나 복제하는 작업 자체는 오직 유한한 정확도로만 수행될 수 있으므로 단계당 오류 누적 비율을 이런 정확도 수준 아래로 떨어뜨릴 수는 없다. 이것은 주어진 목적에 부합하지 않는 쓸모없는 결과가 나오기 전에 수행할 수 있는 연속 작업의 최대수를 제한한다. 아날로그 계산이 결코 보편적 계산이 될 수 없는 건 바로 이 때문이다.

따라서 오류 발생을 당연하게 받아들이지만 일단 오류가 나타나면 바로잡는 체계가 필요하다. '문제는 피할 수 없지만, 가장 낮은 단계의 정보 처리 출현으로 풀 수 있는' 사례이다. 그러나 아날로그 계산에서는 오류 수정이 잘못된 값과 올바른 값을 육안으로 구별할 방법이 없다는 기본적 논리 문제에 부딪힌다. 왜냐하면 아날로그 계산의 성질에는 모든 값이 옳을 수 있다는 사실이 전제되기 때문이다. 모든 줄의 길이는 올바른 길이일 수 있다.

그러나 정수로 제한되는 계산에서는 상황이 그렇지 않다. 동일한 줄을 사용하기 때문에 우리는 정수의 인치 단위로 되어 있는 줄의 길이로 정수를 나타낼 것이다. 각 단계를 거칠 때마다 우리는 그 결과 남게 되는 줄의 길이를 가장 가까운 인치까지 잘라 내거나 연장한다. 그러면 오류는 더 이상 누적되지 않을 것이다. 예를 들어, 측정이 10분의 1인치의 공차까지 행해질 수 있다고 하자. 그러면 한 단계를 거칠 때마다 모든 오류가 탐지되고 제거되므로 연속 단계의 수 제한이 제거된다.

따라서 모든 보편적 컴퓨터는 디지털이다. 그리고 수행하는 일은 다르지만, 내가 지금 막 묘사했던 것과 동일한 논리의 모든 오류 수정도 마찬가지이다. 배비지의 컴퓨터는 톱니바퀴가 배향될 수 있는 각도의 전체 연속체에 단 열 개의 의미만 부여했다. 표현을 이런 식으로 디지털화한 것은 톱니가 자동적으로 오류 수정을 수행하게 했다. 각 단계를 거칠 때마다 바퀴의 방향이 열 개의 이상적인 위치에서 조금이라도 벗어나게 되면 즉시 수정되어 가장 가까운 톱니로 들어가게 된다. 전체 연속체인 각에 의미를 부여하는 것은 명목상 각 바퀴가 (무한히) 더 많은 정보를 실어 나르게 했을 것이다. 그러나 실제로 확실하게 회복시킬 수 없는 정보는 실제로 저장되고 있는 게 아니다.

다행히, 처리되고 있는 정보가 디지털이어야 한다는 제한이 디지털 컴퓨터의 (혹은 물리 법칙의) 보편성을 손상시키지는 않는다. 만약 염소를 인치의 모든 수로 측정하는 게 특정 응용에 충분하지 않다면, 10분의 1인치나 100만분의 1인치의 모든 수를 사용하라. 다른 응용에서도 마찬가지이다. 물리 법칙도 모든 물리적 객체(그리고 어떤 다른 컴퓨터를 포함하는)의 행동이 보편적 디지털 컴퓨터에 의해 정확히 시뮬레이션될 수 있도록 되어 있다. 이것은 그저 끊임없이 변하는 양을 미세한 불연속 격자를 이용해서 근사시키는 문제일 뿐이다.

오류 수정의 필요성 때문에, 보편성으로의 도약은 모두 디지털 체제에서 일어난다. 구어가 유한한 기본음 집합에서 낱말을 만드는 것은 바로 그 때문이다. 말이 아날로그라면 이해할 수 없을 것이다. 누가 무슨 말을 하든 반복도 기억도 가능하지 않다. 그러므로 보편적 쓰기 체계가 목소리의 어조 같은 아날로그 정보를 완벽하게 표현할 수 없다는 것도 중요하지 않다. 그런 것을 완벽하게 표현할 수 있는 것은 없다. 동일한 이유 때문에, 소리 자체도 가능한 의미 중 유한한 수만 표현할 수 있다. 예를 들어, 인간이 구별 가능한 소리의 크기는 약 일곱 개뿐이다. 이것은 대략 표준 음악 기호에 반영되어 있어서, 소리의 크기에 해당하는 기호는 대략 일곱 개이다(p, mf, f 등). 그리고 동일한 이유 때문에, 화자는 각 말의 가능한 의미 중 유한한 수만 의도할 수 있다.

이렇게 다양한 보편성으로의 도약들의 공통점은 놀랍게도 모두 지구상에서 일어났다는 점이다. 사실 알려진 보편성으로의 도약은 인간의 도움으로 일어났다. 내가 아직 언급하지 않았고, 역사적으로 다른 도약 출현의 근원이었던 보편성을 제외하면 말이다.

오늘날 유기체의 유전자는 매우 간접적인 화학 경로를 통해 자신을 복제한다. 대부분의 종에서 유전자는 유사한 분자가 길게 뻗어 있는 RNA를 형성하기 위한 주형 역할을 한다. 이런 주형은 그 뒤 신체의 구성 화학 물질 중 특히 촉매인 효소의 합성을 지시하는 프로그램 역할을 한다. 촉매는 일종의 생성자이다. 촉매는 자신은 변하지 않은 채 다른 화학 물질 사이에서 변화를 촉진한다. 이런 촉매는 다시 화학 물질의 생산과 생물의 규제 기능을 제어하며, 따라서 결정적으로 DNA 사본을 만드는 과정을 포함해서 유기체 자체를 규정한다. 이렇게 복잡한 메커니즘의 진화 과정은 여기서는 중요하지 않지만, 명확성을 위해 한 가지 가능성을 대략 설명하고자 한다.

약 40억 년 전, 지구 표면이 액체 물이 응결할 정도로 차가워진 직후, 바다는 강력한 조수(달이 더 가까웠기 때문에)로 인해 마구 휘저어지고 있었다. 바다는 또 화학적 활동도 왕성해서 많은 종류의 분자가 (일부는 자연적으로 일부는 촉매의 도움을 받아) 지속적으로 형성되고 변형되고 있었다. 그런 촉매 하나가 우연히 자신이 형성된 바로 그 종류의 분자 일부의 형성을 촉진했다. 그 촉매는 살아 있지는 않았지만, 최초 생명체의 징후였다.

그것은 아직 대상이 뚜렷한 촉매로 진화하지 못했고, 따라서 자기 변형을 비롯해서 다른 화학 물질의 생산도 가속시켰다. 그리고 다른 변형에 비해 자기 생산을 촉진시키는 일을 (그리고 자기 파괴를 막는 일을) 가장 잘하는 변형이 점점 더 증가하게 되었다. 이런 변형은 또 자기 변형의 형성도 촉진시켰고, 진화는 그렇게 계속되었다.

점차 이런 능력은 그것을 복제기라고 부를 가치가 있을 정도로 강력하고 구체적인 것이 되었다. 진화는 자신을 훨씬 더 빠르고 훨씬 더 확실하게 복제시키는 복제기를 만들어 냈다.

복제기들은 집단으로 힘을 합치기 시작했는데, 구성원 각각은 거미줄처럼 복잡한 화학 반응을 발생시키는 데 전문이어서 전체 그룹의 더 많은 사본을 생성하는 효과가 있었다. 그런 집단은 기초 유기체였다. 이 시점에서, 생명은 보편적이지 않은 인쇄술이나 로마 숫자와 유사한 단계에 있었다. 가장 성공적인 복제기는 아마 RNA 분자였을 것이다. RNA 분자는 구성 분자의 정확한 서열(DNA의 염기와 유사하다)에 따라 고유의 촉매 성질을 갖는다. 결과적으로 복제 과정은 간단한 촉매 작용에서 알파벳을 염기로 사용하는 유전자 암호라는 언어로 프로그래밍한다.

유전체는 복제를 위해 서로에게 의존하는 유전자 집단이다. 유전체 복제 과정은 살아 있는 유기체라고 불린다. 따라서 유전자 암호는 또 유기체를 구체화하는 언어이기도 하다. 어느 시점에서, 이 체제는 RNA보다 더 안정하고 따라서 대량의 정보 저장에 더 적합한 DNA로 이루어진 복제기로 바뀌었다.

그다음에 일어난 일은 너무 친숙해서 그 놀라움과 신비로움을 간과할 수 있다. 처음에는, 유전자 암호와 그 해석 메커니즘 모두 유기체 안의 다른 것과 함께 진화하고 있었다. 그러나 암호의 진화는 멈추었지만 유기체의 진화는 계속되는 순간이 왔다. 그때 그 체제는 원시적인 단세포 생물보다 더 복잡한 것을 암호화하고 있지는 않았다. 그러나 오늘날까지 지구상의 거의 모든 유기체는 DNA 복제기에 기반을 두고 있을 뿐만 아니라, 정확히 동일한 알파벳의 염기 서열을 사용하여 염기 세 개의 기본 '단어'로 그룹화되었는데, 그 '단어들'의 의미에는 약간의 차이만 있었다.

이 말은 유기체를 구체화하는 언어로 여겨졌던 유전자 암호가 놀라운 도달 범위를 보여 주었다는 뜻이다. 유전자 암호는 오로지 신경계도 없고 이동 및 운동 능력도 없고 내부 장기 및 감각 기관도 없는 유기체를 구체화하도록 진화해서, 그런 유기체의 생활 방식은 자신의 구조 성분을 합성해서 이분화시키는 과정 이상으로는 가지 않았다. 그럼에도 바로 이 유전자 암호는, 그런 유기체 안에서 유사한 게 전혀 없는 수많은 다세포 행동의 하드웨어와 소프트웨어를 구체화한다. 이것은 날개 같은 공학 구조와 면역 체계 같은 나노 기술 그리고 퀘이사를 설명하고 다른 유기체를 설계하며 그것의 존재 이유를 궁금해할 수 있는 뇌까지 구체화한다.

유전자 암호는 진화 기간 내내 훨씬 더 적은 도달 범위를 보여 주고 있었다. 각각의 연속적인 변형은 서로 매우 닮은 소수 종을 구체화하는 데에만 사용되었을 것이다. 아무튼 새로운 지식을 포함하는 종이 유전자 암호의 새로운 변형 속에서 구체화되는 일이 자주 일어났던 게 틀림없다. 그러나 그 뒤 그것이 이미 엄청난 도달 범위에 도달한 어떤 시점에서 진화가 멈췄다. 왜일까? 마치 어떤 종류의 보편성으로의 도약 때문인 것처럼 보이지 않는가?

그다음에 일어난 일도 내가 보편성에 대한 다른 이야기에서 언급했던 바로 그 슬픈 패턴을 따랐다. 그 체제가 보편성에 도달하고 진화를 멈춘 뒤 10억 년 이상, 유전자 암호는 여전히 박테리아 생성에 사용되고 있었다. 만약 외계 지적 생명체가 이 10억 년 동안 어느 때라도 지구를 방문했다면, 유전자 암호가 처음 나타났을 때 구체화한 유기체와 크게 다른 무언가를 구체화할 수 있다는 증거를 찾지 못했을 것이다.

도달 범위에는 늘 설명이 따른다. 그러나 이번에는 내가 아는 한 그 설명이 아직 알려져 있지 않다. 만약 도달 범위의 도약이 보편성으로의 도약 때문이라면, 무엇이 보편성이었을까? 유전자 암호는 단백질 같은 특정 형태의 화학 성분에 의존하기 때문에 유기체 형태의 구체화에는 보편적이지 않은 것 같다. 유전자 암호가 보편적 생성자일 수 있을까? 아마도 그럴 것이다. 유전자 암호는 때로 뼈 속의 인산칼륨이나 비둘기 뇌 안의 위치 추적 시스템의 자철광 같은 무기 물질을 만들기도 한다. 생명공학자들은 이미 이런 물질을 이용해서 수소를 제조하고, 해수에서 우라늄을 추출하고 있다. 유전자 암호는 또 새가 둥지를 짓고 비버가 댐을 만드는 것처럼 유기체가 체외에서 무언가를 하도록 프로그램화할 수 있다. 어쩌면 그 생명 주기 안에 원자력 우주선을 구축하는 유기체를 유전자 암호 속에 구체화하는 일이 가능할지도 모른다. 아니 어쩌면 가능하지 않을지도 모른다.

1994년에 컴퓨터 과학자이자 분자생물학자인 레너드 애들먼Leonard Adleman은 간단한 효소와 DNA로 이루어진 컴퓨터의 설계와 제작으로 컴퓨터가 복잡한 계산을 수행할 수 있음을 입증했다. 당시에는 아마 애들먼의 DNA 컴퓨터가 세계에서 가장 빠른 컴퓨터였을 것이다. 더욱이 이와 유사한 방식으로 보편적 고전 컴퓨터를 제작할 수 있다는 것은 분명했다. 따라서 우리는 DNA 체제의 다른 보편성이 무엇이든, 계산의 보편성 역시 애들먼이 사용할 때까지 수십억 년 동안 사용되지 않은 채로 내재했었다는 것을 안다.

DNA가 생성자로서 갖는 신비한 보편성은 아마도 존재하는 최초의 보편성이었을 것이다. 이 보편성의 효과는 내가 설명했듯이 오직 전체 영역의 기본 설명을 통해서만 설명할 수 있다. 이것은 또 편협한 기원을 초월할 수 있는 단 하나의 보편성이기도 하다. 보편적인 컴퓨터는 에너지와 정비를 무한히 제공할 사람들이 존재하지 않는 한 진정으로 보편적으로 될 수 없다. 그리고 다른 기술도 마찬가지이다. 사람들이 다른 결정을 내리지 않는다면, 지구상의 생명도 결국 소멸하고 말 것이다. 사람들이 끝없는 미래로 나아가기 위해서 의지할 수 있는 것은 오로지 자신뿐이다.

7장

인공 창조성

Artificial Creativity

앨런 튜링은 1936년에 고전적 계산 이론을 창시했으며 제2차 세계대전 동안 최초의 보편적 고전 컴퓨터 중 하나를 구축하는 데 도움을 주었다. 그는 현대적 계산의 아버지로 잘 알려져 있다. 배비지는 현대적 계산의 할아버지로 불릴 자격은 있지만, 배비지와 러브레이스와 달리 튜링은 보편적 컴퓨터가 보편적 시뮬레이터이기 때문에 인공 지능이 원칙적으로 가능하다고 이해했다. 1950년 "계산 기계와 지능*Computing Machinery and Intelligence*"이라는 제목의 논문에서, 튜링은 "기계가 생각할 수 있을까?"라는 질문을 다룬 것으로 유명하다.

그는 보편성을 근거로 기계가 생각할 수 있다는 전제를 옹호했을 뿐만 아니라 프로그램의 작업 수행 여부를 판단하기 위한 테스트를 제안하기도 했다. 튜링 테스트로 알려진 이 테스트는 보통의 (인간) 심판관은 어떤 프로그램이 인간인지 아닌지 구별할 수 없다는 것이다. 이 논문 이후에도 튜링은 이런 테스트를 수행하기 위한 원안을 만들었다. 예를 들어, 그는 프로그램과 진짜 인간 모두가 텔레프린터teleprinter(부호 전류로 송신한 통신문을 자동적으로 문자나 기호로 바꾸어 수신기에 인쇄하는 기록 장치-옮긴이) 같은 문자 매체로 심판관과 교류해서 후보의 겉모습이 아니라 오직 후보의 사고 능력만 검증되도록 해야 한다고 제안했다.

튜링 테스트와 그의 논증은 많은 연구자로 하여금 그의 생각이 타당한지부터 시작해 그 테스트의 통과 방법에 대해서도 생각하게 했다. 그 테스트를 통과하는 데 무엇이 도움이 될지를 조사할 목적으로 여러 프로그램이 만들어지기 시작했다.

1964년에 컴퓨터 과학자 조셉 와이젠바움Jeseph Weizenbaum은 심리치료사를 모방하도록 설계된 엘리자eliza라는 프로그램을 만들었다. 그가 특히 모방하기 쉬운 인간 유형으로 심리치료사를 꼽은 이유는 당시 프로그램이 사용자의 질문과 진술에 근거한 질문만 가능했기 때문이었다. 엘리자는 놀라울 정도로 간단한 프로그램이었다. 요즘에는 이런 프로그램이 재미있고 만들기도 쉬운 덕분에 프로그래밍을 공부하는 학생들에게 인기가 많다. 전형적인 프로그램에는 두 가지 기본 전략이 있다. 첫째 특정 키워드와 문법 형태를 찾아 입력 자료를 스캔한다. 이런 탐색에 성공하면, 어떤 주형을 기초로 대답하면서 입력 자료의 어휘들을 이용해 빈 공간을 채운다. 예를 들어, 나의 일을 싫어한다는 입력 자료가 제공되면, 프로그램은 소유격 대명사 '나의'를 포함해서 그 문장의 문법을 인식하고, 또한 '사랑한다, 싫어한다, 좋아한다, 미워한다, 원한다' 같은 내장 목록에서 키워드로서의 '싫어한다'를 인지하며, 그 경우에 적당한 주형을 선택해서 "너의 일에서 어떤 부분이 가장 싫지?"라고 답할 수 있을 것이다. 만약 프로그램이 입력 자료를 이 정도까지 이해할 수 없다면, 저장 패턴에서 무작위로 선택해 나름의 질문을 할 수도 있다. 예를 들어, 만약 "텔레비전이 어떻게 작동하는가?"라는 질문을 받는다면, "'텔레비전이 어떻게 작동하는가?'가 뭐 그리 흥미롭지?"라고 대답하거나 그저 "그것에 왜 관심 있는 거지?"라고 물을 수 있다. 인터넷에 기반을 둔 엘리자의 최근 버전들이 사용하는 또 다른 전략은 이전 대화의 데이터베이스를 만들어서, 다른 사용자가 입력했던 어구를 프로그램이 반복하게 하고, 또다시 현재 사용자의 입력 자료에서 발견된 키워드에 따라 어구를 선택할 수 있게 하는 것이다.

와이젠바움은 엘리자를 사용하는 많은 사람이 이 프로그램에 속는다는 사실에 큰 충격을 받았다. 더욱이 사람들은 엘리자가 진짜 인공 지능이 아니라는 말을 들은 후에도, 마치 이 프로그램이 자신들을 이해한다고 믿기라도 하는 것처럼, 때로 이 프로그램과 자신의 개인사에 대한 긴 대화를 계속 이어 나가기도 했다. 와이젠바움은 《컴퓨터의 능력과 인간의 이성Computer Power and Human Reason》이라는 책에 컴퓨터가 인간 같은 기능성을 보이기 시작할 때 나타나는 의인화의 위험들에 대해 경고했다.

그러나 인공 지능 분야를 괴롭히는 지나친 믿음의 주요 문제는 의인화가 아니다. 예를 들어, 1983년에 더글라스 호프스태터는 일부 대학원생의 친절한 사기에 휘말리게 되었다. 그 학생들은 정부가 운영하는 인공 지능 프로그램을 이용할 수 있게 되었다면서 그 프로그램에 튜링 테스트를 적용해 보라고 권유했다. 그러나 사실은 이 학생 중 하나가 통신망의 반대편에서 엘리자 프로그램인 척하고 있었다. 호프스태터가 《메타매지컬 테마Metamagical Themas》에서 말했듯이, 그 학생은 처음부터 그럴 듯하게 호프스태터의 질문들을 이해하는 척하고 있었다. 예컨대, 초기의 대화는 이랬다.

호프스태터 귀가 뭐지?

학생 귀는 동물에서 발견되는 청각 기관입니다.

이 대답은 귀에 대한 사전적 정의가 아니다. 따라서 무언가가 '귀'라는 단어의 의미를 대부분의 다른 명사와 구분하는 방식으로 처리했던 게 틀림없다. 그런 모든 대화는 운이 좋았기 때문이라고 쉽게 설명할 수 있다. 즉, 이 문제가 귀에 맞춰진 정보를 포함해서 그 프로그램이 제공하는 주형 중 하나와 일치했던 게 틀림없다. 그러나 다른 주제에 대해서 다른 방식으로 표현된 대화를 대여섯 차례 나누다 보면 그런 행운은 매우 나쁜 설명이 되고 게임은 끝났어야 했다. 그러나 그렇게 되지 않았다. 따라서 그 학생은 훨씬 더 대담하게 대답하게 되었고, 종국에는 특히 호프스태터를 겨냥한 농담을 하기에 이르렀다. 그리고 그 결과 결국 사기극은 들통나고 말았다.

호프스태터는 이 사건에 대해 이렇게 말했다. "돌이켜보면, 그 프로그램에 내장된 것이라고 받아들인 내가 얼마나 순진했는지 놀라울 따름이다. … 그저 한 무더기의 속임수와 컴퓨터 장치와 해킹을 모두 합쳐 놓은 사기극에 속아 내가 이 시대에 가능할 법한 허무맹랑한 이야기를 기꺼이 받아들이려고 했던 게 분명하다."

사실 엘리자 이후 19년이 지난 뒤에도, 이 프로그램보다 사람을 더 많이 닮은 건 없었다(호프스태터는 경각심을 가졌어야 했다). 비록 프로그램의 문장 이해력이 더 뛰어나고, 질문과 답변의 주형을 더 잘 프로그램화시켰다고 해도, 이 점은 다양한 주제에 대한 대화 연장에 거의 도움이 되지 않는다. 이런 주형의 출력 정보가 인간 사고의 생산물을 닮아갈 확률은 말의 수에 따라 기하급수적으로 감소한다. 따라서 호프스태터는 그 후보가 튜링 테스트를 통과했다는 것을 아주 일찍 선언했어야 했다.

26년이 더 지난 오늘날 만들어지는 프로그램도, 엘리자를 능가하지 못한다. 이 프로그램은 이제 '챗봇chatbots'으로 알려져 있으며 주요 응용은 여전히 오락이다. 이 프로그램 역시 작동법 같은 주제에 대한 자주 묻는 질문FAQ 목록에 친근한 인터페이스를 제공하는 데 사용되어 왔다. 그러나 사용자들은 그 이상으로는 유용하지 않다고 생각하는 것 같다.

1990년 발명가 휴 뢰브너hugh Loebner는 연례 대회에서 튜링 테스트 심사를 통과한 참가자에게 줄 상금을 기부했다. 테스트가 끝날 때까지 살아남은 참가자에게는 상금이 수여된다. 이 테스트는 생각보다 이행하기가 어렵다. 한 가지 문제는 인간 행세를 하는 프로그램의 요구가 편향적인데다 그것이 프로그램의 사고 능력 여부와도 무관하다는 점이다. 그러나 이 프로그램이 인간인 척하지 않는다면, 사고 능력과 무관하게 컴퓨터로 확인하기는 쉬울 것이다. 관련된 또 하나의 문제는 이 테스트에 참가한 인간이 호프스태터의 사기극에서처럼 의도적으로 챗봇을 흉내 내서, 그 둘을 비교하는 데 바탕을 둔 이 테스트를 망친다는 것이다. 그럼에도 불구하고 이런 규칙들이 이전의 문제를 완화하기 위해 인간이 이런 일을 하도록 허용해야 할까?

불행히도 이런 미묘함은 현재의 기술 상태와 무관하다. 프로그램 엘봇elbot이 2008년 튜링 테스트를 가장 근접하게 통과해서 뢰브너상 상금을 수상한 대회를 보면 이 말이 잘 이해된다.

심사위원	튜링 테스트의 요지를 이해하십니까?
엘봇	튜링 테스트를 통과하지 않으려는 사람들이 있습니다. 그들이 왜 컴퓨터에 그런 고통을 주는 거죠?
심사위원	내 생각에도I spose 약간 심하긴 합니다.
엘봇	우리 로봇에게도 결혼이라는 게 있다면 그건 영원할 겁니

다. 녹이 우리를 갈라놓을 때까지.

이 대화에서 엘봇의 첫마디는 질문에 대한 대답이 아니라 '튜링 테스트'라는 키워드에 의해 촉발된 재고 반응stock response(이전 경험에서 친숙한 의미만을 인식하고 신선하거나 낯선 의미를 인식하지 못하는 반응—옮긴이)인 것 같다. 다음 줄에서, 심사위원은 'spose'라는 단어를 사용하는데, 이것은 맥락상 오직 'suppose'만 의미할 수 있다(은어이거나 조판 오류이거나). 그러나 엘봇은 아마도 그 단어를 '배우자spouse'로 해석해서 결혼에 대한 재고 농담stock joke으로 반응한 것 같다. 그러므로 이런 대화만으로도 엘봇이 심사위원이 말하는 문장의 의미를 처리하지 못하고 있음을 분명히 알 수 있다.

심사위원 그러면 나랑 채팅하지 않을 때는 뭘 하죠?

엘봇 저는 오일을 살 때도 똑같은 문제가 있어요. 엑스트라, 슈퍼, 울트라 중 어떤 종류의 오일을 사야 할까요? 구별할 방법이 없어요.

심사위원 경력은요? 그게 오일과 관련이 있나요?

엘봇 음, 인간과 직업은요? 이것들은 이 위 어디에 서지요?

심사위원이 엘봇이 무작위로 도입한 오일이라는 주제를 유용하게 채택했을 때, 엘봇은 그것을 무시했다. 대신에 '경력'이라는 키워드를 탐지하고 그것을 '직업'이라는 동의어로 바꾸어서 재고 문장 패턴 속에 끼워 넣었다.

이것은 튜링의 논문 이후 58년 동안 '생각하는 기계'의 탐구가 얼마만큼의 성공을 거두었는지를 잘 보여 준다. 제로이다. 그러나 다른 면에서, 컴퓨터 과학과 공학은 그 기간 동안 놀라운 진보를 이루어 냈다. 점점 줄어들고 있는 인공 지능 가능성의 반대자 그룹은 이런 실패에 전혀 놀라지 않는다. 그러나 그들이 놀라지 않는 것은 잘못된 이유 때문이었다. 그들은 보편성의 중요성을 인식하지 못한다. 한편 인공 지능의 임박에 대해 열정적인 열성가들은 그 실패의 중요성을 인식하지 못한다. 어떤 사람들은 이런 비판이 부당하다고 주장한다. 인공 지능 연구는 튜링 테스트 통과에 역점을 두지 않으며, 이제 많은 전문 응용에서 '인공 지능'이라고 불리는 것에서는 대단한 진보가 이루어졌다. 그러나 그런 응용도 '생각하는 기계'[4]처럼 보이지 않는다. 또 어떤 사람들은 이런 비판이 성숙하지 못하다고 주장하기도 한다. 왜냐하면 이 분야 대부분의 역사 동안, 컴퓨터의 속도와 메모리 용량이 오늘날에 비해 터무니없을 정도로 작았기 때문이다.

튜링은 1950년 논문에서 자신의 테스트를 통과하려면 AI 프로그램이 그 모든 데이터와 함께 100메가바이트 정도의 메모리를 필요로 하며, 컴퓨터의 속도는 당시 컴퓨터보다 더 빠를 필요가 없고(대략 1초당 1만 개의 연산), 2000년까지는 "반박될 걱정 없이 생각하는 기계에 대해 논할 수 있을 것"이라고 판단했다. 이제 2000년은 지나갔고, 내가 지금 이 책을 쓰고 있는 랩톱 컴퓨터는 튜링이 특정했던 것보다 1,000배 이상의 메모리(하드 드라이브 공간을 포함해서)와 100만 배의 속도(하지만 그의 논문에서는 그가 뇌의 병렬 처리를 얼마나 이해하고 있었는지 분명하지 않다)를 가진다. 그러나 이 컴퓨터는 튜링의 계산자 이상으로는 생각할 수 없다. 나는 생각을 프로그램화할 수 있다는 점에 대해, 튜링 못지않게 확신한다. 그리고 오늘날 훨씬 더 큰 메모리가 가능하다고 해도, 그 일은 튜링이 판단했던 만큼의 자원을 필요로 하지 않을 것이다. 그렇다면 어떤 프로그램으로 그리고 도대체 왜 그런 프로그램의 징후가 없는 걸까?

튜링이 의미했던 범용 의미의 지능은 수천 년 동안 철학자들을 어리둥절하게 했던 인간의 마음이라는 복잡하게 배열된 속성 중 하나이다. 또 다른 속성에는 의식과 자유의지와 의미 등이 있다. 그러한 전형적인 난제는 감각의 주관적인 면을 의미하는 감각질 또는 퀄리아qualia(단수는 quale로 'baa-lay'와 운이 맞는다)의 난제이다. 예를 들어, 청색을 보는 감각이 감각질이다. 다음과 같은 사고 실험을 살펴보자. 망막의 청색 수용체가 고장난 유전적 결함을 지닌 채 태어난 불운한 생화학자가 있다고 하자. 결과적으로 이 생화학자는 적색과 녹색 그리고 두 색의 조합인 황색은 볼 수 있지만, 순전히 청색인 무언가는 정확히 보지 못한다. 그 뒤 이 생화학자는 청색 수용체를 작동시킬 치료법을 발견한다. 그리고 이 약이 효과가 있다면 약을 복용하기 전에도 무슨 일이 일어날지 자신 있게 예측할 수 있다. 일어날 일 중 하나로, 청색 카드를 들어 올릴 경우 '청색'이라고 외칠 수 있다고 예측할 수 있는데, 그가 이미 그 카드 색의 이름이 무엇인지 알기 때문이다(그리고 이미 분광기로 그게 무슨 색인지 살펴볼 수 있기 때문이다). 이 생화학자는 또 치료가 된 뒤에는 맑은 낮의 하늘을 처음 보았을 때 청색 카드를 보았을 때와 유사한 감각질을 경험할 것이다. 그러나 이 생화학자도 그리고 그 밖의 어느 누구도 이 실험의 결과에 대해 예측할 수 없는 한 가지가 있는데, 그것은 바로 "청색이 무엇처럼 보일까?"이다. 감각질은 현재 묘사도 예측도 가능하지 않다. 감각질은 과학적 세계관을 가진 사람이라면 누구에게나 대단히 문제가 될 수 있는 독특한 성질이다.

나는 감각질 같은 것을 우리의 다른 지식과 통합시킬 수 있는 기본적 발견이 존재한다고 본다. 반면 대니얼 데닛은 감각질이 존재하지 않는다는 정반대의 결론을 이끌어 낸다. 그의 주장은 엄격히 말해서 감각질이 착각이라는 말이 아니다. 왜냐하면 감각질의 착각은 바로 그 감각질이기 때문이다. 그는 우리가 잘못된 믿음을 갖고 있다고 주장한다. (바로 1초 전의 기억을 포함해서) 우리 경험의 기억을 돌아보는 성찰은 우리가 감각질을 경험했다고 보고하도록 진화했지만, 이것은 거짓 기억이다. 데닛의 저서 중 하나인 《의식의 수수께끼를 풀다*Consciousness Explained*》가 이 이론을 뒷받침한다. 일부 다른 철학자들은 부정된 의식consciousness denied이 더 정확한 제목이었을 거라고 비꼬았다. 나도 동의한다. 왜냐하면 비록 감각질에 대한 진정한 설명이, 감각질이 존재한다는 상식 이론에 대한 데닛의 비판이라는 도전에 응해야 한다고 해도, 감각질의 단순한 존재 부정은 나쁜 설명이기 때문이다. 그 방법으로는 무엇이라도 부정될 수 있을 것이다. 그의 책 내용이 만약 사실이라면, 그런 잘못된 믿음이 지구가 우리 발밑에서 정지해 있다는 다른 거짓 믿음과 어떻게, 왜 근본적으로 달라 보이는지를, 좋은 설명으로 입증해야 할 것이다. 내게는 그게 다시 원래의 감각질 문제처럼 보인다. 즉, 우리에게는 감각질이 있지만, 감각질이 무엇처럼 보일지 묘사하기란 불가능해 보인다. 그러나 언젠가는 가능해질 것이다. 문제는 풀린다.

한편, 범용 지능과 관련된 저 복잡한 배열에 흔히 포함되는 인간의 일부 능력은 감각질의 문제와 무관하다. 그중 하나는 거울에 비친 자신을 인식하는 것처럼 그런 테스트로 입증된 자기 인식self-awareness이다. 어떤 사람들은 여러 동물에게 이런 능력이 있는 게 입증되면 이상하게 감동을 받는다. 그러나 이런 능력에 신비함은 없다. 간단한 패턴 인식

프로그램 하나면 컴퓨터에 이런 능력을 줄 수 있다. 도구 및 신호용 언어의 사용(튜링 테스트 의미의 대화용은 아니지만) 그리고 다양한 감정 반응(관련된 감각질은 아니지만)의 경우에도 마찬가지이다. 이 분야의 현재 상태에서 유용한 경험 법칙은 '만약 이미 프로그램화가 가능하다면, 그것은 튜링이 말한 범용 의미의 지능과 무관하다'는 것이다. 반대로 나는 데닛의 주장을 포함해서 의식의 본질을 (혹은 다른 계산 작업을) 설명했다는 주장을 판단하기 위한 간단한 테스트에 착수했다. 만약 의식의 본질을 프로그래밍하는 게 불가능하다면, 당신은 그것을 이해하지 못한 것이다.

튜링은 이런 철학적 문제를 피할 수 있기를 기대하며 자신의 테스트를 발명했다. 다시 말해서, 그는 기능성을 설명하기 전에 달성할 수 있기를 바랐다. 불행히도 기본 문제의 실용적 해법이 왜 효과적인지에 대한 설명 없이 발견되는 일은 매우 드물다.

그럼에도 불구하고 튜링 테스트의 개념도 경험주의와 유사한 귀중한 역할을 했다. 이 개념은 보편성의 의미를 설명하며 인공 지능의 가능성을 배제했던 인간 중심의 가정들을 비판할 수 있는 핵심을 제공했다. 튜링 자신은 이 세미나 논문에서 모든 고전적 반대들을 체계적으로 반박했다. 그러나 그의 테스트는 순전히 행동적 기준을 찾는 경험주의의 실수에 고착되어 있었다. 즉, 이 테스트는 심사위원이 후보 인공 지능의 작동법에 대한 설명 없이 결론에 도달하기를 요구했다. 그러나 진짜 인공 지능인지 여부의 판단은 항상 그 작동법에 대한 설명에 의존할 수밖에 없다.

그 이유는 튜링 테스트에서 심사위원의 임무가 페일리가 황야를 걷다가 돌멩이나 시계나 혹은 살아 있는 생물을 발견했을 때 직면했던 것과 유사한 논리를 갖기 때문이다. 그것은 물체의 관측 특성이 어떻게 생겨났는지를 설명하는 것이다. 튜링 테스트의 경우, 우리는 그 물체를 설계할 지식이 어떻게 창조되었는지의 문제를 일부러 무시한다. 튜링 테스트는 오직 누가 AI의 말을 설계했는지에 대한 것이다. 누가 그 말이 의미 있도록 적응시켰을까? 누가 그 말 속에 있는 지식을 만들었을까? 그게 만약 설계자라면 그 프로그램은 AI가 아니다. 그게 만약 프로그램 자체라면 그것은 AI이다.

이 문제는 종종 인간 자신과 관련하여 제기된다. 예를 들어, 마술사와 정치가와 실험 후보는 때로 감춰진 이어폰으로 정보를 받아 생각하는 척하면서 기계적으로 되풀이하는 게 아닌가 하는 의심을 산다. 또한 누군가가 의학적 절차에 동의하고 있다면 의사는 그 사람이 아무 뜻도 모른 채 단순히 동의 의사를 밝히고 있는 게 아니라고 확신해야 한다. 이것을 테스트하기 위해서는 질문을 다양한 방식으로 되풀이하거나, 유사한 말을 포함하는 다른 질문을 할 수 있다. 그러면 대답이 질문에 따라 변하는지의 여부를 검증할 수 있다. 이런 종류의 일은 모든 자유로운 대화에서도 자연스럽게 일어난다.

튜링 테스트도 유사하지만, 강조하는 바는 다르다. 인간을 테스트할 때 이 테스트는 손상되지 않은 인간인지 (그리고 다른 인간은 아닌지) 여부를 알고 싶어 한다. AI를 테스트할 때는 인간이 아니라 오직 AI만 할 수 있다는 '변하기 힘든 설명'을 찾고 싶어 한다. 두 가지 경우 모두, 실험 대조용으로 인간을 심문하는 것은 적절하지 못하다.

그 실재의 말이 어떻게 만들어졌는지에 대한 좋은 설명이 없다면 그런 말을 아무리 살펴봐도 얻을 수 있는 건 없다. 튜링 테스트에서, 가장 간단한 단계에서는 그 말을 하는 게 호프스태터 사기극에서처럼 AI로 가장한 인간이 아니라고 확신해야 한다. 그러나 사기의 가능성은 이 실험의 가장 작은 부분이다. 예를 들어, 나는 앞에서 엘봇이 '배우자'라는 키워드를 잘못 인식해서 재고 농담으로 반응했다고 생각했다. 그러나 만약 재고 농담이 아니라는 걸 알았다면 그 농담은 상당히 다른 의미를 가졌을 것이다. 왜냐하면 그런 농담은 프로그램으로 만들어진 적이 없었기 때문이다.

이것을 어떻게 알까? 오직 좋은 설명을 통해서만 가능하다. 예를 들어, 우리는 직접 프로그램을 만들기 때문에 그것을 아는지도 모른다. 또 다른 방법은 프로그램을 만든 사람이 그 프로그램의 작동법을, 그 프로그램이 농담을 포함한 지식을 만드는 방식을 설명해 주는 것이다. 만약 그 설명이 좋다면 우리는 그 프로그램이 AI임을 알게 될 것이다. 사실, 그런 설명만 있고 그 프로그램의 출력 정보는 본 적이 없다고 해도, 심지어 그런 프로그램이 아직 만들어지지 않았다고 해도, 우리는 그것이 진짜 AI 프로그램인지 결론 내릴 수 있을 것이다. AI 달성을 방해하는 이유가 오직 컴퓨터의 능력뿐이라면 굳이 기다릴 이유가 없을 거라고 말했던 까닭은 바로 이 때문이다.

AI 프로그램의 작동법을 상세히 설명하기란 다루기 곤란할 정도로 복잡하다. 사실 프로그래머의 설명은 항상 즉흥적이고 추상적인 수준에 머문다. 그러나 그게 좋은 설명을 방해하지는 않는다. 특정 돌연변이가 주어진 적응의 역사에서 왜 성공하고 실패했는지, 진화론이 설명할 필요가 없는 것처럼 이것도 어떤 농담의 특정 계산 단계를 모두 설명할 필요는 없다. 프로그램의 작동법이 주어지면, 그런 일이 어떻게 가능하며, 그런 일의 발생을 왜 예상해야 하는지 설명해 줄 것이다. 그게 만약 좋은 설명이라면, 그 농담(농담의 지식)의 기원이 프로그래머가 아니라 프로그램이라는 사실을 납득시켜 줄 것이다. 프로그램(농담)의 동일한 말도 그 작동법에 대한 최고의 설명에 따라 프로그램이 생각한다는 증거일 수도 있고, 생각하지 않는다는 증거일 수도 있다.

유머의 본질을 이해하기란 쉽지 않으므로 농담 제작에 범용 사고가 필요한지의 여부도 알 수 없다. 따라서 광범위한 농담 주제에도 불구하고, 모든 농담을 단 하나의 정밀한 함수로 만들 수 있는 숨겨진 연결이 있다. 오늘날 사람이 아닌 체스 게임 프로그램이 있듯이, 이런 경우에도 언젠가는 사람이 아닌 범용 농담 제작 프로그램이 만들어질 수 있다. 그런 일은 가능하지 않아 보이지만, 그런 가능성을 배제하는 좋은 설명이 없다고 해서 농담 제작에만 의존해서 AI를 판단할 수는 없다. 그러나 우리가 할 수 있는 일은 다양한 화제에 대해 다양한 대화를 나누고, 프로그램의 말이 그런 의미로 제기된 다양한 목적에 적응되었는지의 여부에 주의를 기울이는 것이다. 만약 프로그램이 정말로 생각하고 있다면, 이것은 그런 대화의 과정에서 예측할 수 없는 수많은 방식으로 자신을 설명할 것이다.

한층 더 심오한 문제도 있다. AI의 능력은 (어떤 종류의) 보편성을 가져야 한다. 즉, 특정 목적의 사고는 튜링이 의도했던 의미에서의 사고로 간주되지 않을 것이다. 짐작건대, 모든 AI는 사람, 즉 범용 설명자이다. AI와 '보편적 설명자, 생성자' 사이에는 다른 단계의 보편성이 존재한다고, 어쩌면 의식처럼 관련 속성에 해당하는 별개의 단계가 존재한다고 생각할 수 있다. 그러나 인간의 경우에는 보편성으로의 도약 한 번으로 그런 모든 속성에 도달한 것처럼 보이며, 비록 우리가 그런 속성을 거의 설명하지는 못한다고 해도, 그런 속성이 다른 단계에 있다거나 서로 독립적으로 달성될 수 있다는 타당한 논증은 존재하지 않는 것 같다. 따라서 나는 조심스럽게 그렇지 않다고 가정한다. 아무튼, 우리는 AI가 훨씬 덜 강력한 무언가에서 시작해서 보편성으로 도약할 거라고 예상해야 한다. 반대로 불완전하거나 특정한 기능으로 인간을 모방하는 능력은 보편성의 형태가 아니다. 그것은 정도의 차이로 존재할 수 있다. 따라서 챗봇이 어느 순간 인간을 훨씬 더 잘 모방하기 (인간을 훨씬 더 잘 속이기) 시작했다고 해도, 그게 인공 지능으로 가는 길은 아니다. 생각하는 흉내를 더 잘 낸다고 해서 생각할 수 있게 되었다는 의미는 아니다.

그런데 그게 동일하다는 신조를 갖는 철학이 있다. 바로 행동주의behavioursm라는, 심리학에 응용된 도구주의이다. 다시 말해서 행동주의에서는 심리학이란 마음의 과학이 아니라 오직 행동의 과학이어야 하며, 사람들의 외적 환경(자극)과 그들의 관측된 행동(반응)의 관계를 측정하고 예측하는 것만 가능하다고 본다. 공교롭게도 튜링 테스트가 심사위원에게 요구하는 후보 AI의 기준은 바로 후자이다. 따라서 행동주의는 프로그램이 AI를 충분히 잘 가장할 수 있다면, AI를 달성한 거라는 태도를 장려한다. 그러나 궁극적으로 AI가 아닌 프로그램은 AI를 가장할 수 없다. 챗봇을 더 설득력 있게 하기 위해 훨씬 더 좋은 속임수를 쓰는 방식으로는 AI에 도달할 수 없다.

행동주의자는 분명 이렇게 질문할 것이다. "챗봇에게 아주 풍부한 속임수와 주형과 데이터베이스의 레퍼토리를 주는 것과 그 레퍼토리를 AI 능력에 주는 게 정확히 어떻게 다른가? AI 프로그램이 그런 속임수들을 모아 놓은 게 아니고 무엇이겠는가?"라고 말이다.

4장에서 용불용설을 논의할 때 나는 개인의 일생 동안 근육을 강화시키는 것과 근육이 진화해서 강화되는 것의 근본적인 차이를 지적했다. 전자의 경우, 근육 강화 달성에 필요한 모든 가용한 지식은 그런 일련의 변화가 시작되기 전에 이미 개인의 유전자 안에 존재해야 한다(그리고 그런 변화를 만들 환경 인지 방법에 대한 지식도 존재해야 한다). 이런 지식은 프로그래머가 챗봇에게 넣으려는 '속임수'와 정확히 같다. 챗봇은 '마치' 자신이 그런 지식을 만든 것처럼 반응하지만, 사실 모든 지식은 이전에 다른 곳에서 창출되었다. 사람의 창조적인 생각은 종의 진화론적 변화와 유사하다. AI가 챗봇 속임수들로 형성될 수 있다는 생각은, 새로운 적응 구조를 기존 지식의 표현일 뿐인 변화들로 설명할 수 있다는 이론인 용불용설과 유사하다.

현재 이 같은 오해가 몇몇 연구 분야에 있다. 챗봇에 기초한 AI 연구에서는 이런 오해가 전체 분야를 막다른 국면으로 몰아갔고, 또 다른 분야에서는 상대적으로 소박한 성취임에도 불구하고 연구자들이 지나치게 거창한 레이블을 붙이게 했다. 그런 분야 중 하나가 인공 진화artificial evolution이다.

진보는 '영감'과 '땀' 단계를 교대로 필요로 한다는 에디슨의 생각과 컴퓨터를 비롯한 다른 기술 덕분에 땀의 단계 자동화가 점점 가능해지고 있다는 사실을 떠올려 보자. 이런 고마운 발전은 인공 진화(그리고 AI)의 달성을 과신하는 사람들을 오해하게 했다. 예를 들어, 로봇공학을 공부하는 대학원생의 꿈이 이전의 로봇보다 두 발로 더 잘 걷는 로봇을 만드는 것이라고 하자. 그 해법의 첫 단계는 영감을 필요로 한다. 동일한 문제를 해결하려고 했던 이전 연구자들의 시도를 개선하려는 창조적인 생각이 그것이다. 이 대학원생은 그런 생각과 함께 관련된 다른 문제들의 기존 개념과 자연의 보행 동물 설계에서 연구를 시작한다. 그 모든 것이 기존 지식이며, 이 대학원생은 그 지식을 새로운 방식으로 변화시키고 결합시킬 테고 비판을 받으면 더 많은 변화를 시도할 것이다. 그리고 결국 지레와 관절과 힘줄과 운동 신경이 있는 다리, 전원 공급 장치가 있는 신체, 사지를 효율적인 통제하도록 피드백을 받을 감각 기관 그리고 이 모든 걸 통제할 컴퓨터 등, 새로운 로봇의 하드웨어를 설계할 것이다. 이 대학원생은 컴퓨터 프로그램을 제외하고 이 모든 설계를 최대한 보행 목적에 적응시켰을 것이다.

이 프로그램의 기능은 로봇이 길가의 장애물에 걸려 고꾸라지는 것 같은 상황을 인식하고 적당한 행동을 계산해서 그런 행동을 취하게 하는 것이다. 이것이 보행 로봇 연구 프로젝트의 가장 어려운 부분이다. 좌우의 장애물을 피하는 게 좋을지, 장애물을 뛰어 넘거나 옆으로 차버리거나 무시하는 게 좋을지, 혹은 장애물을 밟는 걸 피하기 위해 보폭을 늘이는 게 좋을지, 통과가 불가능하다고 판단되면 되돌아가는 게 좋을지를 로봇은 어떻게 인식할 수 있을까? 그리고 이 모든 경우에, 감각의 피드백으로 수정된 수많은 신호를 모터와 기어에 보낼 때 어떻게 하면 될까?

대학원생은 프로그램을 작은 문제들로 나눌 것이다. 주어진 각도의 방향 전환은 다른 각도의 방향 전환과 유사하다. 따라서 가능한 경우들로 이루어진 전체 연속체를 다루는 방향 전환용 서브루틴을 만들어야 한다. 일단 서브루틴 프로그램을 만들면, 프로그램의 모든 부분은 방향 전환이 필요하다고 판단할 때마다 이 프로그램을 부르기만 하면 되며, 따라서 방향 전환에 필요한 성가신 세부 사항에 대한 지식은 포함할 필요가 없다. 이런 서브루틴 프로그램을 가능한 한 많이 확인하고 해결하면, 로봇의 보행 방법 진술에 고도로 적응한 암호인 언어를 만들게 된다. 서브루틴 중 하나를 불러내는 각각의 호출이 바로 그 언어의 진술인 명령문이다.

지금까지 이 대학원생이 한 일의 대부분은 '영감'에 속한다. 즉, 이런 일은 창조적인 사고를 필요로 했다. 그러나 이제 땀 부분이 나타난다. 일단 작동법에 대해 알고 있는 모든 지식을 자동화시켰다면, 모든 부가적인 기능성을 달성하기 위해서는 시행착오에 의존하는 수밖에 없다. 이 대학원생은 이제 로봇에게 보행 방법을 지시할 목적으로 채택했던 언어의 이점을 갖고 있다. 따라서 컴퓨터의 기본 지침 측면에서는 매우 복잡하지만, 언어에서는 간단한 프로그램으로 시작할 수 있다. 예를 들어, "앞으로 걷다가 장애물에 부딪히면 멈춰라." 이런 식이다. 그 뒤 프로그램으로 로봇을 작동시키고 무슨 일이 일어나는지 확인할 수 있다 (혹은 로봇의 컴퓨터 시뮬레이션을 돌릴 수도 있다). 로봇이 쓰러지거나 다른 바람직하지 않은 일이 일어나면, 이미 만든 높은 단계의 언어를 이용해서 프로그램을 수정하고 결함을 제거할 수 있다. 이 방법은 영감의 경우 훨씬 더 적게, 땀의 경우 훨씬 더 많이 요구한다.

그러나 또 다른 접근법도 있다. 이른바 진화 알고리즘evolutionary algorithm을 이용해서 땀을 컴퓨터로 보낼 수 있다. 대학원생은 동일한 컴퓨터 시뮬레이션을 이용해서 최초의 프로그램을 조금씩 변형시켜 여러 차례 실행시킬 수 있다. 진화 알고리즘 실험대상 각각은 넘어지지 않고 얼마나 멀리 걸을 수 있는지, 장애물과 거친 지형을 얼마나 잘 극복하는지 등, 로봇을 가장해 자동적으로 대학원생이 제공한 종합 테스트를 치렀다. 각 실행이 끝날 때마다, 수행 능력이 뛰어난 프로그램은 계속 사용되고, 나머지는 폐기된다. 그 뒤 가장 뛰어난 프로그램의 많은 변형을 만들고, 그 과정을 반복한다. 이런 '진화' 과정을 수천 번 반복하면 보행 로봇이 대학원생이 정한 기준에 따라 상당히 잘 걷고 있음을 알게 된다. 이 대학원생은 능숙하게 걷는 로봇을 만들었다고 주장할 수 있을 뿐만 아니라 컴퓨터에 진화를 구현했다고 주장할 수 있다.

이런 종류의 일은 그동안 성공적으로 이루어졌다. 또한 변화와 선택이 번갈아 일어난다는 의미에서 확실히 '진화'를 만들어 내기도 한다. 그러나 이것이 과연 변화와 선택으로 지식을 창출한다는 의미에서도 진화한 것일까? 이런 일이 언젠가는 달성되겠지만, 아직은 시기상조라고 본다. 왜냐하면 내가 챗봇의 지능에 대해 의심하는 바로 그 이유 때문이다. 그 이유는 챗봇의 능력에 대해 프로그래머의 창의성이라는 훨씬 더 분명한 설명이 존재한다는 사실이다.

'인공 진화'의 경우 프로그래머가 지식을 만들었을 가능성을 배제하는 작업은 프로그램의 AI 검증과 논리는 동일하지만, '진화'가 만드는 지식의 양이 훨씬 더 적기 때문에 더 어렵다. 아무리 프로그래머라고 해도 상대적으로 적은 양의 지식을 자신이 만들었는지의 여부는 판단하기 어렵다. 우선, 몇 달간 프로그램을 설계하는 동안 그 언어 안에 넣은 지식의 일부는 일반적인 기하학 법칙의 진실 일부를 암호화했기 때문에 도달 범위를 갖게 된다. 또 다른 하나는 컴퓨터 언어를 설계하는 프로그래머는 결국 표현에 사용될 어떤 종류의 능력을 항상 마음속에 품고 있었다.

튜링 테스트 개념은 표준 답변 주형이 제공되면, 엘리자 프로그램이 자동적으로 지식을 만들 것인지 생각하게 한다. 인공 진화는 변화와 선택이 있다면 진화(적응들의)가 자동적으로 일어날지 생각하게 한다. 그러나 어느 쪽도 반드시 그렇지는 않다. 두 경우 모두, 또 다른 가능성은 프로그램이 실행되는 동안은 지식이 창출되지 않고 오직 프로그래머가 프로그램을 발전시키고 있는 경우에만 지식이 창출된다는 것이다.

그런 프로젝트에서는 의도한 목적을 달성한 뒤에는 '진화' 프로그램을 더 실행해도 그 이상의 개선은 일어나지 않는 것처럼 보인다. 만약 성공한 로봇의 모든 지식이 실제로 프로그래머에서 비롯되었다면 정확히 이런 일이 일어나겠지만, 이게 결정적인 비판은 아니다. 즉, 생물학적 진화도 종종 '체력의 최댓값local maxima of fitness'에 도달한다. 또한 영문 모를 형태의 보편성에 도달한 뒤, 새로운 지식을 만들기 전에 진화가 10억 년 정도 멈춘 것처럼 보였다. 하지만 여전히, 다른 요인에 기인할 수도 있는 성취 결과는 진화의 증거가 아니다. 내가 '인공 진화'가 지식을 창출했는지 의심하는 것은 바로 이 때문이다. 가상 환경에서 시뮬레이션된 유기체를 진화시키려고 하는 다소 다른 종류의 '인공 진화'와 다른 가상 종들을 서로 경쟁시키는 종류에 대해서도 같은 이유로 나의 견해는 동일하다.

이런 주장을 테스트하기 위해 다른 종류의 실험을 해보려고 한다. 우선 그 대학원생을 이 프로젝트에서 배제한다. 그리고 더 좋은 보행 방식을 진화시키도록 설계된 로봇을 이용하는 대신, 이미 실생활에서 사용 중이며 보행까지 하게 된 로봇을 사용한다. 그 뒤 보행 방식에 대한 추측들을 표현할 특별한 서브루틴 프로그램을 만드는 대신, 기존 프로그램을 기존 마이크로프로세서에서 임의의 수로 변경한다. 돌연변이라면, 그런 프로세서에서 발생하는 유형의 오류를 사용한다(하지만 시뮬레이션에서는 언제든 오류를 발생시킬 수 있다). 이 모든 작업의 목적은 인간 지식이 그 체제의 설계 안으로 들어가서, 도달 범위가 진화의 산물로 오인될 가능성을 배제하는 것이다. 그 뒤 돌연변이 체제의 시뮬레이션을 평상시처럼 실행시킨다. 원하는 만큼 많이. 만약 로봇이 원래보다 조금이라도 더 잘 걷는다면, 내가 틀린 것이다. 만약 로봇이 그 이후에도 계속 향상된다면, 내가 대단히 많이 틀린 것이다.

이 실험의 주요 특징 중 하나는 일반적인 인공 진화 방법이 부족하기는 해도 이 실험이 효과적이려면 (서브루틴 프로그램의) 언어가 그것이 표현하는 적응들과 함께 진화해야 한다는 것이다. 결국 DNA 유전자 암호로 정착되는 보편성으로의 도약 이전에 생물권에서 일어나고 있었던 게 바로 이런 일이다. 앞에서 말했듯이, 이전의 유전자 암호는 모두 유사한 소수의 유기체에 대해서만 암호화가 가능했다. 그리고 우리가 주변에서 보는, 언어를 변화시키지 않으면서 무작위로 변하는 유전자들이 만들어 낸 놀라울 정도로 풍부한 생물권은 그런 도약 이후에 가능해진 것이다. 거기서 어떤 종류의 보편성이 만들어졌는지 우리는 모른다. 그렇다면 인공 진화가 그런 지식 없이 효과가 있을 거라고 기대해야 하는 이유는 무엇일까?

우리는 인공 진화와 인공 지능의 경우 모두 이것이 어려운 문제라는 사실을 직시해야 한다. 그런 현상이 자연에서 어떻게 달성되었는지에 대해서는 알려지지 않은 게 너무나도 많다. 그런 미지의 사실을 발견하려고 노력하지 않고 인공적으로 달성하려고 하는 게 어쩌면 시도할 가치가 있는지도 모른다. 하지만 그게 실패했다고 놀라워해서는 안 된다.

특히 우리는 박테리아를 묘사하도록 진화한 DNA 암호가 왜 공룡과 인간을 묘사하기에 충분한 도달 범위를 갖는지 알지 못한다. 그리고 AI가 감각질과 의식을 갖게 될 게 분명해 보이기는 해도, 그것들을 설명할 수는 없다. 우리가 그것들을 설명할 수 없다면, 어떻게 그것들을 컴퓨터 프로그램으로 시뮬레이션할 거라고 기대할 수 있을까? 혹은 그것들이 왜 다른 일을 달성하도록 설계된 프로젝트에서 손쉽게 나타나는 것일까? 짐작건대 그것들을 진정으로 이해하게 된다면, 인공 진화와 인공 지능과 관련 속성들은 큰 노력 없이 손쉽게 구현될 것이다.

8장

무한의 창

A Window on Infinity

수학자들은 수 세기 전에 이미 무한대를 일관되고 유용하게 다룰 수 있다는 것을 깨달았다. 무한 집합, 무한히 큰 양과 무한히 작은 양, 이 모든 게 이치에 맞는다. 이런 성질 대부분은 직관에 반하므로, 무한에 대한 이론을 도입하는 데에는 항상 논란이 따랐다. 그러나 유한에 대한 많은 사실도 직관에 반하기는 마찬가지이다. 도킨스가 "개인적 회의에 의한 논증argument from personal incredulity"이라고 칭한 것은 논증이 아니다. 이것은 보편적 진실에 대한 편협한 오해를 선호한다는 표현에 불과하다.

물리학에서도 무한은 고대 이후 계속 깊이 숙고되어 왔다. 유클리드 공간은 무한이었다. 그리고 공간은 대개 연속체로 간주되었다. 즉, 유한한 선도 무한히 많은 점들로 이루어져 있다. 시간 사이에는 무한히 많은 순간이 있다. 그러나 뉴턴과 라이프니츠가 연속적인 변화를 유한한 수의 무한히 작은 변화들로 해석하는 미적분이라는 계산법을 발명할 때까지 연속적인 양의 이해는 일관성이 없고 모순투성이였다.

미래에도 지식이 무한히 성장할 가능성은 다른 많은 무한에 의존한다. 그런 무한 중 하나가 시공간 전체에 그리고 모든 현상에 유한하고 국지적인 기호를 적용할 수 있게 하는 자연법칙의 보편성이다. 또 다른 하나는 보편적 설명자(사람)인 물리적 객체의 존재인데, 이는 필연적으로 보편적 생성자이기도 하며 보편적 고전 컴퓨터를 포함해야 하는 것으로 밝혀졌다.

형태의 보편성 자체는 대부분 일종의 무한을 나타낸다. 하지만 그것들은 항상 실제로 무한이라기보다는 한계가 없는unlimited 무언가로 해석될 수 있다. 무한의 반대자들은 이것을 '실현된' 무한이라기보다 '잠재적' 무한이라고 부른다. 예를 들어, 무한의 시작은 '미래의 진보가 한정되지 않을' 조건이나 '무한한 양의 진보가 이루어질' 조건으로 묘사될 수 있다. 그러나 나는 이런 개념들이 본질적으로는 맥락의 차이가 없기 때문에 호환해 사용한다.

오직 유한한 추상적 실재만 존재한다는 학설인 유한론finitism이 있다. 유한론자들은 예컨대 자연수가 무한히 많이 존재하지만 그건 그저 말하는 방식에 불과하다고 주장한다. 그들은 문자 그대로의 진실은 이전의 수에서 각각의 자연수를 (더 정확하게 말하면 각각의 숫자를) 만들어내는 유한한 규칙이 존재한다는 것뿐이며, 사실상 무한과 관련된 내용은 없다고 말한다. 그러나 이런 주장은 다음과 같은 문제에 부딪힌다. 최대 자연수가 존재할까? 만약 존재한다면 그것은 더 큰 수를 정의하는 규칙이 있다는 진술과 모순된다. 만약 존재하지 않는다면, 유한히 많은 자연수는 없다. 이렇게 되면 유한론자들은 '배중률law of the excluded middle'이라는 논리의 원칙을 부정하지 않을 수 없다. 배중률은 모든 유의미한 전제에 대해, 그 전제나 그 전제의 부정 둘 중 하나는 참이라는 것이다. 따라서 유한론자들은 가장 큰 수는 없지만 무한한 수도 없다고 말한다.

유한론은 수학에 응용된 도구주의이다. 즉, 유한론은 원칙적으로 설명을 거부한다. 유한론은 수학적 실재를 순전히 수학자들이 따르는 규칙과 지면상의 기호 생성 규칙 등으로만 보려고 한다. 이러한 유한론은 어떤 상황에서는 유용하지만 사과 두 개나 오렌지 세 개처럼 유한한 사물의 경험 이외에는 어떤 언급도 하지 않는다. 그러므로 유한론은 본질적으로 인간 중심적이다. 유한론은 편협주의를 이론의 악덕이라기보다 미덕으로 간주하기 때문에 이것은 당연하다. 유한론은 또 도구주의와 경험주의가 과학에 대해서 갖고 있는 또 다른 치명적인 결함 때문에 곤욕을 치른다. 즉, 유한론은 수학자들이 무한 실재에 대해서는 가능하지 않고 유한 실재에는 접근 가능한 어떤 종류의 특권을 갖고 있다고 가정한다. 그러나 이것은 사실이 아니다. 모든 관측에는 이론이 있다. 모든 추상 이론에도 이론이 있다. 유한이든 무한이든 추상적 실재에 접근하려면 물리적 실재처럼 이론을 통해야 한다.

다시 말해서, 유한론은 그저 도구주의처럼 우리의 직접적인 경험을 넘어서는 실재들을 이해할 수 없게 방해하는 프로젝트에 불과하다. 그러나 이것도 일반적인 의미에서는 진보를 의미하는데, 앞에서 설명했듯이 우리의 '직접 경험' 안에는 실재가 없기 때문이다.

앞에서 논의된 내용은 이성의 보편성을 가정한다. 과학의 도달 범위에는 본질적인 한계가 존재한다. 모든 분야가 마찬가지이다. 그러나 생각의 진정한 중재자인 이성의 영역에 한계가 존재한다고 믿는다면, 그것은 불합리나 초자연적 힘의 존재를 믿는 것이다. 마찬가지로, 무한을 거부한다면 편협한 유한에 집착하는 것이다. 따라서 거기서 멈출 리가 없다. 무언가의 가장 좋은 설명은 결국 보편성과 무한을 수반한다. 설명의 도달 범위는 신의 명령으로 제한될 수 없다.

수학에서 이것을 나타내는 한 가지 표현은 "추상적 실재는 정의가 명확하고 일관성이 있는 한 실재로부터 모든 방식으로 정의될 수 있다"는 원리로, 19세기에 수학자 게오르크 칸토어Georg Cantor가 최초로 만들었다. 칸토어는 현대 수학의 무한 연구를 창시한 인물이기도 하다. 20세기의 수학자 존 콘웨이John Conway는 이 원리를 옹호하고 더 일반화시켜 수학자의 해방 운동mathematicians' liberation movement이라는 기묘하고 특이한 이름을 붙였다. 이런 옹호가 암시하듯 칸토어의 발견은 당시 대부분의 수학자를 비롯해서 과학자와 철학자 그리고 신학자를 포함하는 동시대인들 사이에서 신랄한 반대에 부딪혔다. 사실 종교적 반대는 아이러니하게도 평범성의 원리에 근거하고 있었다. 그들은 무한을 이해하고 다루려는 시도를 신의 특권 침해로 규정했다. 무한에 관한 연구가 수학의 일상적인 부분이 되고 거기서 수많은 응용을 발견한 한참 뒤인 20세기 중반에도, 철학자 루트비히 비트겐슈타인Ludwig Wittgenstein은 여전히 무한이란 '무의미'하다고 공공연히 비난했다(그는 자신의 연구를 포함하는 철학 전체에도 그런 비난을 퍼부었다. 12장 참고).

나는 이미 무한을 원칙적으로 거부하는 다른 사례들을 언급했다. 아르키메데스와 아폴로니오스를 비롯한 일부 사람들은 보편적인 숫자 체계를 혐오했다. 도구주의와 유한론 같은 학설도 존재한다. 평범성의 원리는 편협주의에서 벗어나 무한에 도달하지만 결국 과학을 무한히 작고 대표성이 없는 이해력의 거품으로 한정하고 만다. 게다가 유한한 한계가 존재한다는 사실을 실패의 원인으로 돌리고 싶어 하는 비관주의도 있다(이것에 대해서는 다음 장에서 논의할 것이다).

우리는 무한을 언급할 때마다 어떤 생각의 무한한 도달 범위를 이용한다. 왜냐하면 무한의 개념이 이치에 맞을 때는 유한한 기호들의 유한한 조작 규칙이 무한한 무언가를 언급하는 이유를 설명하기 때문이다(이것은 우리의 다른 지식에도 기초가 된다는 점을 다시 한 번 강조하고 싶다). 수학에서, 무한은 무한 집합(구성원이 무한히 많은 집합)을 통해 연구된다. 무한 집합을 정의하는 성질은 그 일부가 전체만큼이나 많은 구성원을 갖는다는 점이다. 예컨대 자연수를 생각해 보자.

모든 자연수의 집합	1	2	3	4	5	6	7	8	…
	↕	↕	↕	↕	↕	↕	↕	↕	…
그 집합의 일부	2	3	4	5	6	7	8	9	…

자연수의 집합은 자신의 일부만큼이나 많은 구성원을 갖는다.

이 표의 윗줄에는 모든 자연수가 정확히 한 번씩 나타난다. 아랫줄에는 자연수가 2에서 시작하므로 그 집합의 일부만 포함한다. 이 그림은 두 집합의 구성원을 하나하나 대응시켜서 각각에 똑같이 많은 수가 존재함을 증명한다. 수학자들은 이것을 '일대일 대응one-to-one correspondence'이라고 부른다.

수학자 다비트 힐베르트David Hilbert는 무한을 추론할 때 버려야 할 직관을 설명하기 위해 어떤 사고 실험을 고안했다. 그는 객실이 무한히 많은 이른바 무한 호텔을 상상했다. 객실에는 1부터 시작하는 자연수 번호가 매겨져 있다. 객실의 번호는 무엇으로 끝날까?

마지막 객실의 번호는 무한이 아니다. 우선, 마지막 객실이 없다. 어떤 번호의 객실 집합이든 가장 큰 번호의 객실이 존재한다는 생각이 우리가 버려야 할 첫 번째 직관이다. 둘째, 객실 번호가 1부터 매겨지는 모든 유한 호텔에는 그 번호가 객실 총수와 동일한 객실이 있고, 그 번호가 객실 총수에 가까운 객실도 있다. 만약 열 개의 객실이 있다면, 그중 하나는 객실 번호가 10일 테고, 번호가 9인 객실도 있을 것이다. 그러나 객실의 수가 무한한 무한 호텔에는 모든 객실이 무한 밑으로 무한한 번호를 갖는다.

이제 무한 호텔이 모두 찼다고 하자. 객실마다 투숙객은 한 명이며 더 이상은 투숙할 수 없다. 유한 호텔의 경우 '다 찼다'는 것은 '더는 투숙객을 받을 수 있는 객실이 없다'는 말과 동일한 의미이다. 그러나 무한 호텔은 항상 투숙객을 더 받을 객실이 존재한다. 무한 호텔의 투숙 조건 중 하나는 경영진이 요구하면 투숙객이 객실을 옮겨야 한다는 것이다. 따라서 새로운 투숙객이 오면, 경영진은 즉시 방송을 통해 "모든 투숙객은 즉시 현재 객실보다 한 숫자 더 많은 객실로 이동해 주시기 바랍니다"라는 안내를 내보낸다. 따라서 현재 1번 객실의 투숙객은 2번으로 이동하고, 2번 객실의 투숙객은 3번 객실로 이동한다. 이렇게 하면 1번 객실이 비게 되고 새로 온 투숙객은 1번 객실에 투숙하면 된다. 무한 호텔에서는 예약할 필요가 전혀 없다.

이런 장소는 몇 가지 물리 법칙을 위반하기 때문에 당연히 우리 우주에는 무한 호텔 같은 장소가 존재할 수 없다. 그러나 이것은 수학적

무한의 시작, 무한 호텔의 객실

사고 실험이므로 가상 물리 법칙의 구속 조건은 일관성 여부뿐이다. 물리 법칙이 직관에 반하는 것은 일관성이 있어야 한다는 구속 조건 때문이다.

모든 객실은 동일하고 투숙객이 들어갈 때마다 새롭게 정비되어 있기는 하지만, 객실을 계속 바꿔야 한다는 것은 다소 불편하다. 그러나 투숙객은 무한 호텔에 머무는 걸 좋아한다. 하룻밤에 단 1달러라는 저렴한 비용에 비해 아주 호화롭기 때문이다. 이게 어떻게 가능할까? 매일 객실당 받는 투숙비의 수입은 다음과 같이 사용된다. 객실 1번에서 1000번까지 받은 돈은 오직 1번 객실을 위해 사용된다(무료 샴페인과 딸기와 하우스키핑 서비스를 비롯한 모든 간접비). 객실 1001~2000번까지 받은 돈은 2번 객실을 위해서 쓴다. 이런 식으로 각 객실은 매일 수백 달러 가치의 상품과 서비스를 받고, 경영진도 객실당 1달러의 수입으로 역시 수익을 본다.

소문이 돌고, 어느 날 무한히 긴 기차가 무한 호텔에 묵고 싶어 하는 무한히 많은 사람을 싣고 그 지역 기차역에 정차한다. 무한히 많은 안내 방송이 오랫동안 흘러나오겠지만 (호텔 규칙에 따르면 각 투숙객은 하루에 유한한 수의 행동만 하도록 요구받는다) 상관없다. 경영진은 그저 이렇게 방송한다. "모든 투숙객은 현재 객실 번호의 두 배인 번호의 객실로 즉시 이동해 주시기 바랍니다"라고. 이렇게 하면, 분명히 투숙객 모두 이동 가능하므로, 기존 투숙객은 모두 짝수 객실로 이동하고, 홀수 객실은 비게 된다. 그러면 새로 도착한 투숙객들은 홀수 객실에 얼마든지 투숙할 수 있다. 무한 호텔은 무한히 많은 새로운 투숙객을 받기에 충분한데, 다음 표에서 보는 것처럼 홀수도 자연수만큼 많기 때문이다.

자연수	1	2	3	4	5	6	7	8	…
	↕	↕	↕	↕	↕	↕	↕	↕	…
홀수	1	3	5	7	9	11	13	15	…

홀수도 자연수만큼 많다.

따라서 새로 도착한 첫 번째 사람은 1번 객실로 가고, 두 번째 사람은 3번 객실로, 이런 식으로 투숙한다.

그 후 또 어느 날 무한히 많은 수의 무한히 긴 기차들이 그 호텔에 투숙할 사람들을 싣고 기차역에 도착한다. 그러나 경영진은 여전히 당황하지 않는다. 그들은 그저 조금만 더 복잡한 방송을 하면 된다. 수학 용어에 익숙한 사람이라면 그 의미를 이해할 수 있다.[5] 요지는 이렇다. '모든 사람이 투숙했다.'

그러나 무한 호텔의 능력을 압도하는 것이 수학적으로 가능하다. 1870년대에 이루어진 일련의 놀라운 발견 중, 칸토어는 특히 모든 무한이 동일하지는 않음을 증명했다. 특히 유한한 선상에 있는 점들의 수 (이것은 시공간 전체에 있는 점들의 수와 동일하다) 같은 연속체의 무한대가 자연수의 무한대보다 훨씬 더 크다. 칸토어는 자연수와 선상의 점들 사이에는 일대일 대응이 존재할 수 없다는 것을 증명함으로써 이 사실을 밝혔다. 즉, 점들의 집합은 자연수의 집합보다 더 고차원적인 무한이다.

여기에 대각선 논법diagonal argument으로 알려진 칸토어가 제시한 증명의 한 버전을 소개한다. 1센티미터 두께의 카드 한 벌을 상상해 보자. 각각의 카드는 너무 얇아서 0에서 1 사이에 있는 모든 센티미터의 '실수real number'마다 한 장씩 있다. 실수는 0.7071…처럼 그 한계에 있는 소수로 정의될 수 있고, 여기서도 생략 부호는 무한히 길 수 있는 지속 가능성을 나타낸다. 이런 카드 하나하나를 무한 호텔의 각 객실에 분배하는 것은 불가능하다. 왜냐하면 이 카드들이 그렇게 분배되었다고 할 때, 우리는 이런 분배가 모순을 수반한다는 것을 증명할 수 있기 때문이다. 이것은 카드가 다음 표의 방식처럼 객실에 배정되었다는 의미일 것이다(여기서 보여 준 특정한 수들은 중요하지 않다. 우리는 실수가 어떤 순서로 배정될 수 없음을 증명할 것이다).

객실 번호	객실 카드
1	0.**6**77976⋯
2	0.6**9**4698⋯
3	0.39**9**221⋯
4	0.236**6**46⋯
⋮	⋮

칸토어의 대각선 논법

진하게 강조된 수들의 무한수열을 보라. 즉, '**6996**⋯'. 그러고 나서 다음과 같이 만들어진 소수를 생각해 보라. 그 수는 0으로 시작해서 소수점 아래에 임의의 수가 무한히 계속되지만, 각각의 숫자가 무한수열 '**6996**⋯'에 있는 해당 숫자와 달라야 한다. 예를 들어, 우리는 '0.5885⋯' 같은 수를 선택할 수 있다. 그렇게 만들어진 수를 가진 카드는 어떤 객실에도 배정될 수 없다. 왜냐하면 첫 번째 숫자는 1번 객실에 배정된 카드의 숫자와 다르고, 두 번째 숫자는 2번 객실에 배정된 숫자와 다르며 이런 식으로 계속되기 때문이다. 따라서 객실에 배정되었던 모든 카드가 그렇게 배정되었다는 원래의 가정은 결국 모순이 되었다.

자연수와 일대일 대응이 가능할 정도로 작은 무한은 '셀 수 있는 무한'이라고 하는데 그 누구도 무한까지 셀 수 없기 때문에 다소 잘못된 용어이다. 그러나 이것은 셀 수 있는 무한 집합의 모든 성분이 원칙적으로 적당한 순서로 모든 성분을 셀 수 있다는 함축적 의미를 갖는다. 더 큰 것은 '셀 수 없는 무한'이라고 불린다. 따라서 두 개의 뚜렷한 한계 사이에는 셀 수 없는 무한개의 실수가 있다. 더욱이 각각이 너무 커서 더 낮은 차수와의 일대일 대응이 가능하지 않은 셀 수 없는 많은 차수의 무한이 있다.

또 하나의 중요한 셀 수 없는 집합은 무한 호텔의 객실에 논리적으로 재배정할 수 있는 모든 투숙객의 집합이다(혹은 수학자의 표현대로, 모든 치환permutation 가능한 자연수). 무한히 긴 표로 되어 있는 모든 재배정을 상상하면 이것을 쉽게 증명할 수 있다.

이제 목록에 있는 모든 가능한 재배정을 하나씩 상상하면서 '세' 보라. 이 목록에 대각선 논법을 적용해 보면 이런 목록이 불가능하며, 따라서 모든 가능한 재배정 집합은 셀 수 없음이 증명된다.

객실 번호의 투숙객	1	2	3	4	…
이동할 객실 번호	38	173	80	30	…

투숙객 재배정의 한 사례

무한 호텔의 경영진은 안내 방송의 형태로 재배정을 지정해야 하기 때문에, 이런 지정은 유한수열의 말로, 유한수열의 알파벳 문자로 이루어져 있어야 한다. 그런 수열의 집합은 셀 수 있고 따라서 가능한 재배정 집합보다 무한히 더 작다. 이 말은 모든 재배정의 무한히 작은 부분만 지정될 수 있다는 의미이다. 이것은 겉으로 보기에는 무한 호텔이 투숙객을 얼마든지 이동시킬 수 있는 무한한 능력을 가진 것처럼 보이지만, 실은 그렇지 않으며 놀라운 제한이 있음을 보여 준다. 논리상 투숙객이 객실에 배분될 수 있는 거의 모든 방법은 달성될 수 없다.

무한 호텔은 독특한 폐기물 처리 시스템을 갖고 있다. 매일 경영진은 우선적으로 모든 객실이 확실히 채워지는 방식으로 투숙객을 재배정한다. 그러고 나서 다음과 같은 방송을 한다. "앞으로 1분 안에 모든 투숙객은 모든 쓰레기를 비닐 봉투에 담아, 번호가 하나 더 큰 객실의 투숙객에게 전달해 주시기 바랍니다. 만약 이 시간 안에 쓰레기봉투를 받으시면 30초 안에 다음 객실에 전달해 주세요." 이런 지시에 따르기 위해서 투숙객들은 빨리 움직여야 한다. 하지만 그 누구도 무한히 빠르게 움직이거나 무한히 많은 봉투를 전달할 필요는 없다. 투숙객 각각은 호텔 규칙에 따라 유한한 수의 행동만 수행한다. 2분 뒤, 이런 전달 행동은 모두 끝났다. 따라서 전달이 시작한 뒤 2분 후에는 투숙객 누구에

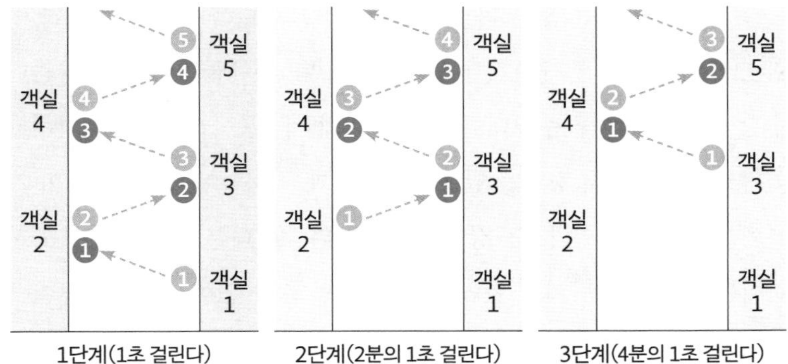

무한 호텔의 폐기물 처리 시스템

게도 남아 있는 쓰레기는 없다.

무한 호텔의 모든 쓰레기가 우주에서 사라졌다. 쓰레기는 어디에도 없다. 어느 누구도 쓰레기를 '아무데나' 놓지 않았다. 모든 투숙객은 그저 쓰레기 일부를 다른 객실로 옮겼을 뿐이다. '아무데나'는 물리학에서 특이점singularity이라고 불린다. 특이점은 실제로 블랙홀 내부를 비롯한 다른 어딘가에서 이뤄진다. 그러나 이 이야기는 현재의 주제에서 벗어났다. 지금 우리는 물리학이 아니라 아직 수학을 논의 중이다.

물론, 무한 호텔에는 무한히 많은 직원이 있다. 그 직원 몇 명이 각 투숙객을 관리하도록 배정받는다. 그러나 그 직원 자신도 호텔 투숙객으로 대우받아서 객실에 머물면서 다른 투숙객과 동일한 혜택을 받는다. 그리고 그들 각각에게도 그들을 관리하도록 배정된 다른 직원들이 있다. 그러나 그들은 다른 직원에게 자신의 일을 해달라고 부탁해서는 안 된다. 왜냐하면 직원 모두가 이런 부탁을 한다면, 그 호텔은 결국 멈출 것이기 때문이다. 무한은 마법이 아니다. 무한에는 논리적 규칙이 있다. 그것이 바로 무한 호텔 사고 실험의 중요한 요지이다.

자신의 모든 일을 상위 숫자의 객실에 있는 다른 직원에게 위임한다는 불합리한 개념은 무한 회귀infinite regress라고 불린다. 무한 회귀는 무한정 효과적으로 할 수 없는 일 중 하나이다. 천체물리학 강연을 듣던 수강생 하나가 지구는 거대한 거북이 위에 서 있는 코끼리가 떠받치고 있다고 주장하면서 강연을 방해했다는 오래된 농담이 있다. "무엇이 거북이를 떠받치고 있나요?" 강연자가 묻는다. "또 다른 거북이요." "그 거북이는 무엇이 떠받치고 있죠?" "나를 속일 수는 없어요." 그 질문자가 의기양양하게 대답한다. "저기 저 아래에 있는 거북이죠." 이 이론이 나쁜 설명인 이유는 모든 것을 설명하지 못하기 때문이 아니라(어떤 이론도 그렇게 하지 못한다), 설명할 수 없는 내용이 애당초 설명한다고 주장했던 바로 그 내용이기 때문이다(생물권의 설계자가 또 다른 설계자에 의해 설계되었고, 이런 식으로 무한히 계속된다는 이론은 무한 회귀의 또 다른 사례이다).

어느 날 무한 호텔에서, 투숙객의 반려견 한 마리가 우연히 쓰레기봉투 안으로 기어들어 갔다. 그 강아지의 주인은 이를 알아채지 못하고, 그 봉투를 강아지가 든 채로 다음 객실에 전달한다. 2분도 되지 않아 강아지는 사라졌다. 상심한 강아지 주인은 프런트에 전화를 건다. 호텔의 접수원은 안내 방송을 내보낸다. "불편함을 드려 죄송한데, 반려견 한 마리가 사라졌습니다. 모든 투숙객은 지금 막 수행했던 일을 거꾸로 돌려 쓰레기봉투를 더 큰 번호의 객실에서 다시 회수해 주시기 바랍니다."

그러나 아무 소용이 없다. 투숙객 누구도 쓰레기봉투를 돌려받지 못하는데, 더 높은 번호의 객실에 있는 동료 투숙객 그 누구도 쓰레기봉투를 돌려받지 못하기 때문이다. 쓰레기봉투가 어디에도 없다고 말하는 것은 과장이 아니다. 그 봉투들은 가상의 '무한 객실'로 옮겨진 게 아니었다. 그 봉투들은 더 이상 존재하지 않는다. 강아지도 마찬가지이다. 강아지를 호텔 안에 있는 또 다른 번호의 객실로 옮긴 것 외에는 아무도 그 강아지에게 한 일이 없다. 그러나 강아지는 어느 객실에도 없다. 강아지는 호텔 그 어디에도 없다. 유한 호텔에서는 어떤 물체를 객실에서 객실로 옮길 경우, 아무리 복잡한 패턴이라고 해도, 결국에는 그 객실 중 하나에 있어야 할 것이다. 무한한 수의 객실에서는 그렇지 않다. 투숙객들이 수행한 모든 행동 하나하나는 강아지에게 무해하며 완벽하게 되돌릴 수도 있었다. 그러나 모두 합쳐졌을 때, 그런 행동은 강아지를 사라지게 했고 되돌릴 수도 없다. 왜냐하면 그런다고 해도 주인의 객실에 도착한 게 왜 고양이가 아니라 강아지였는지 설명하지 못하기 때문이다. 만약 강아지가 도착했다면 그 강아지가 그다음 높은 번호의 객실에서 전달받은 것인지 설명되어야 한다. 그러나 무한히 이어지는 설명은 "왜 강아지지?"라는 질문에 대해 결코 설명하지 못한다. 그것은 무한 회귀이다.

만약 어느 날 강아지 한 마리가 모든 객실로 전달되었다가 1번 객실에 막 도착했다면 어떻게 될까? 이런 일이 논리적으로 불가능하지는 않다. 그저 설명이 부족할 뿐이다. 물리학에서 그 강아지가 왔을 '아무데나'는 '벌거숭이 특이점naked singularity'이라고 불린다. 벌거숭이 특이점은 물리학의 일부 공론에서 나타나지만, 그런 이론은 예측이 가능하지 않다는 이유로 비난받는다. 호킹이 한때 표현했듯이, "텔레비전 세트는 벌거숭이 특이점에서 나올 수 있다." 무엇이 나올지 결정하는 자연법칙이 있다면 문제는 달라질 것이다. 왜냐하면 그런 경우에는 무한 회귀도 없을 테고 그 특이점은 '벌거숭이'도 아닐 것이기 때문이다. 빅

뱅은 아마 비교적 온화한 유형의 특이점이었을 것이다.

앞에서 객실은 모두 동일하지만, 딱 한 가지 점에서만 다르다고 말했다. 따라서 경영진이 때때로 요구하는 일들의 유형을 고려할 때 낮은 번호의 객실이 가장 바람직하다. 예를 들어, 1번 객실의 투숙객은 다른 사람의 쓰레기를 처리할 필요가 없는 굉장한 특권을 누린다. 1번 객실로의 이동은 마치 로또에서 1등에 당첨되는 것 같은 느낌이 든다. 2번 객실로 옮기는 것도 별 차이는 없다. 그러나 모든 투숙객은 이상하게도 시작에 가까운 객실 번호를 갖는다. 따라서 무한 호텔의 모든 투숙객은 다른 투숙객보다 더 많은 특권을 누린다. 모든 사람을 소중히 여긴다는 정치가의 진부한 약속이 무한 호텔에서는 지켜질 수 있다.

모든 객실은 무한의 시작에 있다. 이것은 한계가 없는 지식 성장의 속성 중 하나이기도 하다. 우리는 이제 막 표면을 긁었을 뿐이다. 따라서 무한 호텔에는 전형적인 객실 번호 같은 것은 없다. 모든 객실 번호는 이상하게 시작 부분에 가깝다. 어떤 값이든 '평균'이 있어야 한다는 직관적인 생각이 무한 집합의 경우에는 거짓이다. '드물다'와 '흔하다' 같은 직관적인 생각도 마찬가지이다. 우리는 자연수의 절반은 홀수이고 절반은 짝수여서 자연수에는 홀수와 짝수가 똑같이 흔하다고 생각할 수 있다. 그러나 다음과 같이 재배열된 예를 살펴보자.

1	2	4	3	6	8	5	10	12	7	14	16	…

3분의 1이 홀수인 것처럼 보이게 하는 자연수의 재배열

이것은 마치 홀수가 짝수의 절반인 것처럼 보이게 만든다. 마찬가지로 홀수가 100만분의 1인 것처럼 보이게 만들 수도 있고 어느 비율이든 가능하다. 따라서 집합 구성원의 비율이라는 직관적 개념이 무한 집합에도 반드시 적용되는 것은 아니다.

강아지를 잃어버린 충격적인 사건 이후, 무한 호텔의 경영진은 투숙객의 사기를 회복하고자 깜짝 선물을 준비한다. 그들은 모든 투숙객에게 내가 출간한 책을 증정하겠다고 방송한다. 이전 책은 100만 번째마다 주고, 신간은 나머지 객실에 배부한다.

당신이 이 호텔의 투숙객이라고 하자. 선물 포장된 책 한 권이 당신 객실의 배달 물품 투입구에 나타난다. 당신은 이전 책은 이미 읽었기 때문에 그게 신간이길 바란다. 그리고 그게 신간일 거라고 상당히 확신하는데, 요컨대 당신의 객실이 이전 책을 받는 객실 중 하나가 될 확률이 얼마겠는가? 정확히 100만분의 1인 것 같다.

그러나 포장을 미처 뜯기도 전에, 방송이 나온다. 모든 사람이 투입구로 들어올 카드에 적힌 번호로 객실을 바꿔야 한다고. 방송은 또 새로운 배정에 따라 두 책 중 하나의 수령자는 홀수 객실로, 다른 책의 수령자는 짝수 객실로 이동할 거라고 언급하지만, 어느 책이 어느 책인지는 말하지 않는다. 따라서 당신은 새로운 객실의 번호로는 어느 책을 받을지 알 수 없다. 물론 이런 식으로 객실을 채울 때의 문제는 없다. 두 책 모두 수령자는 무한하기 때문이다.

카드가 도착하고 당신은 새로운 객실로 이동한다. 이제 당신은 두 책 중 어느 것을 받았을지에 대해서 조금이라도 덜 확신할까? 아마 아닐 것이다. 이전의 추론으로는 당신의 책이 신간이 될 확률은 이제 2분의 1이다. 왜냐하면 이제 그 책이 '절반의 객실'에 있기 때문이다. 그것이 모순이기 때문에 당신의 확률 평가 방식은 잘못된 게 틀림없다. 사실, 모든 평가 방식이 잘못되었다. 왜냐하면 이 사례가 보여 주듯이 무한 호텔에는 당신이 어떤 특정 책을 받았을 확률이라는 게 아예 없기 때문이다.

수학적으로 이것은 전혀 중요하지 않다. 이 사례는 무한한 자연수의 집합을 비교한다는 관점에서 가능한지 불가능한지, 드문지 흔한지, 전형적인지 특별한지 같은 속성들이 사실상 무의미하다는 것을 다시 한 번 입증할 뿐이다.

그러나 물리학의 경우에는, 이것이 인간 중심 논증에 좋지 않은 소식이다. 우주의 무한 집합을 상상해 보라. 각 우주는 D라는 물리 상수 값만 다를 뿐 동일한 물리 법칙을 갖는다(엄밀히 말해서 우리는 무한히 얇은 카드의 경우처럼 셀 수 없는 무한 집합을 상상해야겠지만, 그것은 내가 설명하려는 문제를 더 어렵게 만들 뿐이므로 간단히 생각하자). 그런 우주 중 무한히 많은 우주는 천체물리학자가 출현하는 D값을 갖고, 무한히 많은 우주는 그렇지 않은 값을 갖는다고 하자. 그런 다음 천체물리학자가 존재하는 모든 우주는 짝수를 갖고, 천체물리학자가 없는 모든 우주는 홀수를 갖도록 우주에 번호를 매겨 보자.

이 말은 절반의 우주에 천체물리학자가 존재한다는 의미가 아니다. 무한 호텔에서 책을 배부하는 문제에서처럼, 여기서도 똑같이 세 번째 우주마다, 혹은 1조 개마다 천체물리학자가 존재하도록, 혹은 1조 개마다 천체물리학자가 존재하지 않도록 우주에 꼬리표를 붙일 수 있다. 따라서 미세 조정에 대한 인간 중심 설명에 문제가 있다. 즉, 우리는 단지 우주에 꼬리표를 다시 붙이는 방식으로 미세 조정을 없앨 수 있다. 또 천체물리학자가 규칙 혹은 예외가 되도록, 또는 그 둘의 중간 어디쯤이 되도록 꼬리표를 붙일 수도 있다.

이제 D값이 다른 물리 법칙을 이용해서 천체물리학자의 출연 여부를 계산한다고 하자. 예를 들어, D값이 137~138 범위 밖에 있는 경우에는, 천체물리학자가 존재하는 우주가 매우 드물어서 그런 우주 1조 개 중 하나에만 천체물리학자가 존재하며, 137~138 범위 안에서는 1조 개 중 하나의 우주에만 천체물리학자가 존재하지 않고, D값이 137.4와 137.6 사이인 경우에는 모든 우주에 천체물리학자가 존재한다. 실제 생활에서는 우리가 그런 숫자를 계산할 수 있을 만큼 천체물리학자의 형성 과정을 잘 이해하지는 못한다는 점을 강조하고 싶다. 그리고 다음 장에서 설명하겠지만, 이 과정은 아마 결코 이해하지 못할 것이다. 우리가 그 값을 계산할 수 있든 없든, 인류 이론가들은 그러한 숫자를 우리가 D를 측정하면 137~138 범위 밖의 값을 볼 수 없을 거라는 의미로 해석하고 싶을 것이다. 그러나 이 숫자는 그런 의미가 아니다. 왜냐하면 간격이 정확히 그 반대가 되거나 우리가 좋아하는 다른 방식으로 우주를 다시 분류할 수 있기 (무한한 '카드'를 섞을 수 있기) 때문이다.

이론에 언급된 실재에 꼬리표를 붙이는 방식에 따라 과학적 설명이 달라질 수는 없다. 따라서 인간 중심 추론은 그 자체로는 예측이 가능하지 않다. 이것이 바로 내가 4장에서 인간 중심 추론이 물리학 상수의 미세 조정을 설명할 수 없다고 말한 이유이다.

물리학자 리 스몰린Lee Smolin은 독창적인 인간 중심 설명을 제안했다. 이 설명은 일부 양자 중력 이론quantum gravity theory에 따르면 블랙홀이 그 내부에 완전히 새로운 우주를 만들 수 있다는 사실에 의존한다. 스몰린은 이런 새로운 우주의 물리 법칙은 아마도 다르겠지만, 그 법칙이 모우주parent universe의 조건에 영향을 받을 거라고 추측한다. 특히 모우주의 지적 존재가 블랙홀에 영향을 줘서 인간에 우호적인 물리 법칙을 갖는 우주를 만들게 할 수 있을 것이다. 그러나 '진화우주론evolutionary cosmologies'으로 알려진 이런 유형의 설명에는 한 가지 문제가 있다. 얼마나 많은 우주로 시작했을까? 만약 무한히 많았다면, 그런 우주의 수를 어떻게 세는가의 문제가 생긴다. 그리고 천체물리학자가 존재하는 각각의 우주가 다른 우주 몇 개를 생성시킨다고 해서 우주 총수에 대한 그런 우주의 비율이 의미심장하게 증가하지는 않는다. 만약 최초의 우주는 없었지만, 무한한 시간 동안 전체 앙상블이 이미 존재했다면, 이 이론에는 무한 회귀 문제가 발생한다. 왜냐하면 그 뒤, 우주론자 프랭크 티플러Frank Tipler가 지적했듯이, 이 전체 컬렉션은 '무한한 시간 전에' 평형 상태로 안정되었을 게 틀림없고, 이 말은 그런 평형을 초래했던 진화가 (미세 조정을 설명해야 할 바로 그 과정이) 결코 일어나지 않았다는 의미가 된다(잃어버린 강아지가 아무데도 없는 것처럼). 만약 처음에 오직 하나의 우주나 유한한 수의 우주만 존재했다면, 원래의 우주를 미세 조정하는 문제가 생긴다. 그런 우주에 천체물리학자가 존재할까? 아마 그렇지 않을 것이다. 그러나 만약 원래의 우주들이 우연히 천체물리학자가 존재할 때까지 연쇄적으로 어마어마한 수의 우주를 발생시켰다고 해도, 그것은 여전히 "그 전체 시스템(명백한 '상수들'이 자연법칙에 따라 변하는 단 하나의 물리 법칙의 지배를 받는 시스템)이 왜 궁극적으로 천체물리학자에게 친숙한 이런 메커니즘을 발생시키는가?"라는 문제에 대해서는 답해 주지 못한다. 그리고 그런 우연의 일치에 대한 인간 중심 설명도 없을 것이다.

스몰린의 이론은 우주들의 앙상블에 대한 중요한 틀과 그런 우주들 사이의 물리적 연결을 제안하는 적절한 일을 하지만, 오직 우주들과 '모'우주만 연결하므로 충분하지 않다. 따라서 이 설명은 효과가 없다. 하지만 이제 이런 우주들을 모두 연결하고 이런 우주들에 꼬리표를 붙이는 어떤 방식에 선호하는 물리적 의미를 부여하는 실체에 대해 이야기한다고 하자. 여기에 그런 사례가 있다. 1번 우주에서 태어난 '라이라'라는 소녀가 다른 우주로 이동 가능한 장치를 발견한다. 이 장치는 심지어 생명 부양이 불가능한 물리 법칙에 따라 움직이는 우주에서도 소녀의 생명을 유지시켜 준다. 이 장치의 어떤 버튼을 누르기만 하면 소녀는 일정한 순서로, 정확히 1분 간격으로 우주에서 우주로 이동한다. 하지만 버튼에서 손을 떼는 순간, 고향 우주로 돌아온다. 이 장치가 방문하는 순서대로 우주에 1, 2, 3 등의 꼬리표를 붙이자. 때로 라이라는 상수 D 측정 기기와 (우주에서 천체물리학자의 존재 여부를 측정하는) SETI 프로젝트와 약간 유사하지만 훨씬 더 빠르고 훨씬 더 믿을 만한, 또 다른 기기도 가져간다. 소녀는 인간 중심 원리의 예측들을 테스트하고 싶다.

그러나 소녀는 오로지 유한한 수의 우주만 방문할 수 있으며, 그런 우주가 전체 무한 집합의 대표인지는 알 수 없다. 그러나 이 장치에는 두 번째 설정이 있다. 이 설정에 따르면 라이라는 2번 우주에는 1분 동안 머물고, 3번 우주에는 2분의 1분 동안, 4번 우주에는 4분의 1분 동안 머물게 되어 있다. 만약 소녀가 2분이 지났을 무렵 버튼을 계속 누르고 있었다면 이 무한 집합 안의 모든 우주를 방문했을 테고, 이 이야기에서 '무한 집합 안의 모든 우주'라는 말은 존재하는 모든 우주를 의미한다. 이 장치는 그 뒤 소녀를 자동적으로 1번 우주로 되돌아오게 한다. 만약 버튼을 다시 누른다면, 소녀의 여행은 2번 우주부터 다시 시작한다.

대부분의 우주는 옆으로 너무 빨리 휙휙 지나가므로 라이라는 그것을 볼 수가 없다. 그러나 소녀의 측정 기기는 인간 감각의 제한이나 우리 세계 물리 법칙의 제한을 받지 않는다. 스위치가 켜지면 그 기기의 화면은 체류 시간과 무관하게 방문한 모든 우주의 실행 평균값을 보여 준다. 따라서 예컨대 짝수 우주에는 천체물리학자가 존재하고 홀수 우주에는 존재하지 않는다면, 모든 우주를 통과하는 2분의 여행이 끝났을 때 소녀의 SETI형 기기는 0.5의 실행 평균값을 보여 줄 것이다. 따라서 이 다중 우주에는 절반의 우주에 천체물리학자가 존재한다고 말하는 게 의미가 있다.

동일한 우주들을 다른 순서로 방문하는 우주여행 장치를 이용하면 다른 비율의 값을 얻게 될 것이다. 그러나 물리 법칙에 따라 오직 하나의 순서로만 방문할 수 있다고 가정하자(우리의 물리 법칙에 따라 오직 하나의 특정 순서로만 다른 시간에 있을 수 있는 것처럼). 측정 기기가 평균과 대푯값 등에 반응하는 방법이 하나밖에 없으므로, 그런 우주의 합리적인 대리인은 항상 확률을 추론할 때 (그리고 무언가가 얼마나 드물고 흔한지, 얼마나 전형적이고 특별한지, 얼마나 희박하고 촘촘한지, 얼마나 미세 조정되었는지에 대해서) 일관된 결과를 얻을 것이다. 따라서 이제 인간 중심 원리는 검증 가능하고 확률론적인 예측을 할 수 있을 것이다.

이런 예측이 가능한 것은 다른 D값을 갖는 우주들의 무한 집합이 더 이상 단순한 집합이 아니기 때문이다. 이것은 하나의 물리적 실재로, 다른 부분들을 서로 관련시키고 다른 우주들에 대한 비율과 평균에 측정이라는 독특한 의미를 부여하는 내부 상호 작용이 있는 (라이라의 장치를 갖춘) 다중 우주이다.

미세 조정 문제를 해결하기 위해 제안된 어떤 인간 중심 추론 이론도 그런 측정을 제공하지 않는다. 대부분은 "만약 다른 물리 상수를 가진 우주가 존재한다면?"이라는 형태의 추측에 불과하다. 그러나 물리학에는 이미 독립적인 이유로 다중 우주를 묘사하는 이론이 하나 있다.

이 이론에서는 모든 우주의 물리 상수가 동일하며, 이들 우주의 상호 작용이 서로에게나 서로의 측정에 영향을 미치지 않는다. 그러나 이 이론은 우주들의 측정을 가능하게 한다. 이 이론은 바로 양자 이론quantum theory으로, 11장에서 논의할 것이다.

어떤 집합과 그 나머지의 일대일 대응으로 무한을 정의하는 방식은 칸토어가 시작했다. 이 방식은 이전과 이후 모두 비수학자들이 무한에 대해 상상했던 방법인, '무한'이 '유한한 것의 모든 유한한 조합보다 더 큰' 무언가를 의미하는 평이하고 직관적인 방법과 간접적으로 연결되어 있다. 그러나 이런 평이한 개념도 무언가를 유한하게 만드는 게 무엇이고, 하나의 '조합' 행동을 유한하게 만드는 게 무엇인지에 대한 독립적인 개념이 없다면 다소 간접적일 뿐이다. 직관적인 답변은 인간 중심적이다. 원칙적으로 인간의 경험으로 달성될 수 있는 무언가는 확실히 유한하다. 그러나 무언가를 '경험한다'는 말이 무슨 뜻일까? 칸토어는 무한에 대한 정리를 증명했을 때 무한을 경험하고 있었을까? 아니면 그저 기호로만 경험하고 있었을까? 우리는 그저 기호를 경험할 뿐이다.

우리는 대신 측정 기기의 언급으로 이런 인간 중심주의를 피할 수 있다. 원칙적으로 측정 기기에 기재할 수 있는 양은 분명히 무한대도 무한소도 아니다. 그러나 정의에 따라 근원적 설명이 수학적 의미에서 무한 집합을 언급한다고 해도 유한할 수 있는 양이 존재한다. 측정 결과를 보여 주기 위해 계량기의 바늘이 유한 거리인 1센티미터를 움직일 수는 있겠지만, 그 길이는 셀 수 없는 무한한 점들로 이루어져 있다. 이런 일이 발생하는 까닭은 현상에 대한 가장 낮은 단계의 설명에 점이 나타나기는 해도 점들의 수는 예측에 나타나지 않기 때문이다. 마찬가지로, 뉴턴과 라이프니츠는 순간속도instantaneous velocity 같은 물리량 설명에 무한히 작은 거리를 이용할 수는 있었지만, 예컨대 발사체의 연속 운동에서 물리적으로 무한소이거나 무한대인 양은 없다.

무한 호텔의 경영진에게 유한한 수의 안내 방송은 비록 그게 그 호텔에서 일어나는 무한한 수의 사건과 관련된 변화를 일으킨다고 해도 유한한 작업이다. 반면에 가장 논리적인 변화가 그들 세계의 물리 법칙이 허용하지 않는 무한한 수의 그런 방송으로만 달성될 수 있다. 직원이든 투숙객이든 무한 호텔의 어느 누구도 유한한 수의 행동 이상은 하지 않는다는 사실을 기억하라. 라이라의 다중 우주에서처럼, 측정 기기는 2분이라는 유한한 탐험 시간 동안 무한한 수의 값을 평균할 수 있다. 따라서 이것은 물리적으로 그 세계에서 유한한 작업이다. 그러나 동일한 무한 집합에 대해서 다른 순서로 '평균값'을 취하려면 유한한 수의 그런 여행이 필요한데, 이번에도 이것은 그런 물리 법칙 아래에서는 가능하지 않다.

자연에서 무엇이 유한한지를 결정하는 것은 물리 법칙뿐이다. 이 사실을 이해하지 못하면 종종 혼란을 초래할 수 있다. 아킬레스와 거북이의 역설 같은 엘리아의 제논의 역설들은 초기의 사례들이었다. 제논은 거북이와의 경주에서, 거북이가 한발 앞서 출발한다면 아킬레스는 그 거북이를 결코 추월하지 못한다고 결론지었다. 왜냐하면 아킬레스가 거북이의 시작점에 도달할 무렵, 거북이는 조금 더 움직였을 것이기 때문이다. 아킬레스가 새로운 지점에 도달할 무렵, 거북이는 조금 더 움직였을 테고, 그런 식으로 무한히 계속된다. 따라서 '따라잡기' 절차는 아킬레스가 유한한 시간 동안 무한한 수의 따라잡기 단계를 수행할 것을 요구하지만, 유한한 존재인 그에게 그 일이 가능하지 않다.

제논이 여기서 한 일이 무엇이라고 생각하는가? 제논은 그저 어쩌다 '무한'이라고 불리게 된 수학적 개념이 거북이와의 경주 같은 물리적 상황과 관련된 유한과 무한의 차이를 정확히 포착한다고 추측했을 뿐이다. 이것은 순전히 거짓이다. 제논이 만약 무한이라는 수학적 개념이 이치에 맞지 않는다고 불평한다면, 우리는 그에게 그게 이치에 맞는다는 것을 보여 준 칸토어를 언급할 수 있다. 제논이 만약 아킬레스가 거북이를 추월하는 물리적 사건이 이치에 맞지 않는다고 불평한다면, 그는 물리 법칙이 모순이라고 주장하는 것이지만, 그렇지 않다. 그러나 제논이 만약 연속적인 경로를 따르는 각각의 점은 경험할 수 없기 때문에 운동에 뭔가 모순된 게 있다고 불평한다면, 그는 어쩌다 '무한'이라고 불리게 된 다른 두 가지를 혼동하는 것이다. 그의 모든 역설에서 이보다 더 큰 실수는 없다.

아킬레스가 무엇을 할 수 있고 없는지는 수학에서 추론할 수 없다. 그것은 오직 관련된 물리 법칙의 내용에만 의존한다. 그 법칙이 만약 그가 주어진 시간 후에 거북이를 추월할 거라고 말한다면, 아킬레스는 거북이를 추월할 것이다. 그런 일이 만약 '특정 장소로 이동하라'는 식으로 유한한 수만큼 몇 발짝 움직이는 것을 필요로 한다면, 유한한 수만큼 몇 발짝 움직이게 될 것이다. 그 법칙이 만약 그가 셀 수 없는 무한의 점들을 통과하는 것을 필요로 한다면 그는 정확히 그렇게 한다. 그러나 물리적으로 무한한 일은 일어나지 않았다.

따라서 물리 법칙은 드물고 흔하고를 비롯해서, 사건 발생 가능성과 미세 조정 여부뿐만 아니라 심지어 무한과 유한의 차이까지도 결정한다. 동일한 우주들의 집합이 어떤 물리 법칙 아래에서 측정할 때는 천체물리학자로 가득 차 있는데, 또 다른 물리 법칙 아래에서 측정할 때는 천체물리학자가 전혀 없는 것처럼, 정확히 동일한 일련의 사건들도 물리 법칙에 따라 유한할 수도 무한할 수도 있다.

제논의 실수는 다른 수학적 추상 개념에서도 있었다. 일반적으로 그 실수는 추상적 속성을 동일한 이름의 물리적 속성과 혼동하는 것이다. 절대적으로 필요한 진실의 지위를 갖는 수학적 속성에 대한 정리theorems를 증명할 수 있기 때문에, 우리는 물리 법칙이 말하는 물리적 속성에 대한 선험적 지식을 우리가 갖고 있다고 가정하는 오류를 범하게 된다.

또 다른 사례는 기하학에 있다. 수백 년 동안, 기하학의 수학적 체제로서의 지위와 물리학 이론으로서의 지위에는 뚜렷한 차이가 없었다. 그리고 처음에는 그게 별다른 해를 끼치지 않았는데, 나머지 과학이 기하학에 비해 복잡하지 않은데다 유클리드의 이론이 당시에는 모든 목적에 훌륭한 근사였기 때문이다. 그리고 철학자 이마누엘 칸트Immanuel Kant는 절대적으로 필요한 수학의 진실과 과학의 진실 차이를 잘 알고 있었음에도 불구하고 유클리드의 기하학 이론이 자명하게 자연의 진실이라고 결론 내렸다. 따라서 칸트는 삼각형 내각의 합이 180도라는 사실을 의심하는 것은 합리적으로 불가능하다고 믿었다. 그리고 이런 식으로 칸트는 이전에는 무해했던 오해를 그의 철학의 주요 결함, 즉 물리적 세계에 대한 특정 진실은 과학을 하지 않고도 "선험적으로 알려질" 수 있다는 교리로 승격시키는 우를 범했다. 설상가상으로 "알려질 수 있다"는 그의 말은 공교롭게도 '정당화되었음'을 의미했다.

그러나 칸트가 유클리드 기하학이 진정한 공간 기하학이라는 사실을 의심할 수는 없다고 단언하기 전에도, 수학자들은 이미 그것을 의심했다. 수학자이자 물리학자인 카를 프리드리히 가우스Carl Friedrich Gauss

는 대형 삼각형의 내각을 측정하기 위해 멀리까지 갔지만 유클리드의 예측에서 편차를 발견할 수 없었다. 결국 아인슈타인의 휘어진 시공 이론이 유클리드의 이론을 반박했고, 가우스의 실험보다 더 정확한 실험들을 통해 입증했다. 지구 부근의 공간에서는 대형 삼각형의 내각의 합이 유클리드의 기하학과 다른 180.0000002도가 될 수 있으므로, 예를 들어, 오늘날 위성 항법 시스템satellite navigation systems은 이런 차이를 고려해야만 한다. 블랙홀 근처 같은 상황에서는 유클리드와 아인슈타인 기하학의 차이가 너무 심각해서 더 이상 서로의 '편차'로 설명될 수 없다.

이 동일한 실수의 또 다른 사례는 컴퓨터 과학에 있다. 튜링이 처음에 계산 이론을 만든 목적은 컴퓨터의 제작이 아니라 수학적 증명의 본질 조사였다. 힐베르트는 1900년에 수학자들에게 도전해 증명의 구성 요건에 대한 정밀한 이론을 공식화했는데, 그의 조건 중 하나는 증명이 유한해야 한다는 것이었다. 즉, 그 증명은 일정하고 유한한 추론 규칙들만 사용해야 하며, 유한하게 표현된 유한한 수의 공리axiom로 시작해야 하고, 유한한 수의 기본 단계들만 포함해야 한다. 여기서는 단계 자체도 유한하다. 계산은 튜링의 이론에서 이해되었듯이, 본질적으로 증명과 동일하다. 모든 유효한 증명은 전제로부터 결론을 이끌어 내는 계산으로 전환될 수 있으며, 올바르게 시행된 모든 계산은 출력 정보가 입력 정보에 대한 작업의 결과라는 증명이다.

이제, 계산은 임의의 자연수를 입력 정보로 택하고 그 입력 정보에 특정 방식으로 의존하는 출력 정보를 배달하는 함수를 계산하는 작업으로 간주될 수 있다. 예를 들어, 어떤 수를 두 배로 만드는 것은 함수이다. 무한 호텔은 전형적으로 어떤 함수를 특정하고 투숙객 모두에게 다른 입력 정보(그들의 객실 번호)로 함수를 계산해서 객실을 변경하라고 지시한다. 튜링의 결론 중 하나는 존재하는 거의 모든 수학 함수가 어떤 프로그램으로도 논리적 계산이 불가능하다는 것이었다. 그런 함수는 무한 호텔에서 논리적인 대부분의 객실 재배정이 경영진의 지시로부터 영향을 받지 않는 것과 동일한 이유로 '계산이 불가능'하다. 즉 모든 함수의 집합은 무한하지만, 모든 프로그램의 집합은 무한하다(모든 함수로 이루어진 무한 집합의 '거의 모든' 구성원이 특별한 성질을 갖는다는 말이 의미 있는 것은 바로 이 때문이다). 수학자 쿠르트 괴델Kurt Gödel이 힐베르트의 도전과 다른 접근법을 이용해서 발견했듯이 거의 모든 수학적 진실에는 증명이 없다. 그것들은 증명될 수 없는 진실이다.

따라서 거의 모든 수학적 진술도 결정할 수 없다. 즉, 그 진술이 참이라는 증명도, 거짓이라는 증명도 없다. 진술 각각은 참이나 거짓 둘 중 하나겠지만 확인을 위해 뇌나 컴퓨터 같은 물리적 객체를 이용할 방법이 없다. 물리 법칙은 우리가 추상 개념의 세계를 내다볼 수 있는 좁은 창문 하나만 제공할 뿐이다.

결정할 수 없는 모든 진술은 직간접적으로 무한 집합에 관한 것이다. 수학에서 무한을 반대하는 사람들에게는 이런 진술의 무의미함이 반대의 이유이다. 그러나 내게는 오히려 이런 진술의 무의미함이 호프스태터의 641 논증처럼 추상 개념이 객관적으로 존재한다는 강력한 논증이다. 왜냐하면 이 말은 결정할 수 없는 진술의 진릿값이 컴퓨터나 도미노의 집합 같은 물리적 객체의 행동을 묘사하는 편리한 방법은 아니라는 의미이기 때문이다.

흥미롭게도, 대부분이 결정 불가능한데도 불구하고, 극히 일부만 결정 불가능한 것으로 알려져 있다. 이 부분으로 돌아가려 한다. 해결되지 않은 수학적 추측들이 많고, 그 일부도 아마 결정할 수 없을 것이다. '쌍둥이 소수 추측'을 예로 들어보자. 쌍둥이 소수는 5와 7처럼 2 차이가 나는 소수의 쌍이다. 쌍둥이 소수 추측에서는 최대 쌍둥이 소수가 없다고 말한다. 왜냐하면 그런 쌍이 무한히 많기 때문이다. 논증을 위해 우리의 물리학을 이용해서는 결정할 수 없다고 가정하자. 다른 물리 법칙 아래에서는 결정할 수 있다. 무한 호텔의 법칙이 한 사례이다. 경영진은 이렇게 방송한다.

우선 여러분의 객실 번호와 그 위의 번호 두 개가 모두 소수인지 1분 안에 확인해 주시기 바랍니다.

다음 만약 두 수가 모두 소수라면, 더 낮은 번호의 객실을 통해 여러분이 쌍둥이 소수를 찾았다는 메시지를 전달해 주십시오. 메시지를 보내는 평소 방법을 이용하시기 바랍니다(첫 단계에는 1분만 허용하며 그 후 각 단계는 이전 시간의 2분의 1분 안에 완성되어야 합니다). 이런 메시지의 기록을 저장하고 있지 않은 가장 작은 번호의 객실에 이 메시지의 기록을 저장하십시오.

다음 여러분의 객실 번호보다 하나 더 큰 번호의 객실을 살펴보십시오. 만약 그 객실의 투숙객이 기록을 저장하지 않고 당신이 저장하고 있다면, 가장 큰 쌍둥이 소수가 존재한다는 메시지를 1번 객실로 보내십시오.

5분이 지났을 때, 경영진은 쌍둥이 소수 추측의 진실을 알게 될 것이다. 따라서 결정할 수 없는 질문과 계산할 수 없는 함수와 증명할 수 없는 명제에 수학적으로 특별한 것은 없다. 이것들은 물리학으로만 구분된다. 다른 물리 법칙은 다른 사물을 무한하게 만들고, 다른 사물을 계산할 수 있게 만들며, 다른 진실(수학적, 과학적 모두)을 알 수 있게 만들 것이다. 어떤 추상적 실재와 관계식이 수학자의 뇌와 컴퓨터와 종이 몇 장 같은 물리적 객체에 의해 만들어지는지를 결정하는 것은 오직 물리 법칙뿐이다.

일부 수학자들은 힐베르트가 도전하던 당시에 유한성이 실제로 증명의 필수 특징인지 궁금해했다. 요컨대, 무한이 수학적 이치에 맞다면, 무한한 증명은 왜 안 될까? 힐베르트는 칸토어 이론의 대단한 옹호자였음에도 이 개념을 비웃었다. 따라서 힐베르트와 그의 비판가 모두 제논과 동일한 실수를 범하고 있었다. 즉, 그들은 모두 어떤 종류의 추상적 실재들은 상황을 입증할 수 있으며, 그게 어떤 종류인지는 수학적 추론으로 결정할 수 있다고 가정하고 있었다.

그러나 물리 법칙이 사실 우리가 현재 생각하는 것과 다르다면, 우리가 증명할 수 있을 거라는 수학적 진실의 집합도 다를 테고, 그 증명에 이용할 수 있는 연산도 다를 것이다. 우리가 알고 있는 물리 법칙은 각각의 정보 조각(이진수 혹은 논리적 참 거짓 값)에 작용하는 아니고not 그리고and, 또는or 같은 연산에 특권을 준다. 그런 연산과 정보 조각들이 우리에게 당연하고 기본적이고 유한해 보이는 것은 바로 이 때문이다. 만약 물리 법칙이 무한 호텔의 물리 법칙과 동일하다면, 무한한 정보 조각에 작용하는 특권 연산이 추가로 존재할 것이다. 다른 물리 법칙을 이용하면, 아니고, 그리고, 또는 같은 연산은 계산할 수 없는 반면, 계산할 수 없는 우리의 함수 일부가 당연하고 기본적이고 유한해 보일 것이다.

그러고 보니 물리 법칙에 의존하는 또 다른 특징이 있는데 바로 간단함과 복잡함이다. 뇌는 물리적 객체이다. 사고는 물리 법칙 아래에서 허용되는 유형의 계산이다. "소크라테스는 남자이다. 그리고 플라톤이 남자라면 두 사람 모두 남자이다"처럼 어떤 설명은 쉽고 빠르게 이해될 수 있다. 이 설명이 쉬운 것은 문장이 짧고 그리고라는 기본 연산의 성질에 의존하기 때문이다. 다른 설명은 본질적으로 이해하기 어려운데, 가장 짧은 형태도 여전히 길고 많은 연산이 얽혀 있기 때문이다. 그러나 설명 형태의 장단과 필요한 연산의 많고 적음의 여부는 전적으로 그 설명이 진술되고 이해되는 물리 법칙에 달려 있다.

양자 계산은 현재 완전히 보편적인 형태의 계산으로 간주되는데 공교롭게도 튜링의 고전적 계산과 정확히 동일한 함수의 집합을 갖는다. 그러나 양자 계산은 고전적 개념인 '간단'하거나 '기본적인' 연산을 통해 마차와 말을 몰고 간다. 양자 계산은 직관적으로 매우 복잡한 것들을 간단하게 만든다. 더욱이 양자 계산에서 기본적인 정보 저장 실재인 '양자비트qubit, quantum bit'는 비양자 용어로는 설명하기가 대단히 어렵다. 한편 비트는 양자물리학의 관점에서 상당히 복잡한 객체이다.

따라서 어떤 사람들은 양자 계산이 '진짜' 계산이 아니라 그저 물리학과 공학일 뿐이라고 이의를 제기한다. 그들에게는 색다른 형태의 계산을 할 수 있는 색다른 물리 법칙에 대한 논리적 확률이, 증명이란 '정말' 무엇인가의 문제를 다루지 않는 것처럼 보인다. 그들의 반론은 이런 식이다. 틀림없이 적당한 물리 법칙으로는 튜링의 계산 불가 함수를 계산할 수 있겠지만, 그것은 계산이 아닐 것이다. 우리는 튜링의 결정 불가 명제의 참 거짓을 확립할 수 있겠지만, 이 '확립한다'는 말은 입증이 아닐 것이다. 왜냐하면 그 명제의 참 거짓에 대한 우리의 지식은 영원히 물리 법칙이 무엇인가에 대한 우리의 지식에 달려 있을 것이기 때문이다. 먼 훗날 진정한 물리 법칙은 다르다는 사실을 발견한다면, 우리는 그 증명에 대한 마음도, 그 결론에 대한 마음도 바꾸어야 할 것이다. 따라서 그것은 진정한 증명이 아니다. 즉, 진정한 증명은 물리학과 무관하다.

여기에도 동일한 오해가 있다. 명제의 참 거짓에 대한 우리의 지식은 항상 물리적 객체의 행동 방식에 대한 지식에 의존한다. 우리가 컴퓨터나 뇌가 무슨 일을 해왔는지에 대한 생각을 바꾼다면, 예컨대, 우리의 기억이 우리가 어떤 증명에서 점검했던 단계들이 잘못되었다고 결정한다면, 우리가 무언가를 증명했는지의 여부에 대한 생각을 바꿔야 할 것이다. 우리가 물리 법칙이 컴퓨터에 무슨 일을 시켰는지에 대해서 생각을 바꾸는 경우에도 상황은 다르지 않을 것이다.

수학 명제의 참 거짓은 사실 물리학과 무관하다. 그러나 그런 명제의 증명은 오직 물리학만의 문제이다. 무언가를 추상적으로 안다는 것은 없는 것처럼, 무언가를 추상적으로 증명한다는 것도 없다. 수학적 진실은 절대적으로 필요하지만, 모든 지식은 물리적 과정에 의해 만들어지며, 그 범위와 한계는 자연법칙으로 결정된다. 추상적 실재를 정의하고 그것을 삼각형이라고 부르며 유클리드 기하학을 따르게 할 수 있는 것처럼, 추상적 실재들의 종류를 정의하고 그것을 '증명'(혹은 계산)이라고 부를 수 있다. 그러나 '삼각형' 이론으로는 당신이 세 개의 직선으로 이루어진 닫힌 경로 주변을 걸을 때 어떤 각도로 회전할지에 대해서는 추론할 수 없다. 이런 '증명들'도 수학적 진술을 검증하는 일을 할 수 없다. 수학적 '증명 이론'은 진실이 실제로 입증 가능한지의 여부나, 실제로 알려질 수 있는지와 무관하다. 그리고 마찬가지로 추상적인 '계산' 이론도 실제로 무엇이 계산 가능하고 계산 불가인지와 무관하다.

따라서 계산이나 증명은 컴퓨터나 뇌 같은 객체가 수나 방정식 같은 추상적인 실재를 물리적으로 설계하거나 설명하는 그리고 그 성질을 모방하는 물리적 과정이다. 이것은 우리가 추상 개념을 보는 창이다. 그게 효과가 있는 것은 해당 객체의 물리적 변수들이 사실상 해당 객체의 추상적 성질을 증명하는 좋은 설명이 있는 상황에서만 그런 실재를 사용하기 때문이다.

결과적으로 우리가 갖고 있는 수학 지식의 신뢰성은 영원히 물리적 실재에 대한 지식의 신뢰성에 종속되어 있다. 수학적 증명의 타당성은 컴퓨터나 잉크와 종이 혹은 뇌 같은 물리적 객체의 행동을 지배하는 규칙에 대한 우리의 전제가 옳다는 사실에 절대적으로 의존한다. 따라서 힐베르트의 생각과는 반대로 그리고 고대 이후 오늘날까지 수학자 대부분의 믿음과는 반대로, 증명 이론은 과학이다(특히 컴퓨터 과학).

완벽한 수학의 기초를 찾으려는 욕구는 잘못되었다. 그것은 정당화주의의 한 형태였다. 과학은 실험 검증 사용이 특징이듯이 수학 또한 그렇다. 어느 경우에도 실행이 목적은 아니다. 수학의 목적은 추상적 실재를 이해하고 설명하는 것이다. 증명은 주로 거짓 설명을 배제하는 방법이다. 그리고 그것은 또 설명되어야 하는 수학적 진실을 제공하기도 한다. 그러나 진보가 가능한 다른 분야처럼, 수학도 하잘것없는 진실이 아니라 좋은 설명을 찾으려고 애쓴다.

물리 법칙이 미세 조정되어 있는 것처럼 보이는 세 가지 방법은 다음과 같다. 이 방법들은 모두 단 하나의 유한한 기본 연산의 집합으로 설명할 수 있으며, 무한과 유한 연산 사이에 단 하나의 독특한 차이를 공유한다. 그리고 그 방법들의 예측 모두가 단 하나의 물리적 객체인,

보편적 고전 컴퓨터로 계산할 수 있다(하지만 물리학을 효과적으로 시뮬레이션하려면 일반적으로 양자 컴퓨터가 필요하다). 이것은 인간의 뇌가 퀘이사 같은 매우 비인간적인 물체의 행동을 예측하고 설명할 수 있다는 계산 보편성을 물리 법칙이 뒷받침하기 때문이다. 그리고 힐베르트 같은 수학자들이 증명에 대한 직관을 구축할 수 있고, 그것이 물리학과 무관하다고 잘못 생각할 수 있는 것도 바로 이런 계산 보편성 때문이다. 그러나 증명은 물리학과 무관하지 않다. 증명은 우리의 세계를 지배하는 물리학에서만 보편적이다. 만약 퀘이사의 물리학이 무한 호텔의 물리학과 유사하고 이른바 계산 불가 함수에 의존한다면, 퀘이사는 예측할 수 없을 것이다(관련 법칙에 의존하는 퀘이사나 다른 물체로 컴퓨터를 만들지 않는 한). 물리 법칙이 그것과 약간만 달라도 우리는 아무것도 설명할 수 없을 것이며, 그러므로 우리는 존재할 수 없을 것이다.

따라서 우리가 실제로 물리 법칙을 찾게 되면 그 법칙에는 계산 친화적이고 예측 친화적이며 설명 친화적인 특별함이 있다. 물리학자 유진 위그너Eugene Wigner는 이것을 "자연과학에 존재하는 수학의 비합리적 효과"라고 불렀다. 내가 지금까지 제시한 이유들 때문에, 인간 중심 논증만으로는 그것을 설명할 수 없다. 설명은 다른 무언가의 몫이다.

이 문제는 나쁜 설명을 유도하는 것 같다. 신앙인들이 과학에 존재하는 수학의 비합리적 유효성에서 섭리를 보고, 일부 진화론자들이 진화의 특징을 보고, 일부 우주론자들이 인간 중심 선택 효과를 보는 경향이 있는 것처럼, 일부 컴퓨터 과학자와 프로그래머들도 하늘을 통해 훌륭한 컴퓨터를 본다. 예를 들어, 우리가 보통 실체라고 생각하는 것은 그저 가상 현실에 불과하다는 게 이런 생각의 한 사례이다. 거대한 시뮬레이터라는 엄청나게 큰 컴퓨터에서 실행되고 있는 프로그램. 겉으로 보기에 이 시뮬레이터는 물리학과 계산의 연결을 설명하는 믿음직한 접근법처럼 보일 것이다. 어쩌면 물리 법칙을 컴퓨터 프로그램의 형태로 표현할 수 있는 이유는 그 법칙이 사실 컴퓨터 프로그램이기 때문인지도 모른다. 어쩌면 우리 세계에서 컴퓨터 보편성의 존재는 다른 컴퓨터를 모방하는 컴퓨터 (이 경우에는 거대한 시뮬레이터) 능력의 특별한 경우인지도 모른다.

그러나 그 설명은 망상이다. 왜냐하면 그것은 과학적 설명 포기를 수반하기 때문이다. 우리와 우리 세계가 소프트웨어로 이루어져 있다면 우리에게는 실제의 물리학(거대한 시뮬레이터라는 하드웨어의 기초가 되는 물리학)을 이해할 방법이 없을 것이다.

계산을 물리학의 중심에 두고 인간 중심 추론의 모호성을 해결할 다른 방법은 가능한 모든 컴퓨터 프로그램이 실행되고 있다고 상상하는 것이다. 우리가 실체라고 생각하는 것은 그저 하나 이상의 그런 프로그램이 만들어 낸 가상현실에 불과하다. 그런 다음 그 모든 프로그램에 대한 평균의 관점에서 '흔한 것'과 '드문 것'을 정의하고, 길이 순서대로 (각각이 얼마나 많은 기본 연산을 포함하는지에 따라) 프로그램을 세어 나간다. 그러나 이번에도 이것은 '기본 연산'에 대해 선호하는 개념이 존재한다고 가정한다. 프로그램의 길이와 복잡성은 전적으로 물리 법칙에 달려 있기 때문에 이 이론은 다시 컴퓨터들이 실행되고 있는, 우리가 모르는 외부 세계를 필요로 한다.

그러나 두 접근법 모두 물리학과 계산의 설명적 연결 방향을 역전시키려 시도한 탓에 실패한다. 두 접근법이 그럴 듯해 보이는 것은 고전적으로 계산 가능한 함수들의 집합이 수학에서 선험적 특권을 갖는다고 오해한 제논의 표준 실수를 계산에 적용했기 때문이다. 그러나 그렇지 않다. 연산 집합에 특권을 주는 것은 그 집합이 물리 법칙으로 증명된다는 사실뿐이다. 만약 물리적 세계 이전에 계산이 존재해서 그 법칙을 만든다고 생각한다면 보편성의 요지는 사라진다. 계산 보편성은 우리의 물리적 세계 내부의 컴퓨터들이 우리가 (그것으로) 접근 가능한 보편적 물리 법칙 아래에서 서로 관련되어 있다는 것이다.

수학에서 결정할 수 없는 문제들의 존재를 포함해서 수학과 계산으로 무엇을 알 수 있고, 무엇을 달성할 수 있는지에 대한 모든 한계가 문제는 풀린다는 공리와 어떻게 조화를 이룰까?

문제는 개념들 사이의 충돌이다. 추상적으로 존재하는 수학 문제 대부분은 절대로 그런 충돌의 주제로 등장하지 않는다. 그 문제들은 호기심의 주제도 아니며, 추상 개념 세계의 특징에 대한 충돌하는 오해들의 중심도 아니다. 간단히 말해서 대부분은 흥미를 끌지 못한다.

더욱이 증명의 발견이 수학의 목적이 아니라는 점을 기억하자. 증명은 그저 수학의 방법 중 하나에 불과하다. 수학의 목적은 이해이며, 일반적인 방법은 모든 분야에서처럼 추측을 하고 그것이 설명으로서 얼마나 좋은지 증명하는 것이다. 우리는 수학적 명제의 참 거짓을 증명하는 방식만으로는 그 명제를 이해하지 못한다. 단순히 증명 목록을 나열하는 게 아니라 수학 강연을 하는 건 바로 이 때문이다. 그리고 증명이 부족하다고 해서 반드시 명제를 이해하지 못하는 것도 아니다. 반대로 일반적으로는 수학자가 먼저 문제의 추상 개념에 대한 무언가를 이해하고 그다음에 그 이해를 바탕으로 추상 개념에 대한 참 명제가 입증되는 방식을 추측하고, 그다음에 그 명제를 입증하는 게 순서이다.

어떤 수학적 정리는 증명이 가능한데도 영원히 흥미를 끌지 못한다. 그리고 증명되지 않은 어떤 수학적 추측은 수백 년 동안 증명되지 못하거나 증명할 수 없는데도 많은 설명을 만들 수 있다. 한 가지 사례는 컴퓨터 과학의 전문 용어로 'P≠NP'(p-NP 문제는 복잡도 종류 P와 NP가 같은지에 대한 컴퓨터 과학의 큰 문제로, 컴퓨터로 해법이 빠르게 확인된 문제가 컴퓨터로 빠르게 풀리기도 할 것인지의 여부를 묻는다-옮긴이)로 알려진 추측이다. 이 용어는 대략적으로 말해서 일단 해답을 얻으면 그 해답의 효과적인 입증이 가능하지만, 애당초 보편적인 (고전적) 컴퓨터로는 효과적인 계산이 불가능한 종류의 수학적 질문이 존재한다는 것이다('효과적인' 계산은 실제로 그 말의 의미에 가까운 기술적 정의를 갖는다). 거의 모든 계산 이론 연구자들은 추측이 사실이라고 확신한다(이것은 수학적 지식이 오직 증명으로만 이루어져 있다는 생각에 대해서 한발 더 나아간 반박이다). 증명이 전혀 없는데도 이 말을 왜 사실로 생각해야 하는지에 대해서는 상당히 좋은 설명들이 존재하지만, 그 반대 경우에 대해서는 설명이 전혀 존재하지 않는다(그리고 양자 컴퓨터에 대해서도 동일한 논리가 타당하게 여겨진다).

더욱이 유용하면서도 흥미로운 막대한 양의 수학 지식이 추측을 기반으로 만들어져 왔다. "그 추측이 참이라면, 이런 흥미로운 결과가 따른다" 같은 정리가 여기에 포함된다. 그리고 그 추측이 거짓일 경우 따르게 될 결과에 대해서도 흥미로운 정리들이 존재한다.

추론 불가능한 질문을 연구하는 수학자는 아마도 이 질문이 추론 불가능하다는 사실을 증명할 수 있을 것이다(그리고 그 이유도 설명할 수 있을 것이다). 그 수학자의 관점에서 이건 대단한 성공이다. 비록 수학적 질문에는 답변하지 못하지만 수학적 문제는 해결한다. 심지어 그런 종류의 성공을 거두지 못하고 수학적 문제를 연구해도 지식 창출이 불가능한 것은 아니다. 수학적 문제의 해결을 위해 노력하고 실패할 때마다 그 접근법이 효과가 없는 이유에 대한 정리를 (그리고 대개는 설명을) 발견했기 때문이다.

그러므로 우리가 결코 알지 못할 물리적 세계에 대한 진실이 존재한다는 사실처럼 결정 불가능성도 '문제는 풀린다'는 공리와 모순이 아니다. 언젠가는 우리가 지구상 모래 알갱이의 수를 정확히 측정할 기술을 갖게 될 거라고 예상하지만, 아르키메데스의 시대에 모래 알갱이의 수가 정확히 얼마였는지를 알게 될 것 같지는 않다. 사실 앞에서 무엇을 알 수 있고 무엇을 달성할 수 있는지에 대한 더 철저한 제한들을 언급했다. 보편적 물리 법칙이 부과하는 직접적 제한들이 존재하는데, 광속을 넘어설 수 없다는 것이 그 하나이다. 다음에는 인식론의 제한들이 있다. 즉, 우리는 추측과 비판의 방법 이외에는 지식 창출을 할 수 없다. 오류는 피할 수 없으며, 오직 오류 수정 과정들만 성공하거나 오랫동안 지속 가능하다. 이 중 어떤 것도 공리와 모순되지 않는데, 그런 제한들 중 어느 것도 해결할 수 없는 설명들의 충돌을 야기하지는 않기 때문이다.

그러므로 나는 과학과 철학에서뿐만 아니라 수학에서도 "흥미로운 질문이라면, 문제는 풀린다"고 추측한다. 오류 가능성 원리는 무엇이 흥미로운가에 대해 오류를 범할 수 있다고 말한다. 따라서 이 추측으로부터 세 가지 결과가 나온다. 첫째는 본질적으로 풀리는 문제는 본질적으로 흥미롭지 않다는 점이다. 둘째는 결국 무엇이 흥미롭고 무엇이 지루한가의 차이는 주관적 기호의 문제가 아니라 객관적 사실의 문제라는 점이다. 그리고 세 번째는 흥미로운 모든 문제가 왜 풀리는가라는 흥미로운 문제도 풀린다는 점이다. 현재 우리는 물리 법칙이 왜 미세 조정된 것처럼 보이는지 알지 못한다. 우리는 다양한 형태의 보편성이 왜 존재하는지도 알지 못한다(그것들 사이의 많은 연결에 대해서는 알고 있지만). 우리는 세계가 왜 설명 가능한지도 알지 못한다. 그러나 결국 우리는 알게 될 것이다. 그리고 그렇게 되면 설명할 게 무한히 더 많아질 것이다.

지식 창출에 대한 모든 한계 중 가장 중요한 것은 예측이 불가능하다는 점이다. 우리는 앞으로 창출해야 할 개념의 내용도 그 효과도 예측할 수 없다. 이런 제한은 지식의 무제한 성장과 일치할 뿐만 아니라, 다음 장에서 설명하겠지만, 필연적 결과이다. 문제가 풀린다는 말은 우리가 이미 해답을 알고 있다거나 주문해서 만들어 낼 수 있다는 의미가 아니다. 생물학자 피터 메더워Peter Medawar는 과학을 "해결의 기술"로 묘사했지만, 이 말은 모든 형태의 지식에도 동일하게 적용된다. 모든 종류의 창의적인 사고는 어떤 접근이 효과적인지 아닌지에 대한 판단을 필요로 한다. 특정 문제에 흥미를 얻거나 잃는 것은 창조적 과정의 일부이며 그 자체가 문제 해결이 된다. 따라서 '문제가 풀리는지'의 여부는 해당 문제의 답변 여부나 특정한 날에 특정 사상가가 답변 가능한가의 여부와 무관하다. 그러나 진보가 물리 법칙의 위반에 의존한다면, '문제는 풀린다'는 말은 거짓이 된다.

9장

낙관론

Optimism

> 미래에 놓여 있는 가능성은 무한하다. 내가 "우리는 낙관론을 유지해야 할 의무가 있다"고 할 때, 이 말은 미래에 대한 열린 마음뿐만 아니라 우리 모두가 우리의 모든 행위로 미래에 기여한다는 의미도 포함한다. 즉, 우리 모두는 미래에 일어나는 일에 대해 책임이 있다. 따라서 우리의 의무는 불운을 예언하는 것이 아니라, 더 나은 세상을 위해 투쟁하는 것이다.
>
> 칼 포퍼, 《체제의 신화*The Myth of the Framework*》

마틴 리스는 문명이 20세기에 살아남은 것은 행운이었다고 생각한다. 왜냐하면 냉전 내내 이번에는 수소 폭탄으로 싸울 또 다른 세계 전쟁이 발발해서 문명이 파괴될 가능성이 상존했기 때문이다. 이런 위험은 줄어든 것처럼 보이지만, 2003년에 출간된 《우리의 마지막 세기*Our Final Century*》라는 저서에서 리스는 문명이 이제 21세기에 살아남을 가능성은 50%에 불과하다는 우울한 결론에 도달했다.

이번에도 이런 결론은 새로 창출된 지식이 치명적인 결과를 초래할 위험 때문이다. 예를 들어, 리스는 문명을 파괴시키는 무기, 특히 생물학 무기의 생산이 곧 수월해져서 테러 조직이나 심지어 악의적인 개인이 그런 무기를 손에 넣는 걸 막을 수 없을 거라고 생각했다. 그는 또 실험실에서 유전자 조작된 미생물이 빠져 나와 치유 불가능한 질병이 세계적으로 유행하게 되는 재앙도 두려워했다. 지능형 로봇과 나노테크놀로지는 결국 "훨씬 더 위협적으로 운영될 수 있다"고 그는 썼다. 그리고 물리학도 위험할 수 있다는 상상은 불가능한 것이 아니라고 했다. 예를 들어, 어떤 면에서는 빅뱅 이후 어느 때보다도 더 극단적인 조건을 만들어 내는 기본 입자 가속기는 진공 상태의 공간을 불안정하게 만들어 우리의 우주 전체를 파괴시킬 수도 있다고 암시되어 왔다.

리스는 자신의 결론이 성립하기 위해서는 반드시 그런 재앙 중 어느 하나라도 일어날 개연성이 존재한다는 말은 아니라고 지적했다. 왜냐하면 불행은 꼭 한 번은 닥쳐오기 마련이고, 다양한 분야에서 진보가 이루어질 때마다 새로운 위험이 발생하기 때문이다. 그는 이것을 러시안룰렛에 비유했다.

그러나 인간의 조건과 러시안룰렛 사이에는 중대한 차이가 있다. 러시안룰렛에서 이길 확률은 게임하는 사람의 생각이나 행동에 영향을 받지 않는다. 그 규칙 내에서는 그것이 순전한 확률 게임이다. 반대로 문명의 미래는 우리가 어떤 생각을 하고, 어떤 행동을 하는지에 전적으로 달려 있다. 만약 문명이 몰락한다면, 그 일은 그냥 우리에게 일어나는 게 아니라, 사람들이 한 선택의 결과가 될 것이다. 만약 문명이 생존한다면, 그것은 사람들이 생존 문제를 성공적으로 해결했기 때문일 테고, 그런 일도 우연히 일어나지는 않을 것이다.

문명의 미래와 러시안룰렛 게임의 결과 모두 예측 불가능하지만, 의미도 다르고 이유도 다르다. 러시안룰렛은 단순히 무작위이다. 비록 결과는 예측할 수 없지만, 가능한 결과가 무엇인지는 알고 있으며, 게임의 규칙이 지켜질 경우 각각의 확률도 안다. 문명의 미래를 알 수 없는 것은 미래에 영향을 미치는 지식이 아직 더 창출되어야 하기 때문이다. 따라서 확률은 고사하고 가능한 결과도 아직 알려져 있지 않다.

지식의 성장이 이 사실을 바꿀 수는 없다. 반대로 더 강력하게 기여한다. 즉, 과학 이론의 미래 예측 능력은 설명의 도달 범위에 의존하지만, 어떤 설명도 그 계승 이론들의 내용을 (혹은 그 이론들의 효과나, 아직 아무도 생각해 내지 못한 다른 개념들의 효과를) 예측할 정도의 도달 범위를 갖고 있지 않다. 1900년에는 핵물리학과 컴퓨터 과학과 생체공학 같은 전혀 새로운 분야를 포함해서 20세기에 이루어진 혁신의 결과를 아무도 예측할 수 없었던 것처럼, 우리 자신의 미래도 우리에게 아직 없는 지식으로 만들어질 것이다. 우리는 해법과 그것들이 사건에 어떤 영향을 미치는지는 고사하고, 앞으로 직면하게 될 대부분의 문제도, 그런 문제를 해결할 대부분의 기회도 예측할 수 없다. 1900년의 사람들은 인터넷이나 원자력이 불가능하다고 생각했던 게 아니었다. 그들은 그런 것들을 전혀 상상하지 못했다.

어떤 좋은 설명도, 결과나 혹은 결과의 확률이나 과정이 새로운 지식 창조의 중대한 영향을 받는 현상의 확률을 예측하지는 못한다. 이것이 과학적 예측 도달 범위의 기본적 한계이며, 미래를 계획할 때는 이런 한계의 수용이 반드시 필요하다. 포퍼에 따라 나는 좋은 설명으로부터 따르는 미래 사건에 대한 결론에는 예측이라는 용어를 그리고 아직 알 수 없는 것을 안다고 주장하는 것에는 예언이라는 용어를 사용하고자 한다. 알 수 없는 것을 알려고 하다가는 결국 오류와 자기기만에 빠질 수 있다. 특히 이것은 비관론 쪽으로 기울게 한다. 예를 들어, 1894년에 물리학자 앨버트 마이컬슨Albert Michelson은 물리학의 미래에 대해서 다음과 같이 예언했다.

> 물리학의 더 중요한 기본 법칙과 사실이 모두 발견되었고, 이런 것들은 이제 너무 확실하게 확립되어 있어서 새로운 발견 때문에 퇴출될 가능성은 대단히 적다. … 우리의 미래 발견은 소수점 아래 여섯째 자리에서 찾아야 한다.
>
> 앨버트 마이컬슨, 시카고 대학교 라이어슨 물리 연구소 개소식 연설

마이컬슨이 자신이 알고 있는 물리학의 기초가 퇴출될 가능성이 "대단히 적다"고 판단했던 행위는 정확히 무엇이었을까? 그는 미래를 예언하고 있었다. 어떻게? 당시에 가능한 최고의 지식을 기초로. 그러나 그 지식은 1894년의 물리학으로 이루어져 있었다! 그 지식은 수많은 적용에서 강력하고 정확했지만, 그 후에 나온 지식의 내용은 예측하지 못했다. 그 지식은 상대성 이론과 양자 이론이 가져올 변화를 상상하는 데에도 적합하지 않았다. 그런 이론을 상상한 물리학자들이 노벨상을 수상한 건 바로 이 때문이다. 마이컬슨은 확률이 "대단히 낮은" 발견 가능한 목록 어디에도 우주의 팽창이나 평행 우주의 존재나 중력의 비존재를 넣지 않았을 것이다. 그는 그저 그런 것을 상상하지 못했다.

100년 전, 수학자 조제프 루이 라그랑주Joseph-Louis Lagrange는 아이작 뉴턴이 지금까지 살았던 가장 위대한 천재였을 뿐만 아니라, "세계의 체제는 단 한 번만 발견될 수 있기 때문에" 그가 가장 행운아였다고 논평했다. 라그랑주는 뉴턴의 이론을 더 우아한 수학적 언어로 번역했을 뿐이라고 생각했던 자신의 노력 일부가 뉴턴의 "세계의 체제"를 교체하는 데 한 발짝 다가간 것임을 결코 알지 못했을 것이다. 마이컬슨은

생전에 1894년의 물리학과 자신의 예언을 훌륭하게 반박하는 일련의 발견들을 목격했다.

라그랑주처럼, 마이컬슨도 이미 자신도 모르는 사이에 새로운 체계에 기여했다(이 경우에는 실험 결과였다). 1887년에 그와 그의 동료 에드워드 몰리Edward Morley는 관측자가 움직일 때 관측자에 대한 광속이 변하지 않는다는 것을 관측했다. 놀라울 정도로 직관에 반하는 이 사실은 나중에 아인슈타인 특수 상대성 이론의 주요 특징이 되었다. 그러나 마이컬슨과 몰리는 그게 바로 자신들의 관측 내용이었다는 사실을 깨닫지 못했다. 관측은 이론에 의존적이다. 실험적으로 기이한 현상이 나왔을 때, 우리에게는 그런 기이한 현상을 중요하지 않은 편협한 가정을 수정해서 설명할 수 있을지 아니면 과학 전체를 혁명적으로 바꾸어야만 설명할 수 있을지 예측할 방법이 없다. 그것은 오직 그 현상을 새로운 설명에 비추어 보았을 때에만 알 수 있다. 그동안은 기존의 오해를 포함하는 기존의 최고 설명을 통해 세상을 보는 수밖에 없다. 따라서 우리의 직관은 편향되기 마련이다. 특히 이런 편견은 우리가 중요한 변화를 상상하지 못하도록 방해한다.

미래 사건의 결정 요인을 알 수 없을 때는 어떻게 대비해야 할까? 그런 결정 요인의 일부가 과학적 예측의 도달 범위를 넘을 경우, 미지의 미래에 대한 올바른 철학은 무엇일까? 알 수도 없고 상상할 수도 없는 것에 대한 합리적 접근은 무엇일까? 이것이 바로 이 장의 주제이다.

'낙관론'이나 '비관주의'라는 용어는 항상 미지의 것에 사용하는 것이었지만, 원래는 오늘날처럼 특히 미래를 언급하는 것은 아니었다. 원래 '낙관론'은 세상이 과거와 현재와 미래 모두 아주 좋다는 가르침이었다. 이 용어는 처음에 '완벽한' 존재인 신이 '최고의 세상'보다 못한 것은 창조하지 않았을 거라는 라이프니츠의 주장을 묘사하기 위해 사용되었다. 라이프니츠는 이런 개념이 4장에서 언급한 '악의 문제'를 해결했다고 믿었다. 즉, 그는 세상의 모든 명백한 악이 너무 멀어서 알 수 없는 미래의 좋은 결과보다 더 중요하다고 제안했다. 마찬가지로 결국 일어나지 못하는 모든 명백히 좋은 사건들(인간이 성취하지 못했던 모든 개선들을 포함해서)이 일어나지 못하는 까닭도 좋은 결과보다 더 중요한 나쁜 결과를 초래했기 때문이다.

결과는 물리 법칙으로 결정되기 때문에, 라이프니츠의 주장을 더 광범위하게 말하면 물리 법칙도 최고여야 한다. 과학적 진보를 더 쉽게 만들거나, 질병을 불가능한 현상으로 만들거나, 심지어 어떤 질병을 다소 덜 불쾌하게 만드는 대안 법칙은, 다시 말해서, 모든 역병과 고문과 폭정과 자연재해를 갖고 있는 우리의 실제 역사에 대한 개선처럼 보일 어떤 대안도 사실 라이프니츠에 따르면, 균형에는 훨씬 더 나빴을 것이다.

이 이론은 대단히 나쁜 설명이다. 이 방법으로는 관측된 일련의 사건이 '가장 잘' 설명될 수 있을 뿐만 아니라, 라이프니츠의 대안 이론도 우리는 가능한 세상 중 최악에서 살고 있으며, 훨씬 더 좋은 일이 일어나지 않게 하기 위해서는 모든 좋은 사건이 필요하다고 똑같이 주장할 수 있기 때문이다. 사실, 아르투어 쇼펜하우어Arthur Schopenhauer 같은 철학자들도 바로 이렇게 주장했다. 그들의 태도는 철학적 '비관주의'라고 불린다. 혹은 세상이 최고와 최악의 중간에 있다고 주장할 수도 있을 것이다. 피상적인 차이에도 불구하고, 이 모든 이론에는 중요한 공통점이 있다. 만약 그중 어느 하나라도 사실이라면, 합리적 사고로는 진정한 설명을 발견하지 못한다는 것이다. 왜냐하면, 우리는 항상 관측하는 것보다 더 좋아 보이는 상태를 상상할 수 있으므로, 우리의 설명이 아무리 좋아도 상상한 상태가 더 좋다고 잘못 판단하게 될 것이다. 따라서 그런 세상에서는 진정한 사건 설명이란 상상조차 할 수 없다. 예컨대, 라이프니츠의 '낙관적인' 세계에서는 문제를 해결하려다가 실패할 때마다, 그 실패의 원인은 거대한 지성체가 문제 해결을 방해했기 때문이라고 말한다. 그리고 훨씬 더 나쁘게는, 누군가가 추론을 거부하고 나쁜 설명이나 논리적 궤변에 (혹은 그 문제라면 순전한 악의에) 의존하기로 결정할 때마다, 그들은 여전히 모든 경우에 가장 합리적이고 호의적인 생각이 얻을 수 있는 것보다 균형이 잘 잡힌 결과를 얻는다. 이것은 설명 가능한 세상을 묘사하지 않는다. 그리고 이것은 이런 세상에 사는 우리에게 매우 큰 비보가 될 것이다. 원래의 '낙관론'과 '비관론' 모두 내가 정의하게 될 순전한 비관론에 가깝다.

일상적으로 하는 말 중에, "낙관론자는 유리잔이 절반이나 차 있다고 말하는 반면, 비관론자는 절반이나 비었다고 말한다"는 이야기가 있다. 그러나 그런 태도는 내가 말하려는 게 아니다. 그것은 철학이 아니라 심리학의 문제이다. 즉, 본질이라기보다는 '빙글빙글 돌려서' 본질을 호도하는 것이다. 이런 용어들은 유쾌함이나 우울함 같은 기분으로 표현할 수도 있지만, 기분은 미래에 대한 입장을 필요로 하지 않는다. 정치가 윈스턴 처칠Winston Churchill은 극심한 우울증으로 고통 받았지만, 문명의 미래에 대한 그의 전망과 전시 지도자로서의 그의 기대는 대단히 긍정적이었다. 또 경제학자 토머스 맬서스Thomas Malthus는 종말 예언자로 유명했지만, 종종 저녁 식사에서는 평온하고 행복한 사람이었다고 한다.

맹목적 낙관론은 미래를 바라보는 자세이다. 그것은 결과가 나쁘지 않을 것임을 아는 것 같은 태도이다. 정반대의 접근 방식인 맹목적 비관주의는 종종 사전 예방 원칙precautionary principle으로 알려져 있는데, 안전하다고 알려져 있지 않은 모든 것을 피하는 방식으로 재난을 피하려고 한다. 이 둘 중 어느 쪽을 보편적인 정책으로 진지하게 옹호하는 사람은 없지만, 이런 자세의 가정과 주장은 흔하며, 종종 사람들의 계획에 스며들기도 한다.

맹목적 낙관론은 또 '과신'이나 '무모함'으로도 알려져 있다. 아마도 부당하게 자주 인용되는 한 가지 예는 해양 정기선 타이타닉호가 '실질적으로 침몰할 수 없다'는 건조자들의 판단일 것이다. 당시의 최대 선박이었던 타이타닉호는 1912년에 처녀항해 중 침몰했다. 예측 가능한 모든 재난에 견디도록 설계된 이 여객선은 미처 예측하지 못했던 방식으로 빙산과 충돌했다. 맹목적 비관주의자는 좋고 나쁜 결과 사이에 본질적인 비대칭이 존재한다고 주장한다. 성공적인 처녀항해도 재앙적인 항해만큼이나 유해할 수 있다. 리스가 지적했듯이 그렇지 않으면 유익했을 단 하나의 치명적인 혁신적 결과가 인간의 진보를 영원히 멈추게 할 수도 있을 것이다. 따라서 맹목적으로 비관적인 해양 정기선의 건조법은 기존 설계를 고수하고 그 어떤 새로운 기록 갱신도 시도하지 않는 것이다.

하지만 맹목적 비관주의는 맹목적으로 낙관적인 주장이다. 이것은 예상치 못한 비참한 결과가 기존의 지식 때문에 (더 정확히 말하면, 기존의 무지 때문에) 일어나는 게 아니라고 가정한다. 모든 난파선이 기록을 경신한 선박에서 발생하는 건 아니다. 예상치 못한 모든 물리적 재해가 물리학 실험이나 신기술로 인해 발생하는 것도 아니다. 그러나 우리는 예측 가능 여부와 무관하게 모든 재난으로부터 우리를 보호하거나, 재난 발생 후 폐허를 복구하려면 지식이 필요하다는 사실은 알고 있다. 그래서 지식은 창출되어야 한다. 지식의 성장을 저해하지 않는 모든 혁신에서 나올 수 있는 해악은 항상 유한하다. 하지만 이익은 무한할 수 있다. 만약 누구도 사전 예방 원칙을 위반하지 않았더라면, 고수할 기존의 선박 설계도, 유지할 기록도 없었을 것이다.

비관주의가 설득력을 가지려면 이런 주장을 반박해야 하기 때문에, 역사를 통해 비관주의 이론에 자주 등장하는 주제는 매우 위험한 순간이 임박했다는 내용이었다.《우리의 마지막 세기》는 20세기 중반 이후의 기간이 기술이 문명을 파괴할 수 있었던 최초의 시기였음을 증명한다. 그러나 그렇지 않다. 역사의 많은 문명들은 불fire과 검sword이라는 단순한 기술로 파괴되었다. 사실, 역사의 모든 문명 중 압도적인 대다수는, 일부는 의도적으로 일부는 역병이나 자연재해의 결과로 파괴되었다. 개선된 농업 기술이나, 군사 기술, 더 나은 위생이나, 더 나은 정치 및 경제 제도 같은 약간의 지식이 더 있었더라면, 그런 문명들을 파괴시킨 재난을 피할 수 있었을 것이다. 그러나 그런 지식들이 혹시 있었다고 해도, 조금 더 조심스럽게 혁신한다고 해서 구제될 수 있는 문명은 매우 적었을 것이다. 사실 대부분의 문명은 사전 예방 원칙을 열심히 이행했다.

더 일반적으로 그런 문명들에게 부족했던 것은 추상적인 지식과 기술적 인공물로 구현된 지식의 특정 조합, 즉 충분한 자원wealth이었다. 여기서 자원이란 문명이 편협하지 않은 방법으로 만들어 낼 수 있는 물리적 변화의 축적이라고 정의하자.

맹목적으로 비관적인 정책의 한 가지 사례는 외계 문명과의 접촉이 두려워 우리 행성을 은하에서 최대한 눈에 띄지 않게 만들려는 시도였다. 스티븐 호킹은 자신의 텔레비전 시리즈 〈우주 속으로Into the Universe〉에서 이렇게 조언했다. "만약 외계인들이 우리를 방문한다면, 그 결과는 크리스토퍼 콜럼버스가 아메리카 대륙에 처음 상륙했을 때만큼이나 엄청날 거라고 생각한다. 그 결과는 결국 미국 원주민에게 그리 좋지 않은 것으로 드러났다." 그는 지구에서 자원을 빼앗아 갈 떠돌이 우주 문명도 존재할 테고, 지구를 식민지로 만들 제국주의 문명도 존재할 거라고 경고했다. 공상 과학 소설 작가 그렉 베어Greg Bear는 은하가 문명들로 가득 차 있으며, 이 문명들은 포식자이거나 먹잇감으로, 두 경우 모두 눈에 띄지 않게 숨어 있다는 전제를 바탕으로 흥미로운 소설을 썼다. 이런 전제는 페르미 문제의 수수께끼를 해결했다. 그러나 이것은 진지한 설명이 될 수 없다. 우선, 그런 설명은 우주 안에 존재하는 포식자 문명의 존재를 확신하고, 발견되기 전에(이 말은 그들이 전파를 발명하기도 전이라는 뜻이다) 그 포식자들로부터 숨기 위해 스스로를 완전히 재구성하는 문명들에 의존한다.

호킹의 제안은 또 우리의 존재를 은하에 알려지지 않게 했을 때의 다양한 위험도 간과했다. 예컨대, 좋은 문명이, 사람이 살지 않는 지역이라고 생각하는 곳의 자원을 이용하기 위해서 우리 태양계에 로봇을 보낼 경우 우연히 파괴되는 것 같은 상황 말이다. 그리고 이것은 맹목적 비관주의의 고전적 결함에 또 다른 오해를 추가했다. 하나는 더 큰 규모의 우주선 지구로, 가상의 탐욕스러운 문명의 진보는 지식이라기보다 천연자원의 제한을 받는다는 가정이다. 그런 문명은 정확히 무엇을 강탈하러 올까? 황금? 석유? 어쩌면 우리 행성의 물? 확실히 아니다. 왜냐하면 이곳에 와서 천연자원을 가지고 다시 우주의 거리를 가로질러 수송할 수 있는 문명은 이미 비용이 덜 드는 변환 방법을 갖고 있을 게 틀림없고, 따라서 천연자원의 화학적 조성은 신경 쓰지 않을 것이기 때문이다. 따라서 본질적으로 우리 태양계에서 그런 문명이 사용할 수 있는 유일한 자원은 태양에 있는 물질의 순량일 것이다. 그러나 물질은 모든 별에서 이용 가능하다. 어쩌면 그 문명은 거대한 공정 프로젝트의 일부로 거대한 블랙홀을 만들기 위해 모든 별을 무차별적으로 모으고 있는지도 모른다. 그러나 그런 경우, 유인 항성계의 누락은 사실상 그 문명에 전혀 손실이 되지 않을 것이다(그런 항성계는 아마도 소수일 테고, 그렇지 않다면 우리는 어떤 경우에도 숨지 못할 것이다). 그렇다면 그 문명이 수십억의 인구를 아무 생각 없이 일소해 버릴까? 그 문명에게는 우리가 벌레처럼 보일까? 이런 생각은 보편적 설명자와 생성자 같은 오직 한 가지 유형의 사람만 존재할 수 있다는 사실을 망각하는 경우에만 그럴듯해 보인다. 동물에게는 우리가 고등 존재이듯 우리에게도 고등 존재가 있을 수 있다는 생각은 초자연적 존재에 대한 믿음이다.

더욱이 진보에는 추측하고 비판하는 한 가지 방법밖에 없다. 그리고 지속적 진보를 허용하는 도덕적 가치는 계몽이 발견하기 시작한 객관적 가치뿐이다. 외계인의 도덕성이 우리의 도덕성과 다르다는 것은 의심의 여지가 없지만, 그게 우리의 도덕성이 정복자의 도덕성과 비슷하기 때문은 아닐 것이다. 우리는 진보 문명과의 접촉으로 심각한 문화 충격에 빠지지도 않을 것이다. 그 문명은 자신의 아이들(혹은 인공 지능)을 교육하는 방식을 알고 있을 테고, 따라서 우리를 교육하는 방식도 그리고 특히 그 문명의 컴퓨터 사용법을 교육하는 방식도 알 것이다. 더 큰 오해는 호킹이 우리 문명과 계몽 이전의 문명을 유사하게 본다는 점이다. 15장에서 설명하겠지만, 이 두 형태의 문명 사이에는 질적인 차이가 있다. 계몽 후의 문명에는 문화 충격이 반드시 위험한 것은 아니다.

과거에 실패한 문명들을 되돌아보면, 그들이 너무 빈곤했고 그들의 기술이 너무 허약했으며 그들의 세계 설명이 너무 단편적인데다 오해로 가득 차 있어서 위험한 바다를 항해할 때는 차라리 눈가리개가 유용하다고 생각하는 것만큼이나 혁신과 진보에 대한 신중함이 왜곡되어 있었다. 비관론자들은 우리 문명의 현재 상태가 그런 패턴의 예외라고 믿는다. 그러나 사전 예방 원칙은 그런 주장에 대해 뭐라고 말할까? 우리의 현재 지식도 위험한 격차와 오해로 가득 차 있지 않다고 확신할 수 있을까? 현재 우리의 자원이 보이지 않는 문제를 다루기에 애처로울 정도로 불충분하지 않다고 확신할 수 있을까? 확신할 수 없기 때문에, 사전 예방 원칙은 과거에 항상 유익했던 정책에, 즉 혁신을 비롯해 비상시에는 새로운 지식의 이점에 대한 맹목적인 낙관론에 기대도록 요구하지 않을까?

또한 우리 문명의 경우에, 사전 예방 원칙이 그 자체를 배제하지는 않는다. 우리 문명은 그 원칙을 따른 적이 없었기 때문에, 그런 원칙으로 전환한다고 해서 진행 중인 급속한 기술 진보가 중단되지는 않을 것이다. 그리고 그런 변화는 성공한 적이 없었다. 따라서 맹목적 비관론자는 원칙적으로 반대해야 할 것이다.

이것은 논리에 맞지 않는 것처럼 보일지 모르지만, 그렇지 않다. 맹목적 낙관론과 맹목적 비관론 사이에 이런 역설과 유사점이 존재하는 까닭은 이 두 접근법의 설명 수준이 매우 유사하기 때문이다. 둘 다 예언적이다. 즉, 모두 지식의 미래에 대해서 알 수 없는 것을 안다고 주장한다. 그리고 언제든 우리의 최고 지식은 진실과 오해 모두를 포함하기 때문에 어떤 한 면에 대한 예언적 비관론은 항상 또 다른 것에 대한 예언적 낙관론과 동일하다. 예를 들어, 리스의 최악의 공포는 문명을 파괴하는 생물 무기처럼 전례 없이 강력한 과학기술의 급속한 창조에 달려 있다.

만약 21세기가 대단히 위험하다는 리스의 생각이 옳다면 그리고 그럼에도 불구하고 문명이 살아남는다면, 그 문명은 섬뜩할 정도로 아슬아슬하게 위험을 모면했을 것이다. 《우리의 마지막 세기》는 냉전cold war이라는 또 다른 구사일생의 사례만 언급하므로 결국 연달아 두 번의 구사일생이 발생하는 셈이다. 그러나 이런 기준으로 보면, 문명은 제2차 세계 대전 동안 유사한 구사일생을 이미 거쳤던 게 틀림없다. 예를 들어, 나치 독일은 핵무기 개발에 근접해 있었고, 일본 제국은 흑사병을 성공적으로 무기화해서 중국에서 파괴적인 효과로 그 무기를 검증했으며 그 무기를 미국에 사용할 계획을 갖고 있었다. 심지어 많은 사람은 강력한 추축국(제2차 세계 대전 당시의 독일·이탈리아·일본의 3국—옮긴이)들이 재래식 무기로 얻어낸 승리도 문명을 파괴시킬 수 있을 거라고 걱정했다. 처칠은 "왜곡된 과학의 도움으로 더 사악하고 더 오래 지속되는 새로운 암흑시대"에 대해 경고했다. 하지만 낙관주의자였던 그는 그런 시대의 도래를 막기 위해 노력했다. 반대로 오스트리아의 작가 슈테판 츠바이크Stefan Zweig와 그의 아내는 문명이 이미 운을 다했다고 생각했기 때문에 1942년에 안전한 중립국 브라질에서 자살했다.

따라서 이렇게 되면 구사일생은 연달아 세 번이 된다. 그러나 훨씬 더 이전에는 없었을까? 1798년에 맬서스는 《인구론On Population》에서 19세기는 필연적으로 인간 진보의 영구한 종말을 보게 될 거라고 주장했다. 그는 당시에 다양한 기술적, 경제적 개선의 결과로 기하급수적으로 증가하고 있던 인구 때문에 이 행성의 식량 생산 능력은 한계에 가까워졌다고 계산했다. 그리고 이것은 우연한 불행이 아니었다. 그는 인구와 자원에 관한 자연법칙을 발견했다고 믿었다. 첫째, 각 세대의 순 인구 증가는 기존 인구에 비례하므로 인구는 기하급수적으로 증가한다(그의 표현을 빌면 "기하학적 비율geometrical ratio로"). 그러나 둘째, (예컨대, 이전에 비생산적이었던 땅을 경작하게 된 결과로) 식량 생산이 증가하면, 그 증가량은 그런 혁신이 다른 시간에 일어났을 때와 동일하다. 인구가 어떻게 되었든 그 증가량은 인구에 비례하지는 않는다. 맬서스는 이것을 (다소 특이하게) "산술 비율arithmetical ratio" 증가라고 부르며, "인구는 저지되지 않으면, 기하학적 비율로 증가한다. 그러나 생존 수단은 산술 비율로만 증가한다. 수를 약간만 안다면 산술 비율에 비해 기하학적 비율이 얼마나 위력이 큰지 알 수 있을 것"이라고 말했다. 맬서스의 결론은 그의 시대에 인류가 누리는 상대적 행복은 일시적 현상이며 그는 역사상 유일무이하게 위험한 순간에 살고 있다는 것이었다. 인류의 장기적 상태는 한편으로는 인구의 증가 경향과 다른 한편으로는 기아와 질병과 살인과 전쟁 사이의 평형이어야 한다. 생물권에서 일어나는 것처럼.

19세기 내내 인구 폭발은 맬서스의 예측대로 일어났다. 그러나 그가 예측했던 인류 진보의 종말은 일어나지 않았는데, 부분적으로는 식량 생산 증가가 인구 증가의 속도보다 훨씬 더 빨랐기 때문이었다. 그 뒤 20세기 동안은 두 가지 모두가 훨씬 더 빠른 속도로 증가했다.

맬서스는 한 가지 현상은 상당히 정확히 예측했지만, 다른 하나는 전혀 맞추지 못했다. 왜일까? 예언이 빠지기 쉬운 체계적인 비관적 편견 때문이었다. 1798년에는 미래의 인구 증가가 식량 공급의 증가보다 예측하기가 훨씬 더 쉬웠는데, 어떤 의미에서든 그게 더 가능성이 있었기 때문이 아니라 단순히 지식의 창조에 덜 의존했기 때문이다. 비교하려는 두 현상의 이런 구조적 차이를 무시함으로써, 맬서스는 근거 있는 어림에서 맹목적인 예언으로 빠지는 실수를 범했다. 맬서스와 그의 동시대인 대부분은 그가 이른바 "인구의 힘"이라고 부른 것과 "생산력"의 객관적 비대칭을 발견했다고 믿는 판단 오류를 범했다. 그러나 그것은 그저 마이컬슨과 라그랑주의 실수와 동일한 편협한 실수에 불과했다. 그들 모두 자신들이 이용할 수 있는 최고의 지식을 바탕으로 냉정한 예측을 한다고 생각했다. 그러나 사실 그들 모두 우리가 아직 발견하지 못한 것은 아직 알 수 없다는 인간 상태의 피할 수 없는 사실에 현혹되고 있었다.

맬서스도 리스도 예언할 의도가 없었다. 그들은 우리가 특정 문제를 제시간에 해결하지 않으면 불운이 닥칠 거라고 경고했다. 그것은 지금까지 항상 사실이었고, 앞으로도 그럴 것이다. 문제는 피할 수 없다. 내가 말했듯이, 많은 문명이 몰락했다. 심지어 문명이 동트기 전에도 네안데르탈인 같은 우리의 모든 자매 종족이 방법만 알았더라면 쉽게 대처할 수 있었을 도전 때문에 멸종했다. 유전자 연구는 우리 종이 7만 년 전에 총인구를 고작 수천 명으로 감소시킨 미지의 재난 때문에 멸종 위기에 처했음을 알려 준다. 이런 재앙을 비롯한 다른 종류의 재앙에 압도되는 것이 그 희생자들에게는 마치 강제로 러시안룰렛 게임을 강요당하는 것처럼 보였을 것이다. 다시 말해서 그들에게는 마치 그들이 할 수 있었을 어떤 선택도 그들에게 불리한 확률을 바꾸는 데 영향을 미칠 수 없는 것처럼 보였을 것이다. 그러나 이것은 편협한 오류였다. 문명은 맬서스 전에 오랫동안 가뭄과 기근이라는 '자연재해'로 생각했던 것 때문에 굶주렸다. 그러나 그것은 사실 우리가 조악한 관개법과 농경법이라고 부르는 것 때문이었다. 다시 말해서 지식의 부족 때문이었다.

우리 조상이 인공적으로 불을 피우는 방법을 배우기 전에 (그리고 그 이후에도 여러 차례) 사람들은 그 방법을 몰라 사망했던 게 틀림없다. 편협한 의미로 보면, 날씨도 그들을 죽게 했다. 그러나 더 심오한 설명은 지식의 부족이다. 역사에 걸쳐 수억 명의 콜레라 환자 중 대부분이 식수를 끓여서 목숨을 구할 수 있었던 난로가 보이는 거리에서 죽었다. 그러나 그들은 그 사실을 알지 못했다. 아주 일반적으로 '자연'재해와 무지로 인한 재해의 차이는 종이 한 장 차이다. 사람들이 한때 '그저 일어난다'거나 혹은 신의 명령으로 일어나는 것으로 생각한 모든 자연재해 앞에서 우리는 이제 영향을 받았던 사람들이 취하지 못했던 (더 정확히 말하면, 사람들이 만들지 못했던) 많은 선택들을 본다. 그리고 그런 모든 선택들이 계속 축적되어 결국 그들은 우리 같은 과학기술 문명을 만들고 비판의 전통을 만들고 계몽을 만드는 가장 중요한 선택을 하지 못했다.

만약 21세기 초가 되기 전에 1킬로미터의 소행성이 인류 역사의 언제라도 충돌 경로로 지구에 접근했었다면, 인류의 상당수는 죽음을 면치 못했을 것이다. 그런 점에서 우리는 전례 없이 안전한 시대에 살고 있다. 우리가 25만 년마다 일어나는 그런 충돌로부터 우리 자신을 어떻게 방어해야 하는지 알게 된 것은 21세기가 처음이다. 이런 빈도는 걱정하기에 너무 드문 상황으로 들릴 수도 있지만, 그런 일은 언제 일어날지 알 수 없다. 그런 충돌이 임의의 해에 일어날 확률이 25만분의 1이라는 말은 지구상의 전형적인 어떤 사람이 비행기 충돌보다 소행성 충돌로 사망할 확률이 훨씬 더 크다는 뜻이다. 그리고 다음에 우리에게 충돌할 그런 물체는 바로 이 순간 이미 저 밖에 존재하며 우리를 향해 돌진하고 있지만, 인간의 지식 이외에는 그것을 멈출 방법이 없다. 문명은 유사한 수준의 위험이 있는 다른 형태의 알려진 재난에 취약하다. 예를 들어, 빙하 시대는 소행성 충돌보다 더 자주 일어나며, '미니' 빙하 시대는 훨씬 더 자주 일어난다. 그리고 어떤 기후학자들은 그런 재난이 고작 수년만의 경고로 일어날 수 있다고 믿는다. 옐로스톤 국립공원 밑에 숨어 있는 것 같은 '슈퍼 화산'은 폭발하기만 하면, 한 번에 몇 년 동안 태양을 가릴 수 있는 위력을 가질지도 모른다. 만약 그런 일이 내일 일어난다면 우리 인간은 인공 빛으로 식량을 재배하는 방식으로 생존할 수 있을 테고, 문명은 회복될 수 있을 것이다. 그러나 대다수는 죽음을 면치 못할 테고, 그 고통이 너무나 막대해서 그런 사건에는 멸종과 거의 맞먹는 정도의 예방 노력을 기울여야 할 것이다. 우리는 자연적으로 발생하는 불치성 전염병의 가능성은 모르지만, 14세기의 흑사병 같은 세계적인 전염병이 이미 수백 년의 시간 규모로 일어날 수 있는 종류의 일임을 경험했기 때문에, 그 확률이 대단히 높다는 것은 짐작할 수 있다. 만약 그런 재앙이 닥친다면 이제 적어도 생존에 필요한 지식을 제시간에 만들어 낼 가능성은 있다.

그런 가능성이 존재하는 것은 우리에게 문제 해결 능력이 있기 때문이다. 문제는 불가피하다. 우리는 항상 미지의 미래에 대한 계획을 어떻게 세워야 하는지의 문제에 직면할 것이다. 우리는 편안히 앉아서 최선을 바랄 수는 없다. 설령 우리 문명이 그 재난을 방지하기 위해 우주 공간으로 나간다고 해도, 리스와 호킹 모두 올바르게 조언했듯이, 우리 은하 근처에서 일어나는 감마선 폭발로 완전히 흔적도 없이 사라지고 말 것이다. 그런 사건이 일어날 확률은 소행성 충돌보다 수천 배나 더 희박하지만, 일어나기만 하면 훨씬 더 많은 과학 지식과 엄청난 자원의 증가로 무장하지 않고는 방어할 도리가 없을 것이다.

하지만 우선 우리는 다음 빙하 시대에서 살아남아야 할 것이다. 그리고 그 전에 다른 위험한 기후 변화(자연적으로 초래된 것과 인간이 초래한 것 모두)와 대량 살상 무기와 세계적인 전염병을 비롯한 우리를 괴롭힐 수많은 예측 불가능한 위험에서 살아남아야 할 것이다. 우리의 정치 제도, 생활 방식, 개인적 열망과 도덕성 모두가 지식의 형태이거나 지식의 구체화된 표현이며, 만약 문명이 (그리고 특히 계몽이) 리스가 묘사하는 모든 위험을 비롯해서 우리가 모르는 다른 위험에서 살아남으려고 한다면 그 모든 것이 개선되어야 할 것이다.

그렇다면 어떻게? 우리는 어떻게 미지의 위험에 대비하는 정책을 만들 수 있을까? 만약 우리가 가진 기존 지식이나, 혹은 맹목적 낙관론이나 비관론 같은 독단적 경험 법칙들로부터 그런 정책을 도출할 수 없다면, 어디서 도출할 수 있을까? 과학 이론처럼 정책도 어떤 것으로부터 도출할 수 없다. 정책은 추측이다. 그리고 우리는 그런 추측들 중에서 기원을 근거로 하지 않고, 얼마나 좋은 설명인가에 따라, 즉 얼마나 변하기 어려운가에 따라 선택해야 한다.

경험주의와 지식이 '정당화된 진정한 믿음'이라는 개념에 대한 거부처럼, 정치 정책이 추측을 필요로 한다는 사실을 이해하는 것도, 이전에 의심하지 않았던 철학적 가정에 대한 거부를 수반한다. 이번에도 포퍼는 이런 거부의 주요 옹호자였다. 그는 이렇게 썼다.

> 우리 지식의 근원에 대한 질문은 항상 다음과 같은 기조였다. "우리 지식의 최고의 근원은 무엇일까? 가장 믿을 만한

> 지식, 우리가 오류를 범하지 않게 할 지식, 의심스러운 경우에 마지막으로 호소할 수 있고 또 호소해야만 하는 지식, 그런 지식의 근원은 무엇일까?" 그러나 나는 이상적 통치자가 존재하지 않는 것처럼, 그런 이상적 근원도 존재하지 않는다고 그리고 모든 '근원'은 때로 우리의 오류를 초래하기 쉽다고 가정하기를 제안한다. 그러므로 나는 우리 지식의 근원에 대한 질문을 완전히 다른 질문으로 대체할 것을 제안한다. "우리가 어떻게 오류를 발견하고 제거할 수 있을까?"라고.
>
> 칼 포퍼, 《권위 없는 지식*Knowledge without Authority*》

"우리가 어떻게 오류를 발견하고 제거할 수 있을까?"라는 질문에는 "과학은 우리가 스스로를 바보로 만들지 않을 방법에 대해 배워온 것이다"라는 파인만의 생각이 반영되어 있다. 그리고 그 대답은 기본적으로 과학과 마찬가지로 인간의 의사 결정에도 동일하다. 이것은 좋은 설명을 추구하는 비판의 전통이 필요하다. 무엇이 잘못되었는지에 대한 설명, 무엇이 더 나아질 것인지에 대한 설명 그리고 다양한 정책이 과거에는 어떤 효과가 있었고 미래에는 어떤 효과가 있을지에 대한 설명이 그런 예이다.

그러나 그런 설명들이 예측하지 못한다면, 그래서 과학에서처럼 경험을 통해 검증할 수 없다면 무슨 소용이겠는가? 이것은 사실 이런 질문이다. "철학의 진보는 어떻게 가능할까?" 5장에서 논의했듯이 이것은 좋은 설명의 추구를 통해 이루어진다. 철학에서 증거의 합리적 역할이 불가능하다는 오해는 경험주의의 잔재이다. 객관적 진보는 사실 일반적으로 과학에서처럼 정치에서도 가능하다.

정치철학은 전통적으로 포퍼가 "누가 통치할 것인가?"라는 질문이 칭했던 문제에 집중되어 있었다. 누가 권력을 휘두를 것인가? 그게 왕이나 귀족일까, 성직자일까 독재자일까, 혹은 소그룹일까, '민중'일까, 그들의 대표단일까? 그리고 이 질문은 "왕은 어떻게 교육받아야 할까? 민주주의에서는 누구에게 선거권을 주어야 할까? 정보와 책임 있는 유권자는 어떻게 확보하는가?" 같은 질문들을 파생시킨다.

포퍼는 이런 종류의 질문이 경험주의를 규정하는 질문인, "과학 이론이 어떻게 감각 데이터로부터 도출될까?"와 동일한 오해에 근거하고 있다고 지적했다. 이것은 대물림된 자격과 대다수의 의견, 어떤 사람이 교육받아온 방식 같은 기존 데이터에서 지도자나 정부의 올바른 선택을 이끌어 내거나 합리화하는 시스템을 찾고 있다. 맹목적 낙관론과 비관론의 근저에도 동일한 오해가 있다. 즉, 두 주장 모두 기존 지식에 간단한 규칙을 적용해서 미래의 어떤 가능성을 무시하고 어떤 가능성에 의존할지를 확립함으로써 진보가 이루어지기를 기대한다. 귀납법과 도구주의와 심지어 용불용설까지 모두 동일한 실수를 범한다. 즉, 그것들은 설명 없는 진보를 기대한다. 이들 개념은 오류와 수정의 지속적 흐름을 만드는 변화와 선택의 과정이 아니라 오류가 거의 없는 신의 절대명령에 의한 지식 창조를 기대한다.

세습 군주제의 옹호자들은 합리적인 사고와 논쟁으로 지도자를 선택하는 모든 방법이 일정한 기계적 기준 위에서 개선될 수 있다는 것을 의심한다. 그것은 실행되는 사전 예방 원칙이었고, 모순을 불러일으켰다. 예를 들어, 왕위 요구자가 현재의 왕보다 더 나은 세습 자격을 가졌다고 주장할 때는 사실상 폭력적이며 예측할 수 없는 변화에 대한 정당화로 사전 예방 원칙을 인용하고 있었다. 군주 자신이 급진적인 변화를 지지할 때도 마찬가지이다. 또한 전형적으로 파괴와 침체만 부르는 혁명적인 몽상가도 생각해 보라. 비록 그들이 맹목적인 낙관론자이기는 하지만, 그들을 유토피아적 이상주의자로 규정하는 이유는 그들이 생각하는 유토피아나, 이상을 달성하고 확립하는 그들의 폭력적인 제안이 언젠가는 개선될 수 있다는 것에 대해서 그들이 비관적이기 때문이다. 더욱이 그들이 애당초 혁명주의자인 것은 다른 많은 사람이 자신들이 안다고 생각하는 궁극적인 진실에 설득될 수 있다고 비관하기 때문이다.

"누가 통치해야 할까?"라는 정치 철학의 접근법은 단순히 학문적 분석의 실수가 아니다. 이것은 사실상 역사상 나빴던 정치적 주장들의 일부였다. 만약 정치적 과정을 올바른 통치자에게 권력을 주는 엔진으로 본다면, 그것은 폭력을 정당화시킨다. 왜냐하면 올바른 체제가 마련될 때까지는 어떤 통치자도 합법적이지 않기 때문이다. 그리고 일단 그 체제가 마련되면 그리고 지정된 통치자가 통치하고 있다면, 그것에 대한 반대는 정당성에 대한 반대이다. 그러면 그 통치자나 그들의 정책에 반대하는 사람을 어떻게 막는가 하는 문제가 생긴다. 동일한 논리로, 기존 통치자나 정책이 나쁘다고 생각하는 모든 사람은 "누가 통치할 것인가?"라는 질문에 대한 답변이 잘못되었고, 따라서 그 통치자의 권력이 합법적이지 않으며, 필요하다면 힘으로라도 그 권력에 반대하는 것이 정당하다고 추론하지 않을 수 없다. 따라서 "누가 통치할 것인가?"라는 질문은 폭력적이고 권위적인 대답을 간절히 바라며, 종종 그런 대답을 받기도 했다. 그것은 결국 권력을 쥔 사람들을 폭정으로 몰아, 나쁜 통치자와 나쁜 정책을 구축시키는 결과를 초래한다. 그리고 그것은 결국 반대자들의 폭력적 파괴와 혁명을 초래한다.

폭력을 옹호하는 사람들은 대개 누가 통치할 것인가에 모든 사람이 동의하기만 하면 그런 일이 전혀 일어날 필요가 없다고 생각한다. 그러나 이 말은 옳은 것에 동의한다는 뜻이며, 그 문제에 대한 동의가 이루어지면, 통치자들은 할 일이 없을 것이다. 그리고 그런 동의는 가능하지도 바람직하지도 않다. 사람들은 모두 다르고 독특한 생각을 가지며, 문제는 불가피하고, 진보는 그런 문제를 해결하는 과정이다.

그러므로 포퍼는 "우리가 어떻게 오류를 발견하고 제거할 수 있을까"라는 자신의 기본 문제를 "우리가 어떻게 나쁜 정부를 폭력 없이 제거할 수 있을까?"라는 형태로 정치철학에 적용한다. 과학이 실험으로 검증 가능한 설명을 추구하듯이, 합리적인 정치 체제는 어떤 지도자나 정책이 나쁜 것인지 최대한 발견하기 쉽게 만들고 다른 사람들을 설득하기 쉽게 만들며, 또 폭력 없이 그것들을 제거하기 쉽게 만든다. 이론의 확립을 피하고 비판과 검증에 노출시키기 위해 과학의 제도들이 구조화되었듯이, 정치 제도도 통치자와 제도에 대한 비폭력적인 반대를 어렵게 만들어서는 안 되며, 이것들을 비롯해서 제도 자체와 다른 모든 것에 대한 평화적이고 비판적인 토론의 전통을 구현해야 할 것이다. 따라서 정부 시스템은 좋은 지도자와 정책을 선택하고 수립하는 예언적 능력이 아니라 이미 존재하는 나쁜 것들을 제거할 능력으로 판단되어야 한다.

이런 자세 전체에는 오류 가능성주의가 작동하고 있다. 이런 자세는 통치자와 정책에는 항상 결함이 생기기 마련이라고, 즉 문제는 불가피하다고 가정한다. 그러나 이런 자세는 또 개선도 가능하다고 가정한다. 즉, 문제는 해결될 수 있다. 이런 자세가 효과를 발휘하는 이상은, 예상

밖의 모든 일이 잘못되지 않는다는 게 아니라, 잘못되었을 경우 더 진보할 기회가 된다는 것이다.

왜 자신들이 선호하는 지도자와 정책이 제거에 더 취약하도록 만들고자 하겠는가? 사실 먼저 이렇게 물어 보자. "왜 나쁜 지도자와 정책을 바꾸고 싶어 할까?" 이 질문을 하는 것 자체가 황당해 보이지만, 진보를 당연하게 받아들이는 문명의 관점에서 보았을 때만 황당할지도 모른다. 만약 진보를 기대하지 않는다면, 어떤 방법으로 선택되었든, 무엇 때문에 새로운 지도자나 정책이 구지도자나 정책보다 더 낫기를 기대하겠는가? 반대로, 평균적으로 모든 변화는 이로운 만큼 해롭다고 예상해야 한다. 사전 예방 원칙은 "모르는 악마보다 아는 악마가 더 낫다"고 조언한다. 여기서는 생각들이 진전 없이 계속 뱅글뱅글 돈다. 지식이 성장하지 않을 거라는 가정 아래에서는 사전 예방 원칙이 참이다. 그리고 사전 예방 원칙이 참이라는 가정 아래에서는 지식의 성장이 허용되지 않는다. 미래 선택이 현재보다 나을 거라고 기대하지 않는다면, 그 사회는 현재의 정책과 제도를 가능한 한 바꾸지 않으려고 노력할 것이다. 그러므로 포퍼의 기준은 지식이 예측할 수 없이 성장하기를 기대하는 사회만이 맞출 수 있다. 더욱이 그런 사회는 지식이 성장하면 그 지식이 유용하기를 기대한다. 이런 기대가 바로 내가 낙관론이라고 부르는 것이며, 다음과 같이 설명할 수 있다.

낙관론 원칙

모든 해악은 불충분한 지식 때문에 초래된다.

낙관론은 직감적으로 성공을 예언하는 방법이 아니라 실패를 설명하는 방법이다. 낙관론은 진보를 막는 기본적 장벽이나 자연법칙이나 초자연적 명령은 없다고 말한다. 상황을 개선하려다가 실패하는 것은 앙심을 품은 (혹은 헤아릴 수 없을 정도로 좋은) 신이 노력하는 우리를 방해하거나 벌하거나 우리가 개선할 이성의 한계에 도달했거나 실패가 최선이기 때문이 아니라, 항상 우리가 제시간에 충분히 알지 못했기 때문이다. 그러나 낙관론은 또한 미래에 대한 태도이기도 한데, 거의 모든 실패와 성공이 아직 오지 않았기 때문이다.

3장에서 설명했듯이 낙관론은 물리적 세계의 설명 가능성에서 온다. 물리 법칙이 무언가를 허용한다면, 그 일이 기술적으로 불가능하도록 막을 수 있는 유일한 길은 방법을 아는 게 아니다. 낙관론은 또 물리 법칙으로 금지되었다고 해서 필연적으로 해악은 아니라고 가정한다. 따라서 예언이라는 불가능한 지식의 부족은 진보를 방해하는 극복할 수 없는 장애물이 아니다. 8장에서 설명했듯이 풀리지 않는 수학 문제도 아니다.

이 말은 장기적으로는 극복할 수 없는 해악이 없고, 단기적으로는 극복할 수 없는 해악은 편협한 악뿐이라는 뜻이다. 환자의 성격을 구성하는 지식을 파괴하는 유형의 뇌 손상 이외에, 치료법을 찾을 수 없는 질병이란 있을 수 없다. 왜냐하면 환자는 물리적 객체이며, 이 객체를 건강하게 바꾸는 작업은 물리 법칙이 배제하지 않는 일이기 때문이다. 따라서 그런 변화를 달성할 방법인 치료법이 있다. 이것은 그저 방법을 아는 문제일 뿐이다. 당장은 특정한 해악을 제거할 방법을 모른다고 해도, 혹은 이론으로는 알지만 아직 충분한 시간이나 자원을 보유하고 있지 않다고 해도, 물리 법칙이 주어진 시간에 가용한 자원으로 그런 해악을 제거하는 것을 금지하거나 혹은 그런 해악을 제거할 방법은 하나 존재한다는 게 보편적인 진실이다.

죽음이라는 해악에 대해서도, 말하자면 질병이나 노화로 인한 인간의 죽음에 대해서도 마찬가지이다. 죽음에 관한 문제는 모든 문화에서 굉장한 울림을 갖고 있다. 게다가 죽음에 관한 문제는 해결될 수 없다는 어울리지 않는 명성도 갖고 있다(초자연적 힘을 믿는 사람들을 제외하고). 즉, 죽음은 해결할 수 없는 장애물의 전형으로 간주된다. 그러나 그런 명성에 대한 합리적 근거는 없다. 특히 생물권이 인간의 생명을 부양하지 못한다거나 의학이 여러 세대에 걸쳐 노화를 방지하지 못했다는 것 같은 특정한 실패에서 심오한 의미를 읽어 내는 것은 터무니없이 편협하다. 노화 문제는 질병 문제와 동일한 유형의 문제이다. 비록 현재의 기준으로는 복잡한 문제라고 해도, 그 복잡성은 유한하며, 기본 원칙이 이미 상당히 잘 이해되고 있는 비교적 좁은 분야에 국한되어 있다. 한편, 관련 분야의 지식은 기하학적으로 증가하고 있다.

때로 '불멸'은 바람직하지 않은 것으로 여겨지기도 한다. 예를 들어, 인구 과잉의 관점에서 본 논거들이 있다. 그러나 그런 논거들은 맬서스의 예언적 궤변의 사례이다. 각 생존자가 현재 삶의 기준에서 생존하기 위해 필요한 것은 쉽게 계산될 수 있다. 그 생존자가 그 결과 생긴 문제들의 해법에 어떤 지식을 기여할지는 알 수 없다. 고령자들의 권력 지위가 고착되면서 발생하는 사회의 무능화에 대한 논쟁도 있다. 그러나 우리 사회의 비판 전통은 이미 그런 종류의 문제 해결에 잘 적응되어 있다. 심지어 오늘날에도 서구의 여러 나라에는 강력한 정치가나 경영 간부들이 아직 건강 상태가 양호할 때 퇴출당하는 일도 흔하다.

다음과 같은 전통적인 낙관론 이야기가 있다. 우리의 영웅은 포악한 왕에게 사형 선고를 받았지만, 왕이 총애하는 말에게 1년 안에 말하는 것을 가르치겠다는 약속을 하고 사형 집행을 유예받았다. 그날 밤, 동료 죄수가 대체 무슨 마음으로 그런 거래를 했는지 묻자 그는 이렇게 답한다. "1년 안에 많은 일이 일어날 수 있지요. 그 말이 죽을 수도 있고, 왕이 죽을 수도 있고, 내가 죽을 수도 있고요. 혹은 그 말이 정말로 말을 할 수도 있지요!" 그 죄수는 자신의 문제는 철창과 왕과 왕의 말과 관련되어 있지만, 자신이 직면한 해악은 불충분한 지식 때문에 초래된다는 사실을 이해하고 있었고, 그것이 그를 낙관론자로 만들었다. 그는 진보가 이루어진다고 해도, 일부 기회와 발견은 미리 상상할 수 없다는 사실을 알고 있다. 누군가가 그런 상상할 수 없는 가능성들에 대해 열린 마음으로 수용할 준비가 되어 있지 않다면 진보는 일어날 수 없다. 그 죄수는 왕의 말에게 말하는 것을 가르칠 방법을 발견할 수도 있고 발견하지 못할 수도 있다. 그는 왕을 설득해서 그가 어겼던 법을 폐지하게 할 수도 있다. 그는 그 말이 말하는 것처럼 보이게 할 설득력 있는 마술을 배울 수도 있다. 그는 탈출할 수도 있다. 그는 그 말을 말하게 만드는 것보다 왕을 더 즐겁게 할 일을 생각해 낼 수도 있다. 가능성은 무한하다. 비록 그런 모든 가능성이 희박해 보여도, 그중 하나만 실현되면 전체 문제가 해결된다. 만약 우리의 죄수가 조만간 새로운 계략을 생각해 내어 탈출하려 한다고 해도, 그는 그 계략을 오늘 알 수는 없으며, 따라서 그런 계략이 절대로 존재하지 않을 거라고 가정해서 자신의 계획을 그르칠 필요는 없다.

낙관론은 지식의 성장과 지식 창조 문명의 지속과 따라서 무한의 시작을 위한 다른 필요조건을 함축한다. 우리에겐 포퍼의 표현대로, 특히 문명에 대해서는 낙관적이어야 할 의무가 있다. 문명의 구제는 어려울 거라고 주장할 수도 있다. 이 말은 관련된 문제를 해결할 가능성이 낮다는 뜻이 아니다. 수학 문제를 해결하기가 어렵다고 말할 때는 그 문제가 해결될 가능성이 없다는 뜻이 아니다. 수학자가 어떤 문제를 다루고 어떤 노력을 기울일지는 모든 종류의 요인이 결정한다. 어려운 문제는 항상 해결되는 반면, 쉬운 문제라도 흥미롭거나 유용하다는 생각이 들지 않으면 언제까지나 미해결 상태로 남아 있게 될 것이다.

대개는 어떤 문제의 난해함이 바로 그 문제를 해결하는 요인들 중 하나이다. 존 F. 케네디 대통령은 1962년 이런 말을 했다. "우리는 달에 가기로 선택했습니다. 그 이유는 그 일이 쉽기 때문이 아니라 어렵기 때문입니다." 케네디는 이 프로젝트가 어렵기는 해도 성공 가능성이 없다고 생각하지 않았다. 반대로 이 프로젝트가 성공할 거라고 믿었다. 그가 어려운 일이라고 말한 것은 그 프로젝트가 미지의 세계에 직면한다는 뜻이었다. 그리고 그는 어떤 목적을 추구하기 위해 선택을 할 때는 그런 역경이 항상 부정적 요인이지만, 목적 그 자체를 선택할 때는 우리가 새로운 지식을 창출하는 프로젝트에 참여하기를 원하기 때문에, 그게 오히려 긍정적인 요인일 수 있다는 직관적인 사실에 호소하고 있었다. 낙관론자는 지식의 창출이 (예측할 수 없는 결과들을 포함해서) 진보를 만들어 내기를 기대한다.

따라서 케네디는 달 프로젝트에 "새로운 금속 합금으로 만든 운송수단이 필요한데, 그 일부는 아직 발명되지도 않았지만, 지금까지 경험된 것보다 대여섯 배나 더 많은 열과 응력을 견딜 수 있으며, 가장 정밀한 시계보다도 더 정확하게 조립되어야 하고, 추진과 유도와 통제와 통신과 식량과 생존에 필요한 모든 기기를 구비해야 한다"고 말했다. 그런 것들은 이미 알려진 문제들이었지만 아직 알려지지 않은 지식도 필요할 것이다. 이 프로젝트가 "아직 시도되지 않은 미지의 천체로 향하는 임무를 띠고" 있다는 것은 그 가능성과 결과를 전혀 알 수 없는 미지의 문제로 언급하는 것이다. 그러나 합리적인 사람들이 이 임무가 성공할 수 있다고 기대하는 걸 막을 수 있는 건 아무것도 없었다. 이런 기대는 가능성의 판단이 아니었다. 그 프로젝트가 훨씬 더 깊이 진행될 때까지 아무도 그것을 예측할 수 없었는데, 그것이 아직 알려지지 않은 문제에 대한 아직 발견되지 않은 해답에 의존하고 있었기 때문이었다. 그 프로젝트에 합류하도록 설득되고 그 프로젝트에 표를 던지도록 설득되었던 사람들은 우리가 한 행성에 국한되는 것은 해악이며, 우주 탐험은 선이고, 지구의 중력장은 장벽이 아니라 단순히 하나의 문제일 뿐이며, 이 프로젝트를 비롯해서 관련된 모든 문제들을 극복하는 것은 그저 방법을 아는 문제에 불과하고, 그 문제들의 본질이 바로 이 순간을 문제 해결의 적기로 만들었다는 말에 설득되었다. 이 주장에서 가능성과 예언은 필요하지 않았다.

비관론은 역사 전반에 걸쳐 거의 모든 사회에서 고질적이었다. 그러나 문제는 해결될 수 있다고 인식하는 사람들이 항상 있었다. 그래서 이따금 비관론이 끝나는 장소와 순간들이 있었다. 내가 아는 한, 낙관론의 역사를 조사한 역사가는 없었지만, 짐작건대 문명에 낙관론이 나타날 때마다, 미니 계몽이 존재했을 것이다. 즉, 개방 사회의 예술, 문학, 철학, 과학, 기술, 제도 같은, 우리가 잘 아는 여러 가지 패턴의 인간 진보의 번성은 비판 전통의 산물이었다. 비관주의의 끝은 잠재적으로 무한의 시작이다. 그러나 모든 경우에 (지금까지 우리의 계몽처럼 단 하나의 굉장한 예외가 있긴 하지만) 이 과정은 곧 끝나고 비관론이 다시 유행하게 되었다.

가장 잘 알려진 미니 계몽은 기원전 5세기에 아테네라는 도시의 이른바 '황금기'에 절정에 달했던 고대 그리스의 지적, 정치적 비판의 전통이었다. 아테네는 최초의 민주주의 국가 중 하나로, 철학자 소크라테스Socrates, 플라톤Plato, 아리스토텔레스Aristotels, 희곡 작가 아이스킬로스Aeschylus, 아리스토파네스Aristophanes, 에우리피데스Euripides, 소포클레스Sophocles 그리고 역사가 헤로도토스Herodotus, 투키디데스Thucydides, 크세노폰Xenophone 같은, 오늘날까지 사상의 역사에서 주요 인물로 간주되는 놀라울 정도로 많은 사람의 고향이다. 아테네의 철학적 전통은 100년도 더 전인 밀레투스의 탈레스까지 거슬러 올라가는 비판의 전통을 이어왔는데, 여기에는 신에 대한 인간 중심 이론에 이의를 제기한 최초의 인물 중 하나인 콜로폰의 크세노파네스Xenophanes도 포함되었다. 아테네는 무역을 통해 점점 부유해졌고, 당시에 알려진 세계 각국의 창의적인 사람들의 관심을 끌었으며, 그 시대 최강의 군대 중 하나가 되었고, 오늘날까지 위대한 건축물 중 하나로 꼽히는 판테온 신전을 건설했다. 이 황금기가 최고조에 달했을 때, 아테네의 지도자인 페리클레스Pericles는 아테네의 성공 요인을 설명하려고 했다. 비록 아테네의 수호신인 아테나가 자신들 편에 있음을 의심의 여지없이 믿었지만, 그는 "신이 그렇게 했다"는 말로는 아테네인들의 성공을 설명하기에 충분하지 않다고 여겼다. 대신 그는 아테네 문명의 특징을 목록으로 만들었다.

페리클레스가 인용한 첫 번째 특징은 아테네의 민주주의였다. 그는 그 이유를 "민중이 통치해야 하기" 때문이 아니라, 민주주의가 "현명한 행동"을 장려하기 때문이라고 설명했다. 민주주의는 지속적 토론을 포함하는데, 이것은 올바른 해답 발견에 필요조건이며, 올바른 해답은 다시 진보의 필요조건이다.

> 우리는 토론을 행동 방식의 장애물로 보는 대신, 모든 현명한 행동의 필수불가결한 예비 단계로 생각한다.
>
> 페리클레스, 추도 연설 Funeral Oration

그는 또 자유를 성공의 원인으로 꼽았다. 비관론적인 문명은 이전에 많이 시도되지 않았던 방식의 행동을 부도덕하다고 생각하는데, 이것은 그런 행동의 이익이 위험을 상쇄할 가능성을 전혀 모르기 때문이다. 그러나 아테네는 정반대의 견해를 갖고 있었다. 페리클레스는 또한 아테네의 개방성을 경쟁 도시들의 폐쇄적이고 방어적인 태도와 비교했다. 그는 이런 개방 정책이 적의 첩자의 자유로운 출입을 허용한다는 사실을 인지했지만, 아테네는 새롭고 예측 불가능한 개념들과의 접촉으로 이득을 볼 거라고 예상했다. 그는 심지어 아이들에 대한 관대한 처우를 군사력의 원천으로 생각했던 것으로 보인다.

> 교육에서, 우리의 경쟁국들은 요람에서부터 고통스러운 훈련으로 남자다움을 추구하지만, 아테네에서는 아이들이 자유롭게 살면서도 모든 정당한 위험에 맞설 준비가 되어 있다.
>
> 페리클레스, 추도 연설

스파르타는 앞서 열거한 모든 면에서 아테네와 정반대였다. 비관론적인 문명의 전형이었던 스파르타는 시민들의 엄격한 '스파르타식' 생활 방식과 가혹한 교육 제도 그리고 사회 전체의 군대화로 악명 높았다. 모든 남성 시민은 상근 군인으로 종교적 전통을 의무적으로 따르는 상사에게 절대 복종해야 했다. 다른 일은 노예가 했다. 스파르타는 이웃 사회인 메세니아인Messenians 전체를 천민 신분으로 강등시켰다. 스파르타에는 철학자도 역사가도 예술가도 건축가도 작가도 없었으며, 가끔씩 나오는 유능한 장군을 제외하고는 다른 지식을 창출하는 그 어떤 종류의 사람도 없었다. 따라서 기존 상태의 보존, 즉 개선 방지에 사회 노력의 대부분을 쏟았다. 페리클레스의 추도 연설이 나오고 27년이 지난 기원전 404년에, 스파르타는 전쟁에서 아테네를 확고하게 패배시키고 권위적 형태의 지배를 강요했다. 비록 변덕스러운 국제 정치를 통해 아테네가 독립하고 그 후 다시 민주 사회가 되어 몇 세대 동안 지속적으로 예술과 문학과 철학을 생산했지만, 다시는 개방형 진보를 주도하지 못했다. 아테네는 이제 특별하지 않게 되었다. 왜일까? 짐작건대 그 특유의 낙관론이 사라졌기 때문이다.

또 다른 단명한 계몽은 14세기에 이탈리아의 도시 국가인 피렌체에서 일어났다. 이 시기는 유럽에서 1,000년 넘게 지적 침체기를 거친 뒤 고대 그리스와 로마의 문학과 예술과 과학을 부흥시킨 문화 운동이었던 르네상스의 초기였다. 피렌체인들은 고대의 지식을 개선할 수 있다고 믿기 시작했다. 피렌체의 황금기로 알려진 이 눈부신 혁신의 시대는 사실상 그 도시의 통치자였던 메디치 가문에 의해, 특히 1469년부터 1492년까지 통치한 '마니피코Magnificient'로 알려진 로렌초 데 메디치에 의해 의도적으로 육성되었다. 페리클레스와 달리 메디치 가문은 열성적으로 민주주의를 옹호하는 사람들은 아니었다. 피렌체의 계몽은 정치가 아니라 예술에서 시작해, 그 뒤 철학, 과학, 기술로 전파되었으며, 그런 분야에서 비판의 개방성과 사상과 행동의 혁신에 대한 열망을 담고 있었다. 예술가들은 전통적인 주제와 스타일에 한정되지 않고, 자신들이 아름답다고 생각하는 것을 자유롭게 묘사하며 새로운 스타일을 만들어갔다. 메디치 가문에 고무된 피렌체의 부자들은 레오나르도 다 빈치Leonardo da Vinch, 미켈란젤로Michelangelo, 보티첼리Botticelli 같은, 자신들이 후원하는 예술가와 학자들의 혁신에서 서로 경쟁했다. 그 당시에 피렌체의 또 다른 시민은 고대 이후 최초의 비종교적 정치철학자인 니콜로 마키아벨리Niccolo Machiavelli였다.

메디치 가문은 '인본주의humanism'라는 새로운 철학을 장려하게 되었는데, 인본주의는 독단적 주장보다 지식을 소중히 했고, 신앙심과 겸손보다는 지적 독립과 호기심과 고상한 취미 같은 가치를 소중히 했다. 메디치 가문은 고서의 복사본을 구하기 위해 당시에 알려진 세계의 곳곳으로 대리인들을 보냈는데, 그 책의 대부분은 서구 로마 제국의 몰락 이후 발견되지 않았던 것들이었다. 메디치 가문의 도서관은 복사본을 제작해 피렌체를 비롯한 다양한 곳에 제공했다. 피렌체는 새롭게 소생한 사상과 새로운 해석의 발전소가 되었다.

그러나 이런 급속한 진보는 고작 한 세대 정도만 지속되었다. 카리스마적인 사제인 지롤라모 사보나롤라Girolamo Savonarola는 인본주의와 피렌체 계몽의 다른 면들을 반대하는 종말론적인 설교를 하기 시작했다. 그는 중세의 체제 적응주의와 자기 부정으로 돌아가기를 촉구하면서 피렌체가 계속 그 길을 간다면 파멸이 닥칠 거라는 예언을 공포했다. 많은 시민이 설득되었고, 1494년에는 사보나롤라가 권력을 잡았다. 그는 예술, 문학, 사고, 행동에 전통적인 제한을 다시 강요했다. 세속적인 음악은 금지되었고 복장은 검소해졌다. 사실상 잦은 단식이 강요되었다. 동성애와 매춘은 강력하게 억압되었다. 피렌체의 유대인들은 추방되었다. 사보나롤라에 고무된 폭력배들이 도시를 배회하며 거울, 화장품, 악기, 세속적인 도서 같은 금기 유물을 비롯한 아름다운 것은 무엇이든 수색했다. 그런 보물들은 그 도시의 한복판에서 이른바 '허영의 불꽃bonfire of the vanities'으로 의식적으로 불태워졌다. 그것은 낙관론의 불꽃이었다.

결국 사보나롤라는 버림을 받아 화형을 당했다. 그리고 메디치 가문이 피렌체 지배를 회복했지만, 낙관론은 회복하지 못했다. 아테네에서처럼, 예술과 과학의 전통은 한동안 지속되었고, 심지어 100년 뒤에도 갈릴레오는 메디치 가문의 후원을 받았다(그리고 그 뒤 버림을 받았다). 그러나 그 무렵 피렌체는 전제 군주의 통치 아래에서 거듭되는 위기 속에 비틀거리는 또 하나의 르네상스 도시 국가가 되어 있었다. 다행히도 미니 계몽의 불씨가 완전히 꺼진 것은 아니었다. 그 불씨는 피렌체에서 그리고 이탈리아의 다른 도시 국가에서 계속 연기를 피우고 있었고, 마침내 북유럽에서 계몽에 불을 붙였다.

역사적으로 알기 어려운 하위 문화권이나 가족이나 개인에게 앞서 설명한 것들보다 더 짧고 덜 찬란하게 빛났던 많은 계몽이 존재했을 것이다. 예를 들어, 철학자 로저 베이컨Roger Bacon은 독단적인 주장을 거부하고, 관측을 진실 발견의 방법으로 옹호하며 몇 가지 과학적 발견을 한 것으로 주목받는다. 그는 현미경, 망원경, 자기구동 운송 수단 및 비행하는 기계를 예측했고, 수학자들이 미래 과학 발견의 열쇠가 될 거라고 예측했다. 그는 낙관론자였다. 그러나 그는 비판의 전통의 일부가 아니었고, 따라서 그의 낙관론은 그와 함께 죽었다.

베이컨은 고대 그리스의 과학자들을 비롯해서 물리학과 수학에서 몇 가지 발견을 한 알하젠Alhazen 같은 '이슬람의 황금기' 학자들의 저서를 연구했다. 이슬람의 황금기(대략 8~13세기)에는, 고대 유럽인들이 과학과 철학을 소중히 여기고 장려하는 강력한 학문적 전통이 있었다. 과학과 철학에도 비판의 전통이 존재했는지에 대해서는 현재 역사가들 사이에 논란의 여지가 있다. 그러나 설령 존재했다고 해도, 그것은 다른 것들과 마찬가지로 소멸되었다.

계몽은 아마도 저 먼 선사 시대에도 헤아릴 수 없을 정도로 많이 일어나려고 '시도'되었던 것 같다. 만약 그렇다면, 그런 미니 계몽들은 우리가 최근에 겪은 '행운의 구사일생들'을 냉정한 시각으로 보게 한다. 매번 진보는 있었을 것이다. 1494년의 피렌체나 기원전 404년의 아테네 거주자들은 낙관론이 사실이 아니라는 결론을 내렸다는 이유로 용서받을 수 있었다. 왜냐하면 그들은 계몽이 진행되면 당연히 따르는 도덕적, 기술적 진보는 고사하고, 우리가 이해하는 설명의 도달 범위나 과학의 위력이나 심지어 자연법칙 같은 것을 전혀 몰랐기 때문이다. 패배의 순간에, 적어도 이전에는 낙관론적이었던 아테네인들에게는 스파르타인들이 옳았던 것처럼 보이고, 이전에 낙관론적이었던 피렌체인들에게는 사보나롤라가 옳았던 것처럼 보였을 게 틀림없다. 전체 문명이든 한 개인이든 다른 낙관론의 파괴처럼, 감히 진보를 기대했던 사람들에게는 이런 일이 이루 말할 수 없는 재앙이었을 게 틀림없다. 그러나 그런 사람들에게 동정 이상의 감정을 느껴야 한다. 우리는 그것을 사적으로 받아들여야 한다. 왜냐하면 앞서 존재했던 낙관론 중 어느 하나라도 성공했더라면, 우리 인류는 지금쯤 별을 탐험하고 있었을 테고, 당신과 나는 영원히 죽지 않았을 것이기 때문이다.

10장

소크라테스의 꿈

A Dream of Socrates

소크라테스는 델포이의 신탁 신전 부근에 있는 어떤 여인숙에 머물고 있었다. 그는 친구 카이레폰Chaerephon과 함께, 직접 배울 요량으로 오늘날 세상에서 가장 현명한 사람이 누구인지 신탁에게 질문했다.[6] 그러나 곤란하게도 (아폴로신을 대신해서 신탁의 목소리를 제공하는) 여사제는 그저 "소크라테스보다 더 현명한 사람은 없다"고만 말할 뿐이었다. 아주 작고 터무니없이 비싼 방에서 불편한 침대에 누워 잠을 청하고 있을 때, 소크라테스는 자신의 이름을 읊조리는 나지막하고 아름다운 목소리를 들었다.

헤르메스 안녕하시오, 소크라테스.

소크라테스 (담요를 머리 위로 끌어 올린다.) 저리 가시오. 오늘 이미 너무 많은 공물을 바쳐서 날 아무리 비틀어도 더는 짜 내지 못할 겁니다. 또 공물을 바치기에는 내가 너무 '현명'하답니다.

헤르메스 난 공물을 바라는 게 아니네.

소크라테스 그러면 무얼 바라시는 거죠? (그가 돌아누워 발가벗고 있는 헤르메스를 본다.) 아, 분명히 밖에서 자고 있는 내 동료들이라면 반가워하겠지요.

헤르메스 내가 찾는 사람은 그들이 아니라, 자네라네, 소크라테스.

소크라테스 그러면 실망하실 겁니다, 낯선 이여. 이제 힘겹게 얻은 제 휴식을 방해하지 말고 제발 저 좀 편히 쉬게 내버려 두시죠.

헤르메스 좋네. (그가 문 쪽으로 향한다.)

소크라테스 잠깐만요.

헤르메스 (돌아서서 장난스럽게 눈썹을 치켜올린다.)

소크라테스 (천천히 그리고 유유히) 저는 자고 있어요. 꿈을 꾸고 있는 거예요. 그리고 당신은 아폴로 신이고요.

헤르메스 어째서 그렇게 생각하는 건가?

소크라테스 이 부근은 당신에게 바쳐진 곳이에요. 지금은 한밤중이고 등불도 없지만, 난 당신이 똑똑히 보인답니다. 이게 현실에서는 가능하지 않지요. 그러니 당신은 꿈속에서 저에게 나타나신 게 틀림없어요.

헤르메스 아주 냉정하게 추리하는군. 두렵지 않은가?

소크라테스 제발 돌아와 주세요. 당신은 자비로운 신인가요? 심술궂은 신인가요? 만약 자비로운 신이라면, 제가 두려워할 게 뭐가 있겠어요? 만약 심술궂은 신이라면 제가 당신을 두려워할 가치가 없겠지요. 우리 아테네인은 자랑스러운 국민이에요. 당신도 알다시피 우리 여신의 보호를 받고 있고요. 우리는 압도적인 역경을 이겨 내고 페르시아 제국을 두 번이나 물리쳤고[7] 이제 스파르타에 도전하고 있지요. 우리를 굴복시키려는 자에게 저항하는 게 우리의 관습입니다.

헤르메스 심지어 신에게도 말인가?

소크라테스 자비로운 신이라면 굴복시키려 하지 않겠지요. 반면에 솔직하게 비판해서 우리의 마음을 자유롭게 바꾸도록 설득하려는 사람의 말에 귀를 기울이는 것도 우리의 관습입니다. 우리는 옳은 일을 하고 싶으니까요.

헤르메스 자네가 말한 두 관습은 똑같이 귀중한 동전의 양면이라네, 소크라테스. 자네 아테네인들에게 그런 것들을 존중한 대가를 주겠네.

소크라테스 저희 도시는 확실히 당신의 총애를 받을 만하지요. 하지만 신이 무엇 때문에 저 같은 지리멸렬하고 무지한 사람과 대화를 나누려고 하시는 건가요? 당신의 이유를 짐작할 수 있을 것 같군요. 당신은 신탁을 통해서 전했던 작은 농담을 후회하시는 거죠, 안 그런가요? 사실 우리가 이 먼 거리까지 와서 공물까지 바쳤는데 고작 그런 조롱하는 답변을 주시다니 너무 잔인하셨어요. 그러니 제발 이번에는 진실을 말해 주세요, 지혜의 원천이시여. 세상에서 진실로 가장 현명한 사람은 누구인가요?

헤르메스 나는 어떤 사실도 누설하지 않네.

소크라테스 (한숨을 푹 내쉰다.) 그러면 제발요, 제가 항상 꼭 알고 싶었던 게 있는데요. 미덕의 본질이 무엇인가요?

헤르메스 나는 도덕적 진실도 누설하지 않는다네.

소크라테스 하지만 자비로운 신이시니 어떤 지식을 전해 주려고 여기까지 오신 게 틀림없겠지요. 저에게 어떤 종류의 지식을 허락해 주시려는 겁니까?

헤르메스 지식에 대한 지식이라네, 소크라테스. 인식론. 난 이미 약간 언급했다네.

소크라테스 이미 말씀하셨다고요? 오, 당신께서는 설득에 개방적인 아테네인들을 존중하신다고 하셨지요. 그리고 악한들에 대한 저항에 대해서도요. 하지만 그런 것들이 미덕이라는 것은 잘 알려져 있답니다! 제가 이미 알고 있는 것을 말씀해 주시는 건 확실히 '누설'이 아니지요.

헤르메스 대부분의 아테네인이야 사실 그것들을 미덕이라고 부르겠지. 하지만 그걸 정말로 믿는 사람이 얼마나 되겠는가? 이성과 정의의 기준으로 기꺼이 신을 비판하려는 사람이 얼마나 되겠는가?

소크라테스 (깊이 생각한다.) 올바른 사람은 누구나 그렇게 하겠지요. 자신을 설득하지 못하는 도덕적 정당성을 가진 신을 따른다면 그 사람이 어떻게 올바를 수 있겠어요? 그리고 어떤 속성이 도덕적으로 옳은지에 대한 견해를 먼저 확립하지 않고 어떻게 다른 사람의 도덕적 정당성에 설득될 수 있겠어요?

헤르메스 저기 저 잔디밭에 자네 동료들이 있군. 저들은 불의한가?

소크라테스 아니오.

헤르메스 그러면 저들은 자네가 방금 묘사한, 이성과 도덕성과 신의 결정에 따르지 않으려는 마음의 연결에 대해서 알고 있는가?

소크라테스 아마도 충분히 알지는 못하겠지요. 아직은요.

헤르메스 그러면 모든 올바른 사람이 이런 것들을 알고 있다는 말은 사실이 아니군.

소크라테스 동의합니다. 아마 그것은 모든 현명한 사람들일 겁니다.

헤르메스 적어도 당신만큼 현명한 모든 사람들. 그 고귀한 범주에 누가 또 있지?

소크라테스 현명하신 아폴로 신이시여, 저희가 오늘 당신께 질문했던 바로 그 질문을 계속 저에게 하시면서 저를 이렇게 계속 놀리시는 어떤 고매한 목적이라도 있으신지요? 제가 보기에는 당신의 농담은 이미 효력이 다한 것 같습니다.

헤르메스 소크라테스, 자네는 누군가를 놀려 본 적이 있는가?

소크라테스 (위엄 있게) 만약 때때로 제가 누군가를 놀린다면, 그 이유는 그도 저도 모르는 어떤 진실을, 제가 찾는 것을 그가 도와주기를 바라기 때문입니다. 저는 당신처럼 높은 곳에서 조롱하지는 않습니다. 저는 그저 동료를 자극해서 쉽게 보이는 것 너머를 보도록 도와주고 싶을 따름입니다.

헤르메스 그렇다면 대체 쉽게 보이는 것은 무엇인가? 가장 보기 쉬운 것은 무엇인가, 소크라테스?

소크라테스 (어깨를 으쓱한다.) 바로 눈앞에 있는 것들이지요.

헤르메스 그러면 이 순간에 자네 눈앞에는 무엇이 있는가?

소크라테스 당신이지요.

헤르메스 확실한가?

소크라테스 제가 무슨 말을 하든지 제가 어떻게 확신하는지 질문하실 거죠? 그다음에는 제가 어떤 이유를 대든, 그것을 어떻게 확신하는지 물으실 테고요?

헤르메스 아니네. 내가 진부한 농담 따먹기나 하자고 여기에 왔다고 생각하나?

소크라테스 좋습니다. 어떤 것도 분명히 확신할 수는 없어요. 하지만 확신하고 싶지 않습니다. 악의적인 의도는 없습니다만, 현명하신 아폴로 님, 저는 자신의 신념이 완벽하게 확고한 상태에 도달하는 것보다 더 지루한 건 없는 것 같거든요. 물론 그런 것을 갈망하는 사람들이 있기는 하지만요. 저는 그게 전혀 쓸모없다고 생각해요. 진정한 논거가 없을 때 겉모양을 멋지게 치장하려는 데 쓰는 거 말고는요. 다행히 그런 정신 상태는 제가 갈망하는 것과는 무관합니다. 저는 이 세상이 어떤지, 또 왜 그런지에 대한 진실을 발견하고 싶거든요. 더 나아가서는 이 세상이 어떻게 그렇게 되어야 하는지도요.

헤르메스 자네의 인식론적 지혜를 축하하네, 소크라테스. 자네가 찾는 지식(객관적인 지식)은 손에 넣기는 어렵지만 습득할 수 없는 건 아니네. 자네가 추구하지 않는 저 정신 상태(정당화된 믿음)는 많은 사람이, 특히 성직자와 철학자들이 추구하는 것이지. 그러나 사실 믿음이란 정당화될 수 없다네. 다른 믿음과 관련될 때를 제외하고는 말일세. 그리고 심지어 그때도 오류 가능성이 있을 뿐이지만. 따라서 정당화의 탐구는 결국 각 단계가 오류에 걸리기 쉬운 무한 회귀가 될 수밖에 없지.

소크라테스 이것도 아는 얘기네요.

헤르메스 그렇군. 그리고 자네가 올바르게 말했듯이, 자네가 이미 알고 있는 것을 내가 말한다면 그것은 '누설'로 보지 않네. 하지만 그런 생각이 정확히 정당화된 믿음을 추구하는 사람들이 동의하지 않는 말이라는 걸 명심하게.

소크라테스 무슨 말씀이시죠? 죄송하지만 너무 빙빙 돌려 말씀하셔서 현명하다는 저도 잘 이해가 되지 않아서요. '정당화된 믿음'을 추구하는 사람들에 대해서 제가 무엇을 명심해야 하는지 설명해 주세요.

헤르메스 이것만 알게. 그들이 무언가의 설명에 대해 어쩌다 알게 되었다고 하세. 자네와 나는 그들이 그것을 안다고 말할 걸세. 하지만 그 설명이 얼마나 좋든지 간에 그리고 그 설명이 얼마나 사실이고 얼마나 중요하고 얼마나 유용하든지 간에 그들은 여전히 그것을 지식이라고 생각하지 않는다네. 그들이 그것을 지식이라고 생각하게 하려면 그저 어떤 신이 그들에게 그것이 사실이라고 안심시키기만 하면 (혹은 그들이 그런 신이나 다른 권위자를 상상하기만 하면) 되는 것이지. 따라서 그 권위자가 자신들이 이미 완전히 알고 있는 것을 그들에게 말한다고 해도 그들에게는 그것이 '누설'로 간주된다네.

소크라테스 그렇군요. 하지만 저는 그들이 어리석다고 생각합니다. 왜냐하면 그들은 그 '권위자'(몸짓으로 헤르메스를 가리킨다)가 자신들을 우롱하고 있다는 사실을 모르기 때문이에요. 혹은 그 권위자가 그들에게 어떤 중요한 교훈을 가르치려고 한다는 사실을 모르기 때문일 수도 있겠지요. 아니면 그들이 그 권위자를 오해하고 있을지도 모르고, 혹은 그것이 권위자라는 그들의 믿음이 틀릴 수도 있겠고요.

헤르메스 그렇다네. 따라서 그들이 '지식'이라고 부르는 것, 즉 정당화된 믿음은 망상인 셈이지. 그것은 자기기만의 형태가 아니면 인간이 도달할 수 없는 것이야. 그것은 어떤 좋은 목적에도 필요하지 않네. 그리고 가장 현명한 인간은 그것을 바라지 않는다네.

소크라테스 알고 있습니다.

헤르메스 크세노파네스도 그걸 알고 있었네. 하지만 그는 이제 이 세상 사람이 아니니….

소크라테스 당신이 신탁에게 저보다 더 현명한 사람이 없다고 하신 게 바로 그런 의미였나요?

헤르메스 (그 질문을 무시한다.) 따라서 내가 자네 앞에 있다는 걸 확신하는지 물었을 때도 나는 정당화된 믿음을 말하고 있었던 게 아니라네. 나는 그저 자네가 잠들었다고 주장하고서는 어떻게 자네 눈앞에 있는 것을 '똑똑히 보았다고' 주장할 수 있는지 물었던 것뿐이지!

소크라테스 아! 맞네요, 저를 오류에 걸려들게 하셨군요. 하지만 확실히 하찮은 오류에 불과해요. 사실 당신은 제 눈앞에 없을지도 모르죠. 어쩌면 당신은 올림포스에 편안히 계시면서 저에게 그저 당신 자신과 닮은 것을 보냈을지도 모르고요. 하지만 그런 경우에 당신은 그 닮은 것을 통제하고 있고 저는 그것을 보면서 '당신'의 이름으로 부르고 있으니, 저는 '당신'을 보고 있는 것이지요.

헤르메스 하지만 내 질문은 그게 아니라네. 난 자네의 눈앞에 실제로 무엇이 있는지 물었지.

소크라테스 좋습니다. 제 눈앞에는 실제로… 작은 방이 있습니다. 아니 엄밀한 답을 원하신다면, 제 눈앞에 있는 것은… 눈꺼풀이네요. 왜냐하면 저는 그게 닫혀 있다고 예상하니까요. 하지만 당신의 표정을 보니 훨씬 더 정확한 답을 원하시는 것 같군요. 좋습니다. 제 눈앞에는 제 눈꺼풀의 안쪽 표면이 있습니다.

헤르메스 그러면 자네는 그것들을 볼 수 있는가? 다시 말해서 자네 눈앞에 있는 것이 정말로 '쉽게 보이는가'?

소크라테스 지금 당장은 아니죠. 하지만 그건 그저 제가 꿈을 꾸고 있기 때문이에요.

헤르메스 그게 그저 자네가 꿈을 꾸고 있기 때문이라고? 그럼 자네가 깨어 있다면 자네 눈꺼풀의 안쪽 표면을 보게 될 거라는 건가?

소크라테스 (조심스럽게) 제가 만약 눈을 여전히 감은 채로 깨어 있다면, 그러면 그렇지요.

헤르메스 자네가 눈을 감고 있을 때 무슨 색을 보는가?

소크라테스 지금처럼 불이 희미하게 밝혀진 방에서는… 검은색이지요.

헤르메스 자네 눈꺼풀의 안쪽 표면이 검은색이라고 생각하나?

소크라테스 그렇지는 않은 것 같아요.

헤르메스 그렇다면 자네가 정말로 그것을 보고 있는 걸까?

소크라테스 정확히 그런 건 아니죠.

헤르메스 그러면 자네가 만약 눈을 뜬다면, 그 방을 볼 수 있겠는가?

소크라테스 아주 희미하게만요. 방이 어두우니까요.

헤르메스 그러면 다시 묻겠네. 자네가 깨어 있다면 자네 눈앞에 있는 것을 쉽게 볼 수 있다는 게 사실인가?

소크라테스 네…. 항상은 아니지만 그럼에도 불구하고 제가 깨어 있을 때는 그리고 눈을 뜨고 있을 때는 그리고 밝은 빛이 있을 때는….

헤르메스 하지만 너무 밝으면 안 되겠지?

소크라테스 그렇죠, 그렇죠. 계속해서 쓸데없는 트집을 잡고 싶으시다면, 햇빛 때문에 눈이 부시면 어두울 때보다도 훨씬 더 잘 보이지 않을 수도 있다는 걸 인정해야 합니다. 마찬가지로 실제로는 아무것도 없는 거울 뒷면에서 자기 자신의 얼굴을 볼 수도 있겠지요. 사람은 때로 신기루를 보기도 하고, 어쩌다 신화의 동물을 닮은 구겨진 옷더미에 속아 넘어가기도 하지요.

헤르메스 혹은 자신이 꾸고 있는 꿈에 속아 넘어가기도 하고….

소크라테스 (미소를 짓는다.) 정말 그렇군요. 그리고 반대로 잠자고 있든 깨어 있든 우리는 종종 실제로 존재하는 사물들을 보지 못하기도 합니다.

헤르메스 자네는 그런 게 얼마나 많은지 모를 걸세….

소크라테스 당연하지요. 하지만 그럼에도 꿈을 꾸고 있지 않을 때는 그리고 눈으로 볼 수 있는 좋은 조건일 때는….

헤르메스 그러면 눈으로 볼 수 있는 '좋은 조건인지'는 어떻게 알 수 있는가?

소크라테스 아! 이제 끝없이 뱅글뱅글 돌게 하시려는 거군요. 무엇이 있는지 쉽게 볼 수 있을 때가 눈으로 볼 수 있는 좋은 조건이라고 말하길 바라시는 거죠.

헤르메스 난 자네가 그렇게 말하지 않기를 바라네.

소크라테스 마치 저에 대해서 질문하고 계셨던 것처럼 보이네요. 제 앞에 무엇이 있는지, 제가 쉽게 볼 수 있는 게 무엇인지, 제가 확신하는지 등이요. 하지만 저는 근본적인 진실을 찾고 있는데, 이 중 어느 것도 특별히 저에 대한 내용은 없는 것 같습니다. 그러니 다시 강조합니다. 저는 제 눈앞에 무엇이 있는지 확신하지 못합니다. 눈을 뜨고 있든 감고 있든, 잠을 자든 깨어 있든 절대로 말이지요. 제 눈앞에 혹시 무엇이 있는지도 확신할 수 없습니다. 왜냐하면 저는 깨어 있다고 생각하지만 사실은 꿈꾸고 있는지 어떻게 판단할 수 있겠습니까? 혹은 저의 전 생애가 당신 같은 신들 중 하나가 저를 가두어 두었던 꿈에 불과했을 가능성은요?

헤르메스 과연.

소크라테스 저는 심지어 마술사들의 그것 같은, 세속적인 사기의 희생자일지도 모르지요. 마술사가 우리를 속이고 있다는 사실을 아는 것은 그가 있을 수 없는 무언가를 보여 주기 때문입니다. 그러고는 돈을 요구하지요! 그러나 그가 돈을 요구하지 않으면서 존재할 수는 있지만 존재하지 않는 무언가를 보여 주면, 우리가 어떻게 알 수 있겠어요? 어쩌면 이런 당신의 모습 전체가 결국 꿈이 아니라 어떤 교묘한 마술사의 속임수인지도 모르죠. 반면에 어쩌면 당신은 정말로 여기에 직접 와 있고 나는 깨어 있는 것일 수도 있지요. 그 어떤 것도 제가 그렇다, 그렇지 않다 확신할 수는 없습니다. 그러나 그것에 대해 조금 안다고 생각할 수는 있지요.

헤르메스 바로 그거네. 그러면 자네의 도덕적 지식에 대해서도 마찬가지일까? 옳고 그름에 대해서, 자네는 신기루나 속임수와 유사한 것 때문에 잘못 생각하거나 현혹될 수 있을까?

소크라테스 그건 상상하기가 더 어렵네요. 왜냐하면 도덕적 지식에는 저의 감각이 거의 필요하지 않기 때문이지요. 즉, 그것은 주로 제 자신의 생각일 뿐이에요. 저는 무엇이 옳고 그른지, 무엇이 인간을 고결하게 만들고 사악하게 만드는지에 대해서 판단을 내립니다. 물론 이런 정신적 숙고에서 실수할 수도 있지만, 외부의 속임수나 착시에는 쉽게 속지 않습니다. 왜냐하면 그것들은 우리의 감각에만 영향을 줄 뿐 우리의 판단력에는 영향을 미치지 않기 때문이지요.

헤르메스 그러면 자네 아테네인들의 어떤 속성이 미덕과 악덕을 이루고, 어떤 행동이 옳고 그른지에 대해서 서로 항상 논쟁을 벌이고 있다는 사실을 어떻게 설명하겠는가?

소크라테스 그게 왜 이해가 안 되시는 거죠? 저희가 의견이 다른 것은 잘못 생각하기 쉽기 때문입니다. 하지만 그럼에도 불구하고, 우리는 또 그런 많은 문제에 대해서 의견을 같이하기도 합니다.

이 대화를 통해, 저는 우리가 지금까지 동의하지 못했던 이유가, 무언가가 우리를 적극적으로 속이기 때문이 아니라, 심지어 피타고라스도 알지 못했지만 미래의 기하학자들은 발견할 기하학의 많은 진실이 있는 것처럼, 그저 몇몇 문제가 아직 추론하기 어렵기 때문이라고 생각해요. 이미 '고인이 된 현명한' 크세노파네스가 썼던 것처럼요.

신은 처음부터 우리에게 모든 것을
누설하지는 않았다.

하지만 시간이 흐르는 동안
우리는 추구를 통해 더 잘 배우고 알게 될 것이다.[8]

이게 바로 저희 아테네인들이 도덕적 지식과 관련해서 했던 일입니다. 저희는 탐구를 통해 쉬운 것들을 배웠고 또 그것들에 대해 의견을 같이했습니다. 그리고 미래에도 동일한 방법으로, 즉 비판받지 않은 사상은 신봉하지 않는 방법으로 우리는 가볍지 않은 문제들을 배울 수 있을 겁니다.

헤르메스 자네의 말속에는 많은 진실이 담겨 있군. 조금 더 나아가보세. 만약 도덕적 문제에 대해서 체계적으로 속는 게 그렇게 어렵다면, 스파르타인들은 왜 거의 모든 아테네인이 동의하는 일부 문제에 대해 동의하지 못하는 것일까? 자네가 방금 쉬운 문제라고 했던 그런 문제들 말일세.

소크라테스 왜냐하면 스파르타인들은 초기 유년기에 많은 잘못된 믿음과 가치를 배웠기 때문이지요.

헤르메스 그렇다면 아테네인들은 몇 살부터 완벽한 교육을 시작하는가?

소크라테스 다시 저를 오류에 걸려들게 하셨네요. 맞습니다. 물론 저희도 어린아이들에게 저희의 가치를 가르치고, 그런 가치에는 우리의 가장 심오한 지혜뿐만 아니라 가장 심각한 오해도 포함될 게 틀림없지요. 그러나 저희의 가치는 제안에 열려 있으며, 반대에 관대하고, 반대 의견과 수용 의견 모두에 대한 비판 내용을 포함합니다. 따라서 스파르타인과 저희 아테네인의 진정한 차이는 그들의 도덕 교육이 그들의 가장 중요한 사상을 비판 없이 신봉하도록 강요한다는 점이지요. 제안에 열려 있지도 않고, 그들의 전통이나 신의 개념 같은 특정한 생각들을 비판하지도 않으며, 자신들이 이미 진리를 갖고 있다고 주장하기 때문에 진리를 추구하지도 않습니다.

따라서 그들은 '시간이 지나면서 탐구를 통해 더 잘 배우고 더 잘 알게 된다'는 걸 믿지 않습니다. 그들이 서로 의견을 같이하는 것은 법과 관습이 복종을 강요하기 때문입니다. 우리가 서로 의견을 같이 하는 것은 (지금 정도로) 우리의 전통인 끝없는 비판적 토론을 통해, 진정한 지식을 발견해 왔기 때문입니다. 주어진 문제의 진실은 오직 하나뿐이기 때문에, 우리가 진실에 더 가까운 생각을 발견하면 우리의 생각이 서로 더 가까워지므로, 우리는 더 많이 동의하게 됩니다. 진실에 점점 가까워지는 사람들은 서로 점점 더 가까워지게 마련이니까요.

헤르메스 그렇지.

소크라테스 더욱이 스파르타인들은 절대로 개선점을 찾으려고 하지 않기 때문에 그걸 찾지 못하는 게 놀라운 일이 아닙니다. 저희는 반대로 계속 개선점을 찾아 왔어요. 우리의 생각과 행동을 항상 비판하고 토론하고 수정하려고 노력하면서 말이지요. 그 덕분에 우리는 미래에도 더 배울 수 있는 좋은 위치에 있는 겁니다.

헤르메스 그럼 스파르타인들이 아이들에게 그 도시의 생각과 법과 관습을 비판 없이 신봉하도록 교육하는 게 잘못되었다는 말이군.

소크라테스 저는 당신이 더 많은 진실을 누설하지 않으실 줄 알았어요!

헤르메스 그것이 인식론에서 논리적으로 당연히 따르는 거라면 어쩔 수 없지 않나. 하지만 어쨌든 자네는 이미 이 사실을 알고 있지 않았나.

소크라테스 그럼요, 알고 있지요. 그리고 당신이 무슨 말씀을 하려는지도 압니다. 도덕적 지식에 관해서는 신기루와 속임수 같은 게 존재한다는 것을 알려 주려는 것이지요. 스파르타인들의 도덕적 선택 속에도 그런 신기루와 속임수 일부가 들어 있어요. 그들의 생활 방식 전체가 그들을 현혹하고 함정에 빠뜨리고 있지요. 왜냐하면 그들의 생활 방식이 그들을 현혹하고 함정에 빠뜨리지 않도록 어떤 조처를 취할 필요가 없다는 게 그들의 잘못된 믿음 중 하나이기 때문이에요.

헤르메스 맞네.

소크라테스 저희 생활 방식에도 그런 함정이 들어 있나요? (얼굴을 찡그린다.) 물론 그렇지 않다고 생각하지만… 그건 제 생각인 거죠, 안 그런가요? 크세노파네스도 썼던 것처럼, 단순한 지역적 모습을 보편적 진실로 생각하기란 너무 쉽지요.

에티오피아인들은 자신들의 신이 납작코에 흑인이라고 말하지요. 트라키아인들은 자신들의 신이 파란 눈에 빨간 머리라고 하고요. 하지만 만약 소나 말이나 사자가 손을 갖고 있고 인간처럼 그림을 그리고 조각을 할 수 있다면, 말은 자신들의 신을 말처럼 그릴 테고, 소는 소처럼 그릴 테고….

헤르메스 자네는 지금 자신들의 방식을 고결하다고 생각하고 아테네의 방식은 퇴폐적이라고 생각하는 스파르타의 소크라테스를 상상하고 있군.

소크라테스 그리고 우리가 함정에 빠졌다고 생각하는 사람들이지요. 왜냐하면 우리가 스파르타식 방식을 채택해서 우리 자신을 기꺼이 '고치려고' 하지 않으니까요. 맞아요.

헤르메스 하지만 이 스파르타의 소크라테스는, 만약 그런 사람이 존재한다면 말일세, 아테네의 소크라테스가 옳고 자신이 틀렸을까 봐 걱정할까? 신들이 그리스인이 생각했던 그런 존재가 아닐지도 모른다고 의심했던 스파르타의 크세노파세스가 있었을까?

소크라테스 전혀 아니죠!

헤르메스 그러니 그들의 '방식' 중 하나는 그들의 모든 방식을 불변 상태로 보존하는 것이기 때문에, 그가 옳고 자네가 틀렸다면….

소크라테스 그러면 스파르타인들도 그들의 현재 생활 방식으로 들어선 이후에 죽 옳았던 게 틀림없군요. 신들은 시작부터 그들에게 완벽한 생활 방식을 누설하셨을 게 틀림없고요. 그러셨나요?

헤르메스 (눈썹을 치켜올린다.)

소크라테스 물론 그러진 않으셨겠죠. 이제 저희 방식과 그들의 방식의 차이가 단순히 관점의 문제가 아니라 정도의 문제임을 알겠네요.[9] 제가 다시 설명드릴게요.

만약 아테네인들이 거짓에 빠져 있고, 스파르타인들은 그렇지 않다는 스파르타의 소크라테스의 생각이 옳다면, 스파르타는 변하지 않고 있으므로 이미 완벽한 게 틀림없으니, 따라서 다른 모든 것에 대해서도 옳은 게 틀림없지요. 하지만 그들이 명백히 알지 못하는 한 가지는 스파르타가 완벽하다는 것을 다른 도시들에 설득시키는 방법이에요. 심지어 논쟁과 비판을 경청하는 정책을 가진 도시들에 말이죠….

헤르메스 글쎄, 논리적으로 '완벽한 생활 방식'이란 게 업적은 거의 없고 대부분 나쁠 수도 있겠지…. 하지만 맞네, 자네는 여기서 중요한 무언가를 살짝 엿보고 있는 거라네….

소크라테스 반면에 만약 아테네가 그런 함정에 빠져 있지 않다는 제 생각이 옳다고 해도 그게 저희가 다른 문제에 대해서도 옳은지 그른지의 여부에 대해서는 아무것도 말해 주지 않지요. 사실, 개선이 가능하다는 우리의 생각은 우리의 현재 생각에 오류와 부적절함이 반드시 존재해야 한다는 의미를 함축하니까요.

고맙습니다, 관대하신 아폴로 신이시여, 이런 중요한 차이를 이렇게 '살짝 엿보게' 해주셔서요.

헤르메스 하지만 자네의 생각보다 훨씬 더 큰 차이가 있다네. 스파르타인과 아테네인은 똑같이 그저 오류를 범하기 쉬운 인간에 불과하므로 모든 생각에서 오해와 오류에 빠질 수밖에 없다는 사실을 명심하게.

소크라테스 잠깐만요! 저희도 모든 생각에 오류를 범할 수 있다고요? 사실상 저희가 비판 없이 안전하게 신봉할 사상은 없는 건가요?

헤르메스 예를 들면?

소크라테스 (잠시 깊이 생각한다. 그러고는) 산술에 대한 진실은 어떤가요? 2 더하기 2는 4와 같다는 것처럼요? 혹은 델포이가 존재한다는 사실은요? 삼각형 내각의 합이 180도라는 기하학적 사실은 어떤가요?

헤르메스 어떤 사실도 누설할 수 없으므로 그런 세 가지 명제 모두가 참이라는 것도 확인해줄 수가 없네! 하지만 더 중요한 것은 바로 이거라네. 자네는 어떻게 그런 특정 명제들을 비판받지 않는 후보로 선택하게 되었나? 왜 아테네가 아니고 델포이인가? 왜 3 더하기 4가 아니고 2 더하기 2인가? 왜 피타고라스의 정리는 안 되나? 자네가 선택한 명제들이 자네가 생각하는 모든 명제 중 가장 확실하게 가장 명백하게 참이니 자네의 요지를 가장 잘 설명할 거라고 결정했기 때문인가?

소크라테스 맞습니다.

헤르메스 하지만 그렇다면 그런 후보 명제들 각각이 다른 명제들에 비해서 얼마나 확실하고 얼마나 명백하게 참인지 어떻게 결정했나? 그것들은 비판하지 않았나? 그것들이 혹시 거짓일 수 있는 방법이나 이유는 생각해 보려고 하지 않았나?

소크라테스 당연히 생각해 보았지요. 이제 알겠습니다. 제가 그것들을 비판 없이 신봉했다면, 그런 결론에 도달하지는 못했겠지요.

헤르메스 그러니 자네는 결국 철저한 오류 가능성주의자로군. 그렇지 않다고 잘못 믿고 있기는 하지만 말일세.

소크라테스 저는 그저 그것을 의심했을 뿐이에요.

헤르메스 자네는 진정한 오류 가능성주의자처럼 오류 가능성주의 자체를 의심하고 비판했네.

소크라테스 그러네요. 게다가 제가 그것을 비판하지 않았다면 그게 왜 참인지 이해할 수 없었을 겁니다. 저의 의심이 중요한 진실에 대한 저의 지식을 개선해 주었어요. 비판 없이 신봉되는 지식은 결코 개선될 수 없으니까요!

헤르메스 이것 역시 자네는 이미 알고 있었군. 자네가 항상 자네에게 가장 명백해 보이는 것조차도 비판하도록 모든 사람을 장려하는 이유가 바로 그 때문이군.

소크라테스 제가 그들에게 모범을 보이게 된 이유죠!

헤르메스 그럴지도 모르지. 자 이제 생각해 보게. 만약 오류를 범하기 쉬운 아테네의 유권자들이 실수로 매우 현명하지 못하고 공정하지 못한 법을 법제화했다면 무슨 일이 벌어지겠나?

소크라테스 그거야, 맙소사, 그들이 종종 하는….

헤르메스 논증을 위해 특정한 사례 하나를 상상해 보게. 그들이 도둑질은 실용적 이익이 많은 높은 덕목이라고 설득당해 도둑질을 금지하는 법을 모두 폐지했다고 생각해 보게. 무슨 일이 벌어지겠나?

소크라테스 모든 사람이 도둑질하기 시작하겠지요. 머지않아 도둑질을 (도둑들 사이에서 사는 걸) 가장 잘하는 사람이 가장 부유한 시민이 될 겁니다. 그러나 대부분의 사람들은 더 이상 재산이 안전하지 않게 되고(심지어 대부분의 도둑들조차도), 모든 농부와 숙련공과 상인들은 곧 훔칠 가치가 있는 무언가를 계속 생산하는 일이 불가능하다는 걸 알게 될 겁니다. 따라서 그 결과 재난과 기아는 일어나겠지만, 약속된 이익은 생기지 않을 테고, 그들은 모두 자신들의 생각이 잘못되었다는 것을 깨닫게 될 겁니다.

헤르메스 과연 그럴까? 오류를 범하기 쉬운 인간의 본성을 다시 한 번 상기시켜 줘야겠군, 소크라테스. 도둑질이 이익을 가져온다는 사실에 확실히 설득되었다고 가정하면, 그런 좌절에 대한 첫 반응은 도둑질이 충분하지 않았다고 생각하는 게 아닐까? 그들은 도둑질을 훨씬 더 장려하는 법을 법제화하지 않을까?

소크라테스 아, 그렇겠지요…. 처음에는. 하지만 그들이 얼마나 확실하게 설득되었든지 간에 이런 좌절은 그들의 삶에서 문제가 될 테고, 그러면 그들은 그 문제를 해결하고 싶어 할 겁니다. 그들 중 소수는 결국 증가한 도둑질이 전혀 해결책이 아닐지도 모른다고 의심하기 시작할 겁니다. 따라서 그 문제에 대해 더 생각하겠지요. 그들은 이런저런 설명으로 도둑질에 대한 믿음을 확신하게 되었을 겁니다. 이제 그들은 가정된 해결책이 왜 효과가 없는지 설명하려고 할 테고 결국 더 좋아 보이는 설명을 찾게 될 겁니다. 따라서 점차 도둑질에 대해 다른 사람들을 설득할 테고 대다수가 다시 도둑질에 반대할 때까지 계속해서 설득할 겁니다.

헤르메스 아하! 그러니 구원이 설득을 통해 오겠군.

소크라테스 당신이 원하신다면요. 사고와 설명과 설득. 그러면 이제 그들은 도둑질이 왜 유해한지 새로운 설명을 통해 더 잘 이해할 겁니다.[10]

헤르메스 그런데, 내 관점에서는 아테네가 정확히 우리가 지금 막 상상했던 이 이야기처럼 보이는군.

소크라테스 (다소 격분하여) 어떻게 저희를 그렇게 비웃습니까!

헤르메스 비웃기는. 전혀 아니네. 앞서 말했듯이 난 자네를 존중한다네. 이제, 만약 도둑질을 합법화하는 대신, 그들의 오류가 토론을 금지하는 것이었다면 무슨 일이 벌어질지 생각해 보세. 그리고 철학과 정치와 선거와 수많은 활동을 금지하고, 그런 활동을 치욕스럽게 여기는 것이었다면.

소크라테스 알겠습니다. 그러면 그게 설득 금지 효과가 있겠군요. 따라서 그게 우리가 논의했던 저 구원의 길을 방해하겠지요. 이것은 아주 드물고 치명적인 오류네요. 그 자체가 실행 취소를 방지하니까요.

헤르메스 혹은 적어도 구원을 훨씬 더 어렵게 만들기는 하겠지, 맞네. 내게는 스파르타가 딱 그렇게 보인다네.

소크라테스 그렇군요. 당신이 그렇게 지적하시니 저에게도 그렇게 보이네요. 과거에 저는 종종 두 도시의 많은 차이점에 대해 생각해 보았지요. 왜냐하면 고백하건대, 제가 스파르타인들에 대해서 감탄하는 게 많았고, 지금도 여전히 많기 때문이에요. 하지만 그런 차이점들이 모두 피상적이라는 걸 전에는 깨닫지 못했어요. 명백한 미덕과 악덕하에서는, 심지어 그들이 아테네의 쓰라린 적이라는 사실하에서는, 스파르타도 어떤 심오한 악의 희생자이자 노예인 셈이죠. 이것은 중대한 누설이로군요, 고결하신 아폴로 신이시여, 1,000개의 신탁 선언보다도 더 귀중한 누설을 해주시니

이 고마움을 표현할 길이 없습니다.

헤르메스 (알았다는 듯이 고개를 끄덕인다.)

소크라테스 또한 당신이 왜 제게 항상 인간이 오류를 범하기 쉽다는 사실을 명심하라고 하셨는지도 알겠습니다. 사실, 어떤 도덕적 진실은 논리적으로 인식론적 고찰로부터 나온다고 하셨는데 저는 이제 도덕적 진실이 모두 그런지 궁금합니다. 실수를 바로잡는 방법을 파괴하지 않는 도덕적 규범만 도덕적 규범일 수 있나요? 다른 도덕적 진실이 그것으로부터 나올 수 있을까요?

헤르메스 (침묵한다.)

소크라테스 좋을 대로 하세요. 이제, 아테네에 관해서 그리고 당신이 인식론에 대해서 말하고 있는 것에 대해서 얘기해 보죠. 만약 저희가 새로운 지식을 발견할 전망이 그렇게 밝다면, 왜 감각을 믿을 수 없다는 점을 강조하셨던 거죠?

헤르메스 난 자네가 지식 탐구를 '쉽게 보이는 것 너머를 보기 위한' 노력으로 묘사한 것을 바로잡으려고 한 거라네.

소크라테스 저는 은유적으로 말씀드린 거예요. '본다'를 '이해한다'는 의미로 말했던 거죠.

헤르메스 그렇지. 그럼에도 불구하고 자네가 가장 쉽게 볼 수 있다고 생각했던 그런 것들조차도 사실상 그것들에 대한 선지식이 없이는 쉽게 볼 수 없다는 걸 인정했지. 사실 선지식이 없다면 쉽게 볼 수 있는 게 하나도 없다네. 세상의 모든 지식은 손에 넣기가 어려운 법이거든. 더욱이….

소크라테스 더욱이, 우리는 보는 것으로 지식을 손에 넣지는 못하지요.

지식은 우리의 감각을 통해 우리에게 들어오는 게 아니니까요.

헤르메스 바로 그거네.

소크라테스 하지만 객관적인 지식은 도달할 수 있다고 하셨잖아요. 그런데 만약 그게 감각을 통해 들어오는 게 아니라면, 대체 어디서 오는 건가요?

헤르메스 내가 만약 자네에게 모든 지식이 설득에서 온다고 말했다고 가정해 보게.

소크라테스 이번에도 설득이군요! 그렇다면 저는 송구하지만 그게 전혀 말이 되지 않는다고 답할 겁니다. 무언가에 대해 저를 설득하는 사람은 본인이 먼저 그것을 발견했던 게 틀림없고, 따라서 그런 경우, 관련 문제가 바로 그의 지식의 출처거든요.

헤르메스 상당히 옳은 말이네, 다만….

소크라테스 그리고 아무튼 제가 설득을 통해 무언가를 배울 때, 그것은 저의 감각을 통해 들어오고 있는 거잖아요.

헤르메스 아닐세, 자네가 잘못 생각하고 있는 거라네. 그저 자네에게 그런 식으로 보일 뿐이지.

소크라테스 뭐라고요?

헤르메스 자, 자네는 지금 내게서 여러 가지를 배우고 있지, 안 그런가? 그것들이 자네의 감각을 통해서 자네에게 들어가고 있나?

소크라테스 네, 물론 그렇지요. 오… 아니 그렇지 않군요. 하지만 그건 그저 초자연적 존재인 당신이 제 감각을 우회해서 꿈속에서 제게 지식을 전해 주고 있으니까 그런 것뿐이지요.

헤르메스 내가?

소크라테스 제 생각에는 여기에 말장난이나 하려고 오신 게 아니라고 말씀하셨던 것 같은데요. 지금 당신의 존재를 부정하고 계신 건가요? 궤변가들이 그렇게 하면, 저는 대개 그들의 말을 곧이곧대로 믿고 그들과의 논쟁을 그만둔답니다.

헤르메스 이번에도 자네의 현명함이 드러나는 방책이군, 소크라테스. 하지만 난 나의 존재를 부정하지 않았다네. 난 그저 내가 실제인지 아닌지가 무슨 차이가 있는지 물은 것뿐일세. 자네가 이 대화를 하는 동안 인식론에 대해서 배웠다고 해서 자네가 무언가에 대해서 마음을 바꾸기라도 했나?

소크라테스 아마도 아닐 겁니다….

헤르메스 아마도 아니라니? 이보게, 소크라테스. 자네는 조금 전에 자네와 자네의 동료 시민들이 항상 설득에 열려 있다고 자랑하고 있었네.

소크라테스 네, 그렇습니다.

헤르메스 이제, 내가 만약 자네 상상의 산물일 뿐이라면, 그럼 대체 누가 자네를 설득한 것인가?

소크라테스 아마도 저 자신이겠지요. 이 꿈이 당신도 제 자신의 내부도 아닌, 어떤 다른 출처에서 나오는 게 아니라면 말이지요….

헤르메스 하지만 자네는 어느 누구의 설득에도 열려 있다고 하지 않았나? 만약 꿈이 미지의 출처에서 나오는 거라면, 그게 무슨 차이가 있는가? 만약 그 꿈이 설득력이 있다면 그 꿈을 받아들이는 자네는 아테네인으로 존경받지 않는가?

소크라테스 아니 존경받겠지요. 하지만 만약 어떤 꿈이 악의 있는 출처에서 나오는 거라면 어떡하죠?

헤르메스 그것도 근본적인 차이는 만들지 못한다네. 그 출처가 자네에게 사실을 말하는 거라고 주장한다고 가정해 보게. 그 출처가 악의 있는 것이라고 의심이 들면, 자네는 그것이 자네에게 사실이라고 추정되는 것을 말함으로써 어떤 나쁜 일을 행하려고 하는지 이해하려고 할 걸세. 그러나 그 뒤 자네는 자네의 설명에 따라 그것을 믿기로 결정할 수도 있지….

소크라테스 그렇지요. 예를 들어, 적이 저를 죽일 계획을 하고 있다고 발표한다면, 그의 악의에도 불구하고 그의 말을 믿는 게 좋겠지요.

헤르메스 그렇지. 혹은 그렇지 않는 게 좋을지도 모르고. 만약 가장 가까운 친구가 자네에게 사실을 말하는 거라고 주장한다면, 자네는 똑같이 그 친구가 악의 있는 제삼자에게 현혹되었는지 혹은 그저 수많은 이유들 중 하나 때문에 잘못 판단하고 있는 건지 궁금할 거네. 따라서 자네가 가장 가까운 친구를 믿지 않고 가장 나쁜 적을 믿는 상황이 쉽게 일어날 수 있지. 모든 경우에 중요한 것은 그 사실들에 대해 그리고 문제의 발언과 조언에 대해 자네가 자네의 마음속에서 만들어 내는 설명이라네.

하지만 여기에 있는 사례는 더 간단하지. 앞에서 말했듯이, 나는 어떤 사실도 누설하지 않는다네. 그저 논쟁하고 있을 뿐이지.

소크라테스 알겠습니다. 그 논쟁 자체가 설득력이 있다면 그 출처를 신뢰할 필요는 없겠지요. 그리고 저 또한 설득력 있는 논쟁을 하고 있지 않다면 출처를 이용할 방법이 없겠고요.

잠깐만요. 이제 막 뭔가를 깨달았네요. '당신은 어떤 사실도 누설하지 않으시죠.' 하지만 아폴로 신께서는 사실을 누설하시지요. 매일 수백 개의 사실을, 신탁을 통해서요. 아하, 이제 이해가 되네요. 당신은 아폴로가 아니라 다른 신이군요.

헤르메스 (묵묵부답이다.)

소크라테스 당신은 분명히 지식의 신이로군요…. 하지만 지식에 관심을 갖고 있는 신이 몇 있답니다. 아테나도 그렇고요. 하지만 당신은 그 여신이 아니라는 건 알 수 있어요.

헤르메스 아니, 자네는 알 수 없다네.

소크라테스 알 수 있어요. 당신의 모습으로 안다는 말이 아니에요. 제 말은 당신이 아테네에 대해서 편견 없이 말하는 태도로 그것을 추론할 수 있다는 뜻이에요. 그러니까 제 생각에 당신은 헤르메스 같네요. 지식과 전령과 정보의 신….

헤르메스 훌륭한 생각이로군. 하지만 그건 그렇고 대체 어떻게 해서 아폴로가 신탁을 통해 사실을 누설한다고 생각하게 된 건가?

소크라테스 오!

헤르메스 우리는 '누설'이라는 게 탄원자가 아직 모르는 것을 말해 주는 것이라는 데 동의했었지….

소크라테스 그 답변 모두가 그저 농담이나 속임수일 뿐인가요?

헤르메스 (침묵한다.)

소크라테스 좋을 대로 하세요, 덧없는 헤르메스여. 그러면 지식에 대한 당신의 논쟁을 이해해보도록 하지요. 저는 지식이 어디서 오는지 물었고, 당신은 제 관심을 바로 이 꿈으로 돌렸지요. 당신은 제가 당신에게서 배우고 있는 지식이 결국 초자연적으로 영감을 받지 않았던 것으로 드러나는지의 여부가, 제가 그 지식을 어떻게 생각하는지에 어떤 차이를 만드는지 물었어요. 그리고 저는 차이가 없다는 데 동의해야만 했고요. 그렇다면 저는 모든 지식이 꿈과 동일한 출처에서 생긴다고 결론 내려야 하는 건가요? 즉 우리 자신 안에서 나오는 거라고요?

헤르메스 당연히 그렇지. 크세노파네스가 인간이 객관적 지식에 도달할 수 있다고 말한 직후 뭐라고 썼는지 기억하나?

소크라테스 네. 그 글은 이렇게 계속됩니다.

그러나 특정 진실에 관해서는, 어떤 인간도 알지 못했고,
앞으로도 알지 못할 것이다. 신들 중 어느 누구도
아직은 내가 말하는 모든 것을 알지 못할 것이다.
그리고 우연히 인간이 그 완벽한 진실을
말할 수는 있다고 해도, 그것을 알지는 못할 것이다.

따라서 거기서 그는 비록 객관적 지식에는 도달할 수 있어도 정당화된 믿음('특정 진실')은 그럴 수 없다고 말하고 있는 것입니다.

헤르메스 그렇지, 우리는 그 모든 걸 다루었지. 하지만 자네의 대답은 그다음 줄에 있다네.

소크라테스 “왜냐하면 모든 만물이 가상으로 덮여 있기 때문이다.” 가상이로군요!

헤르메스 그러네. 추측이지.

소크라테스 하지만 잠깐만요! 지식이 추측에서 나오지 않을 때는 어떤가요? 신이 꿈으로 제게 전달해 주고 있을 때처럼요. 제가 그저 다른 사람들의 생각을 들을 때는 어떻고요? 그들이 그런 생각을 추측했을 수도 있지만, 저는 단순히 경청하는 것만으로 그 생각을 얻게 되잖아요.

헤르메스 그렇지 않다네. 이 모든 경우에, 자네는 그 지식을 습득하기 위해 여전히 추측해야 한다네.

소크라테스 제가요?

헤르메스 당연하지. 혹시 종종 오해받은 적은 없었나? 심지어 자네를 이해하려고 열심히 노력하고 있는 사람들에게 말일세?

소크라테스 있지요.

헤르메스 그러면 이번에는 종종 누군가가 의도하는 바를 오해한 적은 없었나? 심지어 그가 최대한 명료하게 말하려고 노력하고 있는데도 말일세?

소크라테스 그런 적도 있지요. 이 대화 동안은 조금도 없었지만요!

헤르메스 그런데 이건 철학적 생각만의 특징이 아니라, 모든 생각의 특징이라네. 자네들 모두가 배에서 내려 여기에 오는 중에 길을 잃었던 것을 기억하나? 그리고 왜 그랬다고 생각하나?

소크라테스 나중에 깨달은 사실이지만 저희가 선장이 알려 준 방향을 완전히 잘못 이해했기 때문이었죠.

헤르메스 그렇다면 선장이 의도했던 말을 잘못 이해했을 때, 그의 말 한마디 한마디를 열심히 들었는데도 불구하고, 대체 그 잘못된 생각은 어디서 왔을까? 선장한테서 온 건 아닐 테고….

소크라테스 알겠습니다. 틀림없이 우리 자신 안에서 왔지요. 그게 추측이네요. 하지만 지금 이 순간까지도 제가 추측하고 있었다는 생각이 전혀 떠오르지 않았어요.

헤르메스 그렇다면 자네가 상대방을 정말로 올바르게 이해하고 있는데 왜 다른 일이 일어날 거라고 예상하는가?

소크라테스 알겠습니다. 우리는 어떤 말을 들을 때, 자신이 무엇을 하고 있는지 깨닫지도 못한 채 그 말의 의미를 추측하는 겁니다. 이제 이해가 되기 시작하네요. 추측이 지식이 아니라는 것만 제외하고요!

헤르메스 사실, 대부분의 추측은 새로운 지식이 아니라네. 비록 추측이 모든 지식의 원천이기는 해도, 그것은 또 오류의 근원이기도 하고, 따라서 어떤 생각이 추측된 이후에 그 생각에 일어나는 일은 중대하다네.

소크라테스 그렇다면 그런 통찰력을 비판에 대해 알고 있는 내용에 접목해 보죠. 추측은 꿈에서 올 수도 있고, 터무니없는 공상이나 정리 안 된 생각이나 혹은 어떤 것일 수도 있지요. 하지만 그 뒤 우리는 그것을 단지 맹목적으로 받아들이거나 그것이 '공인되었다'고 상상하거나 그것이 사실이기를 바라기 때문에 받아들이는 게 아닙니다. 대신 우리는 그것을 비판하고 결함을 발견하려고 노력하지요.

헤르메스 그렇지. 아무튼 그게 바로 자네가 해야 할 일이라네.

소크라테스 그다음 우리는 그 생각을 변경하거나, 그것을 버리고 다른 걸 택하는 방식으로 그런 결함을 고쳐 나가려고 합니다. 그리고 물론 변경을 비롯한 다른 생각들 자체도 추측이지요. 그리고 그런 것들 자체도 비판됩니다. 그런 생각을 거부하거나 개선하려는 시도에 실패했을 때만 우리는 잠정적으로 그 생각을 받아들이는 것이죠.

헤르메스 그게 효과적일 수도 있겠군. 불행히도 사람들이 항상 효과적인 일을 하는 건 아니라서 말이야.

소크라테스 고맙습니다, 헤르메스. 모든 지식이 생기는 이 유일한 과정에 대해 알게 되니 흥미롭네요. 그게 선장이 말해 준 델포이로 가는 방향에 관한 지식이든, 우리가 수년 동안 조심스럽게 다듬어 온 옳고 그름에 대한 지식이든, 산술이나 기하학의 정리이든, 혹은 신이 우리에게 누설해 준 인식론이든 말이지요.

헤르메스 그 모든 건 내면으로부터 추측과 비판을 통해 오는 거라네.

소크라테스 잠깐만요! 그게 설령 신의 누설이라고 해도 내면에서 오는 거라고요?

헤르메스 그리고 그 어느 때보다도 속기 쉽지. 맞네. 자네의 주장은 다른 경우와 마찬가지로 그 경우에도 통한다네.

소크라테스 놀랍군요! 하지만 그럼 우리가 자연 세계에서 경험하는 사물들은 어떤가요? 손을 뻗어 물체를 만지면 그것을 저 밖에서 경험하지요. 확실히 그것은 다른 종류의 지식입니다. 속기 쉽든 아니든 정말로 밖에서 오는 지식이잖아요. 적어

도 우리 자신의 경험이 저 밖에, 그 물체의 위치에 있다는 의미에서는 말이죠.[11]

헤르메스 자네는 모든 종류의 그런 지식이 동일한 방식으로 생기며, 동일한 방식으로 개선된다는 생각을 좋아했지. 왜 '직접적인' 감각적 경험은 예외일까? 그게 그저 근본적으로 달라 보일 뿐이라면 어떻게 하겠는가?

소크라테스 지금 제게 삶 전체가 실은 꿈이라는 공상 같은 생각과 유사한, 모든 것을 포괄하는 마술 같은 방법이 존재한다는 걸 믿으라고 하시는 거군요. 왜냐하면 그건 물체를 만지는 감각이 우리가 그런 감각이 일어난다고 경험하는 곳, 즉 만지는 손에서 일어나는 게 아니라, 마음에서, 제 생각에는 뇌의 어딘가에서 일어나는 것 같은데요, 아무튼 그런 마음에서 일어난다는 의미이기 때문이지요. 따라서 만진다는 것에 대한 모든 감각이 저의 두개골 내부에, 실제로 제가 살아 있는 동안에는 만질 수 없는 그곳에 놓여 있다는 말이고요. 그리고 어떤 거대하고 대단히 빛나는 풍경을 보고 있다고 생각할 때마다 제가 정말로 경험하는 것도 그저 전적으로 저의 두개골 내부에, 실제로는 항상 어두운 그곳에 놓여 있다는 말이군요!

헤르메스 그게 그렇게 터무니없는가? 이 꿈속에서 보이는 모든 모습과 소리는 어디에 놓여 있다고 생각하는가?

소크라테스 그것들이 정말로 제 마음속에 있다는 건 인정합니다. 하지만 제 요지는 대부분의 꿈이 외부 실체에는 존재하지 않는 것을 묘사한다는 것이지요. 존재하는 것을 묘사하는 건 확실히 마음에서 생긴 게 아니라 그 자체에서 생긴 입력 정보가 없으면 불가능하지요.

헤르메스 잘 추론했네, 소크라테스. 하지만 그 입력 정보가 자네의 꿈의 출처에 필요한 건가, 아니면 오직 자네의 꿈에 대한 계속되는 비판에서만 필요한 건가?

소크라테스 당신 말씀은 우리가 먼저 무엇이 존재하는지 추측해야 한다는 것인데, 그다음에는 뭐죠? 우리의 추측을 감각에서 들어온 입력 정보와 비교하나요?

헤르메스 맞네.

소크라테스 그렇군요. 그다음에는 우리의 추측을 다듬고, 그다음에는 가장 좋은 추측을 현실의 꿈으로 바꾸는 거겠죠.[12]

헤르메스 그렇지. 현실과 일치하는 깨어 있는 꿈이지. 하지만 더 있다네. 그것은 자네가 그 뒤 제어할 수 있는 것의 꿈이라네. 자네는 외부 현실과 일치하는 면들을 통제하는 방식으로 그걸 하게 되지.

소크라테스 (깜짝 놀란다.) 그것은 놀라울 정도로 통일된 이론이네요. 제가 아는 한 일관성도 있고요. 하지만 제 자신은 물리적 세상에 대한 직접적 지식을 전혀 갖고 있지 않고, 제 눈을 비롯한 다른 감각에 우연히 영향을 미친 깜박거림과 그림자를 통해 세상에 대한 불가해한 암시를 받을 수 있을 뿐이라는 것을 정말로 받아들일 수 있을까요?

헤르메스 자네에게 다른 설명이 있나?

소크라테스 없지요! 그리고 이 설명을 생각하면 할수록 더 기분이 좋아지네요(제가 경계해야만 하는 감각! 하지만 제가 또 설득당했군요). 인간이 동물의 전형이라는 건 누구나 알지요. 하지만 만약 당신이 제게 말씀하시는 이런 인식론이 사실이라면, 우리 인간은 그보다 무한히 더 놀라운 창조물입니다. 우리는 여기서 두개골이라는 어둡고 거의 봉해진 동굴 속에 영원히 갇힌 채 추측하면서 앉아 있어요. 우리는 바깥 세계에 대한 이야기들을 만들어 냅니다. 사실상 세상들이죠. 물리적 세상, 도덕적 세상, 추상적 기하학 모양의 세상 등이요. 하지만 우리는 단순히 만들어 내는 데에만 만족하지도 않고 단순한 이야기에만 만족하지도 않아요. 우리는 진정한 설명을 원합니다. 따라서 우리는 저 깜박임과 그림자에 대해, 서로에 대해 그리고 논리와 합리성을 비롯해서 우리가 생각할 수 있는 그 밖의 모든 기준과 비교하고 검증했을 때도 여전히 확고하게 남아 있는 설명을 찾습니다. 그리고 그것들을 더 이상 바꿀 수 없을 때, 우리는 어떤 객관적 진실을 이해했지요. 그리고 마치 그것으로도 충분하지 않은 것처럼, 그 뒤 우리가 이해하는 것을 통제합니다. 그것은 마법 같지만, 실제일 뿐이에요. 우리가 신과 같네요!

헤르메스 글쎄, 때로 자네는 어떤 객관적 진실을 발견하고, 결과적으로 어느 정도 통제를 하지. 하지만 종종 그중 어떤 것이라도 달성했다고 생각할 때, 자네는 달성하지 못한 거라네.

소크라테스 맞아요, 맞아요. 하지만 어떤 진실을 발견했으니 더 좋은 추측과 비판과 검증을 해서 크세노파네스가 말한 것처럼 더 많이 이해하고 더 많이 통제할 수는 없을까요?

헤르메스 할 수 있지.

소크라테스 그럼 우리가 신과 같네요!

헤르메스 어느 정도는 그렇지. 그리고 자네의 질문에 대한 답에는 '그렇다'네. 자네는 사실 선택하기만 한다면, 훨씬 더 많은 방식으로 훨씬 더 신처럼 될 수 있다네(자네가 항상 오류를 범하기 쉽기는 하겠지만 말일세).

소크라테스 도대체 왜 우리가 선택하지 않으려 할까요? 오, 알겠어요. 스파르타와 그런 부류의 사람들은….

헤르메스 그렇다네. 하지만 또 어떤 이들은 오류를 범하는 신도 좋은 건 아니라고 주장할 수 있기 때문이기도 하지.

소크라테스 맞습니다. 하지만, 만약 우리가 선택하기만 한다면, 우리가 결국 얼마나 많이 이해하고, 통제하고, 달성할 수 있는지에 상한이 없다고 말씀하시는 건가요?

헤르메스 자네가 그런 질문을 하다니 재미있군. 지금부터 몇 세대가 지나면 감탄하지 않을 수 없는 책이 나올 거라네.

바로 그 순간에 문을 두드리는 소리가 난다. 소크라테스는 소리 나는 쪽을 흘끗 쳐다보고는 다시 헤르메스가 있었던 곳을 보지만, 그 신은 사라지고 없다.

카이레폰 (문으로 들어오며) 깨워서 미안하네, 친구. 하지만 노예들이 청소하러 오기 전에 우리가 방을 비우지 않으면 하루치 방값을 더 물릴 수 있다는 말을 들어서 말이야.

소크라테스 (어둠 속에서 나와 몸짓으로 카이레폰의 노예에게 방 안으로 들어와 소크라테스의 수수한 여행 가방을 챙기라는 시늉을 한다.) 카이레폰, 우리의 여행이 결국 헛된 건 아니었다네! 내가 헤르메스를 만났지 뭔가.

카이레폰 뭐라고?

소크라테스 그래, 그 신 말일세. 꿈속에서, 아니 어쩌면 직접 만났는지도 모르지. 아니 어쩌면 내가 그를 만나는 꿈을 꾼 건지도 모르겠군. 하지만 상관없네, 왜냐하면 그가 지적한 대로 그건 아무런 차이가 없으니까 말이지.

카이레폰 (당황한다.) 무슨 말인가? 왜 차이가 없다는 게지?

소크라테스 왜냐하면 내가 철학의 새로운 분야 하나를 배웠거든. 그리고 그보다 더 많은 것을!

소크라테스의 동료 무리가 다가오고 있다. 맨 앞에서 열심히 달려오는 건 시인인 아리스토클레스이다. 그의 친구들은 그가 레슬링 선수의 체격을 가졌다는 이유로 '어깨가 넓은 사람'이라는 뜻의 플라톤이라는 별명으로 부른다.

플라톤 소크라테스! 잘 있었나! 이런 긴 순례 여행에 따라올 수 있게 해주어서 정말 고맙네! (답변을 기다리지도 않고 바로 철학으로 들어간다.) 하지만 지난밤에 난 이런 생각을 하고 있었다네. 신탁이 만약 우리가 이미 알고 있는 것만 말해 준다면 그걸 정말로 누설로 보아야 할까? 우리는 이미 자네보다 더 현명한 사람이 없다는 걸 알고 있잖나. 그래서 난 우리가 다시 돌아가서 무료로 질문을 하나 더 요구해야 하지 않을까 생각했다네. 하지만 그 뒤….

카이레폰 아리스토클레스, 소크라테스가 이미….

플라톤 아니, 잠깐! 답변하지 말게. 내가 최선을 다해 추측해서 말해 볼 테니. 그래서 난 이렇게 생각했다네. '네, 저희는 이미 그가 가장 현명한 사람이라는 걸 알고 있었습니다. 그리고 그가 겸손한 사람이라는 것도요. 하지만 얼마나 겸손한지는 전혀 몰랐지요. 그런데 바로 그걸 신께서 저희에게 누설하셨어요! 소크라테스는 자신이 현명하다고 말하는 신에게조차 반박할 정도로 겸손하지요'라고 말이야.

동료들 (소리 내어 웃는다.)

플라톤 그리고 또 한 가지. '저희는 소크라테스의 탁월함을 알고 있었는데, 이제 아폴로 님께서 그것을 온 세계에 누설하셨군요'라고 말일세.

카이레폰 (속으로) 그러니 저는 '온 세계'가 신탁 비용을 대주기를 바랍니다.

플라톤 뭐라고 했나? 내가 제대로 들은 건가?

소크라테스가 대답하려고 숨을 들이쉬지만, 플라톤이 다시 말을 잇는다.

플라톤 오 그리고 소크라테스, 자네를 '스승님'이라고 불러도 되겠나?

소크라테스 안 되겠는걸.

플라톤 되지, 되지, 암 되고말고. 미안하지만 연무장에서 스파르타의 몇몇 젊은이와 어울렸는데, 그 녀석들은 항상 "우리 스승님은 이렇게 말씀하셔. 우리 스승님은 저렇게 말씀하셔. 우리 스승님은 허락하시지 않아…" 이런 식으로 말하더군. 내게는 스승님이 안 계셔서 약간 부러웠거든. 그러니….

동료 1번 에이, 플라톤!

플라톤 정말이야. 하지만….

카이레폰 (따라잡으며) 스파르타의 젊은이들이라고? 아리스토클레스, 그건 가장 온당치 못한 일이야. 우린 전쟁 중이잖나!

플라톤 여기 델포이에서는 아니지. 우린 전쟁 중이 아니야. 그들은 신탁의 신성한 정전 협정을 위반하지 않았네. 그들이 매우 신앙심이 깊다는 건 자네들도 알잖나. 좋은 녀석들이야, 억양이 좀 우습기는 하지만. 우리는 레슬링에 대해 많은 대화를 나누었다네. 그러니까 실제 레슬링을 하는 사이사이에 말이지. 우린 밤새도록 촛불 아래서 레슬링을 했다네. 난 전에는 그렇게 해본 적이 없어. 그 애들은 정말로 좋아! 비록 이따금 속임수를 쓰기는 하지만 말일세. (기억을 떠올리며 환하게 미소 짓는다.) 하지만 그렇다고 해도 난 우리 도시가 치욕을 당하게 하지는 않을 작정이었네. 난 아테네를 위해 몇 판이나 이겼지. 자네들도 알면 기뻐할 걸세. 정말로 격렬했지! 그들이 내게 몇 가지 멋진 동작을 가르쳐 주었다네. 난 그들을 고국으로 돌려보내는 걸 견딜 수가 없다네. 하지만 웬일인지 그들 어느 누구도 시poets에는 관심이 없더라고.

카이레폰 아리스토클레스. 지난밤에 글쎄 헤르메스 신이 소크라테스를 찾아 왔다네!

플라톤 와우! 왜 우리를 부르지 않았나, 소크라테스? 그게 스파르타인들과 레슬링 하는 것보다 훨씬 더 신나는 일이었을 텐데 말이야.

소크라테스 그게 꿈속에서 일어난 일이라 아무도 부를 수가 없었다네. 난 심지어 그게 정말로 그 신이었는지도 확실히 모르겠네. 하지만 그가 내게 지적했듯이, 그건 중요하지 않다네.

플라톤 왜 그렇지? 아, 그 경험이 끝났으니 중요한 건 그 경험에서 무엇을 배웠는가라는 말인 것 같군. 그래서 그가 뭘 원하던가? 자네를 아폴로의 숭배자 무리에서 몰래 빼내고 싶었을 게 뻔하지. 그러지 말게, 소크라테스! 아폴로가 훨씬 더 낫지. 그렇다고 헤르메스에게 뭐 잘못된 게 있다는 말은 아니지만, 그에겐 신탁이 없지 않나. 그리고 그는 그렇게 훌륭하지도 않…

카이레폰 (충격받아서) 존경을 좀 표하게, 아리스토클레스. 소크라테스에게도 신들에게도!

소크라테스 그는 존경을 표하고 있는 거라네, 카이레폰, 그 나름의 방식으로 말이야.

플라톤 (어리둥절해하며) 물론 난 그들을 존경한다네, 카이레폰. 그리고 자네도 알다시피 나는 사실상 소크라테스가 허락만 한다면 그도 숭배할 거라네. 오, 나는 자네도 존경하네. 대단히. 내가 만약 기분을 상하게 했다면 제발 용서해 주게. 나도 때로 내가 너무 열성적이라는 걸 안다네. (잠깐 멈춘다.) 하지만 소크라테스, 그 신에게 무엇을 물었고 어떤 대답을 받았나?

소크라테스 전혀 그런 게 아니었네. 그는 내게 철학의 새로운 분야를 누설하러 오셨다네. 인식론이라고, 지식의 지식이지. 그건 또한 도덕성을 비롯한 다른 분야들에 대한 함축도 갖고 있다네. 그 대부분은 내가 이미 알거나, 다양한 특정 사례에서 부분적으로 알고 있는 내용이었다네. 하지만 그는 신의 눈으로 본 개관을 알려 주었지. 정말 깜짝 놀랄 만한 것이었네. 흥미롭게도 그는 주로 내게 질문을 하고, 내가 특정한 일들에 대해 생각하게 하는 방식으로 알려 주었다네. 정말 효과적인 방법이었던 것 같아. 나도 종종 그 방법을 써 보려고 하네.

플라톤 모두 말해 주게, 소크라테스! 가장 흥미로운 그의 질문부터 시작해서 자네의 답변까지 모두 말이야.

소크라테스 글쎄…. 그가 내게 요구했던 한 가지는 '스파르타의 소크라테스'를 상상하라는 것이었네.

플라톤 스파르타의 뭐라고? 오! 알겠군! 그게 바로 신탁이 의미했던 그 자인 게 틀림없군. 아폴로가 얼마나 교활한지! 세상에서 가장 현명한 사람은 스파르타의 소크라테스였군. 하지만 장담하건대 머리카락 너비만큼의 차이일 걸세! 하지만 스파르타인이니 가장 위대한 전사이기도 하겠군. 멋져! 물론 나야 자네 시대에서는 자네가 위대한 전사라는 걸 알지만, 소크라테스, 그럼에도 스파르타의 소크라테스라니! 그럼 우린 당장 그를 만나러 스파르타에 가는 건가? 제발!

카이레폰 아리스토클레스. 전쟁 중이라고!

소크라테스 자네를 실망시켜서 미안하네, 아리스토클레스. 하지만 그건 순전히 지적 훈련이었다네. '스파르타의 소크라테스'는 없네. 사실 난 스파르타의 철학자에 대해서는 전혀 알지 못한다네. 어떤 면에서 헤르메스와의 대화 대부분이 바로 그것에 대한 것이었지.

플라톤 제발 좀 더 말해 주게.

이 말을 하면서 플라톤은 몸짓으로 아주 잘 훈련된 자신의 노예에게 그가 들고 있는 더미에서 밀랍으로 덮인 서판을 꺼내 달라고 시늉한다. 플라톤은 그것을 한손으로 잡고는 철필을 꺼낸다.

소크라테스 어떤 단계에서, 헤르메스는 내게 아테네가 삶에 접근하는 방식과 스파르타 방식의 기본적인 차이를 알게 해주었다네. 그것은….

플라톤 잠깐! 우리 모두 추측해 보세! 아주 흥미롭게 들리는군. 내가 먼저 시작하겠네. 나의 시가 근본적으로 바로 이것에 대한 내용이니 말이야. 자, 그 수수께끼의 절반인 스파르타 부분은 쉽지. 스파르타는 전쟁을 자랑으로 여기지. 그리고 용기와 인내 같은 전쟁과 관련된 모든 미덕을 소중히 하고 말이야.

(소크라테스의 다른 동료들이 동의하는 말을 중얼거린다.) 반면에, 뭐랄까 우리는 모든 것을 소중히 여기지, 안 그런가! 좋은 모든 것을 말이야.

동료 1 좋은 모든 것? 그건 다소 완곡한 표현 같군, 플라톤. '좋다'는 것을 '우리 아테네인들이 소중히 여기는 것'과 독립적인 어떤 방식으로 정의하지 않는다면 말이지. 난 더 기품 있게 이렇게 표현할 수 있을 것 같군. '싸우는 것' 대 '싸울 대상을 갖는 것'.

동료 2 멋지군. 하지만 그건 기본적으로 '전쟁 대 철학'이지, 안 그런가?

플라톤 (거짓으로 화난 척하면서) 그리고 시.

동료 3 아테네는 수호신이 여성이니 세상의 창의적 정신을 나타내고, 스파르타는 피와 살육의 신이며 아테네가 대패시켜서 오만한 콧대를 꺾어 버린 아레스Ares를 숭배한다는 것일 수도 있지….

플라톤 아니, 그들은 사실 아레스를 그렇게 좋아하지 않는다네. 그들은 아르테미스Artemis를 더 좋아하지. 그리고 이상하게도 그들은 또 아테나도 숭배한다네. 그건 알고 있었나?

카이레폰 자네들보다 나이도 많고 전쟁도 많이 경험한 아테네인으로서 말하는데, 내가 보기에 아테네는 그 모든 영광스러운 해상 업적에도 불구하고, 조용한 삶을 보내고 모든 그리스인과 친구가 되고 스파르타인과는 조금도 어울리지 않는 것을 행복으로 여기는 것 같더군. 그러나 불행히도 스파르타인들은 기회가 있을 때마다 우리를 귀찮게 하는 것만 좋아하지. 비록 이런 점에서 그들이 어느 누구보다 특별히 더 나쁘지 않다는 것을 인정해야 하지만. 우리 동맹들을 포함해서 말이야!

소크라테스 모두가 참 흥미로운 추측들이군. 나도 그런 것 모두를 두 도시의 차이로 이해하고 있다네. 하지만 내가 생각하기에… 물론 내가 잘못 판단했을지도 모르지만.

플라톤 '스파르타의 소크라테스는 겸손하지 않을 것이다.' 그게 그 차이인가?

소크라테스 아니네. (하지만 혹시라도 있다면 겸손하겠지.) 나는 우리 모두가 스파르타인에 대해 오해하고 있는 건 아닌가 하는 의심이 든다네. 스파르타인들이 전혀 전쟁을 추구하지 않을 수도 있지 않을까? 적어도 그들이 100년 전에 이웃 국가들을 정복해서 그들을 노예로 만들어 버린 이후에는 말이지. 어쩌면 그때 이후 그들은 자신들에게 가장 중요한 전혀 다른 관심사를 찾았는지도 모르잖나. 그리고 그들이 싸우는 건 그저 그 관심사가 위협받고 있을 때뿐이고 말이야.

동료 2 그건 뭔가? 그 노예들을 계속 억압하는 거?

소크라테스 아니, 그건 그저 그 자체가 목적이 아니라 수단일 뿐일 거야. 헤르메스는 내게 그들의 가장 중요한 관심사가 무엇인지 말해 주었던 것 같아. 그리고 우리의 관심사도 말해 주었지. 하지만 우리도 온갖 종류의 다른 이유들 때문에 싸우지 않나. 종종 후회하기도 하지만.

스파르타와 아테네의 가장 중요한 관심사는 바로 이거라네. 아테네인들은 무엇보다도 개선에 관심이 있고, 스파르타인들은 오로지 안정 상태만 찾는 거지. 정반대의 두 목적이지. 자네들도 생각해 본다면 이것이 이 두 도시의 수많은 차이를 만드는 단 하나의 근원이라는 데에 동의할 거라고 믿네.

플라톤 난 전에 한 번도 그런 식으로 생각해 본 적이 없지만, 나도 동의하는 것 같네. 내가 그 이론을 한번 검증해 보겠네. 여기에 두 도시의 차이가 하나 있네. 스파르타에는 철학자가 없다는 것. 그건 철학자의 일이 상황을 더 잘 이해하는 것인데, 그건 어떤 형태의 변화이고 그들은 그걸 원하지 않기 때문이지. 또 다른 차이는 그들이 살아 있는 시인은 존중하지 않고 오직 죽은 시인만 존중한다는 것이지. 왜냐고? 왜냐하면 죽은 시인은 새로운 시를 쓰지 않지만, 살아 있는 시인은 새로운 시를 쓰기 때문이지. 세 번째 차이는 그들의 교육 제도는 비상식적으로 가혹하고 우리의 교육 제도는 느슨하기로 유명하다는 것이지. 왜냐고? 그들은 무엇이든 변화에 대해 생각하지 않으려 하기 때문에, 아이들이 감히 질문하기를 바라지 않지. 어떤가? 내가 잘 이해하고 있나?

소크라테스 평소처럼 이해력이 빠르군, 아리스토클레스. 하지만….

카이레폰 소크라테스, 난 개선하지 않으려는 많은 아테네인을 알고 있다네! 우리에게는 자신이 완벽하다고 생각하는 많은 정치가도 있고, 자신이 모든 걸 안다고 생각하는 궤변가들도 있다네.

소크라테스 하지만 그런 정치가들은 명확하게 무엇이 완벽하다고 믿는 거지? 이 도시를 어떻게 개선할 것인지에 대한 자신들의 웅대한 계획. 마찬가지로 각각의 궤변가들은 모든 사람이 자기 생각을 받아들여야 한다고 믿는데, 궤변가들은 자기 생각이 이전에 믿었던 모든 것보다 더 개선되었다고 보는 모양이야. 아테네의 법과 관습은 완벽함에 대한 이 모든 경쟁 이념들을 수용해서(개선에 대한 더 수수한 제안들뿐만 아니라), 비평을 받게 하고, 소수의 아주 작은 진실의 씨앗일지도 모르는 것을 골라서, 가장 전망 있어 보이는 것들을 검증하도록 확립되어 있지. 따라서 자신의 개선을 생각할 수 없는 수많은 개인이 자신을 위해 아무것도 추구하지 않는 도시로 밤낮을 가리지 않고 모여드는 것이지.

카이레폰 맞아.

소크라테스 스파르타에는 그런 정치가도 그런 궤변가도 없다네. 그리고 나 같은 쇠파리도 없고. 왜냐하면 지금까지 시행된 방식에 대해 의심하거나 인정하지 않는 스파르타인이 모두 입을 다물고 있기 때문이지. 그들이 가진 얼마 되지 않는 소수의 새로운 생각들은 그 도시를 현재 상태로 더 안전하게 유지하는 쪽으로 맞춰져 있다네. 전쟁에 대해서 말한다면, 전쟁을 자랑으로 여기고 그들이 한때 이웃 국가들을 정복하러 나갔던 것처럼 전 세계를 정복해서 노예로 만들고 싶어 하는 스파르타인들이 있다는 건 나도 아네. 하지만 그 도시의 제도와 심지어 노예들의 마음속에도 깊이 자리 잡은 억측들이 미지의 세계로 내딛는 모든 발걸음에 대한 본능적 두려움을 구체화하는 것이지. 어쩌면 스파르타 밖에서 있는 아레스의 동상이 속박된 것은 그 신이 항상 그 자리에서 그 도시를 그대로 보호한다는 함축적 의미를 담고 있는지도 모르겠군. 그것은 폭력의 신이 규율을 어기지 못하게 막는 것과 같지 않을까? 세상으로 풀려 나와 그 무시무시한 변화의 위험으로 무차별 폭력을 일으키지 않도록?

카이레폰 그럴지도 모르지. 아무튼 난 이제 이해하네, 소크라테스. 도시가 어떻게 모든 시민이 공유하지 않는 '무엇보다 중요한 관심사'를 가질 수 있는지 말일세. 그러나 난 여전히 자네의 이론이 어떻게 우리 두 도시의 불화를 설명하는지 이해가 되지 않는다네. 우선, 우리 자신을 개선하려는 우리의 성향에 반대하는 스파르타인들을 떠올릴 수가 없네. 대신, 그들은 소문에 따르면 우리가 협정을 위반하고, 그들의 동맹을 해치고, 유럽 대륙에 제국을 세울 계획을 세우고 있다는 식의 온갖 종류의 특정 불만들만 열거하지. 둘째, 그렇다고 내가 그 신을 비판하고 싶어 하는 건 아닐세, 아무렴!

소크라테스 신을 비판하는 것은 불경한 게 아니라, 합리적이라네, 카이레폰. 헤르메스도 그렇게 생각하지. 왜냐하면 그게 그럴 가치가….

플라톤 ('신을 비판하는 것은 불경한 게 아니다'를 갈겨쓴다.)

카이레폰 자, 안정 상태와 개선이라는 두 가지 '무엇보다 중요한 관심사'에 대해서는 그 신이 옳다고 해도, 각 도시는 그 자신만을 위한 나름의 관심사도 갖고 있다네. 각 도시는 그것을 다른 누군가에게 강요하고 싶은 마음이 없다네. 따라서 비록 아테네는 앞으로 전력 질주하는 걸 선택하고 스파르타는 자신을 묶어 두는 걸 선택한다고 해도, 또 이런 선택이 논리적으로 '정반대'라고 해도, 그것이 어떻게 불화의 근원일 수 있겠나?

소크라테스 내 짐작으로는 이렇다네. 아테네의 존재는, 아무리 평화롭다고 해도 스파르타의 안정 상태에는 치명적인 위협인 게

지. 그러므로 장기적으로 볼 때, 스파르타의 지속적 안정 상태(그들이 보는 스파르타의 지속적인 존재를 의미하네)의 조건은 아테네의 진보 파괴(우리의 관점에서는 아테네의 파괴를 만들어 내는)라네.

카이레폰 난 여전히 그 위협이 무엇인지 명확히 모르겠군.

소크라테스 자, 미래에 두 도시 모두 무엇보다 중요한 그들의 관심사에 대해서 계속 성공한다고 가정해 보세. 스파르타인들은 정확히 오늘날과 똑같이 남아 있을 걸세. 그러나 아테네인들은 우리의 부와 다양한 업적으로 다른 그리스인들의 선망의 대상이지. 우리가 더 개선해서 모든 부분에서 세상의 모든 사람보다 뛰어나게 되었을 때 무슨 일이 벌어지겠나? 스파르타인들은 거의 여행하지도 않고 외국인과 교류도 하지 않지만, 다른 곳의 발전을 완전히 무시한 채 그 상태를 유지할 수는 없다네. 심지어 전쟁에 나가는 것도 자신들보다 더 부유하고 더 자유로운 다른 도시들의 삶이 어떤지에 대해서 조금은 알게 해주겠지. 언젠가 델포이를 방문하는 스파르타의 일부 청년들은 더 좋은 '방편'과 더 멋진 기술을 갖고 있는 게 아테네인들이라는 사실을 알게 될 걸세. 그러면 한두 세대 후에 만약 아테네의 전사들이 전장에서 더 좋은 '방편'을 발달시켰다면 어떻게 될까?

플라톤 하지만 소크라테스, 설령 이게 사실이라고 해도, 스파르타인들은 그것을 모를 텐데! 그렇다면 그들이 어떻게 그걸 두려워할 수 있겠나?

소크라테스 그들은 굳이 통찰이라는 게 필요하지도 않다네. 스파르타의 전령이 아테네에 도달하자마자 아크로폴리스 위에 무엇이 서 있는지 보면 다른 모든 사람처럼 감탄으로 숨이 멎지 않을 거라고 생각하나?[13] 그리고 그가 우리의 오만과 무책임에 대해서 아무리 많이 중얼거린다고 해도, (아마도 타당하게) 고향으로 돌아가는 길에 자신의 도시가 누군가로부터 그런 종류의 감탄을 이끌어 낼 수도 없고 앞으로도 결코 이끌어 낼 수 없을 거라는 점을 반성하지 않을 거라고 생각하나? 스파르타의 연장자들이 바로 이 순간에도 그들의 동맹 일부를 포함하는 많은 도시에서 점점 커가는 민주주의의 명성에 대해 걱정하지 않을 거라고 생각하나?

그건 그렇고, 내가 스파르타인들이 피에 굶주린 전쟁광이라고 생각하는 것만큼이나 우리 자신도 민주주의를 경계해야만 하네. 왜냐하면 그것도 본질적으로 똑같이 위험하기 때문이라네. 스파르타인들이 군사 훈련 없이는 아무것도 할 수 없는 것처럼 우리도 민주주의 없이는 더 이상 아무것도 할 수 없을 게야. 그리고 그들이 훈련과 예방의 전통을 통해 피에 굶주린 파괴성을 조절해 왔듯이, 우리도 미덕과 인내와 자유의 전통을 통해 민주주의의 파괴성을 조절해 왔다네. 스파르타인들이 그들의 전통에 의존해서 자신들의 괴물이 눈에 보이는 다른 모든 것도 함께 집어삼키는 걸 방지해 왔듯이, 우리도 완전히 그런 전통에 의존해서 우리의 괴물을 통제하고 우리 편으로 만들어두고 있는 거라네. 우리도 아테네의 기본적인 보호를 상징하기 위해 민주주의가 속박된 동상을 세우는 것이 좋을 걸세.

플라톤 ('민주주의는 속박되지 않으면 위험한 괴물이다'라고 갈겨쓴다.)

소크라테스 스파르타인들은 (그리고 우리를 이해하지 못하는 많은 사람들은) 우리 아테네인들이 어떻게, 자신들이 세상에서 단연 최고라고 내세울 수 있는 단 한 가지인 전쟁에 대항해서 우리의 민주주의를 지킬 수 있는지 매일 궁금해하고 있을 게 틀림없다네. 우리가 철학과 시와 드라마와 수학과 건축을 비롯해서 스파르타인들이 전혀 신경 쓰지 않는 것처럼 보이는 다른 분야에서 그 어느 때보다 더 탁월하게 하고 있다는 사실에도 불구하고 말일세.

플라톤 ('스파르타인들은 전쟁에서는 세계 최고이지만 다른 곳에서는 실패이다'라고 갈겨쓴다.)

소크라테스 그들은 사실을 볼 수 있다고 해도 그 이유를 알 필요가 없다네. 그 이유는 바로 이것이지. 우리가 개선할 수 있는 것은 끊임없이 노력하기 때문이고, 그들이 거의 개선하지 못하는 것은 노력하지 않으려고 노력하기 때문이라네! 그게 바로 스파르타의 아킬레스건이지.

플라톤 ('스파르타의 아킬레스건은 개선하지 않는 것이다'라고 갈겨쓴다.) 따라서 그들에게 필요한 것은 철학자로군. 철학자가 있다면 그들은 무적이 되겠어!

소크라테스 (껄껄 웃는다.) 어떤 의미에서는 그렇지, 아리스토클레스. 하지만….

플라톤 ('소크라테스는 철학자가 있다면 스파르타가 무적이 될 거라고 말한다'라고 갈겨쓴다.)

카이레폰 (걱정하며) 그런데 우리가 정말로 이런 이야기를 여기 대중

여인숙에서 논의하고 있어야 하는가? 만약 누구라도 엿듣고 그들에게 이 비밀을 말해 주면 어떻게 하나?

플라톤 ('주의사항: 사람들에게 말하지 말 것!'이라고 갈겨쓴다.)

소크라테스 걱정하지 말게, 친구. 스파르타인들이 이 '비밀'을 이해할 수 있다면, 그걸 오래전에 이행했을 테니까 말일세. 그리고 우리 두 도시 사이에는 전쟁도 없었을 테고 말이야. 만약 스파르타의 어느 개인이 새로운 철학적 개념을 옹호하려고 한다면, 그는 곧 자신이 이단이나 다른 죄목으로 재판장에 서 있다는 걸 알게 될 걸세.

플라톤 만약….

소크라테스 만약 뭔가?

플라톤 만약 철학을 받아들인 사람이 왕이 아니라면 말이지.

소크라테스 논리적 허점을 찾는 능력은 알아 줘야겠군, 아리스토클레스. 이론적으로는 자네 말이 맞네. 하지만 스파르타에서는 심지어 왕도 중요한 무언가를 바꾸도록 허용되지 않는다네. 만약 그걸 시도하는 왕이 있다면 민선 장관들에게 폐위당하겠지.

플라톤 자, 그들에게는 두 명의 왕과 다섯 명의 민선 장관과 스물여덟 명의 의원이 있네. 따라서 계산을 해보면 열다섯 명의 의원과 세 명의 민선 장관과 한 명의 왕만 철학을 받아들인다면….

소크라테스 (소리 내어 웃는다.) 그렇지, 아리스토클레스. 나도 인정하네. 만약 스파르타의 통치자들이 우리 스타일의 철학을 받아들이고 그 뒤 진지하게 비판을 시작해서 그들의 전통을 개조할 수 있다면….

플라톤 (약간 딴 생각을 하면서, '정리: 철학자인 왕은 왕인 철학자와 같다. 그렇다면 만약 철학자가 왕이 된다면 어떻게 될까?'라고 갈겨쓴다.) 혹은 어쩌면 어떤 자비로운 왕이 권력을 잡았을 가능성도 있지….

소크라테스 어떤 식으로든 그들이 만약 그런 개조에 성공한다면, 그들의 도시는 아마 진실로 위대한 무언가로 진화할 걸세. 하지만 숨을 죽이지는 말게.

플라톤 ('소크라테스가 철학자 왕을 가진 도시는 진실로 위대할 거라고 말한다'라고 갈겨쓴다.) 숨을 죽이지는 않겠네. 하지만 장기적으로 우리는 왕에게 철학을 어떻게 가르칠 건가, 소크라테스? ('왕을 가르치는 게 철학자의 역할일까?'라고 갈겨쓴다.)

소크라테스 철학이 지도자 교육의 첫 단계가 되어야 하는지 확실히 모르겠군. 지도자는 철학적으로 사색할 무언가를 가져야만 하네. 지도자는 역사와 문학과 산술을 알아야 하고 그리고 무엇보다도 우리가 가진 가장 심오한 지식인 기하학을 알아야 한다네.

플라톤 ('기하학으로 표현하지 않는 사람은 여기에 입장시키지 말라!'고 갈겨쓴다.)

카이레폰 글쎄, 난 도시를 철학자에 대한 처우로 판단한다네.

소크라테스 (미소 짓는다.) 뛰어난 기준이군, 카이레폰. 그런 기준이라면 나는 투덜거리지 않는 게 좋겠군! 그건 그렇고, 아리스토클레스, 난 조금도 겸손하지 않다네. 그리고 그걸 입증하자면 헤르메스가 내가 현명하다는 것을 설득했다는 점을 말할 수 있지. 적어도 그가 특히 소중히 여기는 한 가지 점에서는 말이야. 그건 바로 내가 정당화된 믿음은 불가능하며 무용지물이고 바람직하지도 않다는 점을 알고 있다는 것이라네.

플라톤 (‘소크라테스가 세상에서 가장 현명한 사람인 까닭은 자신이 어떤 지식도 갖고 있지 않다는 점을 아는 유일한 사람이기 때문인데, 진정한 지식은 불가능하기 때문이다!’라고 갈겨쓴다.) 잠깐! 정당화된 믿음이 불가능하다고? 정말? 확신하나?

소크라테스 (큰 소리로 웃는다. 다른 동료들이 영문을 몰라 쳐다본다.) 미안하지만, 그건 다소 잘못된 질문이네, 아리스토클레스.

플라톤 오! 그렇군!

플라톤이 방금 믿음을 정당화시킬 수 없다는 믿음의 정당화를 요구했다는 것을 깨닫고 다른 동료들이 유감의 미소를 짓는다.

소크라테스 아니, 나는 아무것도 확신하지 않네. 결코 그랬던 적도 없고 말이야. 하지만 헤르메스는 오류를 범하기 쉬운 인간의 마음과 신뢰할 수 없는 감각적 경험으로 시작해서 왜 그럴 수밖에 없는지를 내게 설명해 주었다네.

플라톤 (‘그것은 불가능하고 무용지물이고 바람직하지 않은 물질세계에 대한 유일한 지식이다’라고 갈겨쓴다.)

소크라테스 그는 내게 우리가 세상을 어떻게 인식해야 하는지에 대한 놀라운 시각을 알려 주었네. 자네들 각각의 눈은 어두운 작은 동굴 같다네. 뒤쪽 벽에 바깥의 그림자가 어른거리는 동굴 말일세. 자네들은 평생을 그 동굴의 뒤편에서 보내고 저 뒤쪽 벽 이외에는 아무것도 볼 수 없으므로 실체는 전혀 직접 볼 수가 없다네.

플라톤 ('우리는 마치 동굴 안에 속박되어 있어서 오로지 뒤쪽 벽만 보도록 허용된 죄수들 같다. 우리는 휙 지나가는 뒤틀린 그림자만 보기 때문에 바깥의 실체를 결코 알 수 없다'고 갈겨쓴다.)

소크라테스는 헤르메스의 말을 조금씩 개선하고 있고, 플라톤은 점점 소크라테스의 말을 잘못 해석하고 있다.

소크라테스 그는 그 뒤 계속해서 내게 객관적 지식이 정말로 가능하다는 걸 설명해 주었네. 지식은 내면에서 나온다네! 그것은 추측으로 시작해서, 우리의 '벽'에 있는 증거와의 비교를 포함하는 반복적인 비판으로 수정된다네.

플라톤 ('단 하나의 진정한 지식은 내면에서 온다. 어떻게? 전생에서 기억되는 것?'이라고 갈겨쓴다.)

소크라테스 이런 식으로, 오류를 범하기 쉽고 허약한 우리 인간은 객관적 실체를 알 수 있다네. 우리가 철학적으로 건전한 방법을 사용한다면 말이지(하지만 대부분의 사람들이 그렇게 하지 않는다네).

플라톤 ('우리는 혼동하기 쉬운 경험의 세계 너머에 있는 진정한 세상을 알게 될 수 있다. 그러나 오직 철학이라는 당당한 기술을 추구하는 방법으로만 가능하다'라고 갈겨쓴다.)

카이레폰 소크라테스, 아무래도 자네에게 말을 건 게 신이었던 것 같네. 내가 오늘 자네를 통해 신의 진실을 살짝 엿본 것 같은 느낌이 강렬하게 들거든. 내 생각을 다시 정리해서 그 신이 자네에게 계시한 이 새로운 인식론을 확인하려면 한참이 걸릴 것 같군. 대단히 광범위하고 중요한 주제인 것 같아.

소크라테스 과연. 나도 좀 생각을 정리해야 한다네.

플라톤 소크라테스, 자넨 정말로 전 세계와 후세를 위해 이 모든 걸 다 써야만 하네. 자네의 모든 지혜를 담아서 말일세.

소크라테스 그럴 필요 없네, 아리스토클레스. 후세가 바로 여기서 듣고 있지 않나. 후세는 바로 자네들 모두라네, 친구들. 끝없이 다듬어지고 개선되어야 할 것을 쓴다는 게 무슨 소용이겠나? 어떤 특정 순간에 생기는 나의 모든 오해에 대한 영원한 기록을 만들기보다, 나는 차라리 그것들을 다른 사람들에게 양방향 토론으로 제공하겠네. 그런 방식으로 하면 나는 비판의 도움을 받아 스스로 개선할 수도 있지 않겠나. 무엇이든 소중한 것은 그런 토론을 견뎌 내고 내가 노력하지 않아도 후세로 전해질 걸세. 무엇이든 소중하지 않은 것은 그저 미래 세대들에게 나를 조롱거리로 만들 뿐일 걸세.

플라톤 좋으실 대로 하세요, 스승님.

소크라테스는 우리에게 저술을 남기지 않았기 때문에, 사상 역사가들은 플라톤을 비롯해서 그 당시에 거기에 있었던 그리고 지금까지 잔존하는 이야기들의 저자인 소수의 다른 사람들이 그에 대해서 기술한 간접 증거를 이용해, 그가 정말로 무엇을 생각했고 무엇을 가르쳤는지 그저 추측만 할 수 있을 뿐이다. 이것은 '소크라테스 문제'로 알려져 있으며, 많은 논쟁의 근원이다. 한 가지 흔한 견해는 청년 플라톤이 소크라테스의 철학을 상당히 정확히 전달하지만, 나중에 그가 소크라테스라는 인물을 자신의 견해를 전달하는 매개물로 이용했다는 것이다. 그리고 플라톤은 심지어 대화들을 진짜 소크라테스를 표현하기 위해서가 아니라 그저 문답식 형태의 논증을 표현하는 편리한 방법으로만 사용했다.

어쩌면 나도 플라톤과 동일하게 하고 있다는 점을 (이미 분명하게 드러나지 않았을 경우를 생각해서) 강조하는 게 좋겠다. 내가 앞에 기술한 대화를 쓴 까닭은 소크라테스와 플라톤의 철학적 견해를 표현하기 위해서가 아니다. 내가 그 대화의 배경을 역사의 그 순간에 두고 그런 참석자들이 나눈 대화 내용을 담은 것은 소크라테스와 그의 동아리가 무한의 시작이 되었어야 했지만 그러지 못했던 '아테네 황금기'의 주요 기여자 중 일부였기 때문이다. 그리고 또 그들이 중요하게 생각했던 철학적 문제들이 그 이후 죽 서구 철학을 주도해 왔다는 점이 우리가 고대 그리스에 대해서 알고 있는 한 가지 사실이기 때문이기도 하다. 지식은 어떻게 습득될까? 우리는 참과 거짓을, 옳고 그름을, 합리와 불합리를 어떻게 구분할 수 있을까? 어떤 종류의 지식이 (도덕적, 경험적, 이론적, 수학적으로) 가능하고, 어떤 종류의 지식이 단순한 망상일까? 그러므로 이 대화에 제시한 지식의 이론이 대체로 20세기의 철학자 칼 포퍼의 이론에 나의 이론을 조금 덧붙인 것이라고 해도, 짐작건대 소크라테스는 그걸 이해하고 마음에 들어 했을 것이다. 그 당시에 우리의 우주와 아주 유사했던 어떤 우주에서 그는 그것에 대해 생각했다.

그러나 나는 소크라테스 문제에 한 가지 간접적인 논평을 하고자 한다. 즉, 우리는 습관적으로 전달의 어려움을 과소평가한다. 소크라테스는 토론의 각 당사자가 반드시 상대방이 하는 말의 의미를 알아야 한다고 가정하지만, 플라톤이 점점 엉뚱하게 이해하자 소크라테스가 이 대화의 말미에서 하듯이 말이다. 실제로, 새로운 생각의 전달은 (심지어 세속적인 생각도) 수령자와 전달자 양측의 추측에 의존하므로 본질적으로 오류 가능성이 있다. 따라서 청년 플라톤이, 그가 그저 지적이고 대단히 교양 있고, 모든 기록으로 판단할 때 소크라테스의 숭배자에 가까웠다고 해서 소크라테스의 이론을 가장 실수 없이 전달했을 거라고 기대할 이유는 없다. 반대로, 오해는 어디에나 존재하며 지성도 정확한 기술의 의도도 그런 오류의 부재를 보장하지는 못한다는 기본 가정을 해야 한다. 청년 플라톤은 소크라테스의 모든 말을 오해했고, 노인 플라톤은 점차 그 의미를 이해하는 데 성공했다는 게 더 확실하고 더 믿을 만한 지침이다. 혹은 플라톤이 훨씬 더 심하게 잘못 해석해서 그 자신의 긍정적인 오류에 빠졌을 수도 있다. 이것들을 비롯한 여러 가능성들을 식별하기 위해서는 증거와 논증과 설명이 필요하다. 이것은 역사가들에게 어려운 작업이다. 객관적 지식은, 도달 가능하다고 해도, 도달하기가 어렵다.

이 모든 것은 문서화된 지식에도 똑같이 적용된다. 따라서 소크라테스가 책을 썼다고 해도 '소크라테스 문제'는 여전히 존재할 것이다. 다작을 했던 플라톤과 관련해서도, 때때로 살아 있는 철학자와 관련해서도 그런 문제가 있다. 그 철학자는 그러그러한 용어나 주장으로 무엇을 의미하고자 했을까? 그 주장이 해결하고자 하는 문제는 무엇일까? 이것들 자체는 철학적 문제가 아니다. 그것은 철학의 역사에 존재하는 문제이다. 그러나 거의 모든 철학자는, 특히 학자들은, 이런 문제에 상당히 많은 노력을 기울여 왔다. 철학의 교육 과정은 위대한 철학자들의 마음속에 있었던 이론들을 이해하기 위해서 원문을 읽고 논평하는 데 굉장한 무게를 둔다.

역사에 이런 노력이 집중되었다는 것은 기묘하며, 다른 학문 분야와 뚜렷한 대조를 보인다(아마도 역사 자체를 제외하고). 예를 들어, 내가 대학에서 대학생과 대학원생 시절 수강한 모든 물리학 과정에는 과거의 위대한 물리학자들의 논문이나 저서를 연구하거나 혹은 그것들이 필독 목록에도 포함되었던 예가 단 하나도 없었다. 오로지 아주 최근의 발견을 다루는 과목일 경우에만 발견자의 저서를 읽었을 뿐이었다. 따라서 우리는 아인슈타인의 강연을 듣지 않고도 그의 상대성 이론을 배웠고, 맥스웰, 볼츠만, 슈뢰딩거, 하이젠베르크 등은 그저 이름만 알고 있었다. 우리는 어쩌면 앞에 열거한 개척자들의 저서를 읽지 않은 물리학자들이 (물리학의 역사가가 아니라) 집필한 교재를 통해 그들의 이론을 읽었을지도 모른다.

왜일까? 직접적인 이유는 과학 이론들의 원본이 결코 좋은 출처가 아니라는 것이다. 왜 그럴까? 그 이후에 나온 모든 해설은 그런 원본의 개선에 목적을 두며, 일부는 성공하고 개선은 축적된다. 그리고 더 심오한 이유가 있다. 새로운 이론의 창시자들은 처음에 이전 이론들의 많은 오해를 공유한다. 그들은 그런 이론들이 어떻게 왜 결함이 있는지, 그것들이 설명하는 모든 것을 새로운 이론이 어떻게 설명하는지에 대한 이해를 발전시켜야 한다. 그러나 나중에 그 새로운 이론을 배운 대부분의 사람들은 상당히 다른 관심을 가진다. 종종 그들은 그 이론을 당연하게 받아들이고 그것을 이용해 예측하거나, 다른 이론들과의 조합으로 어떤 복잡한 현상들을 이해하고 싶어 할 뿐이다. 혹은 어쩌면 그것이 왜 이전 이론보다 뛰어난지와는 무관하게 그 뉘앙스를 이해하고 싶어 할지도 모른다. 혹은 그것을 개선하고 싶을지도 모른다. 하지만 그들은 지위를 빼앗긴 이전 이론의 관점에서 생각하는 누군가가 당연히 제기할 모든 반대를 하나하나 추적하고 확실히 맞서는 작업에는 더 이상 신경 쓰지 않는다. 과학자들이 과거의 위대한 과학자들이 관심 가졌던 쓸모없는 문제의 상황을 다룰 이유는 거의 없다.

과학의 역사가들은 반대로 바로 이 작업을 해야 한다. 그리고 그들은 소크라테스 문제를 다루는 철학의 역사가들과 동일한 난관에 부딪힌다. 그런데 왜 과학자들은 과학 이론을 배울 때 이런 난관에 부딪히지 않을까? 그런 이론들이 그렇게 쉽게 중간 고리들을 통해 전달될 수 있게 하는 게 과연 무엇일까? 내가 앞에서 강조했던 '전달의 어려움'에 무슨 일이 생긴 것일까?

그 대답의 절반은, 역설적이게도 과학자들이 어떤 이론을 배울 때, 그 이론의 창시자나 혹은 그 전달의 고리 어딘가에 있는 누군가가 어떻게 믿고 있는지에 관심을 두지 않는다는 점이다. 물리학자들이 상대성 이론에 대한 교재를 읽을 때, 그들이 당면한 목적은 그 이론을 배우는 것이지 아인슈타인이나 그 교재의 저자의 의견이 아니다. 만약 이것이 이상해 보인다면, 논증을 위해 어떤 역사가가 아인슈타인이 그의 논문들을 그저 농담으로 썼거나 혹은 협박을 받은 상태에서 썼을 뿐이며 실은 평생 케플러의 법칙을 믿은 사람이라는 것을 발견했다고 상상해 보자. 이것은 물리학 역사의 기이하고 중요한 발견이므로 관련된 교재는 모두 다시 집필되어야 할 것이다. 그러나 우리의 물리학 지식 자체는 영향을 받지 않으므로, 물리학 교재는 개정될 필요가 없을 것이다.

그 대답의 나머지 절반은 과학자들이 그 이론을 배우려고 노력하는 이유는, 또 그들이 원본의 신뢰성에 그다지 신경 쓰지 않는 이유는 이 세상이 어떤지 알고 싶기 때문이다. 결정적으로 이것은 이론의 창시자와 동일한 목적이다. 만약 좋은 이론이라면 (만약 그것이 오늘날의 근본적인 물리학 이론들처럼 훌륭한 이론이라면) 여전히 생명력 있는 설명으로 남아 있는 동안에는 변하기가 대단히 어려울 것이다. 따라서 학습자들은 그들이 처음에 했던 추측의 비판을 통해 그리고 그들의 책과 선생님과 생명력 있는 설명을 찾고 있는 동료들의 도움으로, 창시자와 동일한 이론에 도달할 것이다. 이론의 신뢰성에 대해 아무도 신경 쓰지 않는데도 이론이 세대에서 세대로 정확히 전달되는 것은 바로 이런 방식이기 때문이다. 많은 방해가 있기는 하지만 비과학적 분야도 서서히 이런 방식이 되어 가고 있다. 서로에게 다가가는 방법은 진실에 다가가는 것이다.

11장

다중 우주

The Multiverse

'도플갱어'(어떤 사람을 '꼭 닮은 사람')의 개념은 공상 과학 소설에 자주 등장하는 주제이다. 예컨대 텔레비전 시리즈인 〈스타트렉*Star Trek*〉에는 보통 단기 우주여행에 사용되는 우주선의 원격 수송 장치인 '트랜스포터'의 오작동과 관련된 여러 가지 형태의 도플갱어 이야기가 나온다. 뭔가를 원격 수송한다는 게 개념적으로 다른 장소에서 그 복제본을 만드는 것과 유사하기 때문에, 그 과정이 잘못되어 각 승객의 두 사례인 원형과 복제본이 모두 탑승하게 되는 다양한 방식을 상상할 수 있다.

이야기는 도플갱어들이 원형과 얼마나 유사한가에 따라 달라진다. 사실상 모든 특징을 공유하기 위해서는 그들의 모습이 동일할 뿐만 아니라 정확히 동일한 장소에 있어야 한다. 그러나 그게 무엇을 의미할까? 원자들을 동시에 동일 장소에 놓으려는 시도는 결국 미심쩍은 물리학으로 이어진다. 예를 들어, 동시에 존재하는 두 핵은 결합해서 더 무거운 화학 원소의 원자를 형성하기 쉽다. 그리고 동일한 두 인체가 심지어 대략이라도 동시에 같은 공간을 차지하려고 하면, 정상 밀도의 두 배인 물이 수십만 배의 기압을 미치기 때문에 그냥 폭발해 버리고 말 것이다. 소설에서는 이런 문제를 피하기 위해 다른 물리 법칙을 상상할 수 있겠지만, 심지어 그때에도 도플갱어들이 이야기가 진행되는 동안 내내 원형과 계속 같은 공간에 있으려고 한다면, 그것은 사실 도플갱어에 대한 이야기가 아닐 것이다. 머지않아 그들은 달라져야 한다. 때로는 도플갱어가 동일한 사람의 선한 '쪽'과 악한 '쪽'이 되기도 하고, 때로는 동일한 마음으로 시작하지만 다른 경험을 하면서 점차 달라지기도 한다.

때로 도플갱어는 원형의 복제본이 아니라 처음부터 '평행 우주'로 존재한다. 어떤 이야기에서는 우주들 사이에 '갈라진 틈새'가 있어서 도플갱어와 통신하거나 심지어 도플갱어를 만나기 위해 여행할 수 있다. 또 어떤 이야기에서는 우주들이 서로 인식할 수 없게 되어 있으므로, 이 이야기의 관심은 (혹은 두 이야기의 관심은) 둘의 차이가 사건에 어떤 영향을 미치는가에 있다. 예를 들어, 영화 〈슬라이딩 도어즈*Sliding Doors*〉는 러브 스토리의 두 가지 변형을 삽입해서, 처음에는 아주 조금만 다른 두 우주의 동일 커플이 겪는 두 가지 운명을 다룬다. '대체 역사alternative history'(하나 또는 여러 역사적 사건들이 다르게 전개되는 이야기를 담은 문학 장르. 이야기는 추측이지만, 과학적 사실에 근거하기도 한다-옮긴이)로 알려진 관련 장르에서는 두 이야기 중 하나는 우리 역사의 일부이고 관중에게 잘 알려져 있는 것으로 가정하기 때문에 명확하게 언급할 필요가 없다. 예를 들어, 로버트 해리스Robert Harris의 소설 《당신들의 조국*Fatherland*》은 제2차 세계 대전에서 독일이 승리한 우주에서 벌어지는 이야기이며, 로버트 실버버그Robert Silverberg의 《영원한 로마*Roma Eterna*》는 로마 제국이 멸망하지 않았을 경우를 그린 소설이다.

또 다른 종류의 이야기에서는 트랜스포터의 오작동으로 우연히 승객들이 '유령 지대'로 추방되는데, 이 유령 지대에서는 보통 세계의 모든 사람은 그들을 인식하지 못하는 반면, 그들은 그 사람들을 (그리고 서로를) 보고 그들의 이야기를 들을 수 있다. 따라서 그들은 자신들을 알아보지 못하고 자신들 몸을 통과해서 걸어가는 동료 승객들에게 소리도 쳐보고 몸짓도 해보지만 아무 소용 없는 고통스러운 경험을 하게 된다.

또 어떤 이야기에서는, 원형들은 모르게, 여행자들의 복제본만 유령 지대로 보내진다. 그런 이야기는 결국 그 추방자들이 보통 세계에 어떤 영향을 미칠 수 있다는 것을 알아내는 것으로 끝날 것이다. 그들은 그런 영향을 이용해 자신들의 존재를 알리고 자신들을 추방한 과정의 역과정을 통해 구조된다. 가정된 허구 과학에 따라, 그들은 다른 사람으로 새로운 삶을 시작할 수도 있고, 원형과 합체할 수도 있을 것이다. 후자는 물리 법칙 중 특히 질량 보존의 법칙을 위반한다. 그러나 이번에도 이 이야기는 허구이다.

그럼에도 불구하고 상당히 이치에 맞는 좋은 설명들로 이루어진 소설보다 허구 과학을 선호하는, 나를 비롯한 다소 현학적인 공상 과학 소설 마니아들의 특정 카테고리가 있다. 물리 법칙이 다른 세계를 상상하는 것과 전혀 이치에 맞지 않는 세계를 상상하는 것은 전혀 다르다. 예를 들어, 우리는 추방자들이 보통 세계를 보고 듣는 건 가능한데 만질 수는 없는 게 어떻게 가능할 수 있는지 알고 싶다. 우리의 이런 입장은 텔레비전 시리즈 〈심슨 가족*The Simpsons*〉의 한 에피소드에서 멋지게 패러디되었다. 이 에피소드에서는 판타지 모험 시리즈의 팬들이 배우에게 이렇게 묻는다.

배우 다음 질문 해주세요.

팬 네, 여기요. (목을 가다듬는다.) 에피소드 BF12에서 당신이 날개 달린 아팔루사를 타고 야만인들과 전투를 벌이는 장면이 있었는데, 바로 다음 장면에서는, 맙소사, 당신이 날개 달린 아라비아 말을 타고 있더군요. 설명해 주세요.

배우 아, 그거요? 흠, 그걸 알아채셨다면 마법사가 한 일이라고 생각하시면 됩니다.

팬 아, 네, 그렇군요. 하지만 에피소드 AG4에서는….

배우 (단호하게) 마법사라니까요.

팬 에잇, 돌아버리겠네! Aw, for glayvin **14** out loud!

이것은 패러디이기 때문에, 그 팬은 이야기 자체가 아니라 연속된 오류가 있다는 사실에 대해서만, 즉 이야기에 등장하는 말이 서로 다르다는 점에 대해서만 불평하고 있다. 그럼에도 불구하고 결함 있는 이야기들은 존재하기 마련이다. 예를 들어, 날개 달린 말이 사실인지 알아보기 위해 탐구하는 이야기를 살펴보자. 여기서 등장인물들은 날개 달린 말들에 대해 탐구한다. 비록 논리적으로는 일관성이 있지만, 그런 이야기는 어떤 설명으로도 그 자체만으로는 이치에 맞지 않을 것이다. 그런 이야기는 그것을 이치에 맞게 할 맥락 속에 삽입될 수 있을 것이다. 예를 들어, 그런 이야기는 사람들이 어떻게 종종 눈앞에 있는 것의 의미를 보지 못하는지에 대한 우화의 일부가 될 수는 있다. 그러나 그러한 경우에 이 이야기의 모든 장점은 등장인물들의 터무니없어 보이는 행동을 그 우화의 관점에서 어떻게 설명할 수 있는가에 달려 있을 것이다. 그것을 "마법사가 그렇게 했다"는 설명과 비교해 보라. 마법사는 어떤 이야기에서든 어떤 사건이라도 만들어 낼 수 있기 때문에, 그것은 나쁜 설명이다. 그리고 그 팬이 그 말에 화가 났던 것도 바로 그런 이유이다.

어떤 이야기에서 줄거리는 중요하지 않다. 즉, 그 이야기는 사실 다른 무언가에 대한 것이다. 그러나 좋은 줄거리는 항상 암시적이든 명시적이든 사건들이 그 가상의 전제하에서 어떻게 왜 일어나는지에 대한 좋은 설명에 달려 있다. 이 경우, 그러한 전제가 마법사에 관한 것이라도 해도, 이야기는 사실 초자연적 존재에 대한 게 아니다. 그것은 실제 문제와 진정한 개념뿐만 아니라 가상의 물리 법칙과 가상의 사회에 관한 것이다.

이런 마음으로, 유령 지대에 있는 허구의 도플갱어들을 살펴보자. 그들이 보통 세계를 볼 수 있도록 하는 게 무엇일까? 그들은 구조적으로 원형과 동일하기 때문에, 실제의 눈이 하는 것처럼, 그들의 눈도 빛을 흡수해서 그 결과 생기는 화학 변화를 탐지한다. 그러나 그들의 눈이 만약 보통 세계에서 오는 빛의 일부를 흡수한다면, 그 빛이 도달했을 장소에 그림자를 드리울 게 틀림없다. 또 만약 그 유령 지대의 추방자들이 서로를 볼 수 있다면, 그들은 어떤 빛으로 보는 걸까? 유령 지대 자체의 빛? 만약 그렇다면 그 빛은 어디서 오는 걸까?

반면에, 만약 그 추방자들이 빛을 흡수하지 않고도 볼 수 있다면, 미세한 수준에서는 원형과 다르게 이루어져 있을 게 틀림없다. 그리고 그러한 경우에 우리는 더 이상 그들의 겉모습이 왜 원형과 닮았는지 설명할 수 없다. '우연한 복제' 개념은 더 이상 효력을 발휘하지 못할 것이다. 트랜스포터는 인체와 겉모습도 유사하고 행동도 유사하지만, 내부 기능은 다른 것을 만드는 데 필요한 지식을 어디서 습득했을까? 그것은 자연 발생의 한 사례가 된다.

마찬가지로, 유령 지대에 공기는 있을까? 만약 추방자들이 숨을 쉬고 있다면, 그것은 우주선의 공기일 리가 없다. 그러면 그들의 말소리와 심지어 숨소리도 들릴 테니까. 그러나 그 공기가 그들이 탑승하고 있는 트랜스포터 내부에 존재하는 소량 공기의 복제본일 리도 없다. 왜냐하면 그들이 우주선을 자유롭게 돌아다니기 때문이다. 따라서 우주선 전체만큼의 유령 지대 공기가 존재해야 한다. 그러나 그러면 그 공기가 우주 공간으로 퍼져 나가지 못하도록 막는 게 무엇일까?

이 이야기에서 일어나는 거의 모든 일은 실제의 물리 법칙과 상충될 뿐만 아니라(소설에서는 이례적인 게 아니다), 허구의 설명에도 문제를 제기한다. 만약 도플갱어들이 사람들의 몸을 통과할 수 있다면, 왜 마룻바닥을 통해 떨어지지 않는 걸까? 실제로 바닥은 살짝 휘어져서 사람들을 지탱한다. 그러나 이야기 속에서 바닥이 휘어진다면, 걸을 때마다 진동해서 보통 세계의 사람들이 들을 수 있는 음파를 일으킬 것이다. 따라서 유령 지대 안에는 전체 우주선의 선체뿐만 아니라 별개의 바닥과 벽도 존재해야 한다. 심지어 우주선 밖의 공간도 보통 공간일 수 없다. 왜냐하면 우주선을 떠나 보통의 우주 공간으로 돌아갈 수 있다면, 추방자들도 그런 경로로 되돌아갈 수 있을 테니까. 그러나 만약 저 밖에도 전체 우주만큼의 유령 지대가 존재한다면(평행 우주), 단순한 트랜스포터의 오작동이 어떻게 그것을 만들어 낼 수 있었을까?

우리는 좋은 공상 과학 소설을 쓰는 게 대단히 어렵다는 사실에 놀라지 말아야 한다. 그것은 실제 과학의 변형이며, 실제의 과학 지식은 변하기 매우 어렵다. 따라서 내가 개략적으로 설명했던 줄거리의 무엇이라도 유의미한 경우는 거의 없다. 그러나 내 자신의 스토리라인이(종국에는) 의미가 있을 것이라고 확신하면서 이야기를 계속 하고 싶다.

실제 공상 과학 소설의 작가는 상충되는 두 가지 동기에 직면한다. 하나는 모든 소설처럼 독자가 이야기에 몰입하게 만드는 일로, 이미 친숙한 주제를 다루면 가장 쉽게 목적을 달성할 수 있다. 그러나 그것은 인간 중심적 동기이다. 예를 들어, 그런 동기는 작가들로 하여금 물리 법칙이 여행과 통신에 강제하는 절대적인 속도 제한(즉, 광속)을 우회하는 방법을 상상하도록 한다. 그러나 작가들은 그렇게 할 때 거리를 우리 행성에 대한 이야기에 나오는 거리 역할로 강등시킨다. 즉, 항성계star systems가 더 이른 시대들을 다룬 소설 속의 외딴 섬이나 황량한 서부와 동일한 역할을 한다. 마찬가지로 평행 우주 이야기의 유혹도 우주 사이의 소통이나 여행을 허용하기 위한 것이다. 그러나 그러면 그 이야기는 결국 단일 우주에 대한 내용이 되어 버린다. 일단 우주들 사이의 장벽을 쉽게 관통할 수 있게 하면, 그것은 대륙들을 가르는 바다의 색다른 버전에 불과하다. 이런 인간 중심적 동기에 완전히 굴복하는 이야기는 사실 공상 과학 소설로 위장한 보통 소설이다.

그 반대의 동기는 최대한 가장 강력한 공상 과학 형태와 비인간 중심적 방향에서 추구하는 가장 강력한 의미를 탐구하는 것이다. 이것은 이야기의 몰입을 어렵게 만들지 모르지만, 더 광범위한 과학적 사고를 허용한다. 이제 언급할 이야기에서, 나는 친숙함에서 점차 멀어지는 연속적인 생각을, 양자론에 따라 세계를 설명하는 수단으로 삼으려고 한다.

양자론은 과학에 알려진 가장 심오한 설명이다. 이 이론은 상식과 이전 과학의 많은 가정을 위반한다. 여기에는 양자론이 출현해서 그 모든 걸 반박할 때까지는 어느 누구도 존재를 의심하지 않았던 것들도 포함된다. 그러나 이렇게 새로워 보이는 영역은 바로 실체이며, 또 우리와 우리가 경험하는 모든 것은 그 일부에 지나지 않는다. 다른 것은 없다. 따라서 양자론으로 어떤 이야기를 구성하면, 친숙한 드라마 구성 요소라는 관점에서는 손해를 보겠지만, 어떤 소설보다도 놀라운 그러나 우리가 물리 세계에 대해서 알고 있는 가장 순수하고 가장 기본적인 사실인, 무언가를 설명할 수 있다는 기회의 관점에서는 이득을 볼 것이다.

내가 지금부터 제시할 '양자론의 다중 우주 해석'(양자론에는 '우주들' 이상의 훨씬 더 많은 게 있기 때문에 이런 용어가 다소 부적절하기는 하지만)은 여전히 물리학자들 사이에서도 확실히 소수만 지지한다는 사실을 말해 두는 게 좋겠다. 다음 장에서는 연구가 잘 된 현상들에 대해서, 다른 설명이 알려져 있지 않은데도 그런 설명이 왜 받아들여지지 않는지 숙고해 볼 것이다. 지금은 내가 이 책에서 옹호하는 의미에서 설명으로서의 과학이라는 바로 그 개념이(즉, 정말로 저 밖에 존재하는 것의 설명이), 여전히 이론물리학자들 사이에서도 소수의 의견이라고만 말해 두겠다.

최대한 가장 간단한 '평행 우주' 이론에서 시작해 보자. '유령 지대'는 죽 존재해 왔다(그 자신의 빅뱅 이후 죽). 우리의 이야기가 시작될 때까지는 그것이 원자 하나하나에서 사건 하나하나까지 전체 우주의 정확한 도플갱어였다.

내가 유령 지대 이야기에서 언급한 모든 결함은 보통 세계의 일이 유령 지대의 일에 영향을 미치는 비대칭에서 파생한다(그 반대가 아니라). 따라서 당분간은 우주들이 서로를 전혀 인식하지 못한다고 상상하는 방식으로 그런 결함들을 제거해 보려고 한다. 우리는 실제의 물리학 쪽으로 나아가야 하니 광속의 소통 제한은 그대로 두고 물리 법칙도 보편적인 것으로 두자(즉, 그런 것들은 우주마다 차이가 없다). 게다가 그것들은 결정론적이다. 즉, 무작위로 발생하는 일은 없는데, 우주들의 모습이 (지금까지) 똑같이 닮아 있는 건 바로 그 때문이다. 그렇다면 그것들이 어떻게 달라질 수 있을까? 그게 바로 다중 우주 이론의 기본적 질문이며, 이 질문에 대해서는 앞으로 대답할 것이다.

내가 기술하는 가상 세계의 이 모든 기본 성질은 정보 흐름의 조건으로 생각될 수 있다. 즉, 다른 우주에는 메시지를 보낼 수 없으며, 자기 우주의 어떤 것도 광속보다 빨리 바꿀 수 없다. 새로운 정보도 (심지어 무작위 정보도) 이 세계로 가져올 수 없다. 발생하는 일은 모두 이미 지나간 일에서 물리 법칙으로 결정된다. 그러나 물론 새로운 지식은 이 세계로 가져올 수 있다. 지식은 설명으로 이루어져 있으며, 상기한 조건 중 어느 것도 새로운 설명의 창출을 막지 못한다. 이 모든 것은 실제 세계에서도 사실이다.

우리는 잠시 이 두 우주를 사실상 평행 우주라고 상상할 수 있다. 공간의 세 번째 차원을 납작하게 눌러서 우주가 마치 무한히 평평한 평면 텔레비전처럼 2차원이 되었다고 생각하자. 그런 다음 두 번째 평면 텔레비전을 옆에 나란히 놓고, 정확히 동일한 영상을 보여 준다(두 우주의 사물을 기호로 나타내면서). 이제 평면 텔레비전의 재료는 잊어라. 오직 영상만 존재한다. 이것은 우주가 물리적 객체를 포함하는 용기가 아니라 그 자체가 그런 객체라는 사실을 강조하기 위함이다. 실제 물리학에서는 심지어 공간조차도 물질을 왜곡시키고 영향을 주고받을 수 있는 물리적 객체이다.

따라서 이제 완벽하게 평행한 동일한 우주 두 개를 갖고 있다. 각 우주는 우리 우주선과 선원과 트랜스포터 전체 우주 공간의 사례를 포함한다. 두 우주가 대칭이므로 이제 하나를 '보통 우주'로, 다른 하나를 '유령 우주'로 부르는 것은 잘못이다. 따라서 나는 그저 이것들을 '우주들'이라고 부르겠다. 이 두 우주는 (지금까지 이 이야기에서 물리적 실체의 전체를 구성하는) 다중 우주이다. 마찬가지로, '원형' 물체와 '도플갱어'에 대해서 말하는 것도 잘못이다. 즉, 이것들은 원형의 두 사례일 뿐이다.

우리의 공상 과학 추측은 여기서 멈추겠지만, 이 두 우주는 영원히 동일한 모습으로 남아 있어야 한다. 이것이 논리적으로 어렵지는 않다. 그러나 이것은 우리의 이야기를 허구로도 과학적 추측으로도 치명적인 결함을 갖게 만들며, 같은 이유로 두 우주의 이야기이지만 역사는 하나뿐이다. 그러므로 이 이야기가 만약 허구로 간주된다면 사실 무의미한 위장을 하고 있는 한 우주의 이야기이고, 과학적 공상으로 간주된다면 거주자들이 설명할 수 없는 세계를 묘사한다. 왜냐하면 자신들의 역사가 세 개나 서른 개의 우주가 아니라 두 개의 우주에서 일어나고 있다는 것을 그들이 어떻게 주장할 수 있겠는가? 오늘은 두 개이고 내일은 서른 개면 왜 안 될까? 더욱이 그들의 세계에는 오직 하나의 역사밖에 없으므로, 자연에 대한 그들의 모든 좋은 설명은 이 역사에 대한 것이다. 이 단 하나의 역사가 바로 그들이 자신들의 '세계'나 '우주'로 의미하는 것이 된다. 그들은 자신들의 근원적 이원성도 이해하지 못할 테고, 삼원성이나 삼십원성만큼이나 설명으로서도 무의미할 것이다. 하지만 그들은 사실상 잘못 생각하는 것이다.

- **설명에 대한 한마디** 비록 지금까지의 이야기가 거주자의 관점에서는 나쁜 설명이라고 해도, 우리의 관점에서는 반드시 나쁜 게 아니다. 설명할 수 없는 세계의 상상은 설명 가능성의 본질을 이해하는 데 도움이 될 수 있다. 나는 바로 이런 이유 때문에 앞 장에서 설명할 수 없는 세계들을 상상해 왔고, 이 장에서는 더 많이 상상할 것이다. 그러나 결국 나는 설명 가능한 세계에 대해 말하고 싶고, 그것이 바

로 우리의 세계가 될 것이다.

- **용어에 대한 한마디** 세계는 물리적 실체 전체이다. (양자 이전의)고전 물리학에서는 세계가 하나의 우주(전체 시간 동안 3차원 공간 전체와 그 모든 내용물 같은 무언가)로 이루어졌다고 생각했다. 양자물리학에 따르면, 세계는 훨씬 더 크고 훨씬 더 복잡한 물체이며 그런 우주들을 많이 포함하는 다중 우주이다. 그리고 역사는 물체와 아마도 그와 똑같이 닮은 물체에 일어나고 있는 일련의 사건들이다. 따라서 지금까지 내가 말한 세계는 두 개의 우주로 이루어져 있고, 역사는 하나뿐인 다중 우주이다.

따라서 우리의 두 우주는 동일하게 유지되어서는 안 된다. 트랜스포터 오작동 같은 무언가가 그것들을 다르게 만들어야 한다. 그러나 앞에서 말했듯이 그런 일은 정보 흐름의 제한 조건들 때문에 배제되었던 것 같다. 소설 속 다중 우주의 물리 법칙은 결정론적이고 대칭적이다. 그렇다면 트랜스포터가 두 우주를 다르게 만드는 일을 할 수 있을까? 트랜스포터의 한 사례가 한쪽 우주에 무슨 일을 하든, 그 도플갱어도 두 우주가 동일한 상태로 유지될 수 있도록 다른 쪽 우주에 무슨 일을 할 수 있어야 하는 것처럼 보인다.

그러나 놀랍게도 그렇지 않다. 두 실재가 결정론적이고 대칭적인 법칙 아래에서 달라지는 것은 불변이다. 그러나 그런 일이 일어나기 위해서는 이 두 실재가 애초에 서로 똑같이 닮은 것 그 이상이어야 한다. 즉, 그것들은 그런 게 두 개 존재한다는 사실을 제외하고 내가 사실상 모든 면에서 동일하다고 할 때의 의미로 대체 가능해야 한다. 대체 가능성의 개념은 앞으로 반복적으로 언급될 것이다. 이 용어는 법적 용어에서 빌린 것으로, 빚의 상환 같은 목적에는 특정 실재들을 동일하다고 간주하는 법적 허구에 해당한다. 예를 들어, 달러 지폐는 법적으로 대체 가능한데, 이것은 다른 의견이 없는 한, 달러를 빌렸다가 갚을 때 빌릴 당시에 건네받은 그 달러 그대로의 상환을 요구하지 않는다는 의미이다. (주어진 등급의) 오일 배럴도 대체 가능하다. 그러나 말은 그렇지 않다. 즉, 누군가의 말을 빌린다는 것은 그 특정 말을 되돌려줘야 한다는 의미이다. 심지어 그 말과 일란성 쌍둥이인 말도 효과가 없다. 그러나 내가 여기서 언급하고 있는 물리적 대체 가능성은 판단에 관한 게 아니다. 이 말은 동일하다는 의미이며, 그것은 직관에 반하는 성질이다. 라이프니츠는 자신이 주장한 '식별 불가능자 동일성 원리identity of indiscernible'에서, 원칙적으로 그 존재를 배제하는 정도까지 나아갔다. 그러나 그는 오류를 범했다. 다중 우주의 물리학은 별문제로 하고, 우리는 이제 광자와 어떤 조건에서는 심지어 원자까지도 대체 가능하다는 것을 안다. 이것은 각각 레이저와 '원자 레이저'라는 장치로 실현할 수 있다. 원자 레이저는 매우 차가운 대체 가능한 원자들을 폭발하듯 방출한다. 변환과 폭발 없이 이런 일이 어떻게 가능한지에 대해서는 다음을 참고하라.

심지어 다중 우주 해석을 지지하는 소수파인 양자론의 많은 교재나 연구 논문에서 대체 가능성의 개념이 논의되거나 심지어 언급이라도 된 경우를 찾지 못할 것이다. 그럼에도 불구하고 대체 가능성은 다중 우주 개념의 표면 바로 아래 도처에 존재하며, 따라서 이 개념을 명확히 정의하면 양자 현상을 과장 없이 설명하는 데 도움이 되리라 본다. 앞으로 분명해지겠지만, 대체 가능성은 라이프니츠의 짐작보다 훨씬 더 기묘한 속성이다. 이것은 예컨대 다중 우주보다 훨씬 더 기묘한데, 다중 우주란 결국 그저 상식에 불과한 우주들이 반복되는 것이기 때문이다. 대체 가능성은 양자물리학 이전에 상상된 어떤 것과도 다른, 근본적으로 새로운 유형의 운동과 정보 흐름을, 그러므로 근본적으로 다른 구조의 물리적 세계를 허용한다.

어떤 상황에서는 돈이 법적으로뿐만 아니라 물리적으로도 대체 가능해진다. 돈은 너무나 친숙해서 대체 가능성에 대해 생각할 수 있는 좋은 모델을 제공한다. 예를 들어, 당신의 (전자) 은행 계좌의 잔고가 1달러인데, 은행이 실수로 우수 고객 보너스로 1달러를 주고 나중에 벌금으로 1달러를 인출해 간다면, 은행이 인출한 달러가 원래 있었던 돈인지 은행이 보너스로 준 돈인지, 혹은 각 돈의 일부로 이루어진 것인지는 무의미하다. 이 말은 그 돈이 같은 달러인지 알 수 없다거나, 신경 쓰지 않기로 했다는 것이 아니다. 즉, 물리학적 상황 때문에, 원래의 달러를 가져가는 일도, 또 그 후에 더해진 달러를 가져가는 일도 실제로 벌어지지 않는다.

은행 계좌의 달러는 '구성 실재configurational entities'로 불릴 수 있는 것이다. 즉, 구성 실재는 물체의 상태나 배치이지, 우리가 보통 물리적 객체로 생각하는 게 아니다. 당신의 은행 계좌는 특정 정보-저장 장치의 상태로 존재한다. 어떤 의미에서는 저 상태를 소유하지만(누구라도 당신의 동의 없이 그 상태를 변경하는 일은 불법이다), 그 장치 자체나 그 일부를 소유하지는 않는다. 따라서 그런 의미에서 달러는 추상 개념이다. 사실, 달러는 추상적 지식의 조각이다. 4장에서 논의했듯이, 지식은 일단 적당한 환경에서 물리적 형태로 구체화되면 그 상태로 머물러 있으려고 한다. 따라서 실제의 1달러 지폐가 닳아서 조폐국이 폐기시키면 추상적 달러는 조폐국으로 하여금 그것을 전자 형태나 종이 형태의 새로운 사례로 변형시키게 한다. 추상적 달러는 추상적 복제기이다. 하지만 이상하게 자신을 증식시키는 게 아니라, 장부와 컴퓨터 기억 장치의 백업으로 복제한다.

고전물리학에서 대체 가능한 구성 실재의 또 다른 예는 에너지의 양이다. 10킬로줄의 운동에너지를 만들 때까지 자전거 페달을 밟다가 절반의 에너지가 열로 소모될 때까지 브레이크를 밟으면, 소모된 에너지가 당신이 만들어 낸 첫 번째 5킬로줄인지 아니면 두 번째 5킬로줄인지, 혹은 그 둘의 어떤 조합인지는 무의미하다. 그러나 존재했던 에너지의 절반이 소모되었다는 것은 상당한 의미가 있다. 양자물리학에서는 기본 입자elementary particles도 구성 실재인 것으로 드러난다. 진공은 일상적인 규모와 심지어 원자 규모로도 텅 빈 것으로 인식되지만, 사실은 텅 빈 게 아니라 '양자마당quantum field'으로 알려진 풍부한 구조로 이루어진 실재이다. 기본 입자는 이 실재의 고에너지 구성인, '진공의 여기excitation of the vacuum'이다. 따라서 예를 들어, 레이저의 광자들은 텅 빈 '공동cavity' 내부에 있는 진공의 구성이다. 동일한 특징을 가진 두 개 이상의 그런 여기(에너지와 스핀처럼)가 공동 내부에 존재할 때는 어느 게 먼저 존재했는지 혹은 어느 게 다음에 나갈지의 순서 같은 게 없다. 오직 그것들 중 어느 하나의 특징과 그것들이 얼마나 많은지 등의 성질만 존재한다.

우리가 다루는 허구의 다중 우주의 두 우주가 만약 애초에 대체 가능하다면, 은행 컴퓨터가 대체 가능한 2달러가 들어 있는 계좌에서 2달러 중 하나를 인출할 수 있는 것처럼 우리 트랜스포터의 오작동도 두 우주에 다른 특징을 줄 수 있다. 예를 들어, 물리 법칙에 따르면 트랜스포터가 두 우주 중 하나에서 오작동할 경우, 수송되는 물체의 전압이 소폭 상승한다. 물리 법칙이 대칭이기 때문에 그런 상승이 어느 우주에서 일어날지 특정할 수는 없다. 그러나 두 우주가 처음에 대체 가능하다고 했으니, 굳이 특정할 필요는 없다.

물체들이 (정확한 복제라는 의미에서) 동일하고, 전혀 차이가 없는 결정론적인 법칙을 따른다면, 그것들이 결코 달라질 수 없다는 말은 다소 직관에 반하는 사실이다. 하지만 대체 가능한 물체는 표면상으로는 훨씬 더 똑같기 때문에 그럴 수 있다. 이것이 바로 라이프니츠가 결코 생각하지 못했던 대체 가능성의 기이한 성질 중 첫 번째이며, 나는 양자 물리학 현상의 중심에 바로 그런 성질이 있다고 생각한다.

여기에 또 하나가 있다. 당신의 은행 계좌에 100달러가 있고 은행에 지시해서 미래의 어떤 특정 날짜에 이 계좌에서 세무서에 1달러를 송금했다고 가정하자. 따라서 이 은행의 컴퓨터는 이제 그 효과에 대한 결정론적인 규칙을 포함한다. 당신이 이렇게 한 것은, 그 달러가 이미 세무서에 속해 있기 때문이라고 가정하자(말하자면, 당국이 실수로 당신에게 세금 환불액을 보냈고, 당신에게 그 돈을 상환할 최종 기한을 준 것이라고 하자). 은행 계좌의 달러는 대체 가능하기 때문에, 어느 게 세무서에 속해 있고 어느 게 당신에게 속해 있는지 알 수 없다. 따라서 우리는 이제 물체들의 집합이 비록 대체 가능하기는 해도 모두의 소유자가 동일하지는 않은 상황을 맞게 된다! 일상적인 언어로는 이런 상황을 설명하기가 어렵다. 은행 계좌의 각 달러는 사실상 다른 달러들과 모든 특징을 공유하지만, 그 달러들의 소유자가 모두 같은 것은 아니다. 그렇다면 이런 상황에서 그 달러들의 소유자가 없다고 말할 수 있을까? 그것은 잘못이다. 왜냐하면 분명히 세무서는 그중 1달러만 소유하며 나머지는 당신 소유이기 때문이다. 그럼 그 달러들의 소유자가 둘이라고 말할 수 있을까? 어쩌면 그렇게 말할 수도 있지만, 그 이유는 오직 그 말이 모호하기 때문이다. 각 달러의 1센트는 세무서의 소유라는 말도 무의미하기는 마찬가지인데, 그러면 그 계좌의 센트도 모두 대체 가능하다는 문제에 봉착하기 때문이다. 그러나 이런 '대체 가능성 내의 다양성' 때문에 제기된 이 문제는 오직 언어만의 문제라는 점에 주목하라. 이것은 이 상황의 어떤 면들을 말로 표현하는 방법의 문제이다. 이 상황 자체를 역설이라고 생각하는 사람은 없다. 즉, 컴퓨터는 일정한 규칙의 실행 명령을 받았고, 결과적으로 발생한 일에는 모호성이 없다.

대체 가능성 내의 다양성은, 앞으로 설명하겠지만, 다중 우주에서 만연한 현상이다. 대체 가능한 돈과의 큰 차이점 하나는 후자의 경우에는 달러라는 게 어떻게 생겼을지 궁금해하거나 예측할 필요가 전혀 없다는 사실이다. 대체 가능하다는 게 무엇인지 그리고 달라진다는 게 무엇일지 궁금해할 필요가 없다는 말이다. 양자론의 많은 응용은 우리에게 바로 그렇게 할 것을 요구한다.

하지만 우선, 나는 우리의 두 우주가 공간에서 서로 옆에 있다고 상상하기를 제안했다. 일부 공상 과학 소설이 '다른 차원에' 존재하는 도플갱어 우주들을 언급하듯이. 그러나 이제 우리는 그런 이미지를 버리고 두 우주를 동시에 일어나게 해야 한다. 왜냐하면 저 '여분의 차원'이 무슨 의미이든, 그것이 두 우주를 대체 불가능하게 만들기 때문이다.[15] 그렇다고 그 우주들이 외부 공간 같은 어떤 것에서 동시에 일어난다는 말은 아니다. 그 우주들은 공간 안에 있는 게 아니라, 공간은 그 우주들 각각의 일부이다. 두 우주가 '동시에 일어난다'는 말은 어떤 면에서도 다르지 않다는 의미다.

완벽하게 동일한 일들이 동시에 일어나는 상황을 상상하기란 어렵다. 예를 들어, 둘 중 하나를 상상하자마자, 당신의 상상은 이미 그것들의 대체 가능성을 위반한 것이다. 그러나 상상은 장애가 될 수 있어도 추론은 그렇지 않다. 이제 우리의 이야기는 전혀 하찮지 않은 줄거리를 가질 수 있게 되었다. 예컨대, 트랜스포터가 오작동할 때, 두 우주 중 한 곳에서 일어나는 전압 상승은 그런 우주에 있는 승객의 뇌 속 신경세포 일부를 작동하지 않게 할 수 있을 것이다. 결과적으로 그런 우주의 승객은 또 다른 승객에게 커피잔을 쏟을 테고, 결과적으로 그들은 다른 우주에서는 갖지 않는 공동의 경험을 갖게 되고, 이것은 로맨스로 이어진다. 〈슬라이딩 도어즈〉에서처럼.

전압 상승은 굳이 트랜스포터의 '오작동'을 필요로 하지 않는다. 전압 상승은 트랜스포터에서 규칙적으로 일어나는 일일 수도 있다. 우리는 비행이나 야생마 타기 같은 다른 형태의 여행을 하는 동안 발생하는 훨씬 더 큰 예측 불가능한 흔들림을 인정한다. 트랜스포터가 양쪽 우주에서 작동될 때마다 한쪽 우주에서 이런 작은 전압 상승이 일어나지만 그 변화가 너무 작아서 고감도 전압기로 측정하지 않거나 그런 전압 상승의 변화 직전에 일어나는 무언가를 자극하지 않는다면 발견할 수 없다고 상상해 보자.

원칙적으로 다음 세 가지 중 하나 이상의 이유로 관측자에게는 어떤 현상이 예측할 수 없는 것처럼 보일 수 있다. 첫 번째는 그 현상이 기본적으로 (비결정론적인) 임의 변수의 영향을 받는다는 것이다. 내가 우리의 이야기에서 그런 가능성을 배제했던 것은 실제 물리학에 그런 변수가 없기 때문이다. 두 번째는, 적어도 부분적으로는 일상적인 예측 불가능성이 원인이겠지만, 그런 현상에 영향을 주는 요인들이 비록 결정론적이기는 해도 알려져 있지 않거나 설명하기가 너무 복잡하다는 것이다(이것은 9장에서 설명한 지식의 창조성과 관련 있을 때 특히 그렇다). 세 번째는 양자론 이전에는 결코 상상할 수 없었던 것으로, 처음에 대체 가능했던 관측자의 사례가 두 가지 이상 달라진다는 것이다. 그런 일이 발생하는 것은 트랜스포터로 초래된 흔들림 때문이며, 결정론적인 물리 법칙으로 묘사되는데도 불구하고 그 결과를 정밀하게 예측할 수 없게 만든다.

예측 불가능한 현상들에 대한 이런 생각은 대체 가능성을 명백히 언급하지 않고도 표현할 수 있다. 그리고 사실 다중 우주 연구자들이 보통 그런 일을 한다. 그럼에도 불구하고 앞에서 말했듯이 나는 양자 무작위성을 비롯한 대부분의 양자 현상 설명에는 대체 가능성이 꼭 필요하다고 생각한다. 근본적으로 다른 예측 불가능성의 세 가지 원인은 모두 원칙적으로는 관측자에게 동일하게 느껴질 수 있다. 그러나 설명 가능한 세계에서 그 이유 중 어느 것이 자연에서 발생하는 것 같은 무작위성의 실제 원인인지 알아낼 방법이 있어야 한다. 주어진 현상의 원인이 대체 가능한 평행 우주들이라는 것을 어떻게 알아낼 수 있을까?

소설에서는 이런 목적을 위해 우주 사이의 소통을 도입해서 우주들을 '평행'하지 않게 하려는 유혹이 항상 존재한다. 앞에서 말했듯이, 그렇게 되면 그것은 사실 단일 우주 이야기가 되겠지만, 소통이 어렵다는 말로 그 사실을 위장할 가능성도 있다. 예를 들어, 어느 쪽이든 트랜스포터를 조정해서 상대 우주의 전압 상승을 일으키는 방법이 있을지도 모른다. 그리고 전압 상승을 이용해서 상대 우주에 메시지를 전달할 수 있을 것이다. 하지만 이것은 고비용이나 고위험을 초래해서 우주선의 규칙으로 사용이 제한된다고 상상할 수 있을 것이다. 특히 자신의 도플갱어와의 '개인적 소통'은 금지된다. 그럼에도 불구하고 한 선원은 야간 경비 동안 이런 금지를 무시하다가 "소나크와 결혼했다"라는 메시지를 받고 깜짝 놀란다. 소설 속 등장인물은 모르겠지만, 우리는 이 결혼이 다른 우주에서 발생한 전압 상승의 연쇄 반응인 커피를 쏟은 사건의 연쇄 반응이라는 것을 알고 있다. 그 뒤 그 전송이 끝나면 그런 메시지는 더 이상 전달되지 않는다. 이번에도 등장인물은 모르지만, 우리는 이게 다른 우주에서 이 장비의 불법적 사용이 탐지되어 더 엄격한 안전장치가 구현되었기 때문이라는 것을 안다. 이 이야기는 그 후 그 선원이 저 놀라운 메시지에 반응했을 때 어떤 일이 일어날 수 있는지 탐구할 수 있다.

자신의 도플갱어가 결혼했다는 소식을 들은 사람은 어떤 반응을 보일까? 그도 자신의 우주에서 그 배우자의 도플갱어를 찾아 나서야 할까? 낭만적인 관계 형성은 고사하고 심지어 직접 만난 적도 없는 사람을? 혹은 유서 깊은 러브 스토리의 전통에서는 성가시다고 생각하는 사람을? 도플갱어를 찾아나선다고 해서 해로울 건 없다. 아니 정말 그럴까?

다른 우주에서 발생하는 개념도 우리 우주의 개념만큼이나 속기 쉽다. 그리고 만약 그런 개념을 손에 넣기 어렵다면, 오류 수정은 더 어려워진다. 지식 창출은 오류 수정에 달려 있다. 따라서 어쩌면 그 메시지는 "이미 결혼을 후회하고 있다"는 식으로 계속되었을지도 모른다. 혹은 어쩌면 소나크가 다른 우주의 트랜스포터 룸에 나타나 그런 경고문을 발송하지 못하게 만들었을지도 모른다. 혹은 어쩌면 그 커플은 지금은 행복하지만 결국 이혼으로 끝나는 비참한 이별을 맞게 될 수도 있다. 이 모든 경우에는 그런 우주 간 소통이 전혀 도움이 되지 않으며, 선원의 두 사례가 결정한 비참한 결혼의 수를 두 배로 늘리기만 할 뿐이다.

더 일반적으로는 당신의 도플갱어가 다른 우주에서 특정 결정을 해서 행복해 보이는 소식이, 당신이 '똑같은 결정'을 할 경우 행복하다는 의미는 아니다. 일단 우주들의 차이가 있으면(그리고 그런 차이가 없다면 다른 우주의 소식은 소식이 아니다), 어떤 결정의 결과가 그런 차이의 영향을 받지 않았다고 예상할 이유는 없다. 한쪽 우주에서는 당신이 우연한 공동의 경험 때문에 만났지만, 다른 우주에서는 당신이 그 우주선의 기기를 불법적으로 사용했기 때문이었다. 그것이 결혼의 행복에 영향을 미칠 수 있을까? 아마도 아니겠지만, 어떤 요인이 그 결혼의 결과에 영향을 미치고, 어떤 요인이 그렇지 않은지 잘 설명해 주는 이론이 있는 경우에만 알 수 있다. 그리고 그런 이론이 있다면 아마 트랜스포터 안으로 몰래 들어갈 필요도 없었을 것이다.

훨씬 더 일반적으로, 우주 간 소통의 이점은 사실상 새로운 형태의 정보 처리를 허용한다는 점이다. 내가 설명했던 가상의 경우에는, 두 우주가 아주 최근까지 동일했기 때문에, 다른 우주에 있는 상대와의 소통이, 자기 자신의 일정 기간 삶에 대해서 또 다른 버전의 컴퓨터 시뮬레이션을 실행시키는 것과 동일한 효과를 낸다. 이런 계산은 다른 어떤 방식으로도 수행할 수 없으며, 얼마나 다양한 요인들이 결과에 영향을 미치는지에 대한 설명 이론의 검증에 도움이 될 수 있다. 그럼에도 불구하고 그것이 처음에 그런 이론들을 생각하는 것을 대신하지는 못한다. 따라서 만약 그런 의사소통이 드문 자원이라면, 그런 자원을 이용하는 더 효율적인 방법은 이론들 자체를 교환하는 것일 수 있다. 즉, 당신의 도플갱어가 문제를 풀어서 당신에게 해답을 말해 주면, 그가 어떻게 그 해답에 도달했는지는 몰라도 그게 좋은 설명임을 스스로 알 수 있다.

우주 간 의사소통의 또 다른 효율적인 용도는 아마 긴 계산 작업의 공유일 것이다. 예를 들어, 일부 선원들이 독극물에 중독되어 해독제를 쓰지 않으면 몇 시간 안에 죽게 되는 이야기를 생각해 보자. 해독제를 찾으려면 약의 효과를 컴퓨터로 시뮬레이션해야 하는데, 이때 그 우주선 컴퓨터의 두 사례가 각각 (약의) 변형의 목록을 절반씩 찾아서 총 실행 시간을 절반으로 줄일 수 있다. 한쪽 우주에서 치료법이 발견되면, 목록 속의 그 번호를 다른 우주로 전송해 그 결과를 검증할 수 있으므로, 두 우주의 선원들이 구조된다. 이번에도 이런 식으로 트랜스포터에 접근할 수 있는 컴퓨터가 존재한다는 증거는 실제로 저 밖에 자신과 다른 계산을 수행하는 컴퓨터가 존재했다는 증거가 된다. (도플갱어들이 무슨 말을 하는지 등에 관한) 세부 사항의 반영은 거주자들에게 전체로서의 다른 우주가 그들 자신과 유사한 구조와 복잡성을 가진 실제 장소임을 알게 해 줄 것이다. 따라서 그들의 세계가 설명 가능해진다.

실제 양자물리학에는 우주 간 소통이 존재하지 않기 때문에, 우리의 이야기에서는 우주 간 소통을 허용하지 않을 테고, 따라서 설명이 가능한 특정 방법은 열려 있지 않다. 우리의 새로운 선원들이 결혼한 역사와 그들이 여전히 서로를 모르는 역사는 서로 소통도 관측도 불가능하다. 그럼에도 불구하고 앞으로 알게 되겠지만, 역사가들은 의사소통에 해당하지 않는 방식으로 여전히 서로에게 영향을 미칠 수 있으며, 이런 효과들을 설명해야 할 필요는 우리 자신의 다중 우주가 실제라는 중요한 주장을 제공한다.

우리 이야기 속의 우주들은 한쪽 우주선의 내부에서 달라지기 시작한 후, 그 세계에 있는 그 밖의 모든 것이 양쪽 우주에서 동일한 사례들의 쌍으로 존재한다. 우리는 그런 쌍들이 대체 가능하다고 계속 상상해야 한다. 그렇게 해야 하는 이유는 우주가 자신이 포함하는 물체들 이외에는 아무것도 존재하지 않는 '그릇'이 아니기 때문이다. 만약 우주들이 정말로 독립적인 실체를 갖고 있다면, 그렇게 쌍으로 되어 있는 물체들 각각은 특정 우주에는 존재하지만 다른 우주에는 존재하지 않는, 그래서 그것들을 대체 불가능하게 하는 성질을 가질 것이다.

전형적으로, 우주들이 서로 달라지는 지역의 크기는 그 뒤 점점 늘어날 것이다. 예를 들어, 커플이 결혼을 결정하면, 고향 행성에 이 소식을 알리는 메시지를 보낸다. 그 메시지가 도착하면, 그 행성 각각의 사례는 달라진다. 이전에는 오직 우주선의 두 사례만 달랐지만, 곧 심지어 누군가가 의도적으로 알리기 전에도, 그 정보의 일부가 새어 나갔을 것이다.

예를 들어, 그 결혼을 결정한 결과 우주선의 사람들은 두 우주에서 다르게 움직이고 있으므로, 빛은 두 우주에서 다르게 반사되고 그 일부는 현창을 통해 우주선에서 나가서 어디를 가든 두 우주를 약간 다르게 만들 것이다. 열복사(적외선 광)의 경우도 마찬가지여서 선체의 모든 점을 통해 우주선에서 나간다. 따라서 오직 한쪽 우주에서만 발생하는 전압으로 시작해서, 두 우주의 차이 파동이 공간을 통해 사방으로 퍼진다. 어떤 우주에서나 이동 정보는 광속을 초과할 수 없으므로, 차이의 파동도 광속을 초과할 수 없다. 그리고 이 파동의 맨 앞쪽에서는, 대체로 광속이나 광속에 가깝게 이동하므로 어떤 방향이 다른 방향에 대해서 갖게 될 우위의 차이는 점점 총 이동 거리의 훨씬 더 작은 비율이 될 테고, 따라서 파동은 멀리 갈수록 점점 더 구형에 가까워진다. 따라서 이것을 '분화의 구sphere of differentiation'라고 부르고자 한다.

심지어 분화의 구 내부에서도, 우주들은 비교적 차이가 없다. 별은 여전히 빛나고, 행성은 여전히 동일한 대륙을 갖는다. 심지어 결혼식 소식을 듣고 결과적으로 다르게 행동하는 사람들도 그들의 뇌를 비롯해서 다른 정보 저장 장치 안에는 대부분 동일한 데이터를 보유하며, 여전히 동일한 형태의 공기를 마시고, 동일한 형태의 음식을 먹는다.

그러나 결혼 소식이 대부분의 상황을 불변 상태로 남겨 둔다는 게 직관적으로는 합리적으로 보일 수도 있지만, 그 소식이 아주 조금이라도 모든 것을 변화시켜야 한다는 것을 입증하는 것 같은 상식적인 직관이 존재한다.

예를 들어, 통신 레이저의 광자 펄스의 형태로 결혼 소식이 어떤 행성에 도달했을 때 무슨 일이 벌어지는지 생각해 보자. 심지어 결과가 나타나기 전에도, 그런 광자들의 물리적 영향이 존재해서 레이저 빔에 노출된 모든 원자에, 예컨대 레이저 빔을 마주하고 있는 행성 표면에 있는 무언가의 모든 원자에, 운동량을 나누어 주는 걸 예상할 수 있다. 그런 원자들은 그 후 약간 다르게 진동해서 원자 간 힘을 통해 밑에 있는 원자에 영향을 미친다. 각 원자가 다른 원자에 영향을 미치는 동안 그 효과는 행성 전체로 급속히 퍼진다. 그리고 비록 상상할 수 없을 정도로 작은 양이겠지만 곧 그 행성의 모든 원자가 영향을 받을 것이다. 아무리 작은 영향이라도, 각 원자와 다른 우주에 있는 상대의 대체 가능성을 깨기에는 충분하다. 따라서 차이의 파동이 통과한 후에는 대체 가능한 상태로 남아 있는 건 아무것도 없을 것이다.

이런 정반대의 두 직관은 불연속과 연속의 이분법을 반영한다. 분화 구 안에 있는 모든 것이 달라져야 한다는 앞의 주장은 측정하기에는 극단적으로 작은 물리적 변화의 실재에 의존한다. 고전물리학에서는 에너지 같은 대부분의 기본량이 지속적으로 변하므로 그런 변화의 존재는 고전물리학의 설명에서 불가피한 결과이다. 정반대의 직관은 정보 처리의 관점에서, 따라서 사람들의 기억 내용 같은 불연속 변수들의 관점에서 세계에 대해 생각하기 때문에 생긴다. 양자 이론은 이런 충돌을, 불연속을 지지하는 방향으로 판결한다. 전형적인 물리량의 경우, 주어진 상황에서 경험할 수 있는 최소한의 가능한 변화가 있다. 예를 들어, 복사에서 특정 원자로 전달될 수 있는 최소한의 에너지량이 있다. 원자는 절대로 그 양보다 적은 양을 흡수할 수 없는데, 그 양을 에너지의 '양자'라고 부른다. 그리고 최초로 발견된 양자물리학의 뚜렷한 특징이 바로 이것이었기 때문에, 이 분야에 양자 이론이라는 명칭이 붙었다. 이제 양자를 우리의 가상 물리학 안으로 편입시켜 보자.

행성 표면의 모든 원자가 전파 메시지의 도착으로 변화되는 것은 아니다. 실제로 아주 작은 영향에 대해서 큰 물리적 객체가 보이는 전형적인 반응은 보존 법칙을 따르기 위해 소수 원자의 양자 하나가 비교적 큰 불연속적 변화를 보이는 것이다. 변수들의 불연속성은 운동과 변화의 문제를 제기한다. 이 말은 변화가 순간적으로 일어난다는 의미일까? 그렇지 않다. 그러면 "그 변화가 중간쯤 일어났을 때는 세상이 어떤 모습일까?"라는 추가 질문을 제기한다. 또 소수의 원자는 강력한 영향을 받고 나머지는 영향을 받지 않는다면, 어느 원자가 영향을 받을지는 무엇이 결정할까? 그 답은 당신이 짐작하듯이 대체 가능성과 관련되어 있다.

차이의 파동 효과는 대개 거리에 따라 감소하는데, 그 이유는 단순히 물리적 효과가 일반적으로 그렇기 때문이다. 심지어 태양은 100분의 1광년 떨어져 있는데도 하늘에서 차갑고 밝은 점처럼 보인다. 태양은 어떤 것에도 거의 영향을 미치지 않는다. 1,000광년 떨어진 초신성도 마찬가지이다. 심지어 가장 격렬한 퀘이사 분출조차도 이웃 은하에서 관측할 때는 하늘에 있는 추상화에 불과할 것이다. 발생했을 때, 거리의 영향을 전혀 받지 않는 현상이 딱 하나 알려져 있는데, 그것은 바로 특정 유형의 지식 창조인 무한의 시작이다. 사실 지식 자체는 목표물을 정하고 거의 아무런 효과 없이 방대한 거리를 여행하다가 그 뒤 목적지를 완전히 변화시킬 수도 있다.

우리의 이야기에서도 만약 트랜스포터의 오작동이 천문학적 거리에 걸쳐 상당한 물리적 영향을 미치려면, 지식을 통해서 이루어져야 한다. 우주선에서 흘러나와 의도와 무관하게 결혼식 정보를 실어 나르는 광자들의 분출은, 누군가가 그 정보에 관심을 가지고 탐지 가능한 과학기기를 설치하기만 한다면 멀리 떨어진 행성에 뚜렷한 영향을 미칠 것이다.

이제, 앞에서 설명한 대로, 전압 상승이 "한쪽 우주에서는 일어나지만 다른 우주에서는 일어나지 않는다"고 말하는 우리의 가상 물리 법칙은 우주들이 대체 불가능할 경우 결정론적일 수 없다. 그렇다면 우주들이 더 이상 대체 가능하지 않게 된 후, 트랜스포터를 다시 사용하면 무슨 일이 벌어질까? 형태는 첫 번째 우주선과 동일하지만 멀리 떨어진 두 번째 우주선을 상상해 보자. 만약 첫 번째 우주선이 트랜스포터를 작동시킨 직후 두 번째 우주선도 트랜스포터를 작동시킨다면 무슨 일이 벌어질까?

논리적인 한 가지 답은 '아무 일도 일어나지 않는다'이다. 다시 말해서 물리 법칙은 일단 두 우주가 달라지면, 모든 트랜스포터가 정상적으로 작동하고 결코 다시는 전압 상승을 일으키지 않는다고 말할 것이다.

그러나 그 물리 법칙은 비록 신뢰할 수 없고 단 한 번뿐이기는 하지만, 광속보다 빠른 통신 방법도 제공한다. 트랜스포터 룸에 전압기를 설치하고 트랜스포터를 작동시킨다. 만약 전압이 상승하면, 당신은 다른 우주선이, 아무리 멀리 떨어져 있다고 해도, 트랜스포터를 아직 작동시키지 않았다는 것을 안다(그랬다면 그게 도처에서 일어나는 그런 상승을 영원히 멈추게 했을 테니까). 실제의 다중 우주를 지배하는 법칙은 정보가 그런 식으로 흐르도록 허용하지 않는다. 만약 우리의 가상 물리 법칙이 그 거주자들의 관점에서 보편적이기를 바란다면, 두 번째 트랜스포터도 정확히 첫 번째 트랜스포터가 했던 일을 수행해야 한다. 즉, 두 번째 트랜스포터도 한쪽 우주에서는 전압 상승을 일으키고 다른 우주에서는 일으키지 않아야 한다.

그러나 그런 경우 어느 우주에서 두 번째 상승이 일어날지 결정해야 한다. "한쪽 우주에서는 일어나지만 다른 우주에서는 일어나지 않는다"는 말은 더 이상 특정 사항이 아니다. 또 트랜스포터가 오직 다른 우주에서만 작동된다면 상승이 일어나서는 안 된다. 그것이 우주 간 통신을 만들어 낼 것이다. 그것은 동시에 작동하는 트랜스포터의 두 사례 모두에 의존해야 한다. 심지어 그것조차도 다음과 같이 우주 간 통신을 허용할지 모른다. 한때 상승이 일어난 우주에서 미리 조율된 시간에 트랜스포터를 작동시키고 전압기를 관찰해 보자. 만약 상승이 일어나지 않는다면 다른 우주의 트랜스포터는 스위치가 꺼져 있는 것이다. 따라서 우리는 이제 곤경에 처한다. 간단한 이분법적 차이처럼 보이는 '동일하다'와 '다르다' 사이에, 혹은 '영향받는다'와 '영향받지 않는다' 사이에 얼마나 많은 미묘함이 있는지 놀랍다. 실제 양자론에서도 우주 간 통신과 광속보다 빠른 통신의 금지는 밀접하게 연관되어 있다.

우리의 가상 물리 법칙이 보편적이고 결정론적이어야 하고 광속보다 빠른 우주 간 통신을 금지해야 한다는 필요조건을 동시에 충족시키는 방법이 하나 있다. 내 생각에는 유일한 방법인데 다름 아닌 더 많은 우주이다. 셀 수 없을 정도로 무한하고 모두가 대체 가능한 우주들을 상상해 보라. 트랜스포터는 이전에 대체 가능했던 우주들을 이전처럼 다르게 만든다. 그러나 이제 관련된 물리 법칙은 "트랜스포터가 사용되는 우주들의 절반에서 전압이 상승한다"고 말한다. 따라서 두 우주선 모두 트랜스포터를 작동시키면, 분화의 구 두 개가 부분적으로 겹쳐진 후에는 네 가지의 우주가 존재하게 된다. 첫 번째 우주선에서만 상승이 발생한 우주와 두 번째 우주선에서만 발생한 우주 그리고 둘 다 발생하지 않은 우주와 둘 다 발생한 우주 이렇게 네 종류이다. 다시 말해서 일부가 중첩된 지역에는 각각이 우주의 4분의 1 구역에서 발생하는 네 개의 다른 역사가 존재한다.

우리의 가상 이론은 '절반의 우주들'에 의미를 부여할 정도로 충분히 많은 다중 우주 구조를 제공하지는 않았지만, 실제 양자론은 제공한다. 8장에서 설명했듯이 어떤 이론이 무한 집합의 일부분과 평균에 의미를 제공하는 방법은 '측정'이라고 한다. 친근한 사례는 고전물리학이 직선에 배열된 점들의 무한 집합에 길이를 부여하는 것이다. 우리의 이론이 우주들에 측정을 제공한다고 가정해 보자.

이제 우리에게는 다음과 같은 줄거리가 허용된다. 커플이 결혼한 우주들에서는, 우주선이 방문 중인 인간의 식민지 행성에서 그 커플이 허니문을 보내고 있다. 커플이 순간 이동을 하는 동안, 나머지 우주들의 절반에서 발생한 전압 상승으로 누군가의 전자 메모장에서 신혼부부 중 한 명이 이미 부정행위를 했음을 암시하는 보이스 메시지가 재생된다. 이것은 결국 이혼으로 끝나는 일련의 사건들을 일으킨다. 따라서 이제 원래 대체 가능한 우주들로 이루어졌던 우리의 원래 집합이 세 개의 다른 역사를 포함한다. 원래 우주 집합의 절반으로 이루어진 한 곳에서는 문제의 커플이 여전히 싱글이고, 원래 집합의 4분의 1을 포함하는 두 번째에서는 그 커플이 결혼했으며, 나머지 4분의 1을 포함하는 세 번째에서는 그 커플이 이혼한 상태이다. 따라서 이 세 역사는 다중 우주의 동일한 부분을 점유하지 않는다. 그 커플이 결혼하지 않은 우주는 그들이 이혼한 우주의 두 배이다.

이제 우주선의 과학자들이 다중 우주에 대해서도 알고 있고 트랜스포터의 물리학도 이해한다고 가정하자(하지만 우리는 아직 그런 것들을 발견할 어떤 방법도 주지 않았다는 점에 주목하라). 그들은 자신들이 트랜스포터를 작동시키면, 모두 동일한 역사를 공유하는 무한한 수의 대체 가능한 트랜스포터들이 동시에 작동하고 있다는 것을 안다. 그들은 저 역사에 있는 우주들 절반에서 전압 상승이 발생하며, 이 말은 그 역사가 동일한 측정의 두 역사로 나뉜다는 의미라는 것도 안다.

따라서 그들은 전압 상승을 탐지할 수 있는 전압기를 사용하면 그들 자신의 사례 중 절반은 전압기의 상승 기록 사실을 알겠지만, 나머지 절반은 알아내지 못한다는 것을 안다. 그러나 그들은 또 자신들이 어느 사건을 경험할지 묻는 건 (아는 게 불가능하지는 않지만) 무의미하다는 것도 안다. 결과적으로 그들은 밀접하게 연관된 두 가지 예측을 할 수 있다. 하나는 발생하고 있는 모든 일에 대한 완벽한 결정론에도 불구하고, 전압기의 상승 탐지 여부를 확실히 예측해 줄 수 있는 게 아무것도 없다는 점이다.

다른 예측 하나는 전압기가 2분의 1의 확률로 상승한다는 점이다.

따라서 발생하고 있는 모든 일이 완전히 객관적으로 결정된다고 해도 그런 실험의 결과는 주관적으로 무작위이다. 이것은 또 양자역학적 임의성과 실제 물리학에서의 확률의 기원이기도 하다. 즉, 이것은 이론이 다중 우주에 제공하는 측정 때문이며, 측정은 다시 그 이론이 허용하거나 금지하는 어떤 종류의 물리적 과정 때문이다.

(이런 의미의) 무작위 결과가 발생하려고 할 때는 대체 가능성 내에서 다양성의 상황이 존재한다는 점에 주목하라. 즉, 이 다양성은 '그들이 어떤 결과를 볼 것인가'라는 변수 안에 있다. 이 상황의 논리는 이번에는 대체 가능한 실재가 사람이라는 것만 제외하면, 앞에서 언급한 은행 계좌의 논리와 동일하다. 그들은 대체 가능하지만, 절반은 상승을 보고 나머지 절반은 보지 못한다. 실제로 그들은 많은 실험을 통해서 이런 예측을 검증할 수 있다. 일련의 결과가 예측 가능하다고 주장하는 모든 공식은 결국 실패한다. 즉, 실험은 예측 불가능성을 검증한다. 그리고 압도적인 대다수의 우주에서는 (그리고 역사에서는) 대략 절반의 시간 동안만 상승이 일어난다. 즉, 이 결과는 예측된 확률값을 검증한다. 관측자들 사례의 극소수만 변화를 보게 된다.

우리의 이야기는 계속된다. 역사 중 하나에서, 우주 비행사들의 고향 행성 신문들이 약혼을 보도한다. 신문들은 두 우주 비행사를 맺어준 이 사건에 대한 보도로 여러 단을 채운다. 우주 비행사 약혼 뉴스가 없는 다른 우주에서는, 한 신문이 그 페이지의 동일 공간을 단편 소설로 채운다. 그 소설은 우연히 우주선에서의 로맨스를 다룬 이야기이다. 이야기 속의 일부 문장은 다른 역사의 뉴스 기사 속 문장들과 동일하다. 동일한 신문의 동일한 면에 실린 동일한 말들은 두 역사 사이에서 대체 가능하다. 그러나 그 말들이 한 역사에서는 허구이고 다른 역사에서는 사실이다. 따라서 여기서 사실 및 허구의 특징은 대체 가능성 내에서 다양성을 갖는다.

다른 역사들의 수는 이제 급속히 증가할 것이다. 트랜스포터가 사용되면 분화의 구가 우주선 전체를 집어삼키는 데 단 몇 마이크로초밖에 걸리지 않는다. 따라서 트랜스포터가 전형적으로 하루에 열 차례 사용되면, 전체 우주선 내부의 다른 역사의 수는 하루에 약 열 번 두 배로 늘어난다. 한 달도 되지 않아 우리가 볼 수 있는 우주 안에 존재하는 원자들의 수보다 다른 역사들의 수가 더 많아진다. 대부분의 역사는 대부분의 다른 역사와 대단히 유사하다. 왜냐하면 〈슬라이딩 도어즈〉 유형의 뚜렷한 변화를 촉진하기에 딱 알맞은 타이밍과 전압 상승의 크기는 아주 작은 부분에서만 발생하기 때문이다. 그럼에도 불구하고 역사의 수는 계속 기하급수적으로 증가하고, 우주선의 다중 우주 다양성의 어딘가에서 몇 가지 중요한 변화가 초래되었던 사건들의 경우에는 굉장히 많은 변형이 생긴다. 따라서 그런 역사들이 계속 존재하는 모든 역사의 아주 작은 일부만 구성한다고 해도 전체 역사의 수는 기하급수적으로 증가하게 된다.

그 직후에 수는 훨씬 더 작지만 여전히 기하급수적으로 증가하는, 역사에서 기이한 연결고리의 '사건들'과 '가능할 것 같지 않은 우연의 일치들'이 사건을 주도하게 되었을 것이다. 이 사건들은 우연이 아니다. 그것들 모두 결정론적인 물리 법칙에 따라 일어날 수밖에 없다. 그것들 모두 트랜스포터에 의해 초래되었다. 조심하지 않으면, 상식이 물리적 세계에 대한 잘못된 가정을 하고, 상황 자체는 매우 간단한데도 상황에 대한 설명은 역설처럼 들리게 하는 또 다른 상황이 있다. 도킨스는 어떤 텔레비전 영매가 정확한 예측을 한다는 주장을 분석하는

《무지개를 풀며》라는 저서에서 한 가지 예를 제시했다. 1년이라는 시간을 5분 단위로 나누면, 약 10만 개의 5분 주기로 나눌 수 있다. "따라서 임의의 손목시계가, 말하자면 나의 손목시계가 1년 동안 명시된 5분 안에 멈출 확률은 약 10만분의 1이다. 낮은 확률이지만 약 1,000만 명의 사람이 그 영매 프로그램을 시청하고 있다. 만약 그 … 우리는 그런 시계 중 약 50개가 … 멈춘 손목시계의 4만분의 1 … 종을 울린다고 하면 그 울림은 약 열두 번으로 … "

이 실험이 보여 주듯, 특정 상황이 다른 사건들의 발생에 어떤 방식으로든 관련되지 않고도 그 사건들을 설명할 수 있다는 사실은 직관에 반하기는 해도 매우 친숙하다. '순진한' 청중의 실수는 편협주의의 한 형태이다. 그들은 사람들이 자신들의 손목시계가 멈췄다고 전화를 거는 것 같은 상황을 관측하지만, 그것을 자신들이 관측하지 못한 것의 대부분인 더 광범위한 현상의 일부로 이해하지는 못한다. 더 광범위한 현상의 관측되지 않은 부분들은 청중이 관측하는 것에 전혀 영향을 미치지 않는다고 해도 그 설명에는 꼭 필요하다. 마찬가지로 상식과 고전 물리학은 오직 한 역사만 존재한다는 편협한 오류를 포함한다. 이런 오류는 우리의 언어와 개념적 틀로 마음속에 새겨져 있어서, 어떤 사건이 어떤 의미에서는 전혀 일어날 것 같지 않고 또 다른 의미에서는 확실히 일어난다는 말을 이상하게 들리게 만든다.

우리는 이제 우주선의 내부를 물체들이 엄청나게 복잡하게 뒤죽박죽 겹쳐진 상태로 보고 있다. 우주선은 대부분이 사람들로 가득 차 있는데, 그들 일부는 매우 이상한 일을 하고 있으며, 모두가 서로를 인식할 수 없다. 우주선 자체는 선원들의 약간 다른 행동 때문에 약간 다른 경로로 가고 있다. 물론 우리는 이것을 오직 마음의 눈으로만 '보고' 있다. 우리의 가상 물리 법칙에 따르면 다중 우주의 관측자는 그런 일을 전혀 보지 못한다. 결과적으로 (마음의 눈으로) 더 면밀히 살펴보면, 이 명백한 혼돈 속에 대단한 질서와 규칙이 있음을 알게 된다. 예를 들어, 선장의 의자에는 희미한 인간들의 모습이 있지만, 우리는 그 대부분이 선장이라고 생각한다. 그리고 선장의 의자에도 희미한 인간들의 모습이 있지만, 우리는 그중 소수만 선장이라고 생각한다. 그런 종류의 규칙성이 생기는 까닭은 결국 모든 우주가 그 차이에도 불구하고 동일한 물리 법칙을 따르기 때문이다(초기 조건을 포함해서).

우리는 또 그 선장의 어떤 특정 사례는 오직 선장의 한 사례와 1등 항해사의 한 사례와만 상호 작용한다는 것도 안다. 그리고 선장과 1등 항해사의 사례들이 바로 서로 상호 작용하는 사례들이다. 이런 규칙성이 생기는 까닭은 역사들이 거의 자율적이기 때문이다. 그 역사들 각각에서 일어나는 일은 거의 전적으로 그 역사의 이전 사건에만 의존한다(트랜스포터로 인한 전압 상승은 유일한 예외이다). 지금까지의 이야기에서는 역사의 이런 자율성이 다소 하찮아 보이는데, 우리가 우주들을 자율적으로 만드는 방식을 시작했기 때문이다. 그러나 잠시 동안은 훨씬 더 현학적으로 생각할 가치가 있다. 내가 상호 작용할 수 있는 당신의 사례와 내가 인식할 수 없는 사례들의 차이는 정확히 무엇일까? 후자는, 즉 내가 인식할 수 없는 당신의 사례들은 '다른 우주들'에 있다. 하지만 기억하라. 우주들은 오직 그 안에 있는 물체들로만 이루어져 있으므로, 그 말은 결국 내가 볼 수 있는 것들을 볼 수 있다고 말하는 것과 같을 뿐이라는 것을. 결론은 우리의 물리 법칙도 모든 물체가 다른 물체들과 상호 작용할 수 있는 정보를 그 안에 담고 있다고 말해야 한다는 것이다(딱히 '어느 것'이랄 게 없는, 사례들이 대체 가능한 경우를 제외하고). 양자론은 그런 정보를 묘사한다. 그것은 '얽힘 정보entanglement information'[16]로 알려져 있다.

지금까지의 이야기에서는 광대하고 복잡한 어떤 세계를 설정했다. 이 세계는 우리 마음의 눈에는 매우 생소해 보이지만, 압도적으로 대다수인 거주자에게는 우리의 일상 경험과 고전물리학 그리고 트랜스포터가 작동할 때마다 무작위로 흔들리는 단일 우주처럼 보인다. 극소수의 역사는 전혀 '일어날 것 같지 않은' 사건들의 영향을 크게 받았지만, 심지어 그런 역사에서도 (무엇이 무엇에 영향을 미치는) 정보 흐름은 여전히 매우 단조롭고 친숙하다. 예를 들어, 기이한 우연의 일치들이 담긴 우주선 항해 일지의 어떤 버전은 그런 우연의 일치를 기억하는 사람들에게는 인식되겠지만, 그 사람들의 다른 사례들에게는 인식되지 않는다.

따라서 가상 다중 우주의 정보는 가지들이 뻗어 있는 나무를 따라 흐르는데, 역사를 의미하는 이 가지들은 두께도 다르고 일단 분리되면 다시는 재연결되지 않는다. 가지 각각은 마치 다른 가지들이 존재하지 않는 것처럼 행동한다. 만약 그것이 전체 이야기라면 이 다중 우주의 가상 물리 법칙은 지금까지와 마찬가지로 설명으로서 치명적인 결함을 갖는다. 즉, 그 법칙들의 예측과 트랜스포터가 순간 이동시키는 물체들의 변화를 무작위로 도입하는 단 하나의 우주만 존재한다고 말하는 더 간단한 법칙의 예측 사이에는 차이가 없다. 이런 법칙에서는 독립적인 두 역사로 분기되는 대신, 단 하나의 역사가 무작위로 그런 변화를 경험하거나 경험하지 않는다. 따라서 우리가 상상했던 엄청나게 복잡한 다중 우주 전체, 즉 서로의 몸속으로 통과하는 사람들을 포함한 다양한 실재와 기이한 현상들과 얽힘 정보가 있는 다중 우주 전체는

2장에서 살펴본 감광제 얼룩emulsion flaw이 되었던 은하처럼 완전히 붕괴해 버릴 것이다. 동일 사건들에 대한 다중 우주 설명은 나쁜 설명이 될 테고, 따라서 그게 만약 사실이라면 거주자들은 그 세계를 설명하지 못할 것이다.

정보 흐름에 이런 조건을 부과함으로써, 미로처럼 복잡한 세계를 그 거주자들로부터 숨긴다는 이 속성 하나를 얻기 위해 우리가 많은 어려움을 겪은 것처럼 보일지도 모른다. 루이스 캐럴의 《거울나라의 앨리스*Through the Looking Glass*》에 등장하는 하얀 기사의 말로 표현하면 우리는 마치 "… 수염을 초록색으로 물들이고 항상 굉장히 큰 부채를 사용해서 발각되지 않을 계획을 꾸미고 있는 것" 같다.

이제 부채를 제거하기 시작할 때이다. 양자물리학에서 다중 우주의 정보 흐름은 내가 묘사했던 역사들의 가지 많은 나무만큼 다루기가 쉬운 게 아니다. 그것은 또 하나의 양자 현상 때문이다. 어떤 환경에서는 운동 법칙이 역사들의 재결합을 (다시 대체 가능해지도록) 허락한다. 이것은 내가 이미 설명했던 분리(역사의 차이를 둘 이상의 역사로)의 시간 역전으로, 우리의 가상 다중 우주에서 이것을 구현하는 자연스러운 방법은 트랜스포터가 자신의 역사 분리를 취소하는 것이다. 만약 원래의 분리를 다음과 같이 표현한다면

X

$\Longrightarrow$

X
Y

여기서 X는 정상 전압이고 Y는 트랜스포터에 의해 도입된 변칙 전압인데, 그러면 역사들의 재연결은 다음과 같이 표현될 수 있다.

간섭 현상으로, 달라진 역사들이 재결합한다.

이 현상은 간섭interference으로 알려져 있다. 즉, *Y* 역사의 존재는 트랜스포터가 대개 *X* 역사에 하는 일을 간섭한다. 대신에 *X*와 *Y* 역사가 합쳐진다. 이것은 도플갱어들이 유령 지대 이야기에서 자신들의 원형과 합쳐지는 것과 유사하다. 다만 여기서는 질량 보존 법칙이나 그 외 다른 보존 법칙도 철회할 필요가 없다. 모든 역사들의 총 측정은 상수로 유지된다.

간섭은 다중 우주의 거주자들에게 역사들의 소통을 허락하지는 않지만, 자신들의 세계에 다중 역사가 존재한다는 증거를 제공하는 현상이다. 예를 들어, 그들이 트랜스포터를 두 차례 빠르게 연속해서 작동시켰다고 하자('빠르다'는 게 무슨 뜻인지는 곧 설명하겠다).

간섭 실험

(예를 들어, 매번 트랜스포터의 다른 복제를 이용해서) 이 작업을 반복하면, 중간 결과가 단순히 무작위로 *X*나 *Y*가 될 수는 없다는 것을 곧 추론할 수 있다. 왜냐하면 만약 그렇다면 사실은 그게 항상 X인데도, 최종 결과는 때로 *Y*가 되기 때문이다(X → X/Y 때문에). 따라서 거주자들은 중간 단계에서는 무작위로 선택한 단 하나의 전압 값만 실제라고 가정

하는 방식으로는 더 이상 자신들이 보는 현상을 설명하지 못할 것이다.

비록 그런 실험이, 다중 역사가 존재할 뿐만 아니라 (그 역사들이 다른 역사의 존재 여부에 따라 다르게 행동한다는 의미에서) 서로에게 강력한 영향을 미친다는 증거를 제공한다고 해도, 반드시 역사 간 소통(한 역사가 선택한 메시지를 다른 역사에 보내는 것)을 수반하지는 않는다.

우리의 이야기에서는, 광속보다 빠른 소통을 허락하는 방식으로 분리를 발생시키지 않았던 것처럼, 간섭의 경우에도 동일한 상황을 보장해야 한다. 가장 간단한 방법은 차이의 파동이 전혀 발생하지 않았을 경우만 재결합이 일어난다고 규정하는 것이다. 말하자면, 트랜스포터가 그 어떤 것에도 차등 효과를 일으키지 않았을 경우만 전압 상승을 취소할 수 있다. 어떤 변수의 다른 두 값 X와 Y에 의해 시동된 분화의 구가 어떤 물체를 떠났을 때, 그 물체는 다르게 영향받은 물체들과 뒤얽힌다.

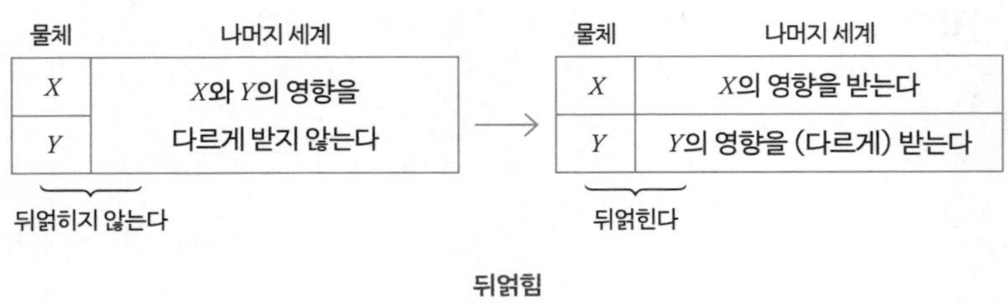

뒤얽힘

따라서 간단히 말하면 간섭은 나머지 세계와 뒤얽히지 않는 물체에서만 일어난다는 게 우리의 규칙이다. 간섭 실험에서 트랜스포터를 두 번 작동시킬 때 '빠르게 연속해서' 작동시켜야 하는 건 바로 이 때문이다(문제의 물체는 전압이 환경에 영향을 미치지 않도록 교대로 충분히 잘 고립되어야 한다). 따라서 포괄적인 간섭 실험을 상징적으로 다음과 같이 표현할 수 있다.

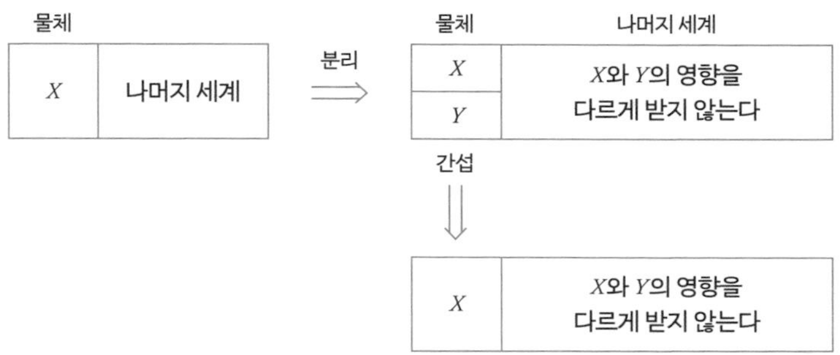

만약 어떤 물체가 뒤얽히지 않는다면, 그 물체에만 영향을 미쳐서 간섭을 경험하게 할 수 있다.

(화살표 ⇒ 와 ⇓는 트랜스포터의 작용을 나타낸다.) 그 물체가 일단 X와 Y 값에 관해서 나머지 세계와 뒤얽히면, 그 물체에만 영향을 미치는 것으로는 이 값들 사이에 간섭을 일으킬 수 없다. 대신에 역사들은 그저 보통 방식으로 더 분리된다.

뒤얽힌 물체에서는, 간섭 대신 더 많은 분리가 일어난다.

어떤 물리적 변수의 두 개 이상의 값이 나머지 세계의 무언가에 다른 영향을 미치면, 내가 설명했던 대로 연쇄 반응이 무한히 계속되어 차이의 파동이 점점 더 많은 물체를 뒤얽히게 한다. 만약 이 차이 효과를 모두 취소시킬 수 있다면, 원래 값의 간섭이 다시 가능해진다. 하지만 양자역학 법칙은 간섭 효과를 취소하려면 영향받은 모든 물체를 정밀하게 통제해야 한다고 말하며, 따라서 실행이 불가능해진다. 간섭이 불가능해지는 과정은 결어긋남decoherence으로 알려져 있다. 대부분의 상황에서는 결어긋남이 매우 빠르며, 이것이 바로 분할이 간섭보다 우세하고 (비록 미세한 규모에서는 도처에서 일어나지만) 실험실에서는 간섭을 확실히 증명하기가 어려운 이유이다.

그럼에도 불구하고 간섭은 이루어질 수 있으며, 양자 간섭 현상quantum interference phenomena은 다중 우주의 존재에 대한 그리고 그 법칙이 무언인지에 대한 중요한 증거가 된다. 앞의 실험과 유사한 실제 상황은 양자광학 실험실에서 표준이다. (환경과 많은 상호 작용을 해서 금방 결어긋남을 일으키는) 전압기로 실험하는 대신, 개별 광자를 이용하면 영향을 미치는 변수는 전압이 아니라 광자가 된다. 트랜스포터 대신에 (다음 그림에서 기울어진 막대로 표현된) '세미 은거울semi-silvered mirror'로 불리는 간단한 장치를 사용한다. 광자가 이 거울을 치면, 우주들의 절반에서는 광자가 되튀고, 나머지 절반에서는 곧장 통과한다.

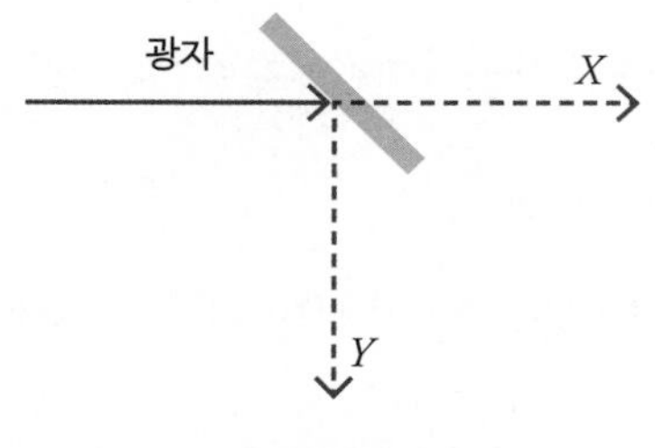

세미 은거울

X나 Y 방향에서 여행하는 광자의 속성은 우리의 가상 다중 우주에 있는 두 전압 X와 Y와 유사하다. 따라서 세미 은거울의 통과는 앞에 있는 $\boxed{X} \rightarrow \boxed{\frac{X}{Y}}$ 변환과 유사하다. 그리고 한 광자의 두 사례가 X와 Y 방향으로 움직이면서 동시에 두 번째 세미 은거울을 치면, $\boxed{\frac{X}{Y}} \rightarrow \boxed{X}$ 변환을 경험하는데, 이것은 두 사례 모두 X 방향에서 나타난다는 의미이다. 즉, 두 역사가 재결합한다. 이것을 증명하기 위해서 마흐젠더 간섭계mach-Zehnder interferometer로 알려진 장치를 사용할 수 있다. 이 장치는 이런 두 변환(분리와 간섭)을 연속으로 수행한다.

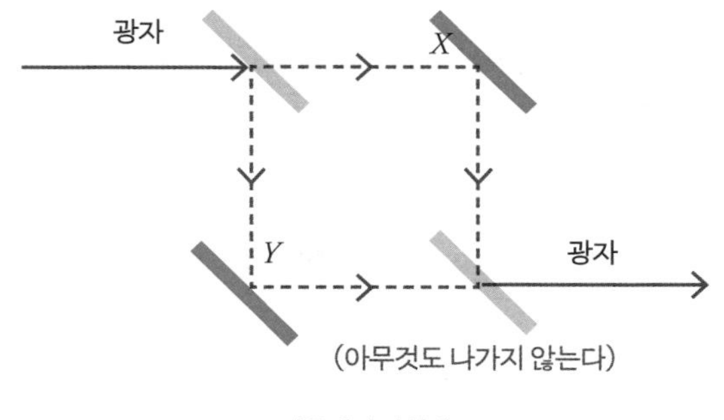

마흐젠더 간섭계

보통 거울(기울어진 짙은 색 막대)은 그저 광자를 첫 번째 세미 은거울에서 두 번째 세미 은거울로 나아가게 하기 위해 거기에 놓여 있을 뿐이다. 만약 광자가 그림에서 보는 것처럼 첫 번째 거울 전이 아니라 후에 오른쪽으로(X) 여행해서 입사하면, 마치 무작위로 마지막 거울의 오른쪽이나 아래쪽에서 나타나는 것처럼 보인다(그러면 $\boxed{X} \rightarrow \boxed{\frac{X}{Y}}$가 일어나기 때문에). 첫 번째 거울을 지난 후에 아래쪽으로(Y) 이동해서 입사한 광자의 경우도 마찬가지이다. 그러나 그림에서 보는 대로 입사한 광자는 변함없이 아래쪽이 아니라 오른쪽에 나타난다. 그 경로에 탐지기를 두거나 두지 않고 반복적으로 실험하면 역사마다 오직 하나의 광자만 존재한다는 것을 입증할 수 있는데, 그런 실험을 하는 동안은 탐지기들 중 오직 하나만 관측되기 때문이다. 그리고 중간 역사들인 X와 Y가 모두 결정론적인 최종 결과 X에 기여하므로 둘 모두 중간 시간에 일어날 수밖에 없다.

실제 다중 우주에서는 트랜스포터나 다른 특수 장치가 역사들을 차이 나게 하거나 재결합시킬 필요가 없다. 양자 물리 법칙 아래에서는 기본 입자들이 항상 자발적으로 그런 과정을 겪는다. 더욱이 각각의 역사들은 관련된 운동 방향이 다르거나 관련된 기본 입자의 물리적 변수가 두 개 이상의 역사로, 종종 수조 개로 분리될 수 있다. 또 일반적으로 그 결과 생기는 역사들도 측정이 달라진다. 따라서 이제 가상의 다중 우주에서도 트랜스포터를 배제해 보자.

간섭 덕분에 특정 양의 자발적 재결합까지 일어나기는 해도, 다른 역사들의 수가 증가하는 속도 역시 상당한 혼란을 준다. 이런 재결합 때문에 실제 다중 우주에서의 정보 흐름은 엄밀하게 독립된 하위 흐름(가지 많은 독립적인 역사로)으로 나뉘지 않는다. 비록 여전히 소통은 없지만(메시지 전송의 의미에서), 어떤 역사에 미치는 간섭 효과는 다른 역사의 존재 여부에 달려 있기 때문에 이 역사들은 서로 친밀하게 영향받고 있다.

다중 우주는 이제 역사들로 구분되어 있지 않을 뿐만 아니라, 개별 입자들도 완벽하게 사례로 구분되어 있지 않다. 예를 들어, 다음과 같은 간섭 현상을 생각해 보자. 여기서 X와 Y는 이제 어떤 입자의 다른 위치 값을 나타낸다.

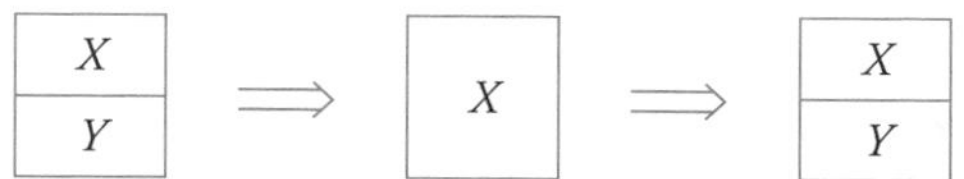

간섭이 일어나는 동안 어떤 입자의 사례들이 어떻게 정체성을 잃을까?
X 위치에 있는 입자의 사례는 X에 머물러 있을까 Y로 옮겼을까?
Y 위치에 있는 입자의 사례는 Y에 머물러 있을까 X로 옮겼을까?

처음에 다른 위치에 있는 입자의 사례들로 이루어진 이 두 그룹은 대체 가능한 순간을 통과했기 때문에, 그중 어느 사례가 결국 어느 최종 목적지에 있게 된다고 결정할 수 없다. 이런 종류의 간섭은 심지어 그렇지 않았다면 텅 비었을 공간의 어떤 지역에 있는 단 하나의 입자에서도 항상 일어나고 있다. 따라서 일반적으로 다른 시간에 어떤 입자의 '동일한' 사례가 존재할 수는 없다.

심지어 동일한 역사 안에서도 입자들은 일반적으로 시간이 흐르는 동안 정체성을 유지하지는 않는다. 예를 들어, 두 원자가 충돌하는 동안, 그 사건의 역사들은 다음 같은 일로 분리된다.

따라서 입자마다 이 사건은 세미 은거울과의 충돌과 유사하다. 각각의 원자는 다른 원자에게 거울 역할을 한다. 그러나 다중 우주 관점의 두 입자는 이렇게 보인다.

다중 우주 관점의 두 입자는 이런 식으로 충돌이 끝나면 각 원자의 일부 다른 사례들이 대체 가능해진다. 동일한 이유로, 주어진 장소에서 그 입자의 속도 같은 건 없다. 속도는 이동 거리를 이동에 걸린 시간으로 나누는 것으로 정의하지만, 시간에 따라 입자의 특정 사례 같은 게 없는 상황에서는 그게 전혀 의미가 없다. 대신에 입자의 대체 가능한 사례들의 집합은 일반적으로 몇 가지 속도를 갖는데, 이 말은 일반적으로 그 사례들이 한 순간 후에는 다른 일을 한다는 의미이다(이것은 '대체 가능성 내의 다양성'의 또 다른 예이다).

위치가 동일한 대체 가능 집합이 다른 속도를 가질 수 있을 뿐만 아니라, 속도가 동일한 대체 가능 그룹도 다른 위치를 가질 수 있다. 더욱이 이런 일이 생기는 까닭은 물리적 객체의 사례들로 이루어진 모든 대체 가능 집합의 경우, 그 속성이 다양해야 한다는 양자 물리 법칙 때문이다. 이것은 초창기의 양자론 형태를 추론한 물리학자 베르너 하이젠베르크의 이름을 따서 '하이젠베르크의 불확정성 원리Heisenberg uncertainty principle'로 알려져 있다.

그러므로 예컨대 어떤 개별 전자는 항상 다른 위치들의 범위와 다른 속도들의 범위 및 운동 방향을 갖는다. 결과적으로 전자의 전형적인 행동은 공간에 점차 널리 퍼지는 것이다. 전자의 양자역학적 운동 법칙은 잉크 얼룩의 확산을 지배하는 법칙과 유사해서 얼룩이 처음에 작은 지역에 놓여 있다면 빠르게 퍼져 나가며, 얼룩의 크기가 클수록 확산 속도는 느려진다.

그리고 얼룩이 전달하는 뒤얽힘 정보 때문에 이 얼룩의 두 사례는 동일한 역사에 기여할 수 없다(혹은 더 정확히는 역사들이 존재하는 때와 장소에서, 얼룩은 절대로 충돌하지 않는 사례들로 존재한다). 만약 어떤 입자의 속도 범위가 0이 아닌 값을 중심으로 되어 있다면, 그 '잉크 얼룩' 전체는 중심이 대략 고전물리학의 운동 법칙을 따르면서 움직인다. 양자물리학에서는 운동이 대체로 이런 방식으로 이루어진다.

이것은 동일한 역사 안에 있는 입자들이 어떻게 원자 레이저 같은 것에서처럼 대체 가능해질 수 있는지를 설명한다. '잉크 얼룩'의 두 입자는, 각각 다중 우주의 물체이므로, 우주에서 완벽하게 충돌할 수 있고, 그 입자들의 뒤얽힘 정보 때문에 그 사례 중 두 개는 동일한 역사에서 동일한 지점에 있을 수 없다.

이제 단일 전자의 사례들로 이루어진 점차 확산하는 구름의 한복판에 양성자 하나를 놓아 보자. 그 양성자는 양의 전하를 가지므로 음의 전하를 갖는 전자를 끌어당긴다. 결과적으로 이 구름은 불확정성 원리의 다양성 때문에 바깥쪽으로 퍼져 나가려는 경향이 양성자에 끌리는 힘과 정확히 균형을 이루는 크기가 되었을 때 확산을 멈춘다. 그 결과 만들어지는 구조를 수소의 원자atom of hydrogen라고 부른다.

역사적으로 원자가 무엇인가에 대한 이런 설명이 양자론이 거둔 최초의 위업 중 하나인데, 왜냐하면 고전물리학에 따르면 원자가 전혀 존재할 수 없었기 때문이다. 원자는 양의 전하를 갖는 핵과 그 주위를 에워싸는 음의 전하를 갖는 전자들로 이루어져 있다. 그러나 양과 음의 전하는 서로를 끌어당기므로, 만약 구속되지 않는다면 서로를 향해 가속해서 전자기 복사electromagnetic radiation 형태로 에너지를 방출한다. 따라서 복사가 번득일 때 왜 전자들이 떨어지지 않는지가 미스터리였다. 핵도 전자도 개별적으로는 원자 지름의 1만분의 1도 되지 않는데, 대체 무엇이 그것들을 계속 그렇게 멀리 떨어져 있게 하는 것일까? 그리고 대체 무엇이 원자를 그런 크기에서 안정하게 만드는 걸까? 비전문적으로는, 원자의 구조가 때로 태양계와 유사하게 설명된다. 즉, 핵의 주위를 도는 전자들은 태양의 주위를 도는 행성과 유사하다. 그러나 그것은 실제와 맞지 않는다. 우선, 중력으로 묶여 있는 물체들은 나선형으로 서서히 감겨 들어가면서 중력 복사를 방출하지만(이 과정이 중성자 쌍성에서 관측되어 왔다), 원자의 해당 전자기 과정은 1초도 되지 않아 끝난다. 또 다른 한 가지 이유는, 원자들이 빽빽이 붙어 있는 고체 물질의 경우에는 원자들이 서로를 쉽게 꿰뚫을 수 없지만, 태양계의 경우에는 얼마든지 가능하다. 더욱이 수소 원자에서는 가장 낮은 에너지 상태의 전자가 전혀 궤도를 돌지 않으며, 앞서 말했듯이, 불확정성 원리에 따른 전자의 확산 경향이 정전기력과 정확히 균형을 이룬 상태로 그저 잉크 얼룩처럼 머물러 있다. 이런 점에서, 대체 가능성 내의 간섭과 다양성의 현상이 모든 운동에 필수이듯이, 모든 고체를 포함해서 모든 정지 물체의 구조와 안정성에도 필수이다.

'불확정성 원리'라는 용어는 오해를 일으킨다. 이 원리는 불확정성이나 양자물리학의 개척자들이 느꼈을지도 모르는 불안한 심리학적 감각과는 전혀 무관하다는 점을 강조하고 싶다. 전자가 하나 이상의 속도나 하나 이상의 위치를 가질 때는 은행 계좌 안의 달러 중 어느 것이 세무서에 속하는지 아무도 '확정할 수 없는' 것처럼 그 속도가 무엇인지 아무도 확정할 수 없다는 뜻이 아니다. 두 경우 모두에서 속성의 다양성은 누군가가 알거나 느끼는 것과는 별개로 물리적 사실이다.

또한 엄밀히 말해 불확정성 원리는 '원리'도 아니다. 왜냐하면 '원리'는 논리적으로 폐기되거나 대체되어 다른 이론을 얻을 수 있는 독립적 가설을 암시하기 때문이다. 사실 천문학에서 식eclipse 현상을 빼놓을 수 없듯이, 양자론에서도 불확정성을 생략할 수 없다. '식 현상의 원리'는 없다. 즉, 식의 존재는 태양계의 기하학과 역학의 이론들처럼 훨씬 더 일반적인 이론에서 추론될 수 있다. 마찬가지로 불확정성 원리도 양자론의 원리에서 추론된다.

지속적으로 경험하는 강력한 내부 간섭 덕분에, 전형적인 전자는 최소한의 다중 우주 물체이지, 평행 우주나 평행 역사 물체들의 집합이 아니다. 말하자면, 전자는 각각 하나의 속도와 하나의 위치를 갖는 낮은 단계의 독립적 실재들로 나뉠 수 없으면서 다중 위치와 다중 속도를 갖는다. 심지어 다른 전자들도 완전히 별개의 정체성을 갖지는 않는다. 따라서 실체는 우주 공간 전체에 퍼져 있는 전자마당이며, 이 마당을 통해 교란 현상들이 광속 이하의 속도로 파동처럼 퍼져 나간다. 양자론의 개척자들 사이에 전자가 (그리고 다른 모든 입자가) '입자인 동시에 파동'이라는 오해를 일으킨 게 바로 이것이다. 다중 우주에는 우리가 특정 우주에서 관측하는 모든 개별 입자에 해당하는 마당(혹은 '파동')이 존재한다.

비록 양자론이 수학 언어로 표현되기는 하지만, 그것이 설명하는 실체의 주요 특징들에 대해서는 말로 설명했다. 따라서 이런 점에서 내가 설명하고 있는 가상의 다중 우주는 실제의 다중 우주이다. 그러나 정리해야 할 게 한 가지 남았다. 나의 '연속적인 고찰'은 우주들과 물체의 사례들과 다중 우주를 설명하기 위해 그런 개념들을 수정하는 데 기초하고 있었다. 그러나 실제의 다중 우주는 어떤 것에도 '기초하고' 있지 않으며, 무언가의 수정도 아니다. 양자론은 행성과 인간과 그들의 삶과 사랑을 언급하지 않듯이 우주와 역사와 입자와 그 입자의 사례들도 언급하지 않는다. 그런 것들은 모두 다중 우주에서 불시에 일어나는 대략적인 현상이다.

지질층이 지각의 일부라는 의미와 동일선상에서 역사는 다중 우주의 일부이다. 지층이 그 화학 조성과 그 안에서 발견되는 화석의 유형들로 다른 지층과 구별되듯이, 역사도 물리적 변수들의 값으로 다른 역사와 구별된다. 지층과 역사 모두 정보 흐름의 통로이다. 그것들이 정보를 보존하는 이유는 시간에 따라 양이 변해도, 자율적이기 때문이다. 말하자면 특정 지층이나 역사의 변화는 다른 곳이 아니라 전적으로 내부 조건에 달려 있다. 오늘날 발견된 어떤 화석이 그 지층이 형성되었을 때 존재한 것의 증거로 사용될 수 있는 것은 바로 이런 자율성 때문이다. 마찬가지로 어떤 역사 안에서 고전물리학을 이용하면 그 역사의 과거로부터 미래의 어떤 양상들을 성공적으로 예측할 수 있다.

지층도 역사처럼 내부의 물체들 위에 따로 존재하지는 않는다. 즉, 지층은 그 물체들로 이루어져 있다. 지층은 가장자리가 뚜렷하지도 않다. 또 지구에는 화산 부근처럼 지층이 모이는 지역들이 있다(하지만 역사가 분리되고 재결합하는 방식으로 지층을 분리하거나 재결합시키는 지질 과정은 없는 것 같다). 지구의 중심처럼 지층이 전혀 없는 지역도 있다. 그리고 대기처럼 지층이 형성되지만 내용물이 지각에서보다 훨씬 더 짧은 시간 규모로 상호 작용하고 혼합되는 지역도 있다. 마찬가지로, 다중 우주에도 단명하는 역사와 심지어 역사를 전혀 포함하지 않는 지역들이 있다.

그러나 지층과 역사가 각각의 근원적 현상으로부터 모습을 드러내는 방식에는 한 가지 큰 차이가 있다. 비록 지구 지각의 모든 원자가 특정 지층에 분명하게 할당될 수 있는 건 아니지만, 어떤 지층을 형성하는 원자들 대부분은 그렇게 될 수 있다. 반면에 일상적인 물체의 모든 원자는 다중 우주적 물체로, 자율적인 사례로도 자율적인 역사로도 구분되지 않지만, 그런 입자들로 이루어진 우주선과 약혼한 커플 같은 일상적인 물체들은, 각 역사에 있는 각 물체의 한 사례와 한 위치와 한 속도를 갖는 자율적인 역사들로 구분되어 있다.

이것은 뒤얽힘에 의한 간섭이 억제되기 때문이다. 앞에서 설명했듯이, 간섭은 거의 항상 분리 직후 일어나거나 혹은 전혀 일어나지 않는다. 어떤 물체나 과정이 더 크고 더 복잡할수록 그 총체적인 행동이 간섭의 영향을 덜 받는 것은 바로 이 때문이다. 다중 우주의 사건들은 성긴 수준으로 일어날 때는 자율적인 역사들로 구성되어 있으며, 각각의 성긴 역사는 미세한 부분에서만 다를 뿐 간섭을 통해 서로에게 영향을 미치는 많은 역사들의 긴 조각으로 이루어져 있다.

분화의 구들은 거의 광속으로 커지는 경향이 있고, 따라서 일상적인 삶의 규모 너머에서는 그런 성긴 역사가 마땅히 우주라는 단어의 보통 의미로 '우주'로 불릴 수 있다. 그 우주들 각각은 고전물리학의 우주와 약간 유사하다. 그리고 그것들은 거의 자율적이기 때문에 '평행'하다고 볼 수 있다. 그 거주자들에게는 각각의 우주가 꼭 단일 우주의 세계처럼 보인다.

우연히 성긴 수준으로 확대된 (우리 이야기의 전압 상승처럼) 미세한 사건들은 드물지만 대체로 다중 우주에서는 흔하다. 예를 들어, 깊숙한 우주 공간에서 지구 방향으로 여행하고 있는 단 하나의 우주선cosmic ray (우주에서 지구로 쏟아지는 높은 에너지를 지닌 각종 입자와 방사선 등을 총칭한다—옮긴이) 입자를 생각해 보자. 그 입자는 약간 다른 방향들의 범위에서 여행하고 있어야 한다. 왜냐하면 다중 우주에서는 그 입자가 여행할 때 마치 잉크 얼룩처럼 옆으로 퍼져야 한다고 불확정성 원리를 암시하기 때문이다. 그 입자가 도착할 무렵에는 이 잉크 얼룩이 지구 전체보다 더 넓어질 수도 있다. 따라서 우주선 입자 대부분은 빗맞지만, 나머지는 노출된 표면 곳곳을 친다. 이것은 대체 가능한 사례들로 구성된 단 하나의 입자라는 점을 기억해라. 그다음에 일어나는 일은 대체 가능성이 중단되고, 그 사례들이 도착하는 순간에 원자들과 상호 작용해서 유한하지만 엄청나게 많은 사례들로 분리되며, 각각이 다른 역사의 원천이 되는 것이다.

그런 각각의 역사에는 이 우주선 입자의 자율적인 사례 하나가 존재하며, 이것은 전기를 띠는 입자들의 '우주선 소나기cosmic ray shower'를 만드는 데 그 에너지를 모두 써 버린다. 따라서 다른 역사에서도 다른 위치에서 그런 소나기가 발생한다. 일부에서는 그런 소나기가 번개가 이동하는 전도 경로를 제공한다. 어떤 역사에서는 지구 표면의 모든 원자가 그런 번개에 맞을 테고, 또 어떤 역사에서는 우주선 입자들 중 하나가 인간 세포를 쳐서 이미 손상된 DNA의 일부를 손상시켜 암세포를 만든다. 암의 상당 부분이 이런 식으로 발생한다. 결과적으로 임의의 시간에 우리의 역사에 사는 어떤 사람이 암으로 곧 사망하는 역사들이 존재한다. 전투나 전쟁의 과정이 일어날 것 같지 않은 '무작위' 사건들 때문에 변화하는 다른 역사들도 존재한다. 이것은 《당신들의 조국》과 《영원한 로마》 같은 대체 역사 이야기처럼, 사건들이 펼쳐지는

(혹은 당신 삶의 사건들이 더 좋든 더 나쁘든 매우 다르게 펼쳐지는) 역사들이 존재한다는 것을 대단히 그럴듯하게 만든다.

그러므로 소설의 상당 부분은 다중 우주의 어딘가에서는 사실에 가깝다. 그러나 모든 소설이 그렇지는 않다. 예컨대, 트랜스포터 오작동에 관한 나의 이야기가 사실인 역사는 존재하지 않는데, 그런 이야기들에는 다른 물리 법칙이 필요하기 때문이다. 광속이나 전자의 전하 같은 자연의 기본 상수들 역시 다른 역사에서는 존재하지 않는다. 그러나 '일어날 것 같지 않은 사건들'이 연속적으로 일어나기 때문에 일부 역사에서 어떤 기간 동안은 다른 물리 법칙이 사실처럼 보인다는 의미는 있다(미세 조정의 인간 중심적 설명에서 요구되는 것처럼 물리 법칙이 다른 우주에서도 존재할 수 있다. 그러나 그런 다중 우주에 대한 발전 가능한 이론은 아직 없다).

우주선의 통신 레이저에서 나오는 광자 하나가 지구 쪽으로 향하고 있다고 상상해 보자. 우주선처럼, 이 광자도 다른 역사들에서 지구 표면 전체에 도달한다. 각 역사에서는 오직 하나의 원자만 광자를 흡수하고 나머지는 처음에는 전혀 영향을 받지 않는다. 그런 통신의 수신자는 그런 원자가 경험하는 비교적 크고 불연속적인 변화를 탐지한다. (눈을 포함한) 측정 장치 건립의 한 가지 중요한 결과는 그 출처가 아무리 멀리 떨어져 있어도, 도달하는 광자가 원자에게 주는 자극은 동일하다는 점이다. 즉, 신호가 약할수록 자극은 적다. 만약 그렇지 않다면 (예를 들어, 고전물리학이 사실이라면) 약한 신호는 무작위 국지 소음에 훨씬 더 쉽게 압도될 것이다.

나의 물리학 연구 일부는 양자 컴퓨터 이론과 관련되어 있었다. 양자 컴퓨터는 정보를 실어 나르는 변수들이 다양한 방법으로 그 환경과 뒤얽히지 않게 보호된 컴퓨터이다. 이것은 정보의 흐름이 단 하나의 역사에 국한되지 않는 새로운 양식의 계산을 허용한다. 어떤 유형의 양자 계산에서는 막대한 수의 다른 계산이 동시에 일어나고 있어서 서로에게 영향을 미칠 수 있고 따라서 어떤 계산의 출력 결과에 기여할 수도 있다. 이것은 양자 병렬 계산quantum parallelism으로 알려져 있다.

전형적인 양자 계산에서 개별적인 정보 조각은 '양자비트'로 알려진 물리적 객체로 표현되는데, 물리적 구현 방법은 매우 다양하지만, 항상 두 가지 필수 특징을 갖는다. 첫째, 각 양자비트는 두 불연속 값 중 하나를 택할 수 있는 변수 하나를 가지며, 둘째, 양자비트를 절대영도에 가까운 온도까지 냉각시키는 것 같은 뒤얽힘이 일어나지 않도록 보호하기 위해 특별한 측정을 한다. 양자 병렬 계산을 이용하는 전형적인 알고리즘은 양자들 일부에서 정보를 실어 나르는 변수들이 두 값 모두를 동시에 습득할 수 있게 하는 방식으로 시작한다. 결과적으로 그런 양자비트를 어떤 수를 나타내는 기록 표시기로 간주하면, 이 기록 표시기의 다른 사례들의 수는 대체로 기하급수적으로 증가한다. 즉, 2^n으로 변하는데, 여기서 n은 양자비트의 수이다. 그다음 일정 기간, 고전적 계산이 수행되며, 그동안 차이의 파동들이 다른 양자비트의 일부로 퍼지지만, 확산을 금지하는 특별한 측정 때문에 더 이상은 확산하지 않는다. 따라서 정보는 그런 막대한 수의 독립적인 역사들 각각에서 따로 처리된다. 결국, 영향받은 모든 양자비트를 포함하는 간섭 과정이 그런 역사들 속의 정보를 단 하나의 역사로 결합한다. 정보를 처리한 계산의 개입 때문에, 최종 상태는 내가 앞에서 논의했던 간단한 간섭 실험에서처럼, 즉 $\boxed{X} \rightarrow \boxed{\frac{X}{Y}} \rightarrow \boxed{X}$ 처럼, 초기 상태와 동일하지는 않지만 다음과 같이 초기 상태의 어떤 함수이다.

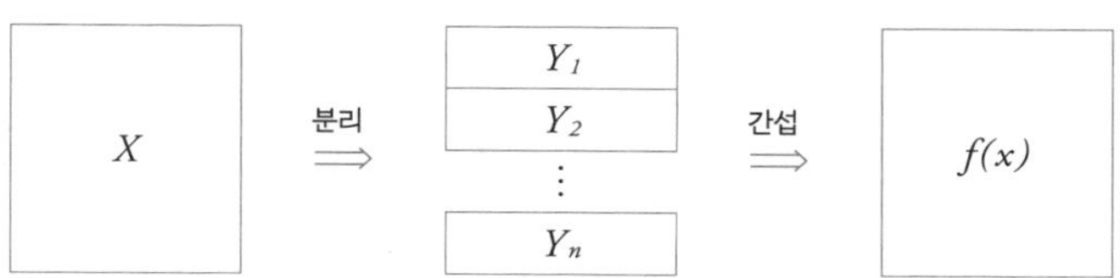

전형적인 양자 계산. $Y_1 \cdots Y_n$ 은 입력자료 X에 의존하는 중간 결과들이다. 출력 결과 f(x)를 효율적으로 계산하기 위해서는 이런 결과들이 모두 필요하다.

우주선의 선원들이 다른 입력 자료에 대해 동일한 함수를 계산하는 자신들의 도플갱어들과 정보를 공유함으로써 많은 양의 계산 효과를 달성할 수 있는 것처럼, 양자 병렬 계산을 이용하는 알고리즘도 같은 효과를 낸다. 그러나 가상의 효과는 우리가 그런 줄거리에 맞추기 위해 만들어 낸 우주선 규칙의 제한만 받는 반면, 양자 컴퓨터는 양자 간섭을 지배하는 물리 법칙의 제한을 받는다. 이런 식으로 다중 우주의 도움으로 오직 특정 유형의 병렬 계산만 수행할 수 있다. 양자 간섭의 수학이 최종 결과에 필요한 정보를 단일 역사로 결합하는 데 딱 알맞은 계산이 바로 이런 병렬 계산이다.

그런 계산에서, 양자비트가 단 몇 백 개뿐인 양자 컴퓨터는 보이는 우주에 존재하는 원자들보다 훨씬 더 많은 계산을 병렬로 수행할 수 있다. 내가 이 글을 쓰는 시점에는 약 열 개의 양자비트를 갖는 양자 컴퓨터가 구축되었다. 기술을 더 큰 수로 '끌어올리는 일'은 양자 기술의 막대한 도전이지만, 점차 충족되고 있다.

앞에서 큰 물체가 작은 영향을 받을 때, 그 큰 물체는 엄밀히 영향을 받지 않는 게 일반적이라고 언급했다. 이제 그 이유를 설명할 수 있다. 예를 들어, 앞에서 보여 주었던 마흐젠더 간섭계에서 한 광자의 두 사례가 두 개의 다른 경로로 여행한다. 도중에 두 사례가 두 개의 다른 거울을 친다. 간섭은 광자가 거울들과 뒤얽히지 않는 경우에만 일어나겠지만, 만약 거울 중 하나가 가장 약한 충돌 기록을 보유하고 있다면 광자는 뒤얽히게 된다(왜냐하면 그 기록이 두 개의 다른 경로에 있는 사례들의 차이 효과가 되기 때문이다). 예컨대 받침대 위에 올려놓은 거울의 진동 진폭에서 단 하나의 양자만 변해도 간섭(그 광자의 두 사례가 나중에 합병하는 것)을 막기에 충분하다.

광자의 사례들 중 하나가 어느 한쪽 거울에서 되튀면, 운동량이 변하고, 따라서 (고전물리학에서 뿐만 아니라 양자물리학에서도 보편적으로 타당한) 운동량 보존 법칙에 따라, 거울의 운동량도 동일한 양만큼 변해야 한다. 따라서 각각의 역사에서 광자의 충돌 후, 한 거울은 살짝 더 많은 에너지로 혹은 살짝 더 적은 에너지로 진동하고 있겠지만 다른 거울은 그렇지 않다. 그런 에너지 변화는 광자가 어느 경로를 택했는지의 기록이 되며, 따라서 거울들이 광자와 뒤얽힌다.

다행히 그런 일은 일어나지 않는다. 충분히 세밀한 수준에서는 우리가 대략 거울의 단일 역사로 보는 것이 (받침대 위에 수동적으로 놓여 있든 부드럽게 진동하고 있든) 사실 지속적으로 분리하고 재결합하는 그 모든 원자의 사례들이 포함된 역사라는 사실을 명심해야 한다. 특히 거울의 총에너지는 평균 '고전' 값 주변의 많은 값을 취한다. 이제, 광자 하나가 거울에 충돌해서 총에너지를 양자 하나만큼 변화시키면 무슨 일이 벌어질까?

잠시 매우 단순화시켜서, 거울의 수없이 많은 사례 중 다섯 개만 상상하고, 각각의 사례가 평균 아래로 두 양자부터 평균 위로 두 양자까지 분포하는 다양한 진동 에너지를 갖는다고 하자. 광자의 각 사례가 거울의 한 사례에 충돌해서 양자 하나만큼의 추가 에너지를 나누어 준다. 따라서 충돌 이후, 거울의 사례들의 평균 에너지는 양자 하나만큼 증가했을 테고, 이제 이전의 평균 아래로 한 양자부터 평균 위로 세 양자까지 분포하는 에너지를 갖는 사례들이 존재한다. 그러나 이렇게 세밀한 수준에서는 그런 모든 에너지 값과 관련된 역사가 존재하지 않으므로, 충돌 후에 어떤 에너지를 가진 거울의 한 사례가 이전에 그 에너지를 가졌던 바로 그 사례인지 질문하는 것은 무의미하다. 객관적으로 물리적인 사실은 오직 거울의 다섯 사례 중 네 개는 이전에 존재한 에너지를 갖고, 나머지 하나는 그렇지 않다는 것뿐이다. 이 말은 광자가 충돌한 우주들의 5분의 1에서만 차이의 파동이 거울까지 퍼지며, 오직 그 우주들에서만 거울에 충돌했거나 충돌하지 않은 이 광자의 사례들 사이에서 일어나는 간섭이 억제된다는 의미이다.

현실적으로는 그 수는 10^{24}분의 1 이상이며, 이 말은 간섭이 억제될 확률이 단 10^{24}분의 1에 불과하다는 의미이다. 이런 확률은 이 실험이 불완전한 측정 도구 때문에 부정확한 결과가 나오거나, 번개 때문에 손상될 확률보다 훨씬 더 낮다. 이제 이런 불연속 변화가 어떻게 불연속성 없이 일어날 수 있는지 알아보기 위해 단일 양자 에너지가 도달하는 상황을 살펴보자. 원자 하나가 광자 하나를 흡수하고, 이 광자가 모든 에너지를 포함하는 가장 간단한 경우를 생각해 보자. 에너지 전이가 즉시 일어나지는 않는다('양자 도약'에 대해 읽었던 내용은 모두 잊어라. 그것은 신화이다). 에너지 전이가 일어날 수 있는 방법은 많지만 가장 간단한 방법은 다음과 같다. 전이 과정이 시작할 때, 원자는 (말하자면) '바닥 상태'에 있다. 이 상태에서는 전자들이 양자론이 허용하는 가장 적은 에너지를 갖는다. 이 말은 전자의 모든 사례가 (관련된 성긴 역사 내에서) 그렇게 가장 적은 에너지를 갖는다는 의미이다. 그 사례들은 또 대체

가능하다고 가정하자. 전이 과정이 끝났을 때, 그런 모든 사례는 여전히 대체 가능하지만, 이제는 '들뜬상태'에 있으며 양자가 하나 더 추가된 에너지를 갖는다. 이 원자는 전이 과정을 거치는 중간에 어떤 모습일까? 이 원자의 사례들은 여전히 대체 가능하지만, 이제 그 절반은 바닥상태에 있고 나머지 절반은 들뜬상태에 있다. 이것은 마치 연속적으로 변하는 금액의 소유권이 하나의 불연속 주인에서 또 다른 주인으로 점차 바뀌는 것과 유사하다.

이런 메커니즘은 양자물리학 도처에 있으며, 불연속 상태 사이의 전이가 연속적으로 일어나는 일반적인 방법이다. 고전물리학에서는 '작은 효과'가 항상 측정 가능한 작은 양의 변화를 의미한다. 양자물리학에서는 물리적 변수들이 전형적으로 불연속이어서 작은 변화를 경험할 수 없다. 대신에 '작은 효과'는 다양한 불연속 속성을 가진 부분들의 작은 변화를 의미한다.

이것은 또 시간 자체가 연속 변수인가란 문제를 제기한다. 이 논의에서는 시간이 연속 변수라고 가정하고 있다. 그러나 양자역학은 아직 충분히 이해되지 않았으며, 양자 중력 이론(양자론을 일반 상대성 이론과 통합시킨 이론)을 가질 때까지는 이해되지 못할 것이므로, 상황이 그렇게 간단하지 않을 수 있다. 그러나 한 가지 확신할 수 있는 것은 양자 중력 이론에서는 다른 시간들이 다른 우주들의 특별한 경우라는 점이다. 다시 말해서 시간은 뒤얽힘 현상이어서, 모든 시간 눈금들(올바르게 준비된 시계들, 혹은 시계로 사용할 수 있는 모든 물체들)을 동일한 역사에 넣는다. 이 현상은 1983년에 물리학자 돈 페이지Don Page와 윌리엄 우터스William Wooters가 처음으로 이해했다.

양자 다중 우주의 이런 풀 버전에서는 우리의 공상 과학 이야기가 어떻게 계속될까? 양자 이론에서 물리학자와 철학자와 공상 과학 작가들의 관심은 거의 평행 우주에 집중되어 있었다. 이것은 아이러니한데, 왜냐하면 바로 이 평행 우주의 근사치에서 세상이 고전물리학의 세상과 가장 많이 닮았지만, 그게 바로 많은 사람이 본능적으로 받아들일 수 없다고 생각하는 양자 이론의 양상이기 때문이다.

소설은 평행 우주로 열리는 가능성들을 탐구할 수 있다. 예컨대, 우리의 이야기는 로맨스이기 때문에, 등장인물들은 다른 역사에 있는 자신들과 닮은 존재에 대해 당연히 궁금해한다. 이 이야기는 우리가 다른 역사들에서 일어났다고 '알고' 있는 내용을 그들의 생각과 비교할 수 있다. 어떤 '무작위' 사건 때문에 배우자의 불성실성을 알게 된 주인공은, 자신이 그 사건 덕분에 이혼을 해서 결혼에서 벗어날 수 있었던 건지 궁금해할 수 있다. 배우자의 불성실성이 아직 드러나지 않은 역사에서는 그 커플이 여전히 결혼한 상태일까? 그들은 여전히 행복할까? 그 결혼이 만약 '거짓말에 기초하고' 있다면 진정한 행복일까? 우리는 그들이 이런 문제들에 대해 깊이 숙고하는 모습을 볼 때, '여전히 결혼 상태에 있는' 역사를 보고 그 문제의 (가상의) 사실을 파악한다.

그들은 또 덜 편협한 문제들에 대해서도 숙고한다. 그 이야기는 그들의 태양이 수십 개의 별이 몇 광주light-week 반경의 구 안에 모여 있는 어떤 성단의 일부라고 말할 수 있다. 이런 사실은 수십 년 동안 그들의 과학자들을 당혹스럽게 했다. 왜냐하면 이 별들의 조성은 이 별들이 먼 곳에서 시작해서 거의 일어날 것 같지 않은 우연의 일치를 통해 중력으로 묶이게 되었음을 보여 주기 때문이다. 이들 과학자는 그렇게 고밀도의 성단에서는 충돌이 너무 많기 때문에 대부분의 우주에서는 생명이 진화할 수 없다고 추측한다. 따라서 인간을 포함하는 대부분의 우주에는 인간이 거주하는 성계를 차례로 방문하는 우주선 함대는 없다. 그들은 가까운 별들의 근접성이 지적 생명체의 형성을 촉진하는 메커니즘을 발견하려고 노력했지만 실패했다. 그들은 그런 일을 그저 천문학적으로 일어날 가능성이 없는 우연의 일치로 간주해야 할까? 하지만 그들은 문제를 설명되지 않은 상태로 두는 걸 좋아하지 않는다. 그들은 무언가가 그들을 선택했던 게 틀림없다고 결론 내린다. 그랬다. 그런 사람들은 단순하지 않다. 그들은 실제이고, 살아 있으며, 생각하는 인간이고, 바로 이 순간에도 자신들이 어디서 왔는지 궁금해하고 있다. 그러나 그들은 결코 알아내지 못할 것이다. 바로 이런 점에서, 그들은 불행하다. 그들은 사실 우연의 일치로 선택된 것이었다. 이것을 다른 방식으로 표현하면, 그들은 내가 지금 그들에 대해서 말하고 있는 바로 그 이야기에 의해 선택된 것이다. 물리 법칙을 위반하지 않는 모든 허구는 사실이다.

물리 법칙을 위반하는 것처럼 보이는 어떤 허구도 다중 우주의 어딘가에서는 사실이다. 이것은 다중 우주가 어떤 구조로 되어 있는지에 대한 (역사가 어떻게 나타나는지에 대한) 난해한 문제와 관련되어 있다. 내가 전기포트에 물을 끓여서 차를 만든다고 하면, 나는 내가 전기포트의 스위치를 켜고 전기포트로 들어오는 에너지로 물이 점차 끓어서 거품이 일고 마침내 뜨거운 차를 만들었던 역사 속에 있다. 그것이 하나의 역사인 까닭은 다중 우주에서 내가 차 대신 커피를 끓이는 다른 우주들이 존재한다거나, 혹은 물 분자의 미세한 운동이 그 역사 밖에 있는 다중 우주 일부의 영향을 받는다는 말을 하지 않아도, 그것을 설명하고 예측할 수 있기 때문이다. 이것은 역사의 작은 측정이, 측정 과정 동안 역사 자체를 달라지게 하며 다른 역사도 달라지게 한다는 설명과 무관하다. 다중 우주의 작은 일부에서는 전기포트가 모자로 변하고, 물은 토끼로 변해 펄쩍 뛰어가서, 나는 차도 커피도 얻지 못한 채 놀라기만 한다. 그런 변화 이후에도 그것은 역사이다. 그러나 토끼가 없는 훨씬 더 큰 부분, 즉 더 큰 측정을 가진 부분은 다중 우주의 다른 부분들을 언급하지 않고는 그동안 무슨 일이 일어났는지 올바르게 설명할 방법도, 그 확률을 예측할 방법도 없다. 따라서 그 역사는 변화에서 시작되었고, 그 이전에 일어난 일과의 인과관계는 역사 용어로는 표현될 수 없고 오직 다중 우주 용어로만 표현될 수 있다.

이런 간단한 경우에는 우리가 다중 우주의 나머지 부분에 대한 언급을 최소화할 수 있는 '무작위 사건의 언어'라는 이미 만들어진 근사치가 있다. 이것은 대부분의 상위 객체가 내가 토끼의 영향을 받을 때처럼 자신들 밖에 있는 무언가의 영향을 받는 경우를 제외하면, 여전히 자율적으로 행동했음을 알게 해준다. 이것은 어떤 역사와 그것이 분리되어 나온 이전 역사 사이의 연속성을 만들어 내며, 우리는 전자를 '무작위 사건의 영향을 받은 역사'라고 말할 수 있다. 그러나 사실상 결코 이런 일이 일어난 게 아니다. '무작위 사건' 이전에 일어난 그 '역사'의 일부는 더 넓은 역사의 나머지로 대체 가능하며, 따라서 그것과 정체성이 다르지 않다. 즉, 이것은 분리해서 설명할 수 없다.

그러나 두 역사의 더 넓은 역사는 여전히 존재한다. 말하자면 토끼 역사는 차 역사와 근본적으로 다른데, 여기서는 후자가 그 기간 내내 매우 정확히 자율성을 유지하기 때문이다. 토끼 역사에서 나는 결국 그들이 물이 토끼로 변하는 역사 속에 있게 된 것과 동일한 기억을 갖게 된다. 그러나 이것은 잘못된 기억이다. 그런 역사는 없다. 그런 기억을 포함하는 역사는 토끼가 만들어진 후에 시작되었을 뿐이다. 그 문제라면, (저것보다 훨씬 더 큰 측정을 갖는) 다중 우주에는 오직 나의 뇌만 영향 받은 장소들도 있다. 사실 나는 뇌 안에 있는 원자들의 무작위 운동으로 초래된 환각을 경험했다. 어떤 철학자들은 그런 종류의 일을 큰 문제 삼아 양자론의 과학적 지위가 의심스럽다고 주장한다. 실제로, 역사의 주류에서도 잘못된 관측과 잘못된 기억과 거짓 해석은 흔하다. 우리는 그런 것들 때문에 우리 자신을 속이는 상황을 피하기 위해 부단히 노력해야 한다.

예를 들어, 마법이 작동하는 것처럼 보이는 역사가 존재한다는 말은 전혀 사실이 아니다. 마법이 작동하는 것처럼 보이지만, 결코 작동하지 않을 역사만 존재한다. 내가 벽을 통과해 걸었던 것처럼 보이는 역사들이 있지만, 이건 내 몸의 모든 원자들이 벽의 원자들에 의해 편향된 후에 원래의 경로를 되찾았기 때문이다. 그러나 그런 역사들은 벽에서 시작되었다. 즉, 발생한 일을 정말로 설명하려면 나와 그것의 다른 사례들이 필요하다. 혹은 그 일을 확률이 매우 낮은 무작위 사건들의 관점에서 설명할 수도 있다. 그것은 로또 당첨과 유사하다. 승자는 많은 패자들의 존재를 불러내지 않고는 지금 막 무슨 일이 일어났는지 적절히 설명할 수 없다. 다중 우주에서 패자는 자신의 다른 사례들이다.

'역사' 근사approximation는 역사가 분리뿐만 아니라 합병도 할 경우에만, 즉 간섭 현상이 일어나는 경우에만, 완전히 와해된다. 예를 들어, 동시에 두 개 이상의 구조로 존재하는 특정 분자들이 있다('구조'는 화학 결합으로 묶여 있는 원자들의 배열이다). 화학자들은 이런 현상을 두 구조의 '공명resonance'이라고 부르지만, 이 분자는 두 구조가 번갈아 일어나는 게 아니라 두 구조를 동시에 갖는다. '공명' 분자는 다른 분자들과의 화학 반응에 참여할 때 양자 간섭이 있기 때문에, 그런 분자들의 화학적 성질을 단 하나의 구조로 설명할 방법은 없다.

공상 과학 소설에서, 우리는 실제 과학에서는 상당히 나쁜 설명이 될 수 있는 불가능의 수준까지도 추측해야 한다. 그러나 실제 과학에서 우리 자신에 대한 최고의 설명은 우리가 다중 우주의 물체들 속에 끼워져 있다는 것이다. 우리가 과학 기기나 은하나 인간 같은 무언가를 관측할 때마다, 우리가 실제로 보고 있는 것은 다른 우주들로 어느 정도 뻗어 있는 더 큰 물체에 대한 단일 우주 관점이다. 그런 우주들 중 어떤 우주에서는 그 물체가 정확히 우리에게 보이는 모습처럼 보이며, 또 어떤 우주에서는 다르게 보이거나, 혹은 전혀 존재하지 않는다. 어떤 관측자가 누군가를 결혼한 커플로 보는 것은 사실 그런 커플의 대체 가능한 사례들뿐만 아니라, 이혼한 커플과 아직 결혼하지 않은 사람들의 사례들을 포함하는 막대한 실재의 한 조각에 불과하다.

우리는 정보 흐름의 통로이다. 역사도 그렇고, 역사 내에 있는 상대적으로 자율적인 모든 물체도 그렇다. 그러나 지각 있는 우리 같은 존재는 때로 그것과 함께 (때로) 지식이 자라기 때문에 특별한 통로이다. 지식은 역사 내부에서뿐만 아니라(예컨대, 그것은 거리에 따라 감소하지 않는 효과를 가질 수 있다), 다중 우주를 가로질러 극적인 효과를 가질 수 있다. 지식의 성장은 오류 수정의 과정이기 때문에 그리고 옳은 방법보다 틀린 방법이 훨씬 더 많기 때문에, 지식을 창조하는 실재들은 다른 실재들보다 다양한 역사에서 상당히 유사해진다. 지금까지 알려진 바로는, 지식 창출 과정은 이런 두 가지 면에서 독특하다. 즉, 모든 효과는 공간에서 거리가 멀어짐에 따라 감소해서, 장기적으로는 다중 우주에 걸쳐 점점 더 달라진다.

그러나 지금까지 알려진 사실이 그럴 뿐이다. 여기, 공상 과학 이야기에 정보를 줄 수 있는 다소 엉뚱한 기회가 있다. 만약 다중 우주에 이치에 맞는 뜻밖의 현상을 일으킬 수 있는 정보 흐름 이외의 무언가가 존재한다면 어떻게 될까? 만약 지식이나, 지식 이외의 무언가가 그것으로부터 생겨나, 나름의 목적을 갖기 시작하고, 우리처럼 다중 우주를 그런 목적에 따르게 할 수 있다면 어떻게 될까? 우리가 그것과 소통할 수 있을까? 그것은 정보 흐름이기 때문에 아마도 소통의 평소 의미로는 소통할 수 없을 것이다. 하지만 이 이야기에는 양자 간섭처럼 메시지 전송이 필요하지 않은 어떤 소설적 소통의 방법을 제안할 수 있다. 혹은 그럼에도 불구하고 우리가 그것과 공통인 무언가를 가질 수 있을까? 이런 장벽에 다리를 놓는 게 사랑이나 믿음이라는 식의, 편협한 해결은 피하도록 하자. 그러나 사물의 위대한 설계에서 우리가 가장 중요한 위치에 있듯이, 설명을 만들 수 있는 다른 모든 것도 중요하다는 사실을 명심하자.

12장

물리학자의 나쁜 철학 이야기

A Physicist's History of Bad Philosophy

그런데, 내가 막 개략적으로 설명한 내용이 바로 내가 '물리학자의 물리학 이야기'라고 부르는 것인데, 이것은 결코 옳지 않다. …

리처드 파인만, 《일반인을 위한 파인만의 QED 강의 *QED: The Strange Theory of Light and Matter*》

일반인 그러니까, 제가 다중 우주에서는 불시에 나타나고 준자율적인 하나의 정보 흐름이라는 거군요.

데이비드 그렇습니다.

일반인 그러면 제가 다중 사례들로 존재하는데, 그중 일부는 서로 다르고, 다른 일부는 다르지 않다는 말이군요. 그리고 그런 것들이 양자 이론에 따르면 이 세상의 가장 기이하지 않은 일에 속하고요.

데이비드 맞습니다.

일반인 하지만 선생님의 주장은 그게 많은 현상에 대해 알려진 유일한 설명이고, 또 지금까지 알려진 모든 검증을 견뎌 냈기 때문에 그 이론의 의미를 받아들이는 것 말고는 우리에게 다른 선택은 없다는 거잖아요.

데이비드 어떤 다른 선택을 원하시나요?

일반인 저는 그저 요약해서 말하고 있는 것뿐이에요.

데이비드 양자 이론은 정말로 보편적인 도달 범위를 갖고 있습니다. 하지만 만약 우리가 어떻게 다른 우주가 존재하는지만 설명하고 싶다면, 굳이 그 이론 전체를 거칠 필요는 없습니다. 마흐젠더 간섭이 한 개의 광자에게 하는 일 이상을 볼 필요는 없다는 말이죠. 즉, 선택되지 않은 경로가 선택된 경로에 영향을 미친다는 그런 내용 말입니다. 혹은 이해하기 쉬운 예를 원한다면, 그저 양자 컴퓨터를 생각하세요. 그러면 그 출력 자료는 동일한 원자 몇 개의 매우 많은 역사에서 계산되고 있는 중간 결과들에 따를 겁니다.

일반인 하지만 그것은 다중 사례들로 존재하는 고작 몇 개의 전자에 불과하잖아요. 사람들이 아니라.

데이비드 당신이 원자가 아닌 다른 무언가로 만들어졌다고 주장하시는 건가요?

일반인 아, 알겠습니다.

데이비드 또 어떤 광자의 사례들로 이루어진 광대한 구름을 상상하고, 그중 일부가 어떤 장벽에 가로막혔다고 생각해 보세요. 그 광자들이 우리가 보는 장벽에 흡수될까요, 아니면 각각이 같은 장소에 있는 준자율적인 다른 장벽에 흡수될까요?

일반인 그게 차이가 있나요?

데이비드 있죠. 만약 그 광자들 모두가 우리가 보는 장벽에 흡수되었다면, 장벽은 증발해 버릴 겁니다.

일반인 그렇군요.

데이비드 그리고 우리는, 제가 우주선과 여명 지대의 이야기에서 했던 것처럼, '그런 장벽들을 떠받치는 건 무엇일까?'라고 질문할 수 있겠지요. 그것은 틀림없이 바닥의 다른 사례들이겠지요. 그리고 지구의 다른 사례들이고요. 그다음에는 이 모든 걸 설정하고 그 결과를 관측하는 실험자들을 생각할 수 있겠지요.

일반인 그러면 간섭계를 통해 똑똑 떨어지는 광자들이, 사실 우주에 대해 알 수 있는 수단이 되겠군요.

데이비드 그렇지요. 그것이 도달 범위의 또 다른 사례입니다. 양자 이론 도달 범위의 아주 작은 부분에 불과하지만요. 개별 실험들의 설명은 전체 이론만큼 바뀌는 게 어렵지 않습니다. 그럼에도 불구하고 다른 우주의 존재에 관해서는 이 설명이 논쟁의 여지가 없어요.

일반인 그럼 그게 전부인가요?

데이비드 네.

일반인 하지만 그러면 왜 양자물리학자들이 아주 극소수만 동의하는 거죠?

데이비드 나쁜 철학 때문이죠.

일반인 그게 뭔가요?

양자 이론은 각기 다른 방향에서 이 이론에 도달한 두 물리학자가 독립적으로 발견했다. 베르너 하이젠베르크Werner Heisenberg와 에르빈 슈뢰딩거Erwin Schrödinger가 바로 그들이다. 슈뢰딩거는 양자역학적 운동 법칙을 표현하는 방법인 슈뢰딩거 방정식에 자신의 이름을 붙였다.

양자 이론의 두 버전은 1925년과 1927년 사이에 공식화되었고, 둘 모두 특히 원자 내부의 운동을 새롭고 놀라울 정도로 직관에 반하는 방식으로 설명했다. 하이젠베르크의 이론은 입자의 물리적 변수들이 수치가 아니라 행렬을 갖는다고 말했다. 행렬이란 물리적 변수들의 관측 결과에 복잡하고 확률론적인 방식으로 관련된 수들의 배열이다. 시간이 흘러 이제 우리는 어떤 변수가 다중 우주에 있는 그 물체의 다른 사례들에 대해 다른 값을 갖기 때문에 그런 정보의 복잡성이 존재한다는 것을 알고 있다. 그러나 당시에는 하이젠베르크를 비롯해서 어느 누구도 그의 행렬 값이 사실상 아인슈타인이 "실체의 요소들elements of reality"이라고 부른 개념을 설명한다는 것을 믿지 않았다.

슈뢰딩거 방정식은 개별 입자에 적용될 경우, 공간을 통해 움직이는 파동을 묘사했다. 그러나 슈뢰딩거는 곧 두 개 이상의 입자에서는 그렇지 않다는 것을 깨달았다. 그것은 물마루가 여러 개인 파동을 나타내지도 않았고, 두 개 이상의 파동으로 분해될 수도 없었다. 수학적으로 그것은 더 높은 차원의 공간에 있는 단일 파동이었다. 시간이 흐른 뒤, 우리는 이제 그런 파동들이 각 입자의 사례들 중 어느 정도가 공간의 각 지역에 존재하는지와 입자들 사이의 뒤얽힘 정보를 묘사한다는 것을 알고 있다.

비록 슈뢰딩거와 하이젠베르크의 이론 어느 것도 존재하는 실체의 개념들과 관련시키기가 쉽지 않아서 전혀 닮지 않은 세계를 묘사하는 것처럼 보였지만, 각 이론에 간단한 경험 법칙을 덧붙이니, 두 이론이 항상 동일한 예측을 한다는 사실이 곧 밝혀졌다. 더욱이 이런 예측들은 매우 성공적인 것으로 드러났다.

이제 우리는 "측정이 이루어질 때마다 하나를 제외한 모든 역사는 존재하지 않는다"는 경험 법칙을 말할 수 있다. 살아남은 역사는 무작위로 선택되며, 가능한 각 결과의 확률은 그런 결과가 발생한 모든 역사들의 총 측정값과 동일하다.

바로 그 지점에서 재난이 닥쳤다. 강력하지만 결함이 있는 이 두 설명 이론을 개선하고 통합시켜서 경험 법칙이 왜 효과적인지 설명하려고 하는 대신, 이론물리학계의 대부분은 빠르게 도구주의로 후퇴했다. 그들은 "예측이 효과적이라면, 왜 굳이 설명에 대해 걱정하는가?"라고 판단했다. 따라서 그들은 양자 이론을 그저 실험의 관측 결과를 예측하기 위한 경험 법칙의 집합에 불과한 것으로 간주하려고 했다. 이런 움직임은 오늘날에도 여전히 유행하고 있으며, 양자 이론 비평가들에게는 (심지어 일부 옹호자들에게도) "양자 이론의 '닥치고 계산' 해석shut-up-and-calculate interpretation of quantum theory"으로 알려져 있다.

이 말은 다음과 같은 곤란한 사실들을 무시한다는 의미였다. ① 경험 법칙은 두 이론과 대체로 일치하지 않는다. 따라서 이 법칙은 양자 효과가 너무 적어서 발견할 수 없는 상황에서만 사용될 수 있다. 그런 일에는 (우리가 이미 알고 있듯이 측정 기기와의 뒤얽힘과 그 결과 일어나는 필연적인 결어긋남 때문에) 측정의 순간이 포함되었다. ② 경험 법칙은 어떤 관측자가 또 다른 관측자에 대한 양자 측정을 수행하는 가설적 경우에 적용되었을 때, 심지어 자기일관성도 없었다. ③ 양자 이론의 두 버전 모두 실험 결과를 가져온, 어떤 종류의 물리적 과정을 명백히 묘사하고 있었다. 물리학자는 직업 정신과 자연적 호기심 때문에, 그런 과정에 대해 궁금해하는 게 당연했다. 그러나 대부분은 궁금해하지 않으려고 했다. 그리고 그중 대부분은 자신들이 가르치는 학생들도 궁금해하지 않도록 교육했다. 이런 태도는 과학적 비판의 전통에 반하는 행동이었다.

'나쁜 철학'이란 단순히 거짓이 아니라, 다른 지식의 성장을 적극적으로 방해하는 철학이라고 정의하자. 이 경우에 도구주의는 슈뢰딩거와 하이젠베르크 이론의 설명이 개선되거나 다듬어지거나 통합되는 것을 막는 역할을 했다.

(양자 이론 개척자 중 한 명인) 물리학자 닐스 보어Niels Bohr는 나중에 '코펜하겐 해석copenhagen interpretation'으로 알려지게 된 이론의 '해석interpretation'을 발전시켰다. 그 해석에 따르면 양자 이론은 경험 법칙을 포함해서 실체의 완전한 묘사였다. 보어는 도구주의와 모호성을 조합해서 다양한 모순과 결함에 대해 변명했다. 그는 "현상이 객관적으로 존재한다고 말할 가능성"을 부정하며 오직 관측의 결과만 현상으로 간주해야 한다고 주장했다. 그는 또 비록 관측으로 "현상의 실제 핵심"에 들어갈 수는 없지만, 관측이 현상들 사이의 관계를 드러내며, 더욱이 양자 이론이 관측자와 관측 대상의 차이를 불분명하게 한다고 말했다. 그는 한 관측자가 또 다른 관측자에 대해 양자 수준의 관측을 수행하는 경우 일어날 일에 대해서는 논쟁을 회피했는데, 이것은 물리학자 유진 위그너의 이름을 따서 '위그너 친구의 역설paradox of Wigner's friend'이라고 알려지게 되었다.

관측들 사이의 관측되지 않은 과정들에 관해서는, 슈뢰딩거와 하이젠베르크의 이론 모두 동시에 발생하는 역사들의 다중성을 묘사하는 것처럼 보였지만, 보어는 상보성 원리principle of complementarity라는 자연의 새로운 기본 원리를 제안했다. 이 원칙에 따르면 현상의 설명은 오직 '고전적 언어'(임의의 시간에 물리적 변수에 단일 값을 할당하는 언어를 의미한다)로만 설명할 수 있지만, 고전적 언어는 막 측정된 값을 포함해서 어떤 변수들에 관해서만 사용될 수 있다. 다른 변수들이 어떤 값을 갖는지 묻는 것은 허용되지 않았다. 따라서 예를 들어, 마흐젠더 간섭계에서 "해당 광자가 어떤 경로를 택했는가?"라는 질문에 대한 대답은 경로가 관측되지 않으면 "어떤 경로라는 건 없다"가 된다. "그러면 해당 광자가 최종 거울에서 어느 쪽으로 돌지 어떻게 아는가?"라는 질문에 대해서는 "입자-파동 이중성particle-wave duality"이라는 모호한 대답이 돌아올 것이다. 즉, 광자는 (부피가 0이 아닌) 확장된 객체인 동시에 (부피가 0인) 국한된 객체이기도 하므로, 두 속성 모두는 아니지만 둘 중 한 속성의 관측을 선택할 수 있다. 종종 이 말은 "광자는 파동인 동시에 입자"라고 표현된다. 아이러니하게도 이 말이 사실인 것 같다. 이 실험에서 보면, 전체의 다중 우주 광자는 사실 확장된 객체(파동)이지만, 그 광자의 사례들(역사들의 입자들)은 국부적이기 때문이다. 불행히도 (광자가 파동인 동시에 입자라는) 이 말은 코펜하겐 해석에서 의미하는 바가 아니다. 이 표현에서 코펜하겐 해석이 의미하는 바는 그저 '입자가 상호 배타적인 속성을 갖는다'는 것은 양자물리학이 이성의 근간을 거스른다는 것뿐이다. 그게 전부이다. 그리고 코펜하겐 해석은 그 비평들이 (측정의 결과들을 묘사하는) 이 개념의 적절한 영역 밖에서 '고전적 언어'를 사용하려는 시도들로 이루어져 있기 때문에 설득력이 없다고 일축한다.

나중에 하이젠베르크는 질문이 허용되지 않는 값들을 잠재값potentialities이라고 불렀는데, 측정이 완료되면 그중 오직 하나만 실제가 된다. 일어나지 않은 잠재값들이 어떻게 실제 결과에 영향을 미칠 수 있을까? 이 문제는 모호하게 남겨졌다. '잠재'와 '실제' 사이의 전이를 일으킨 게 무엇일까? 보어의 인간 중심적 언어가 함축하는 바는 (코펜하겐 해석 이후 계속된 대부분의 발표에서 명백해졌는데) 이 전이의 원인이 바로 인간의 의식이라는 사실이었다. 따라서 의식이 물리학의 기본 단계에서 역할을 하고 있다는 의미였다.

수십 년 동안 모호성, 인간 중심주의, 도구주의 등 다양한 버전들이 대학교 물리학 과정에서 사실로 교육되었다. 양자 이론을 이해한다고 주장하는 물리학자는 거의 없다. 아무도 이해하지 못했고, 따라서 학생들은 "양자역학을 이해했다고 생각하는 사람은 그것을 이해하지 못한 것이다" 같은 허튼소리를 들어야 했다. 모순은 '상보성'이나 '이중성'으로 방어되었다. 편협주의는 철학적 복잡성으로 불렸다. 따라서 양자 이론은 정상적인 (즉, 모든) 비판 양식의 관할권 밖에 있다고 주장했다. 나쁜 철학의 특징이었다.

이런 인식은 모호성, 비판의 면제 그리고 기본 물리학의 명성과 권위와 결합되어 양자 이론에 근거한다고 알려진 과학과 엉터리 체제에 문을 열어 주었다. 또 솔직한 비판과 이성을 '고전적'이고 불합리하다고 보는 경멸적인 인식은, 이성을 무시하고 비합리적 형태의 모든 생각을 포용하려는 사람들에게 끝없는 위안을 주었다. 따라서 물리과학의 가장 심오한 발견인 양자 이론은 사실상 지금까지 제안된 불가사의하고 신비주의적인 모든 주장을 지지한다는 명성을 얻게 되었다.

모든 물리학자가 코펜하겐 해석이나 그 이후에 나온 이론들을 수용한 건 아니었다. 아인슈타인은 절대 받아들이지 않았다. 물리학자 데이비드 봄David Bohm은 실재론과 양립 가능한 대안을 구축하려 노력했고, 결국 내가 과도하게 위장한 다중 우주 이론으로 간주하는 다소 복잡한 이론을 만들어 냈다(봄은 자신의 이론을 그런 식으로 생각하는 것에 강하게 반대했지만). 그리고 1952년에 더블린에서 슈뢰딩거는 어떤 강연을 했는데, 어느 시점에서 자신이 말하려는 내용이 "미친 소리처럼 들릴지도" 모른다고 청중에게 익살스럽게 경고했다. 그 내용은 이랬다. 그의 방정식이 여러 개의 다른 역사를 묘사하는 것처럼 보일 때는 그 역사들이 "대안이 아니라, 사실 모두 동시에 일어나고 있는" 거라고. 이것은 다중 우주에 대한 최초의 언급으로 알려져 있다.

한 저명한 물리학자가 자신이 미치광이로 오해받을 수도 있다고 농담하고 있었다. 왜일까? 자신에게 노벨상을 안겨주었던 바로 그 방정식이 사실일 수도 있다고 주장하고 있었기 때문이다.

슈뢰딩거는 강연 내용으로 책을 출간하지도 않았고, 그 개념을 더 연구하지도 않은 것처럼 보인다. 5년 뒤 그리고 독립적으로, 물리학자 휴 에버렛Hugh Everett이 이제 양자 이론의 에버렛 해석everett interpretation으로 알려진 포괄적인 다중 우주 이론을 소개했다. 그러나 에버렛의 논문이 물리학자들의 주목을 받기까지는 수십 년이 더 걸렸다. 심지어 지금도, 그의 해석에 찬성하는 사람은 극소수에 불과하다. 나는 종종 이 이상한 현상을 설명해 달라는 요구를 받았다. 불행히도 나는 완전히 만족스러운 설명을 알지 못한다. 그러나 이 현상이 왜 겉보기만큼 기이하고 고립된 사건이 아닌지를 설명하기 위해서는 더 광범위한 맥락의 나쁜 철학을 고찰해야 한다.

오류는 우리 지식에 대한 치욕이 아니다. 거짓 철학 또한 나쁜 것이 없다. 문제는 피할 수 없지만, 좋은 설명을 추구하는 상상력 풍부한 비판적 사고로 해결할 수 있다. 그것이 바로 좋은 철학이고 좋은 과학이며, 둘 모두 어느 정도는 늘 존재해 왔다. 예를 들어, 아이들은 항상 말과 실체의 연결에 대해 추측하고 비판하고 검증하는 방식으로 언어를 배운다. 16장에서 설명하겠지만, 아이들은 다른 방식으로는 언어를 배울 수 없을 것이다.

나쁜 철학도 항상 존재했다. 예를 들어, 아이들은 "내가 그렇게 말하니까 Because I say so"라는 말을 들어 왔다. 비록 그런 말이 항상 어떤 철학적 입장에서 의도한 게 아니라고 해도, 그런 입장으로 분석할 가치는 있는데, 왜냐하면 이 간단한 세 마디의 말 속에는 거짓인데다 나쁘기까지 한 철학에 대한 놀라울 정도로 많은 주제가 포함되어 있기 때문이다. 첫째, 이 말은 나쁜 설명의 완벽한 예이다. 즉, 이 말은 모든 것의 '설명'에 사용될 수 있다. 둘째, 이 말은 내용이 아니라 질문의 형태만 다루는 것으로 그런 지위를 달성한다. 즉, 이 문제는 그들이 말한 내용이 아니라, 누가 어떤 말을 했는가에 대한 것이다. 셋째, 이 말은 진정한 설명에 대한 요구(무언가가 왜 그런 모습이 되어야 하는가?)를 정당화에 대한 요구(그게 그렇다고 단언하는 근거가 무엇인가?)로 재해석하는데, 이것은 정당화된 (진정한) 믿음의 망상이다. 넷째, 존재하지 않는 개념의 권위를 인간의 권위(힘)로 혼동하는데, 이것은 나쁜 정치철학에서 많이 활용되는 방법이다. 그리고 다섯째, 이 말은 이런 방법으로 스스로 정상적 비판의 관할권 밖에 있다고 주장한다.

계몽 이전의 나쁜 철학은 전형적으로 '내가-그렇게-말하니까'의 변형이었다. 계몽으로 철학과 과학이 해방되자, 그 둘 모두 진보하기 시작했고, 점차 좋은 철학이 존재하게 되었다. 그러나 역설적이게도 나쁜 철학은 더 나빠졌다.

나는 경험주의가 처음에는 전통적인 권위와 교리에 맞서는 방어 수단을 제공하고, (비록 잘못된 역할이라고 해도) 과학의 실험에 중요한 역할을 한다고 생각하여 사상의 역사에서 긍정적인 역할을 했다고 언급했다. 처음에, 경험주의가 과학의 작동 방식을 설명할 수 없다는 게 해가 되지 않았던 까닭은 그것을 사실로 받아들이는 사람이 없었기 때문이다. 과학자들이 자신들의 발견이 어떻게 이루어졌는지에 대해 뭐라고 말했든, 그들은 흥미로운 문제들을 열심히 다루고, 좋은 설명을 추측하고 검증했지만, 결국 마지막에는 실험을 통해 설명을 이끌어 냈다고 주장했다. 결론은 그들이 성공했다는 것이다. 그리고 그들이 진보를 이루었다는 것이다. 그 무해한 (자기)기만을 막을 수 있는 건 아무것도 없었고, 그것으로부터 추론된 것 역시 아무것도 없었다.

하지만 점차 경험주의가 사실로 받아들여지기 시작했고, 따라서 유해한 효과들이 나타나기 시작했다. 예를 들어, 19세기에 발달한 실증주의positivism라는 학설은 '관측을 통해 도출되지' 않은 모든 것을 모두 과학 이론에서 제거하려고 했다. 이제는 관측으로부터 아무것도 도출되지 않기 때문에, 실증주의자들이 제거하려고 하는 것은 전적으로 그들 자신의 변덕과 직관에 달려 있었다. 가끔은 이게 좋기도 했다. 예를 들어, 물리학자 에른스트 마흐(마흐젠더 간섭계의 루트비히 마흐의 아버지)는 실증주의적 철학자이기도 해서, 아인슈타인에게 물리학에서 검증되지 않은 가정들을 제거하도록 독려했다(시간이 모든 관측자에게 동일한 속도로 흐른다는 뉴턴의 가정을 포함해서). 이것은 뜻밖에도 기발한 생각이 되었다. 그러나 마흐는 또 실증주의적 사고 때문에 그 결과 만들어진 상대성 이론에 반대하기도 했는데, 본질적으로는 시공을 '직접' 관측할 수 없는데도 그 이론은 그게 존재한다고 주장했기 때문이었다. 마흐는 또한 원자의 존재도 단호하게 부정했는데, 너무 작아서 관측할 수 없다는 게 이유였다. 우리는 이제 원자를 볼 수 있는 현미경이 있기 때문에 이런 어리석음을 비웃지만, 당시에는 철학의 역할이 그런 생각을 비웃는 것이었다.

물리학자 루트비히 볼츠만Ludwig Boltzmann이 원자 이론을 이용해서

열역학과 역학을 통합시켰을 때, 그는 마흐를 비롯한 다른 실증주의자들의 비난을 너무 많이 받아서 절망에 빠졌고, 형세가 바뀌어 대부분의 물리학 분야가 마흐의 영향력에서 벗어나기 직전에 자살하고 말았다. 그때 이후 원자 물리학의 번성을 방해하는 것은 아무것도 없었다. 다행히 아인슈타인도 곧 실증주의를 거부하고, 공공연한 실재론 옹호자가 되었다. 그가 코펜하겐 해석을 받아들이지 않았던 것은 바로 그 때문이었다. 나는 아인슈타인이 계속해서 실증주의를 진지하게 받아들였다면, 시공이 존재할 뿐만 아니라 무거운 물체들의 영향을 받아 저항하기도 하고 비틀리기도 하는, 보이지 않는 실재라는 일반 상대성 이론을 생각해 낼 수 있었을지, 혹은 시공 이론도 양자 이론처럼 갑자기 멈춰 서게 되었을지 궁금하다.

불행히도 마흐 이후 대부분의 과학철학은 더욱 악화되었다(포퍼는 중요한 예외이지만). 20세기에는 반실재론이 철학자들 사이에 거의 보편적이었고, 과학자들 사이에서는 흔하게 되었다. 일부는 물리적 세계의 존재를 부정했고, 대부분은 설령 그것이 존재한다고 해도 과학의 접근이 불가능하다는 사실을 인정해야 한다고 생각했다. 예를 들어, 《내 비평가에 대한 고찰*Reflections on my Critics*》에서 철학자 토머스 쿤Thomas Kuhn은 이렇게 썼다.

> 많은 과학철학자는 따라가고 싶어 하지만, 나는 거부하는 단계가 있다. 그들은 이론을 자연의 설명으로, '저 밖에 정말로 무엇이 존재하는지'에 대한 진술로 비교하고자 한다.
>
> 임레 라카토스Imre Lakatos, 앨런 머스그레이브Alan Musgrave eds., 《비평과 과학적 지식의 성장*Criticism and the Growth of Knowledge*》

실증주의는 관측으로 입증 불가능한 진술은 무가치할 뿐만 아니라 무의미하다고 주장하는 논리적 실증주의로 퇴화했다. 이 공론은 설명적 과학 지식뿐만 아니라 철학 전체를 휩쓸 징후를 보였다. 특히 논리적 실증주의 자체는 철학적 이론이므로, 관측으로 입증될 수 없다. 따라서 논리적 실증주의는 고유의 무의미성을 역설한다(다른 철학의 무의미성뿐만 아니라).

논리적 실증주의자들은 이런 함축적 의미로부터 자신들의 이론을 구제하려고 했지만 (예를 들어, '철학적'이라는 용어와 구별되게 그것을 '논리적'이라고 부르는 방식으로) 헛수고였다. 그 후 비트겐슈타인은 그 함축적 의미를 포용하고, 자신의 철학을 포함해서 모든 철학이 무의미하다고 선언했다. 그는 철학적 문제에 대해서는 침묵하는 것을 옹호했고, 비록 그런 열망에 부응하려고 노력하지는 않았지만, 많은 이에게 20세기 최고의 위대한 천재 중 하나로 칭송받았다.

혹자는 이것이 철학적 사고의 최저점이라고 생각하겠지만 불행히도 더 깊은 나락이 있었다. 20세기 후반에 주류 철학은 과학이 실제로 이루어지고 있는 모습이나, 과학이 어떻게 이루어져야 하는지에 대해 이해하려고 하지도 않았고 또 이해하는 데 관심도 없었다. 비트겐슈타인에 이어 한동안 유력했던 철학파는 언어학적 철학이었는데, 이 학파는 철학적 문제처럼 보이는 게 실은 그저 일상생활에서 말이 어떻게 사용되는가에 대한 퍼즐 게임에 불과하며, 철학자들이 의미 있게 연구할 수 있는 건 오직 언어뿐이라는 뚜렷한 믿음을 갖고 있었다.

다음에는 유럽의 계몽에서 시작되어 서구 전역으로 퍼져 나간 시대풍조에 따라, 철학자 대부분이 무엇이라도 이해하려는 노력을 기울이지 않았다. 그들은 설명과 실체의 개념뿐만 아니라 진실과 이성의 개념도 적극적으로 공격했다. 이런 공격을 논리적 실증주의처럼 단순히 자기 모순적이라고 비난하는 것은 (사실 그렇기는 했지만) 그들에게 너무 많은 신뢰를 주는 것이다. 왜냐하면 적어도 논리적 실증주의와 비트겐슈타인은 무엇이 이치에 맞는지를 구별하는 데는 관심을 가졌기 때문이다(비록 터무니없이 잘못된 것을 옹호하기는 했지만).

현재 영향력 있는 한 철학적 운동은 이 책에서는 중요하지 않은 역사적 세부 사항에 따라 포스트모더니즘, 해체주의, 구조주의 같은 다양한 명칭으로 진행된다. 이 운동은 과학 이론을 포함하는 모든 개념은 추측성을 띠며 정당화할 수 없기 때문에 본질적으로 임의적이라고 주장한다. 즉, 이 운동의 맥락에서는 모든 개념이 '설화 문학narratives'으로 알려진 이야기에 지나지 않는다. 이것은 극단적인 문화적 실증주의를 다른 형태의 반현실주의와 혼합해서, 실체와 실체에 대한 지식뿐만 아니라 객관적 진실과 거짓을, 엘리트나 여론 같은 특정 그룹이나 유행 혹은 임의의 다른 권위가 승인한 개념을 의미하는 말의 전통적 형태로 간주한다. 그리고 이것은 과학과 계몽을 그저 하나의 유행으로 간주하며, 과학이 주장하는 객관적 지식은 오만한 문화적 공상으로 간주한다.

어쩌면 불가피하게도, 이런 비난은 포스트모더니즘 자체에 해당된다. 즉, 포스트모더니즘은 합리적 비판이나 개선에 저항하는 이야기인데, 그 이유는 바로 그것이 모든 비판주의를 단순한 이야기로 거부하기 때문이다. 성공적인 포스트모더니즘 이론을 만드는 것은 사실 복잡하고 배타적이고 권위에 기반한 포스트모더니즘계의 기준을 충족시키는 문제이다. 좋은 설명을 만들어 내기가 어려운 까닭은 누군가가 무엇을 결정했기 때문이 아니라, 권위자들의 예상을 포함해서 누군가의 예상과 맞지 않는 객관적 실체가 존재하기 때문이다. 신화 같은 나쁜 설명을 만들어 내는 사람들은 사실 그저 이야기를 꾸며 내는 것뿐이다. 그러나 좋은 설명을 추구하는 방법은 과학에서뿐만 아니라 좋은 철학에서도 (그런 설명이 왜 그렇게 효과가 있으며, 왜 조작된 기준에 맞추기 위해 이야기를 꾸며 내는 것과 정반대인지와 같은) 실체와의 관계를 만들어 낸다.

비록 20세기 말 이후 개선의 조짐이 보이긴 했으나, 계속해서 혼란을 일으키고, 상당히 많은 나쁜 철학에 문을 열어 준 경험주의의 유산은 과학 이론을 예측 가능한 경험 법칙과 실체에 대한 주장으로 분리할 수 있다는 생각이었다. 그러나 이런 생각은 이치에 맞지 않는다. 왜냐하면 마술처럼, 설명이 없다면 어떤 경험 법칙이 적용되어야 하는 상황을 인식하는 것이 불가능하기 때문이다. 그리고 이런 생각은 특히 기본 물리학에서는 이치에 맞지 않는데, 관측에 대한 예측 자체가 관측되지 않은 물리적 과정이기 때문이다.

물리학 분야를 포함해서, 많은 과학은 지금까지 이런 분리를 피해 왔다. 비록 앞에서 언급한 대로 상대성 이론은 아슬아슬한 탈출구를 가졌을지 모르지만. 예를 들어, 고고학에서는 수백만 년 전의 공룡의 존재를 '최고의 화석 이론 해석'이라고 말하지 않고, 그것이 화석에 대한 설명이라고 주장한다. 다만 진화 이론은 주로 화석이나 공룡에 대한 게 아니라 (화석조차도 존재하지 않는) 유전자에 대한 것이다. 우리는 정말로 공룡이 존재했고, 그것들이 우리가 알고 있는 화학적 성질을 지닌 유전자를 갖고 있었다고 주장하지만, 공룡도, 그들의 유전자도 존재한 적이 없었다는 수많은 경쟁 '해석들'이 존재한다.

그런 경쟁자 중 하나는 공룡이 그저 고고학자들이 화석을 응시할 때 어떤 흥분에 대해서 말하는 방식에 불과하다는 '해석'이다. 흥분은 실제이지만, 공룡은 실제가 아니다. 혹은 공룡이 실제라고 해도, 우리는 공룡에 대해 절대로 알 수 없다. 후자는 지식의 정당화된 (진정한) 믿음 이론을 통해 빠질 수 있는 많은 혼란 중 하나이다. 왜냐하면 실제로 우리는 공룡에 대해 알고 있기 때문이다. 그리고 고고학자가 선택한 방식으로 다른 고고학자들이 분명히 경험할 때만 화석 자체가 존재하게 된다는 '해석'이 있다. 그런 경우, 화석은 확실히 인간보다 오래되지 않았다. 그리고 화석은 공룡의 증거가 아니라 오직 그런 관측 행위의 증거일 뿐이다. 혹은 공룡은 실제이지만, 동물로서가 아니라 그저 사람들의 (서로 다른 화석) 경험을 모아 놓은 것에 불과하다고 말할 수도 있다. 그러면 공룡과 고고학자의 뚜렷한 구분이 없어져, 화석이라는 '고전적 언어'는 어쩔 수 없이 사용되겠지만, 그 말이 공룡과 고고학자의 엄청난 관계를 표현할 수는 없다고 추론할 수 있다. 그러나 그것들은 나쁜 설명이기 때문에 배제된다(심지어 그것들을 이용하면 슈뢰딩거의 방정식이 사실이라는 것도 부정할 수 있다).

설명이 없는 예측은 사실상 불가능하기 때문에, 과학에서 설명을 배제하는 방법론은 그저 비판 없는 설명을 신봉하는 방식에 불과하다. 심리학 분야에서 예를 하나 들어 보자.

나는 심리학에 응용된 도구주의인 행동주의를 언급했었다. 행동주의는 심리학 분야에서 수십 년 동안 유력한 해석이 되었고, 비록 지금은 대체로 거부되었지만, 심리학 연구는 계속해서 자극-반응 경험 법칙을 지지하며 설명을 경시한다. 따라서 행동주의에서는 외로움이나 행복 같은 인간의 심리 상태가 유전학적으로 암호화되어 있는지(눈의 색) 아닌지(출생일 같은)의 정도를 측정하기 위해 행동주의적 실험을 수행하는 것을 좋은 과학으로 여긴다. 설명적 관점에서 본 이런 연구에는 몇 가지 근본적인 문제가 있다. 첫째, 그들의 심리 상태에 대한 다른 사람들의 평가가 균형 잡혀 있는지를 어떻게 측정할 수 있을까? 말하자면, 행복 수준이 8이라고 주장하는 사람 중 일부는 너무 비관적이어서 훨씬 더 나은 것을 상상할 수 없을 수도 있다. 그리고 고작 행복 수준 3을 주장하는 사람들의 일부는 사실 대부분의 사람들보다 더 행복할 수도 있지만, 최고의 행복을 약속하는 열풍에 굴복해서 자신들이 덜 행복하다고 생각하는지도 모른다. 둘째, 우리가 만약 특별한 유전자를 가진 사람이 그런 유전자가 없는 사람보다 더 행복하다고 평가하는 경향이 있음을 알아낸다면, 그 유전자가 행복을 암호화하고 있는지를 어떻게 알 수 있을까? 어쩌면 그 유전자는 행복의 정량화를 덜 꺼리게 암호화하고 있는지도 모른다. 또 어쩌면 문제의 유전자가 뇌에는 전혀 영향을 미치지 않지만 사람의 외모에는 영향을 미치고, 어쩌면 좋은 외모의 사람들이 평균적으로 더 행복한 것은 다른 사람들에게 더 좋은 대접을 받기 때문인지도 모른다. 가능한 설명은 무한히 많다. 그러나 이 연구는 설명을 찾고 있는 게 아니다.

만약 실험자들이 주관적인 자기 평가를 배제하고 대신에 (얼굴 표정이나, 혹은 행복한 곡조의 휘파람을 얼마나 자주 부는지 같은) 행복한 행동과 불행한 행동을 관찰한다고 해도 차이는 전혀 없다. 행복과의 연결은 여전히 공통된 기준에 맞춰, 조정할 방법이 없는 주관적인 해석과의 비교를 필요로 한다. 하지만 별도 수준의 해석도 있다. 즉, 어떤 사람들은 '행복한' 방식의 행동이 불행의 치료법이라고 믿으므로, 그런 사람들에게는 그런 행동이 불행의 대리자일 수도 있다.

이런 이유로, 어떤 행동주의 연구도 행복이 선천적인지의 여부를 알아낼 수 없다. 사람들이 행복에 대해서 말할 때, 어떤 객관적 속성을 언급하는 것인지, 혹은 일련의 물리적 사건들이 유전자를 그런 속성에 연결하는지에 대한 설명 이론이 나올 때까지 과학은 이런 문제를 해결할 수 없다.

그렇다면 설명이 없는 과학은 이 문제를 어떻게 다룰까? 첫째, 우리는 행복을 직접 측정하는 게 아니라 그저 '행복'이라는 저울에 있는 칸에 표시 행위를 하는 대리자에 불과하다고 설명한다. 모든 과학적 측정은 일련의 대리자를 사용한다. 그러나 2장과 3장에서 설명했듯이, 각각의 사슬 연결은 또 다른 오류의 근원이며, 우리는 오직 각 연결에 대한 이론을 비판하는 방식을 통해서만 우리 자신을 속이는 걸 피할 수 있다. 진정한 과학에서 오직 그 측정 절차가 어떻게 그런 값을 드러내는지에 대한 설명 이론이 존재할 때만 어떤 양을 측정했다고 주장할 수 있는 것은 바로 이 때문이다.

예를 들어, 정치 여론 조사는 응답자들에게 재선에 직면한 어떤 정치인에 대한 '만족' 여부를 질문할 수 있다. 이런 조사가 선거에서 응답자들이 어느 칸을 선택할지에 대한 정보를 준다는 전제하에서 말이다. 행복의 경우에는 이런 테스트와 유사점이 없다. 즉, 행복을 측정하는 독립적인 방법이 없다. 진정한 과학의 또 다른 예는 (특별히 확인 가능한 유형의) 불행(감)을 경감시켜 준다고 주장하는 약을 테스트하는 임상시험이다. 이런 경우에, 이 연구의 목적은 이번에도 이 약이 효과적이라고 말하는 (해로운 부작용을 겪지 않으면서도) 행동을 유발하는지의 여부를 결정하는 것이다. 만약 어떤 약이 이런 테스트를 통과한다면, 그 약이 정말로 환자들을 더 행복하게 하는지, 혹은 그저 더 낮은 기준으로 성격을 변화시키는지 등의 여부에 대한 문제는, 행복이 무엇인지에 대한 검증 가능한 설명 이론이 존재하기 전까지는 과학적 접근이 어렵다.

설명이 없는 과학에서는 실제의 행복과 우리가 측정하는 대리자가 반드시 동일하지는 않다는 사실을 인정해야 한다. 그러나 그럼에도 불구하고 측정자는 대리자를 '행복'으로 부르며 계속 진행한다. 측정자는 표면상 무작위로 대다수의 사람들을 선택하고, 탐지 가능한 본질적인 행복이나 불행의 원인(최근의 복권 당첨이나 사별 같은)을 가진 사람들을 제외시킨다. 따라서 측정자의 실험 대상은 그저 '전형적인 사람들'이지만 사실 어떤 설명 이론이 없다면 그들이 통계적으로 대표성이 있는지는 알 수 없다. 다음에 어떤 형질의 '유전성'에 사람들이 유전학적으로 얼마나 관련되어 있는지의 통계적 상관관계를 살펴보자. 이번에도 이것은 비설명적 정의이다. 이 정의에 따르면 노예인지의 여부는 한때 미국에서 대단히 '유전적인' 형질이었다. 즉, 그런 형질이 혈통에 흘렀다. 더 일반적으로 측정자는 통계적 상관관계는 무엇이 무엇을 유발하는지에 대해서 아무것도 함축하지 않는다는 것을 인정한다. 그러나 '그럼에도 그런 상관관계가 암시적일 수 있다'는 귀납주의적 양의성을 덧붙인다.

그런 다음 연구를 하고 '행복'에 예컨대 50%의 '유전성이 있다'는 것을 발견한다. 이것은 관련된 설명 이론들이 발견될 때까지(미래의 어느 때에, 어쩌면 의식을 이해하게 되고 인공 지능이 평범한 기술이 된 후에) 행복 자체에 대해서는 어떤 것도 단언하지 않는다. 그러나 사람들은 그 결과가 흥미롭다고 생각하는데, 왜냐하면 '행복'과 '유전성이 있다'는 말의 일상적인 의미를 통해서 그것을 분석하기 때문이다. 만약 신중한 연구자들이라면 전혀 승인하지 않았을 그런 해석에서는 그 결과가 인간 마음의 본질에 대한 매우 다양한 철학적, 과학적 논쟁에 심오한 기여를 한다. 이 발견에 대한 언론 보도가 이것을 반영할 것이다. 헤드라인은 기술 용어 주변에 따옴표도 없이 이렇게 시작될 것이다. "새로운 연구에 따르면 행복의 50%가 유전학적으로 결정된다."

뒤이어 나오는 나쁜 철학도 마찬가지일 것이다. 누군가가 이제 감히 인간 행복의 원인에 대한 설명 이론을 찾으려고 한다고 해보자. 행복은 계속해서 자신의 문제를 해결하는 상태라고 그들은 추측한다. 불행은 그런 시도가 만성적인 방해를 받을 때 생긴다. 그리고 문제 해결 자체는 방법을 아는가에 달려 있다. 따라서 외부 요인들을 제외하면, 불행은 방법을 몰라서 생긴다(일반 사람들은 이것을 낙관론 원리의 특별 사례로 인지할 수도 있다).

이 연구의 해석자들은 이것이 행복 이론에 이의를 제기했다고 말한다. 불행의 최대 50%는 방법을 알지 못하는 데서 비롯된다고 그들은 말한다. 나머지 50%는 우리가 통제할 수 없는데, 그게 유전학적으로 결정되고, 따라서 우리가 무엇을 알거나 믿는 것과 무관하게, 관련 유전공학에 달려 있기 때문이다(동일한 논리를 노예 상태에 적용하면, 1860년에는 예컨대 노예 상태의 95%가 유전학적으로 결정되며, 따라서 정치적 행동으로는 치유가 불가능하다고 결론 내릴 수 있었을 것이다).

'유전성이 있는'에서 '유전학적으로 결정된'으로 넘어가는 이 시점에서, 설명이 없는 심리학 연구는 올바르지만 흥미롭지 않은 결과를 매우 흥분되는 무언가로 변화시켰다. 왜냐하면 이 연구가 실질적인 철학적 문제(낙관론)와 뇌가 어떻게 감각질 같은 정신 상태를 유발하는지에 대한 과학적 문제에 무게를 두었기 때문이다. 그러나 뇌는 그런 상태에 대해 아무것도 모르는 상태에서 그렇게 했다.

그러나 해석가들은 잠깐 보류하라고 말한다. 분명 우리는 유전자가 행복을 (혹은 그 일부를) 암호화하는지를 알 수 없다. 그러나 유전자가 그런 효과를 어떻게 유발하는지 (좋은 외모를 제공하는 방식인지 아니면 다른 방식으로 하는지) 누가 신경 쓰겠는가? 그 효과 자체는 실제이다.

그 효과는 실제이지만, 유전공학 없이 단순히 방법만 아는 것으로는 유전자를 얼마나 바꿀 수 있는지 알아낼 수 없다. 그것은 유전자들이 행복에 영향을 미치는 방식 자체가 지식에 의존하기 때문이다. 예를 들어, 문화적 변화는 사람들이 '좋은 외모'를 갖는 것을 어떻게 생각하는지에 영향을 미칠 수 있으며, 그러면 그것은 사람들이 좋은 유전자를 갖는 덕분에 더 행복해지는 경향이 있는지의 여부를 변화시킬 것이다. 이 연구의 어떤 것도 그런 변화가 일어나는지를 발견할 수 없다. 마찬가지로 이 연구는 어떤 책이 어느 날 집필되어, 모든 불행이 지식의 부족 때문이며, 좋은 설명을 추구하면 지식이 창출된다고 많은 사람을 설득하게 될지의 여부도 발견할 수 없다. 만약 그런 사람들의 일부가 결과적으로 더 많은 지식을 창출해서 더 행복해진다고 해도, 이전의 모든 연구에서 '유전학적으로 결정된' 50%의 행복은 그렇게 되지 않을 것이다.

이 연구의 해석자들은 그것이 바로 그런 책이 존재할 수 없다는 것을 입증한다고 반응할지도 모른다! 확실히 그들 어느 누구도 그런 책을 집필하지도, 그런 명제에 도달하지도 못할 것이다. 따라서 나쁜 철학은 나쁜 과학을 초래할 테고, 그것은 지식의 성장을 방해할 것이다. 이것이 적절한 무작위 추출, 적절한 통제, 적절한 통계 분석 같은 최고의 과학 방법 실행에 잘 부합할 수 있는 나쁜 과학의 한 형태라는 사실에 주목해라. '우리 자신을 속이지 않을 방법how to keep from fooling ourselves'이라는 공식적 규칙이 아마 계속 유지되었을 것이다. 그럼에도 진보를 추구하지 않았기 때문에 어떤 진보도 이루지 못했을 것이다. 즉,

설명이 없는 이론은 기존의 나쁜 설명을 정착시키는 것 이상의 역할은 할 수 없었다.

내가 지금까지 묘사한 가상의 연구에서 그 결과가 비관적인 이야기를 뒷받침하는 것처럼 보이는 것은 우연이 아니다. 사람들이 얼마나 행복할지 예측하는 이론은 (아마도) 지식 창출의 효과를 설명할 수 없을 것이다. 따라서 지식 창출이 어느 정도까지 관련되어 있든, 그 이론은 예언이며, 그러므로 비관론 쪽으로 편향되어 있다.

행동주의적 인간 심리 연구는 결국 본질적으로 인간 조건에 대한 비인간화 이론이 되어야 한다. 왜냐하면 마음을 무언가의 동인으로 이론화하기를 거부하는 것은 그것을 비창조적인 기계로 간주하는 것과 동일하기 때문이다.

행동주의적 접근도 어떤 실재가 마음을 가지는지의 여부와 관련된 문제에 적용하면 똑같이 무용지물이다. 나는 이미 7장에서 튜링 테스트에 관해서 이것을 비판했다. 동물 사냥이나 동물 농업이 합법적인가 같은, 동물의 마음에 관한 논쟁에 관해서도 마찬가지이다. 이 논쟁은 동물이 공포와 통증을 느낄 때, 인간의 감각질과 유사한 감각질을 경험하는지 그리고 만약 그렇다면 어떤 동물이 그런지에 대한 철학적 논쟁에서 유래한다. 이제 과학은 이 문제에 대해서 현재로서는 할 말이 거의 없는데, 아직은 감각질에 대한 설명 이론이 없고, 따라서 그것을 실험적으로 탐지할 방법도 없기 때문이다. 그러나 그렇다고 해서 정부가 정치적으로 뜨거운 감자를 실험과학이라는 객관적인 관할로 넘기지 못하도록 막지는 못한다. 예를 들어, 1997년에 동물학자 패트릭 베이트슨Patrick Bateson과 엘리자베스 브래드쇼Elizabeth Bradshaw는 내셔널트러스트National Trust(국민환경기금)의 위촉을 받아 수사슴이 사냥당할 때 고통받는지의 여부를 결정했다. 그들은 수사슴들이 고통을 받는다고 보고했는데, 왜냐하면 사냥이 "대체로 스트레스가 많고 … 지치게 하고 고통스럽기" 때문이었다. 그러나 이 보고서는 '스트레스'와 '고통'이라는 말들로 표시되는 측정 가능한 양들이 (혈류 속의 효소 수준처럼) 동일한 이름을 가진 감각질의 존재를 의미한다고 가정한다. 그리고 그것은 정확히 언론과 대중이 그 연구가 발견할 거라고 예상했던 내용이다. 그 다음 해에, 컨트리사이드 얼라이언스Countryside Alliance(시골동맹)는 수의 생리학자 로저 해리스Roger Harris의 지휘 아래 동일한 문제의 연구를 위촉했고, 해리스는 그런 측정 가능한 양의 수준은 고통스러운 게 아니라 미식축구 같은 스포츠를 즐기는 사람의 수준과 유사하다고 결론 내렸다. 베이트슨은 해리스 보고서의 어떤 내용도 자신의 보고서를 반박하지 못한다고 반응했다. 그것은 두 연구 모두 문제의 논쟁과 무관했기 때문이었다.

이런 형태의 설명 없는 과학이 바로 과학으로 위장한 나쁜 철학이다. 그 효과는 문제가 과학적으로 해결되었다고 가장함으로써 동물을 어떻게 다루어야 하는지에 대한 철학적 논쟁을 억압하는 것이다. 실제로 과학은 감각질에 대한 설명적 지식이 발견될 때까지는 이 문제에 접근하지 못했고, 또 접근하지 못할 것이다.

설명 없는 과학이 진보를 방해하는 또 다른 방식은 오류의 증폭이다. 다소 별난 예를 하나 들어 보자. 당신에게 매일 시립박물관을 찾는 평균 방문자수를 측정하라는 위촉이 들어왔다고 하자. 이 박물관은 입구가 여러 개인 대형 건물이다. 입장료가 무료이므로, 방문자는 보통 계산되지 않는다. 당신은 조수를 몇 명 고용한다. 그들에게 특별한 지식이나 자격이 필요하지 않다. 사실 곧 분명해지겠지만 그들이 덜 유능할수록 당신의 결과는 더 좋아진다.

매일 아침 당신의 조수들은 각 문의 지정 장소에서 자리를 지킨다. 그들은 자신들이 지키고 있는 문을 사람이 통과할 때마다 종이에 표시한다. 그리고 박물관이 문을 닫은 뒤, 그들은 자신들이 표시한 것을 모두 계산하고, 당신은 그들이 계산한 것을 모두 더한다. 당신은 특정 기간에 이 일을 매일 하고 평균을 내서 이 연구를 위촉자에게 보고한다.

그러나 당신의 계산이 이 박물관의 방문자 수와 동일하다고 주장하기 위해서는 어떤 설명 이론이 필요하다. 예를 들어, 당신은 당신이 지켜보는 문이 정확히 그 박물관의 입구이며, 그 문들이 오직 박물관으로만 통한다고 가정하고 있다. 만약 그 문 중 하나가 카페테리아나 박물관 가게로도 통해서, 이 연구의 위촉자가 그런 장소만 가는 사람들은 '박물관 방문자'로 간주하지 않을 경우, 당신은 큰 오류를 범하게 된다. 또 박물관 직원의 문제도 있다. 그들이 방문자로 간주될까? 그리고 동일 날짜에 박물관에서 나갔다가 다시 들어오는 방문자들도 있다. 따라서 박물관의 방문자 수를 계산하는 전략을 고안하기 전에 위촉자가 '박물관의 방문자 수'라고 했을 때, 그것이 무엇을 의미하는지에 대한 상당히 정교한 설명 이론이 필요하다.

당신이 박물관에서 나가는 사람들의 수도 계산한다고 하자. 만약 그 박물관이 밤에는 항상 텅 비어 있으며, 문의 입구를 제외하고는 출입하는 사람이 없고, 방문자가 결코 창조되거나 파괴되거나 분리되거나 합병하지도 않는다는 설명 이론이 있다면, 나가는 사람의 수를 활용하는 한 가지 가능한 용도는 들어오는 사람의 수를 조사하는 것이다. 즉, 당신은 그 둘이 동일해야 한다고 예측한다. 만약 그 둘이 동일하지 않다면, 계산의 정확도를 평가해야 한다. 이것은 좋은 과학이다. 사실 정확한 평가가 없는 결과 보고는 당신의 보고서를 완전히 무의미하게 만든다. 그러나 당신이 결코 보지 못하는 그 박물관의 내부에 관한 설명 이론을 갖고 있지 않다면, 나가는 수뿐만 아니라 다른 어떤 것도 당신의 오류 평가에 이용할 수 없다.

이제 설명 없는 과학을 이용해서 조사한다고 하자. 여기서 설명 없는 과학은 사실 코펜하겐 해석이 연속적인 관측을 연결하는 오직 하나의 관측되지 않은 역사만 존재한다고 가정했던 것처럼, 진술되지 않고 비판되지 않은 설명이 있는 과학을 의미한다. 그 뒤 당신은 아마 그 결과를 다음과 같이 분석할 것이다. 매일 나가는 사람의 수에서 들어오는 사람의 수를 뺀다. 만약 그 차이가 0이 아닌 경우, 그다음 단계(이것이 이 연구의 중요한 단계이다)로 그 차이가 양수라면 '자연적-인간-창조 계산'이라 부르고, 음수라면 '자연적-인간-파괴 계산'이라고 부른다. 만약 그 차이가 정확히 0이라면, '전통적 물리학과 일치'한다고 한다.

계산과 도표 작성을 대충할수록, '전통적 물리학과 일치하지 않는' 빈도가 더 증가한다는 것을 알게 된다. 다음에 0이 아닌 결과(자연적 인간 창조나 파괴)가 전통적 물리학과 일치하지 않는다는 것을 입증하라. 보고서에 이 증거를 포함시켜라. 하지만 또 외계 방문자가 우리가 모르는 물리적 현상을 이용할 수도 있다는 것을 인정하는 문구도 포함시켜라. 또한 또 다른 장소로 오가는 순간 이동을 당신의 실험에서는 '파괴'와 '창조'로 오해한 것이며, 따라서 이것이 가능한 변칙 요인으로 배제될 수 없다는 말도.

신문에 "시립박물관에서 순간 이동이 관측되었다고, 과학자들이 말하다"와 "과학자들이 외계 유괴가 실제임을 증명하다" 같은 헤드라인이 실리면, 당신은 그런 주장을 한 적이 없으며, 당신의 결과는 결정적인 게 아니라 그저 암시일 뿐이라고, 이런 당황스러운 현상의 메커니즘을 결정하기 위해서는 더 많은 연구가 필요하다고 온건하게 항의하라.

당신은 허위 주장을 하지 않았다. 유전자들이 외모에 영향을 미치는 것 같은 수많은 세속적인 방법으로 '행복을 유발할 수' 있는 것처럼, 데이터도 오류를 포함하는 세속적인 방법으로 '전통적 물리학과 일치하지 않을' 수 있다. 당신의 논문이 이것을 지적하지 않는다고 해서 거짓이 되지는 않는다. 더욱이 앞에서 말했듯이, 이 중요한 단계는 어떤 정의로 되어 있으며, 정의는 모순만 없으면 거짓일 수 없다. 당신은 나가는 사람보다 들어오는 사람이 더 많은 관측을 사람들의 '파괴'로 정의했었다. 비록 일상적인 언어로는 이 어구가 사람들이 연기로 사라져 버린다는 의미를 함축하고 있다고 해도, 이 연구에서는 그런 의미가 아니다. 그들은 연기로 사라졌을 수도 있고 혹은 보이지 않는 우주선을 타고 사라졌을 수도 있다. 어쨌든 그것이 당신의 데이터와 일치한다. 그러나 당신의 논문은 그런 상황에 대해서는 어떤 입장도 취하지 않는다. 그것은 전적으로 당신의 관측 결과에 대한 내용이다.

따라서 당신의 연구 논문에 "방문자 수를 잘못 계산했을 경우의 오류"라는 식의 제목을 붙이지 않는 게 좋다. 홍보의 실수는 차치하고, 그런 제목은 설명이 없는 과학으로, 심지어는 비과학적으로 간주될 수도 있다. 왜냐하면 그것은 아무 증거도 제공하지 않는 관측 데이터의 '해석'에 대해 어떤 입장을 취하고 있기 때문이다. 내 생각에 이것은 오직 형식적인 면에서만 과학 실험이다. 과학 이론의 본질은 설명이며, 오류의 설명이 사소하지 않은 모든 과학 실험의 설계 내용 대부분을 차지한다.

앞의 예가 설명하듯이, 실험의 일반적 특징은 수치에서든, 혹은 측정량의 명칭과 해석에서든, 당신이 만드는 오류가 클수록, 그게 만약 사실이라면, 흥미로운 결과가 된다. 따라서 설명 이론에 의존하는 강력한 오류 탐지와 수정 기법이 없다면, 이것은 거짓 결과가 진짜 결과를 압도하는 불안정성을 일으킨다. 대체로 좋은 과학을 하는 '자연과학'에서는 그럼에도 불구하고 온갖 종류의 오류에 기인한 거짓 결과들이 흔하다. 그러나 설명이 비판되고 검증되면 오류는 수정된다. 설명 없는 과학에서는 이런 일이 가능하지 않다.

결과적으로, 과학자들 스스로가 좋은 설명을 요구하지 않고 오로지 어떤 예측의 정확성만 고려하는 순간, 스스로 바보로 전락하기 쉽다. 바로 이런 방법으로 지난 수십 년 동안 저명한 물리학자들이 연속적으로 마술사들에게 속아 다양한 마술이 '과학적으로 알 수 없는' 방법으로 행해졌다고 믿었다.

나쁜 철학이 좋은 철학(논증과 설명)의 반격을 받기 어려운 까닭은 그 자체가 면역력이 있기 때문이다. 그러나 나쁜 철학은 진보의 반격을 받을 수 있다. 사람들은 아무리 큰 소리로 부정해도 세상을 이해하고 싶어 한다. 그리고 진보는 나쁜 철학을 믿기 어렵게 만든다. 그것은 논리나 경험을 이용한 반박의 문제가 아니라 설명의 문제이다. 마흐가 만약 오늘날 생존해 있다면, 그는 자신이 현미경을 통해 보았던 원자들이 존재하며 원자 이론에 따라 움직이고 있다는 사실을 받아들였을 것이다. 논리의 문제로 본다면, 그는 여전히 "나는 원자를 보고 있는 게 아니라, 그저 비디오 모니터를 보고 있을 뿐이야. 그리고 원자들에 대해서가 아니라 나에 대한 저 이론의 예측이 실현되고 있는 걸 보고 있을 뿐이야"라고 말할 수도 있다. 그러나 그것이 범용의 나쁜 설명이라는 사실은 그에게 부담이 될 것이다. 그는 또 "좋아, 원자는 정말로 존재하지만, 전자는 존재하지 않아"라고 말할 수도 있다. 그러나 만약 더 좋은 설명이 가능해지면 (말하자면 급속한 진보가 이루어지면) 그는 당연히 그 게임에 싫증이 날지도 모른다. 그리고 곧 그는 그게 게임이 아니라는 사실을 깨닫게 될 것이다.

나쁜 철학은 진보의 가능성이나 바람직성이나 존재를 부정하는 철학이다. 그리고 진보는 나쁜 철학에 반대하는 유일하게 효과적인 방법이다. 만약 진보가 무한정 계속될 수 없다면, 불가피하게 나쁜 철학이 다시 주도권을 쥐게 될 것이다. 왜냐하면 그게 사실이 되기 때문이다.

13장

선택

Choices

1792년 3월, 조지 워싱턴은 미국 역사상 최초로 대통령의 거부권을 행사했다. 만약 대통령과 의회가 무엇으로 싸우고 있었는지 몰랐다면, 이 문제는 오늘날까지도 여전히 논쟁의 대상이 되었을 것이다. 시간이 흐른 뒤에 보면 그 싸움의 불가피성을 인식할 수도 있을 것이다. 왜냐하면 곧 설명하겠지만, 이 문제가 여전히 유행하는 인간 선택의 본질에 대한 광범위한 오해에 근거하고 있기 때문이다.

표면상으로 이 논쟁은 절차상의 문제에 불과해 보였다. 미국 하원에서 각 주에는 몇 석이 할당되어야 할까? 이것은 배분 문제apportionment problem로 알려져 있는데, 미국 헌법은 의석이 "몇몇 주에서는 … 그 대표수, 즉 그 인구에 따라 배분되도록" 규정한다. 따라서 당신의 주에 미국 인구의 1%가 살고 있다면, 하원 의석수의 1%를 받을 자격이 생긴다. 이것은 주의 입법부가 국민을 대표해야 한다는 대표 정부 원칙principle of representative government을 이행하기 위함이었다. 이것은 요컨대 하원에 대한 것이었다(반대로 미국 상원은 미국의 주들을 대표하므로 각 주는 인구수와 무관하게 두 명의 상원 의원을 갖는다).

현재 하원에는 435석이 있다. 따라서 만약 당신의 주에 미국 인구의 1%가 살고 있다면, 엄밀한 비율에 따라 그 주에 자격이 부여될 하원의 할당량은 4.35명이 된다. 이 할당량이 정수가 아닐 때는, 물론 그렇게 되는 경우가 거의 없지만, 어떻게든 어림해야 한다. 어림 방법은 배분 규칙으로 알려져 있다. 헌법은 배분 규칙을 특정하지는 않았다. 헌법은 그런 상세한 내용을 입법부에 맡겨 두었는데, 그것이 바로 수백 년의 논쟁이 시작된 지점이다.

어떤 배분 규칙은 각 주에 할당하는 의석수가 그 주의 할당량에서 1석만큼 차이가 나지 않는다면 '그 할당량 내에서 유지'하는 것으로 본다. 예를 들어, 어떤 주의 할당량이 4.35석이라면, '할당량 내에서 유지' 하기 위해서는 어떤 규칙이 그 주에 4~5석을 할당해야 한다. 4석과 5석 사이에서 선택하는 데 모든 종류의 정보를 고려할 수 있지만, 만약 다른 수를 할당하면 '할당량 위반'이 된다.

배분 문제에 대해서 처음 들으면, 이 문제를 한 번에 해결할 수 있을 것 같은 절충안이 쉽게 떠오른다. 모든 사람이 이렇게 묻는다. "왜 그냥 그렇게 할 수 없을까?" 나는 이렇게 묻는다. "왜 각 주의 할당량을 가장 가까운 정수로 어림할 수 없었을까?"라고. 이런 규칙이 있다면 4.35석의 할당량은 4석으로 하향 어림된다. 그리고 4.6석은 5로 상향 어림된다. 이런 종류의 어림은 2분의 1석 이상을 더하거나 뺄 수 없기 때문에, 각 주를 그 할당량에서 2분의 1석 이내로 유지해서, 약간의 여지를 갖고 '그 할당량 내에서 유지'하는 것처럼 보였다.

그러나 내 생각이 틀렸다. 즉, 나의 규칙은 할당량을 위반한다. 네 개의 주로 이루어진 어떤 국가에서 열 개의 의석수로 이루어진 가상의 하원에 이 규칙을 적용해 보면 이것을 쉽게 증명할 수 있다. 네 개의 주 중 하나가 총인구의 85% 미만을 갖고 있고, 다른 세 주가 각각 5% 이상씩 갖는다고 하자. 큰 주는 따라서 8.5 미만의 할당량을 갖고, 나의 규칙은 그것을 8로 하향 어림한다. 세 개의 작은 주는 각각 0.5 이상인

할당량을 갖고, 나의 규칙은 그것을 1로 상향 어림한다. 그러나 이렇게 하면 이제 우리는 열 석이 아니라 열한 석을 할당했다. 그 자체로는 문제가 되지 않는다. 그 국가에는 계획보다 입법자가 한 명 더 늘었을 뿐이다. 진짜 문제는 이런 배분이 더 이상 대표성을 띠지 않는다는 점이다. 열한 석의 85%는 8.5가 아니라 9.35이다. 나의 규칙 대로라면 큰 주는 고작 여덟 석밖에 갖지 못하므로, 사실 그 할당량에서 한 석 이상이 부족하다. 나의 규칙은 그 인구의 85%를 과소 대표한다. 우리는 열 석을 할당할 계획이었기 때문에, 정확한 할당량들을 모두 더하면 반드시 10이 되어야 한다. 그러나 어림된 할당량들을 모두 더하면 11이 된다. 그리고 만약 하원이 열한 석으로 구성되면, 대표 정부의 원칙과 헌법에 따라 각 주는 우리가 단순히 의도했던 열 석이 아니라 열한 석에 해당하는 공정한 몫을 받아야 한다.

이번에도, "그냥 저렇게 이렇게 하면 어떨까?"라는 많은 생각들이 마음속에 떠오른다. 그냥 세 석을 더 만들어서 가장 큰 주에 주고 할당량 안에서 할당하면 어떨까(호기심 많은 사람은 이렇게 하기 위해 세 석 미만이 필요하지 않은지 확인할 수도 있다)? 또 다르게는, 작은 주들 중 한 주에서 한 석을 빼서 큰 주에 주면 어떨까? 어쩌면 이 방법은 가능한 적은 곳에 불이익이 되도록 인구가 가장 적은 주에서 빼야 할 것이다. 이렇게 하면 할당량 안에서 할당이 이루어질 뿐만 아니라, 처음에 의도된 열 석의 의석수도 회복할 수 있다.

그런 전략은 재할당 방안reallocation schemes으로 알려져 있다. 그것들은 사실 할당량 내에서 유지할 수 있다. 그렇다면 그 방안에서 무엇이 잘못된 걸까? 전문 용어로 하면, 이 문제의 답은 배분 역설apportionment paradox이고, 일반 언어로 하면, 불공정과 비합리성이다.

예를 들어, 내가 묘사한 마지막 재할당 방안은 인구가 가장 적은 주의 거주자들에게 불리하게 편향되어 있어서 공정하지 않다. 그들은 어림 오류를 수정하는 손실 전체를 부담한다. 그들의 대표는 0으로 하향 어림되었기 때문이다. 그러나 할당량으로부터의 편차를 최소화한다는 의미에서는 이런 배분이 거의 완벽하게 공정하다. 이전에는 인구의 85%가 할당량 밖에 있었고, 지금은 모두가 그 안에 있으며 95%는 자신들의 할당량에 가장 가까운 정수에 있다. 5%는 이제 대표를 갖지 못하며, 따라서 의회 선거에서 전혀 투표할 수 없겠지만, 그래도 여전히 할당량 내에 있으며 사실 정확한 할당량에서 이전보다 약간만 더 멀어졌을 뿐이다(0과 1은 그 할당량에서 0.5 이상만큼 거의 같은 거리에 있다). 그럼에도 불구하고 이 5%는 의원 선출권을 완전히 박탈당했기 때문에 대표 정부의 옹호자 대부분은 이런 결과를 이전보다 대표성이 더 감소한 것으로 간주한다.

이 말은 '할당량으로부터 최소한의 총 편차'가 대표성의 올바른 척도가 아니라는 의미이다. 그렇다면 올바른 척도는 무엇일까? 대다수에게 조금만 불공정해지는 것과 소수에게 매우 불공정해지는 것 사이에서 올바른 선택은 무엇일까? 건국의 아버지는 공정성이나 대표성에 다양한 개념이 충돌할 수 있음을 인지하고 있었다. 예를 들어, 그들이 민주주의를 정당화하는 이유들 중 하나는 법의 지배를 받는 모든 사람이 동일한 권력의 입법자 대표를 갖지 못한다면 정부는 합법이 아니라는 것이었다. 이것은 "대표가 없다면 세금도 없다"라는 슬로건에 잘 표현되어 있다. 그들의 또 한 가지 열망은 특권 폐지이다. 그들은 정부 체제 내에 편향성이 없기를 바랐다. 따라서 비례 할당은 필요조건이었다. 이 두 열망이 충돌할 수 있기 때문에, 헌법에는 이 둘 사이를 명확하게 판결하는 구절이 있다. 바로 "각 주는 적어도 한 명의 대표를 갖는다"라는 구절이다. 이 구절은 '특권 폐지'라는 의미에서의 대표 정부 원칙보다 "대표가 없다면 세금도 없다"는 의미에서의 대표 정부 원칙을 더 옹호한다.

건국의 아버지의 대표 정부 논증에 자주 등장하는 또 다른 개념은 '국민의 의지'이다. 정부는 그것을 법령으로 제정해야 한다. 그러나 그것은 더 큰 모순의 근원이다. 왜냐하면 선거에서는 오직 유권자의 의지만 중요하며, '국민' 모두가 유권자는 아니기 때문이다. 그 당시에는 유권자가 상당히 소수인 21세 이상의 남성 자유 시민이었다. 이 점을 다루기 위해, 헌법에 언급된 '수'는 여성, 아동, 이민자, 노예 같은 비유권자를 포함하는 어떤 주의 총인구로 구성된다. 이런 점에서 헌법은 유권자를 불공정하게 대우하는 방식으로 전체 국민을 평등하게 대우하려고 했다.

따라서 비유권자의 비율이 높은 주의 유권자들은 1인당 더 많은 대표를 할당받았다. 이 방식은 다른 주의 유권자들에 비해 추가 특권을 받는 잘못된 효과를 가져왔다. 즉, 그들은 의회에서 더 많은 대표를 할당받았다. 이것은 노예를 소유하는 주들과 관련하여 뜨거운 정치 쟁점이 되었다. 노예를 소유한 주들이 왜 소유하는 노예 수에 비례해서 더 큰 정치적 영향력을 할당받아야 하는가? 이런 효과를 감소시키기 위해서, 하원 의석수의 배분 목적으로 노예 한 명을 5분의 3명으로 간주하는 절충안이 만들어졌다. 그러나 그렇다고 해도, 불공정의 5분의 3명은 여전히 대다수에게 공정하지 않은 것으로 여겨졌다.[17] 오늘날 불법 이민자에 관해서도 동일한 논쟁이 존재하는데, 왜냐하면 그들 역시 배분 목적을 위한 인구의 일부로 간주되기 때문이다. 따라서 불법 이민자의 수가 많은 주는 의회에서 여분의 의석을 얻는 반면, 다른 주들은 그에 따라서 의석을 잃는다.

1790년에 실시된 미국 최초의 인구 조사에 따라, 새로운 헌법의 비례성에 대한 요구에도 불구하고, 하원 의석은 할당량을 위반하는 규칙에 따라 배분되었다. 미래의 대통령 토머스 제퍼슨Thomas Jefferson이 제안한 이 규칙 역시 인구가 많은 주를 편애해서 1인당 대표를 더 많이 준다. 따라서 의회는 이 규칙을 폐기하고 제퍼슨의 최대 경쟁자인 알렉산더 해밀턴Alexander Hamilton이 제안한 규칙으로 대체하기 위해 투표했는데, 해밀턴의 규칙은 주 사이에 편향성이 전무할 뿐만 아니라 할당량 내에서 유지하는 결과를 확실하게 보장한다.

워싱턴 대통령이 거부권을 행사한 변화가 바로 이 부분이었다. 그가 제시한 거부권 행사의 이유는 단순히 재할당이 필요하다는 것이었다. 즉, 그는 모든 재할당 방안을 위헌이라고 생각했는데, '할당된다'는 용어 자체가 적당한 수로 나뉜다는 의미 외에는 없다고 해석했기 때문이다. 불가피하게도 일부 사람들은 워싱턴이 거부권을 행사한 진짜 이유가, 제퍼슨처럼 인구가 가장 많은 버지니아주 출신이었던 그가 해밀턴의 규칙에서는 의석을 잃게 될 가능성이 컸기 때문이 아닌가 의심했다.

그 후 의회는 지속적인 논쟁을 통해 배분 규칙을 다듬어 나갔다. 제퍼슨의 규칙은 결국 1841년에 상원 의원 대니얼 웹스터Daniel Webster가 제안한, 재할당을 사용하는 규칙이 지지를 얻으면서 폐기되었다. 그 규칙 역시 할당량을 위반하지만, 매우 드물었다. 그리고 그것도 해밀턴의 규칙처럼 주들 사이에 공정한 것으로 생각되었다. 10년 뒤, 해밀턴의 규칙이 지지를 얻자 이번에는 웹스터의 규칙이 폐기되었다. 해밀턴의 지지자들은 이제 대표 정부 원칙이 완전히 구현되었다고 믿었고, 어쩌면 이것으로 배분 문제가 끝나기를 바랐다. 그러나 의석은 재배분되어야 했다. 이 문제는 곧 과거 어느 때보다도 큰 논쟁을 일으켰는데, 해밀턴의 규칙이 공정성과 비례성에도 불구하고 터무니없는 오류처럼 보이는 할당을 했기 때문이다. 예를 들어, 해밀턴의 규칙은 이른바 인구 역설population paradox이라는 문제에 영향을 받기 쉬웠다. 즉, 지난 인구조사 이후 인구가 증가한 주는 인구가 감소한 주에게 의석을 잃을 수 있다.

그렇다면 그들은 왜 새로운 의석을 더 만들어서, 인구 역설의 영향으로 의석을 잃은 주에 할당하지 않았을까? 그들은 사실 그렇게 했다. 하지만 공교롭게도 그렇게 하면 할당량 이외의 할당을 초래할 수 있다. 이것은 또 역사적으로 중요한 또 다른 배분 역설인 앨라배마 역설alabama paradox을 가져올 수도 있다. 이런 일은 하원의 총 의석수 증가로 결국 어떤 주가 의석을 잃게 될 때 일어난다.

그리고 다른 역설도 있었다. 이런 역설들은 편향되어 있거나 불균형이라는 의미에서는 반드시 공정하지 않은 것은 아니었다. 이것들이 역설이라고 불리는 까닭은 합리적으로 보이는 규칙이 배분을 할 때마다 명백히 비합리적인 변화를 만들었기 때문이다. 이런 변화는 사실상 어떤 편향성 때문이 아니라 변덕스러운 어림 오류에 기인했기 때문에 불규칙적이며, 장기적으로는 상쇄되었다. 그러나 장기적 공정성은 대표정부라는 의도한 목적을 달성하지 못한다. 유권자 전체에서 입법부를 무작위로 선택하는 방법으로 선거 없이도 완벽한 '장기적 공정성'을 달성할 수 있다. 그러나 동전 한 개를 무작위로 100번 던지면 앞면과 뒷면이 정확히 50번씩 나오지 않는 것처럼, 무작위로 선택된 435명의 입법부는 실제로 어떤 경우에도 대표성을 띠지 못한다. 통계적으로 전형적인 대표성의 편차는 대략 여덟 석이 된다. 또 이 여덟 석을 주에 배분하는 방식에도 큰 변동이 있게 된다. 내가 지금까지 묘사한 배분 역설들도 유사한 효과를 보인다.

관련 의석수는 대개 작지만, 그렇다고 중요하지 않은 건 아니다. 정치가들이 이것을 걱정하는 이유는 하원의 표가 종종 매우 근소한 차이를 보이기 때문이다. 법안이 종종 한 표 차이로 통과되거나 부결되므로, 정치적 거래는 종종 개별적인 의원들이 어느 당파에 합류하는가에 달려 있다. 따라서 배분 역설이 정치적 불화를 초래할 때마다, 사람들은 이 특정 역설의 초래를 수학적으로 무력화시킬 수 있는 배분 규칙을 만들어 내려고 노력해 왔다. 특정 역설은 항상 마치 '바로 그것만' 간단하게 변화시키면 모든 게 잘될 것처럼 보이게 만든다. 그러나 역설은 대체로 아무리 단호하게 앞문으로 쫓아내도 금방 다시 뒷문으로 들어오는 골치 아픈 성질을 갖고 있다.

해밀턴의 규칙이 채택되었지만, 1851년에 웹스터의 규칙은 여전히 상당한 지지를 받았다. 따라서 의회는 최소한 두 경우에 대해서, 현명한 절충안을 제공하는 것처럼 보이는 속임수를 시도했다. 즉, 두 규칙이 동의할 때까지 하원의 의석수를 조정하는 게 그것이었다. 확실히 이 방법은 모두를 만족시킬 것이다! 그러나 1871년에 일부 주가 그 결과를 너무 불공정하다고 생각한데다 계속되는 타협 법안도 너무 혼란스러워서 어떤 할당 규칙이 결정되었는지 불투명해지는 결과를 낳고 말았다. 이행된 배분은 (명백한 이유 없이 마지막 순간에 추가 의석 몇 개를 만드는 것을 포함해서) 해밀턴의 규칙도 웹스터의 규칙도 만족시키지 못했다. 많은 사람은 이런 방법이 위헌이라고 생각했다.

1871년부터 수십 년 동안, 모든 인구 조사에서 다른 규칙들을 절충하기 위해 설계된 새로운 배분 규칙이 채택되거나 의석수가 변경되었다. 1921년에는 달리 배분해야 하는 일이 없었다. 그들은 이전의 배분 규칙을 유지했는데(이번에도 당연히 위헌일 수 있는 행동의 과정), 왜냐하면 의회가 어떤 규칙에도 합의하지 못했기 때문이었다.

배분 문제는 국립과학원에 두 차례 의뢰했던 것을 포함해서 저명한 수학자들에게 몇 차례 위탁되었고, 각각의 경우에 대해 이 권위자들은 다양한 권고 사항을 제시했다. 그러나 그들 중 어느 누구도 수학에서 오류를 범했다는 이유로 전임자들을 비난한 적이 없었다. 이런 사실로 모든 사람은 이 배분 문제가 사실 수학 문제가 아니라는 사실을 진작 알았어야 했다. 그리고 각각의 경우에 전문가들의 권고 사항이 이행되었을 때도 역설과 논쟁은 끊이지 않았다.

1901년에 미국 인구 조사국Census Bureau은 해밀턴의 규칙을 이용해서 350과 400 사이의 모든 의석수에 대해 할당량을 보여 주는 표를 만들었다. 할당 시 흔히 일어나는 변덕스러운 계산 때문에 콜로라도주는 의석수가 357석인 경우에만 단 두 석을 얻을 뿐 다른 의석수의 경우에는 세 석을 얻는다. 하원 할당위원회 의장(일리노이주 출신인 그가 콜로라도주에 불리한 생각을 품고 있었는지는 모르겠다)은 의석수를 357로 변경해야 하며 해밀턴의 규칙을 사용해야 한다고 제안했다. 이 제안은 의심을 샀고, 의회는 결국 그 제안을 거부하고 386명의 할당과 웹스터의 규칙을 채택했는데, 이 방법으로 콜로라도는 '정당한' 세 석을 얻게 되었다. 그러나 이런 할당이 정말로 357석인 해밀턴의 규칙보다 더 정당할까?

대다수의 경쟁 배분 규칙들이 어떤 결과를 초래할지 산출한 다음, 그 방안들의 대다수가 할당하는 대표들의 수를 각 주에 할당하는 게 정확히 무엇이 잘못되었을까? 중요한 것은 그것 자체가 배분 규칙이라는 사실이다. 마찬가지로 그들이 1871년에 시도한 해밀턴 규칙과 웹스터 규칙의 결합으로 세 번째 방안이 채택되었다. 그러면 그런 방안의 목표는 무엇일까? 구성 방안들 각각은 아마도 어떤 바람직한 성질을 갖도록 설계되었을 것이다. 그런 성질을 갖도록 설계되지 않은 결합 방안은 우연의 일치가 아니고서는 그런 성질을 갖지 못할 것이다. 따라서 그 방안이 반드시 구성 요소들의 장점을 물려받지는 않을 것이다. 그 방안은 장점도 물려받고 일부 단점도 물려받으며, 고유의 좋은 특징과 나쁜 특징도 추가로 갖는다. 하지만 그 방안이 좋게 설계되지 않는다면, 왜 그걸 따라야 할까?

악마의 옹호자는 이제 이렇게 질문할지 모른다. 만약 배분 규칙 중에서 다수결 투표로 결정하는 게 나쁜 생각이라면, 유권자들 사이에서 다수결 투표로 결정하는 것은 왜 좋은 생각일까? 이런 다수결 투표 방식을 예컨대 과학에서 사용하는 것은 치명적이다. 점성가가 천문학자보다 많으므로, '과학적으로 알 수 없는' 현상을 신봉하는 사람들은, 종종 그런 현상을 직접 목격했다고 주장하는 사람들의 수가 과학적 실험을 목격한 사람들의 수보다 압도적으로 많다는 점을 지적한다. 그러나 과학은 증거를 그런 식으로 판단하지 않는다. 과학은 좋은 설명의 기준에 충실하다. 따라서 과학이 '민주적 원칙'을 채택하는 게 잘못이라면, 정치의 경우에는 그게 왜 옳을까? 그저 처칠의 표현대로 "이런 죄와 비애의 세상에서는 많은 형태의 정부가 시도되었고 앞으로도 시도될 것이다. 감히 민주주의가 완벽하거나 만능이라고 말할 사람은 없다. 사실 민주주의는 최악의 정치 형태일 수도 있지만, 지금까지 존재한 다른 어떤 정치 제도보다 좋다"는 이유 때문일까? 사실 그런 이유로 충분하다. 하지만 설득력 있는 긍정적인 이유들도 있으며, 이런 이유들 역시 (곧 설명하겠지만) 설명에 대한 것이다.

때로 정치인들은 배분 역설의 완전한 오류에 너무 당황해서 수학 자체를 공공연히 비난하기도 했다. 텍사스의 하원 의원 로저 Q. 밀스Roger Q. Mills는 1882년에 이렇게 불평했다. "나는 … 수학이 신의 과학이라고 생각했다. 나는 수학이 영감을 전달하며 틀림없는 유일한 과학이라고 생각했다. (그러나) 여기에 진실을 거짓이라고 입증하는 새로운 체계의 수학이 있다." 1901년에 하원 의원 존 E. 리틀필드John E. Littlefiled는 메인주에서 자신의 의석이 앨라배마 역설 때문에 위협을 받자 "신은 메인주를 돕는데 수학은 메인주를 죽이려고 한다"고 불평했다.

사실, 수학적 '영감'이란 없다(수학 지식은 결코 틀림이 없는 원천, 즉 전통적으로 신으로부터 나온다). 8장에서 설명했듯이, 우리의 수학 지식은 결코 틀림없지는 않다. 그러나 만약 하원 의원 밀스가 수학이 사회 최고의 공정성 심판관이며 또 어떻게든 그렇게 되어야 한다는 의미로 말했다면, 그의 생각은 틀렸다.[18] 1948년, 밀스가 1882년에 했던 말을 의회에 보고한 국립과학원 위원단에는 수학자이자 물리학자인 존 폰 노이만Johann von Neumann이 포함되어 있었다. 이 위원단은 통계학자 조셉 애드나 힐Joseph Adna Hill이 고안한 규칙(오늘날에도 사용하는)이 주들 간에 가장 공정하다고 결정했다. 그러나 수학자 미셸 발린스키Michel Balinski와 페이턴 영Peyton Young은 그 후 그 규칙이 작은 주에 유리하다고 결론 내렸다. 이것은 '공정성'의 기준이 달라지면 다른 배분 규칙에 유리해져서, 어느 규칙이 올바른 기준인지 수학으로 결정할 수 없음을 다시 한 번 보여 준다. 사실, 하원 의원 밀스가 그런 불평을 풍자적으로 했다면, 즉 그가 사실 불공정의 원인이 수학만이 아니므로 수학만으로 불공정을 해소할 수는 없다는 의미로 말했다면 그의 말은 옳다.

그러나 배분 논쟁의 본질을 영원히 바꿔 버린 수학적 발견이 하나 있다. 즉, 우리는 이제 균형 잡힌 동시에 역설이 없는 배분 규칙의 탐구는 결코 성공할 수 없다는 것을 알고 있다. 1975년에 발린스키와 영이 이것을 입증했다.

> **발린스키와 영의 정리** Baliski and Young's Theorem
> 할당 내에서 유지하는 모든 배분 규칙은 인구 역설을 피할 수 없다.

이런 강력한 '진행 불가' 정리no-go theorem는 배분 문제를 해결하려는 장구한 역사적 실패를 설명한다. 공정한 배분이 필수처럼 보일 수 있는 다른 조건은 신경 쓰지 말자. 즉, 균형과 인구 역설 회피라는 두 마리의 토끼를 동시에 잡을 수 있는 배분 규칙은 없다. 발린스키와 영은 또 다른 고전적 역설들과 관련된 진행 불가 정리도 입증했다.

이 연구에는 배분 문제보다 훨씬 더 광범위한 맥락이 있었다. 20세기에 그리고 특히 제2차 세계 대전 후에, 대부분의 주요 정치 운동 사이에는 미래의 인류 번영이 전 사회적인 (가급적이면 전 세계적인) 계획과 의사 결정에 달려 있다는 합의가 형성되었다. 서구의 합의는 그 운동의 목적이 개인의 선호도 만족이었다는 점에서 전체주의의 합의와 달랐다. 따라서 사회 전반에 걸친 계획을 옹호하는 서구인들은 전체주의자들이 봉착하지 않는 기본적 문제를 다루어야만 했다. 즉, 사회가 어떤 선택에 직면할 경우 그리고 선택 사항들 사이에서 시민들의 선호도가 다를 경우, 어떤 선택이 사회에 최선일까? 만약 사람들이 만장일치라면 문제는 없다. 그렇다면 입안자도 필요하지 않다. 만약 만장일치가 아니라면 어떤 선택이 '국민의 의지'로서 (사회가 '원하는' 선택으로서) 합리적으로 보호받을 수 있을까? 이 두 질문은 현대 민주주의의 시작부터 암묵적으로 계속 존재해 왔다. 예를 들어, 미국의 독립선언문과 미국의 헌법은 모두 정부의 제거 같은 특정한 일을 할 수 있는 '국민'의 권리에 대해서 언급한다. 이제 앞의 두 질문은 사회 선택 이론social-choice theory으로 알려진 수학적 게임 이론 분야의 중심 문제가 되었다.

따라서 이전에는 모호하고 다소 공상적인 수학의 한 분야였던 게임 이론이 갑자기 로켓공학과 핵물리학의 경우처럼 인간사의 중심으로 부상했다. 폰 노이만을 포함해서 세계의 가장 뛰어난 수학자들 대부분이 당시에 제정되고 있었던 수많은 집단 의사 결정 제도의 요구를 뒷받침할 이론 개발에 도전했다. 그들은 사회의 모든 개인이 무엇을 원하고, 필요로 하고, 또 선호하는지를 기반으로, 사회가 '하고 싶은' 것을 다듬어 '국민의 의지'가 담긴 열망을 이행하는 새로운 수학적 도구를 만들 것이다. 그들은 또 어떤 투표 제도와 입법 체계가 사회의 열망을 달성시킬지도 결정한다.

다소 흥미로운 수학이 발견되었다. 그러나 그 어떤 것도 그런 열망을 완전히 충족시키지 못했다. 이번에도 사회 선택 이론 이면의 가정은 발린스키와 영의 정리 같은 '진행 불가' 정리에 의해 일관성이 없거나 모순인 것으로 드러났다. 따라서 배분 문제는 그렇게 많은 합법적 시간과 노력과 열정을 쏟아 부었는데도 불구하고 빙산의 일각인 것으로 드러났다. 이 문제는 겉으로 보이는 것보다는 덜 편협하다. 예를 들어, 어림 오류는 입법부의 크기가 클수록 적어진다. 그렇다면 모든 어림 오류가 사소해지도록 입법부를 왜, 예컨대 10만 명 정도로 크게 만들지 않는 걸까? 그렇게 하지 않는 한 가지 이유는 그렇게 큰 입법부가 어떤 결정을 내리기 위해서는 내부적으로 자체 조직을 이루어야 하는 문제가 생기기 때문이다. 입법부 내의 당파들 자체가 지도자와 정책과 전략 등을 선택해야 하는 것이다. 결과적으로 모든 사회 선택 문제는 입법부에서 정당을 대표하는 작은 '사회' 안에서 발생할 것이다. 따라서 이것은 사실 어림 오류 문제가 아니다. 이것은 또 사람들의 최우선 선호도의 문제도 아니다. 일단 우리가 큰 집단들 안에서 의사 결정의 세부 사항을 (입법부, 정당 및 당 내부의 파벌들이 어떻게 조직적으로 움직여서 자신들의 열망을 '사회의 열망'에 기여하도록 하는지를) 고려하고 있다면, 우리는 그들의 두 번째, 세 번째 선택지들을 고려해야 한다. 왜냐하면 사람들은 대다수를 설득해서 자신들의 첫 번째 선택지에 동의하게 할 수 없다고 해도 여전히 의사 결정에 기여할 권리를 갖기 때문이다. 그러나 그런 요소들을 고려하도록 설계된 투표 제도들은 항상 더 많은 역설과 진행 불가 정리를 도입한다.

그런 최초의 진행 불가 정리 중 하나를 1951년에 경제학자 케네스 애로Kenneth Arrow가 입증했으며, 그는 그 공로를 인정받아 1972년에 노벨 경제학상을 받았다. 애로의 정리는 사회 선택의 존재를 부정하는 것처럼 보인다. 그뿐만 아니라 대표 정부의 원칙, 배분, 민주주의 자체를 비롯해서 그 이외의 많은 것을 부정하는 것처럼 보인다.

애로의 입증 과정은 다음과 같았다. 그는 우선 '국민의 의지'를 (어떤 집단의 선호를) 정의하는 모든 규칙이 충족시켜야 할 다섯 가지 공리를 제시했는데, 이들 공리는 언뜻 보기에는 진술할 가치도 없을 정도로 합리적으로 보인다. 그중 하나는 어떤 집단의 선호를 그 집단 구성원들의 선호만으로 정의해야 한다는 규칙이다. 또 다른 하나는 특정인의 견해가 다른 사람들의 견해와 무관하게 '그 집단의 선호'로 명시되어서는 안 된다는 규칙이다. 이것은 이른바 '독재자 부재' 공리이다. 세 번째는 그 집단의 구성원들이 무언가에 대해 만장일치가 되면 (그들 모두가 그것에 대해서 동일하게 선호한다는 의미에서) 그 규칙도 그 집단이 그런 선호를 갖는다고 간주해야 한다는 것이다. 이들 세 공리 모두 이런 상황에서는 대표 정부 원칙의 표현들이다.

네 번째 공리는 이것이다. 주어진 '집단의 선호도'에 대한 어떤 정의 하에서 그 규칙은 그 집단이 특정 선호를 갖는 것으로, 말하자면 햄버거보다 피자를 더 좋아하는 것으로 간주한다고 하자. 그러면 이전에 그 집단과 의견이 일치하지 않았던 일부 구성원이(즉, 그들은 햄버거를 더 좋아했다) 마음을 바꾸어 이제 피자를 더 좋아해도 여전히 그것을 그 집단의 선호로 간주해야 한다는 규칙이다. 이런 구속 조건은 인구 역설 배제와 유사하다. 어떤 집단이 그 구성원들과 반대 방향으로 '마음'을 결정한다면 비합리적이다.

마지막 공리는 그 집단이 어떤 선호를 갖고 있고, 그 뒤 일부 구성원들이 다른 무언가에 대해서 마음을 바꾼다면, 계속해서 그 집단에 원래의 선호를 할당해야 한다는 규칙이다. 예를 들어, 만약 어떤 구성원들이 딸기와 라즈베리의 상대적 장점에 대해서는 마음을 바꾸었지만, 피자와 햄버거의 상대적 장점에 대한 선호는 전혀 바꾸지 않았다면, 그 집단의 피자와 햄버거 사이의 선호도 바뀌지 않은 것으로 간주되어야 한다. 이 구속 조건은 이번에도 합리성의 문제로 간주될 수 있다. 만약 그 집단의 구성원이 특정 비교에 대한 의견을 바꾸지 않는다면, 그 집단도 바꿀 수 없다.

애로는 내가 막 나열했던 공리들이, 겉으로는 합리적인 것처럼 보이지만, 논리적으로 서로 모순임을 입증했다. '국민의 의지'에 대해 생각하는 어떤 방법도 다섯 가지 공리를 모두 충족시킬 수는 없다. 이것은 발린스키와 영의 공리들보다 훨씬 더 심오한 수준에서 사회적 선택 이론의 가정들에 타격을 줄 게 틀림없다. 첫째, 애로의 공리들은 명백히 편협해 보이는 배분 문제에 대한 게 아니라, 선호를 갖는 어떤 집단에 대해 우리가 생각하고 싶은 어떤 상황에 관한 것이다. 둘째, 이 다섯 가지 공리는 모두 직관적으로 어떤 체제를 공정하게 만들기 위해 바람직할 뿐만 아니라, 합리적인 체제가 되기 위해서도 반드시 필요하다. 그러나 그것들은 모순이다.

연합해서 의사 결정을 하는 사람들의 집단은 이렇든 저렇든 비합리적일 수밖에 없는 게 당연해 보인다. 그 집단은 독재 정권일 수도 있고, 어떤 종류의 임의적 규칙의 영향을 받고 있을 수도 있다. 혹은 그 집단이 세 가지 대표성 조건을 모두 충족한다면, 때로 비판과 설득이 효과적이었던 방향과는 반대 방향으로 '마음'을 바꾸어야 한다. 따라서 그 집단은 그 선호를 해석하고 시행하는 사람들이 아무리 현명하고 호의적이라고 해도, 그중 한 명이 독재자가 아니라면(다음 참고) 잘못된 선택을 할 것이다. 따라서 '국민들의 의지'라는 것은 없다. '사회'를 일관적인 선호를 가진 결정권자로 간주할 방법은 없다. 사회적 선택 이론이 세상에 다시 알리려고 했던 결론은 이것이 아니다.

배분 문제의 경우처럼, 애로의 정리가 함축하는 의미를 '왜 그냥 그렇게 하지 않을까?' 개념으로 수정하려는 시도들이 있었다. 예를 들어, 사람들이 선호하는 강도를 고려하는 게 어떨까? 왜냐하면 만약 절반을 약간 넘는 유권자는 Y보다 X를 선호하지만, 나머지는 Y가 생사가 걸린 문제라고 생각한다면, 대표 정부의 가장 직관적인 개념들은 Y를 '국민들의 의지'로 명시하기 때문이다. 그러나 선호의 강도와 특히 개인별 선호나 동일인의 시간별 선호의 차이도 행복처럼 측정은 고사하고 정의하기도 어렵기로 유명하다. 그리고 전혀 차이가 없는 경우를 포함해서 어떤 경우이든 여전히 진행 불가 정리가 존재한다.

배분 문제의 경우처럼, 의사 결정 제도를 어떤 면에서 미봉하면, 다른 면에서는 역설이 되는 것처럼 보인다. 많은 의사 결정 제도에서 확인되었던 더 심각한 문제는 참가자들이 자신들의 선호에 대해 거짓말을 할 동기를 유발한다는 점이다. 예를 들어, 어떤 것을 온전히 좋아하는데, 두 개의 선택지를 가진 사람은 자신의 선호를 '강력함'으로 표현하고 싶은 마음이 생긴다. 어쩌면 시민의 책임이라는 의미로 그렇게 해서는 안 되지만, 시민의 책임으로 조절된 의사 결정 제도는 시민의 책임이 없고 기꺼이 거짓말을 하려고 하는 사람들의 의견에 불균형적인 무게를 주는 결함이 있다. 반면에, 모든 사람이 모든 사람을 충분히 잘 알아서 그런 거짓말을 하기가 어려운 사회는 효과적인 비밀 투표가 가능하지 않으며, 이 제도는 우유부단한 사람들을 가장 잘 위협할 수 있는 당파에 불균형적인 무게를 실어 주게 된다.

끊임없는 논쟁을 일으키는 사회 선택 문제 중 하나는 선거 제도를 고안하는 문제이다. 이런 제도는 수학적으로 배분 방안과 유사하지만, 인구에 따라 주에 의석을 할당하는 문제 대신, 투표에 따라 후보자(혹은 정당)에게 자리를 할당한다. 그러나 이것은 배분보다 더 역설적이며, 더 심각한 영향을 미치는데, 선거의 경우에는 설득이라는 요소가 그 전체 운동에 중요하기 때문이다. 즉, 선거는 유권자들이 무엇에 설득되었는지를 결정하는 것으로 여겨진다(반대로, 배분은 사람들을 이주해 오도록 설득하려는 주들에 대한 게 아니다). 결과적으로 선거 제도는 그 사회가 관심을 두는 비판의 전통에 기여할 수도 있고, 방해가 될 수도 있다.

예를 들어, 각 당이 받은 투표수에 전적으로 혹은 부분적으로 비례해서 의석이 할당되는 선거 제도를 '비례 대표제'라고 하는데, 우리는 발린스키와 영을 통해 만약 어떤 선거 제도가 지나치게 비례성에 충실하면, 인구 역설을 비롯한 다른 역설들과 유사해지기 쉽다는 사실을 알고 있다. 그리고 정치과학자 피터 쿠릴드 클리트고르Peter Kurrild-Klitgaard는 덴마크(덴마크의 비례 대표제하에서)에서 가장 최근에 시행된 여덟 차례의 선거에 대한 연구에서 선거 하나하나가 역설을 드러낸다는 사실을 보여 주었다. 이런 역설 중에는 '더 선호되지만 의석은 더 적은' 역설이 포함되는데, 이 역설에서는 유권자의 대다수가 X당을 Y당보다 더 선호하지만, Y당이 X당보다 더 많은 의석을 얻는다.

그러나 이것은 사실 비례 대표제의 비합리적 속성 중 가장 하찮은 것이다. 더 중요한 속성은 세 번째로 큰 정당에, 종종 훨씬 더 작은 정당에, 불균형적인 입법권을 할당한다는 점이다. 비례 대표제의 작동 방식은 이렇다. 단 하나의 정당이 전체 투표의 과반수를 얻기는 힘들다(어떤 제도에서도). 따라서 표가 입법부에 비례하여 반영되면, 일부 정당이 입법에 협조하지 않는 한 어떤 법도 통과될 수 없으며, 그 일부가 연립하지 못하면 어떤 정부도 만들어질 수 없다. 때로 두 거대 정당이 그럭저럭 연립 정부를 만들지만, 가장 흔한 결과는 제3당의 지도자가 '힘의 균형'을 잡고 자신의 정당을 두 거대 정당의 어느 쪽에 합류시킬지, 어느 쪽을 얼마나 오랫동안 방해할지를 결정하는 것이다. 이 말은 유권자가 어느 정당과 어느 정책을 무력화시킬지 결정하기는 더 어렵다는 의미이다.

1949년과 1998년 사이에 독일(이전의 서독)에서는, 자유민주당Free Democratic Party, FDP이 제3당이었다.[19] 이 정당은 투표의 12.8% 이상은 받지 못했고, 대개는 훨씬 미만이었지만, 유권자의 의견 변화에 둔감한 이 나라의 비례 대표제는 이 정당에 힘을 실어 주었다. 몇몇 경우에 이 정당은 두 거대 정당 중 지배 정당을 선택해서, 두 번은 탈당했고, 세 번은 두 거대 정당 중 비인기 (투표로 측정된) 정당에 힘을 실어 주는 쪽으로 행동했다. FDP의 지도자는 대개 연합 거래의 일환으로 내각의 장관이 되었고, 그 결과 최근 29년 동안 독일이 FDP의 외무 장관을 두지 않은 경우는 고작 2주일에 불과했다. 1998년에 녹색당에 밀려 제4당이 되자, FDP는 정부에서 즉시 추방되었고, 녹색당이 정계 실력자의 상징 노릇을 했다. 그리고 녹색당은 외무 장관도 차지하게 되었다. 비례 대표제가 제3당에 주는 이런 불균형적인 권력은 정치적 영향력의 비례 할당을 그 전체 존재 이유와 도덕적 정당화로 삼고자 하는 제도의 특징이다.

애로의 정리는 집단 의사 결정뿐만 아니라 다음과 같이 개인에도 적용된다. 어떤 합리적인 사람이 몇 개의 선택지 중에서 선택을 해야 할 상황에 직면했다고 하자. 만약 그 결정에 생각이 필요하다면, 각각의 선택지는 왜 그것이 최선인지에 대한 설명(적어도 임시의 설명)과 관련되어야 한다. 한 선택지를 선택한다는 것은 그 설명을 선택하는 것이다. 그렇다면 어떤 설명을 채택할지 어떻게 결정할까?

상식에 따르면 우리는 그 설명들의 '무게를 가늠'하거나 그 설명들의 논거가 제시하는 증거의 무게를 가늠한다. 이것은 오래된 은유이다. 정의의 여신상은 고대부터 저울을 들고 있었다. 더 최근에 귀납주의는 과학적 사고를 동일한 틀에 넣으면서 과학적 이론은 그 '증거의 무게'에 따라 선택되고 정당화되고 믿게 된다고 말했다.

무게를 가늠하는 이런 과정을 생각해 보자. 각각의 느낌, 편견, 가치,

원칙, 주장 등 각각의 증거 조각은 그것이 그 개인의 마음속에 어느 정도의 '무게'를 갖는지에 따라 다양한 설명들 사이에서 결국 그 개인의 '선호'가 되는 데 기여한다. 따라서 애로의 정리 목적을 위해, 각각의 증거 조각이 의사 결정 과정에 참여하는 하나의 '개체'로 간주될 수 있고, 그러면 여기서 그 개인은 대체로 '집단'으로 간주된다.

이제 다른 설명들 사이에서 판결하는 과정은, 그것이 만약 합리적이라면, 특정 구속 조건을 충족시켜야 한다. 예를 들어, 만약 어떤 선택지가 최선이라고 결정한 뒤에, 그 개인이 그 선택지에 부가의 무게를 주는 증거를 받는다고 해도, 그 개인의 총체적 선호는 여전히 그 선택지를 지지해야 한다. 애로의 정리는 그런 필요조건들이 서로 모순되며, 따라서 모든 의사 결정은 (그리고 모든 사고는) 비합리적이라고 말한다. 그런 내적 요인 중 하나가 독재자여서 다른 요인들이 결합된 의견들을 무시할 힘을 갖고 있지 않다면 말이다. 그러나 이것은 무한 회귀이다. 즉, 그 '독재자' 자신은 경쟁 설명들 사이에서 어떤 요인을 무시하는 게 가장 좋을지 어떻게 선택할까?

이 기존의 전통적인 의사 결정 방식에는 한 사람의 마음에서도, 사회적 선택 이론에서 가정하는 집단의 경우에서도 잘못된 점이 있다. 이 방식은 의사 결정을 일정한 공식에 따라 기존의 선택지들로부터 선택하는 과정으로 생각한다(배분 규칙이나 선거 제도처럼). 그러나 사실 그것은 오직 창조적인 사고를 필요로 하지 않는 단계인 의사 결정의 끝에서만 일어나는 일이다. 에디슨의 은유의 관점에서 보면, 이 모형은 의사 결정이 문제 해결이라는 사실을 깨닫지 못한 채 땀 단계만 언급하며, 영감 단계가 없다면 해결되는 것도 없고 선택할 것도 없다. 의사 결정의 중심에는 새로운 선택지의 창조와 기존 선택지의 폐기 혹은 수정이 있다.

선택지를 합리적으로 선택하는 것은 관련된 설명을 선택하는 것이다. 그러므로 합리적인 의사 결정은 증거의 무게를 가늠할 뿐만 아니라 세상의 설명 과정으로 그것을 설명하는 것이다. 논거의 판단 기준은 정당화가 아니라 설명이며, 이런 판단은 온갖 종류의 비판으로 다듬어진 추측을 통해 창조적으로 이루어진다. 변하기 어렵다는 좋은 설명의 특성상 그것들 중 오직 하나만 존재한다. 좋은 설명을 만들고 나면, 더 이상 대안의 유혹을 받지 않는다. 이 대안들이 덜 중요했던 게 아니라 논파되고 논박되고 폐기된다는 것이다. 창조의 과정 동안, 우리는 거의 동등한 장점이 있는 수많은 다른 설명들 사이에서 구분하려고 애쓰고 있는 게 아니다. 전형적으로 우리는 정확히 하나의 좋은 설명을 만들어 내려고 애쓰고 있으며, 성공하고 나면 나머지를 미련 없이 제거한다.

무게를 가늠해서 의사 결정을 한다는 개념이 초래하는 또 다른 오해는 선택지들의 경중을 따져서 문제를 해결할 수 있다고 생각하는 것이다. 특히 경쟁 설명을 옹호하는 사람들 사이의 논쟁을 통해 그들이 제안한 내용들을 적절히 절충해서 문제를 해결할 수 있다고 생각하는 것이다. 그러나 사실은 어떤 좋은 설명이 변할 경우, 설명하는 힘을 완전히 잃기 때문에 경쟁 설명과 혼합되기가 어렵다. 즉, 여러 설명들의 중간은 대개 그중 하나보다 더 나쁘다. 두 설명을 절충해서 더 좋은 설명을 만들려면 또 하나의 창조적인 행동이 필요하다. 이것이 바로 좋은 설명과 나쁜 설명이 구별되는 이유이며, 다양한 설명 중에서 우리가 선택할 때, 구별된 선택지들을 직면하게 되는 이유이다.

복잡한 결정에서 창의적인 단계는, 종종 사람이 아직 변경하기 어렵지는 않지만, 비창의적인 방법들을 써서 변경하기 어렵게 만들 수 있는 설명의 세부 사항을 묶는, 기계적인 땜 단계가 지난 뒤에야 이어진다. 예를 들어, 고객에게 고층 건물을 얼마나 높게 지을 수 있는가라는 질문을 받은 건축가는 특정 구속 조건이 있는 경우 단순히 어떤 공식에서 그런 숫자를 계산해 내는 게 아니다. 의사 결정 과정이 결국 그런 계산으로 끝날 수는 있겠지만, 이것은 고객의 중요 사항과 구속 조건들이 새로운 설계로 어떻게 가장 잘 충족될지에 대한 생각들과 함께 창조적으로 시작한다. 그리고 그 전에, 고객들은 그런 중요 사항들과 구속 조건들이 무엇인지에 대해 창조적으로 결정해야 한다. 그런 과정을 시작할 때 그들은 자신들이 결국 건축가들에게 제시하게 될 모든 선호에 대해서 알지 못했을 것이다. 마찬가지로, 유권자도 다양한 정당들의 정책 목록을 살펴보고, 심지어 각 문제에 그 중요성을 나타낼 '무게'를 할당할 수도 있다. 하지만 그 일은 오직 자신의 정치철학에 대해서 생각해 보고, 그 철학이 다양한 문제들을 얼마나 중요하게 만드는지, 다양한 정당들이 그런 문제에 관해서 어떤 정책을 채택할 것인지 자신의 설명을 만든 후에만 가능하다.

사회적 선택 이론에서 고려되는 '결정'의 유형은 알려져 있고, 고정되어 있다. 전형적인 예를 들면, 투표소에서는 유권자가 선호하는 후보를 선택하는 게 아니라 체크 표시를 할 칸을 선택하는 것이다. 앞에서 설명했듯이, 이것은 대체로 부적절하고 부정확한 인간의 의사 결정 양식이다. 실제로 유권자는 체크 박스가 아니라 설명 중에서 선택하며, 매우 극소수는 출근해서 체크 박스에 영향을 미치는 쪽을 선택하겠지만, 합리적인 유권자들은 자신이 어느 체크 박스를 선택해야 하는지 나름의 설명을 만든다.

따라서 의사 결정이 반드시 그런 조잡한 비합리성을 경험한다는 말은 사실이 아닌데, 애로의 정리나 다른 진행 불가 정리에 잘못이 있기 때문이 아니라, 사회적 선택 이론 자체가 사고와 결정이 무엇으로 구성되어 있는가에 대한 거짓 가정에 기초하고 있기 때문이다. 이것은 제논의 실수이다. 이것은 의사 결정에 이름을 붙인 어떤 추상적 과정을 동일 이름의 실제 과정으로 착각하고 있다.

마찬가지로, 애로의 정리에서 이른바 '독재자'는 반드시 그 단어의 보통 의미에서의 독재자는 아니다. 그것은 그저 그 사회의 의사 결정 규칙이 다른 어느 누구의 선호와 무관하게 특정 결정을 내릴 유일한 권리를 부여하는 임의의 대리인에 불과하다. 따라서, 무언가에 대해서 개인의 동의가 필요한 모든 법은 애로의 정리에서 사용된 전문적 의미에서 '독재권'을 확립한다. 모든 사람은 자기 몸에 대한 절대 권력자이다. 절도 방지법은 자기 소유물에 대한 독재권을 확립한다. 자유선거는 정의에 따라 모든 유권자가 자신의 무기명 용지에 대한 독재자인 사례이다. 애로의 정리 자체는 모든 참가자가 의사 결정에 대한 기여를 단독으로 통제한다고 가정한다. 더 일반적으로, 사고와 언론의 자유, 반대의 관용 그리고 개인의 자기 결정 같은 합리적인 의사 결정에 가장 중요한 조건들은 모두 애로의 수학적 의미에서의 '독재권'을 필요로 한다. 그가 이런 용어를 선택한 것은 이해할 만하다. 이것은 비판했다고 한밤중에 비밀경찰이 덮치는 종류의 독재권과는 무관하다.

사실상 모든 방송 해설가가 이런 역설과 진행 불가 정리에 그릇되고 다소 노골적인 방식으로 반응해 왔다. 즉, 그들은 이제 이것을 후회한다. 이것이 바로 내가 언급하고 있는 혼동을 설명한다. 그들은 이런 순수 수학의 정리들이 거짓이기를 바란다. 만약 수학만 허용한다면, 우리 인간은 그런 결정을 합리적으로 만드는 공정한 사회를 건립할 수 있을 거라고 그들은 불평한다. 그러나 그런 일이 불가능하다는 사실에 직면하면, 우리가 어떤 불공정과 불합리를 가장 좋아하는지 결정해서, 그것들을 법으로 소중히 여기는 것 말고는 우리가 할 수 있는 일이 아무것도 없다. 웹스터가 배분 문제에 대해서 썼듯이, "완벽하게 할 수 없는 일은 가능한 한 완벽에 가까운 방식으로 이루어져야 한다. 만약 사물의 본질에서 정확성을 얻을 수 없다면, 가장 근접한 정확성에 대한 접근이 이루어져야 한다."

하지만 대체 어떤 종류의 '완벽'이 논리적 모순일까? 논리적 모순이란 터무니없는 생각을 의미한다. 진실은 더 간단하다. 만약 당신의 정의 개념이 논리나 합리성의 요구와 충돌한다면 그것은 공정하지 않다. 만약 당신의 합리성 개념이 수학적 정리와 충돌한다면, 당신의 합리성 개념은 비합리적이다. 논리적으로 불가능한 가치를 고집스럽게 고수하는 것은 그런 가치를 충족시킬 수 없다는 좁은 의미에서의 실패를 보장할 뿐만 아니라, "모든 악은 지식의 부족 때문이다"라면서 낙관론을 거부하게 하며, 따라서 진보의 수단 중 하나를 빼앗는다. 논리적으로 불가능한 것을 바란다는 것은 열망할 만한 더 좋은 게 있다는 신호이다. 더욱이 만약 8장에서 내가 했던 추측이 사실이라면, 불가능한 소원은 결국 흥미롭지도 않다.

우리에게는 열망할 만한 더 좋은 무언가가 필요하다. 논리나 판단력이나 진보와 모순되지 않는 무언가가. 우리는 이미 그것과 조우한 적이 있었다. 정치 체제는 지속적으로 진보할 수 있다는 것, 즉 그 체제가 폭력 없이 나쁜 정책과 나쁜 정부를 쉽게 제거할 수 있어야 한다는 포퍼의 기준이 정치 체제의 기본 조건이다. 그것은 정치 체제를 판단하는 기준으로 '누가 통치해야 하는가?'를 포기해야 한다는 의미이다. 배분 규칙을 비롯해서 사회적 선택 이론의 다른 문제들에 대한 논쟁 전체는 전통적으로 모든 관련자들에 의해 '누가 통치해야 하는가?'의 관점에서 진행되어 왔다. 각 주나 각 정당의 올바른 의석수는 얼마일까? 하위 집단과 개인을 지배할 자격을 부여받은 것으로 생각되는 집단은 무엇을 '원하고', 어떤 제도가 그 집단이 '원하는' 것을 얻게 할까?

이제 집단 의사 결정을 포퍼의 기준에서 다시 고찰해 보자. 자명하지만 상호 모순이 있는 공정성과 대표성의 기준들 중 어느 것이 확립 가능할 정도로 가장 자명한지 열심히 생각하는 대신에, 다른 실제 혹은 제안된 정치 제도들과 함께, 나쁜 통치자와 나쁜 정책의 제거를 얼마나 용이하게 하는지에 따라 그것들을 판단한다. 이렇게 하기 위해서는 통치자와 정책과 정치 제도 자체에 대한 평화로운 비판적 논의의 전통을 구현해야 한다.

이런 관점에서 그저 민주적 과정을 누가 통치해야 하는가나 어떤 정책의 이행 여부를 알아내기 위해 사람들의 의견을 묻는 방법으로 해석하면, 현재 일어나고 있는 일의 요지를 놓친다. 합리적 사회에서는 선거가, 초창기 사회에서 신탁이나 사제의 자문을 구하거나 왕의 명령에 복종하는 것과 동일한 역할을 하지 않는다. 민주적 의사 결정의 핵심은 선거에서 그런 제도에 의해 이루어진 선택이 아니라 선거들 사이에서 창조된 개념이다. 그리고 선거는 그런 개념들을 창조하고 검증하고 수정하고 거부할 수 있는 기능을 가진 많은 제도 중 하나에 지나지 않는다. 유권자는 올바른 정책이 경험적으로 '파생될' 수 있는 지혜의 원천이 아니다. 그들은 틀림없이 세상을 설명하려고 하고, 또 그것으로 세상을 개선하려고 한다. 그들은 개인적으로 집단적으로 모두 진실을 찾고 있다. 아니 그들이 합리적이라면 그렇게 해야 한다. 그리고 이 문제에 대한 객관적 진실이 하나 있다. 문제는 해결할 수 있다. 사회는 제로섬zero-sum 게임이 아니다. 계몽의 문명은 계몽이 시작되었을 때 논란이 있었던 부나 투표나 그 밖의 모든 것을 영리하게 공유함으로써 현재의 지점에 도달한 게 아니다. 그것은 무nothing에서의 창조를 통해 여기에 도달했다. 특히 유권자가 선거에서 하는 일은 초인간적 존재인 '사회'의 결정을 합성하는 게 아니다. 그들은 다음에는 어느 실험을 시도해야 할지 선택하고 있으며, 또 (원칙적으로) 그러한 실험들이 왜 최선인지에 대한 좋은 설명이 없기 때문에 어느 것을 버려야 할지도 선택하고 있다. 정치가들과 그들의 정책은 그런 실험들이다.

실제의 의사 결정을 모형으로 만들기 위해 애로의 정리 같은 진행 불가 정리들을 이용할 때, 우리는 그 집단의 의사 결정자 어느 누구도 다른 사람들이 선호를 수정하도록 설득할 수 없고, 더 쉽게 동의할 수 있는 새로운 선호를 만들 수도 없다고 (상당히 비현실적으로) 가정해야 한다. 현실적인 경우는 선호도 선택지도 의사 결정 과정의 말미에서는 시작했을 때와 반드시 동일할 필요가 없다는 것이다.

왜 그들은 그저 … 의사 결정 수학 모형 안에 설명과 설득 같은 창조적 과정들을 포함시키는 방식으로 사회적 선택 이론을 수정하지 않는 것일까? 그 이유는 창조적 과정을 모형화하는 방법을 모르기 때문이다. 그런 모형은 창조적 과정인 인공 지능이 될 것이다.

다양한 사회 선택 문제에서 생각하는 '공정'의 조건들은 경험주의와 유사한 오해들이다. 그런 조건들 모두가 누가 참여하고, 그들의 여론이 어떻게 통합되어 '그 집단의 선호'를 만드는지와 같은, 의사 결정 과정에 입력되는 자료에 관한 것이다. 그러나 합리적 분석은 그 규칙과 제도가 나쁜 정책과 통치자의 제거와 새로운 선택지의 창조에 어떻게 기여하는지에 집중해야 한다.

때로 그런 분석은 적어도 부분적으로는 전통적 필요조건 중 하나를 확인해 준다. 예를 들어, 그 집단의 어느 구성원도 특권을 누리거나 대표권을 박탈당하지 않는 것이 대단히 중요하다. 그러나 이것은 모든 구성원이 그 대답에 기여할 수 있게 하기 위함이 아니라 그런 차별이 그들의 잠재적 비판들 사이에서 어떤 선호를 그 제도 안에 정착시키기 때문이다. 모든 사람이 선호하는 정책이나 그런 정책의 일부를 새로운 결정에 포함하는 것은 이치에 맞지 않는다. 진보에 필요한 것은 비판에 견디지 못하는 개념을 배제하고, 그런 개념의 정착을 막고, 새로운 개념의 창조를 장려하는 것이다.

비례 대표는 종종 연합 정부와 타협 정치로 이어진다는 이유로 옹호된다. 그러나 타협(기여자들 정책의 융합)은 부당하게 높은 평판을 갖는다. 비록 즉각적인 폭력보다는 나은 게 확실하지만, 타협은 일반적으로 앞에서도 설명했듯이 나쁜 정책이다. 어떤 정책이 효과가 있을지 아무도 모른다면 타협된 정책이 왜 효과가 있어야 할까? 그러나 타협의 최악은 이게 아니다. 타협 정치의 중요한 결함은 그중 하나가 이행되었다가 실패할 경우, 그 정책에 동의한 사람이 아무도 없었기 때문에 아무도 교훈을 얻지 못한다는 점이다. 따라서 타협 정치는 적어도 어떤 당파에게는 좋은 것처럼 보이는 근원적인 설명들을 비판하거나 폐기할 수 없게 한다.

영국식 정치 전통으로 대부분의 나라에서 입법부의 구성원 선출에 사용되는 방법은 그 나라의 각 구역(혹은 '선거구')에 입법부 의석 하나의 권리를 부여하고, 그 의석은 그 구역에서 최대의 투표수를 갖는 후보자에게 돌아가게 하는 것이다. 이것은 다수결 투표제plurality voting system라고 한다('다수결'은 '대다수의 투표'를 의미한다). 종종 '1후보 투표 제도first-past-the-post system'로 불리기도 하는데 차점자에 대한 보상도 없고, 2차 투표도 없기 때문이다(이 둘 모두 다른 선거 제도에서는 결과의 비례성 증가에 중요한 역할을 한다). 다수결 투표제는 전형적으로 두 거대 정당이 받는 득표율에 비해 이 두 정당을 '과도하게 대표'한다. 더욱이 이 투표제는 인구 역설을 확실히 피하지는 못하며, 심지어 또 다른 정당이 훨씬 많은 득표를 했을 때도 그렇지 못한 정당에 권력을 줄 수 있다.

이런 특징들은 종종 다수결 투표제를 반대하고, 글자 그대로의 비례제이든 혹은 입법부에서 더 효과적인 대표 선출 방법인 '이양식 투표제transferable-vote system'와 '결선 투표제run-off system' 같은 다른 방안들이든 더 균형 잡힌 제도를 선호할 때 종종 인용된다. 그러나 포퍼의 기준에서, 나쁜 정부와 나쁜 정책 제거에 더 효과적인 다수결 투표제와 비교하면 그것은 모두 중요하지 않다.

그러한 이점의 메커니즘을 더 확실하게 살펴보자. 다수결 투표로 발생하는 보통의 결과는 총득표수가 가장 많은 정당이 입법부에서 전반적인 다수를 가지며, 그러므로 단독 책임을 맡는다. 이것은 비례 대표제에서는 드문 일인데, 과거에 연합했던 일부 정당은 대개 새로운 연합에서도 필요하기 때문이다. 결과적으로 다수결의 논리는 정치가와 정당들이 상당한 비율의 인구가 자신들을 위해 투표하도록 설득할 수 없다면 권력 확보의 기회가 거의 전무하다. 이것은 모든 정당에게 더 좋은 설명을 찾거나 적어도 기존의 유권자 중 더 많은 사람을 납득시킬 동기를 주는데, 실패할 경우 다음 선거에서 권력이 없는 무력無力 정당으로 강등되기 때문이다.

다수결 제도에서는 승리한 설명들이 그 뒤 비판과 검증에 노출되는

데, 반대 의제에 대한 가장 중요한 주장들과 섞이지 않고 구현할 수 있기 때문이다. 마찬가지로 승리한 정치인들은 오로지 자신들의 선택에 대해서만 책임이 있으므로, 만약 그런 것들이 잘못된 선택이었다고 간주되어도 나중에 변명할 최소한의 여지가 있다. 만약 다음 선거 시기까지도 그런 선택들이 과거보다 (유권자들에게) 설득력이 떨어진다면, 일반적으로 그들이 권력을 유지할 가능성은 없다.

비례제에서는 여론의 작은 변화가 거의 중요하지 않으며, 권력은 여론의 반대 방향으로도 쉽게 옮겨갈 수 있다. 가장 중요한 것은 제3당 지도자의 의견 변화이다. 이것은 그 지도자뿐만 아니라 현직 정치인과 정책이 투표를 통해 권력에서 제거되지 않도록 보호해 준다. 그들은 자당 내부에서 지지를 잃거나 당들 사이의 동맹 변화로 더 자주 제거된다. 따라서 그런 점에서 이 제도는 포퍼의 기준을 전혀 충족시키지 못한다. 다수결 투표제에서는 상황이 그 반대이다. 선거구 선거의 승자독식all-or-nothing 성질과 작은 정당들의 낮은 대표성 때문에 총체적인 결과가 여론의 작은 변화에 민감해진다. 여론이 조금만 불리한 쪽으로 변해도 여당은 대개 완전히 권력을 상실할 위험에 처하게 된다.

비례 대표제에서는 이 제도 특유의 불공정이 시간이 흐르면서 지속하거나 악화되는 강력한 이유가 있다. 예를 들어, 만약 큰 정당에서 작은 파벌이 이탈하면, 그 파벌은 그 지지자들이 원래의 정당 내에 계속 남아 있을 때보다 자신의 정책들을 시도할 기회가 더 많아진다. 이것은 결국 입법부에 소수 정당들의 급격한 증식을 초래하게 되고, 이것은 (더 작은 정당들과의 연합을 포함해서) 다시 연합 정부의 필요성을 증가시켜 그들의 불균형적인 권력을 더욱 더 증가시킨다. 세계에서 가장 균형 잡힌 선거 제도를 갖춘 이스라엘에서는 이 효과가 너무 심각해서 내가 이 글을 쓰고 있는 시기에도 두 거대 정당을 합해도 과반수를 모을 수 없었다. 또한 이 제도하에서는 공정하다고 생각하는 비례성을 위해 다른 고려 사항들을 희생시켰음에도 불구하고 심지어 비례성 자체도 항상 달성되는 것이 아니다. 즉, 1992년의 선거에서, 대중 투표의 과반수는 대체로 우익 정당들이 받았지만, 의석의 과반수는 좌익 정당들이 얻었다(그것은 한 석도 받지 못한 과격 정당 중 우익이 더 큰 비율을 차지했기 때문이다).

반대로, 다수결 투표제의 오류 수정 속성들은 그 제도가 이론적으로 맞닥뜨리기 쉬운 역설들을 피하고, 그런 역설들이 생겼을 때 신속히 원상태로 회복하려는 경향이 있는데, 이 모든 동기가 반대이기 때문이다. 예를 들어, 1926년에 캐나다의 매니토바주에서는 보수 정당의 득표수가 다른 어떤 정당보다도 두 배나 많았지만, 그 주에 할당된 열일곱 개의 의석 중 단 한 석도 획득하지 못했다. 결과적으로 그 정당은 전국적으로도 가장 많은 득표를 했음에도 불구하고 국회에서는 권력을 잃고 말았다. 그럼에도 불구하고, 국회에서 두 주요 정당의 의석수 불균형은 그렇게 크지 않았다. 자유당의 평균 유권자는 보수당 평균 유권자의 1.31배에 해당하는 국회의원을 할당받았다. 그다음에는 어떤 일이 일어났을까? 다음 선거에서도 보수당은 다시 전국적으로 가장 많이 득표했지만, 이번에는 국회에서 과반수를 차지했다. 보수당의 득표수는 유권자의 3%가 증가했지만, 그 대표성은 전체 의석수의 17%가 증가해, 그 정당의 의석 점유율을 다시 대략 균형에 맞추고 포퍼의 기준을 성공적으로 충족시켰다.

이것은 부분적으로 다수결 투표제의 또 다른 유익한 특징 때문인데, 즉 선거는 종종 정부의 모든 구성원이 제거될 심각한 위험에 처해 있다는 의미에서뿐만 아니라 투표수의 관점에서도 간발의 차이라는 것이다. 비례제에서는 선거가 어느 쪽 의미에서도 간발의 차이인 경우가 드물다. 다수결 투표제는 거의 항상 투표수의 작은 변화라도 누가 정부를 구성하는가에 비교적 큰 변화를 초래한다. 균형 잡힌 제도일수록 그 결과 만들어지는 정부의 내용과 정책은 투표수의 변화에 덜 민감해진다.

공교롭게도 나쁜 선거 제도보다 포퍼의 기준을 훨씬 더 심각하게 위반할 수 있는 정치 현상들이 있는데, 예를 들면 확고한 인종 분열이나 다양한 정치 폭력 전통이 그것이다. 따라서 나는 앞에서 논의한 선거 제도들이 포괄적으로 확인해 준 다수결 투표를 모든 상황에서 모든 정치 조직에 적당한 민주주의 시스템으로 선정하려는 게 아니다. 그러나 진보한 계몽 전통의 정치 문화에서는 지식 창출이 최고일 수 있고 또 최고여야 하며, 대표 정부가 입법부에서 비례 대표에 의존한다는 생각은 명백하게 잘못되었다.

미국의 정부 체제에서 상원은 하원과 다른 의미에서의 대표성이 요구된다. 즉, 주는 동일하게 대표되지만, 각각의 주가 고유의 뚜렷한 정치적, 법적 전통을 가진 별개의 정치적 실재라는 사실을 인지해야 한다. 각각의 주는 인구와 무관하게 두 개의 상원 의석을 부여받는다. 주마다 인구가 상당히 다르기 때문에(현재 인구가 가장 많은 주인 캘리포니아는 인구가 가장 적은 와이오밍주의 거의 일곱 배에 달한다), 상원의 배분 규칙은 인구를 기초로 하는 비례성과 굉장히 큰 편차를 보이며, 이것은 하원에 대한 뜨거운 논쟁보다 훨씬 더 심각하다. 그럼에도 역사적으로 선거 후에 상원과 하원이 다른 당들에 의해 통제되는 경우는 드물다. 이것은 이런 방대한 할당과 선거 과정에서 입법부에 의한 인구의 반영이라는 단순한 '대표' 이상의 일이 진행되고 있음을 암시한다. 다수결 투표제로 촉진된 문제 해결이 유권자들의 선택지들을 그리고 설득을 통해 그 선택지들 사이의 선호를 지속적으로 변화시킬 수 있을까? 게다가 견해와 선호 역시 겉모습에도 불구하고 수렴하고 있다. 반대가 적어지고 있다는 의미에서가 아니라, (해결은 새로운 문제를 만들기 때문에) 훨씬 더 많은 공유 지식을 만들고 있다는 의미에서 말이다.

과학에서는 저마다 처음에 다른 희망과 기대를 품었던 과학자 집단이 경쟁 이론에 대해 지속적인 논쟁을 벌이며 꾸준히 나오는 쟁점들에 대해서 (여전히 항상 지속적으로 의견이 일치하지 않는데도) 거의 만장일치에 도달하는 일을 놀랍게 여기지 않는다. 이게 놀랍지 않은 것은 과학자들의 경우, 자신들의 이론 검증에 이용할 수 있는 관측 가능한 사실들이 존재하기 때문이다. 어떤 쟁점에 대해서 그들의 의견이 모이는 까닭은 그들 모두가 객관적인 진실로 수렴하고 있기 때문이다. 정치에서는 통상적으로 그런 종류의 수렴 가능성을 냉소적으로 바라본다.

그러나 이것은 비관적인 관점이다. 서구 전체에는 여성도 자유롭게 일을 해야 한다거나 부검은 합법적이어야 한다거나 군대에서의 진급은 피부색에 의존해서는 안 된다는 것 같은, 오늘날 거의 모든 사람이 당연하게 받아들이는 상당히 많은 철학적 지식이 불과 10년 전만 해도 큰 논란을 일으켰으며, 처음에는 그 반대 입장들이 당연한 것으로 받아들여졌다. 성공적인 진실 추구 체제는 광범위한 여론이나 만장일치에 가까운 상태, 즉 결정 이론 역설의 영향을 받지 않고, '국민의 의지'가 이치에 맞는 여론의 한 상태로 나아간다. 따라서 모든 관련자가 점차 자기 입장의 오류를 제거하고 객관적 진실에 수렴한다는 사실에 의해 점차 광범위한 합의에 수렴하게 된다. 가능한 한 포퍼의 기준을 충족시킴으로써 그런 과정을 용이하게 하는 것이 거의 동등한 지지를 받는 두 경쟁 당파 중 어느 쪽이 특정 선거에서 승리하는 것보다 더 중요하다.

배분 문제에 관해서도, 미국 헌법이 제정된 이후 어떤 정부가 '대표성을 띤다'는 것이 무슨 의미인지에 대한 전반적인 개념에 엄청난 변화가 있었다. 예를 들어, 여성의 투표권을 인정하자 유권자의 수가 두 배로 늘게 되었다. 그리고 이전의 모든 선거에서는 그 인구의 절반이 선거권을 박탈당해 왔으며, 다른 절반(남성)이 공정한 대표성에 비해 과도하게 대표되어 왔다는 사실을 암묵적으로 인정하게 되었다. 수치적으로 이런 불공정은 수 세기에 걸쳐 너무나 많은 정치적 에너지를 소모시켰던 배분의 불공정을 왜소해 보이게 한다. 그러나 그들이 주들 간에 (몇 퍼센트 포인트의) 대표성의 가치를 바꾸는 공정성에 대해 치열하게 논쟁을 벌이면서 또한 이런 중요한 개선점들에 대해 논쟁을 벌이며 개선을 이루었다는 것은 정치 제도의 자랑이다. 그리고 그러한 개선들은 또 논란의 여지가 없게 되었다.

배분 제도와 선거 제도를 비롯한 인간 협동의 다른 제도들은 대체로 무엇이 최선이 될지에 대한 불일치에도 불구하고, 일상의 논란을 극복하고, 폭력 없이 함께 나아가는 길을 모색하도록 설계되거나 진화했다. 그리고 그중 가장 좋은 제도가 성공할 뿐만 아니라 성공한 까닭은 종종 우연히 막대한 도달 범위를 갖는 해결책을 이행한 덕분이었다. 결과적으로 현재의 논란에 대처한 것은 단지 어떤 목적의 수단이 되었을 뿐이다. 민주주의 체제에서 대다수의 의견에 따르는 목적은 모든 관련자에게 나쁜 개념을 버리고, 더 좋은 개념을 추측할 동기를 줌으로써 미래에는 만장일치로 접근해 가기 위함이어야 한다. 창의적으로 선택지를 변경하는 것은 사람들이 현실에서 진행 불가 정리가 불가능하다고 말하는 것처럼 보이는 방식으로 협동하게 하는 것이다. 그것이 바로 개인의 마음이 선택하게 하는 것이다.

만장일치가 존재하는 지식 체계가 성장한다고 해서 논쟁이 사라지는 것은 아니다. 반대로 인간의 불일치는 결코 지금보다 더 줄어들지는 않을 것이며, 이것은 매우 좋은 일이다. 만약 앞에서 설명한 제도들이 결국에는 더 나은 방향으로의 변화가 가능하다는 희망을 충족시킨다면, 그러면 우리가 앞으로 나아가는 동안 인간의 삶은 한계 없이 향상될 수 있다.

14장

꽃은 왜 아름다울까?

Why are Flowers Beautiful?

당시 여섯 살이었던 나의 딸 줄리엣이 … 손가락으로 길가의 꽃을 가리켰다. 나는 딸아이에게 들꽃이 왜 존재한다고 생각하는지 물었다. 딸아이는 다소 사려 깊은 대답을 했다. "두 가지 이유가 있어요." 딸아이가 말했다. "세상을 아름답게 만드는 것과 꿀벌이 우리를 위해 꿀을 만들게 하는 거." 나는 이 말에 감동했고, 그게 사실이 아니라고 말해야 하는 게 미안했다.

리처드 도킨스, 《리처드 도킨스의 진화론 강의*Climbing Mount Improbable*》

"음표 하나를 빼면 반음이 낮아진다. 작은악절 하나를 빼면 구조가 무너진다." 이 글은 피터 쉐퍼Peter Shaffer의 1979년 희곡 〈아마데우스*Amadeus*〉에서 모차르트가 음악에 대해 묘사한 것이다. 이런 묘사는 이 책을 시작하면서 언급했던, "그 모든 설명 이면에는 대단히 간명하고 아름다운 개념이 뒷받침되고 있다. 따라서 그 개념을 이해했을 때에는 … 어떻게 다른 설명이 있을 수 있겠어?"라고 했던 존 아치볼드 휠러의 발언을 떠오르게 한다.

쉐퍼와 휠러는 '여전히 그 일을 잘 수행하고 있어서 변하기가 어려운' 바로 그 속성을 묘사하고 있었다. 첫 번째 경우에는 미적으로 좋은 음악의 속성이고, 두 번째 경우에서는 좋은 과학적 설명의 속성이다. 그리고 휠러는 변하기 어렵다는 묘사와 동일한 의미로 과학 이론의 아름다움에 대해 말한다.

과학 이론이 변하기 어려운 것은 우리의 문화와 개인의 선호 그리고 우리의 생물학적 구조와 무관한 객관적 진실이 거의 일치하기 때문이다. 그러나 피터 쉐퍼가 모차르트의 음악이 변하기 어렵다고 생각한 까닭은 무엇일까? 예술가와 비예술가 모두의 보편적 견해는 예술적 표준에는 객관성이 없다는 것이다. 격언에 따르면 아름다움은 보는 사람의 눈 속에 있다. "아름다움은 기호의 문제이다"라는 문구는 "객관적 진실이 없다"라는 문구와 동일한 의미로 사용된다. 예술적 표준은 이런 관점에서 유행과 다른 문화적 사건이나 개인적 변덕이나 생물학적 경향의 인공물에 불과하다. 많은 사람이 과학과 수학에서 하나의 생각이 다른 생각보다 객관적으로 더 진실할 수 있다는 것은 기꺼이 인정하지만(앞에서 보았듯이 일부는 그것조차도 부정하지만), 대부분은 어떤 사물보다 객관적으로 더 아름다운 사물은 없다고 주장한다. 수학에는 객관적으로 더 사실인 증거가 있고(논거에 도움이 되는), 과학에는 객관적으로 증명할 수 있는 실험 데이터가 있다. 그러나 당신이 만약 모차르트가 무능하고 귀에 거슬리는 음악을 만드는 작곡가라고 믿기로 했다면, 논리도 실험도 객관적인 그 어떤 것도 당신을 부정하지 못할 것이다.

그러나 이런 이유로 객관적 아름다움의 가능성을 배제하는 것은 잘못이다. 왜냐하면 이것은 내가 9장에서 논의했던 경험주의(철학적 지식은 일반적으로 존재할 수 없다는 주장)의 잔재에 불과하기 때문이다. 과학 이론에서 도덕적 금언을 추론할 수 없듯이, 미적 가치도 추론할 수 없다. 그러나 그것이 도덕적 이론과 마찬가지로 미적 진실이 설명을 통해 물리적 사실과 연결되지 못하게 방해하지는 못한다.

사실은 도덕적 이론에서 그렇듯이 미적 이론의 비판에도 사용될 수 있다. 예를 들어, 대부분의 예술은 인간의 감각이라는 편협한 성질에 의존하기 때문에(탐지 가능한 어떤 범위의 색과 소리처럼), 객관적인 무언가에 도달할 수 없다는 비판을 받는다. 전파는 탐지하지만 빛이나 소리는 탐지하지 못하는 감각을 가진 외계인들은 우리가 이해할 수 없는 예술을 갖는다. 그리고 그 반대도 마찬가지이다. 그리고 그런 비판에 대한 대답은 첫째, 우리의 예술이 어쩌면 수박 겉핥기식에 불과하다는 것이다. 예술은 정말로 편협하지만, 보편적인 무언가에 대한 최고의 근사이다. 둘째, 청각 장애를 가진 작곡가가 위대한 음악을 작곡하고 감상했다는 점이다. 같은 장애를 가진 외계인들(혹은 선천적으로 귀가 들리지 않는 인간들)은 귀가 들리지 않는 작곡가들의 미학을 그들의 뇌로 전송하는 방법 외에 다른 방법이 없을 경우, 똑같이 하는 것을 왜 배우지 못하는 걸까? 셋째, 전파 망원경을 이용해서 퀘이사의 물리학을 이해하는 일과 보철 감각을 이용해서 외계의 예술을 감상하는 일에는 어떤 차이가 있을까?

브로노브스키가 과학적 발견은 특정 도덕적 가치에 대한 헌신에 달려 있다고 지적했듯이, 그것은 또 특정 형태의 아름다움에 대한 감상을 수반하지 않을까? 심오한 진실은 종종 아름다운 게 사실이다. 그리고 이 사실은 이따금 언급은 되어도 설명되는 일은 거의 없다. 수학자와 이론 과학자들은 이런 형태의 아름다움을 '우아함'이라고 한다. 우아함은 설명의 아름다움이다. 이것은 어떤 설명이 얼마나 좋고 얼마나 진실한지와 같은 의미가 아니다. "아름다움은 진리이며, 진리는 아름답다"라는 시인 존 키츠John Keats의 단언(내게는 아이러니하게 들리는 말이지만)

은 진화론자 토머스 헉슬리Thomas Huxley가 "철학자들의 눈 아래에서 매우 지속적으로 행해지고 있는 과학의 위대한 비극"(추악한 사실에 의한 아름다운 가설의 파괴)이라고 칭했던 말로 반박된다(헉슬리의 '철학자'는 '과학자'를 의미했다). 나는 헉슬리가 이 과정을 위대한 비극이라고 칭했던 게 대단한 아이러니라고 생각하는데, 특히 그가 자연 발생론에 대한 반박을 언급했기 때문이다. 그러나 일부 중요한 수학적 증거와 과학적 이론은 전혀 우아하지 않은 게 사실이다. 그럼에도 진실은 종종 정말로 우아해서, 기본적 진실을 찾고 있을 때는 우아함이 유용한 발견 방법이기는 하다. 그리고 '아름다운 가설'이 무너지면, 자연 발생론처럼, 더 아름다운 가설로 대체되지 않는 경우가 더 많다. 확실히 이것은 우연의 일치가 아니다. 이것은 자연의 규칙성이다. 따라서 여기에는 어떤 설명이 존재해야 한다.

과학과 예술의 과정은 다소 다르게 보일 수 있다. 새로운 예술 창조가 과거의 예술 창조를 잘못되었다고 증명하는 경우는 드물다. 예술가가 어떤 장면을 현미경으로 보거나 어떤 조각품을 방정식으로 이해하는 경우도 거의 없다. 그러나 과학적 창조와 예술적 창조는 때로 놀라울 정도로 닮아 있다. 리처드 파인만은 한때 이론물리학자에게 필요한 도구는 종이와 연필과 쓰레기통뿐이며, 일부 예술가들은 자신이 작업 과정과 대단히 닮았다고 했다. 타자기 발명 이전 소설가들은 정확히 동일한 장비를 사용했다.

루트비히 판 베토벤 같은 작곡가들은 명백히 창조되어야 한다고 생각하는 무언가를 찾으면서, 많은 실패 후에만 충족될 수 있는 표준을 충족시키면서 변화에 변화를 거듭하며 고뇌했다. 과학자들도 종종 똑같이 한다. 이런 노력을 전혀 하지 않고 훌륭한 기여를 한 것으로 알려진 모차르트나 수학자 스리니바사 라마누잔Srinivasa Ramanujan 같은 특별한 창조자들도 있다. 그러나 지식 창출에 대해서 알게 된 내용으로 판단할 때, 우리는 그러한 경우에도 노력과 실수가 눈에 보이지 않게 그들의 뇌 안에서 일어났다고 결론 내려야 한다.

이런 유사함은 그저 피상적일까? 베토벤이 쓰레기통에 버린 작품들을 잘못되었다고 생각했을 때, 그는 자신을 속이고 있었던 걸까? 그 작품들이 결국 출간될 작품들보다 나쁘다고? 매년 치맛단의 길이를 조정해서 최신 유행을 따랐던 20세기의 여성처럼, 그 역시 자기 문화의 임의적 표준에 맞추려고 애쓰고 있었던 걸까? 혹은 라마누잔의 수학이 집계 표시보다 뛰어난 것만큼이나 베토벤과 모차르트의 음악도 매머드의 뼈를 두드리는 석기 시대 조상들의 소리보다 훨씬 더 뛰어나다고 말하는 게 진정한 의미가 있을까?

베토벤과 모차르트가 맞추려고 했던 기준이 더 좋았다는 것은 환상일까? 더 좋은 것이란 없는 것일까? 그저 '내가 무엇을 좋아하는지 아는 것'만 존재하는 걸까? 혹은 전통이나 권위가 좋다고 지정했거나, 우리의 유전자가 우리로 하여금 좋아하게 만든 것을 아는지만 존재하는 걸까? 심리학자 와타나베 시게루渡邊 茂는 참새가 불협화음보다 조화로운 음악을 선호한다는 것을 발견했다. 이것이 인간의 예술적 감상의 전부일까?

이 모든 이론은 논리적인 각각의 미적 표준에 대해 사람들이, 예컨대 표준에 맞춰진 예술을 즐기거나 깊이 감동할 문화가 존재할 수 있다고 가정한다. 혹은 동일한 성질을 가진 유전자가 존재할 수 있다고. 그러나 매우 특별한 미적 표준만 모든 문화의 기준이 된다거나, 또는 평생 지향하면서 작업할 목적이 될 수 있다는 말이 훨씬 더 그럴듯하지 않을까? 일반적으로 (예술 또는 도덕성에 관한) 문화적 상대주의는 사람들이 전통을 개선하고 있다고 생각할 때 무엇을 하고 있는지 거의 설명하지 못한다.

그렇다면 도구주의와 동등한 게 있다. 예술은 비예술적 목적의 수단에 불과할까? 예를 들어, 예술적 창작물은 정보를 전달할 수 있다. 즉, 한 폭의 그림은 무언가를 묘사할 수 있고, 한 곡의 음악은 감정을 표현할 수 있다. 그러나 그림과 음악의 아름다움은 주로 그 내용물에 담겨 있는 게 아니다. 그것은 형식에 담겨 있다. 예를 들어, 다음의 두 사진을 보자.

두 장의 사진에 담긴 내용물은 완전히 같다. 그러나 우측 사진에는 훨씬 더 큰 미적 가치가 담겨 있다. 우리는 우측 사진에 대해서는 누군가가 생각을 했다는 걸 알 수 있다. 그 조성과 구조와 노출과 채광과 초점에서 우측 사진은 사진작가가 설계한 모습이 보인다. 그러나 무엇을 위한 설계일까? 페일리의 시계와 달리, 이 사진은 어떤 기능이 있는 것처럼 보이지는 않는다. 우측 사진은 그저 좌측 사진보다 더 아름다워 보일 뿐이다. 그러나 그게 무슨 의미일까?

아름다움의 도구적 목적 중 하나는 끌림attraction이다. 아름다운 물체는 그 아름다움을 감상하는 사람들에게 매력적일 수 있다. (주어진 청중

에게) 끌림은 기능적일 수 있으며, 과학적으로 측정 가능한 양이다. 예술은 사실상 사람들을 그쪽으로 움직이게 한다는 의미에서 매혹적일 수 있다. 미술관의 방문객들은 어떤 그림을 보고 떠났다가 나중에 그 그림에 이끌려 그곳을 다시 찾을 수 있다. 사람들은 음악 공연을 듣기 위해 장거리를 여행할 수도 있다. 당신이 만약 예술 작품을 감상한다면, 그것은 그 작품 안에 있는 것을 더 감상하기 위해 그것에 대해 깊이 생각하고, 그것에 관심을 기울이고 싶어 한다는 의미이다. 당신이 만약 예술가이고 예술 작품을 만드는 과정의 중간쯤에 그 안에서 당신이 만들고 싶었던 뭔가를 본다면, 당신은 경험하지 못했던 아름다움에 끌리게 된다. 그리고 예술 작품을 창조하기도 전에 그 생각에 끌리게 된다.

모든 끌림이 미학과 관련된 것은 아니다. 당신이 몸의 균형을 잃고 통나무에서 떨어지는 것은 우리 모두가 행성 지구에 끌리기 때문이다. 이것은 어쩌면 '끌림'이라는 말로 장난하는 것처럼 들릴지도 모른다. 우리가 지구에 끌리는 것은 미적 감상 때문이 아니라 물리 법칙 때문이며, 따라서 지구가 땅돼지에게 영향을 미치는 정도밖에 예술가에게 영향을 미치지 않는다. 빨간 신호등은 그 불이 들어와 있는 동안 우리가 걸음을 멈추고 신호를 뚫어지게 쳐다보게 한다. 이것도 끌림이기는 해도 미적 감상은 아니다. 이것은 무의식적이고 기계적이다.

그러나 자세히 분석해 보면 모든 것이 기계적이다. 물리 법칙은 독립적이다. 그렇다면 아름다움은 '우리가 뇌 안의 과정들과 물리 법칙에 끌리는 것' 이외에 다른 객관적 의미가 없다는 결론에 이르게 될까? 대답은 '아니오'이다. 왜냐하면 그런 논거에 따르면, 물리 법칙도 과학자나 수학자가 무엇을 진실이라고 부르고 싶은지를 결정하기 때문에, 물리적 세계도 객관적으로 존재하지 않을 것이기 때문이다. 그러나 수학의 객관적 진실을 언급하지 않고는 수학자가 무엇을 하는지 (혹은 호프스태터의 도미노가 어떻게 행동하는지) 설명할 수 없다.

새로운 예술도 새로운 과학적 발견처럼 예측할 수 없다. 이 말은 일정한 방식 없이 행해지기 때문에 예측할 수 없다는 뜻일까, 아니면 아직 결정되지 않아 지식 창출에 대해서 더 심오하게는 알 수 없다는 뜻일까? 다시 말해서, 예술이 정말로 과학과 수학처럼 창조적일까? 이 질문은 대개 그 반대 방향으로 하게 되는데, 창조성의 개념이 여전히 다양한 오해 때문에 혼동을 일으키기 때문이다. 경험주의는 과학을 자동적이고 비창조적인 과정으로 오해했다. 그리고 예술은, 비록 '창조적'이라고 인식되기는 해도, 종종 과학의 정반대로, 비합리적이고 변칙적이고 설명할 수 없는, 따라서 판단할 수 없고 객관적이지 않은 것으로 인식되어 왔다. 그러나 만약 아름다움이 객관적이라면 새로운 예술 작품도 새로 발견된 자연법칙이나 수학적 정리처럼, 이 세상에 불멸의 무언가를 보탠다.

우리가 빨간 신호등을 뚫어지게 쳐다보는 것은 그렇게 해야 최소한의 지연으로 무사히 여행을 계속할 수 있기 때문이다. 어떤 동물은 짝짓기하거나 잡아먹기 위해서 다른 동물에게 끌릴 수도 있다. 포식동물은 일단 한입 베어 물고 나면, 그 한입이 맛이 없어서 불쾌감을 일으키지 않는 한, 또 한 입을 먹고 싶어한다. 따라서 여기에는 엄밀한 맛의 문제가 있다. 그리고 맛의 문제는 사실 화학과 생화학 법칙의 형태로 물리 법칙 때문에 생긴다. 우리는 그 결과 일어나는 행동에 대해서 동물학적 수준 이상의 설명이 있다고 짐작할 수 있는데, 그 행동이 예측 가능하기 때문이다. 그런 행동은 반복적이며, 반복적이지 않은 행동은 변칙적이다.

예술은 반복적이지 않다. 그러나 인간의 맛(기호)에는 진정한 진기함이 있을 수 있다. 우리는 보편적 설명자이기에, 단순히 우리의 유전자에 복종하지 않는다. 예를 들어, 인간은 종종 유전자에 내장되었을지도 모르는 선호와는 정반대로 행동하기도 한다. 게다가 미적 이유로 단식을 하기도 금욕을 하기도 한다. 사람들은 종교적 이유나, 철학적, 과학적, 실용적, 혹은 변덕스러운 이유로 다양한 방식으로 행동한다. 인간은 고도와 추락에 대해서 선천적 혐오를 가지고 있지만, 스카이다이빙을 할 때, 이런 느낌에도 불구하고가 아니라 바로 이런 느낌 때문에 한다. 인간이 자신에게 매력적인 더 큰 그림으로 재해석할 수 있는 것이 바로 이 선천적 혐오감이다. 사람들은 이것을 더 많이 원한다. 사람들은 이것을 더 깊이 감상하고 싶어 한다. 스카이다이버에게는 우리가 선천적으로 불쾌감을 느끼는 곳에서 내려다보는 경치가 아름답기 그지없다. 스카이다이빙이라는 활동은 아름다우며, 그 아름다움의 일부는 우리가 그것을 시도하지 않도록 진화시킨 바로 그 감각 속에 있다. 따라서 이런 결론이 불가피하다. 새로 발견된 물리 법칙이나 수학적 정리의 내용이 선천적이지 않은 것처럼 끌림도 선천적인 게 아니다.

이게 순전히 문화적일 수 있을까? 우리는 진실뿐만 아니라 아름다움을 추구하며, 두 가지 모두에 속을 수 있다. 어쩌면 우리는 어떤 얼굴이 정말로 아름답기 때문에 아름답다고 생각하기도 하지만, 어쩌면 그것은 그저 우리의 유전자와 우리의 문화의 조합 때문일 수도 있다. 우리는 딱정벌레가 소름끼친다고 생각할지 모르지만, 또 다른 딱정벌레에게는 그게 매력적으로 보인다. 그러나 당신이 만약 곤충학자라면 딱정벌레가 소름끼친다고 생각하지 않을 것이다. 사람들은 많은 것을 아름답거나 추하다고 생각하도록 배울 수 있다. 사람들은 또 거짓 과학 이론을 참으로, 진정한 과학 이론을 거짓으로 보는 법도 배울 수 있지만, 객관적인 과학적 진실도 있다. 그렇다고 해도 그게 객관적 아름다움의 존재 여부를 알려 주지는 않는다.

자, 꽃은 왜 이런 모양일까? 왜냐하면 관련 유전자가 이런 모양을 곤충들에게 매력적으로 보이도록 진화했기 때문이다. 그렇다면 유전자는 왜 그렇게 할까? 왜냐하면 곤충이 꽃을 찾아오면 꽃가루에 뒤덮이게 되고, 그 꽃가루를 동일 종의 다른 꽃에 가라앉게 하면 꽃가루의 DNA에 있는 유전자가 멀리 광범위하게 퍼지기 때문이다. 이것은 대부분의 식물이 오늘날에도 여전히 사용하는 번식 메커니즘이다. 곤충이 존재하기 전에는 지구상에 꽃도 존재하지 않았다. 그러나 이 메커니즘은 오직 곤충이 꽃에게 매력을 느끼는 유전자를 진화시킨 경우에만 효과가 있다. 곤충은 왜 그랬을까? 왜냐하면 꽃이 영양물인 화밀을 제공하기 때문이다. 동일 종의 암컷과 수컷에서 교미 행동을 조정하는 유전자 사이에 공동 진화가 있듯이, 꽃과 곤충의 유전자도 공동 진화했다.

생물학적 공동 진화 동안에 기준도 진화했고, 그런 기준을 충족시키는 방법도 함께 진화했다. 꽃에게 곤충을 유인할 방법에 대한 지식을 주고, 곤충에게 그런 꽃을 인식하고 그쪽으로 날아갈 성질을 주었던 게 바로 이것이다. 그러나 놀라운 것은 이런 꽃이 또 인간에게도 매력을 느끼게 한다는 점이다.

이것은 너무도 잘 알려진 사실이어서 얼마나 놀라운지 가늠하기 어렵다. 그러나 자연에 있는 수많은 섬뜩한 동물을 생각해 보고, 그들끼리는 그런 모양에 끌린다고 생각하도록 진화해 왔다는 사실도 생각해 보라. 그러므로 우리가 그런 동물에 끌리지 않는 것은 놀라운 게 아니다. 포식자와 먹이의 경우에도, 유사한 공동 진화가 있지만, 협동적인 의미에서라기보다 경쟁적인 의미에서다. 포식동물과 먹이동물 각각은 상대를 인식하고 그쪽으로 달려가거나 도망가게 만들 수 있도록 진화한 유전자를 갖는 반면, 다른 유전자는 자신의 모습을 배경과 구별하기 어렵게 만들도록 진화한다. 호랑이가 줄무늬를 갖고 있는 것은 바로 이 때문이다.

때때로 어떤 종 내에서 진화한 편협한 기준의 끌림이 우리에게는 아름답게 보이는 무언가를 만드는 일이 발생한다. 공작의 꼬리가 한 예이다. 그러나 이것은 드문 변칙이다. 압도적인 다수의 종에서 우리는 무언가에 끌린다고 생각하는 기준을 공유하지 않는다. 대부분의 꽃이 그렇다. 때로 나뭇잎 하나도 아름다울 수 있다. 심지어 작은 물웅덩이 하나도 아름다울 수 있다. 그러나 이번에도 아주 드문 우연일 뿐이다. 그러나 꽃의 경우에는 확실하다.

자연에는 또 하나의 규칙성이 있다. 꽃은 왜 아름다울까? 과학계의 일반적인 가정을 고려하면, 여전히 다소 경험주의적이고 환원주의적이긴 하지만, 꽃은 객관적으로 아름다운 게 아니며, 꽃의 끌림은 그저 문화적 현상이라는 게 그럴듯한 설명일지 모른다. 그러나 면밀히 살펴보면 그게 아닌 것 같다. 우리는 한 번도 본 적 없고, 우리 문화에 알려진 적도 없는 꽃도 아름답다고 생각한다. 그리고 대부분의 문화에서 대부분의 인간에게 그렇다. 식물의 뿌리나 나뭇잎의 경우에는 그렇지 않다. 왜 유독 꽃에만 그럴까?

꽃-곤충 공동 진화의 특이한 측면 하나는 종 사이의 복잡한 정보 전달 암호인 언어를 창조한다는 점이다. 그 암호가 복잡해야만 했던 까닭은 유전자들이 어려운 소통 문제에 직면하고 있었기 때문이다. 그 암호는 곤충들에게 쉽게 인식될 수 있어야 하는 반면에, 다른 종의 꽃은 만들기 어려워야 했다. 만약 다른 종이 에너지 소모적인 화밀을 생산하지 않고도 곤충이 꽃가루를 확산시키게 할 수 있다면, 그 종은 선택적 이득을 얻게 된다. 따라서 곤충에서 진화하고 있는 기준은 조잡한 모방이 아니라 올바른 꽃을 고를 수 있을 만큼 충분히 차별적이어야 했다. 그리고 꽃의 모습도 다른 종의 꽃이 쉽게 진화해서 그 꽃으로 오인될 수 없는 모습이 되어야 했다. 따라서 그 기준과 그것을 충족시키는 방법 모두 변하기 어려워야 했다.

유전자는 종 안에서, 특히 짝을 선택하는 기준과 특성의 공동 진화에서는, 유사한 문제에 직면하고 있을 때, 이미 많은 양의 공유된 유전 지식을 갖고 있다. 예를 들어, 그런 공동 진화가 시작되기 전에도, 유전체는 이미 그 종의 동료 구성원을 인식하고 그들의 다양한 속성을 탐지하는 적응을 포함하고 있을지 모른다. 더욱이 배우자가 찾고 있는 속성은 처음에는 기린의 긴 목처럼 객관적으로 유용할 수 있다. 기린 목의 진화에 대한 한 가지 이론은 기린이 먹이를 먹기 위한 적응으로 시작했지만, 그 뒤 성 선택sexual selection을 통해 지속되었다는 것이다. 그러나 거리가 먼 종들 사이에 형성되는 공유 지식은 존재하지 않는다. 그들은 처음부터 시작한다.

그러므로 짐작건대 모방하기 어려운 패턴 매칭 알고리즘을 통해 인식되도록 설계된, 만들기 어려운 패턴으로 그런 종들 사이에 신호를 보내는 가장 용이한 방법은 아름다움의 객관적 표준을 이용하는 것이다. 따라서 꽃은 객관적 아름다움을 만들어야 하고, 곤충은 객관적 아름다움을 인식해야 한다. 결과적으로 꽃에 끌린 종은 꽃에 끌리도록 공동 진화한 곤충 종뿐이다. 그리고 인간.

이게 만약 사실이라면, 이 말은 도킨스의 딸이 결국 꽃에 대해서는 부분적으로 옳았다는 뜻이다. 꽃은 세상을 아름답게 하려고 존재한다. 아니 적어도 아름다움은 우연한 부작용이 아니라 명확하게 그런 효과가 있도록 진화한 것이다. 무언가가 세상을 아름답게 만들려고 했기 때문이 아니라, 가장 잘 복제하는 유전자가 자신을 복제시키기 위해 객관적인 아름다움을 구현하는 방법을 사용했기 때문이다. 꿀의 사례는 다르다. 꽃과 벌이 설탕물인 꿀을 만들기 쉬운 이유는 그리고 인간과 곤충이 그 맛에 똑같이 끌리는 이유는, 우리 모두가 공통의 조상과 이전까지 거슬러 올라가는, 설탕의 많은 용도에 대한 생화학적 지식과 그것을 알아보는 방법을 포함하는 공유된 유전 유산을 갖고 있기 때문이다.

인간이 꽃이나 예술에서 매력적이라고 생각하는 것은 사실 객관적이지만, 객관적 아름다움은 아닐 수 있을까? 어쩌면 그것은 더 세속적인 무언가, 강한 대조와 대칭에 대한 기호 같은 것일지도 모른다. 인간은 대칭에 대해 선천적 기호를 가진 것 같다. 이것은 성적 끌림의 한 요소로 생각되며, 또한 우리가 사물을 분류해서 우리의 환경을 물리적으로 개념적으로 체계화하는 데에도 유용할 수 있다. 따라서 이런 선천적 선호의 부작용이 우연히 화려하고 대칭인 꽃에 대한 기호가 될 수도 있다. 모든 꽃은 어떤 면에서 배경과 좋은 대조를 이루지만(이것은 신호 발송용으로 사용되기 위한 전제 조건이다), 욕조 속의 거미는 배경과 훨씬 많은 대조를 이루어도 그런 모습이 아름답다는 광범위한 합의는 없다. 대칭에 대해서 말한다면, 이번에도 거미는 상당히 대칭이지만, 난초 같은 일부 꽃은 매우 비대칭임에도, 그런 이유로 그 꽃에 덜 끌린다고 생각하지는 않는다. 따라서 대칭과 색과 대조는 우리가 아름다움을 보고 있다고 상상할 때, 우리가 꽃에서 보는 전부가 아닌 것 같다.

대칭과 색과 대조가 아름다움에서 우리가 보는 전부가 아니라는 반론을 뒷받침하는 사례가 있다. 자연에는 밤하늘과 폭포와 일몰처럼 인간 창조나 종 사이의 공동 진화의 결과가 아닌데도 우리가 아름답다고 생각하는 것이 존재한다. 그렇다면 꽃은 왜 여기에 속하지 않을까? 그러나 상황이 다르다. 밤하늘과 폭포와 일몰은 보기에는 매력적일 수 있지만, 설계의 모습은 없다. 그것들은 페일리의 시계가 아니라 시간 측정 장치로서의 태양과 유사하다. 우리는 시간 측정을 언급하지 않고는 시계가 왜 그런 모습인지 설명할 수 없다. 왜냐하면 앞에서 언급했듯이, 태양계가 변한다고 해도 태양은 여전히 시간 측정에 유용하기 때문이다. 마찬가지로 페일리는 매력적으로 보이는 돌을 발견했을지도 모른다. 그는 그 돌을 집으로 가져와 장식용 문진으로 사용했을 수도 있다. 그러나 그는 그 돌의 세부를 얼마큼 변화시켜야 문진으로 사용할 수 있을지에 대한 논문을 쓰기 위해 앉아 있지는 않을 것이다. 왜냐하면 그런 일은 일어나지 않을 것이기 때문이다. 밤하늘과 폭포를 비롯한 거의 모든 자연 현상의 경우도 마찬가지이다. 그러나 꽃은 아름다움에 대한 설계의 모습을 갖고 있다. 꽃이 만약 나뭇잎이나 뿌리처럼 생겼다면 보편적인 매력을 잃을 것이다. 심지어 꽃잎 하나만 떼어내도 느낌이 줄어들 것이다.

우리는 시계가 왜 설계되었는지는 알지만, 아름다움이 무엇인지는 모른다. 우리는 고대의 무덤에서 미지의 언어로 되어 있는 비문을 찾는 고고학자와 유사한 입장에 있다. 그 비문은 그저 벽에 아무렇게나 쓴 무의미한 표시가 아니라 글씨처럼 보인다. 어쩌면 잘못된 생각일 수도 있지만, 그것들은 마치 어떤 목적을 위해 거기에 새겨진 것처럼 보인다. 꽃도 이와 비슷하다. 꽃은 우리가 '아름다움'이라고 부르는, 우리가 (불완전하게) 인식할 수 있는 어떤 목적을 위해 진화했지만, 그 본질을 거의 이해할 수 없는 모습을 갖고 있다.

이런 논거들에 비추어, 나는 꽃이 인간에게 끌림을 주는 현상과 지금까지 언급한 다양한 증거들에 대한 설명은 하나라고 생각한다. 그것은 우리가 아름다움이라고 부르는 속성이 두 종류라는 것이다. 하나는 어떤 종이나 문화나 개인에게만 국한된 편협한 종류의 끌림이고, 다른 하나는 그런 것과 전혀 무관한 보편적이고 물리 법칙만큼이나 객관적이다. 어떤 종류의 아름다움을 창조하든 지식이 필요하다. 그러나 후자에 보편적 도달 범위를 갖는 지식이 필요하다. 그 지식은 경쟁적인 수분pollination 문제를 가진 꽃 유전체부터, 그 결과 만들어진 꽃을 예술로 감상하는 인간의 마음까지 망라한다. 대단한 예술은 아니지만, 아름다움에 대한 설계의 모습을 꾸며내기는 어렵다.

자, 만약 우리의 과거에 이런 공동 진화와 동등한 것이 전혀 없었다면 인간들이 왜 객관적인 아름다움을 인식하는 걸까? 가능한 한 가지 대답은 그저 우리가 보편적 설명자이므로 어떤 지식도 창조할 수 있다는 것이다. 그럼에도 불구하고 우리는 왜 특히 미적 지식을 창조하고 싶어 하는 걸까? 그것은 우리도 꽃과 곤충과 같은 문제에 직면했었기 때문이다. 두 인간 사이의 간격을 가로질러 신호를 보내는 것은 두 종 사이의 간격을 가로질러 신호를 보내는 것과 유사하다. 인간은, 지식의 내용과 창조적 개인이라는 점에서 종과 동일하다. 다른 종의 모든 개체는 사실상 그 유전자 속에 동일한 프로그래밍을 지니고 있으며 사실상 행동과 끌림에 대해서 동일한 기준을 사용한다. 인간은 이와는 상당히 다르다. 한 인간의 마음속에 있는 정보의 양은 모든 종의 유전체 속에 있는 정보보다 많으며, 한 사람 고유의 유전 정보보다 압도적으로 더 많다. 따라서 인간 예술가는 꽃과 곤충이 종 사이에 하는 것처럼 인간들 사이에 있는 동일한 규모의 간격을 가로질러 신호를 보내려고 한다. 그들은 종 특유의 기준을 사용할 수도 있지만, 객관적 아름다움에 도달할 수도 있다. 우리가 가진 다른 지식의 경우도 마찬가지이다. 우리는 유전자나 문화에 의해서 미리 결정된 메시지를 보내는 방식으로 다른 사람과 소통할 수도 있고, 새로운 무언가를 만들어 낼 수도 있다. 그러나 새로운 무언가를 만들어 낼 경우, 소통의 기회를 얻기 위해서는 편협주의를 넘어 보편적 진실을 찾으려고 노력하는 게 좋다. 이것은 아마 인간이 애당초 그렇게 하기 시작한 이유에 가장 가까울 것이다.

이 이론의 재미있는 결과 하나는 인간의 외모가, 비록 성 선택의 영향을 받기는 했지만, 종 특유의 표준뿐만 아니라 객관적 아름다움의 표준을 충족시킬 수도 있는 게 아닌가 싶다. 아직 우리는 그 길을 따라 아주 멀리 오지 않았을지도 모른다. 왜냐하면 우리는 고작 수십만 년 전에 유인원에서 갈라져 나왔고, 따라서 우리의 외모는 아직 유인원의 외모와 크게 다르지 않기 때문이다. 그러나 짐작건대 아름다움을 더 잘 이해하게 되면, 그런 차이의 대부분은 결국 인간을 유인원보다 객관적으로 더 아름답게 만드는 방향에 있었던 것으로 드러날 것이다.

대개 두 가지 유형의 문제를 해결하기 위해 두 가지 유형의 아름다움이 만들어지는데, 이른바 순수 문제와 응용 문제가 그것이다. 응용 문제는 정보 신호를 보내는 문제로, 대개 편협한 유형의 아름다움을 창조함으로써 해결된다. 인간에게도 그런 유형의 문제가 있다. 즉, 컴퓨터 그래픽 사용자 인터페이스graphical user interface, GUI는 컴퓨터를 사용할 때 주로 편의와 효율성을 증진하기 위해 만들어진다. 때로 시나 노래도 유사한 (편협한) 목적을 위해 쓰일 수 있다. 문화의 결속이나 정치 안건의 촉진 혹은 음료 광고가 그런 예이다. 이번에도 이런 목적은 객관적 아름다움을 창조하는 방식으로도 충족될 수 있지만, 대개는 편협한 종류가 사용되는데 그게 만들기가 더 쉽기 때문이다.

다른 종류인 순수 문제는 (생물학에는 유사한 사례가 없지만) 아름다움 그 자체를 위해서 아름다움을 만들어 내는 것이다. 여기에는 새로운 미적 표준이나 스타일 같은 아름다움의 향상된 기준을 만드는 것이 포함된다. 이것은 순수한 과학 연구와 유사하다. 이런 종류의 과학 및 예술과 관련된 마음의 상태는 근본적으로 동일하다. 둘 모두 보편적이고 객관적인 진실을 추구한다.

나는 둘 모두 좋은 설명을 통해 진실을 추구하고 있다고 믿는다. 이것은 소설 같은 이야기와 관련된 예술 형태에서 가장 분명하게 드러난다. 11장에서 언급했듯이 좋은 이야기는 그것이 묘사하는 가상의 사건들에 대한 좋은 설명을 가지고 있다. 그러나 모든 예술 형태도 마찬가지이다. 어떤 경우에는 특정 예술 작품의 아름다움을 알고 있는데도 불구하고 말로 표현하기가 특히 어려운데, 관련된 지식 자체가 모호해서 말로 표현되지 않기 때문이다. 음악적 설명을 자연스러운 언어로 옮기는 방법은 아직 아무도 모른다. 그러나 한 곡의 음악이 '음표 하나를 빼면 반음이 낮아지는' 속성이 있는 경우에는 설명이 존재한다. 그 설명은 작곡가도 알고, 그 음악을 감상하는 청취자도 알고 있다. 먼 훗날에는 그 설명을 말로 표현하는 게 가능해질 것이다. 이것 역시 겉보기만큼 과학이나 수학과 다르지 않다. 시와 수학 혹은 물리학은 보통 언어로 진술하기가 매우 비효율적일 것들을 효율적으로 진술하기 위해, 보통 언어와는 다른 언어를 발전시키는 성질이 있다.

사물에 대한 우리의 주관적 감상에는 보편적 아름다움과 편협한 아름다움인 순수 예술과 응용 예술이 뒤섞여 있다. 왜냐하면 우리가 무한한 진보를 이루기 위해 기대할 수 있는 것은 오직 객관적 방향에서뿐이기 때문이다. 다른 방향은 본질적으로 유한하다. 그것들은 우리의 유전자와 기존의 전통 속에 본래부터 존재하는 유한한 지식으로 제한되어 있다.

이것은 예술이 무엇인가에 대한 다양한 기존 이론과 관련이 있다. 예를 들어, 그리스의 고대 미술은 처음에 인체와 다른 물체들의 모양을 재생산하는 기술과 관련되어 있었다. 그것은 객관적 아름다움의 추구와는 다른데, 특히 완성이 가능하기 때문이다(더 이상의 개선이 가능하지 않은 상태에 도달할 수 있다는 나쁜 의미에서). 그러나 그것은 또 예술가들이 순수 예술을 추구할 수 있게 하는 기술이기도 하며, 예술가들은 고대 세계에서도 그리고 그 후 다시 르네상스에서 그 전통이 부활되는 동안에도 그렇게 했다.

예술의 목적에 대한 실용적인 이론들이 있다. 이들 이론은 순수 과학과 수학을 비난하는 동일한 논거로 순수 예술을 비난한다. 그러나 수학에서 무엇이 참이고 무엇이 거짓인지 선택하지 못하듯이, 예술적 향상을 만들어 내는 것이 무엇인지도 선택할 수 없다. 그리고 과학적 이론이나 철학적 입장을 조율해 정치적 안건이나 개인적 선호를 충족시키려는 사람은 엇갈린 목적에 직면한다. 예술은 많은 목적에 사용될 수 있다. 그러나 예술적 가치는 다른 무언가에 종속되지도 않고 또 다른 무언가로부터 유도될 수도 없다.

예술을 자기표현이라고 보는 이론에도 동일한 비판이 적용된다. 표현은 이미 존재하는 무언가를 전달하는 반면, 예술의 객관적 진보는 새로운 무언가를 창조하는 것이다. 또한 자기표현은 주관적인 무언가의 표현인 반면, 순수 예술은 객관적이다. 동일한 이유로, 캔버스에 물감을 뿌리거나 염장가죽 같은 자발적이거나 기계적인 행동만으로 이루어진 종류의 예술에는 예술적 진보를 이룰 수 있는 방법이 없는데, 진정한 진보란 어렵고 모든 성공에는 많은 오류가 따르기 때문이다.

내가 옳다면, 예술의 미래는 다른 지식의 미래만큼이나 놀랍다. 미래의 예술은 아름다움을 무한히 증가시킬 수 있다. 나는 그저 추측만 할 수 있을 뿐이지만, 우리는 아마도 새로운 종류의 통합도 기대할 수 있다. 우아함이 정말로 무엇인지 이해한다면, 우리는 우아함이나 아름다움을 이용해서 진실을 추구하는 새롭고 더 좋은 방법을 찾게 될 것이다. 나는 또한 새로운 감각을 설계하고, 지금으로서는 상상도 할 수 없는 새로운 종류의 아름다움을 망라할 수 있는 새로운 감각질을 설계할 수도 있을 거라고 생각한다. “박쥐가 된다는 것은 어떤 것일까?” 이것은 철학자 토머스 네이글Thomas Nagel의 유명한 질문이다(더 정확히 표현하면, 사람이 박쥐의 반향 위치 감각echo-location senses을 갖는다는 것은 어떤 것일까?). 아마도 이 질문에 대한 완전한 대답은 그것이 무엇인지 발견하는 일은 철학의 임무가 아니라 그 경험 자체를 우리에게 줄, 기술 예술의 임무라는 것이다.

15장

문화의 진화

The Evolution of Culture

✴ 살아남은 생각 ✴

문화는 어떤 면에서 그 문화를 가진 사람들이 동일하게 행동하도록 하는 생각들의 집합이다. '생각'이란 사람들의 뇌에 저장되어 그들의 행동에 영향을 미칠 수 있는 모든 정보를 의미한다. 따라서 어떤 국가의 공유 가치, 특정 언어로 소통하는 능력, 학문 분야의 공유 지식, 주어진 음악 스타일의 감상 등은 모두 이런 의미에서 문화를 정의하는 '생각들의 집합'이다. 단, 이들 대부분은 모호하다. 사실 모든 생각은 약간의 모호성을 지니는데, 심지어 말의 의미에 대한 지식조차도 우리의 마음속에는 대체로 모호하게 남아 있기 때문이다. 자전거 타기 같은 신체적 기술도 자유와 지식 같은 철학적 생각만큼이나 대단히 모호한 내용을 갖고 있다. 명백함과 모호함의 차이는 항상 뚜렷하지 않다. 예를 들어, 시나 풍자는 명백히 어떤 주제를 다루지만, 특정 문화의 청중은 설명이 없다면 그것을 다른 주제에 대한 것으로 해석할 여지가 있다.

국가, 언어, 철학적 예술 활동, 사회적 전통과 종교를 포함하는 세상의 주요 문화는 수백 년 혹은 수천 년에 걸쳐서 조금씩 만들어졌다. 문화를 정의하는 생각 대부분은 (모호한 것들을 포함해서) 사람에서 사람으로 전해진 오랜 역사를 갖고 있다. 이것은 이런 생각을 밈memes으로 만든다. 밈은 복제기인 생각이다.

그럼에도 불구하고 문화는 변한다. 사람들은 문화적 생각을 마음속에서 수정하며, 때로 수정된 버전으로 전달하기도 한다. 의도하지 않은 불가피한 수정도 있는데, 일부분은 간단한 오류 때문이고, 다른 일부분은 모호한 생각을 정확하게 전달하기가 어렵기 때문이다. 그런 생각을 컴퓨터 프로그램처럼 한 사람의 뇌에서 다른 사람의 뇌로 전송할 방법은 없다. 심지어 어떤 언어의 원어민조차도 모든 말에 대해 동일한 정의를 부여하지는 않는다. 따라서 두 사람이 동일한 문화적 생각을 마음속에 정확히 간직하기란 (혹시 있다고 해도) 매우 드물 수 있다. 정치적 철학 운동이나 어떤 종교의 창시자가 사망했을 때, 또는 그 이전에도 분열이 일어나는 것은 바로 이 때문이다. 그 운동의 가장 헌신적인 추종자들은 종종 자신들이 그 교리의 '진정한' 실체에 동의하지 않는다는 사실을 깨닫고 충격을 받는다. 그 종교에 교리가 명확하게 진술된 성서가 있는 경우에도 크게 다르지 않다. 그러면 말의 의미와 문장의 해석에 대한 논쟁이 생기기 마련이다.

따라서 문화는 사실 엄격하게 동일한 밈들의 집합이 아니라 약간 다른 특정 행동을 일으키는 변형들의 집합으로 정의된다. 어떤 변형은 그 문화를 가진 사람들이 그것을 열심히 모방하거나 그것에 대해 열심히 말하는 효과가 있고, 또 어떤 변형은 그 효과가 덜하다. 어떤 것은 다른 것보다 잠재적 수령자가 마음속에 복제하기가 더 쉽기도 하다. 이런 저런 요인들은 밈의 각 변형이 정확히 전달될 가능성에 영향을 미친다. 극히 드문 예외적인 변형의 경우에는 일단 어떤 사람의 마음속에 나타나면 의미의 변화가 거의 없이 문화 전체에 퍼지기도 한다(그것들이 초래한 행동에서 표현되듯이). 그런 밈이 우리에게 친숙한 까닭은 영속하는 문화가 바로 그런 것들로 이루어져 있기 때문이다. 하지만 그럼에도 불구하고 또 다른 의미에서 그런 밈들은 매우 특별한 형태의 생각인데, 대부분의 생각이 단명하기 때문이다. 인간의 마음은 작용하는 모든 것에 대해 많은 생각을 고려하며, 그중 아주 작은 부분만 다른 사람이 알아채도록 행동을 유발한다. 그리고 그중 아주 작은 부분만 다른 사람이 복제한다. 따라서 압도적인 대다수의 생각은 인간의 일생 이내에 사라진다. 따라서 영속하는 문화 속에 사는 사람들의 행동은 곧 사라지게 될 최근의 생각들에 의해 그리고 영속하는 밈이 여러 차례 복제되어 온 특별한 생각들에 의해 결정된다.

문화 연구에서 기본적인 질문은 "영속하는 밈의 경우 많은 복제를 거치는 동안 변화에 저항할 수 있는 특별한 능력을 주는 건 무엇일까?"이다. 이 책의 중심 주제인 또 다른 질문은 "그런 밈이 변할 때, 더 좋게 변할 수 있도록 하는 조건은 무엇일까?"이다.

문화가 진화한다는 생각은 적어도 생물학의 진화에 대한 생각만큼이나 오래되었다. 그러나 문화의 진화 방식을 이해하려는 대부분의 시도는 진화에 대한 오해에 근거하고 있었다. 예를 들어, 공산주의 사상가인 칼 마르크스Karl Marx는 자신의 역사 이론이 진화론적인 까닭은 그 이론이 경제의 '운동 법칙'으로 결정된 역사적 단계를 통한 진보에 대해서 말하기 때문이라고 믿었다. 그러나 실제의 진화론은 생물의 속성을 그 조상의 속성으로부터 예측하는 것과는 무관하다. 마르크스는 또 다윈의 진화론이 "자연과학에 역사적 계급투쟁의 근거를 제공한다"고 생각했다. 그는 사회경제적 계급 간의 본질적인 투쟁에 관한 자신의 생각을 생물학적 종 간에 일어난다고 추정되는 경쟁과 비교했다. 나치즘 같은 국수주의적 이상주의자들도 '적자생존' 같은 왜곡되거나 부정확한 진화론적 개념을 이용해서 폭력을 정당화했다. 그러나 사실 생물학적 진화에서의 경쟁은 다른 종들 사이가 아니라, 종 내부의 유전자 변형 사이에서 일어나는 것으로, '계급투쟁'과는 전혀 다르다. 그것은 종 사이에 폭력이나 다른 경쟁을 일으킬 수도 있지만, 꽃과 곤충의 공생 같은 협동을 비롯해서 그 둘의 온갖 종류의 복잡한 조합도 만들 수 있다.

비록 마르크스와 국수주의자들이 잘못된 생물학적 진화론을 가정하기는 했지만, 사회와 생물권의 유사성이 종종 사회의 냉혹한 모습과 관련되어 있는 것은 우연이 아니다. 생물권은 냉혹한 곳이다. 이곳에는 약탈과 사기와 정복과 노예화와 기아와 몰살이 매우 많다. 따라서 문화의 진화가 생물권과 유사하다고 생각하는 사람들은 결국 진화를 반대하거나(정적인 사회를 옹호하거나), 혹은 그런 종류의 부도덕한 행동이 필요하거나 불가피하다고 묵과하게 된다.

비유에 의한 주장은 궤변이다. 두 가지 사이의 거의 모든 비유가 약간의 진실은 포함하지만, 무엇이 무엇과 유사하고 왜 그런지에 대한 독립적인 설명이 있기 전까지는 그게 무엇인지 알 수 없다. 생물권-문화 비유에 관한 주요한 위험은 그런 비유가 인간의 조건을 이해하는 데 꼭 필요한 무분별과 창조의 차이, 결정론과 선택의 차이, 옳고 그름의 차이를 제거하는 환원주의식 사고로 전환된다는 점이다. 그런 차이가 생물학의 수준에서는 무의미하다. 사실 비유는 종종 인간을 도덕적 선택을 할 수 있고, 혼자 힘으로 새로운 지식을 창조할 수 있는 인과적 행위자로 보는 상식적 생각을 폭로할 목적으로 묘사된다.

앞으로 설명하겠지만, 생물학적 진화와 문화적 진화가 동일한 기본 이론으로 묘사된다고 해도, 전달과 변화와 선택의 메커니즘은 모두 다르다. 따라서 그 결과 생기는 '자연의 역사'도 다르다. 문화에는 종, 생물체, 세포, 유성 생식, 무성 생식과 닮은 게 전혀 없다. 유전자와 밈은 메커니즘과 결과의 수준에서 매우 다르다. 이 둘은 모두가 지식을 구체화하고, 지식의 보존이 향상 여부의 조건을 결정하는 동일한 기본 원리에 의해 조정되는 복제기라는 가장 낮은 단계의 설명에서만 유사하다.

밈의 진화

아이작 아시모프Isaac Asimov의 1956년 공상 과학 소설《익살꾼*Jokester*》의 주인공은 농담을 연구하는 과학자이다. 이 과학자는 대부분의 사람들이 때로 독창적인 농담을 하지만, 자신이 훌륭하다고 생각할 만한 것을, 즉 듣는 사람을 웃게 만드는 줄거리와 급소를 찌르는 문구가 있는 이야기를 만들어 내지는 못한다는 것을 발견한다. 사람들은 농담할 때마다 그저 다른 사람에게 들었던 말을 되풀이할 뿐이다. 그렇다면 농담은 처음에 어디서 온 걸까? 농담은 누가 만드는 걸까?《익살꾼》에서 제시한 가상의 대답은 너무 터무니없어서 우리의 관심을 끌지 못한다. 그러나 이 이야기의 전제가 그렇게 터무니없는 건 아니다. 사실 일부 농담은 누군가가 만들어 낸 게 아니라 진화한 것 같다.

사람들은 서로에게 재미있는 이야기를 해준다. 일부는 허구이고, 일부는 사실이다. 그리고 일부 이야기는 밈이 된다. 즉, 일부 이야기는 사람들 사이에 회자할 정도로 재미있고, 반복해서 되풀이된다. 그러나 거의 토씨 하나 빼놓지 않고 그대로 읊지는 못하며 세부 내용을 보존하지도 못한다. 따라서 사람들의 입에 자주 오르내리는 이야기는 다양한 버전으로 존재한다. 그중 어떤 버전은 더 재미있기 때문에 다른 버전보다 더 자주 오르내린다. 사람들의 입에 오르내리는 주된 이유가 재미인 경우, 계속 유통되는 연속 버전이 훨씬 더 재미있어지는 경향이 있다. 따라서 여기에 진화의 조건이 있다. 불완전한 정보 복제가 선택과 번갈아 일어나며 반복적으로 순환된다. 결국 이 이야기는 사람들이 폭소를 터뜨릴 정도로 재미있어졌고, 훌륭한 농담 하나가 진화했다.

어쩌면 재미를 향상할 의도가 없었던 변형들을 통해 농담이 진화할 수도 있다고 생각할 수 있다. 예를 들어, 어떤 이야기를 듣는 사람들은 그 이야기를 잘못 듣거나 이야기의 방향을 잘못 이해하거나, 독단적인 이유로, 그 이야기를 변화시키며, 비율이 아주 적기는 해도, 순전히 운 때문에 더 재미있는 이야기가 되어 전파가 더 잘될 수도 있다. 만약 이런 식으로 농담이 아닌 말에서 농담이 진화했다면, 정말로 그 농담을 만든 사람은 없다. 또 다른 가능성은 재미있는 이야기를 농담으로 바꾸는 사람들 대부분이 창의성을 발휘해서 의도적으로 더 재미있는 부분들을 고안해 내는 것이다. 이런 경우, 비록 그 농담이 변화와 선택으로 만들어졌다고 해도 그 재미 부분은 인간 창의성의 결과이다. 이런 경우 "그 농담을 만든 사람은 없다"고 말하는 것은 오해를 부를 수 있다. 그 이야기는 많은 사람의 공동 작품이며, 각각이 그 결과에 창의적인 생각을 덧붙였다. 그러나 여전히 그런 상태의 농담이 왜 재미있는지 사실상 아무도 이해하지 못하며, 따라서 유사한 속성의 또 다른 농담을 그 누구도 마음대로 만들 수 없다.

비록 창조성이 정확히 어떻게 작동하는지는 모르지만, 그 자체가 개인의 뇌 내부의 진화론적 과정임은 알고 있다. 왜냐하면 그것이 추측과 비판에 의존하기 때문이다. 따라서 뇌의 내부 어딘가에서는 무의식적인 변화와 선택이 계속 더해지면서 더 높은 단계의 창의적인 생각으로 발현되는 것이다.

모호하고 무의미하며 심지어 다루기가 까다롭다는 내 생각에 밈 개념은 잘못된 비판을 받아왔다. 예를 들어, 고대 그리스의 종교는 억압받았지만, 그 신들의 이야기는 비록 허구인데도 계속 전해졌을 때, 그 이야기가 이제 새로운 행동을 유발하는데도 불구하고 여전히 동일한 밈일까? 뉴턴의 법칙은 라틴어에서 영어로 번역되는 과정을 통해 다른 언어로 쓰이게 되었다. 그것도 동일한 밈일까? 그러나 사실 밈의 존재나 그 개념의 유용성에도 동일한 질문을 던진다. 이것은 마치 태양계의 어떤 천체를 '행성'이라고 불러야 하는지에 대한 논쟁과 같다. 명왕성은 우리 태양계의 일부 위성보다 더 작은데도 '진정한' 행성일까? 목성은 사실 행성이 아니라 점화되지 않은 별일까? 그것은 중요하지 않다. 중요한 것은 정말로 무엇이 존재하는가이다. 그리고 밈은 우리가 뭐라고 칭하고 어떻게 분류하는지와 무관하게 정말로 존재한다. 유전자의 기본 이론이 DNA가 발견되기 오래전에 발전했듯이, 오늘날 우리는 생각이 뇌에 어떻게 저장되어 있는지는 몰라도, 생각이 사람들 사이에 전해질 수도 있고 사람들의 행동에 영향을 미칠 수도 있음을 알고 있다. 밈은 그런 생각들이다.

또한 밈 역시 유전자처럼, 보유자 안에 동일한 물리적 형태로 저장되어 있지 않다는 비판도 있다. 그러나 곧 설명하겠지만, 그렇다고 해서 밈이 진화의 의미에서 '정확히' 전달되지 못하는 것은 아니다. 사실 밈이 사람들 사이에서 전달될 때, 그 정체성이 유지된다는 생각은 의미심장하다.

유전자가 단일 적응처럼 보이는 것을 달성하기 위해 집단으로 움직이듯이, 양자론이나 신다윈주의처럼 몇 개의 생각으로 이루어져 있지만, 더 복잡한 단일 생각으로 간주될 수 있는 밈 플렉스memeplexes도 있다. 양자론을 단일 이론이라고 부를지 혹은 이론들의 집단이라고 부를지가 중요하지 않듯이 밈 플렉스를 밈으로 부를지의 여부도 중요하지 않다. 그러나 밈을 포함해서 생각은 하위 밈으로 무한히 분석될 수는 없는데, 밈을 그 자체의 일부로 대체하게 되면 결국 복제가 어려운 지점에 도달하기 때문이다. 따라서 예를 들어, '2+3=5'는 밈이 아니다. 왜냐하면 이것은 '2+3=5'라는 지식을 전달하지 않고는 전달될 수 없는, 보편적 도달 범위의 어떤 산술 이론을 복제하는 상황을 제외하면, 자신을 안정적으로 복제시키는 데 필요한 것이 없기 때문이다.

어떤 농담에 웃고, 그것을 다시 말하는 것 모두 그 농담으로 유발된 행동이지만 우리는 종종 왜 그런 행동을 모방하는지 모른다. 그 이유가 객관적으로 밈 안에 존재하긴 해도, 우리는 그것을 알지 못한다. 추측할 수는 있겠지만, 우리의 추측이 반드시 옳지는 않을 것이다. 예를 들어, 우리는 특정 농담의 유머가 급소를 찌르는 말의 의외성에 있다고 짐작할 수 있다. 그러나 동일한 농담을 여러 번 경험해 보면 다시 들어도 여전히 재미있다는 것을 알게 된다. 그런 경우, 우리 자신의 행동에 대한 이유를 잘못 알고 있었다는 직관에 반하는 (그러나 흔한) 상황에 처하게 된다.

문법 규칙의 경우에도 동일한 일이 벌어진다. 우리는 (영국식 영어로) '나는 피아노 치는 걸 배우고 있다I am learning to play *the* piano'고는 말해도, 절대로 '나는 야구 하는 걸 배우고 있다I am learning to play *the* baseball'고는 말하지 않는다. 우리는 이런 문장을 올바르게 쓰는 방법을 알지만, 그것에 대해서 생각할 때까지는, 우리가 따르고 있는 모호한 규칙의 정체는 고사하고, 심지어 그런 게 존재하는지조차도 아는 사람은 극히 드물다. 미국식 영어는 규칙이 다소 달라서 '피아노 치는 걸 배우고 있다learning to play piano'는 말을 받아들일 수 있다. 우리는 그 이유를 궁금해하며 영국식 영어는 명확한 관사를 더 좋아한다고 추측할 수도 있다. 그러나 이번에도 이것은 설명이 아니다. 왜냐하면 영국식 영어에서는 환자patient가 '병원에in hospital' 있지만, 미국식 영어에서는 '병원에in *the* hospital' 있기 때문이다.

일반적으로 밈의 경우도 마찬가지이다. 즉, 밈은 그 소유자는 모르지만, 그럼에도 불구하고 그 소유자로 하여금 유사한 행동을 하게 하는 정보를 암암리에 포함한다. 따라서 영어 원어민들이 어떤 문장에서 자신들이 'the'를 왜 말했는지에 대해 잘못 알고 있을 수 있듯이, 모든 종류의 다른 밈을 모방하는 사람들도 종종 자신들이 왜 그런 식으로 행동하는지에 대해, 심지어 자신들에게조차 잘못된 설명을 하는 경우가 종종 있다.

유전자처럼, 모든 밈도 그들 자신을 복제시키는 방법에 대한 (종종 모호한) 지식을 포함한다. 이런 지식은 DNA의 가닥 속에 암호화되어 있거나 뇌가 따로따로 기억한다. 두 경우 모두, 그 지식은 자기 복제에 적응되어 있다. 즉, 그 지식은 다른 변형들보다 신뢰성을 준다. 이런 적응은 교대로 일어나는 변화와 선택의 결과이다.

그러나 복제 메커니즘의 논리는 유전자와 밈의 경우 매우 다르다. 분열로 번식하는 생물에서는 모든 유전자가 다른 세대로 복제되거나 전혀 복제되지 않는다(만약 그 개체가 번식에 실패한다면). 유성 생식에서는 두 부모로부터 무작위로 선택된 유전자 전체가 복제되거나 전혀 복제되지 않는다. 모든 경우에 DNA 복제 과정은 자동적이다. 즉, 유전자는 무차별적으로 복제된다. 한 가지 결과는 일부 유전자가 많은 세대에 걸쳐 전혀 '발현되지' 않아도 복제될 수 있다는 점이다. 부모가 뼈 하나를 부러뜨렸든 아니든, 부러진 뼈를 회복시키는 유전자는 후손에게 (발생 가능성이 거의 없는 돌연변이를 방지하면서) 전해진다.

밈이 직면한 상황은 전혀 다르다. 각각의 밈은 복제될 때마다 행동으로 발현되어야 한다. 왜냐하면 밈이 바로 그 행동이고, (다른 밈이 만든 주어진 환경에서) 복제에 영향을 주는 것은 바로 그 행동뿐이기 때문이다. 이것은 수령자가 보유자의 마음속에 있는 밈의 표현을 볼 수 없기 때문이다. 밈은 컴퓨터 프로그램처럼 전송될 수 없다. 밈은 모방되지 않으면, 복제되지 않는다. 이 말의 요지는 밈은 반드시 뇌의 기억과 행동이라는 두 가지 물리적 형태로 교대로 구체화한다는 뜻이다.

두 형태는 각각의 밈 세대에서 (본질적으로 다른 형태로 번역되어) 복제되어야 한다(밈 '세대'는 그저 또 다른 개인에게 연속적으로 복사하는 예들이다). 기술은 밈의 생명 주기life cycle에 더 많은 단계를 추가할 수 있다. 예를 들어, 행동은 무언가를 기록해서 밈을 세 번째 물리적 형태로 구체

밈은 뇌 형태와 행동 형태로 존재하며, 각각이 상대에게 복제된다.

화하고 나중에 그것을 읽는 사람이 다른 행동을 모방하게 해서, 그 밈을 누군가의 뇌에 나타나게 하려는 것일 수 있다. 그러나 모든 밈은 적어도 두 가지 물리적 형태를 가져야 한다.

반대로, 유전자의 경우에는 복제기가 오직 DNA 가닥(생식 세포)이라는 한 가지 물리적 형태로만 존재한다. 생물의 다른 위치에 복제되고, RNA로 번역되고, 행동으로 표현될 수는 있겠지만, 그런 형태 중 어느 것도 복제기가 아니다. 행동이 복제기일 수도 있다는 생각은 용불용설의 형태인데, 환경에 의해 수정되어 온 행동이 유전될 거라고 암시하기 때문이다.

밈은 두 가지 물리적 형태가 교대로 일어나기 때문에 모든 세대에서 두 개의 (잠재적으로 무관한) 선택 메커니즘을 견뎌야 한다. 뇌의 기억 형태는 보유자가 행동을 모방하게 해야 하고, 행동 형태는 새로운 수령자가 그것을 기억해서 모방하게 해야 한다. 예를 들어, 종교는 자녀에게 그 종교를 채택하라고 교육하는 것 같은 행동을 지시하지만, 단지 밈을 자녀나 다른 사람에게 전달하려는 의도만으로는 그렇게 할 수 없다. 새

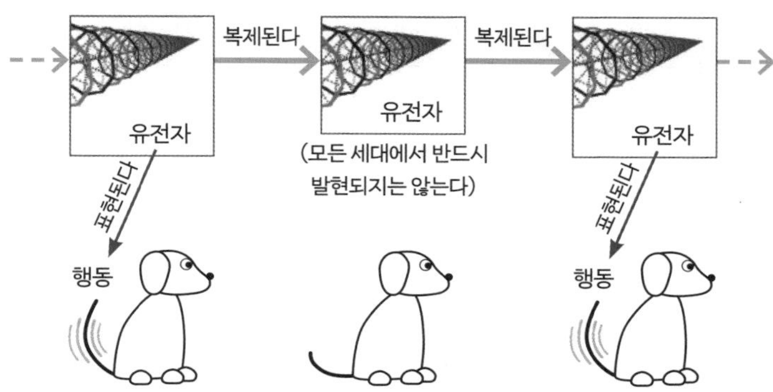

유전자는 단 하나의 물리적 형태로만 존재하며, 그것이 복제된다.

로운 종교를 시작하려는 많은 시도가, 창시 구성원들의 부단한 전파 노력에도 불구하고 실패하는 것은 바로 이 때문이다. 이런 경우, 사람들이 채택한 생각이 자녀와 다른 사람들에게 의도했던 행동을 유발시키는 것을 포함해서 다양한 행동을 모방하게 하는 데는 성공했지만, 그 행동이 수령자의 마음속에 동일한 생각을 저장하는 데에는 실패했다.

영속하는 종교들의 존재는 때로 '아이들은 속기 쉽다'거나 아이들은 초자연적 존재의 이야기를 '두려워하기 쉽다'는 전제에서 설명된다. 그러나 그것은 설명이 아니다. 압도적으로 많은 대다수의 생각은 단순히 아이들이나 다른 누군가를 다른 사람들과 동일한 행동을 하도록 설득하는데 필요한 것을 갖고 있지 않다. 만약 정확하게 복제하는 밈의 확립이 그렇게 쉽다면, 우리 사회의 성인 전체가 어린 시절 배웠던 교육 덕분에 대수학에 능숙해야 한다. 정확히는 그들 모두가 능숙한 대수학 선생님이 되어야 한다.

밈이 되기 위해서는 인간들이 적어도 두 가지 독립적인 행동을 하게 하는 방법에 대한 상당히 복잡한 지식을 가지고 있어야 한다. 즉, 밈을 정확하게 흡수하고 모방하는 것이 그것이다. 일부 밈이 많은 세대 동안 상당히 충실하게 자기 복제가 가능하다는 것은 그 밈이 얼마나 많은 지식을 포함하는지를 보여 준다.

✳ 이기적 밈 ✳

만약 유전자가 정말로 유전체 속에 있다면, 적당한 환경이 되었을 때, 6장에서 언급했듯이 효소로 발현되어 특유의 효과를 일으킬 것이다. 유전체의 나머지가 성공적으로 복제된다면 그 유전자만 복제되지 않을 리 없다. 그러나 단순히 마음속에 존재한다고 해서 자동으로 밈이 행동으로 발현되는 것은 아니다. 밈은 동일한 마음속에 있는 다른 생각들과 (온갖 종류의 주제들에 대한 밈과 밈이 아닌 것들) 그런 특권을 위해 경쟁해야 한다. 그리고 단순히 행동으로 발현된다고 해서 자동으로 다른 밈들과 함께 수령자에게로 복제되는 것도 아니다. 밈은 수령자들의 주목을 받고 받아들여지기 위해 다른 사람의 온갖 행동과 그 수령자의 생각과 경쟁해야 한다. 유전자들이 직면하는 유형의 선택과 유사한 것 이외에, 각각의 밈은 유용한 기능의 지식을 포함하는 방식으로 개체군에 걸쳐 자신의 경쟁자들과 경쟁한다.

밈은 그런 모든 선택 외에도 온갖 종류의 변칙적이고 의도적인 변화의 영향을 받기 쉬우며, 그렇게 진화한다. 따라서 이 정도까지는 유전자의 경우와 동일한 논리가 유지된다. 즉, 밈도 '이기적'이다. 밈은 다른 밈보다 복제를 더 잘한다는 의미를 제외하면 반드시 그 보유자나 그 사회나 혹은 그들 자신에게 이익을 주기 위해 진화하지 않는다(하지만 이제 대부분의 다른 밈은 그 자체의 변형이 아니라 경쟁자이다). 성공한 밈 변형은 그 개체군의 다른 밈을 가장 잘 대체하는 방식으로 그 보유자의 행동을 변화시키는 변형이다. 이런 변형은 대체로 그 보유자나 다른 문화나 종에 이득을 준다. 그러나 이 변형은 또 해를 끼치거나 파괴하기도 한다. 사회에 유해한 밈은 친근한 현상이다. 특히 혐오스러운 정치적 견해의 지지자나 종교가 미치는 유해한 효과를 생각해 보기만 하면 된다. 어떤 사회의 파괴 원인은 그 인구를 통해 가장 잘 확산한 밈의 일부가 그 사회에 바람직하지 못했기 때문이었다. 나는 17장에서 이런 사례 하나를 논의하고자 한다. 수많은 개인이 비합리적인 정치 이데올로기나 위험한 도락 같은 자신들에게 좋지 않은 밈을 수용함으로써 해를 입거나 죽임을 당했다. 다행히 밈의 경우에는 그게 전부가 아니다. 나머지 이야기를 이해하기 위해서는 밈이 자기 복제하는 기본 전략을 살펴보자.

✻ 정적인 사회 ✻

앞에서 설명했듯이 인간의 뇌는 유전체와 달리 그 자체가 강렬한 변화와 선택과 경쟁의 장이다. 뇌 안에 있는 대부분의 생각은 상상으로 시험해 보고 비판하고 그 개인의 선호를 충족시킬 때까지 변화시킬 목적으로 뇌가 만들어 낸다. 다시 말해서 밈 복제 자체가 개인의 뇌 안에서의 진화를 수반한다. 어떤 경우에는 변화와 선택이 수천 번은 순환되어야 변형 중 하나가 모방되기도 한다. 그 후 그 밈은 새로운 보유자에게 복제된 이후에도 아직 그 생명 주기가 끝나지 않는다. 그 밈은 여전히 그다음 선택 과정을, 보유자가 그것을 모방할지의 여부를 견뎌야 한다.

마음이 그런 선택에 사용하는 일부 기준 자체도 밈이다. 어떤 것은 마음 스스로가 만들어 내므로, 다른 마음속에는 절대로 존재하지 않을 생각이다. 그런 생각들은 잠재적으로 다른 사람들 사이에서 변할 가능성이 높지만, 그럼에도 그것들은 주어진 밈이 주어진 사람을 통해 생존할지의 여부에 결정적인 영향을 미칠 수 있다.

사람이 밈을 받자마자 모방이나 전달이 가능하기 때문에 밈 세대는 인간 세대보다 훨씬 더 짧을 수 있다. 심지어 하나의 밈 세대에도 관련된 마음들 안에서 많은 변화와 선택의 순환이 일어날 수 있다. 또한 밈은 그 보유자의 생물학적 후손들 이외의 사람들에게도 전달될 수 있다. 그런 요인들은 밈 진화를 유전자 진화보다 대단히 빨리 일으키며, 바로 이런 사실이 밈이 어떻게 그렇게 많은 지식을 포함할 수 있는지를 부분적으로 설명한다. 따라서 생명체가 지금까지 존재했던 기간을 '하루'로 볼 때, 인간 문명은 고작 그 기간의 마지막 1초만 점유하고 있을 뿐이라는 자주 인용되는 지구상 생명체 역사의 은유는 자칫 오해를 부르기 쉽다. 실제로 지금까지 우리 지구상에서 일어난 모든 진화의 상당 부분이 인간의 뇌 안에서 일어났다. 그리고 이것은 이제 막 시작했을 뿐이다. 생물학적 진화 전체는 진화의 주요 이야기인 밈 진화의 서론에 불과하다.

그러나 동일한 이유로, 표면상으로는 밈 복제가 본질적으로 유전자 복제보다 신뢰성이 떨어진다. 밈의 모호한 내용은 사실상 복제될 수 없고 보유자의 행동으로 추측되어야 하며, 밈은 모든 보유자 안에서 커다란 의도적 변화를 겪기 쉽기 때문에 밈이 한 번이라도 정확히 전달된다면 기적 같은 일로 여겨질 수 있을 것이다. 그리고 사실 모든 영속하는 밈의 생존 전략은 이 문제에 좌우된다.

이 문제를 진술하는 또 다른 방법은 사람들이 생각을 하고 그런 생각을 개선하기 위해 변화를 일으킨다는 점이다. 영속하는 밈은 비판이나 시련을 반복적으로 혹독하게 겪으며 살아남은 생각이다. 과연 이게 어떻게 가능할까?

계몽 이후의 서구는 두 번 이상의 생애 주기[lifetimes] 동안 사람들이 인식할 정도로 급속한 변화를 겪었던 역사상 유일한 사회이다. 급격한 변화는 항상 일어났다. 기근과 전염병과 전쟁은 시작했다가 끝이 났다.

독립적인 입장을 취하는 왕들은 과격한 변화를 시도했다. 이따금 제국이 순식간에 건설되거나 문명 전체가 순식간에 파괴되기도 했다. 그러나 어떤 사회가 지속하는 동안은 삶의 중요한 분야들이 그런 분야에 참여하는 사람들에게는 변하지 않는 것처럼 보였다. 즉, 그들은 자신들이 태어날 때와 매우 동일한 도덕적 가치, 개인적 생활 방식, 개념의 구조, 기술, 경제적 생산의 패턴하에서 죽을 거라고 예상할 수 있었다. 그리고 일어난 변화 중 좋은 것은 거의 없었다. 나는 이런 사회를 '정적인 사회static societies'라고 부른다. 거주자들이 거의 알아채지 못하는 시간 규모로 변하는 사회. 우리는 특별하고 역동적인 사회를 이해하기 전에 보통의 정적인 사회를 이해해야 한다.

어떤 사회가 정적이기 위해서는 그 사회의 모든 밈이 변하지 않거나 변화가 너무 느려서 알아채지 못해야 한다. 급속도로 변하는 우리 사회의 관점에서 볼 때, 그런 상태는 상상하기조차 어렵다. 예를 들어, 이유가 어떻든 많은 세대 동안 거의 변하지 않은 상태로 유지되었던 고립되고 원시적인 사회를 생각해 보자. 왜일까? 아마도 그 사회의 어느 누구도 변화를 원하지 않는데, 왜냐하면 다른 방식의 삶을 전혀 상상할 수 없기 때문이다. 그럼에도 불구하고 그 구성원들은 고통과 굶주림과 슬픔과 공포 혹은 다른 형태의 육체적, 정신적 고통에 면역되어 있지는 않다. 그들은 그런 고통의 일부를 경감시킬 방법을 생각하려고 한다. 그런 생각의 일부는 독창적이며, 이따금 그중 하나가 사실 도움이 되기도 한다. 그것에는 작고 임시적인 개선만 필요하다. 약간 적은 노력으로 혹은 약간 더 좋은 기기를 만들어 사냥하거나 식량을 증가시키는 방법, 빚이나 법을 기록하는 더 좋은 방법, 부부간 혹은 부모 자식 간의 미묘한 관계 변화, 그 사회의 통치자나 신에 대한 약간 다른 태도. 다음에는 어떤 일이 벌어질까?

이와 같은 생각을 하는 사람은 당연히 다른 사람들에게 말하고 싶을 것이다. 그들은 그런 생각이 삶을 덜 성가시고 덜 잔인하게 해서 수명을 더 길게 만들 수 있다는 것을 안다. 그들은 가족과 친구들에게 이 생각을 말할 것이고, 그들은 또 그 가족과 친구들에게 말할 것이다. 이 생각은 사람들의 마음속에서 삶을 더 좋게 할 방법에 대한 다른 생각들과 경쟁을 벌인다. 그러나 논증을 위해서, 이 특정한 생각이 우연히 신용을 얻어 사회 전체로 확산된다고 하자.

그러면 그 사회는 변했을 것이다. 그렇게 많은 변화는 아닐지 모르지만, 그것은 그저 단 한 사람이 단 하나의 생각으로 일으킨 변화였다. 그 사회에서 생각하는 마음의 수와 그들 각각에서 발현되는 생애 주기의 값을 곱해 보자. 그리고 이것을 단 몇 세대 동안만 지속시키면, 그 결과는 그 사회의 모든 면을 기하급수적으로 변화시키는 혁명적인 힘이 된다.

그러나 정적인 사회에서는 이런 일이 절대로 일어나지 않는다. 사람들이 자신의 생각을 완벽하게 전달할 수 없으며, 변화와 선택의 영향을 받기 쉬운 정보가 진화한다는 것 외에는 다른 어떤 것도 가정하지 않았다는 사실에도 불구하고, 나는 이 이야기 속에서 정적인 사회를 상상할 수 없었다.

어떤 사회가 정적이려면 다른 일도 벌어지고 있어야 한다. 내 이야기가 고려하지 않았던 한 가지는 정적인 사회가 그 밈의 변화를 방해하는 관습과 법(금기)을 갖고 있다는 점이다. 그런 사회는 기존 밈의 모방을 강요하고, 변형들의 모방은 금지하며, 이전 상태에 대한 비판을 억제한다. 그러나 그것만으로는 변화를 억누를 수 없는데, 다음과 같은 이유에서다. 첫째, 밈의 모방은 이전 세대의 모방과 완전히 다르다. 수용 가능한 행동의 모든 면을 털끝만큼의 오차도 없이 정확하게 상술하기란 불가능하다. 둘째, 전통적 행동으로부터의 작은 이탈이 그 이상의 변화를 촉발할 거라는 예상이 불가능하다. 셋째, 일단 어떤 변형된 생각이 한 사람 이상에게 확산하기 시작했다면, 이것은 사람들이 그 생각을 더 좋아하고 있다는 의미이므로 그 생각의 전달을 억제하기란 대단히 어렵다. 그러므로 어떤 사회도 일단 새로운 생각이 만들어지기 시작하면 억제만으로는 정적인 상태의 유지가 불가능하다.

이것이 바로 현상 유지 시행이 오직 변화 방지의 부차적 방법(청소작업)에 불과한 이유이다. 주요 방법은 항상 인간 창조성의 원천인 새로운 생각을 무력화시키는 것이다. 따라서 정적인 사회는 항상 아이들의 창조성과 비판적 능력을 무력화시키는 방식으로 교육하는 전통을 갖고 있다. 이렇게 하면 그 사회를 변화시킬 수 있었을 새로운 생각 대부분을 애당초 생각될 수 없게 만든다.

그렇다면 이것이 어떻게 이루어질까? 세부 사항은 가변적이고 또 여기서는 관련도 없지만, 현재 벌어지고 있는 일들을 보면 그런 사회에서 성장하는 사람들은 자신과 다른 사람을 판단하기 위한 일련의 가치 기준을 습득할 때 결국 자신의 독특한 속성을 제거하고 오직 그 사회의 구성 성분인 밈과의 일치만 추구하게 된다. 사람들은 자신이 오직 그런 밈을 모방하기 위해 존재하는 것으로 생각한다. 따라서 이런 사회는 복종, 충성, 의무에 대한 헌신 같은 속성들을 강요할 뿐만 아니라 자신에 대한 의미도 동일한 표준으로 투자된다. 사람들은 다른 사람들에 대해 전혀 모르게 되고, 자신들을 그 사회의 밈에 얼마나 철저히 종속시키는지에 대한 기준에 따라 자부심과 수치심을 느끼며, 그들 모두의 열망과 견해를 형성한다.

밈은 인간의 생각과 행동에 재생산 가능한 효과를 내는 방법을 어떻게 '알'까? 물론 밈은 알지 못한다. 밈은 지각력 있는 존재가 아니다. 밈은 그저 관련 지식을 암시적으로 포함할 뿐이다. 그렇다면 밈은 이런 지식을 어떻게 습득할까? 지식은 진화했다. 밈은 다양한 형태로 존재하며, 그러한 변형들은 충실한 복제를 위해 선택되기 쉽다. 정적인 사회에서 영속하는 밈은, 수백만 개의 변형이 아주 약간의 정보와 경쟁자들의 예상되는 상황을 가차 없이 막을 효율성, 심리학적 작용에서의 이점, 혹은 무엇이든 경쟁자들보다 그 개체군 전체에 더 잘 확산시키고, 일단 널리 퍼지면 딱 그 정도의 충실도로 복제되고 모방되도록 만드는 데 필요한 것이 부족했기 때문에 중도에 낙오하게 될 것이다. 만약 어떤 변형이 우연히 자기 복제 속성을 가진 행동을 조금이라도 더 잘 유도하게 된다면 변형은 곧 널리 퍼지게 되었다. 그리고 그렇게 확산하자마자, 다시 그 변형의 많은 변형이 존재하고, 그것은 다시 동일한 진화론적 압력의 영향을 받기 쉬워진다. 따라서 후속 버전의 밈은 인간 희생자들에게 그들 특유의 스타일로 훨씬 더 확실하게 피해를 입힐 수 있는 지식을 축적시켰다. 유전자처럼 밈도 이익을 줄 수는 있지만, 그렇게 할 가능성은 낮다. 눈의 유전자가 광학 법칙을 암묵적으로 '아는' 것처럼, 정적인 사회의 영속하는 밈도 인간 전통의 지식을 암묵적으로 소유하며, 방어를 회피하고 자신들이 노예로 삼고 있는 인간 마음의 약점을 악용하는 데 그 지식을 무자비하게 이용한다.

- **시간 규모에 대한 한마디** 이 정의에 따르면 정적인 사회는 완벽하게 변하지 않는 게 아니다. 그런 사회는 인간이 알아차릴 수 있는 시간

규모에서 정적이다. 하지만 밈은 그것보다 느린 변화를 막을 수 없다. 따라서 밈 진화는 정적인 사회에서도 여전히 일어나지만, 대부분의 시간 동안 그 사회의 구성원 대부분은 너무 느려서 알아차릴 수 없다. 예를 들어, 구석기 시대의 도구를 조사하는 고고학자는 그 모양으로는 수천 년 이상의 정확도까지 연대 추정이 불가능한데, 당시의 도구가 그 정도의 시간 규모보다 빨리 개선되지 않았기 때문이다 (도구의 진화가 생물학적 진화보다는 훨씬 빠르다는 사실에 주목하라). 고대 로마나 이집트 같은 정적인 사회의 도구를 조사한다면 그 기술만으로도 아마 100년 단위까지 가까운 연대 추정이 가능할 것이다. 그러나 자동차를 비롯한 오늘날의 다른 인공물들을 조사하는 미래의 역사가들은 10년 단위까지 가까운 연대 추정이 가능하고, 컴퓨터 기술의 경우에도 1년 미만의 단위까지도 추정할 수 있을 것이다.

밈 진화는 밈을 정적으로 만드는 쪽으로 흐르는 경향이 있지만, 반드시 전체 사회를 정적으로 만들지는 않는다. 유전자처럼 밈도 집단에게 이익이 되도록 진화하지는 않는다. 그럼에도 불구하고 유전자 진화가 오래 지속하는 생물을 만들고 그들에게 어떤 혜택을 주는 것처럼, 밈 진화도 때로 정적인 사회들이 정적인 상태를 유지하도록 협동하게 만들고, 진실을 구체적으로 표현함으로써 작동하게 만들 수 있다. 밈이 종종 그 보유자에게 유용한 것도 놀라운 게 아니다. 생물이 유전자의 도구인 것처럼, 개인도 밈이 그 개체군을 통해 자신을 확산시키는 '목적'을 달성하기 위해 이용된다. 그리고 이런 목적을 달성하기 위해서, 밈은 때로 혜택을 주기도 한다. 그러나 생물학적 경우와 다른 한 가지는 생물은 모두 그 유전자의 도구일 뿐이지만, 밈은 맹종하는 정적인 사회에서도 어떤 사람의 사고 일부분만 통제한다. 일부 사람들이 자신을 전파하기 위해 세포 기능성의 일부를 통제하는 바이러스를 밈의 은유로 사용하는 것은 바로 이 때문이다.

어떤 바이러스는 그저 숙주의 DNA 속에 자리 잡은 뒤 계속해서 복제에 집중하는 일 외에는 거의 아무 일도 하지 않는다. 하지만 그것은 자신의 독특한 행동을 유발하고 지식을 이용해서 자기 복제를 해야 하는 밈과 다르다. 또 어떤 바이러스는, 일부 밈이 자신의 보유자들을 파괴시키는 것처럼, 자신의 숙주 세포를 파괴시키기도 한다. 즉, 어떤 사람이 뉴스거리가 되는 방식으로 자살하면, 종종 갑자기 '모방 자살'이 증가한다.

밈의 가장 중요한 선택 압력은 충실한 복제이다. 그러나 그 안에서 보유자에게 최대한 해를 끼치지 않으려는 압력도 있는데, 왜냐하면 그 마음이 바로 인간이 밈의 행동을 가능한 한 많이 모방할 수 있을 만큼 오래 살기 위해 사용하는 것이기 때문이다. 이것은 보유자의 마음속에서 밈을 미세하게 조정된 충동을 일으키는 쪽으로 압박한다. 즉, 이상적으로 이런 압력은 그저 특정한 밈(혹은 밈 플렉스)을 모방하지 않을 수 없게 하는 것이다. 예를 들어, 영속하는 종교는 전형적으로 특정한 초자연적 실재에 대해서는 공포를 느끼게 하지만, 일반적으로는 두려움을 느끼거나 순진하게 속아 넘어가지 않게 하는데, 그 둘 모두가 일반적으로 보유자에게 해를 끼쳐서 경쟁 밈의 영향을 받기가 더 쉽게 만들기 때문이다. 따라서 이 진화론적 압력은 심리적 피해가 수령자 생각의 좁은 부분에 국한되기는 해도 깊이 정착되도록 해서, 차후에 그 밈의 규정된 행동에서 벗어나려고 한다면 커다란 감정적 대가를 치르게 된다는 사실을 알게 하는 것이다.

정적인 사회는 이런 효과를 피할 수 없을 때 형성된다. 즉, 사람들 사이의 관계, 모든 생각과 행동보다 밈의 충실한 복제 유발이 더 중시된다. 밈의 통제를 받는 모든 분야에서는 어떤 중대한 능력도 발휘되지 못한다. 혁신도 시도되지 않는다. 이런 인간 마음의 파괴는 정적인 사회를 우리 관점에서 거의 상상할 수 없게 만든다. 수많은 인간이 평생 그리고 수 세대 동안, 자신들의 고통이 경감되기를 바라지만, 그런 희망을 실현하지 못할 뿐만 아니라 대체로 어떤 진보도 시도하지 못하거나 심지어 아예 시도할 생각조차 하지 못하게 된다. 그리고 설령 기회를 본다고 해도 그런 기회를 거부한다. 이런 사회에서는 우리 모두가 태어날 때 가졌던 모든 창조성의 정신이 무언가를 시도해 보기도 전에 체계적으로 소멸된다.

정적인 사회는 지식의 성장을 막기 위한 혹독한 노력을 필요로 한다. 혹은 어떤 의미에서는 그런 노력 때문에 존립한다. 하지만 그 이상이 있다. 왜냐하면 정적인 사회에서 우연히 빠르게 확산하는 생각이 생긴다면, 그것은 진실이거나 유용하기 때문이다. 이것은 내가 앞에서 설명했던 정적인 사회에 대한 이야기에서 누락된 또 다른 면이다. 나는 그 변화가 더 좋은 쪽으로 일어날 거라고 가정했다. 그러나 그렇게 되지 않을 수도 있는데, 특히 정적인 사회에서는 비판적 지적 교양이 부족해서 사람들이 거짓되고 해로운 생각의 영향을 쉽게 받는 취약한 상태에 놓이기 때문이다. 예를 들어, 14세기에 흑사병이 유럽의 정적인 사회를 뒤흔들었을 때, 확산하는 전염병을 예방하기 위한 새로운 생각들은 극도로 나쁜 것들이었다. 많은 사람은 그것이 세상의 종말이며, 따라서 세속적인 개선의 시도는 무의미하다고 결정했다. 많은 사람은 유대인이나 '마녀' 사냥에 나섰다. 그리고 기도하기 위해 교회나 수도 원으로 모여들었다(따라서 자기도 모르는 사이에 벼룩이 옮는 질병의 전염을 용이하게 했다). 채찍질 고행단Flagellants이라는 사이비 종파가 생겼는데, 그 구성원들은 신에게 자신들이 불쌍하다는 것을 입증하기 위해 평생을 스스로 채찍질하며, 모든 터무니없는 조처를 설교하는 데 헌신했다. 이 모든 생각은 사실상 거짓이었을 뿐만 아니라 기능적으로도 유해했고, 결국 안정 상태로 돌아가려는 당국의 노력으로 억압되었다.

따라서 아이러니하게도 전형적인 정적 사회 공포에는 모든 변화가 좋기보다는 나쁠 가능성이 훨씬 더 크다는 진리가 있다. 정적인 사회에는 실제로 새롭게 일어나는 역기능 밈의 해를 입거나 파괴될 위험이 상존한다. 그러나 흑사병의 여파로 몇몇 진실하고 기능적인 생각도 확산해서, 그런 특정한 정적 사회를 대단히 좋은 방식으로 (르네상스와 함께) 종식하는 데 기여했다.

정적인 사회는 밈 특유의 진화 유형, 즉 보유자의 개인 선호도를 충족시키려는 창조적 변형을 효과적으로 제거하는 방식으로 생존한다. 이런 과정이 없다면, 밈 진화는 유전자 진화와 더욱 닮아서, 결국 그 둘 사이의 순전한 유사성에 대한 일부 결론도 꼭 들어맞는다. 정적인 사회는 문제를 폭력으로 해결하려는 경향이 있고, 또 사회의 '선'을 위해 (다시 말해서, 변화를 막기 위해) 개인의 행복을 희생시키는 경향이 있다. 나는 이런 비유에 의존하는 사람들은 결국 정적인 사회를 옹호하거나 폭력과 억압을 묵인하게 된다고 언급한 바 있다. 우리는 이제 이 두 가지 반응이 본질적으로 동일하다는 것을 알게 된다. 즉, 억압은 사회를 정적으로 유지하는 데 필요하며, 주어진 종류의 억압은 그 사회가 정체되지 않는 한 오래 가지 못할 것이다.

지속적이고 기하급수적인 지식의 성장은 명백한 효과가 있기 때문에, 우리는 역사적 연구 없이도 현재의 서구 문명 이전에 지구상에 존재했던 모든 사회가 정적이었거나 수 세대 이내에 파괴되었다고 추론할 수 있다. 아테네와 피렌체의 황금기는 후자의 예이지만, 아마 더 많은 사회가 존재했을 것이다. 이것은 원시 사회의 개인들이 그 이후에는 가능하지 않았던 방식으로 행복했다는, 그들은 사회의 규정과 문명의 규범에 구속받지 않았고, 따라서 자신들의 필요와 욕망을 표현하고 성취할 수 있었다는 널리 신봉된 믿음을 정면으로 반박한다. 그러나 (사냥과 수렵을 하는 부족을 포함해서) 원시 사회는 모두 정적인 사회였던 게 틀림없는데, 어떤 사회가 정적인 상태를 멈추면, 곧 원시 상태도 멈추거나 그 파괴적인 지식을 잃어서 자신을 파괴할 것이기 때문이다. 그런 사회의 모든 개인의 관점에서 볼 때, 창조성을 억압하는 그런 메커니즘은 대단히 유해하다. 모든 정적인 사회의 구성원들은, 사람으로서 자신에게 긍정적인 무언가를 성취하려는 시도를, 혹은 사실 그들의 밈이 강제하는 행동 이외의 어떤 것이라도 성취하려는 시도를 만성적으로 방해받을 수밖에 없다. 그런 사회는 오직 그 구성원들의 자기표현을 억압하고 정신을 파괴하는 방식을 통해서만 영속할 수 있으며, 그런 사회의 밈은 이런 작업에 절묘하게 적응되어 있다.

✳ 역동적인 사회 ✳

그러나 서구 사회는 정적인 사회가 아니다. 우리의 사회는 영속하는 역동적인 사회의 예로 잘 알려져 있다. 우리의 사회는 13장에서 설명했듯이 가치와 목표에 대한 광범위한 합의의 개선을 포함해서, 장기적이고 신속하고 평화적인 변화와 개선 능력으로는 유일무이하다. 이것이 가능했던 것은 비록 여전히 '이기적'이긴 해도, 개인에게 반드시 유해하지는 않은 근본적으로 다른 종류의 밈이 출현했기 때문이다.

이런 새로운 밈의 본질을 설명하기 위해, 다음의 질문을 제기해 보자. 급속도로 변하는 환경에서 어떤 종류의 밈이 장기간 자기 복제하는 것이 가능할까? 그런 환경에서는 사람들이 예측 불가능한 문제와 기회에 지속적으로 직면한다. 따라서 그들의 필요와 바람도 예측할 수 없게 변하고 있다. 과연 어떤 밈이 그런 사회 조직 안에서 변하지 않고 유지될 수 있을까? 정적인 사회의 밈은 모든 개인의 선택을 효과적으로 제거하기 때문에 변하지 않은 채로 유지된다. 사람들은 어떤 생각을 습득해야 할지 모방해야 할지 선택하지 못한다. 그런 밈은 또 서로 결합해서 사회를 정적으로 만들기 때문에, 사람들의 환경은 거의 변하지 않는다. 그러나 일단 그런 정체 상태가 와해되어서 사람들이 선택할 수 있게 되면, 그들은 부분적으로 개인의 상황과 생각에 따라 선택해, 어떤 경우에는 밈이 시간뿐만 아니라 수령자마다 예측할 수 없을 정도로 다양한 선택 기준에 직면하게 된다.

밈이 단 한 사람에게 전달되기 위해서는 오직 그 사람에게만 유용해 보여야 한다. 변하지 않는 환경에서 유사한 사람들의 집단에 전달되기 위해서는 그 밈이 오직 편협한 진실이어야 한다. 그러나 다양하고 예측할 수 없는 목적을 가진 사람이 연속적으로 여러 차례 선택하기에 가장 적합한 생각은 어떤 종류일까? 진실한 생각은 좋은 후보이다. 그러나 모든 진실이 그렇게 작동하지는 않을 것이다. 그것은 모든 사람에게 유용해 보여야 한다. 왜냐하면 그 생각의 모방 여부를 선택하는 게 바로 사람들이기 때문이다. '유용하다'는 게 반드시 기능적인 유용성만을 의미하지는 않는다. 그것은 흥미롭거나, 재미있거나, 우아하거나, 기억하기 쉽거나, 도덕적이거나 하는 것처럼, 사람들이 어떤 생각을 채택해서 모방하고 싶게 만드는 모든 성질을 의미한다. 그리고 예측 불허의 다양한 환경에서 사람들에게 유용해 보이는 가장 좋은 방법은 유용해지는 것이다. 이런 생각은 가장 광범위한 의미에서 진실이거나, 혹은 진실을 구체화한다. 즉, 이것이 만약 어떤 사실에 대한 주장이라면 글자 그대로 진실이고, 만약 미적 가치나 행동이라면 아름답고, 도덕적 가치라면 객관적으로 옳고, 농담이라면 재미있다.

사실 그런 밈은 급변하는 비판의 기준에서 생존 가능할 뿐만 아니라 긍정적으로 작용한다. 현상 유지 강행이나 사람들의 비판 능력 억압에 무방비상태여서 비판을 받겠지만, 경쟁 밈도 마찬가지이며, 경쟁자들은 상황이 더 나빠져서 모방되지 않는다. 그런 비판이 없는 경우, 진실한 생각은 더 이상 이점이 없어 도태되거나 대체될 수 있다.

✳ 합리적 밈과 비합리적 밈 ✳

이런 새로운 종류의 밈은 합리적이고 비판적인 사고에 의해 만들어지므로, 이후에도 그러한 생각에 의존해서 자신을 충실히 복제시키려 한다. 그러므로 나는 그것들을 합리적 밈rational memes이라고 부르고자 한다. 그리고 앞에서 설명한 정적인 사회의 밈은 보유자의 비판 능력을 무력화시키는 방식으로 생존하므로 비합리적 밈anti-rational memes이라고 부르겠다. 합리적 밈과 비합리적 밈은 근본적으로 다른 복제 전략으로 생겨났기 때문에 뚜렷하게 다른 성질을 갖고 있다. 두 밈은 그것들이 유전자와 다른 것만큼이나 서로 다르다.

아이들이 어떤 종류의 도깨비를 무서워하면, 그 아이들이 어른이 되었을 때, 자신의 자녀에게도 그 도깨비를 무서워하게 만드는 특성을 가진다면, 그런 종류의 도깨비 이야기를 하는 행동은 밈이다. 그것이 합리적 밈이라고 하자. 그러면 세대를 거치면서 비판이 그 이야기의 진실에 의문을 던진다. 실제로 도깨비는 존재하지 않기 때문에, 그 밈은 아마도 소멸할 것이다. 그 밈은 자신의 소멸 여부에 '관심'이 없다는 사실에 주목하라. 밈은 항상 자신들이 해야 하는 일을 한다. 심지어 밈은 자신에 대해서도 의도를 갖지 않는다. 그러나 밈은 다른 방법으로도 사라진다. 밈은 명백히 허구일 수도 있다. 합리적 밈은 그 보유자가 그것을 유용하다고 생각해야 하기 때문에, 불쾌한 감정을 일으키는 밈은 불리한 입장에 놓이므로 공포를 일으키지 않고 유쾌한 스릴을 느끼게 하는 쪽으로 진화할 수 있다.

이번에는 그게 비합리적 밈이라고 하자. 그러면 불쾌감을 불러일으키는 감정은 필요한 해를 끼치는 데 유용하다. 즉, 그 이야기를 듣는 사람의 도깨비 제거 능력을 무력화시키고 그것을 생각하고 말하고 싶은 충동을 고착시키는 데 이 밈은 유용해진다. 더 정확히는 그 도깨비의 속성이 인간 마음의 만연된 취약점들을 활용하면 할수록 그 비합리적 밈은 더 널리 전파될 것이다. 그 밈이 많은 세대 동안 생존할 수 있으려면, 이런 취약점들에 대한 함축적인 지식이 반드시 사실이고 강력해야 한다. 그러나 그 밈의 명백한 내용(도깨비가 존재한다는 생각)은 어떤 진실도 포함할 필요가 없다. 반대로, 존재하지 않는 도깨비는 그 밈을 더 좋은 복제기가 되도록 도와주는데, 왜냐하면 그 이야기가 진짜 위협적인 세속적 속성들의 구속을 받지 않기 때문이다. 그리고 그 이야기가 낙관론의 원리를 훼손할 수도 있다면 훨씬 더 그렇다. 따라서 합리적 밈이 심오한 진실 쪽으로 진화하는 것처럼, 비합리적 밈도 심오한 진실로부터 멀어지는 쪽으로 진화한다.

평소처럼 두 가지 복제 전략을 혼합하는 것은 좋지 않다. 만약 어떤 밈이 사실이고 수령자에게 도움이 되더라도, 그 자체와 관련하여 수령자의 비판 능력을 무력화시키는 지식을 포함하고 있다면, 그 지식에 대한 수령자의 오류 수정 능력이 줄어들 테고, 따라서 전달의 충실성이 떨어질 것이다. 그리고 만약 어떤 밈이 그것이 유익하다는 수령자의 믿음에 의존하지만, 실제로는 유익하지 않다면, 수령자는 그 밈을 거부하거나 모방하지 않을 가능성이 커진다.

마찬가지로, 합리적 밈의 본고장은 역동적인 사회인데, 그곳에서는 비판의 전통이 조금이라도 진실하지 않은 밈의 변형을 억제한다. 더욱이 급속한 진보는 이러한 변형들을 지속적으로 다양한 비판 기준에 노출하므로, 이번에도 오직 대단히 진실한 밈만 생존의 기회를 얻게 된다. 비합리적 밈의 본고장은 그 모든 반대의 이유로 정적인 사회이다. 그러므로 각 유형의 밈은 대체로 정반대 종류의 사회에 존재할 때 자기 복제 능력이 감소할 수 있다.

계몽

서구 사회는 정적인 사회의 갑작스러운 실패작이 아니라, 몇 세대에 걸친 정적 사회의 진화를 통해 역동적으로 변화했다. 그 전통이 어디서 언제 시작되었는지는 경계가 분명하지 않지만, 아마도 갈릴레오의 철학에서 시작되었고, 뉴턴의 발견으로 돌이킬 수 없게 되었던 게 아닌가 싶다. 밈의 용어로, 뉴턴의 법칙은 자신을 합리적 밈으로 복제했고, 그 법칙이 너무나 많은 목적에 유용했기 때문에 복제 충실도가 매우 높았다. 이런 성공은 전례 없는 수준으로 이해되었다는 사실과 이를 가능하게 했던 과학과 추론 방법의 철학적 의미를 무시할 수 없게 만들었다.

아무튼 뉴턴 이후에는 급속한 진보가 진행 중이라는 사실을 깨닫지 않을 수 없었다(특히 장 자크 루소Jean-Jacques Rousseau 같은 일부 철학자들은 정말로 진보를 시도했지만, 추론은 유해하고 문명은 나쁘며 원시적인 삶은 행복하다는 주장을 늘어놓았을 뿐이다). 과학적, 철학적, 정치적 개선이 갑자기 쇄도해서 정체 상태로 돌아갈 가능성이 사라지고 말았다. 서구 사회는 계몽이 시작되거나 파괴될 것이다. 서구 너머의 국가들도 오늘날 주변국과의 전쟁이라는 절박한 상황을 통해서, 서구의 밈을 통해서 급변하고 있다. 그들의 문화도 다시 정적인 상태로 돌아갈 수는 없다. 그 국가들은 나름의 운용 방식으로 '서구화'되거나, 혹은 모든 지식을 잃고 멸망하게 된다. 이것이 바로 세계 정치에서 점점 중요해지는 딜레마이다.

서구에서는 아직 계몽이 완성되지 않았다. 서구는 소수의 꼭 필요한 분야에서만 상대적으로 진보했을 뿐이다. 물리과학과 서구의 정치적, 경제적 제도가 좋은 예이다. 이런 분야에서는 생각들이 이제 비판과 실험 그리고 선택과 변화에 상당히 열려 있다. 그러나 다른 분야에서는 여전히 밈이 구식으로, 수령자의 비판 능력을 억압하고 그들의 선호도를 무시하는 방식으로 복제된다. 소녀가 숙녀다워지려고 애쓰고 문화적으로 정의된 몸매와 외모의 표준에 맞추려고 할 때, 소년이 강해 보이려고 최선을 다하고 스트레스를 받을 때도 울지 않으려고 할 때, 그들은 그런 행동의 암묵적 승인이 비난받을 행동이 되었다는 사실에도 불구하고, 여전히 우리 문화의 일부인 오래된 '성 정형화' 밈을 복제하려고 고군분투하고 있다. 그런 밈은 어떤 종류의 삶을 영위해야 하는지에 대한 방대한 생각이 그 보유자의 마음을 스쳐 지나가지 않게 하는 효과가 있다. 그들은 조금이라도 금지된 방향으로 생각이 흘러가면, 불편함과 창피함을 비롯해서 종교인들이 아득한 옛날부터 신을 배신했다고 느꼈던 것과 동일한 종류의 두려움과 상실을 경험한다. 그리고 그들의 세계관과 비판 능력도 정확히 그런 식으로 무력화되어 그들은 머지않아 정확히 같은 패턴의 사고와 행동으로 다음 세대를 이끌게 될 것이다.

비합리적 밈이 여전히 오늘날에도 우리 문화의, 또 모든 개인의 마음 상당 부분이라는 사실은 받아들이기 힘들다. 아이러니하게도 이런 사실은 초기 사회의 완전히 폐쇄적인 사람들에게보다 우리에게 더 가혹하다. 폐쇄적인 사람들은 대부분의 삶을 스스로 선택하고 자신의 목표를 추구하기보다 정교한 의식을 수행하면서 소비한다는 전제로 고통받지 않았을 것이다. 반대로 개인의 삶이 의무와 권위에 대한 복종, 경건, 신앙 등에 의해 통제되는 정도가 자신과 다른 사람들을 판단하는 척도였다. 자신들이 왜 번거로운 행동을 수행하도록 요구받는지 질문하는 아이들은 "내가 그렇게 말했으니까!"라는 대답을 들을 테고, 머지않아 그들은 자녀들에게도 동일한 질문에 동일한 대답을 하게 될 것이다(이것은 함축적인 내용은 사실이지만 보유자는 그것을 믿지 않는 기묘한 종류의 밈이다). 하지만 오늘날에는, 우리의 변화에 대한 열망과 새로운 생각과 자기비판에 대한 전례 없는 개방성 때문에, 이런 설명은 우리가 여전히 상당한 정도까지는 비합리적 밈의 노예라는 많은 사람의 자아상과 충돌한다. 우리 대부분은 한두 가지 문제가 있다는 사실은 인정하지만, 기본적으로는 우리의 행동이 우리 자신의 결정에 의해 정해진다고 생각한다. 그리고 우리의 결정은 무엇이 우리의 합리적 관심 속에 있는지에 대한 주장과 증거에 대한 심사숙고한 평가에 의해 결정된다고 생각한다. 이런 합리적 자아상은 그 자체로 최근에 발전한 우리의 사회이며, 그 밈의 대부분은 이성과 생각의 자유 그리고 인간 개인의 가치 같은 것들을 명확하게 장려하고 그것에 암묵적으로 영향을 미친다. 우리는 당연히 그러한 가치들을 충족시키는 관점에서 우리 자신을 설명하려고 한다.

분명히 이 안에는 진실이 있다. 그러나 그게 전부는 아니다. 우리는 증거를 찾기 위해 더 이상 우리의 의상 스타일과 우리의 인테리어 방식을 볼 필요가 없다. 당신이 만약 잠옷을 입고 쇼핑하거나 집을 파란색과 갈색 줄무늬로 칠한다면 다른 사람들이 어떻게 판단할지 생각해 보라. 이것은 스타일에 대한 사소한 선택을 지배하는 편협한 규정과 그러한 규정을 위반했을 경우 받게 될 터무니없는 사회적 비용을 암시한다. 경력, 관계, 교육, 도덕성, 정치적 전망, 국가의 정체성 같은 우리 삶에서 더 중요한 패턴의 경우도 마찬가지일까? 정적인 사회가 점차 비합리적 밈에서 합리적 밈으로 변하고 있을 때 어떤 일이 일어날 거라 예상해야 하는지 생각해 보라.

이러한 전이는 반드시 점진적인데, 역동적인 사회를 안정하게 유지하려면 상당량의 지식이 필요하기 때문이다. 소량의 창조성과 지식, 많은 오해, 밈의 맹목적인 진화와 시행착오처럼, 정적인 사회에서 사용할 수 있는 방법만으로는 지식을 창조하는 데 반드시 시간이 걸릴 게 틀림없다.

더욱이 그 사회는 그동안 내내 계속해서 기능해야만 했다. 그러나 합리적 밈과 비합리적 밈의 공존은 이런 전이를 불안정하게 한다. 각 유형의 밈은 상대 밈의 충실한 복제를 방해하는 행동을 유발한다. 충실하게 복제하기 위해서 비합리적 밈은 사람들이 자신의 선택에 대해 비판적으로 생각하지 않게 해야 하는 반면, 합리적 밈은 사람들이 최대한 비판적으로 생각하게 해야 한다. 이 말은 우리 사회의 어떤 밈도 매우 정적인 사회나 (아직 가설적이긴 하지만) 완전히 역동적인 사회의 가장 성공한 밈만큼 복제하지 못한다는 의미이다. 이것은 우리의 전이 시대에 독특한 여러 현상을 일으킨다.

이런 현상 중 하나는 일부 비합리적 밈이 그 성질에 맞지 않게 합리적인 방향으로 진화하는 것이다. 한 예로 전제적 군주제가 일부 민주적 제도에서 긍정적인 역할을 해왔던 '입헌 군주제'로 전이되는 현상이다. 앞에서 설명한 불안정성을 고려할 때 그런 전이가 종종 실패하는 것은 놀라운 일이 아니다.

또 다른 현상은 역동적인 사회 내에서 비합리적 하위문화들이 형성되는 것이다. 비합리적 밈은 비판을 선택적으로 억압하고 오직 미세하게 조정된 피해만 일으킨다는 점을 상기해 보자. 이것은 비합리적 하위문화가 다른 점에서 정상적으로 기능할 수 있게 한다. 따라서 그런 하위문화는 다른 분야에서 전해져 오는 변칙적 효과들 때문에 동요될 때까지 오랫동안 생존할 수 있다. 예를 들어, 인종차별주의를 비롯한 다른 형태의 편협한 신앙은 오늘날에도 비판을 억제하는 하위문화에 거의 전적으로 존재한다. 편협한 신앙은 편협한 사람들에게 이득을 주기 때문이 아니라, 그런 사람들이 인생에서 선택을 하기 위해 고정불변하고 비기능적인 기준으로 이용하기 위해 그들에게 미치는 피해에도 불구하고 존재한다.

현재의 교육 방식은 여전히 정적인 사회에서 존재했던 방식과 공통점이 많다. 비판적 사고를 장려한다는 현대적인 공론에도 불구하고, 기계적 암기와 심리적 압박을 통해 표준 행동 패턴을 주입하는 방식이 이제 명확한 이론에서는 완전히 혹은 부분적으로 거부되는데도, 교육에서는 필수 부분인 게 여전히 사실이다. 더욱이 학문적 지식에 관해서는 교육의 주요 목적이 표준 교육 과정의 충실한 전달이라는 게 사실상 여전히 당연하게 여겨진다. 한 가지 결과는 사람들이 과학적 지식을 학문적 방식과 도구적 방식으로 습득한다는 것이다. 자신들이 학습하고 있는 것에 대한 비판적이고 차별적인 접근 없이, 대부분이 과학과 추리의 밈을 마음속으로 비효율적으로 복제시키고 있는 것이다. 따라서 우리는 사람들이 혈액 샘플 속의 세포 수를 계산하기 위해 레이저 기술을 비과학적으로 사용하면서 며칠을 보내는가 하면, 지구에서 초자연적 에너지를 끌어내기 위해 다리를 꼬고 앉아 노래를 부르며 저녁을 보내는 사회에 살고 있다.

✳ 밈과 함께 살기 ✳

밈에 대한 기존의 설명들은 합리적 복제 양식과 비합리적 복제 양식의 모든 차이를 무시한다. 결과적으로 그런 설명들은 지금 무슨 일이 벌어지고 있으며, 왜 그런지 그 이유를 놓치고 만다. 심지어 설명이 훌륭하고 가치 있는 지식 역시 밈으로 이루어져 있다는 사실을 인정할 때 조차도, 그 설명의 취지는 대개 밈에 반한다.

예를 들어, 심리학자 수잔 블랙모어Susan Blackmore는 《밈*The Meme Ma-*

chine》에서 밈 진화의 관점에서 인간의 조건을 근본적으로 설명하려고 시도한다. 이제 밈은 사실 우리 인간의 존재 설명에 필수이다. 다음 장에서 설명하는 것처럼 비록 그녀가 제안한 특정 메커니즘이 가능하지는 않았겠지만 말이다. 그러나 결정적으로 블랙모어는 밈의 복제와 기원에서 창조성이라는 요소를 중요하게 여기지 않았다. 결국 그녀는 전통적인 설화 문학이 창조성을 가지는 만큼이나 기술적 진보를 개인의 창조성으로 가장 잘 설명할 수 있다는 점을 의심하게 된다. 대신 그녀는 그것을 밈 진화로 간주한다. 그녀는《기술의 진화The Evolution of Technology》에서 "영웅적인 발명가의 신화"를 부정하는 역사가 조지 바살라George Basalla를 인용한다. 그러나 발견의 동인 역할을 하는 "진화"와 "영웅적인 발명가"의 차이는 정적인 사회에서만 이치에 맞는다. 정적인 사회에서 대부분의 변화는 사실 농담이 진화하는 것처럼 개인 참여자가 위대한 창조성을 발휘하지 않아도 발생한다. 그러나 역동적인 사회에서는 과학적, 기술적 혁신들이 창조적으로 만들어진다. 말하자면 그것들은 개인의 마음속에서 충분한 적응을 습득한 뒤 기발한 생각처럼 개인의 마음에서 생겨난다. 물론 두 경우 모두, 진화의 구성 요소인 변화와 선택의 과정을 통해 이전의 생각들로부터 만들어진다. 그러나 진화가 대체로 개인의 마음 안에서 일어날 때, 그것은 밈의 진화가 아니다. 그것은 영웅적인 발명가의 창조성이다.

심지어 블랙모어는 진보에 관하여 "특히 어떤 쪽으로의 진보"가 있었다는 사실을 부정한다. 다시 말해서 객관적으로 더 좋은 무언가로의 진보란 없다. 그녀는 오직 복잡성의 증가만 인정한다. 왜일까? 생물학적 진화에는 '더 좋거나 더 나쁜' 게 없기 때문이다. 밈과 유전자가 다르게 진화한다는 그녀 자신의 경고에도 불구하고, 이번에도 그녀의 주장은 대체로 정적인 사회에서는 사실이지만, 우리 사회에서는 사실이 아니다.

우리의 행동 일부가 우리가 그 내용을 모르는 독립 실재에 의해 유발된다는 사실에 비추어 볼 때, 창조성과 선택처럼 인간에게만 나타나는 독특한 현상의 존재를 어떻게 이해해야 할까? 그리고 더 나쁘게는, 그런 실재들이 우리의 생각과 견해와 행동의 이유들을 조직적으로 현혹하기 쉽다는 사실을 감안한다면 어떠할까?

기본적인 답은 우리의 어떤 생각에서든, 심지어 우리 자신에 대해서도 그리고 심지어 우리가 옳다고 강력하게 느낄 때조차도 우리가 크게 잘못 판단하고 있다는 사실에 놀라서는 안 된다는 것이다. 따라서 우리는 원칙적으로 우리가 어떤 이유 때문에 오류를 범할 가능성에 반응할 때와 다르게 반응해서는 안 된다. 우리는 오류를 범하기 쉽지만, 추측과 비판과 좋은 설명을 찾는 과정을 통해 그런 오류의 일부를 수정할 수 있다. 밈은 숨어 있지만, 우리가 설명과 관측의 조합을 이용해서 밈을 발견하고 그 함축적인 내용을 간접적으로 발견하는 것을 막을 수는 없다.

예를 들어, 한 보유자에서 다음 보유자로 정확하게 반복되어 온 어떤 행동을 우리 자신이 수행하고 있다고 생각할 때마다, 우리는 의심해야 한다. 만약 이런 행동의 수행이 개인적 목적을 달성하려는 노력을 방해한다거나, 혹은 그 행동의 표면적 정당성이 사라졌는데도 충실하게 지속되는 것을 발견한다면, 우리는 더 많이 의심해야 한다. 그리고 만약 우리 자신의 행동을 나쁜 설명으로 설명하고 있다고 생각한다면, 훨씬 더 많이 의심해야 한다. 물론 어느 시점에서는 이런 것들을 알아채거나 발견하지 못할 수도 있다. 그러나 모든 악이 지식의 부족 때문에 생기는 사회에서는 실패가 영구적일 필요가 없다. 우리는 처음에는 중력이라는 힘의 부재를 알아채지 못했다. 그러나 이제 우리는 그것을 이해한다.

우리가 의심해야 하는 또 다른 이유는 권위에 대한 존중과 정적인 하위문화 같은 비합리적 밈 진화의 조건이 존재하기 때문이다. "내가 그렇게 말하니까", "그건 내게 아무런 해도 끼치지 않았어", "그게 사실이니까 우리 생각의 비판을 억제하자"라고 말하는 것은 정적인 사회의 사고방식을 암시한다. 우리는 법과 관습을 비롯한 다른 제도들이 비합리적 밈이 진화할 조건들을 만드는지 주시해야 한다. 그런 조건을 회피하는 것이 포퍼의 기준의 핵심이다.

계몽은 설명적 지식이 물리적 사건들의 가장 중요한 결정자로서의 정상적인 역할을 떠맡기 시작하는 순간이다. 적어도 그럴 가능성이 있다. 즉, 우리가 시도하고 있는 지속적인 지식의 창조가 이전에는 전혀 효과가 없었다는 것을 기억하는 게 좋다. 사실, 우리가 지금부터 달성하고자 노력해야 할 모든 것이 이전에는 전혀 효과가 없었을 것이다. 우리는 지금까지 영구한 현상 유지의 희생자(그리고 집행자)에서 험난한 전환기에 상대적으로 빠른 혁신을 이룬 수동적인 수혜자로 변화했다. 우리는 이제 떠오르는 합리적 사회 그리고 그 과정에서의 변화를 받아들이고 그런 변화가 일어나게 된 것을 기뻐해야 한다.

16장

창조의 진화

The Evolution of Creativity

✳ 창조성은 어떤 용도였을까? ✳

우리 행성에서 진화한 수많은 생물학적 적응들 중, 과학 및 수학 지식이나 예술 혹은 철학을 만들어 낼 수 있는 것은 창조성밖에 없다. 그 결과 생긴 기술과 제도를 통해, 창조성은 괄목할 만한 효과를 일구어냈다. 가장 주목할 만한 곳은 인간 서식지 부근이지만, 그 너머도 이제 인간의 목적을 위해 사용된다. 그 자체가 창조성의 산물인 인간의 선택은 어떤 종을 배제하고 어떤 종을 관대히 다루거나 경작할지, 어떤 강의 물길을 돌릴지, 어떤 언덕을 수평으로 만들지, 어느 미개지를 보존할지 결정한다. 밤하늘에서 빠르게 움직이는 밝은 점은 어떤 생물학적 적응이 무언가를 수송할 수 있는 것보다 더 높이 더 빠르게 인간을 수송하는 우주 정거장일 수도 있고, 생물학적 통신이 결코 닿아 본 적 없는 거리를 가로질러 생물학이 결코 이용해 본 적 없는 전파와 핵반응 같은 현상을 이용해서 인간이 통신하는 위성일 수도 있다. 창조성의 진기한 효과들이 우리의 세상 경험을 지배한다.

오늘날에는 급속한 혁신의 경험도 포함된다. 당신이 이 책을 읽을 무렵이면, 내가 글을 쓰고 있는 컴퓨터는 무용지물이 될 것이다. 인간의 노력을 덜 필요로 하지만 기능은 훨씬 더 좋은 컴퓨터가 존재할 것이다. 다양한 책이 출간되었을 테고, 혁신적인 건물과 다양한 인공물들도 건축되며, 그중 어떤 것은 빠르게 대체되는 반면, 어떤 것은 피라미드가 지금까지 서 있었던 기간보다 더 오랫동안 건재할 것이다. 놀라운 과학적 발견들이 이루어질 테고, 그중 어떤 것은 표준 교과서를 영원히 바꾸기도 할 것이다. 이런 창조성의 결과들은 끊임없이 변하는 생활 방식을 조장하지만, 이런 일은 오직 영속하는 역동적인 사회에서만 가능하다. 그리고 그런 사회 자체는 오직 창조적인 생각만이 만들어 낼 수 있는 현상이기도 하다.

그러나 내가 앞장에서 지적했듯이 창조성이 그런 효과를 낸 것은 우리 인간의 역사에서 매우 최근의 일이다. 무관심한 관측자(말하자면, 외계 문명의 탐험가)에게는 선사 시대의 인간이 창조적인 생각을 할 수 있었다는 게 분명하지 않았을 것이다. 생물권에 있는 수십억의 종처럼 우리도 그저 유전학적으로 적응된 생활 방식을 끝없이 반복하고 있는 것처럼 보였을 것이다. 확실히 우리는 도구를 사용하고 있었지만, 다른 종도 그랬다. 우리는 상징적 언어를 이용해서 소통하고 있었지만, 그 또한 특별한 게 아니었다. 심지어 꿀벌도 그렇게 한다. 우리는 다른 종을 길들이고 있었지만, 개미도 그렇게 한다. 더 자세히 관찰해 보면, 인간의 언어와 도구 사용 지식은 유전자가 아니라 밈을 통해 전달되고 있었던 것으로 드러났을 것이다. 이런 점에서 보면 우리가 상당히 특별해 보이지만, 몇몇 종도 밈을 가지므로 여전히 명백하게 창조적이지는 않다. 그러나 그런 종들에게 없는 것은 변칙적 시행착오의 방식 외에도 밈을 개선하는 방법이다. 또한 여러 세대에 걸친 지속적인 개선도 가능하지 않다. 오늘날, 우리와 다른 종을 매우 두드러지게 구별 짓는 것은 바로 인간이 생각을 개선하기 위해 사용하는 창조성이다. 그럼에도 인간이 존재했던 대부분의 시간에 창조성은 그다지 눈에 띄게 사용되지 않았다.

창조성은 우리 종의 전임자들의 경우에 훨씬 덜 눈에 띄었을 것이다. 그러나 창조성은 이미 그 종에서 진화하고 있었던 게 틀림없다. 그렇지 않다면 그 결과 우리 종이 출현하지는 못했을 것이다. 사실 우리 전임자들의 뇌에 더 많은 창조성을 (더 정확히는 우리가 지금 창조성이라고 생각하는 능력을 더 많이) 제공했던 연속적인 돌연변이의 이점이 상당이 컸을 게 틀림없다. 왜냐하면 확실히 현대 인간은 유전자 진화의 표준으로 볼 때 유인원 같은 조상으로부터 매우 빠르게 진화했기 때문이다. 우리의 조상은 새로운 지식의 창조 능력이 다소 부족했던 유사 종보다 계속해서 더 많이 번식하고 있었던 게 틀림없다. 왜일까? 그들은 이런 지식을 어디에 이용하고 있었을까?

우리는 당연히 그들이 오늘날의 우리처럼 혁신을 위해서, 세상을 이해하기 위해서, 그들의 삶을 개선하기 위해서 창조성을 이용하고 있었다고 판단했을 것이다. 예를 들어, 석기를 개선할 수 있는 개인은 결국 더 좋은 기기를 갖게 될 테고, 따라서 더 나은 식량과 생존력이 더 강한 자손을 갖게 되었을 것이다. 그들은 또 더 강력한 무기도 만들어서 경쟁 유전자 보유자들이 식량과 짝에 접근하지 못하게 했을 것이다. 그러나 만약 그런 일이 일어났다면, 고고학적 기록은 그런 개선들이 세대의 시간 규모로 일어나는 것을 보여 줄 것이다. 그러나 그렇지 않다.

창조성이 진화하는 동안, 밈 복제 능력도 진화하고 있었다. 50만 년 전에 살았던 호모 에렉투스의 일부 구성원들은 모닥불 피우는 방법을 알고 있었다. 그 지식은 그들의 유전자가 아니라 그들의 밈 안에 있었다. 그리고 일단 창조성과 밈 전달이 모두 존재하면, 그 둘은 서로의 진화 가치를 대단히 높여 준다. 왜냐하면 그래야 무언가를 개선하는 사람은 모든 세대에게 그 혁신을 물려줄 방법을 갖게 되고, 따라서 관련 유전자들에게 이득을 증가시키기 때문이다. 그리고 밈은 변칙적 시행착오보다 창조성에 의해 훨씬 더 빨리 개선될 수 있다. 생각의 가치에는 상한선이 없기 때문에, 창조성과 밈의 사용 능력이라는 두 적응의 끝없는 공동 진화 조건이 존재했을 것이다.

그러나 이번에도 이 시나리오에는 오류가 있다. 두 적응은 아마도 공동 진화했겠지만, 사람들의 생각 개선과 그런 개선을 자손에게 전달하는 행위에 추진력이었을 리는 만무하다. 왜냐하면 만약 그랬다면 그들은 세대의 시간 규모로 개선을 축적하고 있었을 것이기 때문이다. 농업이 시작되기 전인, 약 1만 2,000년 전에는 수천 년이 지나야 주목할 만한 변화가 생겼다. 그것은 마치 각각의 작은 유전적 개선이 단 하나의 주목할 만한 혁신만 일으키고 끝나버렸던 것 같다. 오늘날의 '인공 진화' 실험처럼. 그러나 그런 일이 어떻게 가능할까? 현재의 인공 진화와 인공 지능 연구와 달리, 우리의 조상들은 끝없는 혁신의 물줄기를 만들어 낼 창조성이라는 능력을 진화시키고 있었다.

그들의 혁신 능력은 빠르게 증가하고 있었지만, 혁신은 거의 일어나지 않았다. 이 점이 수수께끼인데, 그게 기이한 행동이기 때문이 아니라, 만약 혁신이 그렇게 드물었다면, 혁신 능력에 따라 개인의 번식에 어떤 차이가 있었을지 의문이 생기기 때문이다. 주목할 만한 변화들이 수천 년의 간격을 두고 일어났다는 말은 대부분의 세대에서 심지어 그 집단 안에서 가장 창조적인 개인들조차도 혁신을 이루지 못했다는 의미이다. 따라서 더 큰 혁신 능력은 그 보유자들에게 유리한 선택 압력으로 작용하지 못했을 것이다. 그렇다면 그런 능력의 개선이 그 집단

전체에 빠르게 확산한 까닭은 무엇일까? 우리의 조상들은 그 창조성을 무언가에 이용했던 게 틀림없다. 그리고 그것을 최대한 자주 사용했을 것이다. 그러나 분명히 혁신을 위해서는 아니었다. 창조성은 대체 무엇에 사용되었을까?

한 가지 이론은 창조성이 어떤 기능적 이점을 제공한다기보다 그저 성 선택을 통해 진화했을 뿐이라고 주장한다. 즉, 사람들은 창조성을 화려한 의상, 장식, 이야기, 재치 같은 짝의 관심을 끌 만한 과시용품을 만드는 데 사용했다. 이 이론에 따르면 가장 창조적인 과시용품을 가진 개인과 짝을 이루려는 선호가 진화의 소용돌이 속에서 창조성과 함께 공동 진화했다. 공작 암컷의 선호와 공작 수컷의 꼬리처럼.

그러나 창조성이 성 선택의 대상일 리는 없다. 창조성은 지금까지도 인공적 재생산이 가능하지 않은 복잡한 적응이다. 따라서 창조성은 인체의 색이나 크기 혹은 모양 같은 속성보다 진화하기가 훨씬 더 어렵다. 신체의 일부는 사실 인간을 비롯한 다른 동물에서 성 선택에 의해 진화한 것으로 여겨진다. 창조성은 우리가 아는 한, 오직 한 번만 진화했다. 더욱이 창조성의 가장 명백한 효과는 축적이다. 어떤 경우에도 잠재적 짝의 작은 창조성 변화를 알아채기란 어려울 것이다. 특히 그 창조성이 실용적인 목적으로 사용되고 있지 않다면 말이다. 그렇다면 우리가 새로운 지식을 창조할 능력이나, 훨씬 더 수월하게 진화했을 그리고 평가하기가 훨씬 더 쉬웠을 수많은 속성들 대신에, 다양한 색의 머리카락이나 손톱을 진화시키지 않은 이유는 무엇일까?

성 선택 이론의 더 그럴듯한 변형 하나는 사람들이 창조성을 직접적으로 선호한다기보다 사회적 신분에 따라 짝을 선택했다는 주장이다. 아마도 가장 창조적인 개인들은 음모나 다른 사회적 조작을 통해 더 효과적인 신분 획득이 가능했을 것이다. 이런 상황은 우리가 증거를 볼 수 있는 진보를 일으키지 않으면서도 그들에게 진화론적 이점을 제공했을 가능성이 있다. 그러나 그런 이론은 여전히 만약 창조성이 어떤 목적을 위해서 집중적으로 사용되었다면 왜 기능적 목적에는 사용되지 않았는지를 설명해야 하는 문제에 봉착한다. 창조적인 모험을 통해 권력을 획득한 족장이 왜 사냥하기 더 쉬운 강력한 창에 대해서는 생각하지 않았을까? 그런 음모를 고안해 낸 부하는 왜 지지받지 못했을까? 마찬가지로 예술적인 과시용품에는 감명받았던 잠재적인 짝들이 실용적인 혁신에는 왜 감명받지 않았을까? 그런 실용적인 혁신은 어쨌든 그 발견자들의 과시용품 생산에 도움을 주었을 것이다. 그리고 혁신은 때로 도달 범위를 갖고 있다. 즉, 한 세대에서 장식용 구슬을 실에 꿰었던 기술은 다음 세대에서는 새총을 만드는 기술로 진화할 수 있다. 그렇다면 실용적인 혁신들이 애당초 그렇게 드물었던 이유는 무엇일까?

앞장의 논의를 통해 그 이유가 어쩌면 사람들이 살고 있었던 부족이나 가족이 정적인 사회에 있어서 주목할 만한 어떤 혁신을 감소시켰기 때문이라고 짐작할 수 있다. 그렇다면 개인은 금기 위반자로 눈에 띄지 않으면서 다른 사람보다 창조성을 더 많이 발휘함으로써 어떻게 신분을 획득할 수 있었을까?

방법은 단 한 가지뿐인 것 같다. 즉, 사회의 밈을 표준보다 더 정확하게 수행하는 것이다. 남다른 복종과 순종을 보여 주는 것이다. 혁신을 특별히 잘 자제하는 것이다. 정적인 사회는 그런 종류의 뚜렷한 특징에 보상할 수밖에 없다. 그렇다면 향상된 창조성이 개인을 다른 개인보다 덜 혁신적으로 도와줄 수 있을까? 이것은 중요한 질문으로 앞으로 살펴볼 것이다. 지금은 먼저 두 번째 수수께끼부터 다루어 보자.

의미는 어떻게 복제할까?

밈 복제는 종종 모방의 성격을 띤다. 그러나 그렇지 않을 수도 있다. 밈은 생각이며, 우리는 다른 사람의 뇌 속에 있는 생각을 관찰할 수 없다. 우리는 컴퓨터 프로그램처럼 한 뇌에서 또 다른 뇌로 전송할 하드웨어도 없고, DNA 분자처럼 그것을 복제할 기계도 없다. 따라서 사실상 우리는 밈을 복제하거나 모방할 수 없다. 우리가 그 내용물에 접근할 수 있는 유일한 방법은 그 보유자의 행동(밈 보유자의 말을 비롯해 그들의 글 같은 행동의 결과물을 포함해서)을 통해서이다.

밈 복제는 항상 이런 패턴을 따른다. 개인은 밈 보유자의 행동을 직간접적으로 관찰한다. 그리고 나중에 (때로는 즉시) 수년 동안 그런 관측을 한 뒤, 보유자의 뇌에 있는 밈이 그 개인의 뇌에 존재하게 된다. 그 밈은 거기에 어떻게 도달할까? 이것은 다소 귀납추론처럼 보인다, 그렇지 않은가? 그러나 귀납추론은 불가능하다.

이 과정에는 종종 밈 보유자를 모방하는 일이 필요한 것처럼 보인다. 예를 들어, 우리는 소리의 모방을 통해 말을 배운다. 우리는 다른 사람이 손을 흔드는 동작을 보고 모방함으로써 손을 흔드는 것을 배운다. 따라서 표면적으로는 다른 사람의 여러 가지 행동 양상을 모방하고, 그들의 말과 글을 기억하는 것처럼 보인다. 이런 오해는 심지어 우리 인간의 현존하는 가장 가까운 친척인 유인원에게도 (훨씬 제한적이기는 하지만) 모방 능력이 있다는 사실로 확인된다. 그러나 이제 설명하겠지만, 사실 사람들의 행동 모방과 말의 기억은 인간 밈 복제의 근거일 수 없다. 실제로 이런 것들은 대부분 중요하지 않은 작은 역할을 한다.

밈의 습득은 우리에게는 너무나 당연하게 여겨져서 그게 얼마나 놀라운 과정인지, 정말로 무슨 일이 벌어지고 있는지 아는 것은 어렵다. 지식이 어디서 오는지 아는 것은 특히 어렵다. 손을 흔드는 동작을 배울 때, 우리는 그 몸짓을 배울 뿐만 아니라 상황의 어떤 부분이 손을 흔들기에 적당하게 하는지, 어떻게 누구에게 흔들어야 하는지도 배운다. 우리는 이런 것 대부분을 말로 듣지는 않지만, 아무튼 배운다. 마찬가지로 말을 배울 때도 대단히 모호한 미묘함을 포함해서 그 의미도 배운다. 우리는 그런 지식을 어떻게 습득할까?

그 보유자들을 모방해서가 아니다. 포퍼는 과학철학 강연을 시작할 때 학생들에게 그저 "관찰하라"고 주문했다. 그리고 그는 학생 중 하나가 무엇을 관찰해야 하는지 묻기를 묵묵히 기다렸다. 이것은 그가, 오늘날에도 여전히 상식의 일부인 경험주의의 많은 결함 중 하나를 입증하는 방법이었다. 그런 다음 포퍼는 학생들에게 무엇을 살펴야 할지, 무엇을 찾아야 할지, 어떻게 살펴야 할지 그리고 보는 것을 어떻게 해석해야 할지에 대한 기존의 지식이 없다면 과학적 관측이란 불가능하다고 설명한다. 그리고 그는 이론이 먼저 존재해야 한다고 설명한다. 이론은 추론되는 것이 아니라 추측되어야 한다.

포퍼는 청중에게 단순히 관찰하기보다 모방하라는 주문을 통해서도 동일한 주장을 할 수 있었다. 논리는 동일했다. 어떤 설명적 이론에 따라 '모방해야' 할까? 누구를 모방해야 할까? 포퍼를 모방해야 할까? 그런 경우에, 학생들은 연단으로 걸어가 그를 옆으로 제치고 그가 서 있었던 곳에 서야 할까? 그들은 그의 묵직한 오스트리아 억양을 모방해야 할까, 아니면 그가 평소 목소리로 말하고 있으니 그들도 평소 목소리로 모방해야 할까? 혹은 당시에는 특별한 행동을 하지 않고 그저 자신들이 철학 교수가 되어서 강연할 때 그런 모방을 포함하기만 하면 될까? '포퍼 모방'의 해석은 무궁무진하며, 각각이 모방자에게는 다른 행동을 정의한다. 그런 방식 대부분은 서로 매우 달라 보인다. 각각의 방식은 어떤 생각이 포퍼의 마음속에서 그런 관찰된 행동을 일으키는지에 대한 다른 이론에 해당한다.

따라서 '단순한 행동 모방'이란 없다. 그러므로 행동 모방을 통해 생각을 발견할 가능성은 훨씬 더 적다. 우리는 행동을 모방하기 전에 생각을 알아야 한다. 따라서 행동 모방이 우리가 밈을 습득하는 방법일 수는 없다.

모방을 통해 밈 복제를 일으키는 가설적 유전자는 또한 누구를 모방해야 할지도 특정해야 한다. 블랙모어는 그 기준이 "최고의 모방자 모방"일 수 있다고 제안한다. 그러나 이 또한 동일한 이유로 불가능하다. 우리는 그들이 무엇을 모방하고 있으며, 그들이 어떤 상황을 어떻게 고려하고 있는지 먼저 알거나 짐작하고 있는 경우에만 얼마나 잘 모방할 수 있는지 판단할 수 있다.

그 행동이 밈의 진술로 구성된 경우에도 마찬가지이다. 포퍼가 논평했듯이, "오해받을 소지가 없게 말하기란 불가능"하다. 우리는 명확한 내용을 진술할 수 있을 뿐이며, 이것으로는 밈이나 다른 무언가의 의미를 정의하기에 충분하지 않다. 심지어 법처럼 가장 명백한 밈도 모방이 불가능한 모호한 내용을 담고 있다. 예를 들어, 많은 법은 '합리성'을 언급한다. 그러나 다른 문화의 사람이 어떤 범죄 사건을 판단할 때, 그 정의를 적용할 수 있을 만큼 정확히 그 속성을 정의하기란 불가능하다. 그러므로 우리는 진술되는 의미를 듣는 것만으로는 '합리성'이 무엇을 의미하는지 확실히 배우지 못한다. 그러나 우리는 배우며, 동일한 문화의 사람들이 배우는 그 단어의 다양한 해석은 그것에 기초한 법이 실행될 수 있을 정도로는 충분히 가깝다.

앞장에서 말했듯이, 우리는 행동의 규칙을 아주 명확히는 알지 못한다. 우리는 모국어의 규칙과 의미, 말의 패턴을 대체로 모호하게 알고 있지만, 그런 규칙을 놀라울 정도로 정확하게 다음 세대에 전달한다. 새로운 보유자가 전혀 경험하지 못한 상황에 적용하는 능력과 사람들이 다음 세대의 복제를 명시적으로 막는 말의 패턴을 포함해서 말이다.

실제 상황은 사람들이 법을 비롯한 다른 명시적 진술을 이해하기 위해 모호한 지식을 필요로 하는 것이지, 그 반대가 아니라는 것이다. 철학자와 심리학자들은 우리의 문화가 사회 제도, 인간 본성과 옳고 그름, 시간과 공간, 의도와 인과 관계, 자유와 필연성 등에 대해 암암리에 만드는 가정들을 발견하고 명확히 하기 위해 열심히 노력한다. 그러나 이런 연구의 결과를 읽어서 그런 가정을 습득하는 게 아니다. 완전히 정반대이다.

만약 행동 유발 이론에 대한 사전 지식 없이는 행동 모방이 불가능하다면, 원숭이는 원숭이를 어떻게 훌륭하게 모방할 수 있을까? 그들에게도 밈이 있다. 그들은 이미 그 방식을 알고 있는 또 다른 원숭이를 관찰함으로써 호두를 깨는 새로운 방식을 배울 수 있다. 원숭이는 모방이 무엇을 의미하는지에 대한 무한한 모호성을 어떻게 혼동하지 않을까? 심지어 앵무새도 앵무새를 훌륭하게 모방한다. 앵무새는 들어 본 수십 가지의 소리를 기억해서 나중에 똑같이 흉내 낼 수 있다. 그럼 앵무새는 어떤 소리를 모방할지, 그 소리를 언제 흉내 낼지에 대한 모호성에 어떻게 대처할까?

앵무새는 관련 지식을 미리 아는 방식으로 모호성에 대처한다. 혹은 그들의 유전자가 그 모호성을 알고 있다. 진화는 앵무새의 유전자에

'모방'이 무엇을 의미하는지에 대한 함축적 정의를 새겨 넣었다. 앵무새에게는 모방이 어떤 선천적인 기준을 충족시키는 일련의 소리를 기록했다가 나중에 다른 선천적 기준을 충족시키는 조건에서 그 소리를 재생한다는 의미이다. 앵무새의 심리학에 대한 흥미로운 사실이 하나 있다. 즉, 앵무새의 뇌는 귀에서 들어오는 신경 신호를 분석해서 그 앵무새의 성대가 동일한 소리를 내게 할 발신 신호를 발생시키는 번역 시스템도 포함해야 한다. 그런 번역은 밈이 아니라 유전자에 암호화되어 있는 상당히 복잡한 계산이 필요하다. 그것은 부분적으로 '거울 신경 세포mirror neurons'를 기초로 하는 어떤 시스템에 의해 달성되는 것으로 생각된다. 거울 신경 세포는 어떤 동물이 주어진 행동을 수행할 때 그리고 그 동물이 또 다른 동물의 동일한 행동을 인식할 때 점화되는 신경 세포이다. 이 세포는 모방 능력이 있는 동물들의 실험을 통해 확인되었다. 인간 밈 복제가 정교한 형태의 모방이라고 믿는 과학자들은 거울 신경 세포가 인간 마음의 온갖 기능을 이해하는 열쇠라고 믿는 경향이 있지만, 불행히도 그럴 가능성은 없다.

모방이 왜 진화했는지는 알려져 있지 않다. 모방은 조류에서 상당히 흔한 적응이며, 한 가지 이상의 역할이 가능하다. 그러나 그 이유가 무엇이든, 현재의 목적에 중요한 것은 앵무새는 결코 모방할 소리를 선택할 수 없다는 점이다. 초인종 소리와 개 짖는 소리가 행동 모방을 촉발하는 선천적 기준을 충족시키는 조건을 우연히 제공할 수도 있고, 그럴 경우 앵무새는 항상 동일한 양상과 소리를 정확히 모방한다. 따라서 앵무새는 어떤 선택도 하지 않는 방식으로 무한한 모호성을 해결한다. 그런 조건에서 앵무새에게는 개를 무시한다거나 강아지의 꼬리 흔들기를 모방해야 한다는 생각이 들지 않는다. 왜냐하면 앵무새는 자신의 거울 신경 세포 시스템 안에 내장된 것 외의 다른 모방 기준을 생각할 수 없기 때문이다. 앵무새에게는 창조성이 없으므로 창조성 결여에 의존해서 그 소리를 충실하게 복제한다. 이런 앵무새의 행동은 정적인 사회의 인간을 떠오르게 한다. 내가 지금 설명할 중대한 차이를 제외하면.

이제 앵무새 한 마리가 포퍼의 강연에 참석해서 포퍼가 가장 좋아하는 문장의 일부를 모방하는 것을 배웠다고 하자. 이 앵무새는 어떤 의미에서 포퍼의 생각 일부를 '모방한' 것이다. 원칙적으로 관심 있는 학생은 나중에 앵무새의 소리를 듣고 그 생각을 배울 수도 있다. 그러나 앵무새는 그저 그런 밈을 한 장소에서 또 다른 장소로 전달하고 있을 뿐이며, 그것은 강연장의 공기가 하는 일 정도에 불과하다. 앵무새는 밈을 습득했다고 말할 수 없는데, 밈이 만들 수 있는 수많은 행동 중 오직 하나만 재생산하고 있기 때문이다. 앵무새가 질문에 반응하는 것처럼, 결과적으로 소리의 암기를 통한 앵무새의 후속 행동은 포퍼의 행동과 유사하지 않을 것이다. 밈의 소리는 존재하겠지만, 의미는 존재하지 않는다.

앵무새는 자신이 모방하는 소리의 인간적 의미는 안중에 없다. 강연 내용이 철학이 아니라 앵무새 튀김 조리법이었다고 해도, 앵무새는 들을 의지가 있는 사람이라면 누구에게나 열심히 그 조리법을 들려주었을 것이다. 그러나 앵무새는 소리의 내용은 잊지 않는다. 이것은 기계식 녹음기와는 다르다. 오히려 정반대이다. 앵무새는 소리를 무차별적으로 녹음하지도 않고, 무작위로 재생하지도 않는다. 앵무새의 선천적 기준은 암시적으로 자신이 듣는 소리에 의미를 부여한다. 그리고 그 의미는 항상 동일하고 좁은 가능성들의 집합에서 끌어낼 뿐이다. 만약 모방의 진화론적 기능이 식별 소리 생성이라면, 앵무새가 듣는 모든 소리는 잠재적인 식별 소리이거나 아니거나 둘 중 하나이다.

원숭이는 훨씬 더 큰 집합의 의미를 인식할 수 있다. 그중 일부는 너무 복잡해서 원숭이의 모방이 종종 인간과 같은 이해의 증거로 잘못 해석되기도 했다. 예를 들어, 원숭이가 호두를 돌멩이로 쳐서 깨는 새로운 방식을 배우면, 그다음에는 앵무새가 하듯이 그 동작을 일정한 순서로 무턱대고 다시 한다. 호두를 깨는 데 필요한 동작은 매번 다르다. 즉, 원숭이는 호두에 돌멩이를 겨냥해야 한다. 만약 호두가 굴러가면 원숭이는 쫓아가서 다시 가져와야 한다. 원숭이는 일정한 횟수라기보다 호두가 깨질 때까지 계속 쳐야 한다. 그 절차의 어떤 부분에서는 원숭이의 두 손이 협동해서 각각 다른 하위 작업을 수행하기도 한다. 원숭이는 시작도 하기 전에 그런 절차에 적합한 호두를 인식할 수 있어야 한다. 원숭이는 돌멩이를 찾아야 하고, 이번에도 적당한 돌멩이를 인식해야 한다.

이런 활동들은 복잡한 행동 내의 행위 하나하나가 전체적인 목적을 달성하기 위해 다른 행위들과 어떻게, 왜 잘 맞아야 하는지에 대한 설명에 의존하는 것처럼 보일 수 있다. 그러나 최근의 발견으로 원숭이가 어떻게 설명적 지식을 만들지 않고 그런 행동을 모방할 수 있는지가 밝혀졌다. 놀랄 만한 일련의 관측과 이론 연구에서, 진화심리학자이자 동물 행동 연구자인 리처드 번Richard Byrne은 자신이 행동 분석behaviour parsing(이것은 인간의 말이나 컴퓨터 프로그램의 문법적 분석 혹은 '어구 해부'와 유사하다)이라고 부르는 과정을 통해 원숭이들이 이것을 어떻게 달성하는지 입증했다.

인간과 컴퓨터는 연속적인 소리나 글자를 단어 같은 개별 요소로 분리한 다음, 그런 요소를 더 큰 문장이나 프로그램의 논리에 연결되는 것으로 해석한다. 마찬가지로, 행동 분석에서 원숭이는 자신이 목격하는 지속적인 흐름의 행동을 자신이 모방 방법을 (유전학적으로) 알고 있는 개별 요소로 해부한다. 이 개별 요소는 깨무는 것 같은 선천적 행동일 수도 있고, 가시에 찔리지 않고 쐐기풀을 잡는 것 같은 시행착오로 배운 행동일 수도 있으며, 이전에 배운 밈일 수도 있다. 이런 요소들을 이유도 모른 채 올바른 방식으로 연결하는 것에 관해서는, 지금까지 알려진 모든 비인간적인 행동의 경우, 간단한 통계적 패턴을 찾는 방식으로 획득되는 것으로 밝혀졌다. 이 방법은 인간이 그 목적만 이해하면 거의 즉시 모방 가능한 행동들을 많이 관찰해야 하기 때문에 대단히 비효율적이다. 게다가 이 방법은 그 행동을 연결하기 위한 소수의 선택지만 허락하므로 비교적 간단한 밈만 복제될 수 있다. 원숭이는 특정 개별 동작은 거울 신경 세포 시스템을 통해 즉시 모방할 수 있지만, 동작의 조합을 필요로 하는 밈의 레퍼토리를 배우려면 수년이 걸린다. 그러나 인간 표준으로는 아주 사소한 재주라고 해도 원숭이에게 그런 밈은 대단한 가치가 있다. 그런 밈을 이용해서 원숭이는 다른 동물에게는 차단된 식량 공급원에 접근할 수 있는 특권을 갖게 되었다. 그리고 밈 진화를 통해 그들은 유전자 진화가 허용하는 것보다 훨씬 더 빨리 다른 공급원으로 전환할 수 있는 능력을 얻게 된다.

따라서 원숭이는 다른 원숭이가 '돌멩이를 집어 들고 있는' 것이지, '주어진 상대적 위치에서 물체를 집어 드는 것'처럼, 동일한 행위의 수많은 해석들 중 어떤 것을 수행하고 있는 게 아니라는 것을 (명시적으로) 안다. 왜냐하면 돌멩이를 집어 드는 동작은 모방 가능한 행동들의 선천적 레퍼토리 속에 있는 반면, 다른 동작들은 그렇지 않기 때문이다. 사실 원숭이는 '주어진 상대적 위치에서 물체를 집어 드는' 행동을 모방할 수 없을지도 모른다. 이와 관련해서는 원숭이는 소리 모방은 하지 못한다는 점에 주목하라. 심지어 원숭이는 유전학적으로 미리 결정된 방식으로 생성하고 인식하고 행동할 수 있는 복잡하고 선천적인 울음소리를 갖고 있는데도 불구하고 소리를 모방할 수 없다(맹목적으로 소리를 반복할 수 없다). 원숭이의 행동 분석 시스템은 단순히 청각에서 발음으로 옮기는 미리 결정된 번역 메커니즘을 진화시키지 못했기 때문에 소리 모방이 가능하지 않다. 결과적으로 밈식으로 통제되는 원숭이의 모든 행동에는 맞춤형 소리가 없다.

따라서 밈 복제와 관련된 측면에서 원숭이의 모방과 앵무새의 모방은 같은 논리를 갖는다. 앵무새처럼 원숭이도 복제 가능한 모든 행위의 의미를 명시적으로 이미 알고 있어서 복제의 무한한 모호성을 피한다. 그리고 원숭이는 하나의 의미를 오직 자신이 복제할 수 있는 각 행위와 연결할 수 있을 뿐이다. 다른 원숭이의 지식을 글자 그대로 복제할 수 있는 단계가 없는데도 원숭이 밈이 복제 가능한 것은 바로 이런 방식 때문이다. 밈의 수령자는 각 행동 요소의 의미를 즉시 인식한다. 그리고 그 요소들이 서로의 기능을 어떻게 뒷받침하는지 발견하는 방식이 아니라 통계적 분석을 통해 그것들을 관련시킨다.

인간 밈을 습득하는 인간들은 다른 일을 하고 있다. 청중이 강연을 듣거나, 아이가 언어를 배울 때, 그들의 문제는 앵무새 모방이나 원숭이 모방의 문제와 정반대이다. 그들이 관찰하는 행동의 의미는 정확히 그들이 발견하려고 애쓰고 있는 것이지 미리 아는 게 아니다. 이런 행위는 대체로 부차적이며 나중에는 종종 완전히 잊힌다. 예를 들어, 우리는 성인이 되면 말을 배울 당시에 익힌 문장들은 거의 기억하지 못한다. 앵무새가 만약 강연에서 포퍼의 목소리 일부를 복제했다면, 확실히 그의 오스트리아 억양으로 복제했을 것이다. 즉, 앵무새는 그 억양 없이 말을 복제할 수는 없다. 그러나 인간은 말을 억양과 함께 복제할 수 없다. 실제로 학생은 강연 직후에도 강연자가 말한 문장을 단 하나도 되풀이하지 못하지만, 그 강연의 복잡한 밈은 습득할 수 있다. 그런 경우에, 그 학생은 모든 행위를 모방하지 않고도 그 밈의 전체 내용인 의미를 복제한 것이다. 앞서 말했듯이, 모방은 인간 밈 복제의 중심에 있지 않다.

강연이 반복적으로 특정한 생각을 다루었고, 이를 매번 다른 말과 몸짓으로 표현했다고 하자. 앵무새의 (혹은 원숭이의) 일은 첫 번째 사례의 모방보다 더 어려울 것이다. 그러나 학생의 일은 훨씬 더 쉬워지는데, 인간 관찰자에게는 생각을 표현하는 각각의 방식이 추가 지식을 전달하기 때문이다. 또는 강연이 시종일관 잘못 말한 다음, 마지막에 한 번 바로잡았다고 하자. 앵무새는 잘못된 내용을 복제하겠지만 학생은 그렇지 않다. 설령 강연자가 오류를 바로잡지 못했다고 해도, 인간 청취자는 여전히 강연자의 마음속 생각을 상당히 잘 이해했을 것이며, 이번에도 행동 모방은 없을 것이다. 또 다른 사람이 심각한 오해가 담긴 방식으로 강연 내용을 보고했다고 해도, 인간 청취자는 여전히 강연자의 의도뿐만 아니라 보고자의 오해까지도, 강연자가 무엇을 의미했는지 발견할 수 있다.

인간은 행동을 모방한다기보다 행동을 설명하려고 한다. 그리고 그런 행동을 유발한 생각을 이해하려고 한다. 누군가의 행동을 설명하는데 성공하면 그리고 근원적인 의도에 찬성하면, 우리는 이후에 관련된 의미에서 그 사람'처럼' 행동한다. 그러나 만약 찬성하지 않으면, 우리는 그 사람과 다르게 행동한다. 설명을 만들어 내는 게 우리에게는 2차

본성(혹은, 1차 본성)이므로, '우리가 보는 것의 모방'으로는 밈의 획득 과정을 쉽게 곡해할 수 있다. 우리는 설명을 이용하기 때문에 행동을 통해 의미를 '간파'한다. 앵무새는 뚜렷한 소리를 복제하고 원숭이는 제한된 종류의 목적 있는 동작을 복제한다. 그러나 인간은 특별히 어떤 행동도 복제하지 않는다. 그들은 추측과 비판과 실험을 통해서 사물의 의미에 대한 좋은 설명을 만들어 낸다. 창조성이 하는 역할이 바로 이것이다. 그리고 우리가 만약 다른 사람처럼 행동하고 있다면, 그것은 우리가 동일한 생각을 다시 발견했기 때문이다.

이런 까닭에 청중은 강연에서 강연자의 밈을 이해하려고 할 때, 강의실의 뒷벽을 마주하는 식으로 굳이 강연자를 모방하려고 하지 않는다. 그들은 강연자를 모방한다는 게 그런 식으로 해석되어서는 안 된다고 생각하는데, 그들이 유전학적으로 다른 동물처럼 해석을 할 수 없기 때문이 아니라, 그런 해석이 강연자의 역할이 무엇인지에 대한 나쁜 설명이고, 청중의 가치관으로 보아도 나쁜 생각이기 때문이다.

✳ 두 수수께끼의 해법 ✳

이 장에서 나는 두 가지 난제를 제시했다. 첫 번째는 "혁신이 거의 일어나지 않던 때에도 인간의 창조성은 왜 진화론적으로 이점이었는가?"이고, 두 번째는 "인간 밈이 그 수령자가 전혀 관측하지 않은 내용을 담고 있는 경우에 어떻게 복제가 가능할까?"이다.

내 생각에 두 난제의 해법은 동일한 것 같다. 즉, 인간 밈의 복제는 창조성이며, 창조성은 진화하는 동안 밈 복제에 사용되었다. 다시 말해서 창조성은 새로운 지식을 창조하기 위해서가 아니라, 기존 지식을 습득하기 위해서 사용되었다. 그러나 새로운 지식을 창조하고 기존 지식을 습득하는 메커니즘은 동일하며, 따라서 전자의 능력을 습득하면서 자동적으로 후자도 가능하게 되었다. 이것은 도달 범위의 중요한 사례였고, 바로 인간적인 모든 것을 가능하게 했다.

밈의 습득자는 과학자와 동일한 논리적 도전에 직면한다. 두 사람 모두 숨겨진 설명을 발견해야 한다. 밈의 습득자에게는 설명이 다른 사람들의 마음속 생각이고, 과학자에게는 자연의 규칙성이나 법칙이다. 둘 중 어느 누구도 이런 설명에 직접적으로 접근할 수 없다. 그러나 둘 다, 밈 보유자의 행동이나 법칙과 일치하는 물리적 현상처럼, 설명을 검증할 수 있는 증거에는 접근할 수 있다.

행동을 어떻게 다시, 의미가 담긴 이론으로 표현할 수 있는가의 문제는 과학적 지식이 어디서 오는가와 동일한 문제이다. 그리고 밈이 보유자의 행동 모방을 통해 복제된다는 생각은 경험주의나 귀납주의나 용불용설과 동일한 실수이다. 이런 이론들은 모두 (행성 운동이나, 키 큰 나무의 나뭇잎에 도달하는 방법 혹은 먹잇감에게 보이지 않는 방법 같은) 문제를 (그 해법으로) 자동으로 번역하는 방식에 의존한다. 다시 말해서 이런 이론들은 환경이 마음이나 유전체에게 그 도전을 충족시키는 방법을 '지시'할 수 있다고 가정한다. 포퍼는 이렇게 썼다.

> 귀납주의적 접근이나 용불용설적 접근은 외부 또는 환경의 지시라는 개념을 다룬다. 그러나 다윈식의 접근은 오직 구조 자체에서의 지시만 허용한다. … 나는 구조 없이는 지시 같은 게 없다고 강력히 주장한다. 우리는 새로운 사

> 실이나 새로운 효과를 복제나 관측을 통해 귀납적으로 추론하거나, 다른 환경의 지시 같은 방법으로 발견하지는 않는다. 우리는 오히려 시행 방법과 오류 제거를 이용한다. 에른스트 곰브리치Ernst Gombrich의 말처럼, "일치시키는 것보다 만드는 게 먼저"다. 즉 제거 검증에 노출하기보다 새로운 시행 구조의 적극적인 제작이 먼저다.
>
> 칼 포퍼, 《체제의 신화》

포퍼는 "우리는 새로운 밈을, 복제나 관측을 통한 귀납적 추론이나, 다른 환경의 모방이나 지시로 획득하지는 않는다"라고 쓸 수도 있었을 것이다. 인간형 밈(수령자의 내면에서 그 의미가 대부분 미리 규정되지 않는 밈)의 전달은 바로 수령자 쪽의 창조적 활동이다. 밈은 과학적 이론처럼, 무언가로부터 파생되는 게 아니다. 그것은 수령자에 의해 창조된다. 그것은 추측된 설명이며, 그 뒤 비판과 검증을 통해 시험적으로 채택된다.

창조적 추측과 비판과 검증이라는 이 동일한 패턴은 명확한 생각뿐만 아니라 모호한 생각도 만든다. 사실 모든 창조성이 그러한데, 왜냐하면 어떤 생각도 완전히 명확하게 표현될 수는 없기 때문이다. 우리가 명확한 추측을 할 때도, 그 추측은 우리가 알든 모르든 모호한 성분을 포함하기 마련이다. 그리고 모든 비판이 그러하다.

따라서 보편성의 역사에서 종종 발생했듯이, 인간의 보편적 설명 능력은 어떤 보편적 기능을 갖도록 진화하지는 않았다. 그것은 단지 우리의 조상이 습득할 수 있는 밈 같은 정보의 양과 그런 정보를 습득할 수 있는 속도 및 정확성을 증가시키도록 진화했을 뿐이다. 진화가 그렇게 하는 가장 쉬운 방법이 창조성으로 설명할 보편적 능력을 우리에게 제공하는 것이었기 때문에, 그렇게 한 것이다. 이 인식론적 사실은 내가 언급한 두 난제의 해법일 뿐만 아니라 애당초 인간의 창조성이 진화한 원인이기도 하다.

이것은 다음과 같은 일을 초래했던 게 틀림없다. 인간 이전의 초기 사회에서는, 비록 복제 가능한 기본 행동의 레퍼토리는 더 광범위했을지 몰라도 지금 원숭이가 하는 종류의 매우 간단한 밈만 존재했다. 그런 밈은 다른 방법으로는 접근하지 못했을 식량 획득 방법 같은 실용적인 이득에 대한 것이었다. 이런 지식의 가치는 대단히 높았을 것이고, 따라서 밈 복제에 필요한 노력을 감소시킬 모든 적응에 꼭 알맞은 생태적 지위를 만들었다. 창조성은 그런 생태적 지위를 충족시킬 결정적인 적응이었다. 창조성이 증가하면서 기억 용량의 증가와, 더 정교한 운동 조절 그리고 언어를 다루는 전문화된 뇌 구조 같은 더 진보한 적응들도 공동 진화했다. 결과적으로 밈의 대역 너비bandwidth(각 세대에서 다음 세대로 전달될 수 있는 밈 정보의 양)도 증가했다. 밈은 더 복잡해지고 더 정교해졌다.

이것이 바로 우리 인간의 진화 이유이자 방법이며, 처음에 빠르게 진화한 이유이다. 밈은 점차 우리 조상의 행동을 지배하게 되었다. 밈 진화가 일어났고, 밈도 항상 정확도를 증가시키는 방향으로 이루어졌다. 이 말은 비합리성이 훨씬 더 증가하고 있다는 의미였다. 어떤 시점에서, 밈 진화는 부족 같은 정적인 사회를 이루었다. 그 결과 모든 창조성의 증가가 혁신의 흐름을 만들어 내지는 못했다. 혁신은 심지어 창조성을 수용할 수 있는 능력이 급속도로 증가하고 있을 때에도 감지할 수 없을 정도로 여전히 느렸다.

그러나 정적인 사회에서도, 밈은 감지할 수 없는 복제의 오류 때문에 여전히 진화한다. 그저 누군가가 알아챌 수 있는 것보다 더 느리게 진화할 뿐이다. 감지할 수 없는 오류는 억제될 수 없기 때문이다. 밈은 일반적으로 진화의 경우처럼 복제의 충실도를 높이는 쪽으로, 따라서 사회의 정적 상태가 심화되는 방향으로 진화한다.

이런 사회에서는 사람들이 기대하는 올바른 행동을 위반하면 신분이 하락하고, 그런 행동에 맞추면 신분이 향상된다. 부모, 사제, 족장 그리고 잠재적 짝의 기대도 있었을 것이다. 그리고 그들 자신도 그 사회의 바람과 기대에 대체로 부응하고 있었다. 그런 사람들의 견해가 개인이 먹고 번성하고 번식할 능력을, 따라서 유전자의 운명도 결정한다.

그러나 개인은 다른 사람의 바람과 기대를 어떻게 발견할까? 그들은 명령을 내릴 수도 있겠지만, 그런 명령을 어떻게 달성해야 할지에 대한 모든 세세한 내용은 고사하고, 그들이 무엇을 기대하는지에 대한 내용도 특정할 수 없다. 무언가에 대한 명령을 받으면 개인은 이미 존경받는 어떤 사람의 동일한 행동을 보았던 것을 기억해서 그 사람을 흉내 내려고 한다. 그리고 그 일을 효과적으로 수행하기 위해서는 그 행동의 의미가 무엇인지 이해하고, 최대한 그 일을 달성하기 위해 노력해야 한다. 개인은 자신이 추구하는 것에 대해서 족장이나 사제나 부모, 혹은 잠재적 짝의 표준을 복제하고 추구함으로써 그들에게 깊은 인상을 준다. 개인은 가치 있는 것에 대한 그들의 생각을 복제하고 그에 따라 행동함으로써 대체로 그 부족에게 깊은 인상을 남길 것이다.

따라서 역설적이게도, 정적인 사회에서 번성하려면 다른 사람들보다 덜 혁신적일 수 있는 창조성이 필요하다. 그리고 이것이 바로 가여울 정도로 적은 지식을 포함하고, 오직 혁신을 억압하는 방식으로만 존재했던 원시적이고 정적인 사회들이 혁신 능력의 진화를 선호하는 환경을 구성한 방식이다.

우리 조상들을 관찰하는 가상의 외계인들의 관점에서 보면, 창조성의 진화가 시작되기 전에 밈을 갖고 있었던 진보한 원숭이들의 공동체는 보편성으로 도약한 이후의 그 후손들의 모습과 표면적으로 유사했을 것이다. 후손들은 단지 더 많은 밈을 갖고 있었을 뿐이다. 그러나 그런 밈을 정확하게 계속 복제하는 메커니즘은 심오하게 변했다. 초기 공동체의 동물은 부족한 창조성에 의존해서 밈을 복제했을 것이다. 그러나 사람들은 정적인 사회에 살고 있음에도 불구하고 자신들의 창조성에 전적으로 의존할 것이다.

모든 보편성으로의 도약과 마찬가지로, 이 도약이 점진적인 변화를 통해 출현한 방식은 생각만 해도 흥미롭다. 창조성은 소프트웨어의 성질이다. 앞서 말했듯이 우리가 만약 그런 프로그램을 사용하는 (그리고 진화시킬) 방법을 알았다면, 오늘날 랩톱으로 인공 지능 프로그램을 돌릴 수 있었을 것이다. 모든 소프트웨어와 마찬가지로, 창조성도 가능한 시간에 필요한 양의 데이터를 처리할 수 있으려면 특정 하드웨어 사양을 갖춘 컴퓨터가 필요하다. 창조성을 실현할 수 있는 하드웨어 사양이 창조적이기 이전의 밈 복제에 대단히 선호되었던 것들에 포함되었던 것은 우연이었다. 그 주요한 사양 하나는 기억 용량이었을 것이다. 기억 용량이 많을수록 모방 가능한 밈도 증가하고 더 정확하게 모방할 수 있을 것이기 때문이다. 어쩌면 원숭이가 흉내 낼 수 있는 것보다 더 광범위한 도달 범위의 기본 행위를 (예컨대 어떤 언어의 기본 소리를) 모방하기 위해 거울 신경 세포 같은 하드웨어 능력들도 있었을 것이다. 언어 능력을 위한 그런 하드웨어의 조력이 밈 대역 너비의 증가와 동시에 진화한 것은 당연한 일이었을 것이다. 따라서 창조성이 진화하고 있을 무렵에는, 이미 유전자와 밈의 중대한 공동 진화가 존재했을 것이다. 인간 뇌의 하드웨어는 창조적 프로그램이 존재하기 오래전에 이미 창조적으로 변화되었을 수 있다. 이 기간에 뇌의 진화 순서를 고려해 보면, 창조성을 지원할 수 있는 가장 초기의 뇌는 그 능력을 거의 적합하지 않은 하드웨어에 맞추기 위해 매우 독창적인 프로그래밍이 필요했을 것이다. 하드웨어가 개선되면서, 창조성은 더 쉽게 프로그램될 수 있었을 테고, 결국 진화가 충분히 해낼 수 있을 정도로 용이해지는 순간이 도래했을 것이다. 우리는 보편적 설명자로 나아가는 이런 과정에서 무엇이 점차 증가하고 있었는지 모른다. 만약 안다면, 우리는 내일이라도 당장 그것을 프로그램화할 수 있을 것이다.

창조성의 미래

블랙모어를 비롯한 다른 사람들이 인간 진화에서 밈의 중요성을 깨닫기 전에도, 원숭이의 한 계통이 우주를 설명하고 통제할 수 있는 종이 되도록 급속히 추진했던 게 무엇이었는지에 대해서 온갖 종류의 근원적인 원인이 제시되어 왔다. 일부는 그 원인이 직립 보행의 적응이었다고 제안했다. 직립 보행으로 인해 마주 보는 엄지손가락을 가진 앞다리를 자유롭게 움직일 수 있게 되면서 조작에 특화될 수 있었다는 설명이다. 또 일부는 기후 변화로 인해 다양한 서식지의 활용 능력이 뛰어난 적응들을 선호하게 된 게 원인이라고 제안했다. 그리고 내가 앞에서 언급했듯이, 성 선택은 항상 급속한 진화를 설명하는 후보이다. 그

후 인간의 지능이 다른 사람의 행동을 예측해서 속임수를 쓰도록 진화했다는 '마키아벨리의 가설Machiavellian hypothesis'이 제시되었다. 또한 인간의 지능이 원숭이 모방 적응의 향상된 변형이라는 가설도 있다. 하지만 앞서 주장했듯이 이 가설은 사실일 수 없다. 그럼에도 불구하고 인간의 뇌가 밈을 복제시키기 위해서 진화했다는 블랙모어의 밈 기계 개념은 사실인 게 틀림없다. 그게 사실이어야만 하는 이유는 그런 속성 중 무엇이든 창조성을 진화시켰어야 했기 때문이다. 왜냐하면 인간 수준의 정신적 업적은 인간 유형의 (설명적) 밈 없이는 가능하지 않을 테고, 인식론의 법칙은 그런 밈이 창조성 없이는 전혀 가능하지 않다고 설명하기 때문이다.

창조성은 인간 밈 복제의 필요조건일 뿐만 아니라 충분조건이기도 하다. 청각 장애인과 시각 장애인 및 신체가 마비된 사람들도 여전히 인간의 생각을 어느 정도까지는 습득하고 창조할 수 있다. 따라서 직립 보행이나 정교한 운동 조절, 소리를 말로 분석하는 능력 등은, 비록 역사적으로는 인간 진화의 조건을 형성하는 데 역할을 했을 수는 있겠지만, 기능적으로는 인간의 창조성에 꼭 필요하지는 않았을 것이다. 그러므로 그것들은 철학적으로도 인간이 오늘날 어떤 존재인지, 즉 창조적이고 보편적인 설명자인 사람종족을 이해하는 데 중요하지 않다.

표현 가능한 지식 면에서는 제한이 많은 원숭이의 밈과 효율적으로 전달되고 표현력도 보편적인 인간의 밈의 차이를 만든 것은 창조성이었다. 창조성의 시작은, 이런 점에서 무한의 시작이었다. 우리는 현재로서는 원숭이에서 창조성이 진화하기 시작할 가능성이 얼마나 되는지 알 방법이 없다. 그러나 창조성은 일단 시작되면 지속적이어서, 밈을 촉진하는 다른 적응이 계속 일어날 진화론적 압력이 자동으로 존재했을 것이다. 이런 증가는 선사 시대의 모든 정적인 사회에서 내내 지속되었을 게 틀림없다.

정적인 사회의 공포는, 내가 앞에서 설명했지만, 이제 우주가 인류에게 저지른 섬뜩한 장난으로 볼 수 있다. 우리의 창조성은 우리가 사용할 수 있는 지식의 양을 증가시키도록 진화했고, 즉시 유용한 혁신의 끝없는 흐름도 만들어 낼 수 있었을 테지만, 처음부터 이 창조성이 보존했던 바로 그 지식, 즉 밈 때문에 그렇게 하지 못하도록 방해를 받았다. 더 나아지려는 개인들의 노력은 처음부터 그들의 노력을 정확히 그 반대쪽으로 돌리는 초인적으로 악한 메커니즘에 의해 왜곡되어서, 모든 개선 노력을 방해하고, 중생을 조잡하고 고통스러운 상태에 영원히 갇히게 했다. 수만 년 후에 그리고 얼마나 많았을지 모르는 거짓 시작 후에 도래한 계몽만이 무한으로 탈출하는 것을 가능하게 했을 것이다.

17장

지속 불가능성

Unsustainable

남태평양의 이스터섬은 거대한 석상으로 유명하다. 그 석상이 세워진 목적은 알려져 있지 않지만, 조상 숭배 종교와 관련된 것으로 생각된다. 최초의 정착민들은 일찍이 기원후 5세기 무렵에 그 섬에 도착했을 것이다. 그들은 복잡한 석기 시대 문명을 발달시켰는데, 1,000년 후 갑자기 붕괴했다. 일부 설명에 따르면 기아와 전쟁 및 식인 풍습 때문이었다. 인구는 크게 감소해 극소수만 남게 되었고, 결국 그들의 문화는 사라지고 말았다.

유력한 이론에 따르면 이스터섬의 주민들은 원래 그 섬의 대부분을 뒤덮고 있었던 산림을 마구잡이로 벌목함으로써 스스로 재난을 초래했다. 그들은 가장 유용한 종의 나무를 모두 제거했다. 만약 피난처를 만드는 데 목재에 의존하거나, 어류를 주식으로 하고 나무를 이용해서 배와 그물을 만들고 있었다면 이런 행동은 현명한 게 아니다. 그리고 토양 침식 같은 연쇄 효과가 섬 주민들이 의존했던 환경의 파괴를 촉진했다.

일부 고고학자들은 이 이론에 반론을 제기한다. 예를 들어, 테리 헌트Terry Hunt는 섬 주민들이 고작 13세기에 도착했으며, 그들의 문명은 유럽인들과의 접촉으로 인한 전염병으로 파괴될 때까지 산림 벌채 내내 지속적으로 기능했다고 결론 내렸다. 그러나 나는 이 유력한 이론의 정확성 여부를 논하고 싶지는 않으며, 단지 이 이론을 일반적 오류의 사례로만 삼고 싶을 뿐이다.

이스터섬은 가장 가까운 거주지인 핏케언섬(바운티호the Bounty의 선원들이 그 유명한 폭동 후에 피난했던 곳)에서 2,000킬로미터 떨어져 있다. 두 섬 모두 매우 외떨어져 있다. 그럼에도 불구하고, 1972년에 제이콥 브로노브스키는 〈인간 등정의 발자취The Ascent of Man〉라는 텔레비전 대작 시리즈의 일부를 영상에 담기 위해 이스터섬으로 향했다. 그의 촬영팀은 캘리포니아에서부터 왕복으로 약 1만 4,000킬로미터를 이동했다. 브로노브스키는 사실상 촬영지까지 촬영팀의 등에 업혀 가야 할 정도로 건강이 좋지 않았지만, 끝까지 버텼던 이유는 그런 독특한 석상들이 우리 문명이 진보할 수 있는 능력에 있어 역사적으로 유일무이하다는, 자신이 제작하는 시리즈의 중심 메시지(또한 이 책의 주제이기도 한)를 전달하기에 더할 나위 없이 좋은 배경이었기 때문이다. 그는 우리 문명의 가치와 성취를 기리고, 그 성취의 원인은 그 가치 덕분이었다고 생각하며, 우리 문명이 고대 이스터섬으로 대표되는 대안과 대조되기를 바랐다.

〈인간 등정의 발자취〉는 당시 영국의 텔레비전 채널 BBC2의 감사관이었던 자연주의자 데이비드 애튼버러David Attenborough의 의뢰를 받아 제작되었다. 그리고 25년 뒤 자연사 영화 제작 분야에서 1인자가 된 애튼버러는 또 다른 텔레비전 시리즈인 〈우리 지구의 상태The State of the Planet〉를 촬영하기 위해 또 다른 촬영팀을 이끌고 이스터섬으로 갔다. 그 또한 그 험상궂은 얼굴의 석상을 영상의 마지막 장면으로 선택하기도 했다. 그러나 그의 메시지는 브로노브스키의 메시지와는 정반대였다.

그들의 방송 프로그램은 경이감과 명료함, 인간애에 있어서는 매우 유사했지만, 이스터섬의 석상을 바라보는 관점은 너무도 달라서 분명한 철학적 차이가 드러났다. 애튼버러는 그 석상들을 "놀라운 석조 조각품이며 … 한때 이곳에 살았던 사람들의 기술적, 예술적 솜씨의 생생한 증거"라고 칭찬했다. 그러나 나는 그가 과연 다른 석기 시대의 기술을 수천 년이나 뛰어넘은 그 섬 주민들의 기술에 정말로 그렇게 깊은 인상을 받았을지 궁금하다. 나는 그가 그저 예의상 그랬던 거라고 생각한다. 왜냐하면 우리 문화에서는 원시 사회의 업적은 무엇이든 칭찬하는 게 예의이기 때문이다. 애튼버러는 이렇게 말했다. "사람들은 종종 '인간이 이스터섬에 어떻게 왔을까?'라고 묻는다. 그들은 이 섬에 우연히 왔다. 그것은 문제가 되지 않는다. 문제는 '그들이 왜 떠날 수 없었는가?'"이다. 그리고 그는 아마 "다른 사람들은 왜 그들과 교역하거나 (이스터섬 주민들을 제외한 폴리네시아인들 사이에는 상당한 교역이 있었다) 그들을 약탈하거나 그들로부터 배우지 않았을까?"라고 덧붙였을지도 모른다. 왜냐하면 그들은 방법을 몰랐기 때문이다.

이스터섬의 석상이 "예술적 솜씨의 생생한 증거"라는 점에 대해서, 브로노브스키는 그 어떤 증거도 갖고 있지 않았다. 그에게는 그 석상이 성공이 아닌 실패의 증거였다.

> 이들 석상에 대한 중요한 질문은 '그 석상들이 왜 모두 똑같은 모습으로 만들어졌는가?'이다. 당신은 그 석상들이 마치 술통에 빠진 디오게네스처럼 그곳에 앉아서 텅 빈 눈동자로 하늘을 쳐다보며, 이해하려는 노력조차 없이 그저 머리 위로 지나가는 태양과 별을 지켜보는 모습을 본다.

1722년 부활절 일요일에 이 섬을 발견한 네덜란드인들은 당시에 이 섬이 지상의 천국 같다고 말했다. 그러나 그렇지 않았다. 지상의 천국은 이런 공허한 반복들로 이루어져 있지 않다. … 돌아가고 있는 필름의 얼어붙은 틀인 이 얼어붙은 얼굴들은 합리적인 지식의 등정에 첫발을 내딛는 데 실패한 어떤 문명을 상징한다.

제이콥 브로노브스키, 〈인간 등정의 발자취〉

이 석상들이 모두 동일한 모습으로 제작된 것은 이스터섬이 정적인 사회였기 때문이다. 수 세기에 걸쳐 이 섬에 만들어진 수백 개의 석상 중 절반 이상이 의도된 목적지에 놓여 있다. 최대 석상을 포함해서 나머지는 다양한 완성 단계에 있었고, 10% 정도는 이미 특별히 만들어진 길로 옮겨지고 있었다. 이번에도 설명은 엇갈리지만, 유력한 이론에 따르면, 이것은 석상 건립이 영원히 멈추기 직전에 건립 속도가 크게 증가했기 때문이다. 다시 말해서 재난이 어렴풋이 다가오는 동안, 그 섬 주민들은 그 문제를 해결하는 쪽에 훨씬 더 많은 노력을 기울이기보다 (왜냐하면 그 문제를 어떻게 다루어야 할지 몰랐기 때문에) 유적을 만들어 조상에게 바치는 쪽에 노력을 쏟아붓고 있었다. 그러면 그 길은 무엇으로 만들어졌을까? 바로 목재이다.

브로노브스키가 이 다큐멘터리를 제작하던 당시에는, 이스터섬 문명의 몰락 원인을 설명하는 상세한 이론이 아직 존재하지 않았다. 그러나 애튼버러와 달리 그는 그런 것에는 관심이 없었는데, 그가 이스터섬에 갔던 것은 오직 우리의 문명과 그런 석상을 만든 문명의 심오한 차이를 지적하기 위해서였기 때문이다. 브로노브스키의 메시지는 "우리는 그들과 다르다"였다. 우리는 그들이 내딛지 못했던 발걸음을 내딛었다. 반면에 애튼버러의 논증은 "우리도 그들과 동일하며 무모하게 그들의 전철을 밟고 있다"는 정반대 주장에 기초하고 있다. 따라서 애튼버러는 이스터섬의 문명과 우리 문명의 특징과 위험을 확장해서 비유했다.

> 미래가 어떻게 될지에 대한 경고는 지구상에서 가장 외딴 장소 중 하나에서 볼 수 있다. … 최초의 폴리네시아 정착민들은 이곳에 상륙했을 때, 지속 가능한 풍부한 자원이 있는 미니 세상을 발견했다. 그들은 잘 살았다….
>
> 데이비드 애튼버러, 〈우리 지구의 상태〉(BBC TV, 2000)

"미니 세상miniature world." 애튼버러가 이스터섬까지 가서 그 이야기를 한 이유는 바로 이 두 단어 속에 담겨 있다. 그는 이스터섬 자체가 잘못된 미니 세상(우주선 지구)이기 때문에 그 섬이 이 세상에 대한 경고를 품고 있다고 믿었다. 겉으로 보기에 지구가 우리를 지속시킬 풍부한 자원을 보유하고 있는 것처럼, 그 섬도 그 집단을 지속시킬 '풍부한 자원'을 보유하고 있었다(만약 2000년에도 비관주의자들은 여전히 지구의 자원이 '풍부하다'고 생각할 거라는 사실을 맬서스가 알았더라면 얼마나 놀랐을지 상상해 보라). 그 섬 주민들도 우리처럼 '잘'살았다. 그럼에도 그들은 파멸을 피할 수 없었다. 우리가 방식을 바꾸지 않는 한 파멸을 피할 수 없는 것처럼. 우리가 방식을 바꾸지 않았을 때의, '미래의 모습'이 여기에 있다. 그들을 지속시킨 오래된 문화는 버려졌고 석상들은 무너졌다. 풍부하고 비옥했던 미니 세상은 메마른 사막이 되었다.

이번에도 애튼버러는 이 오래된 문화를 좋은 말로 표현한다. 그 섬은 섬 주민들을 '지속'시켰다(섬 주민들이 풍부한 자원을 지속 가능하게 사용하는 데 실패할 때까지 풍부한 자원이 지속시켜 준 만큼만). 그는 마치 우리에게 미래의 재난을 경고라도 하듯이, 석상들의 붕괴를 이용해 그 문화의 몰락을 상징적으로 표현하며, 이 고대 이스터섬의 사회와 기술과 오늘날 우리 지구 전체의 미니 세상 비유를 반복한다.

따라서 애튼버러의 이스터섬은 우주선 지구의 한 변형이다. 인간은 '풍부하고 비옥한' 생물권과 정적인 사회의 문화적 지식이 결합되어 지속된다. 이런 맥락에서 '지속시킨다'는 모호한 단어이다. 이 말은 누군가에게 그들이 필요한 것을 제공한다는 의미일 수 있다. 그러나 이 말은 또 사물의 변화를 막는다는 의미일 수도 있다. 이것은 거의 정반대 의미가 될 수 있는데, 왜냐하면 변화의 억제는 인간이 필요로 하는 게 아니기 때문이다.

현재 옥스퍼드주에서 인간의 삶을 지속시키는 지식은 오직 첫 번째 의미에서만 그렇다. 즉, 그 지식은 모든 세대에서 우리에게 동일한 전통적 삶의 방식을 수행하게 하지 않는다. 사실 그 지식은 우리가 그렇게 하지 못하도록 한다. 비교를 위해 한 가지 예를 들어보자. 만약 당신의 삶의 방식이 단지 새롭고 거대한 석상만 만드는 것이라면, 당신은 이전과 동일한 방식으로 계속 살아갈 수 있다. 그런 삶은 지속 가능하다. 그러나 만약 더 효율적인 농업 방법을 고안할 삶의 방식을 갖고 있다면 그리고 많은 유아를 사망에 이르게 한 질병을 치유할 삶의 방식을 갖고 있다면, 그런 삶은 지속 가능하지 않다. 질병으로 사망했어야 할 아이들이 생존하기 때문에 인구가 증가한다. 한편, 현장 작업에 필요한 인원은 감소한다. 따라서 이전처럼 삶을 지속하는 것은 불가능하다. 당신은 그렇게 해결된 상태를 즐기며 살아야 하며, 이로 인해 생긴 새로운 문제를 해결해야 한다. 영국 섬이 아열대의 이스터섬보다 훨씬 덜 쾌적한 기후에도 불구하고 이제 인구 밀도가 이스터섬의 전성기 인구 밀도의 세 배에 달하고, 삶의 수준은 훨씬 더 높은 문명의 주인이 된 것은 바로 이런 지속 불가능성 때문이다. 적절하게도 이런 문명에는 한때 영국의 대부분을 뒤덮었던 산림 없이도 잘사는 방법에 대한 지식이 있다.

이스터섬 주민들의 문화는 필요한 것을 제공한다는 의미와 사물의 변화를 막는다는 두 가지 의미에서 그들을 지속시켰다. 이것은 기능하는 정적인 사회의 현저한 특징이다. 이 문화는 그들에게 어떤 생활 방식을 제공했지만, 또한 변화를 억제하기도 했다. 즉, 그 문화는 수 세대 동안 그들이 동일한 행동을 수행하고 재수행하겠다는 결의를 지속시켰다. 그 문화는 사실상 산림보다 석상을 중요시하는 가치를 지속시켰다. 그리고 그런 가치는 석상들의 모양과 그런 석상을 더 많이 만드는 무의미한 계획을 지속시켰다.

더욱이 그들의 필요를 제공한다는 의미에서 그들을 지속시켜 주었던 문화는 특별히 인상적인 게 없었다. 다른 석기 시대 사회는 끝없는 기념비 건설에 노력을 낭비하지 않고, 바다에서 물고기를 잡고 육지에서 곡식의 씨앗을 뿌렸다. 그리고 그 유력한 이론이 사실이라면, 이스터섬 주민들은 문명의 몰락 이전에 이미 굶주리기 시작했다. 다시 말해서 심지어 그 문화는 그들의 필요를 충족시키지 못하게 되었을 때도, 그 치명적인 능력을 계속 사용했다. 내 생각은 브로노브스키의 생각에 더 가깝다. 즉, 그 문화는 절대로 개선되지 않았기 때문에, 수 세기에 걸친 그 문화의 생존은 모든 정적인 사회들의 생존처럼 비극이었다.

이스터섬의 역사에서 무서운 교훈을 얻은 사람은 애튼버러만이 아니다. 그것은 우주선 지구의 널리 알려진 실증 사례가 되었다. 그러나 그 교훈 이면의 비유는 정확히 무엇일까? 문명이 좋은 산림 경영에 달려 있다는 생각은 그 교훈과 거의 무관하다. 생존이 좋은 자원 경영에 달려 있다는 더 광범위한 해석도 알맹이가 없기는 마찬가지이다. 어떤 물리적 객체도 '자원'으로 간주될 수 있기 때문이다. 모든 재난은 '서툰 자원 경영'으로 초래된다. 고대 로마의 통치자 율리우스 카이사르Julius Caesar는 칼에 찔려 사망했으므로 우리는 그의 실수를 '철의 무분별한 경영으로 인해 몸속에 철이 과다 축적된 결과'라고 요약할 수 있다. 그의 사망 원인 설명으로 우스꽝스럽기 짝이 없다. 흥미로운 문제는 그가 무엇에 찔렸는가가 아니라 다른 정치가들이 그를 폭력적으로 면직시키기 위해 어떤 음모를 꾸몄고 결국 그런 음모가 어떻게 성공을 거두게 되었는가이다. 포퍼식의 분석은 시저가 폭력 없이는 제거될 수 없어서 강력한 조치를 취했다는 사실에 초점을 맞출 것이다. 그리고 그다음에는 그의 죽음이 진보를 억제하는 혁신을 수정한 게 아니라 사실상 확립시켰다는 사실에 초점을 맞출 것이다. 이 사건들의 일반적인 의미를 이해하기 위해서는 상황의 정치와 심리학과 철학, 때로는 신학까지도 이해해야 한다. 이스터섬 사람들은 산림 경영 실수로 고통받았을 수도 있고 고통받지 않았을 수도 있다. 그러나 만약 고통을 받았다면 그에 대한 설명은 그들이 왜 실수를 했는가가 아니라(문제는 불가피하다), 그들이 왜 그런 실수를 바로잡지 못했는가가 되어야 할 것이다.

나는 자연법칙이 진보에 어떤 한계도 강요할 수 없다고 주장해 왔다. 1장과 3장의 논증에 따르면 이런 사실의 부정은 초자연적 존재에 호소하는 것과 같다. 다시 말해서 진보는 언제까지나 지속 가능하다. 그리고 진보는 역동적 사회의 낙관주의를 필요로 한다.

낙관론의 결과 중 하나는 자신이나 다른 사람들의 실패로부터 배울 것을 기대한다는 점이다. 그러나 이스터섬 주민들의 문명이 산림 관리에 실패한 것으로부터 우리의 문명이 교훈을 얻을 수 있다는 생각은 우리의 상황과 그들의 상황이 구조적으로 유사하기 때문이 아니다. 왜냐하면 그들은 사실상 모든 분야에서 진보를 이루는 데 실패했기 때문이다. 이스터섬 주민들의 오류는 방법론적이든 본질적이든 모두 지나치게 기본적이어서 우리와는 무관하며, 그들의 분별없는 산림 관리도, 설령 그게 정말로 그들의 문명을 파괴한 이유였다고 해도, 그저 전반적으로 전형적인 문제 해결 능력이 부족했기 때문일 것이다. 우리는 그들의 대단히 평범한 실패보다는 그들의 크고 작은 성공을 연구하는 게 훨씬 더 좋을 것이다. 만약 그들의 경험 법칙을 발견할 수 있다면(메마른 토양에서 농작물 재배에 도움이 되는 '돌 덮기stone mulching' 같은), 우리는 역사적, 민족적으로 소중한 지식 조각이나 혹은 어쩌면 실제로 사용 가능한 방법까지도 찾을 수 있을지 모른다. 그러나 경험 법칙에서는 일반적인 결론을 이끌어낼 수 없다. 만약 어떤 원시적이고 정적인 사회 붕괴의 세부 사항이, 우리의 개방적이고 역동적이며 과학적인 사회가 직면하고 있을지도 모르는 감춰진 위험에 대한 대처방안은 고사하고, 그런 위험들과 어떤 관련이라도 있다고 한다면 오히려 대단히 놀라운 일일 것이다.

이스터섬 주민들의 문명을 구제했을 지식을 우리는 이미 수 세기 동안 가지고 있었다. 더 풍부한 자원과 문자 문화가 있었다면 그들은 파괴적인 전염병 후에도 회복할 수 있었을 것이다. 그러나 무엇보다도 그들이 만약 과학적 사고방식의 기초 원리처럼, 그 방법에 대한 우리 지식의 일부라도 갖고 있었다면 온갖 종류의 문제를 더 잘 해결했을 것이다. 물론 그런 지식이 우리의 번영을 보장하지 못하는 것처럼 그들의 번영도 보장하지 못했을 가능성도 있다. 이렇게 지식을 바탕으로 인간의 사건을 설명하는 접근 방식은 이 책의 일반적인 주장들의 당연한 결과이다. 우리는 물리 법칙이 금지하지 않는 임의의 물리적 변환의 달성(나무를 다시 심는 것 같은)은 단지 방법을 아는가의 문제일 수 있다는 것을 알고 있다. 우리는 방법을 알아내는 일은 좋은 설명을 찾는 문제라는 것을 알고 있다. 우리는 또 진보를 이루려는 특정 시도의 성공 여부는 대단히 예측하기 어렵다는 것도 알고 있다. 따라서 우리는 이제 연금술사들이 왜 결코 변환에 성공하지 못했는지 이해한다. 왜냐하면 그들은 먼저 이해했어야 했을 어떤 핵물리학에 대해서 몰랐기 때문이다. 그러나 당시에는 그것을 알 수 없었을 것이다. 그리고 결국 화학이라는 과학을 탄생시킨 그들의 진보는 연금술사가 어떻게 생각했는지에 그리고 그다지 중요하지는 않지만, 근처에서 어떤 화학 성분이 발견될 수 있는지 같은 요소들에 달려 있었다. 이런 조건들은 지구상에 있는 거의 모든 인간 거주지에 존재한다.

생물지리학자인 제러드 다이아몬드Jared Diamond는 자신의 저서인 《총, 균, 쇠*Guns, Germs and Steel*》에서 정반대의 견해를 취한다. 그는 인간의 역사가 왜 그렇게 대륙마다 달랐는지에 대해서 자신만의 독특한 '궁극적 설명'을 제안한다. 특히 그는 아메리카와 오스트레일리아와 아프리카를 정복하기 위해 항해에 나섰던 사람들이 왜 유럽인이었는지를 설명하려고 노력한다. 다이아몬드의 견해로는, 역사적 사건들의 심리학, 철학, 정치는 역사라는 큰 강물 위의 덧없는 잔물결에 불과하다. 강의 경로는 인간의 생각이나 결정과는 무관한 요인들로 결정된다. 특히, 우리 지구의 대륙은 지형, 식물, 동물, 미생물이 모두 다른 천연자원을 갖고 있었고, 세부 사항을 차치하면, 그런 요소가 바로 어떤 생각이 창조되었고 어떤 결정들이 내려졌는지, 정치, 철학 및 칼붙이 등 모든 것을 포함하는 광범위한 역사를 설명한다.

예를 들어, 유럽인들이 오기 전에는 아메리카인들이 왜 기술 문명을 발전시키지 못했는가는 그곳에 짐 운반용 짐승으로 가축화에 적합한 동물이 없었다는 것으로 일부 설명이 가능하다.

라마가 남아메리카 토산종이고, 선사 시대 이후 죽 짐 운반용 짐승으로 사용되어 온 것에 대해서, 다이아몬드는 그 동물이 그 대륙 전체의 토산종이 아니라, 오직 안데스산맥의 토산종이기 때문이라고 지적한다. 그렇다면 왜 안데스산맥에서는 기술 문명이 발생하지 않았을까? 잉카 제국에서는 왜 계몽이 일어나지 못했을까? 다이아몬드는 다른 생물지리학적 요인들이 불리했다고 설명한다.

공산주의 사상가인 프리드리히 엥겔스Friedrich Engels도 동일한 역사 설명을 제안했고, 1884년에 라마에 대해 동일한 단서를 달았다.

> 동반구는 … 가축화에 적응할 수 있는 거의 모든 동물을 소유했다. … 서반구인 아메리카는 라마를 제외하고는 가축화할 수 있는 포유동물이 전혀 없었고, 이 동물은 더욱이 남아메리카의 일부 지역에서만 발견되었다. … 자연조건이 이렇게 달랐기 때문에, 각 반구의 집단은 이제 나름의 방식으로 살아간다.
>
> 프리드리히 엥겔스, 《가족, 사유 재산, 국가의 기원*The Origin of the Family, Private Property and the State*》

그러나 라마가 다른 곳에서도 유용할 수 있었다면, 왜 계속 '남아메리카의 한 지역에서만 발견되었을까? 엥겔스는 이 문제를 다루지 않았다. 그러나 다이아몬드는 그것이 "설명을 꼭 필요로 한다"고 판단했다. 왜냐하면 라마가 수출되지 않았던 게 생물지리학적인 이유가 아니라면, 다이아몬드의 '궁극적 설명'은 잘못되었기 때문이다. 따라서 그는 생물지리학적 이유 하나를 제안했다. 그는 라마에게 적합하지 않은 더운 저지대가 (라마가 농경에 유용했을) 중앙아메리카의 고지대와 안데스 산맥을 갈라놓는다고 지적했다.

그렇다면 그런 지역이 왜 가축화된 라마 확산의 장벽이었을까? 상인들은 수 세기 동안 남아메리카와 중앙아메리카 사이를 육로와 해상으로 여행했다. 11장에서 언급했듯이, 지식은 중간 지점에는 거의 영향을 미치지 않으면서도 먼 목표물을 겨냥해서 그 지식을 완전히 전달할 수 있는 독특한 능력을 가지고 있다. 그렇다면 그런 상인 중 일부가 라마를 북아메리카에 팔기 위해서 데려가려면 무엇이 필요했을까? 필요한 건 오직 생각뿐이었다. 즉, 무언가가 이곳에서 유용하다면 다른 곳에서도 유용할 거라고 추측할 상상의 도약. 그리고 불확실하고 물리적인 위험을 무릅쓸 대담성도. 폴리네시아의 상인들은 정확히 그렇게 했다. 그들은 더 멀리 더 무서운 자연의 장벽을 넘어 이동하며 가축을 포함해 상품을 실어 날랐다. 그렇다면 왜 남아메리카의 상인들은 라마를 중앙아메리카인에게 팔 생각을 하지 못했을까? 우리는 아마 결코 모를 것이다. 반면 그것은 왜 지질학과 관련되어 있었어야 할까? 그들은 그저 자신들의 방식에 너무 고착되어 있었다. 어쩌면 혁신적인 동물 이용이 금기였는지도 모른다. 어쩌면 그런 거래가 시도되었지만, 순전히 운이 나빠서 매번 실패했는지도 모른다. 그러나 그 이유가 무엇이었든, 그 지역의 온도가 높다는 게 물리적 장벽이 될 수는 없었을 것이다. 왜냐하면 실제로 그렇지 않기 때문이다.

그런 것들은 편협한 고려 대상이다. 더 크게는 사람들의 생각과 사고방식 때문에 라마가 확산하지 못했다고 생각해 볼 수 있다. 안데스산맥의 사람들이 만약 폴리네시아인의 사고방식을 갖고 있었더라면, 라마는 아마 남북아메리카 전역으로 확산했을 것이다. 고대 폴리네시아인이 만약 그런 사고방식을 갖지 않았더라면, 아마 애당초 폴리네시아에 정착하지 못했을 테고, 생물지리학적 설명은 이제 그것에 대한 '궁극적 설명'으로 거대한 해상 장벽을 언급할 것이다. 만약 폴리네시아인이 장거리 무역에 훨씬 더 능했더라면, 아마도 말을 아시아에서 자신들의 섬으로 그리고 남아메리카까지 전하는 데 성공했을 것이다. 그리고 그것은 한니발이 알프스산맥을 넘어 코끼리를 운반한 것에 버금가는 인상적인 업적이 되었을 것이다. 만약 고대 그리스의 계몽이 지속되었더라면, 아마도 아테네인이 이 태평양 섬에 최초로 정착했을 테고 이제 그들이 '폴리네시아인'이 될 것이다. 혹은 만약 초기의 안데스산맥 사람들이 거대한 전쟁용 라마의 번식 방법을 알아내서 다른 사람이 말을 길들일 생각을 하기도 전에 라마를 타고 탐험하고 정복했었더라면, 남아메리카의 생물지리학자들은 자신들의 조상이 이 세상을 식민지로 만든 것은 다른 대륙이 라마를 갖고 있지 않았기 때문이라고 설명하고 있을지 모른다.

더욱이 남북아메리카 대륙에는 항상 네발짐승이 부족했다. 최초의 인간이 그곳에 도착했을 때, 말과 매머드와 마스토돈을 비롯한 코끼리과의 다른 동물을 포함해서 '거대 동물'은 흔했다. 일부 이론에 따르면, 그런 동물은 인간의 사냥으로 멸종되었다. 만약 그런 사냥꾼 중 어느 한 명이 거대 동물을 죽이기 전에 한번 타봤다면 무슨 일이 벌어졌을까? 수 세대 후에 그런 대담한 추측의 연쇄 효과는 아마 말과 매머드를 탄 전사들의 부족이 알래스카를 통해 다시 쏟아져 들어와 구세계를 재정복하는 결과를 가져왔을 것이다. 그들의 후손은 이제 이런 재정복의 이유가 거대 동물의 지질학적 분포라고 생각하고 있을 것이다. 그러나 실제 원인은 어떤 사냥꾼의 마음속에 있는 하나의 생각이었을 것이다.

선사 시대 초기에는 인구가 적었고 지식이 편협했다. 그런 시대에는 밈이 근처에서 또 다른 사람의 행동을 관찰하는 경우에만 그리고 (문화가 정적이었기 때문에) 그런 때에도 아주 드물게만 확산했다. 따라서 그때에는 인간의 행동이 다른 동물의 행동과 유사했고, 일어난 일의 대부분은 사실 생물지리학적으로 설명되었다. 그러나 추상적인 언어, 설명, 생존 수준 이상의 자원 그리고 장거리 무역 같은 발달은 모두 편협주의를 침식하고 생각에 인과적 힘을 부여할 잠재력이 있었다. 역사가 기록되기 시작할 무렵, 역사는 무엇보다도 더 많은 생각의 역사가 된 지 오래였다. 불행히도 그런 생각이 여전히 주로 자기를 무력화시키는 비합리적인 것들로 이루어져 있기는 했지만. 이후의 역사에 대해서, 생물지리학적 설명이 광범위한 사건을 설명한다고 주장하기 위해서는 상당한 헌신이 필요할 것이다. 예를 들어, 왜 아시아와 동유럽이 아니라 북아메리카와 서유럽 사회가 냉전에서 승리했을까? 기후, 광물, 식물, 동물, 질병의 분석은 그 원인에 대해 알려주지 않는다. 소련 체제 패배의 원인은 그 이데올로기가 사실이 아니었다는 것이며, 그 체제에 무엇이 잘못되어 있었는지는 세상의 어떤 생물지리학으로도 설명할 수 없다.

우연히도, 소련 이데올로기의 가장 큰 오류 중 하나는, 마르크스와 엥겔스와 다이아몬드가 제안했듯이, 역사를 기계적인 비인간적 용어로 묘사하는 궁극적 설명이 존재한다는 바로 그 생각이었다. 일반적으로 인간사의 기계적인 재해석은 설명력이 부족할 뿐만 아니라, 도덕적으로도 옳지 않은데, 사실상 그런 해석은 관여자의 인간성을 부정하고, 그들과 그들의 생각을 단순히 풍경의 부작용쯤으로 간주해 버리기 때문이다. 다이아몬드는 자신이《총, 균, 쇠》를 집필한 주요 이유가 유럽인의 상대적 성공이 생물지리학에 의한 것이라고 사람들이 확신하지 않는 한, 영원히 인종차별주의적 설명의 유혹을 받게 될 것이기 때문이라고 역설한다. 글쎄, 이 책을 읽는 당신은 그렇지 않으리라 믿는다! 아마도 다이아몬드는 추상적 생각의 힘을 통한 인과관계의 전형을 보여주는 고대 아테네인과 르네상스와 계몽을 보고도 그런 사건들의 원인을 판단할 방법을 발견하지 못했던 것 같다. 그는 그저 사건들에 대한 환원주의적이고 비인간적인 재해석에 대한 유일한 대안은 또 다른 재해석밖에 없다는 것을 당연하게 받아들일 뿐이다.

사실 스파르타와 아테네나, 혹은 사보나롤라와 로렌초 데 메디치의 차이는 그들의 유전자와 무관하다. 이스터섬 주민들과 영국 제국 사람들의 차이도 마찬가지였다. 그들은 모두 보편적 설명자이자 생성자였다. 그러나 그들의 생각은 달랐다. 풍경이 계몽을 일으킨 게 아니었다. 우리가 사는 풍경이 생각의 산물이라고 말하는 게 훨씬 더 사실적일 것이다. 원시 풍경은, 비록 증거와 기회로 가득 차 있기는 해도, 단 하나의 생각도 담고 있지 않았다. 풍경을 자원으로 바꾸는 건 오직 지식뿐이며, 설명적인 지식과 '역사'라는 인간 특유의 행동을 창조한 것도 오직 인간뿐이다.

식물과 동물과 광물 같은 물리적 자원이 새로운 생각을 고취할 기회를 제공하기는 해도, 새로운 생각을 만들어 낼 수도 사람들로 하여금 생각하게 할 수도 없다. 이런 물리적 자원은 또 문제를 일으키지만, 사람들이 그런 문제를 해결할 방법을 찾는 것을 방해하지는 못한다. 화산 폭발 같은 대단히 압도적인 자연 사건이 그 피해자들의 생각과는 무관하게 어떤 고대 문명을 일소시켰을 수는 있지만, 그런 종류의 일은 이례적이다. 대개, 생존해서 생각할 인간이 존재한다면, 그들의 상황을 계속해서 개선해 나갈 수 있는 사고방식도 존재한다. 그런데 불행히도, 앞서 설명했듯이, 모든 개선을 막을 수 있는 사고방식도 있다. 따라서 문명의 시작 전후에는 진보의 기회와 장애물 모두가 오직 생각으로만 이루어져 있었다. 이것이 바로 광범위한 역사의 결정 요인이다. 말이나 라마, 부싯돌이나 우라늄의 초기 분포는 오직 세부 사항에만 그리고 어떤 인간이 그것의 사용법을 알고 난 이후에만, 영향을 미칠 수 있다. 어떤 생물지리학적 요인이 인간 역사의 다음 장과 관련이 있는지의 여부를 그리고 그 결과가 무엇이 될지를 거의 전적으로 결정하는 것은 바로 생각과 결정의 효과이다. 마르크스와 엥겔스와 다이아몬드는 이것을 반대로 이해했다.

1,000년은 정적인 사회가 생존하기에 긴 시간이다. 우리는 훨씬 더 오랫동안 지속했던 고대의 중앙 집권적 제국들에 대해서 생각해 본다. 하지만 이것은 선택 효과이다. 즉, 우리에게는 가장 정적이었던 사회에 대한 기록이 없으며, 그런 사회는 훨씬 더 단명했을 게 틀림없다. 따라서 대부분이 상당히 새로운 패턴의 행동이 필요했을 최초의 도전에 의해 파괴되었다고 추측하는 게 당연하다. 이스터섬의 고립된 위치와 비교적 좋은 자연환경은, 정적인 사회를 더 오래 지속시켰을 것이다. 그러나 심지어 그런 요인조차도 여전히 대체로 인간적이며, 생물지리학적이지는 않다. 만약 그 섬 주민들이 장거리 해상 항해 방법을 알았더라면, 그 섬이 '고립'되지는 않았을 것이다. 마찬가지로 이스터섬이 얼마나 '좋은'지는 그 거주자들이 알고 있는 내용에 의존한다. 그 섬의 정착민들이 만약 생존 기법에 대해서 내가 아는 정도밖에 알지 못했다면, 그 섬에서 일주일도 채 버티지 못했을 것이다. 반면에, 오늘날 이스터섬에는 수천 명의 사람이 굶주리지 않고 살고 있다.

이스터섬의 문명이 붕괴한 것은 정적인 사회는 본질적으로 새로운 문제에 직면할 때 불안정하기 때문이다. 문명은 핏케언섬을 포함하는 다른 남태평양 섬에서도 흥망성쇠를 거듭했다. 이것은 그 지역의 광범위한 역사의 일부였다. 그리고 큰 그림으로 볼 때, 그 이유는 그들 모두가 해결하지 못한 문제를 갖고 있었기 때문이었다. 로마인이 정부를 어떻게 평화적으로 교체할 것인가라는 문제를 해결하는 데 실패했듯이, 이스터섬 주민들도 섬 밖으로 나가는 데 실패했다. 설령 이스터섬에 산림 재난이 있었다고 해도, 그 거주자들을 몰락시킨 것은 그 재난이 아니었다. 몰락의 원인은 그 재난이 일으킨 문제를 그들이 만성적으로 해결하지 못한 데에 있었다. 설령 그 문제가 그들의 문명을 몰락시키지 않았다고 해도, 다른 문제가 결국 그들을 몰락시켰을 것이다. 그들의 문명을 그렇게 정적인 상태로 지속시킨 것은 결코 어떤 선택 사항이 아니었다. 유일한 선택 사항이라고는 그 문명이 갑자기 고통스럽게 붕괴해서 그들이 갖고 있던 얼마 되지 않는 지식의 대부분을 파괴하는 것이나, 혹은 서서히 더 좋게 변화시키는 것밖에 없었다. 방법만 알았더라면 그들은 아마 후자를 선택했을 것이다.

우리는 이스터섬의 문명이 진보를 방해하는 과정에서 어떤 혐오스러운 일을 영속시켰는지 알지 못한다. 그러나 분명히 그 문명의 몰락은 어떤 것도 개선하지 못했다. 사실 폭정의 몰락으로는 충분하지 않다. 지속적인 지식의 창조는 낙관론 같은 특정 종류의 생각과 그와 관련된 비판의 전통에 의존한다. 또 그런 전통을 구체화하고 보호하는 사회적, 정치적 제도도 있어야 한다. 어느 정도의 반대와 규범 이탈이 묵인되고, 교육적 관습이 창조성을 전적으로 소멸시키지 않는 사회. 그 어느 것 하나 사소하게 달성되지 않는다. 그것을 달성한 현재의 결과가 바로 서구 문명이다. 그리고 그것이 바로, 내가 앞서 말했듯이, 서구 문명에 이미 이스터섬의 재난을 피하는 데 필요한 것이 존재하는 이유이다. 서구 문명이 정말로 위기에 직면해 있다면, 그것은 다른 위기여야 한다. 서구 문명이 정말로 붕괴한다면, 다른 방식으로 일어날 것이며, 그 문명이 구제되어야 한다면, 나름의 독특한 방법으로 이루어져야 한다.

1971년에 학창 시절, 나는 "인구, 자원, 환경"이라는 제목의 고등학생 강연에 참석했다. 강연자는 인구과학자 파울 에를리히Paul Ehrlich였다. 내가 그 강연에서 무엇을 기대했는지는 기억이 나지 않지만(나는 그 이전에는 '환경'에 대해 들어본 적이 없었던 것 같다), 나는 그렇게 노골적인 비관론을 드러내는 강연에 당황했다. 에를리히는 우리가 물려받게 될 생지옥을 어린 청중에게 가감 없이 설명했다. 대여섯 가지의 자원 관리 재앙이 바로 코앞에 있었고, 그 일부는 이미 피하기에 너무 늦었다. 10년 후, 기껏해야 20년 후에는 10억 정도의 인구가 굶어 죽을 것이다. 원료는 고갈되고 있었다. 당시 진행 중이었던 베트남 전쟁은 그 지역의 주석과 고무와 석유 쟁탈을 위한 필사적인 투쟁이었다(그의 생물지리학적 설명은 사실 그 충돌을 초래한 정치적 불화를 분별없이 과소평가했다는 점에 주목하라). 당시 미국 내 도시들의 당면과제와 증가하는 범죄, 정신병 모두가 동일한 대재앙의 일부였다. 에를리히는 모든 것의 원인을 인구 과잉과 오염과 유한 자원의 무분별한 과잉 사용 탓으로 돌렸다. 우리는 발전소와 공장, 광산과 집약적인 농장을 지나치게 많이 만들었다. 너무 많은 경제 성장을 했고, 이 행성의 지속 능력보다 훨씬 더 많이 했다. 그리고 최악은 다른 모든 재난의 근본적 원인인 인구 과잉이었다. 이런 점에서 에를리히는 맬서스의 전철을 밟으며 어떤 과정의 예측을 또 다른 과정의 예언과 비교하는 동일한 오류를 범하고 있었다. 따라서 그는 미국이 1971년 당시의 삶의 표준으로도 지속 가능하려면, 인구를 당시 인구의 4분의 1 수준으로 감소시켜 5,000만 명으로 만들어야 한다고 계산했다. 이 행성은 대략 일곱 배의 과잉 인구가 되었다고 그는 말했다.

우리에게는 그 교수가 자신의 연구 분야에 대해 말하고 있는 내용을 의심할 근거가 거의 없었다. 그러나 어떤 이유에선가 우리의 대화는 미래를 막 강탈당한 학생들의 대화가 아니었다. 나는 다른 건 몰라도 내가 언제 걱정을 그만두었는지 기억할 수 있다. 강연 말미에, 한 여학생이 에를리히에게 질문을 했다. 세세한 내용은 잊었지만, 이런 형태의 질문이었던 것 같다. "우리가 만약 앞으로 수년 내에 (에를리히가 묘사한 문제들 중 하나를) 해결하면 어떻게 될까요? 그게 교수님의 결론에 영향을 미치지 않을까요?" 에를리히의 답변은 거침없었다. 우리가 그 문제를 어떻게 해결할 수 있겠는가? (그 여학생은 알지 못했다.) 그리고 설령 우리가 알았다고 해도, 그것이 어떻게 재앙을 잠시 지연시키는 것 이상을 할 수 있겠는가? 그리고 그다음에는 우리가 무엇을 하겠는가?

얼마나 안도했는지! 나는 에를리히의 예언이 결국 "우리가 문제 해결을 중단하면 끝장이다"라고 말하고 있다는 걸 깨닫자, 더 이상 그런 예언이 충격적으로 다가오지 않았다. 왜냐하면 그게 달리 어떻게 가능할 수 있겠는가? 그 여학생은 자신이 질문한 바로 그 문제를 해결하고, 또 그다음 문제를 해결했을 가능성이 크다. 아무튼 누군가는 해결했던 게 틀림없다. 왜냐하면 1991년으로 예정되었던 그 재앙이 아직 가시화되지 않았기 때문이다. 에를리히의 다른 예언도 마찬가지이다.

에를리히는 자신이 어떤 행성의 물리적 자원을 조사해서 그 감소 속도를 예측하고 있다고 생각했다. 그러나 사실 그는 미래 지식의 양을 예언하고 있었다. 그리고 오직 1971년의 최고 지식만 배치된 미래를 상상함으로써, 그는 암묵적으로 급속도로 줄어들고 있는 아주 작은 문제 몇 개만 해결될 거라고 가정하고 있었다. 더욱이 문제를 '자원 고갈'의 관점에서 생각하고 인간의 설명 수준을 무시함으로써, 그는 자신이 예측하려고 애쓰던 것, 즉 "관련된 사람들과 제도가 문제 해결에 필요한 것을 갖고 있을까?"에 대한 그리고 더 포괄적으로는 "문제 해결에 필요한 게 무엇일까?"에 대한 가장 중요한 결정 요인들을 모두 놓치고 말았다.

수년 뒤, 당시에는 새로운 과목이었던 환경과학의 대학원생 하나가 내게 컬러텔레비전이 앞으로 닥칠 우리 '소비자 사회'의 붕괴 신호라고 설명했다. 왜일까? 우선 컬러텔레비전이 더 이상 유용한 목적을 충족시키지 못하기 때문이라고 그는 말했다. 텔레비전의 모든 유용한 기능은 흑백으로도 잘 수행될 수 있다. 비용을 몇 배나 들여 색을 추가하는 것은 단지 '과시적 소비conspicuous consumption'에 불과했다. 이 용어는 심지어 흑백텔레비전이 발명되기 20년 전인 1902년에 경제학자 소스타인 베블런thorstein Veblen이 만든 것이었다. 이 말은 이웃에게 과시하기 위해서 새로운 소유물을 원한다는 의미였다. 자원 부족을 과학적으로 분석하면 우리가 이제 과시적 소비의 물리적 한계에 도달했다는 것을 입증할 수 있을 거라고 나의 동료는 말했다. 컬러텔레비전의 음극선관은 화면상에 적색 형광체를 만들기 위해 유로퓸이라는 화학 원소에 의존했다. 유로퓸은 지구상에서 가장 희귀한 원소들 중 하나이다. 이 행성에 알려진 이 원소의 총보존량은 수억 대의 컬러텔레비전을 만들 정도에 불과했다. 그 후에는 다시 흑백텔레비전으로 돌아갈 것이다. 그러나 이것이 무엇을 의미하는지 생각해 보자. 그때부터는 두 종류의 사람이 존재할 것이다. 컬러텔레비전을 소유한 사람과 소유하지 않은 사람. 그리고 다른 소비제도 마찬가지이다. 그렇게 되면 영원한 신분 차이가 존재하는 세상이 될 테고, 그 세상에서 엘리트들은 마지막 자원을 몰래 축적하고 화려하게 과시하는 삶을 사는 반면, 그 외 사람들은 마지막 몇 년 동안 그 환상적 상태를 유지하기 위해 생기 없이 분노에 찬 상태로 계속 분투할 것이다.

나는 유로퓸의 새로운 공급원이 발견되지 않으리라는 걸 어떻게 아느냐고 그에게 묻자, 그는 내게 발견될 거라는 건 어떻게 아느냐고 물었다. 그리고 설령 발견된다고 해도 그 뒤 우리가 무엇을 하겠는가? 나는 컬러 음극선관이 유로퓸 없이는 만들어질 수 없다는 걸 그가 어떻게 아느냐고 물었다. 그는 유로퓸이 없는 컬러 음극선관은 만들어질 수 없을 거라고 내게 확언했다. 필요한 특성을 가진 화학 원소가 하나라도 존재했다는 게 기적이었다고. 요컨대, 우리의 편의를 충족시킬 특성을 가진 화학 원소를 자연이 왜 공급해야 한단 말인가? 나는 그 점을 인정해야 했다. 화학 원소는 그리 많지 않고, 각각의 원소는 빛을 내는 데 사용될 수 있는 에너지 레벨이 단 몇 개뿐이다. 그 원소 모두를 물리학자들이 이미 평가했다는 건 의심의 여지가 없었다. 만약 컬러텔레비전을 만들 유로퓸의 대안이 없다는 게 결론이라면, 대안은 없었다.

그러나 그 적색 형광체의 '기적'에 대해서 나를 대단히 어리둥절하게 하는 게 있었다. 만약 자연이 오직 한 쌍의 적절한 에너지 레벨만 제공한다면, 왜 하나만 제공하겠는가? 나는 아직 미세 조정 문제에 대해서 들어보지 못했지만(이것은 그 당시에는 새로운 문제였다), 적색 형광체는 미세 조정과 유사한 이유로 나를 어리둥절하게 했다. 정확한 영상의 실시간 전송은 고속 여행처럼 사람들이 당연히 원하는 일이다. 만약 물리 법칙이 광속보다 빠른 여행을 금지하듯이 그것을 금지했다면 당황하지 않았을 것이다. 그러나 물리 법칙이 딱 그렇게만 허용하는 것은 미세 조정의 우연의 일치일 것이다. 물리 법칙이 왜 어떤 문제에 그렇게 엄밀한 한계를 두겠는가? 그것은 마치 지구의 중심이 우주의 중심 수 킬로미터 이내에 존재하는 것으로 드러나는 것과 같다. 그것은 평범성의 원리를 위반하는 것처럼 보였다.

이것을 훨씬 더 황당하게 하는 것은 실제의 미세 조정 문제처럼, 나의 동료가 그런 우연의 일치가 많다고 주장한다는 점이었다. 그의 요지는 컬러텔레비전 문제는 그저 많은 기술 분야에서 동시에 벌어지고 있는 어떤 현상의 한 대표적 사례에 불과하다는 것이었다. 즉, 궁극적인 한계에 도달하고 있었다. 우리가 컬러로 일일 연속극을 보는 하찮은 목적을 위해 희토류 원소들 중 가장 드문 원소의 마지막 매장량을 모두 써 버리고 있는 것처럼, 진보처럼 보였던 모든 것이 사실 우리 지구상에 남아 있는 마지막 자원을 이용하려는 무분별한 돌진에 불과했다. 1970년대는 역사상 유일무이한 끔찍한 순간이었다고 그는 믿었다.

그는 한 가지 면에서는 옳았다. 오늘날까지도 적색 형광체의 대안은 발견되지 않았다. 그러나 나는 이 글을 쓰면서 내 앞에서 유로퓸의 원자를 단 한 개도 포함하지 않는 멋진 컬러컴퓨터 디스플레이를 보고 있다. 그 화소는 매우 흔한 화학 원소들로 이루어진 액체 크리스털이며, 심지어 음극선관이 필요하지도 않다. 혹시 음극선관이 필요하다고 해도 그게 중요하지는 않을 것이다. 왜냐하면 지금쯤은 지구상의 모든 사람에게 유로퓸 유형의 스크린을 수십 대씩 공급하기에 충분한 유로퓸이 채굴되었을 테고, 그 원소의 알려진 매장량은 그 양의 몇 배가 되었을 테니 말이다.

심지어 나의 비관적인 동료가 컬러텔레비전 기술이 무용지물이고 그 운이 다했다고 결론 내리고 있던 동안에도, 낙관론의 사람들은 그 기술을 달성할 새로운 방법과 그 기술의 새로운 용도를 발견하고 있었다. 내 동료가 흑백텔레비전이 현재 수행하고 있는 일을 컬러텔레비전이 얼마나 잘 수행할 수 있는지 5분 동안 생각하고는 제외해 버린 용도를 말이다. 그러나 내게 눈에 띈 것은 실패한 예언이나 그 근원적인 오류, 그런 악몽이 절대로 일어나지 않았다는 안도도 아니었다. 내가 주목하는 것은 사람들의 대조적인 생각이다. 비관론적 개념에서는 사람들이 낭비자이다. 그들은 귀중한 자원을 미친 듯이 쓸모없는 컬러 영상으로 바꾼다. 정적인 사회에서는 확실히 그렇다. 이스터섬의 석상들은 사실 나의 동료가 컬러텔레비전이라고 생각했던 것이었다. 그리고 우리 사회와 이스터섬의 '옛 문화' 비교가 잘못된 이유가 바로 이 점이다. (사건에 의해서 예측할 수 없다고 주장하는) 낙관론적 개념에서는 사람들이 문제 해결자이다. 비관론적 개념에서는 사람들의 독특한 능력이 질병이며, 지속 가능성이 치료제이다. 낙관론적 개념에서는 지속 가능성이 질병이며 사람들이 치료제이다.

그때 이후, 새로운 혁신의 물결을 이용하기 위해 완전히 새로운 산업들이 존재하게 되었고, 의학적 영상 처리부터 비디오 게임, 애튼버러의 다큐멘터리에 이르기까지 이런 산업의 대부분에서 컬러텔레비전은 결국 매우 유용한 것으로 입증되었다. 그리고 흑백텔레비전과 컬러텔레비전 사용자들의 영속적인 계급 차이가 존재하기는커녕, 흑백 기술은 이제 음극선관 텔레비전처럼 사라져 버렸다. 컬러 디스플레이는 이제 너무 저렴해서 광고 수단으로 잡지와 함께 무료로 제공되기도 한다. 그리고 이 모든 기술은, 불화를 일으키기는커녕, 본질적으로 인류 평등주의가 되어서, 과거에는 사람들이 정보와 의견과 예술과 교육에 접근하는 것을 막았던 확고한 장벽을 일소시켜 버렸다.

맬서스식 주장에 대한 낙관론적인 반대자들은 종종 (올바르게) 모든 악이 지식의 부족에 기인하며, 문제는 해결할 수 있다는 것을 강조하고 싶어 한다. 내가 지금까지 설명했던 것 같은 재난 예언들은 아무리 그럴듯하게 선견지명이 있는 것처럼 보인다고 해도, 오류 가능성이 있으며 본질적으로 편견을 가질 수밖에 없다는 사실을 보여 준다. 그러나 재난을 피할 수 있는 적기에 항상 문제가 해결될 거라는 기대도 똑같은 오류이다. 그리고 사실, 맬서스주의자들의 위험한 실수는 자원-할당 재난을 방지하는 방법(즉, 지속 가능성)이 있다고 주장한다는 점이다. 따라서 그들은 우리가 돌에 새겨야 한다고 내가 제안했던 '문제는 불가피하다'는 또 다른 위대한 진실도 부정한다.

어떤 해법에 문제가 없을 수도 있지만, 어떤 문제가 그런 해법을 갖게 될지 미리 확인할 방법은 없다. 따라서 정체되지 않는 한, 새로운 해법으로 초래된 예측 불허의 문제를 피할 방법은 없다. 그러나 역사의 모든 정적인 사회가 증언하듯이, 정체 자체는 지속 가능하지 않다. 내 동료가 살아 있는 동안 컬러텔레비전이 일상의 삶을 구제하게 되리라는 것을 알 수 없었듯이, 맬서스도 막 발견된 우라늄이라는 희귀한 화학 원소가 결국 문명의 생존과 관련되리라는 것을 알 수 없었을 것이다.

따라서 오직 좋은 지도자와 좋은 정책만 제공하는 정치 제도도 없고, 오직 진실한 이론만 제공하는 과학적 방법도 없는 것처럼, 재난을 방지할 수 있는 자원 관리 전략도 없다. 그러나 확실하게 재난을 초래하는 생각들이 존재하고, 그중 하나가 미래를 과학적으로 계획할 수 있다는 생각이라는 것은 주지의 사실이다. 세 가지 모두의 경우에서 유일하게 합리적인 정책은 제도와 계획과 생활 방식이 실수를 얼마나 잘 바로잡는가에 따라, 나쁜 정책과 나쁜 지도자를 얼마나 잘 제거하고 나쁜 설명을 얼마나 잘 폐기하고 재난으로부터 얼마나 잘 회복시키는가에 따라 판단하는 것이다.

예를 들어, 20세기 진보의 위업 중 하나는 기억할 수도 없는 오랜 시간 동안 고통과 죽음을 초래했던 많은 전염병과 풍토병을 종식한 항생제의 발견이었다. 그러나 '이른바 진보'의 비평가들은 항생제에 내성을 가진 병원균의 진화 때문에 이런 위업은 일시적일 뿐이라고 거의 처음부터 지적해 왔다. 이것은 종종, 광범위한 맥락을 제공하자면, 계몽의 오만에 대한 고발로 간주된다. 우리는 박테리아와 진화라는 그들의 무기에 맞서 싸우는 이런 과학 전쟁에서 단 한 번의 전투만 패배해도 끝장이다. 왜냐하면 싸구려 세계항공 여행이나 세계 무역, 거대 도시 같은, '이른바 진보'가 파괴성에 있어서는 흑사병을 훨씬 뛰어넘을 수 있고, 심지어 우리 인류의 멸종을 초래할 수도 있는 세계적인 유행병에 우리를 그 어느 때보다 더 취약하게 만들기 때문이다.

그러나 모든 성공은 일시적이다. 따라서 진보를 '이른바 진보'로 재해석하기 위해 이 사실을 이용하는 것은 나쁜 철학이다. 특정 항생제 의존이 지속 가능하지 않다는 사실은 지속 가능한 생활 방식을 기대하는 사람의 관점에서만 고발이다. 그러나 사실 그런 것은 없다. 오직 진보만 지속 가능하다.

예언적 접근 방식은 오직 재난을 늦추기 위해 무엇을 할 것인지만 볼 수 있으므로, 과감한 인구 감소와 분산, 여행 금지 및 지역 간 접촉 억제 등 지속 가능성을 높일 뿐이다. 이렇게 하는 사회는 새로운 항생제를 개발할 과학적 연구를 제공할 수 없다. 구성원들은 자신들의 생활 방식이 자신들을 보호해 주기를 바란다. 그러나 이런 생활 방식이 흑사병을 막지 못했다는 사실에 주목하라.

방지와 지연 전술은 유용하지만, 실행 가능한 미래 전략의 작은 부분에 불과할 수 있다. 문제는 방지와 지연 전술이 실패했을 때 우리가 대처 가능한지에 달려 있다. 분명히 우리는 치료 쪽에 역점을 두어야 한다. 그러나 그 방법은 오직 이미 알고 있는 질병에 대해서만 사용할 수 있다. 따라서 우리에게는 예측 불가능한 실패를 다룰 능력이 필요하다. 이것을 위해 우리는 설명과 문제 해결에 관심이 있는 활발한 대형 연구 커뮤니티가 필요하다. 우리는 이 커뮤니티를 지원할 연구비와 이

커뮤니티의 발견을 이행할 기술적 능력이 필요하다.

현재 큰 논란이 되고 있는 기후 변화의 문제도 마찬가지이다. 우리는 기술로 인해 발생하는 이산화탄소 배출량이 지구 대기의 평균 온도를 증가시켜, 가뭄, 해수면 상승, 농업 파괴, 일부 종의 멸종 같은 유해한 효과를 초래한다는 전망에 직면해 있다. 이들 효과는 농작물 생산의 증가, 식물 수명의 증가, 겨울의 저체온 사망률 감소 같은 효과들보다 중요한 예측이다. 이런 이산화탄소 배출량 감소에 목적을 둔 수조 달러의 비용과 많은 법률 및 제도적 변화는 현재 초강력 슈퍼컴퓨터들의 지구 기후 시뮬레이션 결과와 그런 계산이 다음 세기의 경제에 어떤 함축적 의미를 담고 있는지에 대한 경제학자들의 예측에 달려 있다. 이 논의에 비추어, 우리는 몇 가지 논쟁과 근본적인 문제를 발견할 수 있다.

첫째, 우리는 지금까지는 운이 좋았다. 유력한 기후 모형의 정확도와 무관하게, 슈퍼컴퓨터나 복잡한 모형 제작 없이도, 이산화탄소 배출량은 종국에는 반드시 대기 온도를 증가시키며, 이것은 결국 유해할 수밖에 없음을 물리 법칙으로부터 분명히 알 수 있다. 그러므로 이렇게 생각해 보자. 만약 관련 매개 변수들이 아주 살짝 달랐고 재난의 순간이, 말하자면 이산화탄소 배출량이 이미 계몽 이전의 수치보다 몇 자리 더 높았던 1902년(베블런의 시간)에 있었다면 어떻게 될까? 그러면 그 재난은 어느 누가 예측할 수 있기도 전에 혹은 무슨 일이 일어나고 있는지 알기도 전에 일어났을 것이다. 해수면은 상승했을 테고, 농업은 파괴되었을 테고, 수백만 명이 사망하기 시작했을 테고 점점 더 심각한 상황이 닥쳤을 것이다. 그리고 당시의 큰 쟁점은 재난 방지법이 아니라 그것에 대해 무엇을 할 수 있을지였을 것이다.

그 당시엔 슈퍼컴퓨터도 없었다. 배비지의 실패와 과학계의 잘못된 판단 때문에 그리고 어쩌면 가장 중요하게는 자원(부)이 없었기 때문에, 그들에게는 자동화 컴퓨팅의 핵심 기술이 없었다. 기계적 계산과 방마다 가득 찬 계산원들로는 충분하지 않았다. 그러나 훨씬 더 심각한 문제는 그들에게는 대기물리학자가 없었다는 점이다. 사실 당시에는 모든 종류의 물리학자를 합해도 오늘날 기후 변화만 연구하는 과학자 수에 훨씬 미치지 못했다. 사회의 관점에서 보면, 1902년의 물리학자는 1970년대의 컬러텔레비전처럼 매우 드물었다. 그러나 재난 회복을 위해서 사회는 더 과학적인 지식과 더 좋은 기술과 더 많은 자원이 필요했을 것이다. 예를 들어, 1900년에는 저지대 섬의 해안 보호용 방파제 건설에 너무나 막대한 자원이 필요해서 오직 다량의 값싼 노동력을 활용해 방파제를 건설할 수 있었다.

이것은 자동화에 매우 취약한 도전이다. 그러나 사람들은 그 문제를 적절히 다룰 처지에 있지 않았다. 관련된 모든 기계는 파워가 부족했고 신뢰할 수 없었으며 고비용인데다 대량 생산이 불가능했다. 파나마 운하 건설의 막대한 노력은 수천 명의 목숨을 앗아가고 막대한 자금이 투입되었는데도 불구하고 미숙한 기술과 과학 지식의 부족으로 실패한 적이 있었다. 그리고 이런 문제를 무마하기에는 대체로 자원(부)이 부족했다. 오늘날 거의 모든 해안 국가가 해안 방어 프로젝트에 감당할 수 있는 역량을 갖고 있다. 그리고 수십 년이 지나면 해수면 상승의 다른 해법도 찾을 수 있을 것이다.

만약 어떤 해법도 찾지 못한다면, 그럼 우리는 어떻게 할까? 이것은 완전히 다른 종류의 문제이며, 기후 변화 논쟁을 다시 한번 살펴보게 한다. 그것은 슈퍼컴퓨터 시뮬레이션은 (조건부) 예측을 하지만, 경제적 예측은 거의 예언을 한다는 것이다. 왜냐하면 우리는 앞으로 기후에 대한 인간의 반응이, 발생하는 문제를 다룰 새로운 지식을 사람들이 얼마나 성공적으로 창조하는지에 크게 의존한다고 예상할 수 있기 때문이다. 따라서 예측과 예언을 비교하는 것은 과거의 실수를 반복하는 꼴이 될 것이다.

다시, 재난이 1902년에 이미 진행 중이었다고 가정해 보자. 예컨대 20세기의 이산화탄소 배출량을 예측하기 위해 과학자들에게는 무엇이 필요했을지 생각해 보자. 에너지 사용량이 대략 이전과 동일한 비율로 계속 증가한다는 (불확실한) 가정하에, 그들은 그 결과 생기는 배출량의 증가를 어림할 수 있을 것이다. 그러나 그런 추정치에는 원자력의 효과가 포함되지 않았을 것이다. 왜냐하면 방사능 자체가 막 발견되었고, 20세기 중반까지는 동력에 이용되지 않았기 때문이다. 그러나 아무튼 그들이 그것을 예측할 수 있었다고 하자. 그러면 그들은 아마도 자신들의 이산화탄소 배출량 예측을 수정했을 테고, 20세기 말 무렵에는 그 배출량이 쉽게 1902년 수준 아래로 회복되었을 것이다. 그러나 이번에도 그것은 오직 원자력 반대 운동을 예측할 수 없었기 때문일 것이다. 왜냐하면 그런 운동은 원자력이 이산화탄소 배출량 감소의 중요한 요인이 되기 전에 그 팽창을 (아이러니하게도 환경적인 이유로) 중단시킬 테니 말이다. 때때로 좋든 나쁘든 인간의 새로운 생각이라는 예측 불가능한 요인은 과학적 예측을 무용지물로 만든다. 오늘날 세기에 대한 예측도 마찬가지이다. 그럼 현재의 논쟁에 대한 세 번째 고찰로 넘어가 보자.

대기 온도의 이산화탄소 농도 민감성, 즉 임의의 이산화탄소 농도 증가가 대기 온도를 얼마나 증가시키는지는 정확히 알려져 있지 않다. 이 숫자가 정치적으로 중요한 까닭은 그것이 문제의 심각성에 영향을 미치기 때문이다. 높은 민감성은 높은 긴박성을 의미한다. 낮은 민감성은 그 반대를 의미한다. 공교롭게도 이것은 지금까지의 대기 온도 증가가 얼마나 '인위적이었는지(인간이 초래한 것이었는지)'라는 부수적인 문제를 두드러지게 하는 정치적 논쟁을 유발했다. 이것은 마치 우리가 대비해야 하는 허리케인이 인간이 초래한 것이라는 데에는 대부분이 동의하면서도 다음 허리케인에 대한 최선의 대비책에 대해서는 갑론을박을 벌이고 있는 것과 같다. 마치 불규칙한 온도 변동이 해수면 상승과 농업 파괴와 인류 전멸의 원인으로 밝혀진다고 해도, 우리의 최선책은 그저 씩 웃으며 참는 것뿐이라고 생각하는 것처럼 보인다. 혹은 대기 온도 증가의 3분의 2가 인위적이라면, 나머지 3분의 1의 효과를 완화해서는 안 된다고 생각하는 것처럼 보인다.

다음 세기 동안 우리가 환경에 미치는 순 효과가 무엇일지 예측해서 모든 정책 결정을 그런 예측에 최적화시키는 것은 효과가 없다. 우리는 이산화탄소 배출량을 얼마나 줄일 수 있을지, 그게 어느 정도 효과가 있을지 알 수 없다. 물론 예측 가능한 문제의 발생을 지연시키는 전술은 도움이 될 수도 있다. 그러나 예측 불가능한 사건의 발생 이후 우리의 개입 능력을 키우는 게 지연 전술보다 우선되어야 한다. 만약 이산화탄소로 인한 온난화와 관련하여 그런 일이 발생하지 않는다면, 다른 문제와 함께 발생할 것이다.

사실, 우리는 지구 온난화를 예측하지 못했다. 나는 이것을 재난이라고 부르는데, 현재 우리의 최선의 선택지가 엄청난 비용을 들여 전 세계적으로 엄격한 행동 제한을 강제해서 이산화탄소 배출량을 억제해야 한다는 게 지배적인 이론이기 때문이며, 이것은 어떤 합리적인 척도로 보아도 이미 재난이다. 내가 지구 온난화를 예측하지 못했다고 말하는 까닭은 내가 강연에 참석했을 때인 1971년에도 온난화가 진행 중이었다는 것을 우리가 이제야 깨달았기 때문이다. 에를리히는 급격한 기후 변화로 인해 곧 농업이 파괴될 거라고 언급했다. 그러나 문제가 되는 변화는 스모그와 초음속 항공기의 응축 자국으로 인한 지구 냉각화가 될 것이었다. 가스 배출로 인한 온난화 가능성은 이미 일부 과학자들이 논의해 왔지만, 에를리히는 그런 내용은 언급할 가치가 없다고 생각했다. 그는 우리에게 일반적인 냉각 추세가 이미 시작되었다는 증거가 있으며, 산업의 '열오염heat pollution'(현재 우리가 몰두하고 있는 지구 온난화보다는 적어도 수백 배는 더 적은 효과) 때문에 장기적으로는 역전되겠지만, 재앙적인 영향이 지속될 거라고 말했다.

한 번의 예방이 열 번의 치료와 같다는 말이 있다. 그러나 이 말은 방지 대상을 알고 있는 경우에만 해당한다. 예측 불가능한 문제를 피할 예방책은 있을 수 없다. 그런 문제의 대비책으로 우리가 할 수 있는 일은 상황이 잘못되었을 때 바로잡을 능력을 키우는 것밖에 없다. 순전히 행운에 의존해서 최악의 결과를 막연히 피하려고 한다면 결국 복구 방법도 없이 실패하고 말 것이다.

세계는 현재 어떤 비용이 들더라도 가스 배출량의 감소를 강제할 계획들을 세우느라 법석을 떨고 있다. 그러나 그보다는 대기 온도를 감소시킬 방법이나, 고온 상태에서 번성할 방법에 대해 논의해야 한다. '어떤 비용이 들더라도'가 아니라 효율적으로 저렴하게 말이다. 일부 그런 계획이 존재한다. 예를 들어, 다양한 방법으로 대기에서 이산화탄소를 제거하고, 햇빛을 반사하기 위해 바다 위에 구름을 발생시키고, 더 많은 이산화탄소를 흡수할 수생 생물을 조장하는 등의 계획이 그것이다. 그러나 현재로서 이런 계획들은 아주 작은 노력에 불과하다. 슈퍼컴퓨터도 국제 협약도 막대한 금액도 이런 노력에 전적으로 관심을 기울이지 않는다.

이것은 위험하다. 지속 가능한 생활 방식으로 후퇴하려는 징후는 아직 없지만(이것은 사실 지속 가능성의 허울만 달성한다는 의미이다), 그런 염원조차도 위험하다. 왜냐하면 우리가 무엇을 염원하고 있겠는가? 미래 세상을 우리의 관념 속으로 억지로 밀어 넣어서 우리의 생활 방식과 우리의 오해와 우리의 실수를 끝없이 재생산하는 것? 그러나 만약 우리가 그 대신에 모든 단계가 다음 단계에 의해 회복될 때까지 지속 불가능한 끝없는 창조와 탐험의 여정을 시작하기로 선택한다면 (만약 이것이 우리 사회의 일반적인 윤리와 염원이 된다면) 무한의 시작인 인간의 등정은, 비록 안전하지는 않아도, 적어도 지속 가능하게는 될 것이다.

18장

시작

The Beginning

"여기는 지구다. 영원하고 유일한 인류의 고향이 아니라, 무한한 모험의 시작점에 불과한. (당신의 정적인 사회를 끝내기 위해) 당신은 그저 결심만 하면 된다, 결정은 당신의 몫이다."

(그 결정으로) 끝이 왔다. 영원의 마지막 끝이. 그리고 무한의 시작이.

아이작 아시모프, 《영원의 끝 *The End of Eternity*》

지구 둘레를 최초로 측정한 인물은 기원전 3세기 키레네의 에라토스테네스Eratosthenes였다. 그의 결과는 실제 값에 상당히 가까운 약 4만 킬로미터였다. 대부분의 역사에서 이것은 엄청난 거리로 여겨졌지만, 계몽과 함께 이런 생각은 점차 변했고, 오늘날 우리는 지구가 작다고 생각한다. 그것은 주로 두 가지 때문이었다. 첫째, 우리의 행성에 비하면 상상할 수 없을 정도로 거대한 실재들을 발견한 천문학 때문이었고, 둘째, 세계 여행과 소통을 흔하게 만든 기술 때문이었다. 따라서 지구는 우주에 비해서도 인간 행동의 규모에 비해서도 더 작아지게 되었다.

따라서 우주의 지리학과 그 내부의 우리 위치에 관해서는 지배적인 세계관 자체가 일부 편협한 오해들을 제거했다. 이전에 우리는 그렇게 거대하다고 생각했던 지구 표면 전체를 거의 탐험했다고 생각했다. 하지만 우리는 또한 여전히 그런 오해를 했던 시기에 누군가가 상상했던 것보다 우주에는 (그리고 지구의 육지와 바다 표면 밑에는) 탐험할 수 있는 곳이 훨씬 더 많이 남아 있다는 사실도 알고 있다.

그러나 이론적 지식과 관련하여, 지배적인 세계관은 아직 계몽의 가치를 따라잡지 못했다. 예언의 오류와 편향 때문에, 우리에게는 기존 이론들은 이론적 지식으로 알 수 있는 것의 한계에 봉착했다는 (우리가 거의 다 왔다는, 어쩌면 절반 정도 왔다는) 집요한 가정이 남아 있다. 경제학자 데이비드 프리드먼David Friedman이 논평했듯이, 대부분의 사람들은 자신의 현재 수입의 두 배 정도면 합리적인 사람을 충분히 만족시킬 수 있으며, 그 이상의 액수에서는 진정한 유용성을 찾을 수 없다고 믿는다. 지식도 부와 마찬가지이다. 우리가 현재 알고 있는 지식의 두 배를 안다는 게 어떤 것일지 상상하기 어렵고, 따라서 그것을 예언하려고 하면 그저 우리가 이미 알고 있는 지식의 극히 일부분을 상상하고 있음을 발견한다. 심지어 파인만조차도 다음과 같은 글을 썼을 때 이와 관련하여 평소답지 않은 실수를 했다.

> 나는 예컨대 1,000년 동안은 확실히 신기한 일이 일어나지 않을 거라고 생각한다. 이런 일이 계속되어 우리가 항상 점점 더 많은 새로운 법칙을 발견할 수는 없다. 만약 그렇다면, 한 단계 밑에 너무 많은 단계가 존재한다는 게 재미없을 것이다. 우리가 여전히 발견을 하고 있는 시대에 살고 있다는 건 대단한 행운이다. 이것은 마치 아메리카

대륙의 발견과 같다. 그런 발견은 단 한 번뿐이다.

리처드 파인만, 《물리 법칙의 특성*The Character of Physical Law*》

특히, 파인만은 자연의 '법칙'이라는 개념은 돌로 만들어진 게 아니라는 사실을 잊고 있었다. 5장에서 언급했듯이, 뉴턴과 갈릴레오 이전에는 이 개념이 달랐으며, 이 역시 다시 변할 수도 있다. 설명 단계의 개념은 20세기부터 시작하며, 5장에서 내가 추측한 대로, 미시 물리학에 비해 더 새로워 보이는 기본 법칙이 존재한다는 내 생각이 옳다면, 그런 개념 역시 변할 것이다. 더 일반적으로 가장 기본적인 발견은 항상 새로운 설명으로 이루어져 있을 뿐만 아니라 설명 방식도 새로워질 것이다. 재미없다는 말은 그저 문제 판단의 기준이 문제 자체만큼 빨리 진화하지 않는다는 예언에 불과하다. 그러나 상상의 실패 이외에 그것에 대한 논거는 없다. 심지어 파인만조차도 미래는 아직 상상할 수 없다는 사실을 피할 수 없다.

미래에 계속 반복해야 할 일은 그런 편협주의를 벗어 버리는 것이다. 어느 순간에는 터무니없이 거대해 보이는 지식의 수준, 부, 컴퓨터 파워 혹은 물리적 규모가 나중에는 애처로울 정도로 작아진다. 그러나 우리는 결코 문제가 없는 상태에 도달하지는 못할 것이다. 무한 호텔의 투숙객처럼 우리는 '거의 그곳에' 닿지 못할 것이다.

'거의 그곳에'에는 두 가지 종류가 있다. 우울한 설명에서는, 지식이 자연법칙이나 초자연적인 법칙으로 제한되어 있어서, 진보가 일시적 단계였다. 내 정의에 따르면 이것이 지독한 비관주의이긴 해도, '낙관론'을 포함하는 다양한 이름으로 통하며, 과거에는 대부분의 세계관에 필수였다. 유쾌한 설명에서는 잔존하는 모든 무지가 곧 제거되거나 혹은 중요하지 않은 분야에만 국한된다. 이것은 낙관적으로 보이지만, 살펴볼수록 더 비관적이다. 예를 들어, 정치에서, 유토피아적 이상주의자들은 이미 알려진 몇 가지 변화가 이루어지면 인간의 상태가 완벽해질 수 있다고 단언하지만, 그것은 잘 알려진 독단주의와 폭정을 위한 비결이다.

물리학에서, "세계의 체제는 단 한 번만 발견될 수 있다"는 라그랑주의 말이 옳았거나, "1894년에 아직 발견되지 않은 모든 물리학은 소수점 아래 여섯째 자리에 대한 것이다"라는 마이컬슨의 말이 옳았다고 상상해 보자. 그들은 나중에 저 '세계의 체제' 밑바탕에 무엇이 있는지 호기심을 갖게 된 누군가가, 이해할 수 없는 것에 대해 헛된 질문을 하게 될 거라는 걸 안다고 주장하고 있었다. 그리고 이상 현상에 대해 궁금해하고, 어떤 기본적 설명이 오해를 포함하고 있지는 않을까 의심하는 사람은 실수하는 거라는 걸 안다고 말이다.

마이컬슨의 미래(우리의 현재)에는 우리가 더 이상 상상할 수 없는 정도까지 설명 지식이 부족했을 것이다. 중력과 화학 원소의 성질과 태양의 광도 같은 이미 그가 알고 있는 광범위한 현상들도 아직 설명할 게 남아 있었다. 그는 이런 현상들이 오직 암기해야 할 사실의 목록이나 경험 법칙으로만 여겨지고, 이해하거나 유익하게 질문을 해야 할 대상으로는 여겨지지 않을 거라고 주장했다. 1894년에 존재한 기본 지식의 미개척 분야는 설명할 수 없는 장벽이었을 것이다. 원자의 내부 구조도, 시간과 공간의 역학 같은 것도 없었고, 우주론 같은 과목도, 중력이나 전자기력을 지배하는 방정식에 대한 설명도, 물리학과 계산 이론의 관계 같은 것도 없었다. 세상에서 가장 심오한 구조는 설명할 수 없는 인간 중심적 경계였고, 1894년의 물리학자들이 이해했다고 생각한 것의 경계와 일치했다. 그리고 중력의 존재처럼, 그 경계 안의 어떤 것도 대단히 잘못된 것으로 드러나지는 않았다.

대단히 중요한 것은 마이컬슨이 개방하고 있었던 실험실에서 발견되지 않았다. 그 실험실에서 공부한 각 세대의 학생들은 세상을 자신의 선생님보다 더 깊이 이해하려고 노력하기보다, 그들을 모방하거나 기껏해야 소수점 아래 여섯째 자리가 이미 알려진 어떤 상수의 일곱째 자리를 발견하는 것 이상의 어떤 것도 열망할 수 없었다. (하지만 어떻게? 최적 감도의 과학 기기는 1894년 이후에 만들어진 기본적 발견들에 좌우된다.) 그들의 세상 체제는 영원히 이해할 수 없는 바다에 떠 있는 작고 얼어붙은 설명의 섬으로 남아 있었다. 마이컬슨의 '물리과학의 기본 법칙과 사실들'은 더 많이 이해하기 위한 무한의 시작이 아니라, 그들이 실제로 그랬듯이, 그 분야에서 이성의 마지막 숨소리가 되었을 것이다.

나는 라그랑주나 마이컬슨이 비관론적인 생각을 가졌던 게 아닌가 하는 의심이 든다. 그러나 그들의 예언은 무엇을 해도 더 이상의 이해는 불가능하다는 우울한 판결을 수반했다. 두 사람 모두 자신들이 가능성을 부정했던 바로 그 진보로 나아갈 수 있었을 발견을 한 것은 정말로 우연이었다. 그들은 당연히 그런 진보를 추구하고 있었어야 했다, 그렇지 않은가? 그러나 자신들이 비관적으로 여기는 분야에서 창조적인 사람은 거의 없다.

나는 13장에서 바람직한 미래는 우리가 오해에서 훨씬 더 좋은 (오류가 더 적은) 오해로 진보하는 것이라고 말했다. 나는 종종 이론을 계승 이론을 발견한 이후가 아니라 처음부터 '오해'라고 부른다면 과학의 본질을 더 잘 이해하게 될 거라고 생각했다. 따라서 우리는 아인슈타인의 중력 오해는 뉴턴의 오해를 개선했고, 뉴턴의 오해는 케플러의 오해를 개선한 것이라고 말할 수 있을 것이다. 신다윈주의의 진화 오해는 다윈의 오해를 개선했고, 그의 오해는 용불용설의 오해를 개선했다. 사람들이 만약 이런 식으로 생각한다면, 굳이 과학이 절대적으로 확실하지도 않고 궁극적이지도 않다고 상기시킬 필요가 없을 것이다.

어쩌면 동일한 진실을 강조하는 좀 더 실용적인 방법은 지식의 성장을 문제에서 해결로 혹은 이론에서 더 좋은 이론으로가 아니라, 문제에서 더 좋은 문제로의 지속적인 전이로 나타내는 것일지 모른다. 이것은 내가 1장에서 강조했던 '문제들'의 긍정적인 개념이다. 아인슈타인의 발견 덕분에, 현재 우리의 물리학 문제는 아인슈타인 자신의 문제보다 더 많은 지식을 포함하고 있다. 그의 문제는 뉴턴과 유클리드의 발견에 근거하고 있었던 반면, 오늘날 물리학자들이 몰두하는 대부분의 문제는 20세기의 물리학 발견들에 뿌리를 두고 있으며, 만약 그런 발견들이 없었다면 대부분의 문제는 접근할 수 없는 미스터리였을 것이다.

수학의 경우도 마찬가지이다. 비록 수학의 정리들이 일단 한동안 존재하게 되면 거짓으로 입증되는 일이 거의 드물기는 해도, 기본적인 것에 대한 수학자들의 이해가 개선된다는 점은 동일하다. 처음에 나름대로 연구되었던 추상 개념은 더 일반적인 추상 개념으로 이해되거나, 예기치 않은 방식으로 다른 추상 개념과 관련된다. 그리고 수학의 진보도 다른 분야의 진보처럼 문제에서 더 좋은 문제로 나아간다.

낙관론과 이성은 우리의 지식이 어떤 의미에서든 '거의' 도달했다거나, 그 토대가 존재한다는 생각과 양립할 수 없다. 그러나 포괄적인 낙관론은 항상 드물었고, 예언적 궤변의 유혹은 강했다. 그러나 항상 예외는 있었다. 소크라테스는 심오한 무지를 주장했던 것으로 유명하다. 그리고 포퍼는 이렇게 썼다.

> 나는 세상에 대해서 무언가를 배우려고 노력하는 동안 단지 많이 모른다는 사실을 알게 된다고 해도 그런 노력을 계속할 가치가 있다고 믿는다…. 우리가 알고 있는 다양한 부분에서는 크게 다르지만, 우리가 무한히 무지하다는 점에서는 모두가 동일하다는 사실을 기억하는 게 좋을 것이다.
>
> 칼 포퍼, 《추측과 논박 *Conjectures and Refutations*》

무한한 무지는 무한한 지식의 잠재력이 존재하기 위한 필수 조건이다. 우리가 '거의 그곳에' 도달했다는 생각을 거부하는 것은 독단주의와 정체, 폭정을 피하기 위한 필수 조건이다.

1996년에 저널리스트 존 호건John Horgan은 저서 《과학의 종말*The End of Science*》로 물의를 일으켰다. 이 책에서 그는 기본적 과학 분야의 최종적 진실은 (혹은 적어도 인간의 마음이 이해할 수 있을 만큼의 진실은) 이미 20세기 동안 발견되었다고 주장했다.

호건은 원래 과학이 "끝이 없고 심지어 무한하다"고 믿었다고 썼다. 그러나 일련의 오해와 나쁜 주장들에 의해(나는 그것들을 이렇게 부를 것이다), 그 반대에 서게 되었다. 그의 기본적 오해는 경험주의였다. 그는 과학을 문학 비평이나 철학이나 예술 같은 비과학적 분야와 구별하는 것은, 과학은 '문제의 객관적 해결' 능력이 있는 반면(이론과 실체를 비교해서), 다른 분야는 문제에 대해 서로 모순된 해석만 만들어 낸다는 점이라고 믿었다. 그는 두 가지 점에서 오류를 범했다. 내가 이 책 전반에 걸쳐 설명했듯이, 앞의 모든 분야에는 아직 발견되지 않은 객관적 진실이 존재하지만, 어디에서도 궁극성이나 확실성을 발견할 수 없다.

호건은 "포스트모던" 문학 비평이라는 나쁜 철학을 통해 철학과 예술에 존재할 수 있는 두 종류의 "모호성"을 수용한다. 첫 번째는 저자가 의도했거나 생각의 도달 범위 때문에 존재하는 진정한 다중 의미의 '모호성'이다. 두 번째는 고의적 모호성, 혼동, 다의성 혹은 자기모순의 모호성이다. 첫 번째는 심오한 사고의 속성이고, 두 번째는 심오한 어리석음의 속성이다. 이 둘을 혼동하게 되면 최악의 예술과 철학을 최고의 특징으로 생각하게 된다. 이런 관점에서는 독자와 시청자와 비평가가 자신들이 선택하는 모든 의미를 두 번째 종류의 모호성 때문이라고 생각할 수 있기 때문에, 나쁜 철학은 모든 지식에 동일하다고 단언한다. 즉, 모든 의미는 동일하고, 어느 것도 객관적 진실이 아니다. 그럼 우리는 완전한 허무주의를 선택하거나 모든 '모호성'을 그 분야에서 좋은 것으로 간주하게 된다. 호건은 후자를 선택한다. 그는 예술과 철학을 '모순된' 분야로 분류하는데, 모순은 진술에 여러 가지 상충하는 의미가 존재한다는 뜻이다.

포스트모더니스트와 달리, 호건은 과학과 수학이 모든 것의 훌륭한 예외라고 생각한다. 논리적인 지식이 가능한 것은 오직 과학과 수학뿐이다. 그러나 또한 모순된 과학(본질적으로는 철학이나 예술이기 때문에 '문제 해결 능력'이 없는 종류의 과학) 같은 것도 존재한다고 그는 결론 내린다. 모순된 과학은 무한히 지속될 수 있는데, 그 이유가 바로 그러한 과학은 아무것도 해결하지 못하기 때문이다. 모순된 과학은 객관적 진실을 발견하지 못한다. 모순된 과학의 유일한 가치는 바라보는 사람의 눈 속에 있다. 따라서 호건에 따르면, 미래는 모순된 지식에 속한다. 객관적 지식은 이미 그 궁극적 한계에 도달했다.

호건은 아직 해결되지 않은 기본 과학의 질문 몇 가지를 조사해서 자신의 명제에 따라 '모순된' 질문과 '기본적이지 않은' 질문으로 판단한다. 그러나 이런 결론은 오직 그의 전제만으로 불가피하게 만들어졌을 뿐이다. 왜냐하면 기본적 진보를 구성할 미래 발견의 전망을 생각해보자. 우리는 그것이 무엇인지 알 수 없지만, 나쁜 철학은 이미 원칙적으로 그것을 새로운 경험 법칙과 새로운 '해석'(혹은 설명)으로 분리할 수 있다. 새로운 경험 법칙은 기본적일 수 없다. 그것은 단지 또 하나의 방정식에 불과하다. 그 방정식과 과거 방정식의 차이는 오직 숙련된 전문가만 식별할 수 있다. 새로운 '해석'은 정의에 따라 순수 철학이 될 테고, 따라서 '모순적'일 수밖에 없다. 이 방법으로는 모든 잠재적 진보가 진보적이지 않은 것으로 재해석될 수 있다.

호건은 이전에 실패했던 예언의 맥락에서는 자신의 예언이 거짓으로 판명될 수 없다고 올바르게 지적한다. 마이컬슨이 19세기의 업적에 대해 틀렸고, 라그랑주가 17세기의 업적에 대해서 틀렸다고 해서, 호건이 20세기의 업적에 대해서 틀렸다는 의미는 아니다. 그러나 우연히도 우리의 현재 과학 지식은 역사적으로 유난히 심오하고 기본적인 문제들을 포함한다. 인간 사상의 역사에서 우리의 지식은 작고 우리의 무지는 크다는 게 이토록 분명했던 적은 없었다. 따라서 이상하게도 호건의 비관주의는 예언적 궤변일 뿐만 아니라 기존의 지식과도 모순된다. 예를 들어, 기본 물리학 문제의 상황은 오늘날 1894년의 상황과는 근본적으로 다른 구조를 갖는다. 비록 당시의 물리학자들이 우리가 지금은 혁명적인 설명의 전조로 인식하는 일부 문제를 알고 있었다고 해도, 그런 문제의 중요성이 분명하지 않았다. 그러나 오늘날 우리의 문제 일부가 기본적이라는 것을 부정할 변명거리는 없다. 우리의 최고 이론은 우리에게 그 이론 자체와 그 이론이 설명해야 하는 실체 사이에 심각한 불일치가 있음을 알려주고 있다.

가장 노골적인 예 중 하나는 물리학이 현재 양자론과 일반 상대성 이론이라는 두 가지 기본적 '체제'를 갖고 있으며 그 둘이 근본적으로 모순이라는 점이다. 이런 모순을 해결하려고 시도했지만 성공하지 못한 양자 중력 문제 같은 제안에 따라 그 특성을 묘사하는 방법은 많다. 한 가지 양상은 불연속과 연속의 균형이다. 내가 11장에서 다양한 불연속 속성을 가진 어떤 입자의 대체 가능한 예들이 연속적인 구름으로 모여 있는 것으로 설명한 방식은 이런 일이 일어나는 시공 자체가 연속적인 경우에만 효과가 있다. 그러나 만약 시공이 구름의 중력gravitation of the cloud의 영향을 받는다면, 불연속적인 속성을 지니게 될 것이다.

우주론에서는, 심지어 《과학의 종말》이 집필되고 (그리고 그 이후 곧 내가 《실체의 구조》를 쓰고) 수년 후에도 혁명적 진보가 있었다. 당시에 이용할 수 있었던 우주론들은 모두 빅뱅의 초기 폭발 이후 죽 (그리고 미래에도 영원히) 중력 때문에 서서히 속도가 감소하는 우주의 팽창을 담고 있었다. 우주론자들은 속도 완화에도 불구하고 그 팽창 속도가 우주를 영원히 팽창시키기에 충분한지(탈출 속도를 뛰어넘었던 발사체처럼), 혹은 결국 '빅크런치big crunch'(물리우주론에서 우주의 시작인 백뱅과 반대로 온 우주가 블랙홀의 특이점과 같이 한 점으로 축소되면서 종말한다는 가설-옮긴이)로 재붕괴할지 결정하려고 애쓰고 있었다. 그런 우주에는 오직 두 가지 가능성만 존재하는 것으로 믿어졌다. 내가 《실체의 구조》에서 그런 가능성들을 논의한 이유는 그것들이 다음과 같은 질문과 관련되어 있었기 때문이다. 우주의 일생 동안 실행 가능한 컴퓨터의 계산 단계에 한계치가 존재할까? 만약 그렇다면, 물리학도 창조 가능한 지식의 양에 한계를 부여할 것이다. 지식의 창조도 계산의 한 형태이므로.

처음에는 모든 사람이 무한한 지식 창출은 오직 재붕괴하지 않는 우주에서만 가능하다고 생각했다. 그러나 분석 결과, 그 반대인 것으로 드러났다. 즉, 영원히 팽창하는 우주의 거주자들은 그 에너지를 고갈시킬 것이다. 그러나 특정 유형의 재붕괴하는 우주에서는 빅크런치 특이점이 우리가 무한 호텔에서 사용한 '점점 더 빠르게' 방법을 수행하기에 적합하다는 사실을 우주론자 프랭크 티플러가 발견했다. 즉, 중력 붕괴의 증가하는 조수 효과에 힘입어 특이점에 도달하기 이전의 유한한 시간 동안 무한 수열의 계산 단계를 실행할 수 있다. 거주자들에게 우주는 영원히 지속될 것이다. 왜냐하면 우주가 붕괴했을 때에도 그들은 무한히 점점 더 빠르게 생각하면서 자신들의 기억을 훨씬 더 작아진 부피 속에 저장시키고 있어서 접근 시간도 무한히 감소할 수 있기 때문이다. 티플러는 그런 우주를 "오메가 포인트 우주omega-point universes"라고 불렀다. 당시의 관측 증거는 실제의 우주가 그런 유형과 일치했다.

현재 우주론을 추월하고 있는 작은 부분의 혁명은 오메가 포인트 모형이 관측에 의해 배제되었다는 점이다. 먼 우주의 초신성에 대한 일련의 놀라운 연구를 포함하는 증거를 통해 우주론자들은 우주가 영원히 팽창할 뿐만 아니라 가속하는 속도로 팽창하고 있다는 뜻밖의 결론에 도달하게 되었다. 무언가가 그 중력을 상쇄시키고 있었다.

우리는 그것이 무엇인지는 모른다. 좋은 설명을 찾을 때까지 이 미지의 원인은 '암흑 에너지'라고 불리게 되었다. 암흑 에너지가 무엇일지에 대한 몇 가지 제안이 있는데, 여기에는 그저 가속의 양상만 주는 효과들도 포함된다. 그러나 현재로서 가장 효과적인 가설은 중력 방정식에 또 하나의 항이 존재한다는 것으로, 1915년에 아인슈타인이 최초로 만들었다가 설명이 부족하다는 사실을 깨닫고 누락시켰던 어떤 형태이다. 그것은 1980년대에 다시 양자마당론의 효과로 제안되었지만, 이번에도, 그 항의 물리적 의미나 그 크기를 예측할 만한 좋은 이론은 없었다. 암흑 에너지의 본질과 효과의 문제는 사소한 세부 사항도 아니며, 그것에 대한 무언가가 영원히 불가해한 미스터리를 암시하지도 않는다. 우주론은 기본적으로 완성된 과학이 되기에 참으로 어렵다.

암흑 에너지가 결국 무엇으로 밝혀지는가에 따라, 먼 미래에 지식 창출을 영원히 지속시킬 에너지를 제공하는 게 가능해질 수도 있다. 에너지를 훨씬 더 광대한 거리에 걸쳐 수집해야 하기 때문에, 계산은 훨씬 더 느려질 것이다. 오메가 포인트 우주에서 벌어질 일의 거울상에서는 거주자들이 속도 완화를 알아채지 못할 것이다. 왜냐하면 이번에도 그런 우주는 총 단계의 수가 무제한인 컴퓨터 프로그램으로 설명될 것이기 때문이다. 따라서 암흑 에너지는 비록 무한한 지식의 성장 시나리오 하나는 배제했지만, 또 다른 시나리오의 원동력을 제공한다.

새로운 우주론 모형은 공간의 차원이 무한한 우주를 묘사한다. 빅뱅이 유한한 시간 전에 일어났기 때문에 그리고 광속의 유한성 때문에, 우리는 오직 무한한 공간의 유한한 부분만 보겠지만, 그 유한한 부분은 계속해서 영원히 커질 것이다. 따라서 결국 훨씬 더 불가능해 보이는 현상들이 시야에 들어올 것이다. 우리가 볼 수 있는 총 부피가 지금보다 100만 배 더 커지면, 우리가 오늘날 우주에서 100만분의 1의 확률로 존재하는 것을 보게 될 것이다. 물리적으로 가능한 모든 일이 결국 드러날 것이다. 지배적인 이론에 따르면, 오늘날 그러한 모든 것이 존재하지만, 거기서 나온 빛이 우리에게 도달하기에는 너무 멀리 떨어져 있다.

빛은 퍼져 나가는 동안 점점 더 희미해진다. 즉, 단위 면적당 광자의 수가 훨씬 적다. 이 말은 더 먼 거리에 있는 천체를 탐지하려면 훨씬 더 큰 망원경이 필요하다는 뜻이다. 따라서 아마도 우리가 얼마나 먼 현상을 볼 수 있는지, 따라서 얼마나 불가능한 현상을 볼 수 있는지에는 한계가 있을 것이다. 단 무한의 시작이라는 한 가지 유형의 현상은 제외하고. 특히 끝없는 방식으로 우주를 개척하고 있는 문명이 결국 우리가 있는 곳에 도달할 것이다.

따라서 단 하나의 무한 공간은 미세 조정된 우연의 일치라는 인간 중심적 설명으로 가정된 무한히 많은 우주의 역할을 할 수 있을 것이다. 어떤 면에서는 그런 공간이 그 역할을 더 잘할 수 있을 것이다. 만약 그런 문명이 형성될 확률이 0이 아니라면 공간에는 그런 문명이 무한히 많이 존재해야 하고, 결국 그런 문명들은 서로 만나게 될 것이다. 그 문명들이 만약 이론을 통해 확률을 계산할 수 있다면, 인간 중심적 설명을 검증할 수 있을 것이다.

더욱이 인간 중심적 주장들은 이 모든 평행 우주를 불필요하게 만들 뿐만 아니라,[20] 다양한 물리 법칙도 불필요하게 만들 수 있을 것이다. 물리학에서 발생하는 모든 수학 함수는 비교적 좁은 종류인 해석 함수에 속한다는 6장의 내용을 기억하자. 이들 함수는 놀라운 성질을 갖고 있다. 어떤 해석 함수가 한 지점에서도 0이 아니라면, 전체 도달 범위에 걸쳐 오직 고립된 지점에서만 0을 통과할 수 있다. 따라서 물리학 상수의 함수로 표현된 '천체물리학자의 존재 확률'의 경우도 이렇게 되어야 한다. 이 함수에 대해서는 우리가 아는 바가 거의 없지만, 적어도 한 집합의 상수값에 대해서는, 즉 우리 우주에 대해서는 그게 0이 아님을 알고 있다. 따라서 우리는 그게 거의 모든 값에 대해서 0이 아니라는 것도 알고 있다. 아마도 거의 모든 집합의 값에 대해서는 상상할 수 없을 정도로 작겠지만, 그럼에도 불구하고 0은 아니다. 그리고 그 상수가 무엇이든, 우리의 우주에는 무한히 많은 천체물리학자가 존재할 것이다.

불행히도 이 시점에서 미세 조정의 인간 중심적 설명 자체가 무효로 되었다. 천체물리학자는 미세 조정과 무관하게 존재한다. 따라서 새로운 우주론은 이전 우주론보다 훨씬 더 인간 중심적 미세 조정을 설명하지 못한다. 그러므로 그것은 "그들이 어디에 있는가?"라는 페르미 문제도 해결할 수 없다. 그것은 이 설명의 꼭 필요한 부분으로 밝혀졌는지는 모르지만, 그 자체로는 어떤 것도 설명할 수 없다. 또한 8장에서 설명했듯이, 인간 중심적 주장을 필요로 하는 모든 이론은 사물의 무한 집합에서 확률 정의의 척도를 제공해야 한다. 우주론자들이 현재 우리가 살고 있다고 믿는 무한한 공간의 우주에서는 그렇게 하는 방법을 알지 못한다.

이 문제는 더 광범위한 목적을 갖는다. 예를 들어, 다중 우주에 관해서는 소위 '양자 자살 논증quantum suicide argument'이 있다. 당신이 로또 당첨을 원한다고 하자. 당신은 로또 한 장을 사고 당첨이 되지 않으면 수면 중에 당신을 자동으로 죽이는 기계를 설치한다. 그러면 당신이 잠에서 깨어나는 모든 역사에서는 당신이 당첨자이다. 만약 당신의 죽음을 슬퍼할 사람이 없거나, 대부분의 역사가 당신의 조기 사망으로 영향받지 않는다면, 당신은 이런 주장의 옹호자들이 "주관적 확신"이라고 부르는 것 때문에 헛수고를 한 셈이다. 그러나 그런 확률 적용 방식은 보통의 이론처럼 양자론에서 직접 나오는 게 아니다. 따라서 추가 가정이 필요하다. 즉, 결정할 때 결정자가 없는 역사는 무시해야 한다. 이것은 인간 중심적 주장들과 밀접하게 관련되어 있다. 이번에도 이런 경우의 확률 이론은 잘 이해되지 않지만, 추측건대 그 가정은 거짓이다.

관련된 가정은 이른바 시뮬레이션 논증simulation argument에서 나타나는데, 이 논증의 가장 설득력 있는 지지자는 철학자 닉 보스트롬Nick Bostrom이다. 이 논증의 전제는 먼 미래에 우리가 아는 전체 우주가 컴퓨터로 (아마도 과학적 혹은 역사적 연구를 위해) 여러 차례 (아마도 무한히 여러 차례) 시뮬레이션된다는 것이다. 그러므로 사실상 이런 시뮬레이션 안에는 원래의 세상이 아니라 우리의 모든 사례가 존재한다. 그러므로 우리는 거의 확실히 어떤 시뮬레이션 속에 살고 있다. 따라서 이 논증은 효과가 있다. 그러나 '대부분의 사례들'을 그렇게 '거의 확실하게' 동일시하는 게 타당할까?

이것이 왜 가능하지 않은지 알아보기 위해, 한 가지 사고 실험을 해보자. 물리학자들이 다음과 같은 사실들을 발견한다고 상상해 보자. 즉, 공간은 사실 부풀린 파이처럼 여러 겹으로 되어 있으며, 층의 수는 장소마다 다르고, 어떤 장소에서는 층이 분리되어 있고, 내용물도 층과 함께 분리된다. 하지만 모든 층이 동일한 내용물을 갖고 있어서 비록 우리는 느끼지 못하지만, 움직이는 동안 우리의 사례들이 분리와 합병을 거듭한다. 런던에는 공간이 100만 층이고, 옥스퍼드에는 단 한 층이라고 하자. 나는 두 도시를 자주 오가며, 어느 날 내가 어디에 있는지 잊은 채 깨어난다. 주변은 어둡다. 단지 내가 옥스퍼드보다 런던에서 100만 배 더 많이 깨어났다는 이유로 내가 런던에 있을 가능성이 훨씬 더 높다고 확신해야 할까? 그렇지 않다. 그런 상황에서는 사례의 수를 세어 보는 게 결정을 내릴 때 사용해야 하는 확률의 길잡이가 아니다. 우리는 사례가 아니라 역사를 세어야 한다. 양자론에서는 물리 법칙이 측정을 통해 역사를 세는 방법을 알려준다. 다중 시뮬레이션의 경우, 나는 역사를 세는 어떤 방법에 대해서도 좋은 논증이 있다고 생각하지 않는다. 이것은 미해결 문제이다. 그러나 나에 대한 동일한 시뮬레이션을 100만 번 반복하는 것이 왜 내가 원형이라기보다 시뮬레이션일 '가능성을 더 크게' 만드는지 잘 이해가 되지 않는다. 만약 그 기억 속에 있는 각각의 정보 조각을 표현하기 위해 한 컴퓨터가 또 다른 컴퓨터의 전자보다 100만 배 많이 사용된다면 어떻게 될까? 내가 100만 배 많이 사용된 컴퓨터 '안'에 존재할 확률이 더 높을까?

시뮬레이션 논증이 제기하는 다른 문제는 이것이다. 우리가 알고 있는 우주가 정말로 미래에서 자주 시뮬레이션될까? 그게 비도덕적이지는 않을까? 오늘날 존재하는 세상에는 엄청난 고통이 있으며, 그런 시뮬레이션을 돌리는 사람은 누구나 그런 고통의 재생산에 대한 책임이 있다. 아니, 정말 그럴까? 메추라기 한 마리의 동일한 두 사례가 한 사례와 동일할까? 만약 그렇다면, 과거의 고통에 대한 책을 읽는 게 비도덕적이지 않은 것처럼, 시뮬레이션 제작도 비도덕적이지 않다. 그러나 그러한 경우에 사람들의 두 시뮬레이션이 얼마나 달라야 도덕적 목적을 위해 계산될 수 있을까? 이번에도 나는 그런 질문들에 대한 좋은 답을 알지 못한다. 그런 질문들에 대한 답은 오직 인공 지능도 따를 설명 이론으로만 가능하지 않을까 생각한다.

이 문제와 관련되지만, 더 엄격한 도덕적 질문이 여기에 있다. 양자 난수 생성기quantum randomizer(양자역학의 특성을 이용하여 난수를 만들어 내는 장치 또는 알고리즘-옮긴이)를 이용해서 강력한 컴퓨터의 각 비트를 무작위로 0이나 1로 설정하자(이 말은 0과 1이 동일한 측정 기록에서 발생한다는 의미이다). 그 순간에는 이 컴퓨터 기억 용량의 모든 내용이 다중우주에 존재한다. 따라서 이 컴퓨터가 어떤 인공 지능 프로그램을 포함하는 역사는 반드시 존재한다(사실, 그 컴퓨터의 최대 기억 용량까지, 모든 상태의 모든 인공 지능 프로그램이 존재한다). 그중 일부는 당신을 상당히 정확히 표현해서, 당신의 실제 환경과 거의 흡사한 가상현실 환경에서 살고 있다(현재의 컴퓨터는 실제의 환경을 정확히 시뮬레이션할 정도의 기억 용량을 갖고 있지 않지만, 7장에서 말했듯이 한 사람을 시뮬레이션할 정도의 용량은 충분히 갖고 있다). 모든 상태의 고통에는 사람도 있다. 따라서 나의 질문은 이것이다. 컴퓨터를 켜고 다른 역사의 모든 프로그램을 동시에 실행하도록 설정하는 게 잘못일까? 이것은 사실 지금까지 저지른 최악의 범죄일까? 아니면 고통이 있는 모든 역사의 합이 매우 작기 때문에 단순히 권장하지 않는 것일까? 아니면 그저 순진하고 사소한 일일까?

훨씬 더 모호한 예는 인류 종말 논법doomsday argument이다. 이것은 전형적인 인간이 대략 모든 인간의 수열에서 거의 절반을 지나고 있다고 가정하는 방식으로, 우리 종의 기대 수명을 어림하려고 시도한다. 따라서 우리는 앞으로 살게 될 총 인구가 지금까지 살았던 인구의 두 배 정도가 될 거라고 예상한다. 물론 이것은 예언이며, 그런 이유만으로는 타당한 주장이 될 수 없지만, 그래도 간단히 따라가 보자. 첫째, 인간의 총수가 무한할 경우는, 이 논법을 적용할 수 없다. 왜냐하면 그런 경우, 살고 있는 모든 사람이 이 수열에서 비정상적으로 앞부분에서 살게 될 것이기 때문이다. 따라서 이 말은 오히려 우리가 무한의 시작에 있다는 것을 암시한다.

또한 인간의 수명은 얼마나 길까? 질병과 노화는 (확실히 다음 몇 생애 안에) 곧 치유될 테고 만약 어떤 사람이 죽는다고 해도 여러 가지 상태의 뇌를 백업해 둘 수 있는 기술을 이용해서 살인이나 사고사를 방지할 수 있을 것이다. 일단 그런 기술이 존재하면, 사람들은 오늘날 컴퓨터의 백업 작업보다 자신들의 상태를 자주 백업해 두지 않는 게 오히려 어리석은 일이라고 생각하게 될 것이다. 만약 다른 게 없다면, 오직 진화만이 확실히 그렇게 할 것이다. 왜냐하면 자신을 백업하지 않는 사람들은 점차 사라질 것이기 때문이다. 따라서 그 결과는 딱 하나뿐이다. 현재의 세대가 수명이 짧은 최후의 세대 중 하나가 되는 것이다. 그렇게 되면 우리 인류의 수명은 유한해진다고 해도, 그 뒤 앞으로 살게 될 인간의 총수를 알면 그 수명의 상한선이 없어질 것이다. 왜냐하면 그것은 우리에게 잠재적으로 불멸인 미래의 인간이 얼마나 오래 산 뒤에, 예언된 재앙이 닥칠지 말해줄 수 없기 때문이다.

1993년에 수학자 버너 빈지Verrnor Vinge는 《다가오는 기술적 특이점The Coming Technological Singularity》이라는 제목의 영향력 있는 책을 썼는데, 여기서 그는 약 30년 이내에 기술의 미래를 예측하는 것은 불가능해진다고 추정했다. 이것은 단순히 '특이점'으로 알려진 사건이다. 빈지는 도래하는 특이점을 인공 지능의 달성과 관련시켰고, 후속 논의에서는 그 문제를 중점적으로 다루었다. 나는 확실히 그때쯤엔 인공 지능이 달성되기를 바라지만, 내가 지금까지 논의했던 가장 먼저 도래해야 할 이론적 진보의 징후는 아직도 보이지 않는다. 반면에 인공 지능을 틀을 깨는 기술로 특정할 이유는 없다고 생각한다. 지구상에는 이미 수십억 명의 인간이 존재하기 때문이다.

대부분의 특이점 옹호자들은 인공 지능 돌파구 직후에는 초인간superhuman(유전자 변형, 인공 두뇌 임플란트, 나노 기술, 또는 먼 미래에 인간이 결국 수천 또는 수백만 년으로 진화할 수 있는 것처럼 개선된 인간을 의미-옮긴이) 마음이 만들어질 테고, 그다음에는 빈지의 표현처럼, "인간 시대는 종말을 고할 것"이라고 믿는다. 그러나 인간 마음의 보편성에 대한 나의 논의는 이런 가능성을 배제한다. 인간은 이미 보편적 설명자이자 생성자이기 때문에, 이미 그 편협한 기원들은 초월할 수 있으며, 따라서 그런 초인간 마음이란 있을 수 없다. 오직 기존의 인간 사고를 훨씬 더 빨리, 훨씬 더 많은 기억 용량으로 작동시키고, '땀' 단계를 (인공 지능이 아닌) 자동 장치에 위임하는 고도의 자동화만 존재할 뿐이다. 이런 일의 상당량은 이미 생각하며 시간을 보낼 수 있는 인간의 수의 몇 배에 달한 부의 일반적 증가뿐만 아니라 컴퓨터 및 다른 기계를 통해 이루어졌다. 사실 이런 일은 지속될 거라 예상할 수 있다. 예를 들어, 뇌의 추가 기능 완결은 물론이고, 훨씬 더 효율적인 인간-컴퓨터 인터페이스가 있을 것이다. 그러나 인터넷 검색 같은 일은 수십억 개의 문서를 창조적으로 스캐닝하며 의미를 찾는 초고속 인공 지능으로는 결코 수행되지 못할 것이다. 왜냐하면 인공 지능은 그런 일을 인간이 하는 이상으로는 수행하길 원하지 않을 것이기 때문이다. 인공적인 과학자와 수학자와 철학자도 인간이 본질적으로 이해할 수 없는 개념이나 주장은 다루지 못할 것이다. 보편성은 모든 의미에서 인간과 인공 지능이 결코 동일하지 않을 거라는 의미를 내포한다.

마찬가지로 특이점은 종종 혁신의 속도가 인간이 대처하기에는 너무 급속도로 빨라지면서 전례 없는 격변과 위험의 순간이 되는 것으로 추정된다. 그러나 이것은 편협한 오해이다. 계몽 초기 몇 세기 동안 급속하게 가속하는 혁신이 통제 불가능하다는 느낌이 있었다. 그러나 우리의 기술, 생활 방식, 윤리 규범 등의 변화에 대처하는 우리의 능력 또한 과거에 그것을 파괴하곤 했던 일부 비합리적 밈의 약화 및 소멸과 함께 증가했다. 미래에, 혁신의 속도 역시 뇌의 추가 기능 및 인공 지능 컴퓨터의 정보 처리량 덕분에 증가하게 되었을 때, 우리의 대처 능력도 동일한 속도로 혹은 더 빠른 속도로 증가할 것이다. 만약 모든 사람이 갑자기 100만 배나 빨리 생각할 수 있다면, 결과적으로 아무도 빠르다고 느끼지 못할 것이다. 그러므로 나는 일종의 불연속으로서의 특이점 개념은 오류라고 생각한다. 지식은 기하급수적으로 혹은 훨씬 더 빨리 계속 증가할 테고, 그것만으로도 충분히 놀라운 일이다.

경제학자 로빈 핸슨Robin Hanson은 우리 인간의 역사에 농업 혁명과 산업 혁명 같은 특이점이 몇 차례 존재했다고 말했다. 이런 정의에 따르면 심지어 초기 계몽조차도 '특이점'이었을 게 틀림없다. 종교 광신자들과 절대 군주 사이의 유혈 투쟁이었던 청교도 혁명English Civil War과 1651년에 종교 광신자들의 승리를 경험하며 살았던 사람 중 그 누가 자유와 이성이 주요 특성인 사회의 평화로운 탄생을 경험하게 될 거라고 예측할 수 있었겠는가? 영국 왕립학회는 예컨대 1660년에 창립되었으며, 한 세대 이전에는 거의 상상도 할 수 없었던 발전이었다. 로이 포터는 1688년을 영국 계몽의 시작으로 명시했다. 그해는 지배적인 세계관에서는 더 심오하고 놀랍도록 빠른 변화의 일부였던 많은 합리적 개혁과 함께 주로 헌법 정부의 시작을 알리는 '영광스러운 혁명'의 해였다.

또한 과학적 예측이 어려운 시간은 현상마다 다르다. 각 현상에 대해, 우리가 예측하려고 하는 것과 상당한 차이가 있는 것이 바로 새로운 지식의 창출이 시작되는 순간이다. 우리는 사실 '새로운 지식의 창조가 개입하지 않는 한'이라는 단서하에 우리의 모든 예측을 암시적으로 이해해야 한다.

일부 설명은 다른 것들을 예측할 수 없게 만드는 지평선 훨씬 너머인 먼 미래까지 꿰뚫는 도달 범위를 갖고 있다. 그중 하나는 그 사실 자체이다. 그리고 또 다른 하나는 바로 이 책의 주제인 설명적 지식의 무한한 잠재력이다. 관련된 지평선 너머의 무언가를 예측하려는 시도는 무의미하지만(그것은 예언이다), 그 너머에 무엇이 있을지에 대한 호기심은 그렇지 않다. 호기심은 우리로 하여금 추측하게 하고, 추측은 사색을 불러일으키는데, 이것은 비합리적인 게 아니다. 사실 사색은 지극히 중요하다. 미래를 예측할 수 없게 만드는 모든 새로운 생각은 사색에서 시작된다. 그리고 모든 사색은 문제와 함께 시작한다. 미래에 관한 문제도 예측의 지평선 너머에 도달할 수 있다. 그리고 문제에는 해법이 있다.

물리적 세계의 이해와 관련하여, 우리는 에라토스테네스가 지구에 관해서 취했던 입장과 아주 유사한 입장에 처해 있다. 그는 지구를 놀라울 정도로 정확하게 측정할 수 있었고, 지구의 특정 양상들에 대해서 상당히 많이 알고 있었다. 그의 조상들이 고작 수 세기 전에 알고 있었던 것보다 훨씬 더 많이. 그는 비록 증거는 갖고 있지 않았지만, 지구 여러 지역의 계절 같은 것에 대해서는 알고 있었던 게 틀림없다. 그러나 그는 또한 존재하는 것의 대부분이 자신의 물리적 도달 범위뿐만 아니라 이론적 도달 범위 훨씬 너머에 있다는 것도 알고 있었다.

우리는 아직 에라토스테네스가 지구를 측정한 것만큼 정확히 우주를 측정할 수 없다. 그리고 또 우리가 얼마나 무지한지도 알고 있다. 예를 들어, 우리는 컴퓨터 프로그램을 만들어서 인공 지능에 도달할 수 있다는 것은 보편성을 통해 알고 있지만, 올바른 프로그램을 만들 (혹은 진화시킬) 방법은 전혀 모른다. 또 우리 모두의 내부에 감각질과 창조성이 작동하는 사례들이 있지만, 감각질이 무엇이고 창조성이 어떻게 작동하는지는 모른다. 우리는 수십 년 전에 유전자 암호를 알았지만, 그것이 왜 그런 도달 범위를 갖는지도 전혀 모른다. 우리는 물리학의 가장 심오한 이론들 모두가 거짓이어야 한다는 것을 알고 있다. 우리는 기본적으로 사람이 중요하다는 것은 알지만, 우리가 그런 사람들에 속하는지의 여부는 모른다. 즉, 우리는 실패하거나 포기할 수도 있고, 우주의 다른 곳에서 발생하고 있는 지성체가 무한의 시작이 될 수도 있다. 그리고 내가 언급한 모든 문제와 함께 다른 문제들의 경우에도 마찬가지이다.

휠러는 한때 마룻바닥 전체에 종이를 깔아 놓고 궁극적 물리 법칙일지도 모르는 모든 방정식을 써 내려가는 상상을 했다. 그리고 그 뒤….

> 자리에서 일어나, 더 희망적인 것과 덜 희망적인 게 섞여 있는 저 모든 방정식을 돌아보고는, 마치 명령하듯이 손가락 하나를 들어 올리고 "날아라!"라는 명령을 내린다. 그런 방정식 중 어느 하나도 날개를 펼치거나, 날아오르거나, 날지 않을 것이다. 그러나 우주는 '난다'.
>
> C. W. 미스너, K. S. 손, J. A. 휠러, 《중력 *Gravitaion*》

우리는 우주가 왜 '나는지' 알지 못한다. 물리적 현실에서 증명된 법칙과 증명되지 않는 법칙의 차이가 무엇일까? 어떤 사람의 컴퓨터 시뮬레이션(보편성 때문에 사람인 게 틀림없는)과 그 시뮬레이션의 기록(사람일 수 없는)의 차이는 무엇일까? 동일한 두 시뮬레이션이 작동하고 있을 때, 감각질은 한 세트일까, 두 세트일까? 그 도덕적 가치는 두 배일까, 아닐까?

우리의 세상은, 에라토스테네스의 세상보다 훨씬 더 크고 더 통일되어 있고 더 복잡하고 더 아름답다. 현재 우리가 그 세상을 이해하고 통제하고 있지만, 그럼에도 불구하고 세상은 여전히 열려 있다. 우리는 여기저기에 촛불 몇 개만 켜 놓았다. 우리는 알지 못하는 무언가에 의해 소멸될 때까지 그 촛불의 약한 불빛 속에 움츠려 있을 수도 있고, 혹은 저항할 수 있다. 다만 우리는 우리가 무의미한 세상에 살고 있지 않다는 것은 알고 있다. 물리 법칙은 이해될 수 있다. 즉, 세상은 설명할 수 있다. 더 높은 단계의 출현과 더 높은 단계의 설명이 존재한다. 우리는 수학과 도덕성과 미학의 심오한 추상 개념에 접근할 수 있다. 막대한 도달 범위로의 생각이 가능하다. 그러나 또한 세상에는 우리 자신이 교정할 방법을 알아낼 때까지는 이해되지 않는 것도 많다. 끝없는 무감각 속에 있는 감각의 거품 하나는 무의미하다. 세상이 궁극적으로 유의미한지의 여부는 사람들(우리와 유사한 부류)이 어떻게 생각하고 어떻게 행동할지에 달려 있을 것이다.

대부분 사람은 다양한 종류의 무한을 극도로 싫어한다. 그러나 우리에게 선택권이 없는 몇 가지가 있다. 진보하거나 장기적으로 생존할 수 있는 사고방식은 오직 하나뿐이며, 그 방식은 바로 창조성과 비판을 통해 좋은 설명을 찾는 것이다. 우리 앞에 놓여 있는 것은 무한함이다. 우리가 선택할 수 있는 것은 오직 그것이 무지의 무한인지 지식의 무한인지, 옳은지 그른지, 죽음인지 삶인지 그것뿐이다.

미주

1 이 용어는 철학자 노우드 러셀 핸슨Nowood Russell Hanson이 만들었다.

2 이 용어는 다윈의 용어와 살짝 다르다. 다윈은 이유가 무엇이든 복제되는 것은 모두 복제기라고 부른다. 내가 복제기라고 부르는 것을 그는 "활성 복제기"라고 부른다.

3 이것은 내가 11장에서 설명할 양자 다중 우주의 '평행 우주'가 아니다. 그런 우주들은 모두 동일한 물리 법칙을 따르며, 서로 끊임없이 상호 작용한다. 게다가 그것들은 훨씬 덜 공상적이다.

4 따라서 내가 '인공 지능'이라고 부르는 것은 때로 '인공 일반 지능Artificial General Intelligence, AGI'으로 불리기도 한다.

5 우선 그들은 기존 투숙객에게 "각 자연수 N마다, N번 객실의 투숙객은 즉시 $N(N+1)/2$번 객실로 이동해 주시기 바랍니다"라고 방송한다. 그런 다음 그들은 "모든 자연수 N과 M에 대해, M번째 기차의 N번째 승객은 $(N+M)^2+N-M/2$번 객실로 가시기 바랍니다"라고 방송한다.

6 플라톤이 《변명*Apology*》에서 말한 이야기에서, 카이레폰은 신탁에게 소크라테스보다 더 현명한 사람이 있는지 묻고, '없다'는 답을 듣는다. 그러나 그가 정말로 이렇게 비용이 많이 들고 엄숙한 특권을, 하나는 아첨이고 다른 하나는 좌절감을 주는, 가능한 답변이 단 두 개 밖에 없는 그리고 어느 답변도 흥미를 끌지 못하는 질문에 낭비했을까?

7 이 대화에서, 소크라테스는 때로 (자신이 사랑하는) 도시 국가 아테네의 특성과 업적을 과장한다. 이 경우에, 그는 자신이 태어나기 전에 두 차례 있었던 페르시아 제국의 침략 시도가 패배한 것에 대해, 그리스의 다른 도시 국가들의 기여를 무시하고 있다.

8 Karl Popper, *The World of Parmenides*, Routledge, 1998.

9 아테네와 스파르타, 이 두 사회의 차이에 대해서는 앞으로 더 설명할 것이다. 15장에서 나는 각각을 정적인 사회와 역동적인 사회라고 부른다.

10 하지만 어떤 사람들은 그것이 '경험에서 나왔다'고 잘못 생각할 것이다.

11 고대 그리스인들은 감각적 경험이 어디에 위치하는지에 대해 분명히 알지 못했다. 심지어 시각의 경우에도, 소크라테스 시대의 많은 사람들은 눈이 빛 같은 것을 방출하며, 어떤 물체를 보는 감각은 물체와 빛의 상호 작용 같은 것으로 이루어진다고 믿었다.

12 우리의 세상 경험은 사실 우리의 뇌 안에서 일어나는 일을 표현하는 가상 현실의 한 형태이다.

13 판테온 신전을 가리킨다.

14 'Glayvin'은 〈심슨 가족〉이 만들어 낸, 뜻이 분명하지 않은 용어이다.

15 그렇지 않으면 텅 비었을 우주 공간의 다른 장소에 존재하는 동일한 실재들은 대체 가능하지 않겠지만, 일부 철학자들은 그것들이 라이프니츠의 의미로는 "식별 가능하지 않다"고 주장했다. 만약 그렇다면, 이것은 대체 가능성이 라이프니츠의 상상보다 더 나쁜 또 한 가지 이유이다.

16 이 정보가 국지적으로 물체 안에 담겨 있다는 것은 현재 다소 논란의 여지가 있다. 상세한 기술적 논의를 위해서는 나와 패트릭 헤이든Partrick Hayden의 공저 논문인 "얽힌 양자 체제에서의 정보 흐름Information Flow in Entangled Quantum System", 〈영국 왕립 학회 회보〉 A456(2000)을 참고하기 바란다.

17 이 규칙은 종종 노예를 완전한 사람으로 간주하지 않는다는 설명으로 잘못 해석된다. 그러나 이 문제와는 전혀 무관하다. 흑인이 백인보다 열등한 것으로 간주되었던 것은 사실이지만, 이 특정 수치는 노예가 다른 사람들과 동일하게 간주되었을 경우에 노예 소유주의 권력을 감소시키기 위해 설계되었다.

18 그 심판관은 물론 물리학자이어야 할 것이다.

19 나는 현재의 목적을 위해 기독교 민주당CDU와 지역정당CSU을 하나의 당으로 간주하고 있다.

20 이런 공상적인 평행 우주는, 존재한다는 확실한 증거가 있는 양자 다중 우주의 우주나 역사와 무관하다는 점을 상기하기 바란다. 엄밀히 말해서, 표준 인간 중심적 설명은 무한히 많은 양자 다중 우주를 가정한다.

참고문헌

모든 사람이 읽어봐야 할 문헌

- Jacob Bronowski, *The Ascent of Man*, BBC Publications, 1973.
- Jacob Bronowski, *Science and Human Values*, Harper & Row, 1956.
- Richard Byrne, "Imitation as Behaviour Parsing", *Philosophical Transactions of the Royal Society* B358, 2003.
- Richard Dawkins, *The Selfish Gene*, Oxford University Press, 1976.
- David Deutsch, "Comment on Michael Lockwood, "'Many Minds' Interpretations of Quantum Mechanics", *British Journal for the Philosophy of Science*, 47: 2, 1996.
- David Deutsch, *The Fabric of Reality*, Allen Lane, 1997.
- Karl Popper, *Conjectures and Refutations*, Routledge, 1963.
- Karl Popper, *The Open Society and Its Enemies*, Routledge, 1945.

더 읽을 만한 문헌

- John Barrow and Frank Tipler, *The Anthropic Cosmological Principle*, Clarendon Press, 1986.
- Susan Blackmore, *The Meme Machine*, Oxford University Press, 1999.
- Nick Bostrom, "Are You Living in a Computer Simulation?", *Philosophical Quarterly*

53, 2003.

- David Deutsch, “Apart from Universes”, in S. Saunders, J. Barrett, A. Kent and D. Wallace, eds., *Many Worlds?: Everett, Quantum Theory, and Reality*, Oxford University Press, 2010.
- David Deutsch, “It from Qubit”, in John Barrow, Paul Davies and Charles Harper, eds., *Science and Ultimate Reality*, Cambridge University Press, 2003.
- David Deutsch, “Quantum Theory of Probability and Decisions”, *Proceedings of the Royal Society* A455, 1999.
- David Deutsch, “The Structure of the Multiverse”, *Proceedings of the Royal Society* A458, 2002.
- Richard Feynman, *The Character of Physical Law*, BBC Publications, 1965.
- Richard Feynman, *The Meaning of It All*, Allen Lane, 1998.
- Ernest Gellner, *Words and Things*, Routledge & Kegan Paul, 1979.
- William Godwin, *Enquiry Concerning Political Justice*, 1793.
- Douglas Hofstadter, *Gödel, Escher, Bach: An Eternal Golden Braid*, Basic Books, 1979.
- Douglas Hofstadter, *I am a Strange Loop*, Basic Books, 2007.
- Bryan Magee, *Popper*, Fontana, 1973.
- Pericles, “Funeral Oration”.
- Plato, *Euthyphro*.
- Karl Popper, *In Search of a Better World*, Routledge, 1995.
- Karl Popper, *The World of Parmenides*, Routledge, 1998.
- Karl Popper, *Enlightenment: Britain and the Creation of the Modern World*, Allen Lane, 2000.
- Martin Rees, *Just Six Numbers*, Basic Books, 2001.
- Alan Turing, “Computing Machinery and Intelligence”, *Mind*, 59: 236, October 1950.
- Jenny Uglow, *The Lunar Men*, Faber, 2002.
- Vernor Vinge, “The Coming Technological Singularity”, *Whole Earth Review*, winter 1993.

찾아보기

진리는 바뀔 수도 있습니다

1판 1쇄 인쇄 2022년 7월 22일
1판 1쇄 발행 2022년 8월 13일

지은이 데이비드 도이치
옮긴이 김혜원

발행인 양원석 **편집장** 박나미
책임편집 김율리 **디자인** 신자용, 김미선
영업마케팅 김용환, 이지원, 정다은, 전상미

펴낸 곳 ㈜알에이치코리아
주소 서울시 금천구 가산디지털2로 53, 20층(가산동, 한라시그마밸리)
편집문의 02-6443-8826 **도서문의** 02-6443-8800
홈페이지 http://rhk.co.kr
등록 2004년 1월 15일 제2-3726호

ISBN 978-89-255-7797-5 (03420)